K.-H. Löcherer
Halbleiterbauelemente

Moeller

Leitfaden der Elektrotechnik

Herausgegeben von
Professor Dr.-Ing. Hans Fricke
Technische Universität Braunschweig
Professor Dr.-Ing. Heinrich Frohne
Universität Hannover
Professor Dr.-Ing. Norbert Höptner
Fachhochschule Pforzheim
Professor Dr.-Ing. Karl-Heinz Löcherer
Universität Hannover
Professor Dr.-Ing. Paul Vaske †

B. G. Teubner Stuttgart

Halbleiterbauelemente

Von Dr.-Ing. Karl-Heinz Löcherer
Professor an der Universität Hannover

Mit 330 Bildern, 11 Tafeln und 36 Beispielen

B. G. Teubner Stuttgart 1992

Die Deutsche Bibliothek - CIP-Einheitsaufnahme

Leitfaden der Elektrotechnik / Moeller
Hrsg. von Hans Fricke ... - Stuttgart : Teubner

NE: Moeller, Franz [Begr.]; Fricke, Hans [Hrsg.]
Löcherer, Karl-Heinz: Halbleiterbauelemente. - 1992

Löcherer, Karl-Heinz:
Halbleiterbauelemente / von Karl-Heinz Löcherer.
Stuttgart - Teubner, 1992
(Leitfaden der Elektrotechnik)

ISBN 978-3-322-99981-8 ISBN 978-3-322-99980-1 (eBook)
DOI 10.1007/978-3-322-99980-1

Softcover reprint of the hardcover 1st edition 1992

Gesamtherstellung: Zechnersche Buchdruckerei GmbH, Speyer
Umschlaggestaltung: P.P.K,S-Konzepte, Tabea Koch, Ostfildern/Stuttgart

Vorwort

Dieser Band schließt in der Moeller'schen Lehrbuchreihe „Leitfaden der Elektrotechnik" an die Darstellung der „Elektrischen Leitung in Festkörpern" im Abschnitt 2.4 des Teilbandes I/3 an. Nachdem dort die physikalischen Grundlagen der elektrischen Leitungsmechanismen in homogenen Halbleitern und Metallen behandelt wurden, wird hier eine Übersicht darüber gegeben, in welch vielfältiger Weise die elektrischen Eigenschaften von Grenzflächen zwischen Halbleitern entgegengesetzten Leitungstyps bzw. zwischen einem Halbleiter und einem Metall oder zwischen einem Halbleiter und einem Isolator für Bauelemente der elektrischen Nachrichten- und Energietechnik genutzt werden können. Neben der Beschreibung des Aufbaus und der Wirkungsweise dieser Bauelemente werden auch Hinweise auf Anwendungen gegeben. Auf umfangreiche mathematische Darstellungen wird verzichtet; vielmehr wird versucht, durch die Verbindung vereinfachter mathematischer Beschreibungen mit anschaulichen Überlegungen und Analogiebetrachtungen das Verständnis für die Eigenschaften der Bauelemente zu gewinnen. Bei der Auswahl von Bildmaterial aus der Literatur haben didaktische Gesichtspunkte im Vordergrund gestanden.

Aus der Vielfalt der Halbleiterbauelemente kann dieses Buch natürlich nur eine Auswahl bieten. Diese erfolgt in der Regel unter dem Gesichtspunkt ihrer technischen Bedeutung; sie soll aber auch zum Ausdruck bringen, in welch vielfältiger Weise durch Materialeigenschaften der elektrotechnischen Festkörperwerkstoffe Halbleiter, Metalle und Isolatoren bedingte physikalische Effekte und deren Zusammenwirken zur Realisierung verschiedenartiger Bauelementefunktionen genutzt werden können.

Im einleitenden Teil werden die elektrischen Eigenschaften von Übergängen zwischen Halbleitern, Metallen und Isolatoren dargestellt. Dabei wird jeweils mit einem idealisierten Übergang begonnen; anschließend werden die erforderlichen Ergänzungen erläutert, welche zur Charakterisierung realer Übergänge erforderlich sind.

Der zweite Teil ist denjenigen Bauelementen gewidmet, deren Wirkungsweise auf dem Vorhandensein je eines der im ersten Teil beschriebenen Übergänge beruht und die nach außen zwei Anschlüsse besitzen (Dioden; es ist üblich, unter dieser Rubrik auch das Gunn-Element zu behandeln, obwohl es gar keinen pn-Übergang enthält, sowie die Impatt-Diode, obwohl sie drei derartige Übergänge enthält). Diese auswahlartige Übersicht zeigt besonders eindrucksvoll die Fülle der physikalischen Effekte, mit denen Dioden für Anwendungen vom NF-Gebiet bis in den Bereich optischer Frequenzen realisiert werden können.

Die beiden nächsten Teile befassen sich mit Transistoren; das sind Halbleiterbauelemente mit drei Anschlüssen, so daß zwischen einem Eingangs- und Ausgangs-Klemmenpaar unterschieden werden kann. Durch den dritten Anschluß kann der Strom zwischen den beiden anderen Anschlüssen gesteuert werden. Transistoren sind typische Verstärkerbauelemente, wobei die Verstärkerwirkung nur in Richtung vom Eingang zum Ausgang besteht.

Der letzte Teil behandelt die Thyristoren; das sind Halbleiterbauelemente, die in der Regel mehr als 3 Zonen abwechselnden Leitungstyps enthalten. Man unterscheidet bei ihnen Dioden, Trioden und Tetroden. Von besonderem physikalischen Interesse und technischer Bedeutung ist dabei die Existenz teilweise fallender Strom-Spannungs-Charakteristiken.

Für das Zustandekommen des Buches ist der Verfasser vielen hilfreichen Köpfen und Händen zu Dank verpflichtet. Meine Herren Kollegen Prof. Fricke (Techn. Univ. Braunschweig), Prof. Frohne (Univ. Hannover) und Prof. v. Münch (Univ. Stuttgart) haben das gesamte Manuskript kritisch gelesen, das Kapitel 5 ist außerdem von Herrn Kollege Prof. Nestler (Univ. Hannover) durchgesehen worden; die Herren haben mit zahlreichen Änderungs- und Ergänzungsvorschlägen wesentlich zu einer verbesserten Darstellung beigetragen.

Das Schreiben des Manuskripts haben überwiegend die beiden Institutssekretärinnen Frau Meier und Frau Sange neben ihrer Institutsarbeit mit großer Sorgfalt dankenswerterweise besorgt, gelegentlich ist auch meine Frau eingesprungen. Bei ihr muß ich mich ganz besonders bedanken - besser gesagt entschuldigen - und zwar für ihr Verständnis für meinen Egoismus, mich an einem Lehrbuch zu versuchen, womit ich ihr über mehrere Jahre ein großes Opfer durch den Verzicht auf gemeinsame Freizeit zugemutet habe.

Der Verlag hat viel Geduld und Verständnis für meine Wünsche gezeigt; hierfür sowie für die gewohnt hochwertige Ausstattung des Buches sage ich ebenfalls meinen besten Dank.

Hannover, Juni 1992 K.-H. Löcherer

Inhalt

3 Feldeffekt-Transistoren

5 Thyristoren

Anhang

Hinweise auf DIN-Normen in diesem Werk entsprechen dem Stand der Normung bei Abschluß des Manuskriptes. Maßgebend sind die jeweils neuesten Ausgaben der Normblätter des DIN Deutsches Institut für Normung e.V. im Format A4, die durch die Beuth-Verlag GmbH, Berlin und Köln, zu beziehen sind. – Sinngemäß gilt das gleiche für alle in diesem Buche angezogenen amtlichen Richtlinien, Bestimmungen, Verordnungen usw.

1 Übergänge zwischen Halbleitern, Metallen und Isolatoren

Mit homogenen Halbleitern vom p- oder n-Typ läßt sich bereits eine Vielzahl von elektronischen Bauelementen realisieren (s. Band I/3[1]). Eine noch wesentlich größere Vielfalt erreicht man unter Verwendung von Übergängen zwischen zwei Halbleitern entgegengesetzten Leitfähigkeitstyps bzw. zwischen einem Metall und einem Halbleiter. Das Gleich- und Wechselstromverhalten derartiger Übergänge wird mittels der zugrundeliegenden physikalischen Effekte und ihrer mathematischen Beschreibung erläutert; daraus werden die für den Anwender von Bauelementen wichtigen Wechselstrom-Ersatzschaltungen der Übergänge entwickelt.

1.1 Der einfache pn-Übergang

Wenn im Innern eines einkristallinen Halbleiters ein mit Akzeptoren dotierter Bereich (p-Gebiet) an einen mit Donatoren dotierten Bereich (n-Gebiet) angrenzt, so entsteht in der Umgebung der Grenzfläche des Dotierungswechsels eine charakteristische Übergangszone; diese wird als pn-Übergang bezeichnet. Die mehrdimensionale Struktur realer pn-Übergänge (Bild **1.**1a) ersetzen wir zur Vereinfachung der folgenden Betrachtungen durch ein eindimensionales Modell, indem wir in y- und z-Richtung Homogenität annehmen; dann sind alle physikalischen Größen nur noch von einer Ortskoordinate x abhängig (Bild **1.**1b).

pn-Übergänge werden i. allg. dadurch hergestellt, daß innerhalb eines z. B. mit Phosphor n-dotierten Ausgangsmaterials (Bild **1.**1a) in einem gewissen Teilbereich mit p-dotierenden Substanzen, z. B. Bor, gegen- und überdotiert wird (Bild **1.**1b). Die räumliche Konzentrationsverteilung der Donatoren $N_D(x)$ und des Überschusses der Akzeptoren $N_A(x)$ wird als Dotierungsprofil bezeichnet. Das einfachste hat jeweils konstante Konzentrationen; man spricht dann von einem abrupt dotierten bzw. abrupten pn-Übergang (Bild **1.**1c). Er kann z. B. durch

[1]) Zusammenstellung der Leitfadenbände s. Anzeigenteil

Legieren oder Epitaxie erzeugt werden. Wenn p- und n-Gebiet jeweils mit einem metallischen (sog. Ohmschen) Kontakt einschließlich Zuleitungsdrähten versehen werden, entsteht ein vielseitig verwendbares elektronisches Bauelement, eine sog. Diode (Bild **1**.1d). Die Anwendungsmöglichkeiten von Halbleiterdioden werden in der Praxis noch dadurch erweitert, daß kompliziertere Dotierungsprofile als das in Bild **1**.1 dargestellte verwendet werden (s. hierzu Kapitel 2).

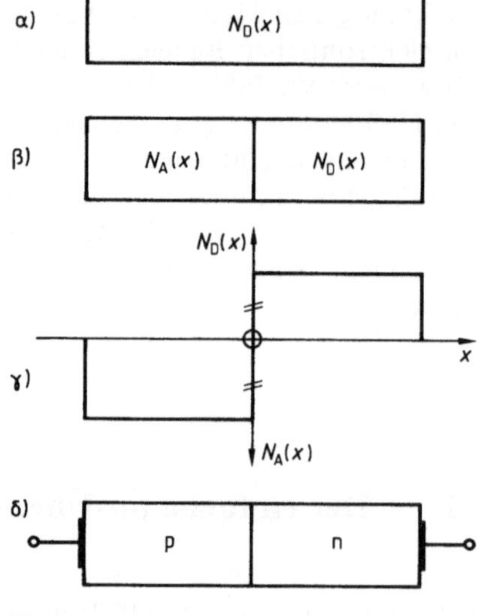

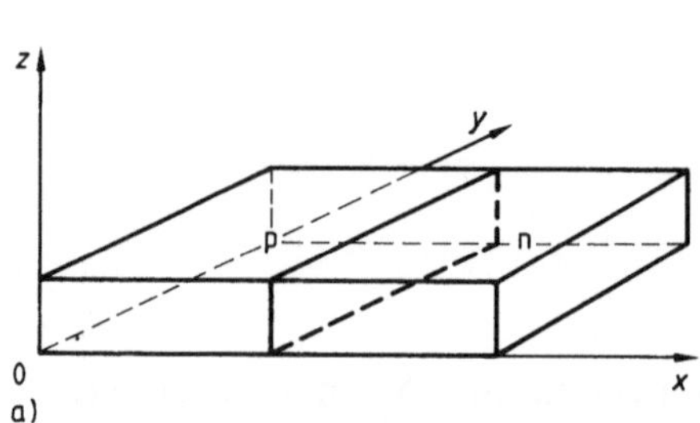

1.1 a) pn-Übergang, schematisch
b) Eindimensionales Modell eines abrupten pn-Überganges
α) n-dotiertes Ausgangsmaterial
β) durch Gegendotierung mit Akzeptoren erzeugter pn-Übergang
γ) abrupt dotierter pn-Übergang
δ) pn-Diode (▌ ohmsche Kontakte)

In diesem Abschnitt werden wir uns mit den physikalischen Eigenschaften des pn-Überganges nach Bild **1**.1 und dem daraus folgenden Gleich- und Wechselstromverhalten befassen.

Das Verständnis für die Zusammenhänge zwischen Strömen und Spannungen in einem Halbleiterkristall wird gegenüber einem metallischen Leiter dadurch erschwert, daß es

- zwei Arten von Ladungsträgern gibt (Elektronen und Defektelektronen)

und daß

- jede der beiden Ladungsträgerarten auf zwei Weisen zum Strom beitragen kann, nämlich auf Grund eines am Ort x im Halbleiter vorhandenen elektrischen Feldes (Feldstrom) und eines dort bestehenden Dichtegradienten der Ladungsträger (Diffusionsstrom)

(s. Bd. I/3, Abschn. 2.4.3, insbesondere die Gln. (2.88) und (2.93), sowie hier die Gl. (1.1)).

1.1.1 Der stromlose idealisierte pn-Übergang

Thermodynamisches Gleichgewicht. Zunächst soll die keinesfalls triviale Frage geklärt werden, warum ohne Anlegen einer äußeren Spannung kein Strom fließt. Die Antwort darauf ist für das Verständnis des Stromflusses durch einen pn-Übergang bei Anliegen einer Spannung (s. Abschn. 1.1.2) von Nutzen.

In einem homogen dotierten unendlich ausgedehnten p- bzw. n-Gebiet ist die Konzentration der Elektronen und Defektelektronen jeweils räumlich konstant. In einem pn-Übergang ist dagegen eine derartige Konzentrationsverteilung nicht durchgehend möglich, jedenfalls nicht in einer gewissen Umgebung zu beiden Seiten der Grenzebene $x = 0$ des Dotierungswechsels. Vielmehr versuchen sich die hohen Konzentrationen der Elektronen im n-Gebiet mit den wesentlich niedrigeren Konzentrationen im p-Gebiet durch Diffusion auszugleichen; Entsprechendes gilt für die Defektelektronen (Bild **1.2**).

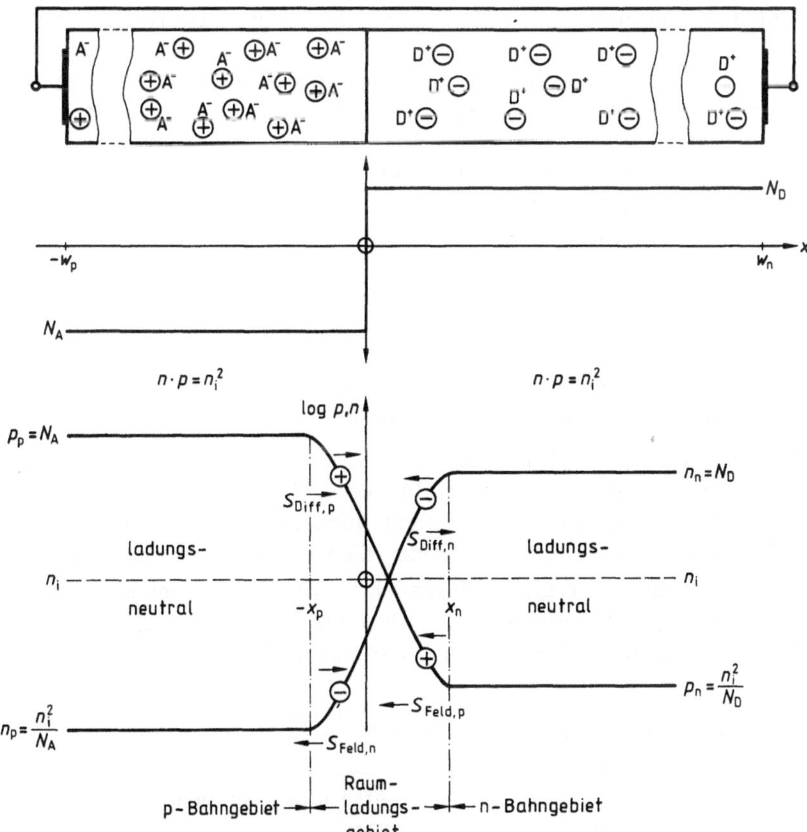

1.2 Konzentrationsverteilungen und Stromkomponenten der Elektronen und Defektelektronen bei einem abrupten pn-Übergang im thermodynamischen Gleichgewicht (S = Stromdichte; logarithmischer Ordinatenmaßstab)

So gesehen will sich also ein Diffusionsströmungsfeld ausbilden; das kann jedoch nicht zustandekommen, da zwischen den Anschlüssen des p- und n-Gebietes voraussetzungsgemäß keine Spannung liegt. Dieser vermeintliche begriffliche Widerspruch klärt sich sofort dadurch, daß durch das entstandene Konzentrationsgefälle eine Störung der Ladungsneutralität eingetreten ist derart, daß in einem kleinen Teil des n-Gebietes eine positive Überschußladung durch die räumlich feststehenden ionisierten Donatorrümpfe entstanden ist, im p-Gebiet entsprechend eine negative durch die ionisierten Akzeptorrümpfe. Zur Vereinfachung nehmen wir an, daß diese Raumladungszonen scharf begrenzt sind, zwischen $x=-x_p$ und $x=x_n$, so daß außerhalb davon (sog. Bahngebiete) Ladungsneutralität wie in einem unendlich ausgedehnten homogen dotierten Halbleiter herrscht. Die von den beiden Raumladungszonen gebildete elektrische Doppelschicht enthält entgegengesetzt gleich große Überschußladungen, ähnlich wie ein Plattenkondensator; es besteht lediglich der Unterschied, daß sich dort zwei Ladungsmengen $\pm Q$ flächenhaft gegenüberstehen und durch ein isolierendes Dielektrikum getrennt sind, während es sich hier um räumlich verteilte Ladungen in einem elektrisch leitenden Material handelt. In beiden Fällen verursachen diese Ladungen ein elektrisches Feld. Da es sich bei dem pn-Übergang um ein elektrisch leitendes Material handelt, würde dieses Feld für sich allein je einen Elektronen- bzw. Löcherstrom verursachen. Dieser ist offenbar dem jeweiligen Diffusionsstrom entgegengerichtet (Bild **1.2**). Die resultierende Stromlosigkeit ist also eine Folge der exakten Kompensation beider Elektronen- bzw. Löcher-Ströme (thermodynamisches Gleichgewicht). Diese Kompensation findet natürlich im mikroskopischen Bereich statt; es fließen also nicht etwa vier makroskopische elektrische Ströme gegeneinander, die paarweise gleich sind.

– Es sei hier auf eine Analogie aus der Mechanik der Gase hingewiesen: Die Druckverteilung in der Atmosphäre ergibt sich aus dem mikroskopischen Gleichgewicht zwischen dem Diffusionsstrom der Gaspartikel vom Erdboden weg und einem durch die Schwerkraft bedingten Feldstrom zum Erdboden hin (vgl. hierzu die Gln. (1.2) und (1.2a)). –

Diffusionsspannung. Entsprechend wie die beiden Ladungen $\pm Q$ bei einem Plattenkondensator eine Potentialdifferenz $U=Q/C$ (C = Kapazität) zwischen beiden Platten verursachen, entsteht auch über dem Raumladungsbereich des pn-Übergangs eine Potentialdifferenz, die sog. Diffusionsspannung U_D (Bild **1.3**). Die Größe von U_D ergibt sich aus dem eben beschriebenen lokalen Gleichgewicht zwischen Diffusions- und Feldstromdichte der Elektronen bzw. Defekt-Elektronen (s. Band I/3, Abschn. Halbleiter)

$$S_n = 0 = \underbrace{e\,n(x)\,\mu_n\,E(x)}_{\text{Feldstromdichte}} + \underbrace{e\,D_n \frac{\partial n(x)}{\partial x}}_{\text{Diffusionsstromdichte}}$$

bzw.

$$S_p = 0 = \overbrace{e\,p(x)\,\mu_p\,E(x)} - \overbrace{e\,D_p \frac{\partial p(x)}{\partial x}} \qquad (1.1)$$

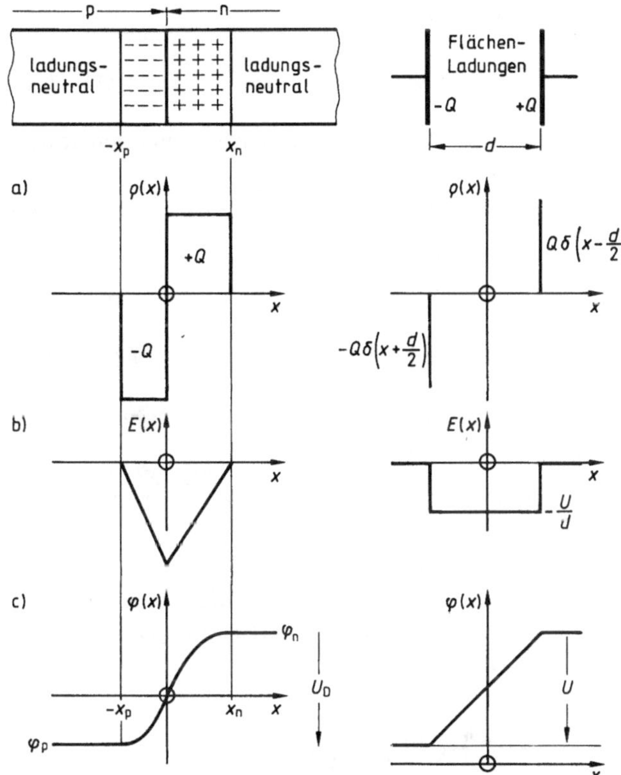

1.3 Abrupter pn-Übergang im thermodynamischen Gleichgewicht, schematisch. Vergleich mit einem Plattenkondensator
a) Raumladung $\varrho(x) = \varepsilon_0 \cdot \varepsilon_r \cdot \partial E/\partial x$
b) Feldstärke $E(x) = -\partial\varphi/\partial x$
c) Potential $\varphi(x)$

Hierin bedeuten e = elektrische Elementarladung, $n(x)$ bzw. $p(x)$ = Konzentration der Elektronen bzw. Defektelektronen am Ort x, μ_n bzw. μ_p = Beweglichkeit der Elektronen bzw. Defektelektronen, D_n bzw. D_p = Diffusionskoeffizient der Elektronen bzw. Defektelektronen, $E(x)$ = elektrische Feldstärke am Ort x.

Zusammen mit $E(x) = -\partial\varphi(x)/\partial x$ und der Einstein-Beziehung $D = \mu U_T$ (mit der Temperaturspannung $U_T = kT/e$, wobei k = Boltzmann-Konstante, T = absolute Temperatur) folgt aus Gl. (1.1) wegen $n(x), p(x) \neq 0$

$$-\frac{\partial\varphi(x)}{\partial x} + \frac{U_T}{n(x)} \cdot \frac{\partial n(x)}{\partial x} = 0, \qquad -\frac{\partial\varphi(x)}{\partial x} - \frac{U_T}{p(x)} \cdot \frac{\partial p(x)}{\partial x} = 0,$$

also durch Integration

$$-\varphi(x)+U_\mathrm{T}\ln n(x)=K_1\,,\qquad -\varphi(x)-U_\mathrm{T}\ln p(x)=K_2\,.$$

Die Konstanten K_1, K_2 bestimmen wir aus den Randbedingungen

$$\varphi(x)=\varphi(-x_\mathrm{p})\quad \text{für}\ x=-x_\mathrm{p}\qquad \varphi(x)=\varphi(x_\mathrm{n})\quad \text{für}\ x=x_\mathrm{n}\,.$$

Das liefert

$$n(x)=n(-x_\mathrm{p})\cdot \mathrm{e}^{\frac{\varphi(x)-\varphi(-x_\mathrm{p})}{U_\mathrm{T}}}\qquad p(x)=p(x_\mathrm{n})\cdot \mathrm{e}^{-\frac{\varphi(x)-\varphi(x_\mathrm{n})}{U_\mathrm{T}}} \tag{1.2}$$

Hieraus folgt durch Multiplikation das bekannte Massenwirkungsgesetz

$$\begin{aligned} n(x)\,p(x) &= n(-x_\mathrm{p})\,p(x_\mathrm{n})\cdot \mathrm{e}^{\frac{\varphi(x_\mathrm{n})-\varphi(-x_\mathrm{p})}{U_\mathrm{T}}}\,. \\ &= \text{const. bzgl. } x \end{aligned} \tag{1.3}$$

Da dieses Produkt nach Bd. I/3 den Wert n_i^2 hat (n_i = Intrinsicdichte) und $\varphi(x_\mathrm{n})-\varphi(-x_\mathrm{p})$ die gesuchte Diffusionsspannung U_D ist, erhalten wir für diese aus Gl. (1.3)

$$U_\mathrm{D}=U_\mathrm{T}\cdot\ln\frac{n_\mathrm{i}^2}{n(-x_\mathrm{p})\,p(x_\mathrm{n})} \tag{1.4}$$

Da an den Rändern der Raumladungszone

$$\left.\begin{aligned} n(-x_\mathrm{p}) &= n_\mathrm{p} \approx \frac{n_\mathrm{i}^2}{N_\mathrm{A}} \\ p(x_\mathrm{n}) &= p_\mathrm{n} \approx \frac{n_\mathrm{i}^2}{N_\mathrm{D}} \end{aligned}\right\}\ \text{bei Raumtemperatur}$$

gilt, folgt aus Gl. (1.4) schließlich

$$\left.\begin{aligned} &U_\mathrm{D}=U_\mathrm{T}\cdot\ln\frac{N_\mathrm{A}\cdot N_\mathrm{D}}{n_\mathrm{i}^2}\quad \text{mit}\quad U_\mathrm{T}=\frac{kT}{e} \\ &\text{bzw. mit} \\ &n_\mathrm{i}^2=N_\mathrm{V}\cdot N_\mathrm{L}\cdot \mathrm{e}^{-\frac{W_\mathrm{G}}{kT}} \end{aligned}\right\} \tag{1.5a}$$

die Darstellung

$$U_D = \frac{W_G}{e} - U_T \cdot \ln \left[\frac{(2{,}5 \cdot 10^{19}\,\mathrm{cm}^{-3})^2}{N_A N_D} \cdot \left(\frac{m_n m_p}{m_e^2}\right)^{3/2} \cdot \left(\frac{T}{300\,\mathrm{K}}\right)^3 \right] \tag{1.5b}$$

$$\left(N_L = 2\left(\frac{2\pi\, m_n\, kT}{h^2}\right)^{3/2}, \quad N_V = 2\left(\frac{2\pi\, m_p\, kT}{h^2}\right)^{3/2}, \quad W_G = \text{Bandabstand},\right.$$

h = Plancksches Wirkungsquantum, $m_{n,p}$ = effektive Masse des Elektrons bzw. Defektelektrons, m_e = Elektronenmasse (s. Band I/3 Abschn. Halbleiter).

Beispiel 1.1. Für einen pn-Übergang aus Germanium mit den Dotierungen $N_A = 4{,}2 \cdot 10^{16}\,\mathrm{cm}^{-3}$, $N_D = 9{,}9 \cdot 10^{15}\,\mathrm{cm}^{-3}$ soll die Diffusionsspannung U_D bei $T = 300\,\mathrm{K}$ berechnet werden.
In Ge kann mit der effektiven Elektronenmasse $m_n = 0{,}88\,m_e$ und der effektiven Löchermasse $m_p = 0{,}29\,m$ gerechnet werden; ferner ist $W_G = 0{,}66\,\mathrm{eV}$. Damit und mit den vorgegebenen Dotierungen folgt aus Gl. (1.5b)

$$U_D - 0{,}66\,\mathrm{V} - \frac{1{,}38 \cdot 10^{-23}\,\mathrm{WsK}^{-1} \cdot 300\,\mathrm{K}}{1{,}6 \cdot 10^{-19}\,\mathrm{As}} \cdot \ln \left[\frac{(2{,}5 \cdot 10^{19}\,\mathrm{cm}^{-3})^2}{4{,}2 \cdot 10^{16} \cdot 9{,}9 \cdot 10^{15}\,\mathrm{cm}^{-6}} (0{,}88 \cdot 0{,}29)^{3/2} \right]$$
$$= 0{,}345\,\mathrm{V}.$$

Die Intrinsicdichte n_i hat nach Gl. (1.5a) die Größe $n_i = 2{,}6 \cdot 10^{13}\,\mathrm{cm}^{-3} \ll N_A, N_D$, so daß die Benutzung der Näherungen (1.5) berechtigt ist.

Die Gln. (1.2) erinnern an die barometrische Höhenformel für die Abnahme des Luftdrucks p mit der Höhe h

$$p = p_0 \cdot \mathrm{e}^{-\frac{\rho_0 \cdot g \cdot h}{p_0}}$$

p_0 = Luftdruck } in der Höhe $h = 0$ (Erdboden)
ρ_0 = Dichte der Luft }
g = Erdbeschleunigung

Die Größe $\rho_0 \cdot g \cdot h$ ist die potentielle Energie im Erdschwerefeld pro Volumen, ihr entspricht die potentielle Energie $-e\,\varphi(x)$ der Elektronen bzw. $+e\,\varphi(x)$ der Löcher.

Nach den Gln. (1.5) wächst U_D pro Dekade Dotierungserhöhung um $U_T \ln 10$, d.h. bei Raumtemperatur um ca. 60 mV.

Aus Gl. (1.5b) folgt für die Differenz der Diffusionsspannungen zweier pn-Übergänge aus verschiedenen Halbleitermaterialien bei gleicher Dotierung

$$U_{D,1} - U_{D,2} = \frac{W_{G,1} - W_{G,2}}{e} - \frac{3}{2} \ln \left(\frac{m_{n,1} \cdot m_{p,1}}{m_{n,2} \cdot m_{p,2}} \right),$$

also z. B. für Si ($m_{n,1} = 1{,}18\,m_e$; $m_{p,1} = 0{,}81\,m_e$) und Ge

$$U_{D,Si} - U_{D,Ge} = 0{,}4\ \text{V}.$$

Dieses Ergebnis ist von Bedeutung für die sog. Schleusenspannung einer Halbleiterdiode (s. hierzu Bild **1**.17).

Die Absolutwerte von U_D liegen im Intervall

$$U_D = \begin{cases} 0{,}1 \ldots 0{,}5\ \text{V bei Ge} \\ 0{,}6 \ldots 0{,}9\ \text{V bei Si} \end{cases} \quad \text{für } N_A = N_D = 10^{15} \ldots 10^{18}\ \text{cm}^{-3}$$

Die Gln. (1.5) gelten nur für hinreichend hohe Dotierungen $N_A, N_D \gg n_i$, die in der Praxis i. allg. auch vorliegen; denn nur dann sind die in der Ableitung stillschweigend gemachten Annahmen $p \ll N_D$ (im n-Gebiet) bzw. $n \ll N_A$ (im p-Gebiet) berechtigt; allgemein gilt statt Gl. (1.5a)

$$U_D = U_T \cdot \ln \frac{\left[\sqrt{\left(\frac{N_A}{2}\right)^2 + n_i^2} + \frac{N_A}{2}\right] \cdot \left[\sqrt{\left(\frac{N_D}{2}\right)^2 + n_i^2} + \frac{N_D}{2}\right]}{n_i^2} \tag{1.5c}$$

Daß trotz fehlender äußerer Spannung eine Potentialdifferenz im Innern der pn-Struktur auftritt, bereitet möglicherweise Verständnisschwierigkeiten. Diese können aber sofort durch die Bemerkung beseitigt werden, daß auch über den beiden Grenzflächen Metallelektrode/n-Gebiet und p-Gebiet/Metallelektrode entsprechende Potentialdifferenzen $U_{M,n}$ bzw. $U_{p,M}$ auftreten. Wenn beide Elektrodenmetalle gleich sind, ist die Summe der 3 Potentialdifferenzen Null (Bild **1**.4a). Bei unterschiedlichen Metallen ist die Summe von Null verschieden, nämlich entgegengesetzt gleich der Kontaktspannung $U_{M1,M2}$ zwischen beiden Metallen; die Summe aller vier Potentialdifferenzen zwischen benachbarten Materialien ist also auch hier Null, wie es in einem geschlossenen Kreis im thermodynamischen Gleichgewicht sein muß (Bild **1**.4b).

Die Diffusionsspannung U_D ist also in beiden Fällen von außen nicht direkt meßbar; eine indirekte Meßmethode wird in Abschn. 1.1.4.1 beschrieben (s.

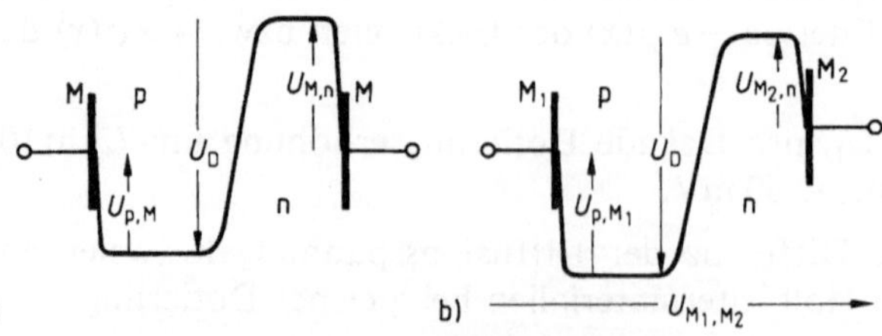

1.4 Kontaktspannungen in einer Halbleiterdiode
a) bei gleichen Kontakt-Metallen
b) bei verschiedenen Kontakt-Metallen

Bild 1.29). Diese Methode liefert auch indirekt eine Aussage über die Ausdehnungen x_p bzw. x_n der Raumladungszonen.

Die näherungsweise Berechnung dieser Größen wird im folgenden für einen abrupten pn-Übergang durchgeführt. Wir machen dabei die vereinfachende Annahme, daß die Raumladungszonen $(-x_p \leq x \leq x_n)$ frei von beweglichen Ladungsträgern sind (s. Bild 1.2, wobei zu beachten ist, daß dort ein logarithmischer Maßstab gewählt wurde. Bei linearer Auftragung würde deutlicher herauskommen, daß im überwiegenden Teil dieser Zonen die Konzentrationen n, p vernachlässigbar klein gegenüber N_A, N_D sind).

Die Poissonsche Gleichung

$$\frac{\partial E(x)}{\partial x} = -\frac{\partial^2 \varphi(x)}{\partial x^2} = \frac{\rho}{\varepsilon}$$

lautet dann mit $\varepsilon = \varepsilon_0 \cdot \varepsilon_r$

$$\frac{\partial^2 \varphi(x)}{\partial x^2} = \begin{cases} -\dfrac{eN_D}{\varepsilon} & \text{für } 0 \leq x \leq x_n \\ \dfrac{eN_A}{\varepsilon} & \text{für } -x_p \leq x \leq 0 \end{cases} \tag{1.6}$$

Da sich in den Raumladungszonen insgesamt die Ladungen $Q_n = +Q$ und $Q_p = -Q$ gegenüberstehen, gilt

$$\int_{-x_p}^{x_n} \rho(x)\,\mathrm{d}x = 0 = \varepsilon \cdot [E(x_n) - E(-x_p)] = \frac{e}{\varepsilon}[x_n \cdot N_D - x_p N_A]$$

d.h.

$$\frac{x_n}{x_p} = \frac{N_A}{N_D}. \tag{1.7}$$

Die Raumladungszone erstreckt sich also hauptsächlich in das schwächer dotierte Gebiet. Aus Gl. (1.6) folgt durch einmalige Integration mit den Randbedingungen $E(-x_p) = 0$, $E(x_n) = 0$ gemäß Bild 1.3b

$$E(x) = -\frac{N_A}{\varepsilon}(x + x_p) \quad -x_p \leq x \leq 0; \quad E(x) = \frac{N_D}{\varepsilon}(x - x_n) \quad 0 \leq x \leq x_n \tag{1.8}$$

Die Feldverteilung ist also dreieckförmig mit dem Maximalwert

$$E_{max} = E(0) = -\frac{N_A}{2\varepsilon} x_p = -\frac{N_D}{2\varepsilon} x_n \tag{1.9}$$

(s. Bild **1.3**b). Durch Integration von Gl. (1.8) folgt mit der Randbedingung $\varphi(0)=0$

$$\varphi(x) = \frac{eN_A}{2\varepsilon}x(x+2x_p) \qquad \varphi(x) = -\frac{eN_D}{2\varepsilon}x(x-2x_n)$$
$$\text{für } -x_p \leq x \leq 0, \qquad \text{für } 0 \leq x \leq x_n.$$

Der Potentialverlauf besteht also aus zwei quadratischen Parabeln entgegengesetzter Krümmung (s. Bild **1.3**c). An den Rändern der Raumladungszonen gilt speziell

$$\varphi(-x_p) = -\frac{eN_A}{2\varepsilon}x_p^2, \quad \varphi(x_n) = \frac{eN_D}{2\varepsilon}x_n^2,$$

also

$$\varphi(x_n)-\varphi(-x_p) = U_D = \frac{e}{2\varepsilon}(N_D x_n^2 + N_A x_p^2).$$

Hieraus folgt zusammen mit Gl. (1.7)

$$\left.\begin{aligned}
x_p &= \sqrt{\frac{2\varepsilon_0\cdot\varepsilon_r}{e}\cdot\frac{U_D}{N_A\left(1+\frac{N_A}{N_D}\right)}}, \quad x_n = \sqrt{\frac{2\varepsilon_0\cdot\varepsilon_r}{e}\cdot\frac{U_D}{N_D\left(1+\frac{N_D}{N_A}\right)}} \\
w_R &= x_n + x_p = \sqrt{\frac{2\varepsilon_0\varepsilon_r}{e}\left(\frac{1}{N_A}+\frac{1}{N_D}\right)U_D}, \\
E_{max} &= -\sqrt{\frac{2\varepsilon_0\varepsilon_r}{e}\cdot\frac{U_D}{\frac{1}{N_A}+\frac{1}{N_D}}} = -\frac{2U_D}{w_R} = -\frac{e w_R}{\varepsilon\left(\frac{1}{N_A}+\frac{1}{N_D}\right)}
\end{aligned}\right\} \quad (1.10)$$

Beispiel 1.2. Für den pn-Übergang aus Beispiel 1.1 sind die Größen x_n, x_p und E_{max} zu berechnen.
Für Ge ist $\varepsilon_r = 16{,}2$; zusammen mit $\varepsilon_0 = (36\pi\cdot 10^{11})^{-1}$ As V^{-1} cm^{-1} und den Daten in Beispiel 1.1 folgt aus Gl. (1.10)

$$x_p = 0{,}053\ \mu\text{m}; \quad x_n = x_p\cdot\frac{N_A}{N_D} = 0{,}225\ \mu\text{m}; \quad E_{max} = -24{,}8\,\frac{\text{kV}}{\text{cm}}.$$

1.1.2 Der gleichstromdurchflossene idealisierte pn-Übergang

1.1.2.1 Die Strom-Spannungs-Charakteristik. Wir wollen jetzt an die Diodenstruktur in Bild **1**.1c eine Gleichspannung U anlegen (Bild **1**.5a). Dadurch hat die im Innern herrschende elektrische Feldstärke $E(x)$ natürlich eine andere Größe als im spannungslosen Zustand $U=0$, so daß das in Abschn. 1.1.1 beschriebene lokale Gleichgewicht zwischen der elektrischen Feldkraft und der Diffusions„kraft" gestört ist. Daher ist auch die Kompensation des Diffusions- und des Feldstroms nicht mehr vollständig und zwar sowohl bei den Elektronen als auch bei den Defektelektronen. Es fließt also je ein resultierender Elektronenstrom $I_n(x)$ und ein Defektelektronenstrom $I_p(x)$ durch die Diode; die Summe aus beiden ist der makroskopische und damit von x unabhängige Diodenstrom I. Seine Spannungsabhängigkeit ist in Bild **1**.5b qualitativ dargestellt.

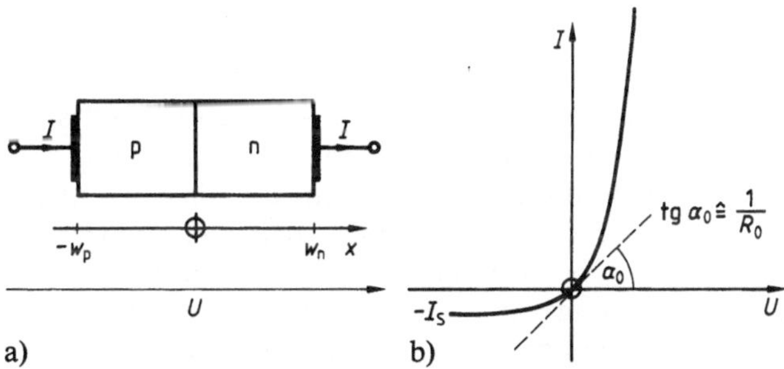

1.5 Gleichstromdurchflossene Halbleiterdiode
a) Aufbau (schematisch) und Zählpfeilsystem
b) I-U-Charakteristik

An der Strom-Spannungs-Charakteristik fallen im Vergleich zum Ohmschen Gesetz $U=RI$, wie es z.B. für einen Metallwiderstand gültig ist, zwei Unterschiede auf:

- Der Strom ist eine nichtlineare Funktion der Spannung. Lediglich in unmittelbarer Umgebung des Nullpunktes gilt näherungsweise ein linearer Zusammenhang $I=U/R_0$ mit dem Nullwiderstand $R_0=U_T/I_S$ ($\approx 10\,\mathrm{k\Omega}$ bei Ge, $\approx 100\,\mathrm{k\Omega}$ bei Si).
- Der Strom hängt wesentlich vom Vorzeichen der Spannung ab: Man unterscheidet die Flußrichtung ($U>0$) und die Sperrichtung ($U<0$).

Beide Effekte werden durch den nichtlinearen Zusammenhang Gl. (1.2) zwischen Ladungsträgerkonzentration und Potential bedingt. Die Halbleiter-Diode hat also eine Richtwirkung, man spricht daher auch von einem Halbleiter-Gleichrichter.

Eine exakte explizite Berechnung der I-U-Charakteristik einer realen Diode ist nicht möglich. Wir begnügen uns daher zunächst mit einer idealisierten mathematischen Beschreibung, die auf vereinfachenden Annahmen beruht; diese gestatten eine getrennte Behandlung der Raumladungs- und Bahngebiete und liefern durch Zusammenfügen der Ergebnisse das Resultat

$$I = I_S \cdot \left(e^{\frac{U}{U_T}} - 1 \right). \tag{1.11}$$

Die Ursachen für die Abweichungen realer Dioden-Charakteristiken von diesem idealisierten Verlauf werden in Abschn. 1.1.3 erläutert und formelmäßig berücksichtigt.

Durchlaß- und Sperrbereich. Im folgenden sollen das Zustandekommen der Richtwirkung der Halbleiterdiode und die exponentielle Spannungsabhängigkeit des Stromes ohne detaillierte Rechnungen und möglichst anschaulich verständlich gemacht werden.

Die Gleichrichter-Wirkung des pn-Übergangs läßt sich anschaulich wie folgt erklären: Bei Anlegen einer positiven Spannung $U > 0$ werden Majoritätsträger (also große Ladungsträgermengen) aus dem p- und n-Bahngebiet in Richtung auf die Ebene $x = 0$ zu getrieben, d.h. die Grenzebenen der Raumladungszone ($x = -x_p$ bzw. $x = x_n$) bewegen sich aufeinander zu. Durch diese Verkleinerung der Raumladungszone - die wir im Laufe dieser Erläuterung noch quantitativ beschreiben werden (s. Gl. (1.12)) - wird der Bereich geringer Leitfähigkeit kleiner; dadurch nimmt der Widerstand der Diode gegenüber dem Anfangswert R_0 mit wachsender Spannung ab, d.h. der Strom I wächst überproportional mit U an. Wegen dieses raschen Stromanstiegs im Fall $U > 0$ spricht man hier von der „Polung der Halbleiterdiode in Flußrichtung".

Bei Anlegen einer negativen Spannung werden die Majoritätsträger aus den Bahngebieten in Richtung auf die ohmschen Kontakte „abgesaugt", d.h. die Grenzebenen x_p und x_n verschieben sich ebenfalls in diese Richtungen. Durch diese Vergrößerung der Raumladungszone nimmt der Dioden-Widerstand gegenüber R_0 zu, wodurch der Strom I langsamer als proportional mit U ansteigt: Die Diode ist in Sperrichtung gepolt.

Wir wollen nun diese qualitative Beschreibung durch quantitative Ergebnisse stützen; diese beantworten letztlich auch die Frage, warum sich der Strom mit der Spannung gerade exponentiell verändert. Wir beginnen mit der Verteilung des Potentials und der Ladungsträger-Konzentrationen innerhalb der Diode:

Die Diode besteht aus der an beweglichen Ladungsträgern armen und daher hochohmigen Raumladungszone $-x_p \leq x \leq x_n$ und den beiden, infolge der hohen Majoritätsträger-Konzentrationen niederohmigen Bahngebieten $x < -x_p$ bzw. $x > x_n$. Bei hinreichend kleinen Strömen - und nur dafür gilt Gl. (1.11) - dürfen wir daher die Spannungsabfälle über den beiden Bahngebieten vernachlässigen.

Die von außen angelegte Spannung U fällt dann praktisch nur über der Raumladungszone ab und verändert die dortige Potentialstufe von ihrem Wert U_D im stromlosen Fall auf den Wert $U_D - U$.

1. Fall: $U > 0$ (Flußrichtung)

Die Potentialstufe wird von U_D auf den Wert $U_D - U$ verringert (Bild **1.6**). Da zum Aufbau der reduzierten Potentialstufe auch eine kleinere Raumladung erforderlich ist, wird die Raumladungszone gegenüber dem stromlosen Zustand schmäler; in den Formeln (1.10) für x_n, x_p, w_R, E_{max} ist entsprechend U_D durch $U_D - U$ zu ersetzen:

$$x_n(U) = x_n(0) \cdot \sqrt{1 - \frac{U}{U_D}}, \quad x_p(U) = x_p(0) \cdot \sqrt{1 - \frac{U}{U_D}}$$

$$w_R(U) = [x_n(0) + x_p(0)] \cdot \sqrt{1 - \frac{U}{U_D}}, \quad E_{max}(U) = E_{max}(0) \cdot \sqrt{1 - \frac{U}{U_D}}. \tag{1.12}$$

Diese Beziehungen beschreiben das „Atmen" der Raumladungszonen bei anliegender Spannung (sog. Early-Effekt) bzw. die Abhängigkeit der Maximalfeldstärke von der Belastung. Sie dürfen allerdings nicht bis $U = U_D$ angewendet werden, da dann ein beträchtlicher Strom durch die Diode fließt, so daß die gemachten vereinfachenden Annahmen nicht mehr zulässig sind.

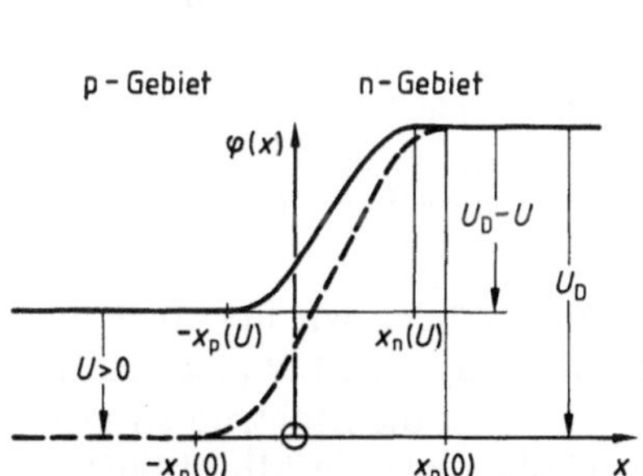

1.6 Potentialverlauf im pn-Übergang bei Flußbelastung

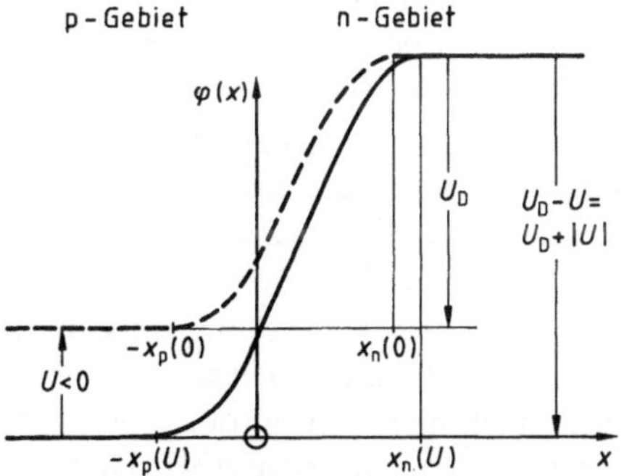

1.7 Potentialverlauf im pn-Übergang bei Sperrbelastung

2. Fall: $U < 0$ (Sperrichtung)

Jetzt wird die Potentialstufe auf $U_D - U = U_D + |U|$ vergrößert und erfordert demgemäß zu ihrem Aufbau mehr Raumladung als im stromlosen Fall. Dieser Zuwachs kann nur durch die Verbreiterung der Raumladungszone gegenüber dem stromlosen Fall erzielt werden (Bild **1.7** und Gl. (1.12)).

Die gegenüber dem stromlosen Fall veränderte Potentialstufe bewirkt selbstverständlich auch eine Änderung der Ladungsträger-Verteilung in der Diode, wie die folgende Überlegung zeigt: Bei der getroffenen Beschränkung auf kleine Ströme I ist das thermodynamische Gleichgewicht in der Diode nur geringfügig gestört. Das gilt insbesondere für die schmale Raumladungszone; dort sind (wegen des großen Konzentrationsgefälles und der hohen Feldstärke) die sich nahezu kompensierenden Diffusions- und Feldströme jeder für sich wesentlich größer als I. Wir dürfen also in der Raumladungszone die Gl. (1.1) mit $S_n = 0$, $S_p = 0$ näherungsweise weiter benutzen und erhalten in Analogie zu Gl. (1.2)

$$n(x) = n(x_n) \cdot e^{-\frac{\varphi(x_n) - \varphi(x)}{U_T}}, \quad p(x) = p(-x_p) \cdot e^{-\frac{\varphi(x) - \varphi(-x_p)}{U_T}} \tag{1.2a}$$

d.h. bei Anwendung auf die Ebenen $x = -x_p + 0$ bzw. $x = x_n - 0$

$$\left.\begin{aligned} n(-x_p) &= n(x_n) \cdot e^{-\frac{\varphi(x_n) - \varphi(x_p)}{U_T}}, & p(x_n) &= p(-x_p) \cdot e^{-\frac{\varphi(x_n) - \varphi(-x_p)}{U_T}} \\ &= n(x_n) \cdot e^{-\frac{U_D - U}{U_T}} & &= p(-x_p) \cdot e^{-\frac{U_D - U}{U_T}} \\ &\approx n_p \cdot e^{\frac{U}{U_T}} & &\approx p_n \cdot e^{\frac{U}{U_T}}. \end{aligned}\right\} \tag{1.13}$$

Die aus dem p-Gebiet (n-Gebiet) als Majoritätsträger abdiffundierenden Ladungsträger erhöhen bzw. erniedrigen also beim Überschreiten der Ebene $x = x_n$ ($x = -x_p$) drastisch die Minoritätsträgerkonzentrationen gegenüber den Gleichgewichtswerten (Bild **1**.8).

Das vermehrte Einbringen von Ladungsträgern bei Flußbelastung wird als Injektion von Minoritätsträgern bezeichnet. Sie spielt nicht nur bei der hier betrachteten Halbleiterdiode eine entscheidende Rolle, sondern auch beim Bipolar-Transistor (s. Kapitel 4).

Durch die getroffene Beschränkung auf kleine Ströme dürfen wir in den Bahngebieten und damit auch an den Grenzen der Raumladungszone Ladungsneutralität annehmen, d.h. in den Ebenen $x = -x_p$ bzw. $x = x_n$ ist die Majoritätsträger-Konzentration um denselben Differenzbetrag angehoben wie die Minoritätsträger-Konzentration; wegen des viel größeren Absolutwertes ist die relative Änderung jedoch so gering, daß sie in der logarithmischen Darstellung des Bildes **1**.8 praktisch nicht erkennbar ist. Damit ist auch die unter Gl. (1.13) zuletzt angegebene Näherung gerechtfertigt.

Die exponentielle Spannungsabhängigkeit der Randkonzentrationen ist nun die Ursache für die exponentielle Strom-Spannungs-Charakteristik gemäß Gl. (1.11). Um dies zu zeigen, gehen wir von der – selbstverständlichen – Bemerkung aus, daß der Strom I durch die Diode (= Elektronenstrom + Löcherstrom) vom Ort x unabhängig ist – mathematisch folgt das erst aus den Gln. (1.53)–

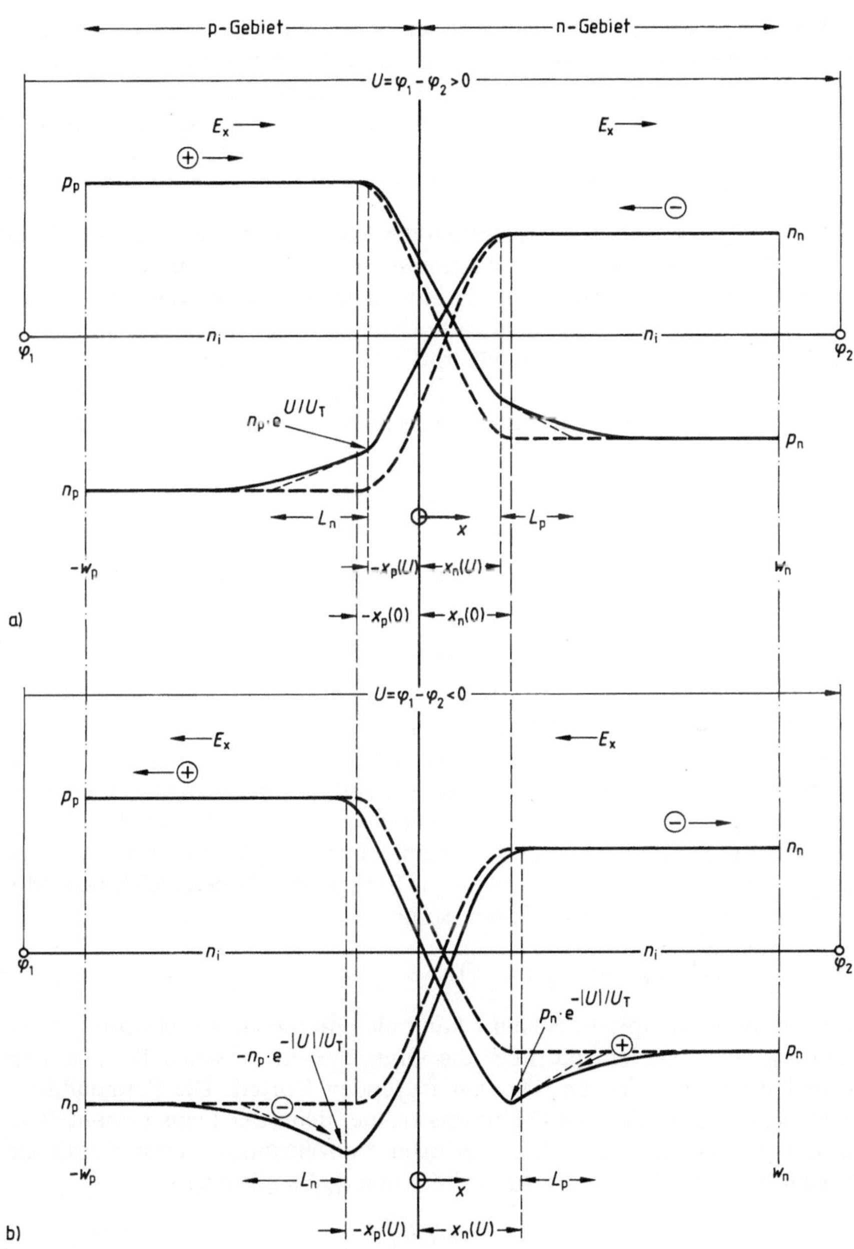

1.8 Ladungsträgerverteilung in einem pn-Übergang
a) bei Flußbelastung $U=\varphi_1-\varphi_2>0$
b) bei Sperrbelastung $U=\varphi_1-\varphi_2<0$ im Vergleich zum stromlosen Zustand für $U=0$ (---) wie in Bild **1.2** (logarithmischer Ordinatenmaßstab)

(1.55) –; wir können ihn also in einer beliebigen Ebene zwischen den beiden ohmschen Kontakten berechnen. Man wählt dafür zweckmäßig eine der beiden Grenzebenen zwischen Bahngebiet und Raumladungszone, z. B. $x=-x_p-0$ (der Zusatz „-0" bedeutet „Annäherung an die Ebene $x=-x_p$ von links"):

$$I=I_n(-x_p-0)+I_p(-x_p-0). \tag{1.14}$$

Hierin ist $I_n(-x_p-0)$ der Stromanteil der Minoritätsträger, $I_p(-x_p-0)$ derjenige der Majoritätsträger. Letzterer stimmt aus Stetigkeitsgründen mit $I_p(-x_p+0)$ überein und kann daher ebenfalls auf einen Minoritätsträgerstrom zurückgeführt werden: Wir können nämlich unter abermaliger Berufung auf kleine Ströme I annehmen, daß noch annähernd Gleichgewicht zwischen der Generation von Elektronen-Loch-Paaren ($G\sim n_i^2$) und der Rekombination ($R\sim np$) besteht. Daraus folgt, daß in der Raumladungszone der integrale Überschuß

$$\int_{-x_p+0}^{x_n-0}(R-G)\,dx \sim \int_{-x_p+0}^{x_n-0}(np-n_i^2)\,dx$$

vernachlässigbar klein gegenüber den beiden Summanden

$$\int_{-x_p+0}^{x_n-0} n_i^2\,dx = n_i^2(x_n+x_p) \quad \text{bzw.} \quad \int_{-x_p+0}^{x_n-0} np\,dx$$

ist. – Dieses Argument trifft für Ge zu, nicht aber für Si, da dessen Intrinsicdichte n_i um 3 Zehnerpotenzen kleiner ist (s. hierzu Abschn. 1.1.3.1). – Die Vernachlässigung von Generation und Rekombination bedeutet nun z. B., daß der Löcherstrom $I_p(x)$ beim Durchlauf durch die Raumladungszone seine Größe praktisch nicht ändert. Entsprechendes gilt für $I_n(x)$. Es ist also $I_p(-x_p+0)\approx I_p(x_n-0)$, und das ist aus Stetigkeitsgründen gleich dem Minoritätenstrom $I_p(x_n+0)$. – Wir erhalten somit

$$I\approx I_n(-x_p-0)+I_p(x_n+0), \tag{1.15}$$

d. h. der makroskopische Strom I kann als Summe zweier Minoritätsträgerströme dargestellt werden, die über die Grenzebenen zwischen Bahngebieten und Raumladungszone fließen. Das hat folgenden Vorteil: Die Summanden in Gl. (1.15) sind praktisch reine Diffusionsströme, denn der Feldstromanteil von Minoritätsträgern ist wegen ihrer geringen Konzentration vernachlässigbar klein (gegenüber dem Beitrag der Majoritätsträger). Es gilt also

$$I_n(-x_p-0)=-AeD_n\cdot\left(\frac{\partial n(x)}{\partial x}\right)_{x=-x_p-0}$$

bzw. (1.16)

$$I_p(x_n+0)=AeD_p\cdot\left(\frac{\partial p(x)}{\partial x}\right)_{x=x_n+0}.$$

Die Minoritätsträger-Konzentrationen klingen nun durch Rekombination mit Majoritätsträgern räumlich nach einem Exponentialgesetz ab (s. Bild **1**.8 und I/3, Gl. (2.100)):

$$n(x)-n_p=[n(-x_p)-n_p]\cdot e^{-\frac{x}{L_n}} \quad \text{bzw.} \quad p(x)-p_n=[p(x_n)-p_n]\,e^{\frac{x}{L_p}}. \tag{1.16a}$$

(L_n, L_p = Diffusionslängen der Minoritätsträger), d.h. mit Gl. (1.16)

$$I_n(-x_p)=\frac{AeD_n}{L_n}\cdot[n(-x_p)-n_p] \quad \text{bzw.} \quad I_p(x_n)=\frac{AeD_p}{L_p}\cdot[p(x_n)-p_n].$$

Hieraus erhalten wir in Verbindung mit Gl. (1.13)

$$I_n(-x_p)=\frac{AeD_n\cdot n_p}{L_n}\cdot\left(e^{\frac{U}{U_T}}-1\right) \quad \text{bzw.} \quad I_p(x_n)=\frac{AeD_p p_n}{L_p}\left(e^{\frac{U}{U_T}}-1\right) \tag{1.17}$$

und damit gemäß Gl. (1.15) den gesuchten makroskopischen Diodenstrom in der bereits angegebenen Form

$$I=I_S\cdot\left(e^{\frac{U}{U_T}}-1\right) \tag{1.11}$$

mit dem (Sperr-)Sättigungsstrom

$$I_S=Ae\left[\frac{D_n\cdot n_p}{L_n}+\frac{D_p\cdot p_n}{L_p}\right]=Aen_i^2\left[\frac{D_n}{L_nN_A}+\frac{D_p}{L_pN_D}\right]. \tag{1.18}$$

Die Gln. (1.17) zeigen übrigens, daß die injizierten Ströme im Verhältnis

$$\frac{I_p(x_n)}{I_n(-x_p)}=\frac{D_p}{D_n}\cdot\frac{L_n}{L_p}\cdot\frac{p_n}{n_p}=\frac{D_pL_n}{D_nL_p}\cdot\frac{N_A}{N_D} \tag{1.19}$$

stehen: Die Injektionswirkung wächst also mit der Dotierung des injizierenden Halbleiterbereiches, was anschaulich sofort einleuchtet.

Die Existenz eines von der Sperr-Spannung unabhängigen Grenzwertes $-I_S$ des Stromes I kann man anschaulich wie folgt verstehen: Die Verminderung der Minoritätsträger-Konzentrationen in den Ebenen $x=-x_p$ bzw. $x=x_n$ (s. Bild **1**.8b) kann natürlich nicht weiter als bis zum Wert Null gehen. Diese Grenze wird theoretisch zwar erst für $-U/U_T=\infty$ erreicht, wegen der exponentiellen Abhängigkeit jedoch praktisch schon dann, wenn $-U$ einige wenige Vielfache von U_T (≈ 25 mV bei Raumtemperatur) beträgt. Es stellt sich daher schon für einige

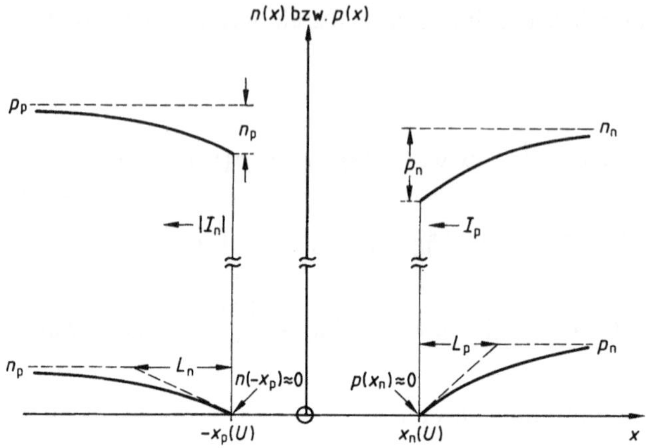

1.9 Ladungsträgerverteilung in einem stark sperrgepolten pn-Übergang (linearer Ordinatenmaßstab)

Zehntel Volt Sperrspannung die in Bild **1.9** dargestellte, von U praktisch unabhängige Ladungsträgerverteilung von den Rändern $x=-x_p$ bzw. x_n der Raumladungszone in das p- bzw. n-Bahngebiet hinein ein. Hiernach fließen gemäß Gl. (1.17) die folgenden Diffusionsströme von beiden Seiten in die Raumladungszone hinein

$$I_n = -Ae\frac{D_n n_p}{L_n}, \quad I_p = Ae\frac{D_p p_n}{L_p}$$

d.h. insgesamt

$$-(|I_n| + I_p) = -I_S.$$

Angesichts der Bilder **1.8** und **1.9** wird man sich fragen, wieso der Strom I überhaupt durch die gesamte Diode fließen kann, obwohl die Diffusionsströme im Innern der Bahngebiete schon nach wenigen Diffusionslängen durch Rekombination versickert sind. Tatsächlich wird der Strom I durch eine in den Bahngebieten aufgebaute kleine elektrische Feldstärke als Majoritätsträger-Feldstrom bis zu den Kontakten fortgeführt.

Die Verteilung des makroskopischen Stromes I auf I_n und I_p ist also ortsabhängig. Bild **1.10** stellt die Verhältnisse qualitativ für eine in Flußrichtung gepolte Diode dar: I kommt vom höheren Potential als Löcher-Feldstrom. Bei Annäherung an die Grenzebene $x=-x_p$ des p-Bahngebietes fließt ihm ein zunehmender Löcher-Diffusionsstrom entgegen, der den resultierenden Löcherstrom verringert. Das Defizit wird durch einen von links nach rechts zunehmenden Elektronen-Diffusionsstrom ausgeglichen. Innerhalb der Raumladungszone behalten Elektronen- und Löcherstrom ihre Größe bei. In der Ebene $x=x_n$ wird der Löcherstrom in das p-Bahngebiet als Diffusionsstrom injiziert. – Er trägt den überwiegenden Teil des Gesamtstroms I, da in unserem Beispiel das p-Gebiet stärker dotiert ist als das n-Gebiet. – Die injizierten Löcher rekombinieren im Mittel

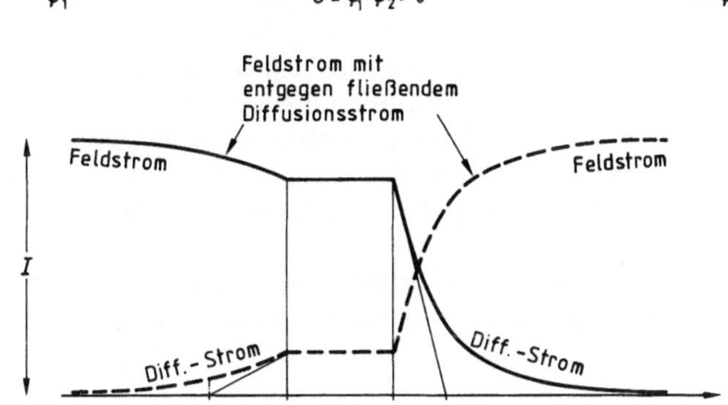

1.10
Aufteilung des Gesamtstromes I in einer pn-Diode:
Elektronenanteil (---)
und Löcheranteil (—)

innerhalb der Diffusionslänge L_p mit Elektronen, wodurch der Löcher-Diffusionsstrom allmählich versickert. Entsprechendes gilt für den in Gegenrichtung fließenden Elektronen-Diffusionsstrom; dadurch setzt sich der Elektronen-Feldstrom immer mehr durch, der schließlich den Gesamtstrom I repräsentiert.

Beispiel 1.3. Für eine gemäß Beispiel 1.1 dotierte Ge-Diode mit dem Querschnitt $A = 1\ \text{mm}^2$ sollen bei $T = 300$ K a) der Sättigungsstrom und b) der Strom bei $U = 0{,}3$ V berechnet werden. Mit $D_n = 95\ \text{cm}^2\ \text{s}^{-1}$; $L_n = 0{,}43$ mm, $L_p = 0{,}3$ mm und den Daten aus Beispiel 1.1 folgt aus Gl. (1.18)

a) $$I_S = 1 \cdot 10^{-2}\ \text{cm}^2 \cdot 1{,}6 \cdot 10^{-19}\ \text{As} \cdot (2{,}6 \cdot 10^{13})^2 \cdot \text{cm}^{-6} \cdot \left[\frac{95}{0{,}043 \cdot 4{,}2 \cdot 10^{16}} + \frac{45}{0{,}03 \cdot 9{,}9 \cdot 10^{15}}\right] \text{cm}^{-4}\ \text{s}^{-1} = 0{,}22\ \mu\text{A}$$

b) $$I = 0{,}22\ \mu\text{A} \cdot \left(e^{\frac{300\ \text{mV}}{25{,}9\ \text{mV}}} - 1\right) = 24\ \text{mA}$$

Wegen der verschiedenen Größenordnungen von Sperr- und Flußströmen wird die Strom-Spannungs-Charakteristik häufig mit unterschiedlichen Maßstäben für Sperr- und Flußgebiet dargestellt (Bild **1.11**). Dadurch entsteht im Nullpunkt ein Knick, der in der tatsächlichen Kennlinie natürlich nicht vorhanden ist.

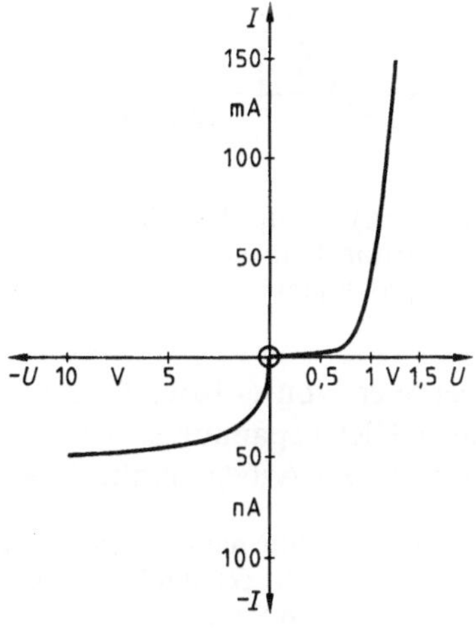

1.11
I-U-Charakteristik einer Si-Halbleiterdiode mit unterschiedlichen Maßstäben für Fluß- und Sperrgebiet

Nach Gl. (1.18) steigt der Sättigungsstrom mit abnehmender Dotierung, so daß die hochohmigere Zone den Hauptbeitrag liefert. Andererseits fällt I_S wegen $n_i^2 \sim \exp(-W_G/kT)$ mit wachsendem Bandabstand W_G; daher haben Si-Dioden einen (um typisch 1–2 Zehnerpotenzen) niedrigeren Sättigungsstrom als Ge-Dioden und sind deswegen als Leistungsbauelemente geeigneter. So gilt z. B. für die Ge-Diode AA 134 im Arbeitspunkt $U = -10$ V typisch $I = -13$ µA; für die Si-Diode BA 147/25 ist $I = -1$ µA bei $U = -10$ V.

Leitwert. Aus Gl. (1.11) erhalten wir den Leitwert G bzw. Widerstand $R = 1/G$ der Halbleiterdiode, den diese im Arbeitspunkt A aufweist (Bild **1**.12):

$$G = \frac{I(U)}{U} = G_0 \cdot \frac{e^{\frac{U}{U_T}} - 1}{\frac{U}{U_T}} \triangleq \operatorname{tg}\alpha. \tag{1.20}$$

Hierin ist

$$\frac{1}{G_0} = R_0 = \frac{U_T}{I_S}$$

der Widerstand im Nullpunkt; er ist für Ge (Si) von der Größenordnung 10 kΩ (100 kΩ).

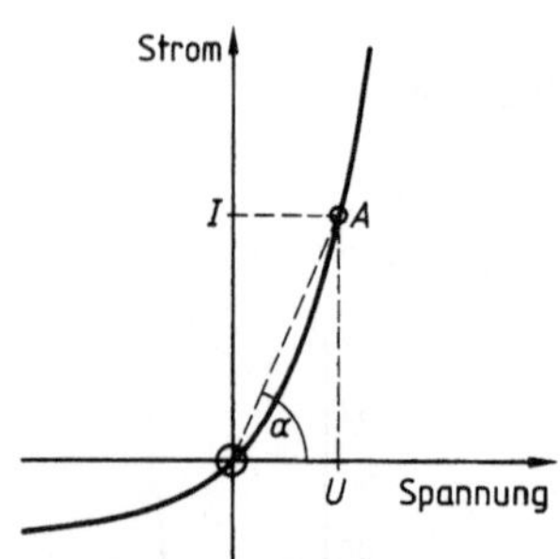

1.12 Erläuterung des Gleichstrom-Leitwertes einer pn-Diode

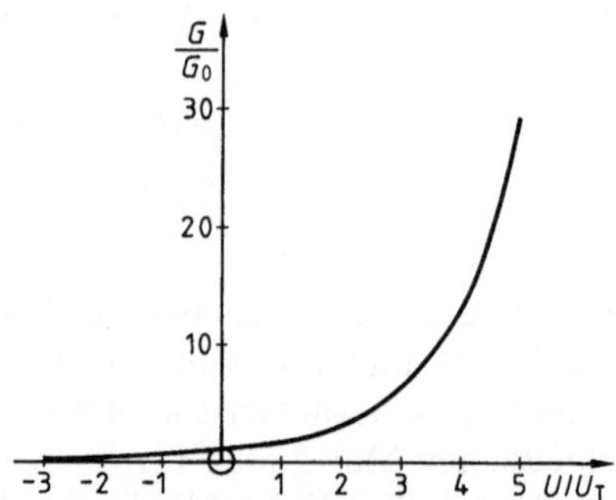

1.13 Spannungsabhängigkeit des Gleichstrom-Leitwertes einer pn-Diode

Der Wert von G bzw. R spielt für die Einstellung des Arbeitspunktes A mittels einer Gleichspannungs- bzw. Gleichstrom-Quelle eine Rolle. Die Abhängigkeit von G vom Arbeitspunkt A ist in Bild **1**.13 in normierter Form dargestellt.

Beispiel 1.4. Für die Ge-Diode AA 134 gilt bei 25 °C im Arbeitspunkt $U = 0{,}6$ V typisch $I = 2{,}5$ mA, d. h. $G = 4$ mS $\triangleq$ 250 Ω. Für die Si-Diode BAY 147/25 gilt typisch $I = 0{,}1$ mA, d. h. $G = 0{,}46$ mS $\triangleq$ 2,2 kΩ.

1.1.2.2 Die Temperaturabhängigkeit. Die Temperaturabhängigkeit des Stromes I wird nach Gl. (1.11) durch I_S und U_T verursacht. Die Temperaturabhängigkeit von $U_T = kT/e$ ist augenfällig, so daß wir uns gleich dem Sättigungsstrom zuwenden können.

Sättigungsstrom. Dafür gilt nach Gl. (1.18)

$$I_S = A\,e\left[\frac{D_p p_n}{L_p} + \frac{D_n n_p}{L_n}\right],$$

d.h. mit

$D_{n,p} = \mu_{n,p} \cdot U_T$ Einstein-Beziehung (s. Bd. I/3, Gl. (2.94))

$$\left.\begin{aligned} p_n &= \frac{n_i^2}{n_n} \approx \frac{n_i^2}{N_D} \\ n_p &= \frac{n_i^2}{p_p} \approx \frac{n_i^2}{N_A} \end{aligned}\right\} \quad \text{Massenwirkungs-Gesetz Gl. (1.3)}$$

$L_p = \sqrt{D_p \cdot \tau_p}$, $L_n = \sqrt{D_n \cdot \tau_n}$ (s. Bd. I/3, Gl. (2.101))

schließlich

$$I_S = A\,e\,n_i^2\left[\sqrt{\frac{\mu_p}{\tau_p}} \cdot \frac{1}{N_D} + \sqrt{\frac{\mu_n}{\tau_n}} \cdot \frac{1}{N_A}\right] \cdot \sqrt{U_T}\,. \tag{1.21}$$

Berücksichtigt man hier die Temperaturabhängigkeit von n_i^2 gemäß Gl. (1.5a), von $\mu \sim T^{-1,5\,\ldots\,-2,5}$ (s. Bd. I/3, S. 128), so gilt für zwei Temperaturen T und T_0

$$\frac{I_S(T)}{I_S(T_0)} = \left(\frac{T}{T_0}\right)^{2,75\,\ldots\,2,25} \cdot e^{\frac{W_G}{kT_0}\cdot\left(1-\frac{T_0}{T}\right)}.$$

Der weitaus überwiegende Temperatureinfluß stammt von dem Exponentialfaktor, der durch die Intrinsicdichte bedingt ist. In erster Näherung können wir also vereinfacht schreiben

$$\frac{I_S(T)}{I_S(T_0)} = e^{\frac{W_G}{kT_0}\cdot\frac{T-T_0}{T}}$$

bzw. für Temperaturänderungen $\Delta T = T - T_0$ mit $|\Delta T| \ll T_0$

$$\frac{I_S(T)}{I_S(T_0)} = e^{c\cdot\Delta T} \quad \text{mit} \quad c = \frac{W_G}{kT_0^2}. \tag{1.22}$$

Die Theorie liefert für Ge $c=0{,}09$ Grad^{-1} (in der Praxis 0,07–0,1), für Si $c=0{,}14$ (in der Praxis 0,04–0,08). – Die Ursachen für die starken Unterschiede zwischen Theorie und Praxis werden in den Abschnitten 1.1.3.1 und 1.1.3.2 erläutert. – Danach nimmt der Sperrstrom pro 10° Temperaturerhöhung bei Ge (Si) um den Faktor 1,63 (2,07) zu. Da jedoch die Absolutwerte des Sperrstromes bei Si wegen des höheren Bandabstandes W_G wesentlich geringer als bei Si sind, können Si-Bauelemente bis zu höheren Sperrschichttemperaturen ($\leq 200\,°C$) verwendet werden als Ge-Bauelemente ($\leq 100\,°C$).

Diodenstrom. Die Temperaturabhängigkeit von I ist etwas geringer als die von I_S, da $e^{U/U_T}-1$ mit wachsender Temperatur abnimmt. In der graphischen Darstellung der I-U-Charakteristik kann dieser Effekt durch eine Dehnung der U-Skala veranschaulicht werden. Da die exponentielle T-Abhängigkeit von I_S jedoch einen viel größeren Einfluß hat, nimmt auch I mit T stark zu (Bild **1.**14).

Die starke Temperaturabhängigkeit ist charakteristisch für alle diejenigen Halbleiter-Bauelemente, deren Wirkungsweise wesentlich auf dem Vorhandensein von Majoritäts- und Minoritätsträgern beruht (sog. bipolare Halbleiter-Bauelemente wie z. B. auch der Bipolar-Transistor in Kapitel 4).

Temperatur-Durchgriff. Die Stromzunahme bei Temperaturerhöhung kann durch eine Verringerung der Spannung U kompensiert werden. Der Temperaturdurchgriff D_T kennzeichnet diejenige Spannungs**abnahme**, welche die Wirkung von 1° Temperatur**erhöhung** gerade aufhebt. Die Bestimmungsgleichung für D_T lautet daher nach Gl. (1.11)

$$dI = 0 = dI_S \cdot \left(e^{\frac{U}{U_{T_0}}} - 1\right) + I_S \cdot e^{\frac{U}{U_{T_0}}} \cdot \frac{U_{T_0} \cdot dU - U \cdot dU_{T_0}}{U_{T_0}^2};$$

zusammen mit Gl. (1.22) und $U_{T_0} = kT_0/e$ folgt daraus

$$\begin{aligned} D_T = -\frac{dU}{dT_0} &= \frac{k}{e} \cdot \left[\frac{W_G}{kT_0} \cdot \frac{1}{1 + \frac{I_S}{I}} - \ln\left(1 + \frac{I}{I_S}\right)\right] \\ &= \frac{W_G}{eT_0}\left(1 - e^{-\frac{U}{U_{T_0}}}\right) - \frac{U}{T_0}. \end{aligned} \tag{1.23}$$

Numerisch gilt für $T_0 = 300$ K

I/I_S	1	10	100	
Ge	1,05	1,81	1,79	[mV/K]
Si	1,81	3,18	3,30	[mV/K]

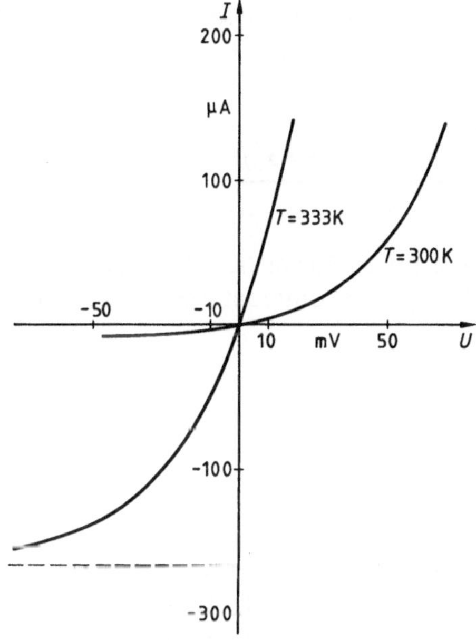

1.14 Temperaturabhängigkeit der Kennlinie einer pn-Diode

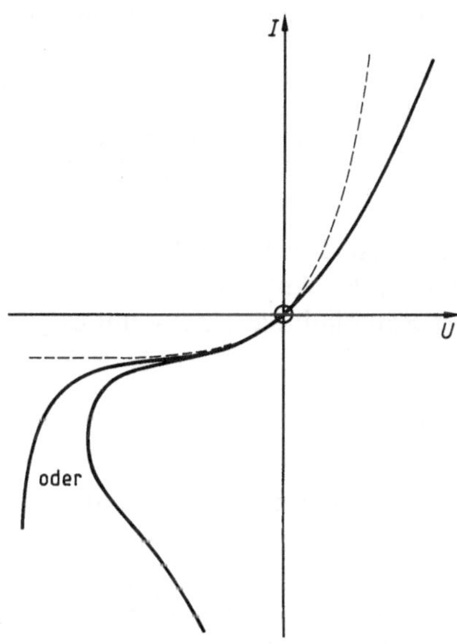

1.15 Kennlinien realer pn-Dioden im Vergleich zur idealen Diode, schematisch

1.1.3 Abweichungen bei realen pn-Übergängen

In Bild **1**.15 ist die *I*-*U*-Kennlinie der bisher behandelten idealisierten Diode zusammen mit denjenigen zweier realer Dioden dargestellt. Die Abweichungen zwischen realen Kennlinien und der idealisierten Kennliniengleichung (1.11) ist eine Folge der Vernachlässigungen, die bei ihrer Ableitung gemacht worden sind. Es treten folgende Unterschiede auf

- im Flußgebiet: Der Stromanstieg erfolgt bei der realen Diode langsamer.
- im Sperrgebiet: Der Sperrstrom ist nicht konstant, sondern wächst mit zunehmender Sperrspannung und mündet schließlich in einen Steilanstieg, wobei auch sog. fallende Charakteristiken entstehen können.

Wir wollen im folgenden darlegen, wie sich die Berücksichtigung der bisher vernachlässigten Effekte auswirkt, um so das Verständnis für die realen *I*-*U*-Charakteristiken zu gewinnen. Dabei werden wir jeweils immer nur einen dieser Effekte berücksichtigen und bzgl. der anderen idealisiertes Verhalten unterstellen. Unsere Betrachtungen haben daher keine strenge quantitative Aussagekraft, sondern dienen nur dem qualitativen anschaulichen Verständnis.

1.1.3.1 Generation und Rekombination in der Raumladungszone. Für den Strom durch die Diode gilt nach Gl. (1.14)

$$\begin{aligned} I &= I_n(x=-x_p)+I_p(x=-x_p) \\ &= \underbrace{I_n(x=-x_p)+I_p(x=x_n)}_{I_1} + \underbrace{(I_p(x=-x_p)-I_p(x=x_n))}_{I_2}. \end{aligned}$$

Hierin ist der Anteil I_1 der bisher allein berechnete Strom (s. Gln. (1.15) und (1.17)); der Anteil I_2 ist der bisher vernachlässigte Rekombinationsstrom I_{RG} in der Raumladungszone; denn es gilt

$$I_p(x=-x_p)-I_p(x=x_n) = -A\int_{-x_p}^{x_n}\frac{\partial S_p}{\partial x}\,dx = Ae\int_{-x_p}^{x_n}(R-G)\,dx. \tag{1.24}$$

Diese Beziehung läßt sich anschaulich leicht verstehen:

Der Löcherstrom kann sich zwischen den Ebenen $x=-x_p$ und $x=x_n$ nur entsprechend dem integralen Überschuß der Rekombinations- über die Generationsrate ändern. Die mathematische Begründung der Gl. (1.24) folgt aus den Gln. (1.54) und (1.56) in Abschn. 1.1.4.2; von dort übernehmen wir auch den expliziten Ausdruck

$$R-G=\frac{np-n_i^2}{\tau_p(n+n_i)+\tau_n(p+n_i)}; \tag{1.25}$$

er gilt für Rekombinationszentren, die energetisch auf der Höhe des Ferminiveaus liegen (wo sie am wirkungsvollsten sind). Nun ist nach Gl. (1.12a)

$$np=n(x_n)\,p(-x_p)\cdot e^{\frac{\varphi(-x_p)-\varphi(x_n)}{U_T}} = n(x_n)\,p(-x_p)\cdot e^{\frac{U-U_D}{U_T}} = n_i^2\cdot e^{\frac{U}{U_T}}.$$

Bei vorgegebener Spannung U wird das Maximum von $R-G$ nach Gl. (1.25) für

$$n=\sqrt{\frac{\tau_n}{\tau_p}}\cdot n_i\cdot e^{\frac{U}{2U_T}},\quad p=\sqrt{\frac{\tau_p}{\tau_n}}\cdot n_i\cdot e^{\frac{U}{2U_T}}$$

angenommen; wir erhalten damit

$$I_{RG}=I_p(x=-x_p)-I_p(x=x_n)<\frac{A\,e\,n_i\,w_R(U)\cdot\left(e^{\frac{U}{U_T}}-1\right)}{\tau_p+\tau_n+2\sqrt{\tau_p\tau_n}\cdot e^{\frac{U}{2U_T}}} \tag{1.26}$$

mit der Breite $w_R(U)=x_n(U)+x_p(U)$ der Raumladungszone.

Dieser zusätzliche Strom hängt also linear von n_i ab, während der Diffusionsstrom nach Gl. (1.11) und (1.19) proportional zu n_i^2 ist; d.h. der Netto-Rekombinationsstrom spielt relativ eine umso größere Rolle, je kleiner n_i, d.h. je größer der Bandabstand W_G ist. Außerdem nimmt der zusätzliche (Sperr-)Sättigungsstrom

$$I_{S,RG} = \frac{A\, e\, n_i\, w_R(-U \gg U_T)}{\tau_p + \tau_n}$$

mit wachsender Sperrspannung zu.

Insgesamt gilt nach den Gln. (1.11), (1.18) und (1.26)

$$\left.\begin{aligned} I &= I_S \cdot \left(e^{\frac{U}{U_T}} - 1\right) + I_{S,RG} \cdot \frac{w_R(U)}{w_R(-U \gg U_T)} \cdot \frac{e^{\frac{U}{U_T}} - 1}{1 + \dfrac{2}{\sqrt{\dfrac{\tau_n}{\tau_p}} + \sqrt{\dfrac{\tau_p}{\tau_n}}} \cdot e^{\frac{U}{2U_T}}} \\ &\approx I_S \cdot \left(e^{\frac{U}{U_T}} - 1\right) + I_{S,RG} \cdot \left(e^{\frac{U}{2U_T}} - 1\right). \end{aligned}\right\} \quad (1.27)$$

Für Materialien mit großem Bandabstand (Si, GaAs) verläuft also die Flußkennlinie bei kleinen Spannungen wie $e^{U/2U_T}$, bei großen gemäß e^{U/U_T}; bei Ge dagegen ist der Verlauf durchgehend durch e^{U/U_T} gegeben.

Beispiel 1.5. Für eine Ge- und Si-Diode soll der Einfluß des Rekombinationsstromes in der Raumladungszone abgeschätzt werden; hierzu ist das Verhältnis der Sättigungsstromanteile $I_{S,RG}/I_S$ zu bilden.

Nach Gl. (1.27) ist mit $L = \sqrt{D \cdot \tau}$

$$\frac{I_{S,RG}}{I_S} = \frac{w_R(-U \gg U_T)}{(\tau_p + \tau_n) \cdot \left(\dfrac{D_n}{L_n \cdot N_A} + \dfrac{D_p}{L_p \cdot N_D}\right)} \cdot \frac{1}{n_i}.$$

Da der erste Faktor für Ge und Si dieselbe Größenordnung hat, wird der unterschiedliche Einfluß des Rekombinationsstromes im wesentlichen durch den Faktor $n_{i,Ge}/n_{i,Si} \approx 2{,}6 \cdot 10^{13} : 1{,}3 \cdot 10^{10} = 2000$ bestimmt. Die genaue Rechnung liefert für $U = -1$ V und bei gleich dotierten Dioden ($N_A = 4{,}2 \cdot 10^{16}\,\text{cm}^{-3}$, $N_D = 9{,}9 \cdot 10^{15}\,\text{cm}^{-3}$ wie in Beispiel 1.1)

für Ge mit den Materialgrößen $D_n = 95\,\text{cm}^2\,\text{s}^{-1}$, $D_p = 45\,\text{cm}^2\,\text{s}^{-1}$, $L_n = 0{,}43$ mm, $L_p = 0{,}3$ mm, und der Sperrschichtweite $w_R = 0{,}278 \cdot \sqrt{1 + \dfrac{1}{0{,}345}}\,\mu\text{m} = 0{,}549\,\mu\text{m}$ nach Gl. (1.12), $U_D = 0{,}345$ V nach Beispiel 1.1

$$\frac{I_{\mathrm{S,RG}}}{I_{\mathrm{S}}} = \frac{1}{3,8},$$

für Si mit den Materialgrößen $D_n = 33\ \mathrm{cm}^2\ \mathrm{s}^{-1}$, $D_p = 13\ \mathrm{cm}^2\ \mathrm{s}^{-1}$; $L_n = 0{,}13$ mm; $L_p = 0{,}06$ mm; mit der gemäß $U_D = 0{,}345\ \mathrm{V} + 0{,}4\ \mathrm{V}$ (s. Gl. (1.5c)) und $\varepsilon_{\mathrm{Si}} = 12$ veränderten Sperrschichtweite $w_R = 0{,}538\ \mu\mathrm{m}$

$$\frac{I_{\mathrm{S,RG}}}{I_{\mathrm{S}}} = 1878.$$

1.1.3.2 Oberflächenrekombination. An der Oberfläche eines Kristalls findet ein nahezu abrupter Übergang zwischen dem periodischen Potential im Kristallinnern und dem (z.B. konstanten) Potential im Außenraum statt. Hierdurch entstehen an der Oberfläche im Energiebereich zwischen Valenz- und Leitungsband, der im Kristallinnern „verboten" ist, zusätzliche erlaubte Energiezustände (sog. Oberflächenzustände). Diese können Donator- oder Akzeptor-Charakter haben und als Rekombinations- bzw. Generationszentren für Ladungsträger wirken, welche aus dem Halbleiter-Innern nach der Oberfläche strömen oder von dort in das Halbleiter-Innere hinein. Dieser Effekt kann durch oberflächlich absorbierte Fremdatome oder durch Gitterfehler noch verstärkt werden.

Die Rekombinations-Generationsvorgänge über diese Oberflächenzustände können im Prinzip nach demselben Modell beschrieben werden wie die Volumenvorgänge. Dabei tritt lediglich an die Stelle der Volumen-Lebensdauer der Ladungsträger ihre sog. Oberflächen-Rekombinationsgeschwindigkeit (s. Bd. I/3, S. 144f.).

Die Oberflächenzustände können bei hinreichend großer Dichte innerhalb einer dünnen Schicht sogar zu einer Inversion des Leitungstyps führen. Diese sog. channel-Bildung stellt dann einen Nebenschluß zum pn-Übergang dar, über den u. U. ein wesentlich größerer (Oberflächen-) Strom als der bisher allein betrachtete Volumenstrom fließen kann. Dieser Effekt macht sich natürlich besonders bei kleinen Volumenströmen bemerkbar, d.h. im Sperrgebiet, und hier besonders bei Silizium-Dioden wegen der niedrigen Sperrströme.

Auch die Oberflächenrekombination bewirkt, daß der Sperrstrom mit betragsmäßig wachsender Sperrspannung dem Betrage nach zunimmt.

1.1.3.3 Verhalten bei großen Strömen

Bahnwiderstand. Bei unseren bisherigen Betrachtungen haben wir angenommen, daß die von außen an die Diode angelegte Spannung U vollständig über der Raumladungszone abfällt. Das trifft streng nicht zu, da der Stromfluß auch längs der Bahngebiete (zwischen Metall-Kontakt und Rand der Raumladungszone) einen Spannungsabfall verursacht. Dieser läßt sich entsprechend der Leitfähigkeit der Bahngebiete durch je einen konzentrierten ohmschen Widerstand R_p bzw. R_n beschreiben (sog. Bahnwiderstände), die zu einem resultierenden Widerstand R_B zusammengefaßt werden können. Danach verbleibt für die Spannung über dem pn-Übergang nur noch der Anteil $U_B - R_B I$; die I-U-Charakteristik wird dadurch gegenüber Gl. (1.11) verändert in

$$I = I_S \cdot \left(e^{\frac{U - R_B \cdot I}{U_T}} - 1\right). \tag{1.28}$$

Dieser Effekt macht sich natürlich besonders in Flußrichtung bemerkbar und führt dort zu einer deutlichen Scherung der Kennlinie (Bild **1**.16).

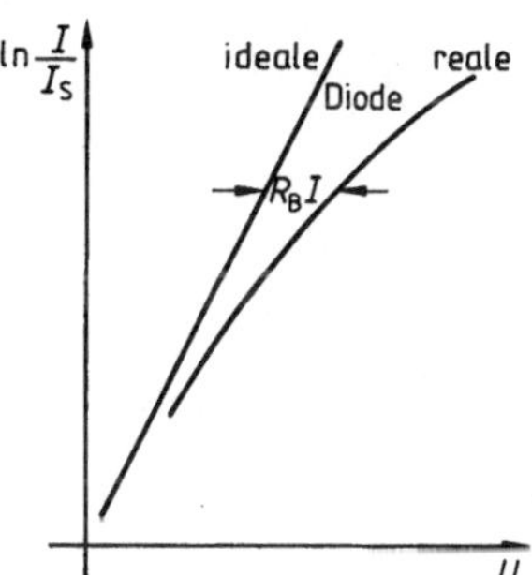

1.16
Einfluß des Bahnwiderstandes R_B auf die Flußkennlinie einer realen pn-Diode

Nach Gl. (1.28) muß man erwarten, daß im Grenzfall sehr großer Ströme die I-U-Charakteristik linear verläuft mit einer Steigung $1/R_B$. Die Praxis zeigt dagegen einen rascheren Anstieg, dessen Zustandekommen im folgenden erklärt wird.

Starke Injektion. Mit wachsender Flußspannung nimmt die Injektion von Elektronen in das p-Gebiet und von Löchern in das n-Gebiet derart zu, daß ihre Konzentration mit den dort vorhandenen Majoritätsträgern vergleichbar wird. Dadurch wird die Näherung „schwache Injektion" hinfällig; es fließen jetzt auch nennenswert Minoritätsträgerfeldströme, wodurch der Bahnwiderstand abnimmt und zwar etwa $R_B \sim 1/\sqrt{I}$; man spricht hier von Leitfähigkeits-Modulation der Bahngebiete. Für die Strom-Spannungs-Charakteristik gilt dann näherungsweise

$$I = I_0 \cdot \left(\frac{U - U_D}{U_T}\right)^2. \tag{1.29}$$

Dabei wächst der Spannungsanteil am Bahnwiderstand

$$R_B = \frac{dU_{R_B}}{dI} \sim \frac{1}{\sqrt{I}}$$

wie folgt

$$U_{R_B} \sim \sqrt{I}.$$

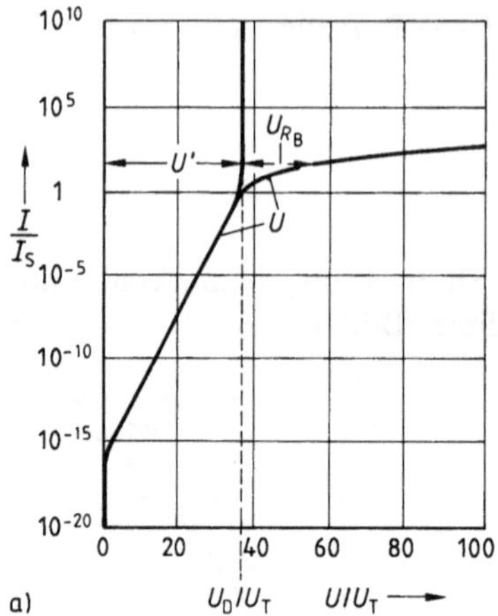

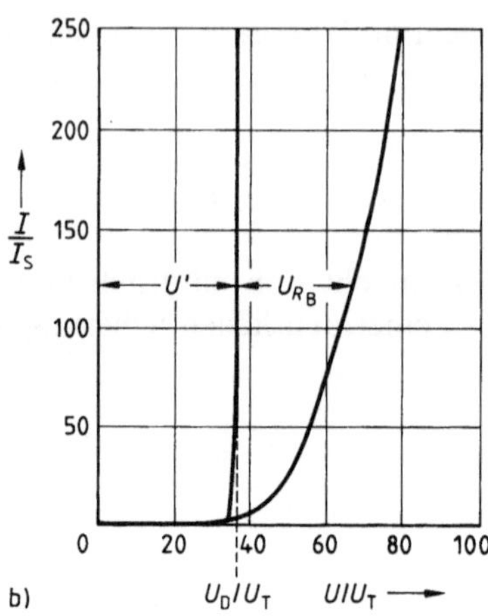

1.17 *I-U*-Charakteristik (einer symmetrischen pn-Diode) bei stromabhängigem Bahnwiderstand (nach [1])

Er nimmt also mit wachsendem Strom I monoton zu und zwar so, daß er näherungsweise die gesamte äußere Spannung U aufnimmt, während der auf die Sperrschicht entfallende Anteil $U' = U - U_{R_B}$ mit wachsendem I asymptotisch dem Wert U_D zustrebt: Die Potentialstufe $U_D - U$ über der Raumladungszone wird also gerade noch nicht ganz abgebaut. Bild **1.**17 zeigt die theoretische *I-U*-Flußcharakteristik unter Berücksichtigung der hier genannten Effekte: Die einfachlogarithmische Darstellung im Teilbild a läßt den anfänglichen exponentiellen Verlauf der idealen Diode und die allmählich einsetzende Scherungswirkung des zunächst stromunabhängigen Bahnwiderstandes erkennen. Aus der linearen Darstellung in Teilbild b erkennt man, daß ein nennenswerter Strom erst nach Überschreitung der Diffusionsspannung U_D fließt.

Wenn man dementsprechend die Flußcharakteristik für nicht zu große Ströme durch eine Gerade approximiert, erhält man die vereinfachte Darstellung nach Bild **1.**18; diese erlaubt eine einfache mathematische Beschreibung verschiedener Anwendungsfälle, z. B. des Schaltverhaltens und des Mischerbetriebs.

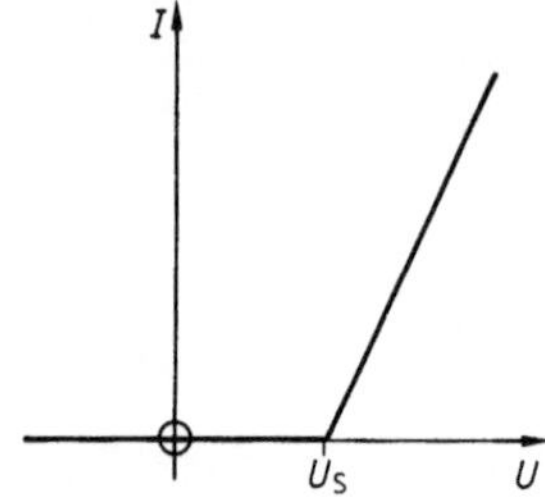

1.18
Annäherung der realen Dioden-Kennlinie durch eine geknickte Gerade

Die sog. Schleusenspannung U_S ist näherungsweise gleich der Diffusionsspannung U_D nach Gl. (1.5b). Sie unterscheidet sich für Si und Ge um

$$U_S(\mathrm{Si}) - U_S(\mathrm{Ge}) = \frac{W_G(\mathrm{Si}) - W_G(\mathrm{Ge})}{e} = 0{,}45\ \mathrm{V}\,.$$

1.1.3.4 Durchbruchserscheinungen. Die im folgenden behandelten Effekte führen sämtlich zu einem Anstieg des Sperrstroms mit wachsender Sperrspannung bis hin zu einem Steilanstieg bei einer charakteristischen Sperrspannung.

Die ideale Diode ist u.a. dadurch gekennzeichnet, daß die Bahngebiete $w_p - x_p$, $w_n - x_n$ groß gegenüber den Diffusionslängen L_p, L_n der jeweiligen Minoritätsträger sind. Dadurch klingen die Diffusionsströme der Minoritätsträger von den Grenzen der Raumladungszone noch weit vor Erreichen der Kontakte praktisch nahezu auf Null ab, und die Minoritätsträger-Konzentrationen stellen sich auf die Gleichgewichtswerte $n = n_p$ bzw. $p = p_n$ ein. Der Strom wird dann praktisch als Majoritätsträger-Feldstrom zu den Kontakten geführt (s. Bild **1.**10).

In der Praxis dagegen sind die Bahngebiete $w_n - x_n$, $w_p - x_p$ oftmals kürzer als die Diffusionslängen L_p, L_n. Dadurch kann z.B. der nachteilige Einfluß des Bahnwiderstandes auf das Signal- und Rauschverhalten reduziert werden. Wenn $(w - x)_{n,p}$ mit $L_{p,n}$ vergleichbar wird oder sogar kleiner als $L_{p,n}$ ist, dann ist der Diffusionsstrom bis zum Erreichen der Kontakte noch nicht abgeklungen. Wenn wir Ohmsche Kontakte (s. dazu Abschn. 1.3.1) voraussetzen, wird an diesen die Minoritätsträger-Konzentration definitionsgemäß auf dem Gleichgewichtswert n_p bzw. p_n gehalten (Bild **1.**19 zeigt das beispielhaft für das p-Gebiet).

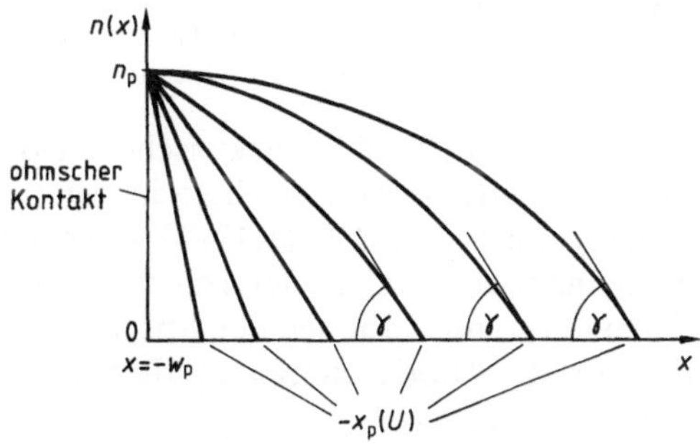

1.19
Minoritätsträgerkonzentration im p-Bahngebiet bei starker Sperrpolung (Parameter: Länge $w_p - x_p(U)$; $\tan\gamma \mathrel{\hat{=}} 1/L_n$)

Da mit wachsender Sperrspannung die Ausdehnungen x_n, x_p der Raumladungszonen zunehmen (Early-Effekt, s. Gl. (1.12)), verringern sich entsprechend die Längen $w_n - x_n$, $w_p - x_p$ der Bahngebiete. Nach Bild **1.**19 ist nun der Diffusionsstrom $\sim (\partial n/\partial x)_{x=-x_p}$ in der Ebene $x = -x_p$ für $w_p - x_p \gg L_n$ von x_p unabhängig, sondern durch L_n bestimmt; in diesem Bereich gilt die *I-U*-Charakteristik Gl. (1.11) der idealen Diode. Mit abnehmendem $w_p - x_p$ ($\approx L_n$, $< L_n$) steigt der Diffusionsstrom in der genannten Ebene schließlich stark an, denn er muß den Konzentrationsunterschied zwischen den konstanten Grenzen $n(x = -w_p) = n_p$

und $n(x=-x_p)\approx 0$ auf einer immer kürzeren Strecke w_p-x_p abbauen. Dies wird quantitativ durch den von der Theorie gelieferten allgemeinen Ausdruck

$$I_S = A\,e\left[\frac{D_n\cdot n_p}{L_n}\cdot\coth\frac{w_p-x_p}{L_n}+\frac{D_p\cdot p_n}{L_p}\cdot\coth\frac{w_n-x_n}{L_p}\right] \tag{1.30}$$

für den (Sperr-)Sättigungsstrom beschrieben; er geht natürlich für $w_n-x_n\ll L_p$, $w_p-x_p\ll L_n$ in Gl. (1.18) über, wie es sein muß.

– Der Early-Effekt tritt auch beim Feldeffekt-Transistor (Abschn. 3.2.1.1) und Bipolar-Transistor (Abschn. 4.2.1) auf und hat dort entsprechende Auswirkungen. –

Durchgreifeffekt. Nach Gl. (1.12) wird für eine bestimmte Sperrspannung U_n bzw. U_p die Strecke x_n bzw. x_p so groß, daß die betreffende Raumladungszone bis zum jeweiligen Ohmschen Kontakt reicht, d.h. $x_n=w_n$ bzw. $x_p=w_p$. Dieser sog. Durchgreifeffekt (im englischen Schrifttum ‚punch through') führt nach Gl. (1.19) auf $I_S=\infty$.

Beispiel 1.6. Für die Ge-Diode aus den Beispielen 1.1 und 1.2 gilt nach Gl. (1.12)

$$U_n=-0{,}345\cdot\left[\left(\frac{w_n}{0{,}225\ \mu m}\right)^2-1\right]V,\quad U_p=-0{,}345\cdot\left[\left(\frac{w_p}{0{,}053\ \mu m}\right)^2-1\right]V$$

d.h. für $w_n=w_p=10\ \mu m$

$$U_n=681\ V,\quad U_p=12{,}3\ kV.$$

Die erforderlichen Spannungen U_n, U_p sind also, außer bei extrem kurzen Dioden, sehr groß; daher führt in der Praxis lange vor ihrem Erreichen bereits einer oder mehrere der im folgenden genannten Effekte zu einem Steilanstieg des Sperrstromes (Durchbruch).

Zener-Durchbruch. Die elektrische Feldstärke E in der Raumladungszone nimmt mit betragsmäßig wachsender Sperrspannung zu, z.B. für einen abrupten pn-Übergang gemäß Gl. (1.12). Für größenordnungsmäßig $E\geq 10^6$ V/cm werden nennenswert Valenzelektronen aus ihren Bindungen gerissen (sog. innere Feldemission) und erhöhen den Sperrstrom; dieser wächst also bei Überschreiten einer für die Diode charakteristischen Sperrspannung $U=-U_Z$ (Zenerspannung) drastisch an.

Der Effekt kann nach dem Bändermodell wie folgt beschrieben werden (s. hierzu Bild 1.20). Durch die angelegte Sperrspannung $U<0$ wird das n-Gebiet gegenüber dem p-Gebiet um die Potentialdifferenz $U_D+|U|$ abgesenkt, wodurch mit Elektronen besetzte Zustände im p-Valenzband und von Elektronen freie Zustände im n-Leitungsstand sich gegenübersehen. Diese Elektronen können ohne Energieänderung in das n-Leitungsband übergehen und erhöhen somit den Sperrstrom.

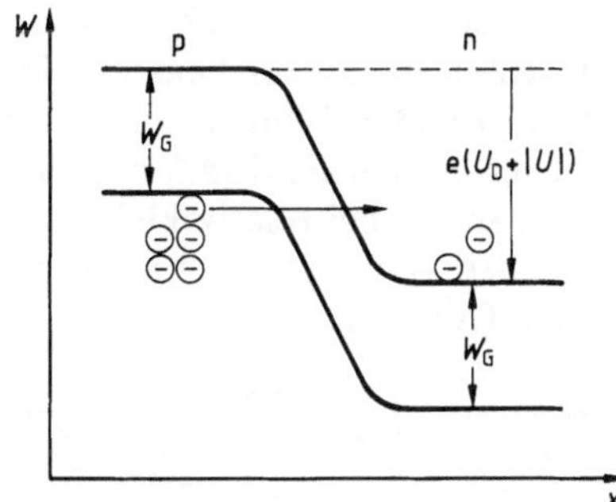

1.20
Bändermodell eines im Gebiet des Zener-Durchbruchs betriebenen pn-Übergangs

Pro Sekunde finden

$$\ddot{u} = \frac{a \cdot e \cdot E}{h} \pi^2 \cdot e^{-\frac{E}{E_{\text{grenz}}}}, \quad E_{\text{grenz}} = \pi^2 \cdot \frac{\sqrt{m_r W_G^3}}{he} \tag{1.31}$$

Übergänge vom unteren in das obere Band statt (E = Stärke des als homogen angenommenen elektrischen Feldes, a = Gitterkonstante, W_G = Bandabstand, $1/m_r = 1/m_n + 1/m_p$). Die Auswertung der Gl. (1.31) für $m_r = m$ sowie $W_G = 0{,}1/0{,}5$ und 2 V zeigt Bild 1.21. Danach ist der Effekt unterhalb $E = E_{\text{grenz}}$ völlig zu vernachlässigen, setzt ab $E = E_{\text{grenz}}$ allerdings abrupt ein; durch die zusätzlich geschaffenen freien Ladungsträger nimmt der Sperrstrom stark zu.

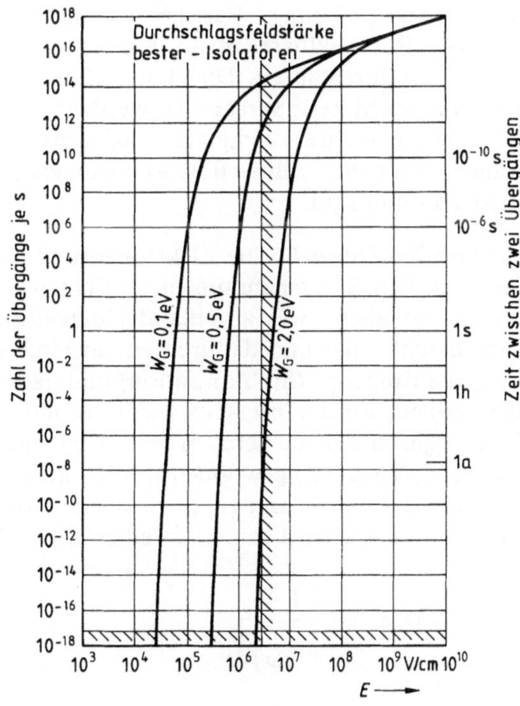

1.21
Zahl der sekundlichen Übergänge eines Kristallelektrons zwischen Valenz- und Leitungsband in Abhängigkeit von der elektrischen Feldstärke E; Gitterkonstante $a = 5$ nm (aus [1])

Die Durchbruchsspannung U_Z ist ≤ 6 V; sie fällt mit wachsender Temperatur (Bild 1.22), da die zur Feldemission erforderliche Energie (= Bandabstand W_G) mit wachsender Temperatur kleiner wird. Die für den Zenerdurchbruch erforderlichen hohen Feldstärken treten in schmalen, d.h. hochdotierten pn-Übergängen schon bei relativ kleinen Sperrspannungen auf. Praktische Anwendung findet der Zener-Effekt in den sog. Zener-Dioden (Abschn. 2.2) und Tunnel-Dioden (Abschn. 2.6.4).

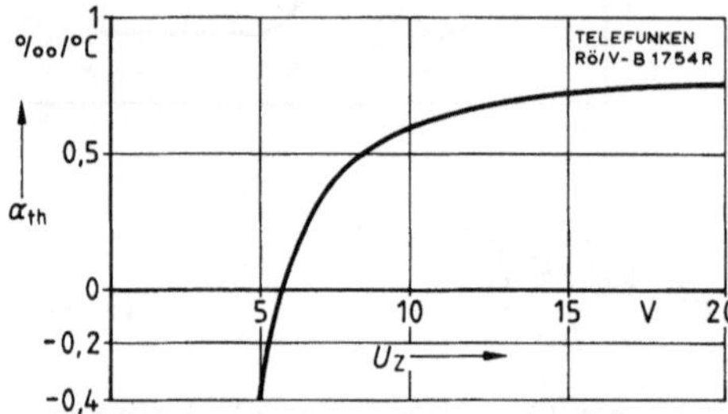

1.22
Temperatur-Koeffizient $\alpha_{th} = (dU_Z/d\vartheta_U)/U_Z$ der Durchbruchsspannung U_Z bei Si; ϑ_U = Umgebungstemperatur (aus [2])

Der Zener-Durchbruch ist reversibel, d.h. der Sperrstrom fällt bei Unterschreitung der erforderlichen Feldstärke bzw. Sperrspannung wieder auf den kleinen Wert I_S nach Gl. (1.19) bzw. (1.30) zurück, sofern zwischenzeitlich ein thermischer Durchbruch vermieden worden ist.

Der Zener-Durchbruch ist ein Beispiel für den sog. wellenmechanischen Tunneleffekt. Danach können Partikel eine nach der klassischen Physik nicht überwindbare Potentialbarriere mit einer gewissen Wahrscheinlichkeit durch „tunneln", also durchlaufen. Dies kann allerdings nur aufgrund der Wellenvorstellung von der Materie verstanden werden; man denke an die Analogie in der Optik: Optisch dichtere Schichten, an denen „klassisch" Totalreflexion erfolgt, können von einer Lichtwelle durchdrungen werden, sofern diese Schichten hinreichend dünn sind.

Lawinen-Durchbruch. Die Elektronen und Defektelektronen werden bei hinreichend großen Sperrspannungen und entsprechenden Feldstärken in der Sperrschicht zwischen zwei aufeinanderfolgenden Stößen mit Gitterbausteinen so stark beschleunigt und dadurch energiereicher, daß sie durch Stoß andere Bindungen aufbrechen (Stoßionisation) und dadurch neue Elektron-Loch-Paare bilden können, welche ihrerseits wieder Stoßionisation bewirken. Damit auf einer Strecke gleich der mittleren freien Weglänge Λ (z.B. $2\cdot 10^{-5}$ cm) eine Energie von ca. 1 eV ($\triangleq W_G$) gewonnen werden kann, ist eine Feldstärke von ca. 50 kV/cm nötig. Es kann dann zu einer lawinenartigen Vermehrung des Sperrstromes kommen. Dieser wird somit um einen Multiplikationsfaktor

$$M = \frac{1}{1 - \int_0^w \alpha(x)\,dx}$$

vervielfacht; hierbei ist vereinfachend angenommen, daß die Ionisationsraten α_n, α_p der Elektronen bzw. Defektelektronen gleich sind, was z.B. für GaAs und GaP zutrifft (s. Bd. I/3, Bild 2.90). Es gilt dann explizit

$$M = \frac{1}{1 - \left(\frac{-U}{U_{BR}}\right)^n} \tag{1.32}$$

(U_{BR} = Durchbruchspannung; n = 1, 5 ... 7 je nach Material und Dotierungsgrad).

Für $-U \rightarrow U_{BR}$ gilt $M \rightarrow \infty$; dieser sog. Lawinen-Durchbruch ist ebenfalls reversibel, sofern thermischer Durchbruch vermieden werden kann.

Da die Bildung einer Lawine eine gewisse Wegstrecke erfordert, tritt der Lawinen-Durchbruch in breiten, d.h. weniger stark dotierten pn-Übergängen auf. Die Durchbruchsspannungen liegen oberhalb 8–10 V; ihre Abhängigkeit von der Dotierung läßt sich für einen abrupten pn-Übergang wie folgt abschätzen: Nach den Gln. (1.10) und (1.12) gilt

$$U_D + U_{BR} = \frac{e}{2\varepsilon_0\varepsilon_r} \cdot E_{max}^2 \cdot \left(\frac{1}{N_A} + \frac{1}{N_D}\right),$$

d.h. bei Zugrundelegung einer festen, für den Durchbruch erforderlichen Feldstärke E_{max} (100 kV/cm bei Ge, 300 kV/cm bei Si, 400 kV/cm bei GaAs)

$$U_D + U_{BR} \approx U_{BR} \sim \frac{1}{N_A} + \frac{1}{N_D}. \tag{1.32a}$$

Bild 1.23 bestätigt diese Überlegung recht gut.

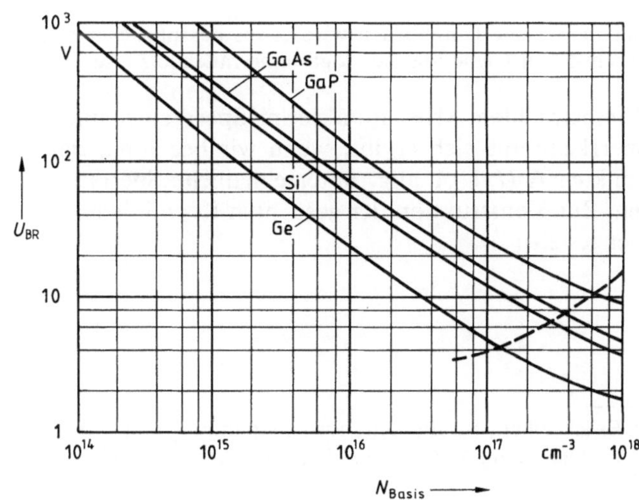

1.23 Lawinen-Durchbruchsspannung U_{BR} eines unsymmetrisch-abrupten pn-Übergangs als Funktion der Basisdotierung; --- Einsetzen des Tunneleffekts (aus [3])

Der Temperatur-Koeffizient von U_{BR} ist positiv (s. Bild 1.22[1])). Das liegt daran, daß (bei Raumtemperatur) die Beweglichkeit der Ladungsträger mit wachsender Temperatur abnimmt (s. Bd. I/3, Bild 2.86). Damit sie zwischen zwei Zusammenstößen mit Gitterbausteinen die zur Lawinenbildung erforderliche Geschwindigkeit $v = \mu E$ erreichen, muß also mit wachsender Temperatur eine immer größere Feldstärke E bzw. Spannung U_{BR} einwirken.

In der Praxis wirken i. allg. Zener- und Lawinen-Effekt gleichzeitig; die Durchbruchsspannungen liegen dann im Bereich zwischen etwas unter 6 und 8–10 V. Speziell bei $U_Z = 5{,}6$ V verschwindet der Temperaturkoeffizient K, was eine in erster Näherung temperaturunabhängige Wirkungsweise der Diode bedeutet. Diese Tatsache wird in den sog. Begrenzerdioden ausgenutzt (s. Abschn. 2.2).

Die Lawinenbildung wird – in Verbindung mit Laufzeiteffekten – in der sog. Impatt-Diode zur Mikrowellenerzeugung ausgenutzt (s. Abschn. 2.6.1).

Thermischer Durchbruch. Wir haben bisher angenommen, daß die betrachtete Diode in jedem Arbeitspunkt $A(I, U)$ dieselbe Temperatur hat; die Kennlinie nach Gl. (1.11) wird daher auch als isotherme Kennlinie bezeichnet. In Wirklichkeit ist wegen der in der Diode erzeugten elektrischen Verlustleistung $P_{el} = UI$ die Sperrschicht-Temperatur T_{sp} vom Arbeitspunkt abhängig – und damit auch I_S und U_T in Gl. (1.11) – und höher als die Umgebungstemperatur T_U. Es stellt sich nun in jedem Arbeitspunkt ein stationärer Zustand ein, der dadurch gekennzeichnet ist, daß P_{el} gleich der an die Umgebung abgeführten Wärme P_{ab} ist; durch dieses Gleichgewicht ist die Sperrschicht-Temperatur festgelegt.

Die Verlustleistung P_{el} nimmt große Werte an

- im Flußgebiet infolge großer Ströme (Hochstrom-Anwendungen),
- im Sperrgebiet infolge großer Sperrspannungen

Der thermische Durchbruch wird etwas ausführlicher behandelt als die übrigen Durchbruchs-Phänomene, da hier sogar eine fallende I-U-Charakteristik auftreten kann.

Wir betrachten Arbeitspunkte im Sperrgebiet und wollen untersuchen, welche Sperrkennlinie sich ergibt, wenn wir beachten, daß zu den einzelnen Arbeitspunkten A (I, U) i. allg. unterschiedliche Sperrschicht-Temperaturen T_{sp} gehören. Zur Konstruktion der gesuchten Kennlinie ist in Bild 1.24 folgendes zusammengestellt:

[1]) Es ist üblich, für die Durchbruchsspannung einheitlich den Buchstaben U_Z zu verwenden unabhängig davon, welcher Durchbruchsmechanismus tatsächlich vorliegt bzw. überwiegt.

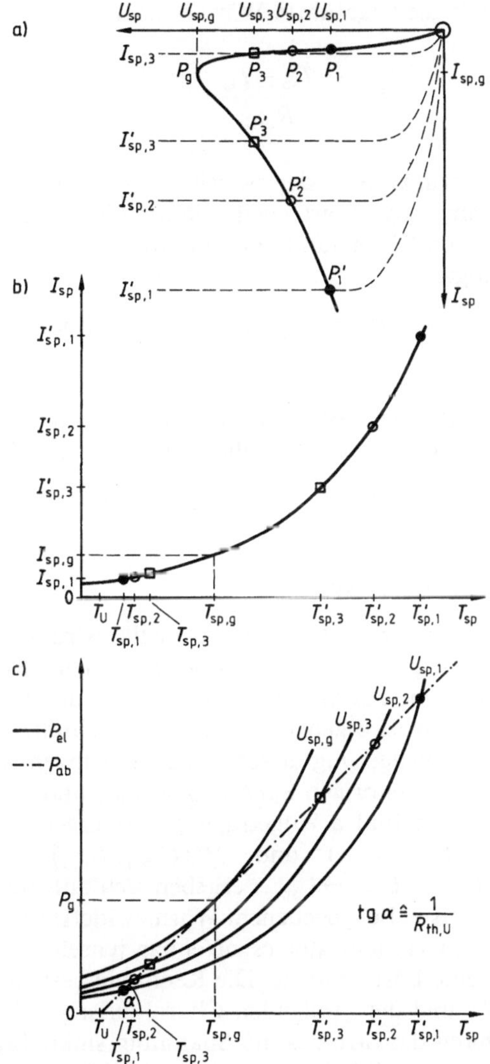

1.24
Zur thermischen Stabilität einer pn-Diode

a) Eine Schar isothermer Sperrkennlinien nach Gl. (1.11), gestrichelt.

b) Die Abhängigkeit des Sperrstromes I_S von der Sperrschicht-Temperatur nach Gl. (1.22):

$$I_S(T_{sp}) = I_{sp} = I_S(T_U) \cdot e^{c \cdot (T_{sp} - T_U)}.$$

Damit erhalten wir

c) die Verlustleistung $P_{el} = UI \approx U_{sp} I_{sp}$ als Funktion von T_{sp} mit U_{sp} als Parameter.

Für die abgeführte Wärme macht man i. allg. den Ansatz

$$P_{ab} = \frac{T_{sp} - T_U}{R_{thU}}. \tag{1.33}$$

Hierin ist R_{thU} der zwischen Sperrschicht und Umgebung (bzw. Gehäuse) wirksame sog. Wärmewiderstand; diese Bezeichnung ist in Analogie zum elektrischen Widerstand gewählt worden, denn die Gl. (1.33) läßt sich nach der Analogie

$$P_{ab} \to \text{Strom}, \quad T_{sp} - T_U \to \text{Spannung}, \quad R_{thU} \to R$$

auch als das „Ohmsche Gesetz der Wärmeleitung" bezeichnen. Man ist bestrebt, R_{thU} möglichst klein zu halten, da dann bei maximal zulässiger Sperrschicht-Temperatur eine möglichst große Verlustleistung abgeführt werden kann.

Beispiel 1.7. Für die Silizium-Planar-Z-Dioden der Reihe BZV 85/C ergibt sich mit $R_{thU} = 175$ K/W bei einer Umgebungstemperatur von 200 °C der Wert $P_{ab} = 1$ W; dieser ist dementsprechend im Datenbuch des Herstellers als maximal zulässige Verlustleistung P_{max} angegeben.

Die gesamte I-U-Charakteristik wird nun ausgehend vom Nullpunkt ($U = 0$, $I = 0$) punktweise wie folgt gewonnen: Für eine gewählte Sperrspannung $U_{sp,1}$ wird die zugehörige P_{el}-Kurve mit der P_{ab}-Geraden gemäß Gl. (1.33) geschnitten; dabei ergeben sich i. allg. 2 Schnittpunkte $T_{sp,1}$ und $T'_{sp,1}$. – Die physikalische Bedeutung dieser beiden Lösungen werden wir weiter unten diskutieren. – Die zugehörigen Sperrströme $I_{sp,1}$ und $I'_{sp,1}$ werden aus Teilbild b entnommen und in Bild a eingetragen; dort ergeben sich somit die beiden Arbeitspunkte $P_1(U_{sp,1}, I_{sp,1})$ und $P'_1(U_{sp,1}, I'_{sp,1})$. Bei Variation der Sperrspannung ($U_{sp,1} \to U_{sp,2} \to U_{sp,3}$) ergeben sich auf diese Weise die Punktepaare P_2, P'_2; P_3, P'_3 usw. Bei gegebenem Wärmewiderstand R_{thU}, d. h. bei gegebener Steigung der P_{ab}-Geraden, gibt es offenbar jenseits einer bestimmten Grenzspannung $U_{sp,g}$ keine Lösung mehr. Die Kennlinie besteht somit aus dem Ast O, P_1, P_2, P_3, ... P_g und der „fallenden Charakteristik" P_g, ..., P'_3, P'_2, P'_1, längs der bei Erhöhung des Stromes die Spannung sinkt. Im ersten Fall ist das Bauelement thermisch stabil, im zweiten instabil, wie die folgende Überlegung zeigt: In den Punkten P gilt nach Teilbild c

$$\frac{dP_{ab}}{dT_{sp}} > \frac{dP_{el}}{dT_{sp}},$$

d. h. bei einer Erhöhung (Erniedrigung) von T_{sp} nimmt die Wärmeabfuhr rascher zu (ab) als die erzeugte Verlustleistung; das wirkt der ursprünglichen Temperatur-Erhöhung (Erniedrigung) entgegen, so daß sich nach einer Übergangszeit der ursprüngliche Zustand wieder einstellt (thermische Gegenkopplung).

Dagegen gilt in den Punkten P_i'

$$\frac{dP_{ab}}{dT_{sp}} < \frac{dP_{el}}{dT_{sp}},$$

hier liegt thermische Mitkopplung vor.

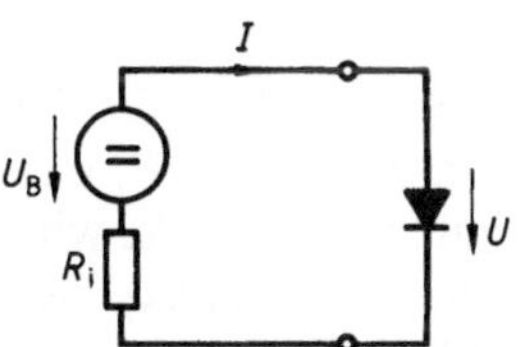

1.25 Zur Einstellung des Arbeitspunktes einer Diode

Im praktischen Betrieb als Begrenzerdiode (s. hierzu Abschn. 2.4) wird eine solche Diode zur Einstellung des Arbeitspunktes z.B. mit einer Gleichspannungsquelle (Leerlaufspannung U_B, Innenwiderstand R_i) verbunden (Bild **1**.25); es gilt dann

$$U_B = U + R_i \cdot I$$

bzw. $$I = \frac{U_B - U}{R_i}. \quad (1.34)$$

Der Schnittpunkt dieser sog. Arbeitsgeraden mit der *I-U*-Charakteristik liefert, je nach der Größe von U_B bzw. R_i, eine unterschiedliche Anzahl von Schnittpunkten (Bild **1**.26).

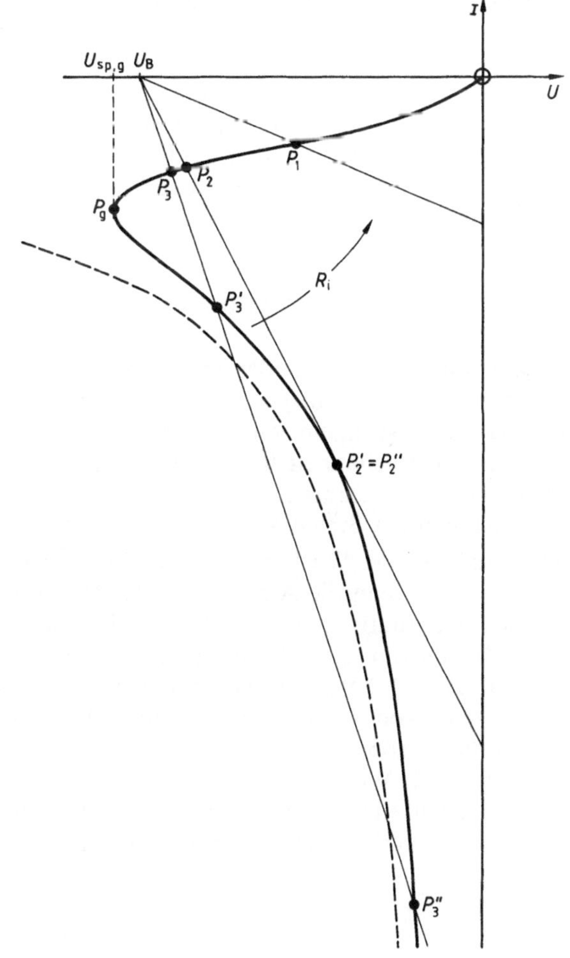

1.26
Thermisch stabile und instabile Arbeitspunkte
(--- Verlustleistungshyperbel $P_{el} = P_{max} = \text{const}$)

Nach unseren vorangegangenen Überlegungen sind die Punkte P_i, P_i'' stabile Arbeitspunkte, die Punkte P_i' instabile. Wenn die Diode z.B. aus dem stabilen Punkt P_1 bzw. P_3 bzw. P_3'' durch eine plötzliche Stromerhöhung oder -erniedrigung ausgelenkt wird, so kehrt sie nach kurzer Zeit in den Zustand P_1 bzw. P_3 bzw. P_3'' zurück; der Ausgleichsvorgang wird von der Zeitkonstante aus R_{thU} und der Wärmekapazität der Diode bestimmt. Wenn sich die Diode dagegen aus dem instabilen PunktP_3' durch eine Strom-Erhöhung (-Erniedrigung) entfernt, so geht sie mit derselben Zeitkonstanten in den benachbarten stabilen Punkt P_3'' (P_3) über. Beim Übergang nach P_3'' besteht dann die Gefahr einer thermischen Zerstörung, weil dann die zulässige Verlustleistung P_{max} vorübergehend überschritten wird.

Nach dem Teilbild 1.24c kann man die Spannung $U_{sp,g}$ dadurch weiter hinausschieben, daß man die Steigung der P_{ab}-Geraden erhöht, d.h. den thermischen Widerstand R_{thU} erniedrigt. Dies kann durch gute Wärmekontakte zwischen Bauelement und (Gehäuse sowie Gehäuse und) Umgebung erreicht werden; als Stichworte seien genannt Wärmeleitpaste, Diamant-Hitzesenken, Kühlbleche, Wärmerohre und -platten. Wenn der durch den Aufbau der Diode bedingte R_{thU}-Wert immer noch zu groß ist, kann die Wärmeabfuhr durch Kühlung der Umgebung vergrößert werden; dadurch sinkt T_U, und die P_{ab}-Gerade wird parallel nach links verschoben. Auch dadurch rückt der Punkt P_g zu höheren Sperrspannungen.

1.1.4 Der wechselstromdurchflossene pn-Übergang

Wenn wir an die Diode außer einer Gleichspannung noch eine Wechselspannung anlegen, so wird sie außer von einem Gleichstrom auch von einem Wechselstrom durchflossen. Nachdem wir die Gleichstrom-Charakteristik $I = I(U)$ bereits in Abschn. 1.1.2 behandelt haben, interessiert uns jetzt der Zusammenhang zwischen dem Wechselanteil der angelegten Spannung und dem dadurch erzeugten Wechselanteil des Stromes.

Die Ermittlung der Wechselstrom-Wechselspannungs-Charakteristik ist dann relativ einfach, wenn die Amplituden der Wechselgrößen hinreichend klein sind; was das quantitativ heißt, werden wir im Laufe der Betrachtungen kennenlernen. Mit diesem sog. Kleinsignalverhalten werden wir uns ausführlich in Abschn. 1.1.4.1 befassen. Wenn dessen Voraussetzungen nicht gegeben sind, spricht man von Großsignalverhalten; dieses liegt z.B. bei Schaltvorgängen vor, wo über größere Bereiche der Strom-Spannungs-Charakteristik hinweg ausgesteuert wird. Wegen des großen mathematischen Aufwandes werden wir uns für diesen Fall mit der Angabe der Grundgleichungen begnügen, welche in der Regel nur numerisch gelöst werden können (s. Abschn. 1.1.4.2).

1.1.4.1 Kleinsignalverhalten

Wechselstrom-Leitwert bzw. -Widerstand. Wir wollen an die Diode eine Spannung $u(t) = U + \delta u(t)$ anlegen. Dann gilt für die ideale Diode nach Gl. (1.11)

$$i(t) = I_S \cdot \left(e^{\frac{u(t)}{U_T}} - 1\right) = I_S \cdot \left(e^{\frac{U+\delta u(t)}{U_T}} - 1\right). \tag{1.35}$$

Mit der Verwendung der Gl. (1.11) haben wir stillschweigend die Annahme gemacht, daß sich die Wechselspannung $\delta u(t)$ – welche nicht notwendig harmonisch zu sein braucht – so langsam ändert, daß der Strom $i(t)$ in jedem Zeitpunkt praktisch gleich dem stationären Wert $I(u(t))$ für die momentane Diodenspannung $u(t)$ zum selben Zeitpunkt ist. Was in diesem Sinn „langsam veränderlich" heißt, werden wir im Laufe unserer Betrachtungen kennenlernen (s. die Gln. (1.45) und (1.46b)).

Aus Gl. (1.35) folgt durch eine Reihenentwicklung

$$\begin{aligned} i(U + \delta u(t)) &= i(U) + \left(\frac{di}{du}\right)_U \cdot \delta u(t) + \frac{1}{2!}\left(\frac{d^2 i}{du^2}\right)_U \cdot (\delta u(t))^2 + \cdots \\ &= I_S \cdot \left(e^{\frac{U}{U_T}} - 1\right) + \underbrace{\frac{I_S}{U_T} \cdot e^{\frac{U}{U_T}} \cdot \delta u(t) + o((\delta u(t))^2)} \\ &= I + \delta i(t) \quad . \end{aligned}$$

Sofern $|\delta u(t)| \ll U_T$ (≈ 25 mV bei Raumtemperatur) ist, dürfen wir die Reihenentwicklung nach dem in $\delta u(t)$ linearen Term abbrechen; dann liegt Kleinsignalverhalten im oben gemeinten Sinn vor. Wir erhalten dann für den Wechselstromanteil

$$\delta i(t) = \frac{I_S}{U_T} \cdot e^{\frac{U}{U_T}} \cdot \delta u(t) \quad \text{bzw.} \quad \frac{\delta i(t)}{\delta u(t)} = \frac{I_S}{U_T} \cdot e^{\frac{U}{U_T}} = \left(\frac{dI}{dU}\right)_U . \tag{1.36}$$

Die Diode stellt also im Arbeitspunkt $A(I, U)$ bzgl. eines Wechselstromes einen Leitwert

$$G_D = \left(\frac{dI}{dU}\right)_U = \frac{I_S}{U_T} \cdot e^{\frac{U}{U_T}} = \frac{I + I_S}{U_T} \triangleq \operatorname{tg}\beta \quad \text{in Bild } \mathbf{1.27} \tag{1.37}$$

dar; G_D wird Wechselstrom- oder dynamischer oder differentieller Leitwert, auch Diffusionsleitwert, genannt. Es ist anschaulich einleuchtend, daß die Diode einer Gleichspannung einen anderen Widerstand entgegensetzt als einer Wechselspannung; denn im ersten Fall wird im Arbeitspunkt der Quotient von Strom

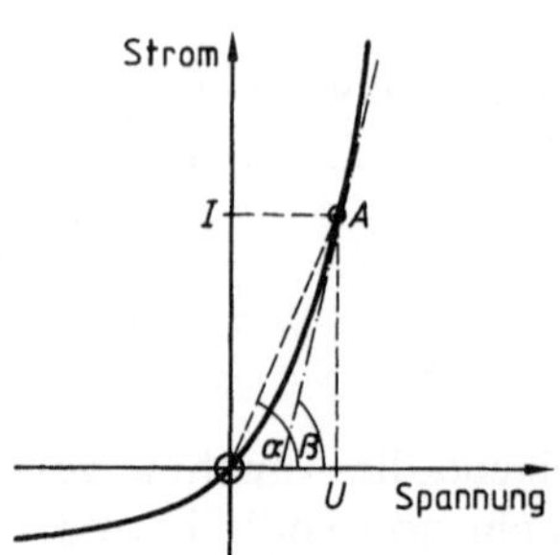

1.27 Erläuterung des Wechselstrom-Leitwertes einer Diode

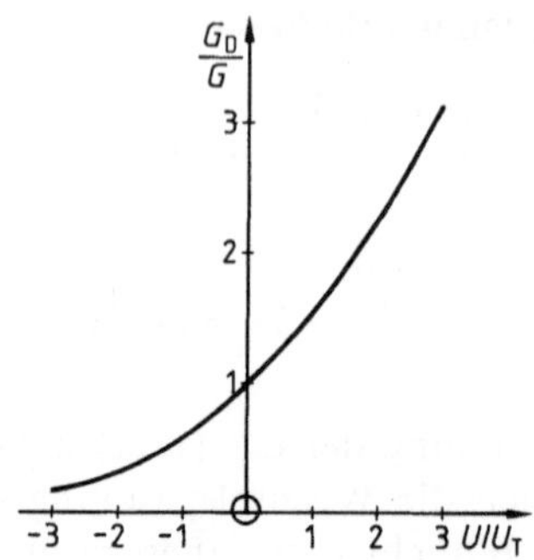

1.28 Spannungsabhängigkeit des Leitwertverhältnisses G_D/G einer pn-Diode

und Spannung gebildet, im zweiten Fall der Quotient der Änderungen von Strom und Spannung.

Bezieht man den differentiellen Leitwert G_D auf den Leitwert G nach Gl. (1.20), erhält man die Ungleichung

$$\frac{G_D}{G} = \frac{I + I_S}{I} \cdot \frac{U}{U_T} = \frac{\frac{U}{U_T}}{1 - e^{-\frac{U}{U_T}}} \begin{cases} > 1 & \text{für} \quad U > 0 \\ < 1 & \text{für} \quad U < 0 \end{cases} \tag{1.38}$$

in der nach Bild **1.27** G durch die Sekante in A, G_D durch die für $U > 0$ ($U < 0$) steilere (flachere) Tangente erklärt ist (s.a. Bild **1.28**).

Beispiel 1.8. Die Si-Diode BA 221 führt für $U = 0{,}85$ V den Strom $I = 100$ mA, d.h. $1/G = 8{,}5\ \Omega$ und $1/G_D = 0{,}25\ \Omega$.

Aus Gl. (1.37) folgt für $T = 300$ K ($\hat{=}\ U_T = 25{,}9$ mV)

$$G_D = \frac{I + I_S}{U_T} \cdot 38{,}6\ \text{mS}\,.$$

Stattdessen wird oft die Formel verwendet (1.39)

$$G_D \approx \frac{I}{\text{mA}} \cdot 40\ \text{mS}\,,$$

welche offenbar für Ströme $I \gg I_S$ eine gute Näherung darstellt.

Bei der Herleitung von G_D haben wir die Einschränkung gemacht, daß die Zeitfunktion $\delta u(t)$ hinreichend langsam veränderlich ist, also nur (eine oder mehrere) Komponenten niedriger Frequenzen enthält. Für höhere Frequenzen sind zusätzliche dynamische Effekte der Ladungsträgerbewegung zu berücksichtigen, die durch kapazitive Ersatzleitwerte beschrieben werden können. Diese Kapazitäten können natürlich nicht mehr aus der stationären Strom-Spannungs-Kennlinie Gl. (1.11) ermittelt werden, da der momentane Stromwert $i(t)$ nicht mehr nur vom gleichzeitigen Spannungswert $u(t)$ abhängt, sondern Phasenverschiebungen zwischen Strom und Spannung auftreten. Die Grenze zwischen „niedrigen" und „hohen" Frequenzen ist natürlich von Diode zu Diode entsprechend ihrem Aufbau verschieden und wird von der Größe von G_D und den im folgenden beschriebenen kapazitiven Leitwerten bestimmt.

Zur Ermittlung der kapazitiven Komponenten müßte man streng genommen von den instationären Grundgleichungen ausgehen (s. Abschn. 1.1.4.2). Wir wollen stattdessen einen anschaulichen Weg wählen.

Sperrschichtkapazität. Nach Gl. (1.12) ist die Breite x_p bzw. x_n der Raumladungszone und die darin enthaltene Raumladung $+Q$ (im n-Gebiet) $= AeN_D x_n$ bzw. $-Q$ (im p-Gebiet) $= -AeN_A x_p$ von der Größe der anliegenden Spannung U abhängig. Bei Anlegen einer zeitabhängigen Spannung $u(t) = U + \delta u(t)$ ändert sich also auch diese Raumladung gemäß $Q + \delta Q(t)$; die beiden Raumladungszonen wirken also wie ein Kondensator mit der Kapazität

$$C_s = \frac{d(-Q)}{dU} = \frac{\varepsilon A}{x_n + x_p} \tag{1.40}$$

man nennt sie Sperrschichtkapazität. Zu beachten ist, daß sie im Unterschied zur Kapazität eines konventionellen Kondensators mit einem Minuszeichen von Q definiert ist. Das rührt daher, daß dort zur Definition der Kapazität die positive Ladung auf der einen Kondensatorplatte benutzt wird; hier ist sinngemäß $-Q$ die negative Raumladung im p-Raumladungsgebiet, und diese erzeugt in der Ebene $x = -x_p$ durch Influenz die entgegengesetzt gleichgroße positive Ladung Q. Die Analogie zum Plattenkondensator ist also hergestellt.

Die Gl. (1.40) gilt, wie man zeigen kann, nicht nur für einen abrupt-dotierten pn-Übergang, sondern für ein beliebiges Dotierungsprofil $N_D(x)$ bzw. $N_A(x)$. Ein pn-Übergang besitzt also generell eine (Sperrschicht-)Kapazität wie ein konventioneller Plattenkondensator, allerdings mit dem entscheidenden Unterschied, daß der „Plattenabstand"

$$w_R = x_n(U) + x_p(U) \tag{1.41}$$

von der anliegenden Spannung U abhängt.

Für einen abrupten pn-Übergang ist danach unter Benutzung von Gl. (1.12)

$$C_s(U) = \frac{C_{s,0}}{\sqrt{1 - \dfrac{U}{U_D}}} \quad \text{mit} \quad C_{s,0} = A\sqrt{\frac{\varepsilon e}{2U_D} \cdot \left(\frac{1}{N_A} + \frac{1}{N_D}\right)^{-1}} \tag{1.42}$$

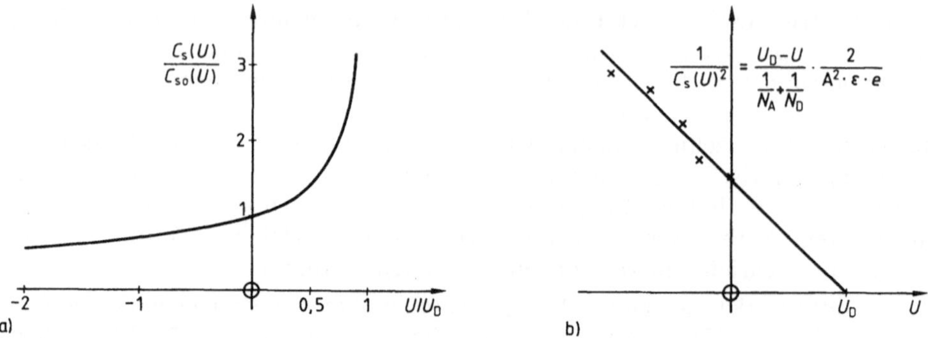

1.29 Zur Sperrschichtkapazität eines abrupten pn-Überganges.
a) Spannungsabhängigkeit, b) indirekte Bestimmung der Diffusionsspannung

(s. Bild **1.**29a). Diese Formel gilt allerdings bei Annäherung an $U = U_D$ nicht mehr, denn dann liegt Hochstromverhalten vor, welches den obigen einfachen Rechengang nicht mehr zuläßt.

Beispiel 1.9. Für die Ge-Diode aus Beispiel 1.1, 1.2 mit $N_A = 4{,}2 \cdot 10^{16}\,\text{cm}^{-3}$, $N_D = 9{,}9 \cdot 10^{15}\,\text{cm}^{-3}$ ist bei Raumtemperatur

$$\frac{C_{s,0}}{A} = \frac{16{,}2}{36 \cdot \pi \cdot 10^{11}} \cdot \frac{\text{AsV}^{-1}\,\text{cm}^{-1}}{(0{,}053 + 0{,}225) \cdot 10^{-4}\,\text{cm}} = 5{,}15 \cdot 10^{-8}\,\frac{\text{F}}{\text{cm}^2}$$

d.h. bei einer wirksamen Fläche von $A = 10^{-4}\,\text{cm}^2$ $C_{s,0} = 5{,}15\,\text{pF}$.

Das Ergebnis Gl. (1.42) gestattet eine experimentelle Bestimmung der Diffusionsspannung eines pn-Übergangs, welche nach den Ausführungen in Abschn. 1.1.1 nicht direkt meßbar ist: Man mißt C_s in Abhängigkeit von U (etwa durch die Verstimmung eines mit der Diode ausgestatteten Schwingkreises) und trägt $1/C_s^2$ über U auf (Bild **1.**29b). Die Extrapolation der durch die Meßwerte gelegten Ausgleichsgeraden schneidet die Spannungsachse bei dem gesuchten Wert $U = U_D$. Außerdem kann man aus der Steigung der Geraden die Größe $1/N_A + 1/N_D$ ermitteln; in stark unsymmetrisch dotierten Dioden ($N_A \gg N_D$ oder $N_A \ll N_D$) erhält man auf diese Weise die Dotierung der hochohmigeren Seite. Die vielfältigen Anwendungsmöglichkeiten der Spannungsabhängigkeit von C_s werden in Abschn. 2.3 erörtert.

Diffusionskapazität. Dies ist ein zweiter kapazitiver Effekt, der das HF-Verhalten der Diode mitbestimmt. Er kommt folgendermaßen zustande: Die in den Bahngebieten vorhandenen Minoritätsträger-Ladungen Q_n, Q_p sind für $U > 0$ größer und für $U < 0$ kleiner als ihre Gleichgewichtswerte (s. die Bilder **1.**8a, b); sie ändern sich also mit der anliegenden Spannung. Die Ladungsneutralität der Bahngebiete wird dadurch praktisch nicht gestört, da nach Bd. I/3 Gl. (2.95) die

Änderung der Minoritätsträger-Menge innerhalb der dielektrischen Relaxationszeit τ_{rel} (typisch 10^{-13} s, also praktisch momentan) durch zu- oder abfließende Majoritätsträger neutralisiert wird. Das Zu- bzw. Abfließen der Minoritätsträger entspricht der Auf- bzw. Entladung eines Kondensators. Für

$$Q_{\mathrm{n}} = -Ae \int_{-w_{\mathrm{p}} \to -\infty}^{-x_{\mathrm{p}}} [n(x) - n_{\mathrm{p}}]\,\mathrm{d}x, \quad Q_{\mathrm{p}} = Ae \int_{x_{\mathrm{n}}}^{w_{\mathrm{n}} \to \infty} [p(x) - p_{\mathrm{n}}]\,\mathrm{d}x$$

erhalten wir unter Benutzung der Gl. (1.16a)

$$Q_{\mathrm{n}} = -Ae n_{\mathrm{p}} L_{\mathrm{n}} \cdot \left(\mathrm{e}^{\frac{U}{U_{\mathrm{T}}}} - 1\right), \quad Q_{\mathrm{p}} = Ae p_{\mathrm{n}} L_{\mathrm{p}} \cdot \left(\mathrm{e}^{\frac{U}{U_{\mathrm{T}}}} - 1\right),$$

also für die Größe der Kapazität

$$C_{\mathrm{D}} = \frac{\mathrm{d}}{\mathrm{d}U}(Q_{\mathrm{p}} - Q_{\mathrm{n}}) = Ae \frac{n_{\mathrm{p}} L_{\mathrm{n}} + p_{\mathrm{n}} L_{\mathrm{p}}}{U_{\mathrm{T}}} \cdot \mathrm{e}^{\frac{U}{U_{\mathrm{T}}}} = G_{\mathrm{D}} \cdot \begin{cases} \tau_{\mathrm{n}} & \text{für } N_{\mathrm{D}} \gg N_{\mathrm{A}} \\ \tau_{\mathrm{p}} & \text{für } N_{\mathrm{A}} \gg N_{\mathrm{D}} \end{cases}. \tag{1.43}$$

Sie heißt Diffusions-Kapazität, da der Transport der Minoritätsträger in den Bahngebieten praktisch ausschließlich durch Diffusion erfolgt; C_{D} ist wie die Sperrschicht-Kapazität spannungsabhängig. Wegen des Exponentialfaktors überwiegt C_{D} im Flußgebiet; im Sperrgebiet ist es i. allg. umgekehrt (Bild **1.30**).

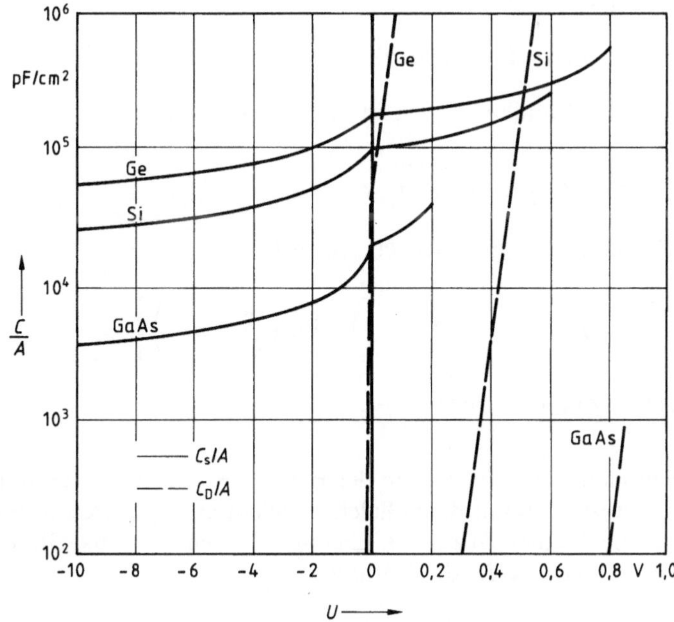

1.30 Sperrschicht- und Diffusionskapazität als Funktion des Arbeitspunktes für je eine GaAs-, Si- und Ge-Diode (nach [4a])

Der Wert von C_D nach Gl. (1.43) ist um den Faktor 2 zu groß; das liegt daran, daß wir C_D aus der stationären Ladungsträgerverteilung gemäß Gl. (1.16a) berechnet haben. Streng genommen hätten wir von den instationären Grundbeziehungen ausgehen und dadurch den Verschiebungsstrom mit berücksichtigen müssen: Nach Abschn. 1.1.4.2 gilt - nach Linearisierung der Grundgleichungen - z.B. im n-Bahngebiet bei Vernachlässigung des Feldstroms der Minoritätsträger

$$\frac{\partial p(x,t)}{\partial t} = D_p \cdot \frac{\partial^2 p(x,t)}{\partial x^2} - \frac{p(x,t)-p_n}{\tau_p} .$$

Mit dem Ansatz

$$p(x,t) = \underset{\text{Gleichanteil}}{p(x)} + \underset{\text{Wechselanteil}}{\mathrm{Re}[\underline{\hat{p}}(x)\cdot e^{j\omega t}]}$$

bei harmonischer Erregung erhalten wir hieraus für $\underline{\hat{p}}(x)$ die Differentialgleichung

$$j\omega\cdot\underline{\hat{p}}(x) = D_p\cdot\underline{\hat{p}}''(x) - \frac{\underline{\hat{p}}(x)}{\tau_p} . \tag{1.44}$$

Bei Anliegen der Spannung

$$u(t) = U + \mathrm{Re}(\underline{\hat{u}}\cdot e^{j\omega t})$$

lautet die Randbedingung in der Ebene $x = x_n$

$$p(x_n, t) = p_n \cdot e^{\frac{u(t)}{U_T}} ,$$

d.h. bei Kleinsignal-Betrieb ($|\underline{\hat{u}}| \ll U_T$)

$$p(x_n, t) = p_n \cdot e^{\frac{U}{U_T}} \cdot \left[1 + \mathrm{Re}\left(\frac{\underline{\hat{u}}}{U_T}\cdot e^{j\omega t}\right)\right]$$

also $\quad \underline{\hat{p}}(x_n) = p_n \cdot e^{\frac{U}{U_T}} \cdot \dfrac{\underline{\hat{u}}}{U_T} .$

Wenn am Kontakt, d.h. in der Ebene $x = w_n$, völlige Rekombination stattfindet, so daß $p(w_n, t)$ mit dem Gleichgewichtswert p_n übereinstimmt, lautet die dortige Randbedingung $\underline{\hat{p}}(w_n) = 0$. Damit erhalten wir aus Gl. (1.44) für ein langes Bahngebiet $w_n \gg \underline{L}_p$ die Lösung

$$\underline{\hat{p}}(x) = p_n \cdot e^{\frac{U}{U_T}} \cdot e^{-\frac{x-x_n}{\underline{L}_p}} \cdot \frac{\underline{\hat{u}}}{U_T}$$

mit $\underline{L}_p = L_p/\sqrt{1+j\omega\tau_p}$.

Hieraus folgt für den Diffusionsstrom in der Ebene $x = x_n$

$$\hat{\underline{i}}_D(x=x_n) = -AeD_p \cdot \left(\frac{\partial\hat{\underline{p}}(x)}{\partial x}\right)_{x=x_n} = Ae \cdot \frac{p_n D_p}{L_p} \cdot \frac{e^{\frac{U}{U_T}}}{U_T} \cdot \sqrt{1+j\omega\tau_p} \cdot \hat{\underline{u}}$$

und damit für den Defektelektronenanteil am Wechselstrom-Leitwert

$$\frac{\hat{\underline{i}}_D}{\hat{\underline{u}}} = \frac{\underline{I}_D}{\underline{U}} = \underline{Y}_D = G_{D,p} \cdot \sqrt{1+j\omega\tau_p}. \qquad (1.45)$$

Für kleine Frequenzen $f \ll 1/2\pi\,\tau_p$ folgt hieraus

$$\underline{Y}_D = G_{D,p} \cdot \left(1 + j\frac{\omega\tau_p}{2}\right), \quad \text{d.h.} \quad C_{D,p} = G_{D,p} \cdot \frac{\tau_p}{2}$$

mit

$$G_{D,p} = Ae \cdot \frac{D_p p_n}{L_p}$$

(vgl. Gl. (1.43)). Bild **1**.31 zeigt die Ortskurve für $\underline{Y}_D$ nach Gl. (1.45) sowie Real- und Imaginärteil als Funktion der Frequenz.

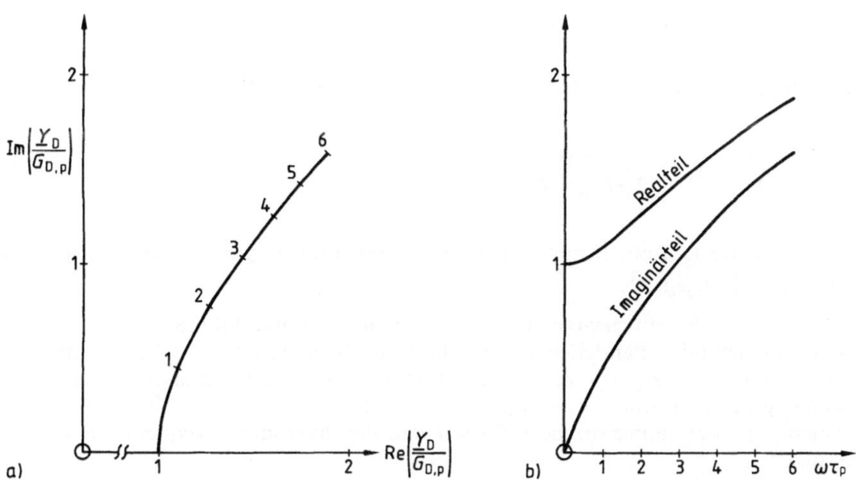

1.31 Diffusionsanteil des normierten Wechselstrom-Leitwertes einer pn-Diode
a) Ortskurve (Parameter: $\omega\tau_p$)
b) Real- und Imaginärteil als Funktion der Frequenz

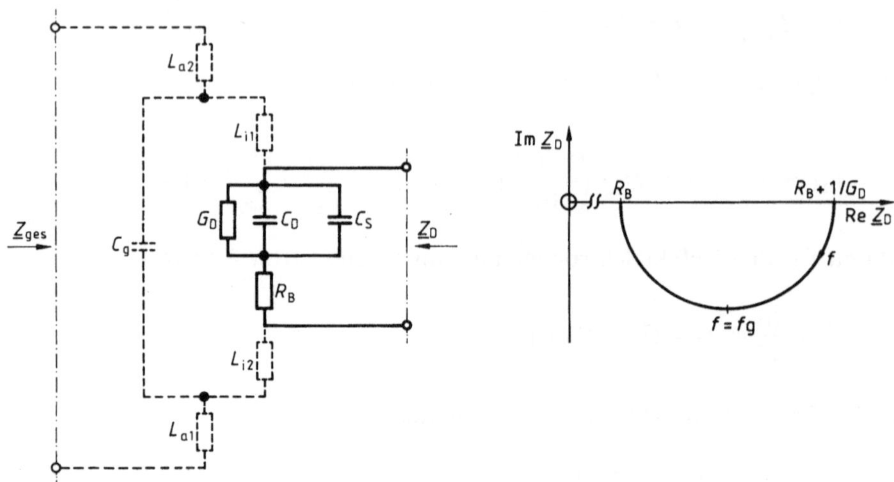

1.32 Wechselstrom-Ersatzschaltung einer realen pn-Diode und Ortskurve ihrer Impedanz

Aus den Größen G_D, C_s und C_D sowie unter Hinzunahme des Bahnwiderstandes R_B erhalten wir die Kleinsignal-Wechselstrom-Ersatzschaltung des realen, ungekapselten Diodenchips (Bild **1**.32). Seine Impedanz bei harmonischer Erregung mit der Kreisfrequenz ω ist

$$\underline{Z}_D = R_B + \frac{1}{G_D + j\omega(C_s + C_D)} = R_B + \frac{1}{\underline{Y}_D'} . \tag{1.46a}$$

Danach spielen die Kapazitäten neben G_D solange keine Rolle, wie

$$\frac{\omega_g}{2\pi} = f_g \ll \frac{G_D}{2\pi(C_s + C_D)} \tag{1.46b}$$

ist. Die Größe f_g heißt innere Grenzfrequenz; man beachte, daß f_g vom Arbeitspunkt unabhängig ist.

In der Praxis muß man zusätzlich die inneren Zuleitungsinduktivitäten $L_{i1,2}$ (durch Zuleitungsdrähtchen oder -bändchen an das Chip), die Gehäusekapazität C_g und äußere Zuleitungsinduktivitäten $L_{a1,2}$ – bei starker Injektion weitere Ersatzinduktivitäten zur Beschreibung der Leitfähigkeitsmodulation der Bahngebiete – berücksichtigen, welche den Frequenzgang der Impedanz beeinflussen und den nutzbaren Frequenzbereich ggf. einschränken.

Rauschen. Mit der Übertragung und Verarbeitung von Nutzsignalen durch Halbleiterbauelemente sind physikalisch bedingte und daher unvermeidliche elektrische Störungen verbunden, welche den Gesetzen der Statistik unterliegen;

man hat sie mit dem Sammelnamen „Rauschen“ oder „Elektronisches Rauschen“ belegt. Diese Störsignale bilden eine natürliche untere Grenze für den Nachweis elektrischer Nutzsignale. Diese Grenze liegt offensichtlich dort, wo die Nutzsignale auf die Größe der Störsignale abgesunken sind. Das Wort ‚Rauschen‘ ist der Alltagssprache entnommen. Tatsächlich kann sich elektronisches Rauschen in einem akustischen Eindruck äußern: Wenn ein Verstärker ohne Nutzsignal auf einen Lautsprecher arbeitet, gibt dieser ein gut hörbares ‚Geräusch‘ ab. – Als Beispiel einer sichtbaren Repräsentation des elektronischen Rauschens sei das Fernsehbild bei abgetrennter Antenne erwähnt, das den Eindruck tanzender Schneeflocken hervorruft. Im folgenden werden die wichtigsten Rauschursachen in Halbleiter-Bauelementen beschrieben.

Thermisches Rauschen. Die quasifreien Ladungsträger in einem Leiter (Elektronen in einem Metall bzw. Elektronen und Defektelektronen in einem Halbleiter), der sich auf der absoluten Temperatur $T > 0$ befindet, führen eine unregelmäßige Bewegung ähnlich der Brownschen Bewegung von Gaspartikeln aus. Als Folge davon entsteht zwischen den offenen Enden des Leiters ein zeitlich statistisch schwankender Ladungsunterschied, der sich von außen als Leerlauf-Rauschspannung $u_{\mathrm{L}}(t)$ nachweisen läßt; bei Kurzschluß fließt entsprechend ein statistisch schwankender Rauschstrom $i_{\mathrm{K}}(t)$ in dem Kreis.

Da für die Ladungsträgerbewegung alle Raumrichtungen gleich wahrscheinlich sind, gilt im zeitlichen Mittel sowohl $\langle u_{\mathrm{L}}(t)\rangle = 0$ als auch $\langle i_{\mathrm{K}}(t)\rangle = 0$. Dagegen sind die quadratischen zeitlichen Mittelwerte $\overline{u_{\mathrm{L}}(t)^2}$, $\overline{i_{\mathrm{K}}(t)^2}$ von Null verschieden, d.h. der ohmsche Widerstand R (bzw. Leitwert $G = 1/R$) auf der Temperatur T stellt einen Generator für thermische Rauschleistung dar. Seine verfügbare, d.h. an einen rauschfrei gedachten Verbraucher derselben Größe R (bzw. G) abgebbare Leistung beträgt nach den Grundgesetzen der Elektrotechnik

$$P_{\mathrm{v}} = \overline{u_{\mathrm{L}}(t)^2}/4R \quad \text{bzw.} \quad P_{\mathrm{v}} = \overline{i_{\mathrm{K}}(t)^2}/4G\,.$$

Die spektrale Zerlegung dieser Leistung führt wegen des statistischen Charakters von $u_{\mathrm{L}}(t)$ bzw. $i_{\mathrm{K}}(t)$ auf ein Kontinuum, d.h. $P_{\mathrm{v}} = \int_0^\infty w(f)\,\mathrm{d}f$ und entsprechend

$$\overline{u_{\mathrm{L}}(t)^2} = \int_0^\infty |\underline{U}_{\mathrm{L}}(f)|^2 \mathrm{d}f, \quad \overline{i_{\mathrm{K}}(t)^2} = \int_0^\infty |\underline{I}_{\mathrm{K}}(f)|^2 \mathrm{d}f$$

mit den spektralen Dichten

$$|\underline{U}_{\mathrm{L}}(f)| = \sqrt{4\,w(f)\cdot R}\,, \quad |\underline{I}_{\mathrm{K}}(f)| = \sqrt{4\,w(f)\cdot G}\,. \tag{1.47}$$

Aus der statistischen Thermodynamik folgt für

$$f \ll \frac{kT}{h} = 20{,}8\,\frac{T}{\mathrm{K}}\,\mathrm{GHz}$$

– das ist für fast alle derzeitigen Anwendungsfälle erfüllt – in sehr guter Näherung

$$w(f) = kT = 4 \cdot 10^{-21} \frac{T}{T_0} \text{ Ws} \tag{1.48}$$

(sog. weißes Rauschen; $T_0 = 290$ K). Für $f < 0{,}1\, kT/h$ bleibt der Fehler unter 5%. Mit Gl. (1.48) folgt aus Gl. (1.47) für das Frequenzintervall $f \ldots f + \Delta f$

$$\left.\begin{aligned} \sqrt{|\underline{U}_\mathrm{L}(f)|^2 \Delta f} &= |\underline{U}_\mathrm{L}| = 4 \sqrt{\frac{R}{\mathrm{k\Omega}} \cdot \frac{\Delta f}{\mathrm{MHz}} \cdot \frac{T}{290\,\mathrm{K}}}\ \mu\mathrm{V} \\ \text{bzw.} \qquad & \\ \sqrt{|\underline{I}_\mathrm{K}(f)|^2 \Delta f} &= |\underline{I}_\mathrm{K}| = 4 \sqrt{\frac{G}{\mathrm{mS}} \cdot \frac{\Delta f}{\mathrm{MHz}} \cdot \frac{T}{290\,\mathrm{K}}}\ \mathrm{nA}. \end{aligned}\right\} \tag{1.49}$$

$|\underline{U}_\mathrm{L}|$ ($\underline{I}_\mathrm{K}$) ist anschaulich der Betrag des Effektivwertes der Leerlaufspannung (des Kurzschlußstromes) eines Sinusgenerators mit dem Innenwiderstand R (Innenleitwert G), der im Frequenzintervall $f \ldots f + \Delta f$ dieselbe verfügbare Leistung abgeben kann wie ein thermisch rauschender Widerstand der Größe R, wenn er sich auf der Temperatur T befindet.
Bild **1**.33 zeigt die beiden zugehörigen äquivalenten Ersatzschaltungen.

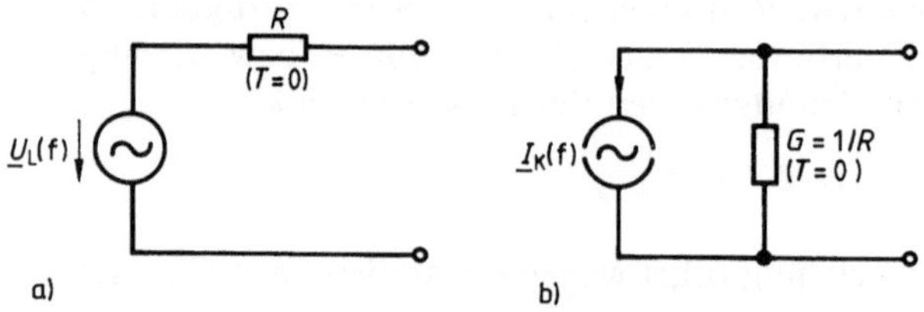

1.33 Ersatzschaltungen eines rauschenden ohmschen Widerstandes bzw. Leitwertes im Frequenzintervall $f \ldots f + \Delta f$
a) Ersatz-Spannungsquelle $|\underline{U}_\mathrm{L}| = \sqrt{|\underline{U}_\mathrm{L}(f)|^2 \cdot \Delta f}$
b) Ersatz-Stromquelle $|\underline{I}_\mathrm{K}| = \sqrt{|\underline{I}_\mathrm{K}(f)|^2 \cdot \Delta f}$

Beispiel 1.10. Wie groß ist in einem Frequenzintervall $\Delta f = 100$ Hz die an einen (rauschfrei gedachten) Lastwiderstand $R_\mathrm{L} = 8 \cdot R$ abgegebene thermische Rauschleistung P_R eines Widerstandes R bei der Temperatur $T = 300$ K? Aus der Ersatzschaltung Bild **1**.33a folgt nach der Spannungsteilerregel für die Spannung an R_L

$$\underline{U}_{R_\mathrm{L}} = \underline{U}_\mathrm{L} \cdot \frac{R_\mathrm{L}}{R_\mathrm{L} + R},$$

d.h.

$$P_R = \frac{|\underline{U}_{R_L}|^2}{R} = \frac{|\underline{U}_L|^2}{R} \cdot \left(\frac{R_L}{R_L+R}\right)^2 = kT\Delta f \cdot \frac{4RR_L}{(R_L+R)^2}.$$

Mit

$$P_v = kT\Delta f = 4 \cdot 10^{-21}\,\text{Ws} \cdot \frac{300}{290} \cdot 10^2\,\text{Hz} = 4{,}14 \cdot 10^{-19}\,\text{W}$$

und $R_L = 8 \cdot R$ folgt $P_R = 1{,}635 \cdot 10^{-19}$ W.

Für einen Zweipol mit der Impedanz $\underline{Z}$ (bzw. Admittanz $\underline{Y} = 1/\underline{Z}$), der sich auf einer einheitlichen Temperatur T befindet, gilt in Erweiterung von Gl. (1.47)

$$|\underline{U}_L(f)| = \sqrt{4w(f) \cdot \text{Re}\,\underline{Z}}, \quad |\underline{I}_K(f)| = \sqrt{4w(f) \cdot \text{Re}\,\underline{Y}}.$$

Hieraus folgt insbesondere, daß Blindwiderstände thermisch nicht rauschen.

Thermische Rauschstörungen können gemäß Gl. (1.49) durch Kühlung des Widerstandes reduziert werden. Von dieser Möglichkeit kann in all denjenigen Schaltungen Gebrauch gemacht werden, welche ausschließlich oder überwiegend thermische Rauschquellen enthalten, z.B. parametrische Schaltungen (s. Abschn. 2.4.1) und Feldeffekt-Transistoren (s. Abschn. 3.2.3).

Schrotrauschen. Während das thermische Rauschen bereits ohne makroskopische Bewegung von Ladungsträgern in einem Leiter auftritt, entsteht das Schrotrauschen erst in Verbindung mit einem makroskopischen Stromfluß $i(t)$, und zwar immer dann, wenn Ladungsträger in statistischer Weise Grenzflächen zwischen 2 Medien überschreiten. Beispiele hierfür sind die Emission von Elektronen aus einer geheizten Kathode in das Vakuum hinein sowie das Passieren von pn-Übergängen durch Elektronen und Defektelektronen in Halbleiterdioden bzw. -Transistoren. Der erste Effekt hat dieser Rauschursache ihren Namen gegeben: Das durch die unregelmäßige Emission bewirkte unregelmäßige Auftreten der Elektronen auf die Anode einer Elektronenröhre hat Ähnlichkeiten mit dem Aufprall von Schrotkugeln auf ein Ziel.

Hier ist $\overline{i(t)} = I \neq 0$ (Bild **1.34**). Die spektrale Zerlegung des Rauschanteils $i_R(t) = i(t) - I$ folgt aus der „Leistungsbilanz“

$$\overline{i_R(t)^2} = \int_0^\infty |\underline{I}_R(f)|^2 \, df.$$

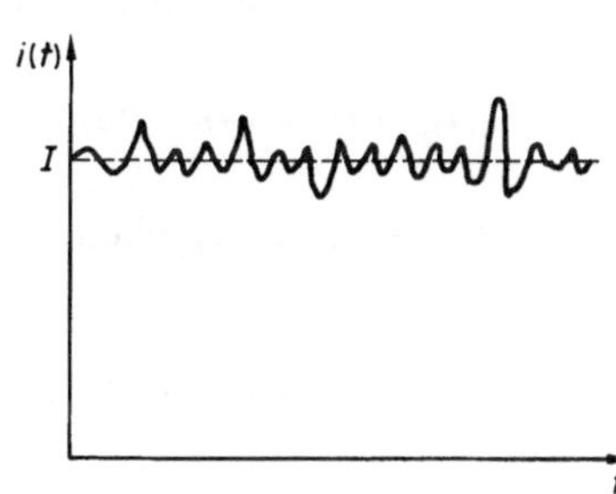

1.34
Mit Schrotrauschen $i_R(t)$ behafteter Strom $i(t)$, schematisch

Das Schrotrauschen ist eine unvermeidbare Rauschquelle bei Dioden sowie konventionellen Verstärkern und Mischern mit Sperrschicht-Steuerstrecken; denn die dort verwendeten Schottky- und Tunneldioden sowie Bipolartransistoren müssen stets in Arbeitspunkten mit $I \neq 0$ betrieben werden, da die zur Verstärkung eines HF-Signals erforderliche Leistung aus diesem Gleichstrom entnommen wird. Falls im Arbeitspunkt ein vernachlässigbar kleiner Gleichstrom fließt, ist das Schrotrauschen von untergeordneter Bedeutung (z. B. in den parametrischen Schaltungen, s. Abschn. 2.4.1). Das gilt auch beim FET, da über die Steuerstrecke nur ein vernachlässigbar kleiner Sperrstrom fließt.

Für die Ladungsträgerübergänge in Elektronenröhren im Sättigungs- und Anlaufgebiet gilt für Frequenzen $f \ll 1/(2\pi\tau_L)$ (τ_L = Laufzeit der Ladungsträger im Entladungsraum)

$$|\underline{I}_R(f)|^2 = 2eI.$$

Diese Beziehung kann auch auf die einzelnen über einen pn-Übergang fließenden Stromanteile angewendet werden. Der über den pn-Übergang fließende Strom setzt sich nach den Gln. (1.11) und (1.17) aus 4 Komponenten zusammen:

Diffusionsstrom von

Elektronen	$I_{sn} \cdot e^{U/U_T}$
Defektelektronen	$I_{sp} \cdot e^{U/U_T}$

Feldstrom von

Elektronen	$-I_{sn}$
Defektelektronen	$-I_{sp}$.

Da die zugehörigen Rauschströme voneinander statistisch unabhängig sind, addieren sich ihre quadratischen Mittelwerte, d. h.

$$|\underline{I}_R(f)|^2 = 2e \cdot \left[I_{sn} \cdot e^{\frac{U}{U_T}} + I_{sp} \cdot e^{\frac{U}{U_T}} + I_{sn} + I_{sp}\right] = 2e(I + 2I_S). \qquad (1.50a)$$

Unter Benutzung des Wechselstrom-Leitwertes G_D nach Gl. (1.37) können wir dieses Ergebnis in der Form schreiben

$$|\underline{I}_R(f)|^2 = (4kT \cdot G_D - 2eI).$$

Ohne Beweis sei angegeben, daß für höhere Frequenzen die entsprechende Formel

$$|\underline{I}_R(f)|^2 = (4kT \cdot \mathrm{Re}\,\underline{Y}_D(\omega) - 2eI)$$

gilt, in der $\underline{Y}_D(\omega)$ die komplexe Dioden-Admittanz ist. Für die stromlose Diode

($I=0$) gilt

$$|\underline{I}_R(f)|^2 = 4kT\cdot[\mathrm{Re}\,\underline{Y}_D(\omega)]_{I=0}.$$

Die Diode rauscht dann wie ein thermisch rauschender Leitwert entsprechend der Kennliniensteigung im Nullpunkt; das muß auch so sein, da sich die Diode dann im thermodynamischen Gleichgewicht befindet.

1/f-Rauschen. Bei einer Vielzahl von physikalischen und technischen Systemen treten Schwankungsvorgänge mit einer spektralen Leistungsdichte auf, welche bei tiefen Frequenzen $\sim 1/f^b$ mit $b \approx 1$ ist. Man spricht daher - unabhängig von der physikalischen Ursache - von $1/f$-Rauschen bzw. von Überschuß-Rauschen (excess noise); früher nannte man es Funkel-Rauschen, da dieser Effekt zuerst in Verbindung mit der unregelmäßigen Emission von Oxydkathoden beobachtet worden ist.

Als Ursache des $1/f$-Rauschens kommen Oberflächen- und Leckströme in Betracht.

Das $1/f$-Rauschen dominiert typisch im Frequenzbereich unter 0,1 ... 10 kHz – die Eckfrequenz f_c hängt von Dioden-Form und -Technologie ab –, darüber wird es von dem meist gleichzeitig vorhandenen thermischen oder Schrotrauschen überdeckt. Es gilt

$$|\underline{I}(f)|^2 = k_{ü}\cdot I^a/f^b \quad \text{mit} \quad 1<a,\, b<2. \tag{1.50b}$$

Im Bereich des Lawinen-Durchbruchs (aber nicht des Zener-Durchbruchs!) wird ein starkes Anwachsen des Rauschens beobachtet gemäß

$$|\underline{U}(f)|^2 = \mathrm{const}\cdot\frac{U_{BR}^2}{I}\cdot\frac{1}{\left[1-\left(\frac{\omega}{\omega_A}\right)^2\right]^2}$$

(U_{BR} = Durchbruchsspannung, I = Durchbruchsstrom, const $\approx 3{,}3\cdot10^{-20}$ As, $\omega_A \sim \sqrt{I}$ = sog. Lawinenfrequenz $\approx$ 1–10 GHz). Es wird auf sog. Mikroplasmen zurückgeführt, längs denen der Durchbruchsstrom vorzugsweise fließt, und die sich statistisch ein- und ausschalten. Praktische Anwendung findet dieser Mechanismus in den sog. Rauschdioden.

Die statistisch ablaufenden Generations- und Rekombinationsprozesse in einem Halbleiter geben ebenfalls Anlaß zu einem Rauschstrom; hierfür gilt

$$|\underline{I}(f)|^2 \sim \frac{\tau}{1+(\omega\tau)^2},$$

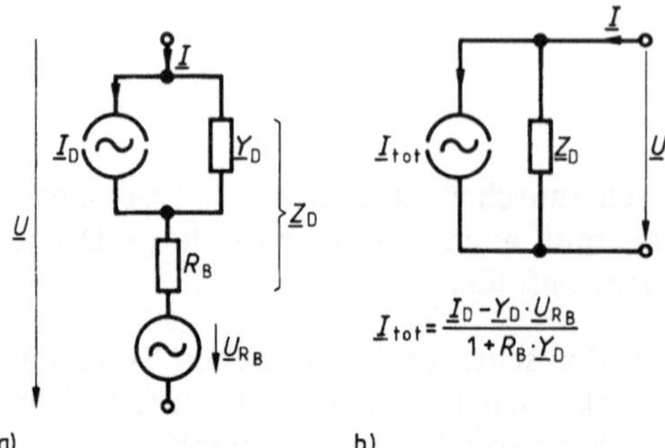

1.35
Rausch-Ersatzschaltung eines pn-Diodenchips
a) explizite,
b) verkürzte Darstellung

wobei τ durch die (mittlere) Lebensdauer der Ladungsträger bestimmt wird (typisch 1 ... 10 µs). Durch die Überlagerung mehrerer derartiger Spektren mit geeignet gewählten τ-Werten entsteht angenähert eine $1/f$-Verteilung.

Aus den vorstehenden Bemerkungen ergibt sich die Rausch-Ersatzschaltung des pn-Übergangs gemäß Bild **1.35** (vgl. die Signal-Ersatzschaltung in Bild **1.32**):

Da die einzelnen Rauschquellen in Bild **1.35** voneinander statistisch unabhängig sind, gilt für die totale Rauscheinströmung

$$|\underline{I}_{\text{tot}}|^2 = \frac{|\underline{I}_\text{D}|^2 + |\underline{Y}_\text{D}|^2 \cdot |\underline{U}_{\text{R}_\text{B}}|^2}{|1 + R_\text{B} \cdot \underline{Y}_\text{D}|^2}$$

mit $|\underline{U}_{\text{R}_\text{B}}|^2 = 4k\,T_\text{B} \cdot R_\text{B} \cdot \Delta f$ (T_B = Temperatur des Bahnwiderstandes) und

$$|\underline{I}_\text{D}|^2 = [2e(I + 2I_\text{S}) + k_\text{ü}\,|I|^a/f^b] \cdot \Delta f$$

bei Beschränkung auf Schrot- und $1/f$-Rauschen gemäß den Gln. (1.50a, b). Hieraus erhalten wir die verfügbare Rauschleistung im Frequenzintervall $f \ldots f + \Delta f$

$$P_\text{v} = \frac{|\underline{I}_{\text{tot}}|^2}{4 \cdot \text{Re}\left(\dfrac{1}{R_\text{B} + \dfrac{1}{\underline{Y}_\text{D}}}\right)} = k \cdot T_{\text{äqu}} \cdot \Delta f.$$

$T_{\text{äqu}}$ ist die sog. äquivalente Rauschtemperatur der Diode. Sie hat folgende anschauliche Bedeutung: Ein ohmscher Widerstand von der Größe des Realteils der Diodenimpedanz $\text{Re}(R_\text{B} + 1/\underline{Y}_\text{D})$ liefert bei der Temperatur $T_{\text{äqu}}$ dieselbe verfügbare thermische Rauschleistung P_v wie die Diode.

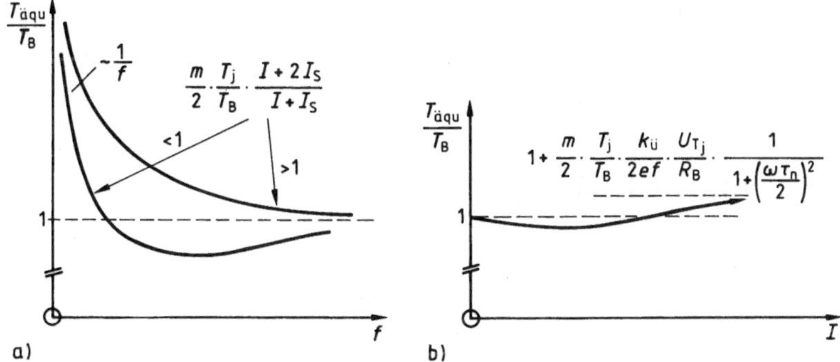

1.36 Äquivalenter Rauschfaktor eines pn-Diodenchips als Funktion a) der Frequenz, b) des Stromes $\left(\text{für den praktisch interessanten Fall } \frac{m}{2}\cdot\frac{T_j}{T_B} < 1\right)$

Für a = 2, b = 1 ist der sog. äquivalente Rauschfaktor

$$\frac{T_{äqu}}{T_B} = 1 + \frac{\frac{m}{2}\cdot\left[\frac{\frac{k_ü}{2e}\cdot\frac{I^2}{f}+I_S}{I+I_S}+1\right]\cdot\frac{T_j}{T_B}-1}{1+R_B\cdot G_D\cdot[1+(\omega C/G_D)^2]}. \tag{1.51}$$

in Bild **1.36a** als Funktion der Frequenz und in Bild **1.36b** als Funktion des Stromes qualitativ dargestellt; dazu ist

$$G_D = \frac{dI}{dU} = \frac{I+I_S}{m\cdot U_{T_j}}$$

mit $U_{T_j} = \frac{kT_j}{e}$, T_j = Temperatur der Sperrschicht und $C = C_s + C_D$ zu setzen mit m = 1 für die ideale Diode (s. Gl. (1.37)) bzw. m = 2 bei Berücksichtigung von Generation und Rekombination in der Raumladungszone (vgl. Gl. (1.27)). Der äquivalente Rauschfaktor durchläuft bei kleinen Strömen I, die allerdings schon groß gegenüber I_S sind, ein i. allg. flaches Minimum etwas unterhalb des Wertes 1 und steigt für große Ströme durch den Einfluß des $1/f$-Rauschens auf einen endlichen Grenzwert, der oberhalb von Eins liegt.

1.1.4.2 Großsignalverhalten. Wir begnügen uns hier mit der Angabe des zu lösenden Systems von Differentialgleichungen.

Konvektionsstrom-Dichte:

$$\vec{S}_p = -eD_p \operatorname{grad} p + e\mu_p p\vec{E}, \quad \vec{S}_n = eD_n \operatorname{grad} n + e\mu_n n\vec{E} \tag{1.52}$$

Gesamtstrom-Dichte:

$$\vec{S} = \vec{S}_p + \vec{S}_n + \varepsilon \cdot \frac{\partial \vec{E}}{\partial t} \tag{1.53}$$

Kontinuitäts-Gleichungen:

$$\frac{\partial p}{\partial t} = -\frac{1}{e} \cdot \operatorname{div} \vec{S}_p - (R - G), \quad \frac{\partial n}{\partial t} = \frac{1}{e} \cdot \operatorname{div} \vec{S}_n - (R - G) \tag{1.54}$$

Poisson-Gleichung:

$$\operatorname{div} \vec{E} = \frac{e}{\varepsilon} \cdot (N_D - N_A + p - n) \tag{1.55}$$

Rekombinations-Generations-Rate
nach Hall-Shockley-Read:

$$R - G = \frac{np - n_i^2}{\tau_p (n + n_i) + \tau_n (p + n_i)}. \tag{1.56}$$

Die Gln. (1.52), (1.54) und (1.56) sind nichtlinear und dürfen bei der Behandlung des Großsignalverhaltens - und ebenfalls in Fällen von starker und Hochstrom-Injektion - nicht mehr linearisiert werden.

1.2 Der pin- und psn-Übergang

Für die Anwendung einer Halbleiterdiode als Leistungs-Gleichrichter ist es erforderlich, daß der Durchlaßwiderstand möglichst klein und die Durchbruchsspannung möglichst hoch ist, um einen nahezu verlustfreien Betrieb in Flußrichtung und hohe Sperrspannungen zu erzielen. Beide Forderungen können mit der bisher behandelten pn-Diode nicht gleichzeitig erfüllt werden. Denn eine große Durchbruchsspannung erfordert nach den Gln. (1.10) und (1.32a) eine niedrige Dotierung des p- und/oder n-Gebietes; dadurch wird aber der jeweilige Bahnwiderstand groß, wodurch die Durchlaßwiderstände und die Verlustleistung erhöht werden. Man kann die sich widersprechenden Forderungen aber mit einer Dreischichtstruktur gemäß Bild **1**.37 erfüllen: Dort liegt zwischen je einer (hochdotierten) p- und n-Zone eine $\pi(=$ schwach p-) oder $\nu(=$ schwach n-dotierte) bzw. gänzlich undotierte Zone (i). Man spricht demgemäß in den beiden ersten Fällen von psn-Strukturen (s $\triangleq$ soft), im zweiten Fall von einer pin-Diode.

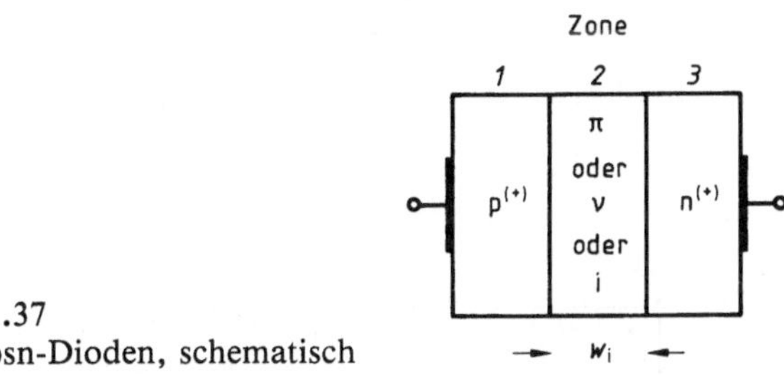

1.37
psn-Dioden, schematisch

Bei Polung in Flußrichtung wird die Mittelzone von Ladungsträgern beiderlei Vorzeichens überschwemmt (Defektelektronen von $p^{(+)}$ nach π bzw. i, Elektronen von $n^{(+)}$ nach ν bzw. i) und erhält dadurch entsprechend dem Dotierungsgrad der $p^{(+)}$- bzw. $n^{(+)}$-Zone eine erhöhte Leitfähigkeit. Voraussetzung dafür ist allerdings, daß die Mittelzone nur einige wenige Diffusionslängen breit ist, da sonst die injizierten Ladungsträger in nennenswerter Menge rekombinieren würden. – Die psn-Struktur eignet sich daher bei Polung in Flußrichtung offenbar prinzipiell auch als steuerbarer Wirkwiderstand (sog. Varistor, s. hierzu Abschn. 2.5 sowie Bd. I/3, S. 162f.).

Bei Polung in Sperrichtung erstreckt sich die von beweglichen Ladungsträgern nahezu ganz entblößte Raumladungszone bei entsprechender Dimensionierung des s-Bereichs ($\approx$ 10–100 µm) weit in ihn hinein oder sogar ganz durch ihn hindurch und nimmt den überwiegenden Teil der Spannung (bis zu einigen kV) auf. Danach stellt die Struktur in Sperrichtung offenbar eine nahezu spannungsunabhängige Sperrschichtkapazität ($C_s = \varepsilon_0 \varepsilon_r \cdot A / w_i$) dar, während in Flußrichtung ihre Kapazität (= Aufnahmevermögen von Ladung) nahezu unbegrenzt ist. Sie stellt somit einen nahezu idealen Speicher-Varaktor dar.

Aufgrund der beschriebenen Eigenschaften kann die psn-Diode in vielfältiger Weise eingesetzt werden (s. Abschn. 2.1.4, 2.4.2, 2.5, 2.6.1 und 2.7.1.1). Zum besseren Verständnis dieser Anwendungsmöglichkeiten werden in den beiden folgenden Abschnitten die Gleich- und Wechselstrom-Charakteristik der Diode behandelt; dabei werden wir die Resultate wegen des erforderlichen hohen Rechenaufwandes nicht durchgehend herleiten, sondern unter Zuhilfenahme von Analogiebetrachtungen zur pn-Diode verständlich machen.

1.2.1 Die stationäre Strom-Spannungs-Charakteristik

Obwohl die Mittelzone in der Praxis stets eine (geringe) Dotierung aufweisen wird, legen wir zur Vereinfachung den folgenden Betrachtungen zunächst eine pin-Struktur zugrunde. – Die Ergebnisse für die psn-Struktur werden später ohne Beweis angegeben. – Zur weiteren Vereinfachung nehmen wir die Struktur als symmetrisch an (Bild 1.38a); trotzdem behalten wir die Indizes 1 und 3 bei, um die Dreischichtigkeit der Struktur zu kennzeichnen. Die von außen angelegte

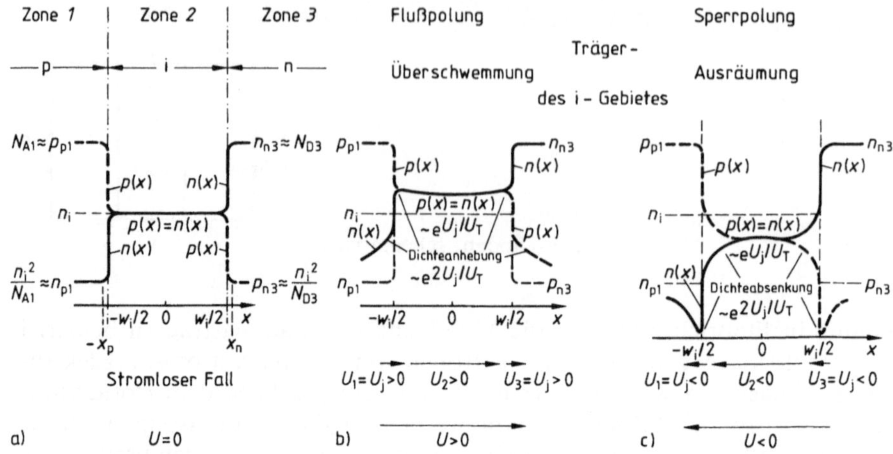

1.38 Ladungsträgerverteilung in einem (symmetrischen) pin-Übergang (logarithmischer Ordinatenmaßstab)
a) Stromloser Fall ($U=0$), b) Flußpolung ($U>0$), c) Sperrpolung ($U<0$)

Spannung U verteilt sich dementsprechend auf die beiden Übergänge pi ($U_1 = U_j$) und ni ($U_3 = U_j$) sowie auf das undotierte Mittelgebiet ($U_2 = U_i$):

$$U = U_1 + U_2 + U_3 = 2 \cdot U_j + U_i \,. \tag{1.57}$$

Da der Gesamtstrom ortsunabhängig ist, berechnen wir ihn zweckmäßig in einer Ebene, wo diese Berechnung besonders einfach ist, z. B. wie bei der pn-Diode in der Ebene $x = -x_p$:

$$I = I_n(-x_p) + I_p(-x_p) \tag{1.58}$$

$$= I_n(-x_p) + I_p(x_n) \,, \qquad -[I_p(x_n) - I_p(-x_p)] \,. \tag{1.59}$$

Minoritätsträgerstrom der p^+-Zone n^+-Zone

Netto-Rekombinationsstrom I_{RG} zwischen den Ebenen $x = -x_p$ und $x = x_n$.

Zum Netto-Rekombinationsstrom

$$I_{RG} = A e \cdot \int_{-x_p}^{x_n} [R(x) - G(x)] \, dx$$

trägt nun hauptsächlich die Mittelzone $-w_i/2 \leq x \leq w_i/2$ bei. Die Vernachlässigung der Rekombination in den beiden Raumladungszonen des pi- und ni-Übergangs läßt sich mit deren geringer Ausdehnung begründen; es gilt also in guter Näherung

$$I_{RG} = A\,e \cdot \int\limits_{-w_i/2}^{w_i/2} [R(x) - G(x)]\,\mathrm{d}x\,. \tag{1.60}$$

In diesem Bereich können wir den allgemeinen Ausdruck (1.56) für $R-G$ im Fluß- und Sperr-Bereich wesentlich vereinfachen, denn im i-Gebiet besteht auch bei Stromfluß - abgesehen vom Hochstrombetrieb - Ladungsneutralität, d.h. $p_2(x) = n_2(x)$. Daher gilt hier nach Gl. (1.56)

$$R(x) - G(x) = \frac{p_2(x) - n_i}{\tau_{p2} + \tau_{n2}}\,. \tag{1.61}$$

Die Konzentrationsverteilung $p_2(x)$ (Bild **1**.38b, c) erhält man durch Lösung der Strombilanz-Gln. (1.52)–(1.54) unter Beachtung der Randbedingungen in den Ebenen $x = -w_i/2$ und $x = w_i/2$. Diese Bedingungen weichen nun wesentlich von denen bei einem pn-Übergang ab, was entscheidende Auswirkungen auf die *I-U*-Charakteristik hat: Wenn über dem Übergang pi die Spannung U_j abfällt, so wird die Randkonzentration $p_2(-w_i/2)$ gegenüber dem Gleichgewichtswert n_i im Inneren um den Faktor $\exp(U_j/U_T)$ angehoben (vgl. Gl. (1.13)), d.h.

$$n_2(-w_i/2) = p_2(-w_i/2) = n_i \cdot e^{\frac{U_j}{U_T}}$$

bzw. $$p_2(w_i/2) = n_2(w_i/2) = n_i \cdot e^{\frac{U_j}{U_T}}\,. \tag{1.62}$$

Bezüglich dieser Werte sind nun die Randwerte $n_2(-x_p)$ und $p_3(x_n)$ im p- und n-Gebiet abermals um den Faktor $\exp(U_j/U_T)$ - wiederum gemäß Gl. (1.13) - erhöht, d.h.

$$n_2(-x_p) = n_{p1} \cdot e^{\frac{2U_j}{U_T}}\,, \quad p_3(x_n) = p_{n3} \cdot e^{\frac{2U_j}{U_T}}\,.$$

Dieses Ergebnis erlaubt uns sofort, die beiden Minoritätsträgerströme in Gl. (1.59) zu berechnen: Dies sind der Elektronen- bzw. Defektelektronenanteil je eines Stromes gemäß Gl. (1.11), wobei für I_s der Sperrstrom des stark unsymmetrisch dotierten pi- bzw. ni-Übergangs und als steuernde Spannung $2\,U_j$ einzusetzen sind, d.h.

$$\begin{aligned} I_n(-x_p) &= A\,e \cdot \frac{n_{p1} L_{n1}}{\tau_{n1}} \cdot \coth\frac{w_p - x_p}{L_{n1}} \cdot \left(e^{\frac{2U_j}{U_T}} - 1\right) = I_{S1} \cdot \left(e^{\frac{2U_j}{U_T}} - 1\right), \\ I_p(x_n) &= A\,e \cdot \frac{p_{n3} L_{p3}}{\tau_{p3}} \cdot \coth\frac{w_n - L_n}{L_{p3}} \cdot \left(e^{\frac{2U_j}{U_T}} - 1\right) = I_{S3} \cdot \left(e^{\frac{2U_j}{U_T}} - 1\right). \end{aligned} \tag{1.63}$$

Bei der Berechnung von I_{RG} muß man beachten, daß im Mittelgebiet Elektronen und Defektelektronen gleichrangig am Stromtransport teilnehmen; denn wegen $p_2(x) = n_2(x)$ besteht kein Unterschied mehr zwischen Majoritäts- und Minoritätsträgern. Daher muß das vollständige Gleichungssystem (1.52)-(1.54) unter den Randbedingungen (1.62) gelöst werden; das damit erhaltene Ergebnis für I_{RG} lautet

$$I_{RG} = 2Ae \cdot \frac{n_i L_i}{\tau_{p2} + \tau_{n2}} \cdot \tanh \frac{w_i}{2L_i} \cdot \left(e^{\frac{U_j}{U_T}} - 1\right). \tag{1.64}$$

Hierin ist

$$L_i = \sqrt{\frac{2D_{p2} \cdot D_{n2}}{D_{p2} + D_{n2}} \cdot (\tau_{p2} + \tau_{n2})}$$

die sog. ambipolare Diffusionslänge, welche der Gleichrangigkeit von Elektronen und Defektelektronen im i-Gebiet Rechnung trägt.

Durch die Zusammenfassung der Gln. (1.63) und (1.64) und Beachtung von Gl. (1.57) erhalten wir schließlich die Strom-Spannungs-Charakteristik

$$\begin{aligned} I = {} & \underbrace{2Ae \cdot \frac{n_i L_i}{\tau_{p2} + \tau_{n2}} \cdot \tanh \frac{w_i}{2L_i}}_{I_{S,RG}} \cdot \left(e^{\frac{U-U_i}{2U_T}} - 1\right) \\ & + \underbrace{Ae \cdot \left[\frac{n_{p1} L_{n1}}{\tau_{n1}} \cdot \coth \frac{w_p - x_p}{L_{n1}}\right.}_{I_{S1}} + \underbrace{\left.\frac{p_{n3} L_{p3}}{\tau_{p3}} \cdot \coth \frac{w_n - x_n}{L_{p3}}\right]}_{I_{S3}} \cdot \left(e^{\frac{U-U_i}{U_T}} - 1\right). \end{aligned} \tag{1.65}$$

Beispiel 1.11. Für eine Si-pin-Struktur mit $N_{A1} = N_{D3} = 1 \cdot 10^{16}\,\text{cm}^{-3}$, $\tau_n = \tau_p = 10\,\mu\text{s}$, $w_p - x_p = w_n - x_n = 60\,\mu\text{m}$, $w_i = 80\,\mu\text{m}$, $D_n = 33\,\text{cm}^2\,\text{s}^{-1}$, $D_p = 13\,\text{cm}^2\,\text{s}^{-1}$ folgt $L_{n1} = 0{,}18\,\text{mm}$, $L_{p3} = 0{,}114\,\text{mm}$, $L_i = 0{,}193\,\text{mm}$ ($\gg w_i$) und damit nach Gl. (1.65) $I_{S1}/A = 1{,}5 \cdot 10^{-11}\,\text{A} \cdot \text{cm}^{-2}$, $I_{S3}/A = 0{,}59 \cdot 10^{-11}\,\text{A} \cdot \text{cm}^{-2}$, $I_{S,RG}/A = 8{,}3 \cdot 10^{-7}\,\text{A} \cdot \text{cm}^{-2}$. Somit bestimmt das i-Gebiet bei Spannungen bis etwa $U - U_i = 2\,U_j = 10\,U_T$ praktisch die Größe des Stromes I.

Für eine „lange" pin-Struktur (d.h. $w_i \gg L_i$) überwiegt der Strombeitrag der Mittelzone. Letzteres wird auch für den Leistungsgleichrichter angestrebt; da bei ihm aber außerdem der Spannungsabfall U_i zur Erzielung eines großen Gleichrichtereffektes klein gegen U_j sein soll, wird $0{,}1 \leq w_i/L_i \leq 1$ gewählt. Nach Gl. (1.65) gilt dann mit $U_i \approx 0$ in guter Näherung

$$I = 2Ae \cdot \frac{n_i L_i}{\tau_{p2} + \tau_{n2}} \cdot \tanh \frac{w_i}{2L_i} \cdot \left(e^{\frac{U}{2U_T}} - 1\right). \tag{1.66}$$

Wir wollen nun die entsprechenden Ergebnisse für einen psn-Übergang verständlich machen, wobei wir willkürlich eine p^+nn^+-Struktur unterstellen:

Bei kleinen Flußspannungen bzw. -strömen ist die Injektion von Minoritätsträgern in das n-Gebiet gering ($p_2(x) < N_{D2}$). Der Spannungsabfall U_2 über dem Mittelgebiet kann vernachlässigt werden; dasselbe gilt für U_3, denn der nn^+-Übergang wirkt wie eine Anreicherungsschicht (ohmscher Kontakt, s. hierzu Abschn. 1.3.2). Die ganze Struktur verhält sich wie ein stark unsymmetrisch dotierter p^+n-Übergang, bei dem sowohl der Minoritätsträger-Diffusionsstrom als auch der Netto-Rekombinationsstrom im n-Gebiet durch die Spannung U bestimmt werden. Wir erhalten dementsprechend als Flußcharakteristik einer „langen" psn-Struktur bei schwacher Injektion

$$I = Ae \cdot \left[\frac{n_{p1} L_{n1}}{\tau_{n1}} + \frac{p_{n2} L_{p2}}{\tau_{p2}} \cdot \tanh \frac{w_2}{L_{p2}}\right] \cdot \left(e^{\frac{U}{U_T}} - 1\right) . \tag{1.67}$$

Für eine „kurze" psn-Struktur ($w_2 \ll L_{p2}$) reicht die Mittelzone zur Rekombination der Defektelektronen nicht aus; sie findet dann im wesentlichen in der n^+-Zone statt, – so wie die der injizierten Elektronen in der p^+-Zone –, und wir erwarten ein Ergebnis wie für einen einfachen p^+n^+-Übergang (vgl. die Gln. (1.11), (1.18)):

$$I = Ae \cdot \left[\frac{n_{p1} L_{n1}}{\tau_{n1}} \cdot \operatorname{cogh} \frac{w_p - x_p}{L_{n1}} + \frac{p_{n3} L_{p3}}{\tau_{p3}} \cdot \operatorname{cogh} \frac{w_n - x_n}{L_{p3}}\right] \cdot \left(e^{\frac{U}{U_T}} - 1\right) . \tag{1.68}$$

Bei großen Flußspannungen bzw. -strömen ist die Injektion von Minoritätsträgern in das n-Gebiet stark, so daß $p_2(x) = n_2(x)$ ($> N_{D2}$) ist; damit liegen jetzt dieselben Verhältnisse vor wie bei der pin-Struktur. Es gilt daher Gl. (1.65) mit i. allg. überwiegendem ersten Summanden; es darf $U_i = 0$ gesetzt werden, da die Mittelschicht wegen ihrer Dotierung N_{D2} ($> n_i$) einen vernachlässigbaren Widerstand darstellt. Die Kennliniensteigung der extrem kurzen pin- und psn-Struktur ist also bei schwacher und starker Injektion durch $1/U_T$ gegeben, während sie bei langen Strukturen von $1/U_T$ bei schwacher Injektion auf $1/(2U_T)$ bei starker Injektion sinkt.

Mit weiter wachsender Flußspannung werden schließlich die Trägerkonzentrationen $n_2(x)$, $p_2(x)$ in der Mittelzone vergleichbar mit den Majoritätsträgerdichten in den Bahngebieten (Hochstrominjektion). Der Strom wird jetzt in den Bahngebieten nicht mehr als reiner Diffusionsstrom geführt, sondern als Feldstrom (vgl. Abschn. 1.1.3.3). Dementsprechend treten Spannungsabfälle an den Bahngebieten auf. Die Anhebung der Minoritätsträgerdichten über die Gleichgewichtskonzentrationen der Majoritätsträger bewirkt auch deren Erhöhung, so daß auch in den Bahngebieten – wie schon früher in der Mittelzone – eine Leit-

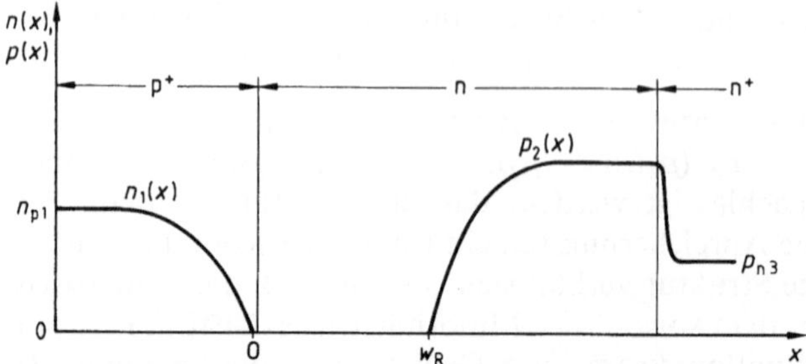

1.39 Ladungsträgerverteilung in einem stark sperrgepolten p^+nn^+-Übergang (linearer Ordinatenmaßstab)

fähigkeitsmodulation stattfindet. Es gilt wie beim einfachen pn-Übergang (s. Gl. (1.29))

$$I = I_S \cdot \left(\frac{U - U_D}{U_T}\right)^2.$$

Sperrichtung. Die Ladungsträgerverteilung für diesen Fall zeigt Bild **1**.39. Die psn-Struktur vom Typ p^+nn^+ verhält sich wie ein unsymmetrisch dotierter abrupter p^+n-Übergang, an dem die Sperrspannung $U = U_{sp} < 0$ abfällt; dadurch dehnt sich die Raumladungszone auf die Länge w_R aus. Ihren Stromanteil erhalten wir wie folgt: Entsprechend wie beim einfachen pn-Übergang können im Bereich $0 \leq x \leq w_R$ die Konzentrationen der beweglichen Ladungsträger vernachlässigt werden; es gilt daher gemäß Gl. (1.56)

$$R - G \approx -\frac{n_i}{\tau_{p2} + \tau_{n2}}$$

und damit

$$I_{RG} = Ae \cdot \int_0^{w_R} (R - G)\,dx \approx -Ae \cdot \frac{n_i \cdot w_R}{\tau_{p2} + \tau_{n2}}.$$

Da nun die Raumladungsweite w_R mit wachsender Sperrspannung zunimmt – z.B. gilt für ein abruptes Dotierungsprofil nach Gl. (1.12) $w_R \sim \sqrt{|U_{sp}| + U_D}$ –, gilt dies auch für I_{RG} und damit für den gesamten Sperrstrom

$$I_{s,ges} = -(I_{s1} + I_{s3} + |I_{RG}|),$$

denn die von den beiden hochdotierten Zonen gelieferten Stromanteile I_{s1}, I_{s3} gemäß Gl. (1.63) sind praktisch spannungsunabhängig. Dieses Verhalten wird bei Ge-Dioden tatsächlich beobachtet; dagegen sind bei Silizium die (volumenbedingten) Sperrströme wegen des größeren Bandabstandes so klein ($10^{-10} \dots 10^{-14}$ A cm^{-2}), daß dort die (technologisch bedingten) Oberflächenströme den hier geschilderten Effekt überdecken.

Für den Einsatz einer psn-Struktur als Leistungsgleichrichter ist nun die Abhängigkeit der zulässigen Sperrspannung $|U_{sp}|_{max} = U_{BR}$ von der Ausdehnung und der Dotierung der Mittelschicht von Bedeutung. Zwischen der Sperrspannung U_{BR} an einem abrupten pn-Übergang und der internen Maximalfeldstärke E_{max} besteht nach den Gln. (1.10) und (1.12) der Zusammenhang

$$U_{BR} = \frac{\varepsilon \cdot E_{max}^2}{2e} \cdot \left(\frac{1}{N_{A1}} + \frac{1}{N_{D2}}\right) - U_D \approx \frac{\varepsilon \cdot E_{max}^2}{2eN_{D2}}. \tag{1.69}$$

Danach ist die zulässige Spannung bei vorgegebener Maximalfeldstärke (z.B. für Si $E_{max} = 2 \cdot 10^5$ V cm^{-1} im Hinblick auf den einsetzenden Lawinen-Durchbruch) proportional zum spezifischen Widerstand $\varrho_2 \sim 1/N_{D2}$ der Mittelschicht, aber unabhängig von deren Weite w_2. Das Bild **1**.40 bestätigt dieses Ergebnis, allerdings nur für kleine ϱ_2-Werte, d.h. für relativ hochdotierte Mittelgebiete.

– Die Darstellung in Abhängigkeit von ϱ_2 anstelle von N_{D2} wird deshalb bevorzugt, da ϱ_2 meßtechnisch direkt zugänglich ist, während N_{D2} daraus erst unter Benutzung der Beweglichkeit berechnet werden muß. –

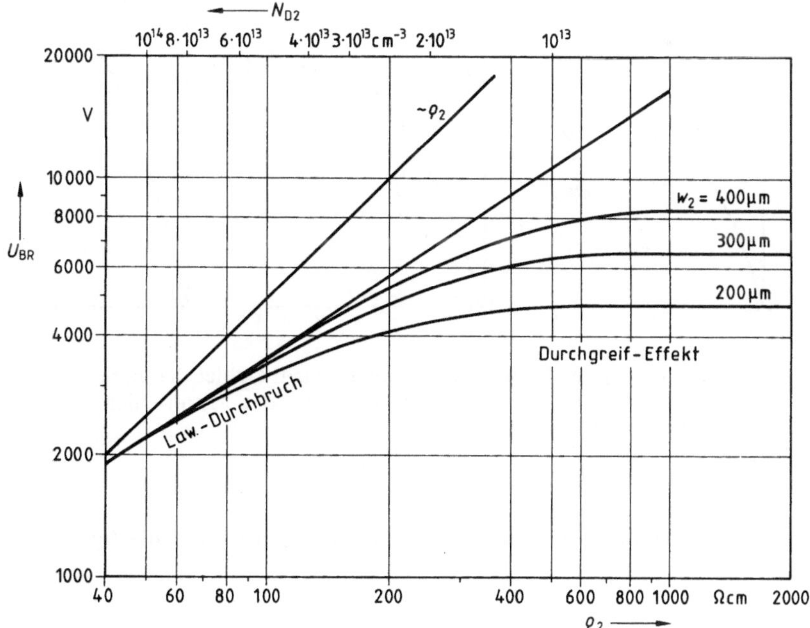

1.40 Durchbruchsspannung einer p$^+$nn$^+$-Struktur in Abhängigkeit vom spezifischen Widerstand der n-Schicht (nach [5])

Die Abweichung bei hohen ϱ_2-Werten hat folgenden Grund: Mit wachsender Sperrspannung dehnt sich die Raumladungszone von der p^+-Seite her in die Mittelzone hinein immer weiter aus, bis sie an die n^+-Zone stößt. Dieser Durchgreif(=punch through)-Effekt tritt gemäß den Gln. (1.10), (1.12) für die Spannung

$$U_{\mathrm{pt}} = \frac{e w_2^2}{2\varepsilon \cdot \left(\dfrac{1}{N_{\mathrm{A1}}} + \dfrac{1}{N_{\mathrm{D2}}}\right)} - U_{\mathrm{D}} \approx \frac{e w_2^2 N_{\mathrm{D2}}}{2\varepsilon} \tag{1.70}$$

ein (s. die Bilder **1.41**a und b).

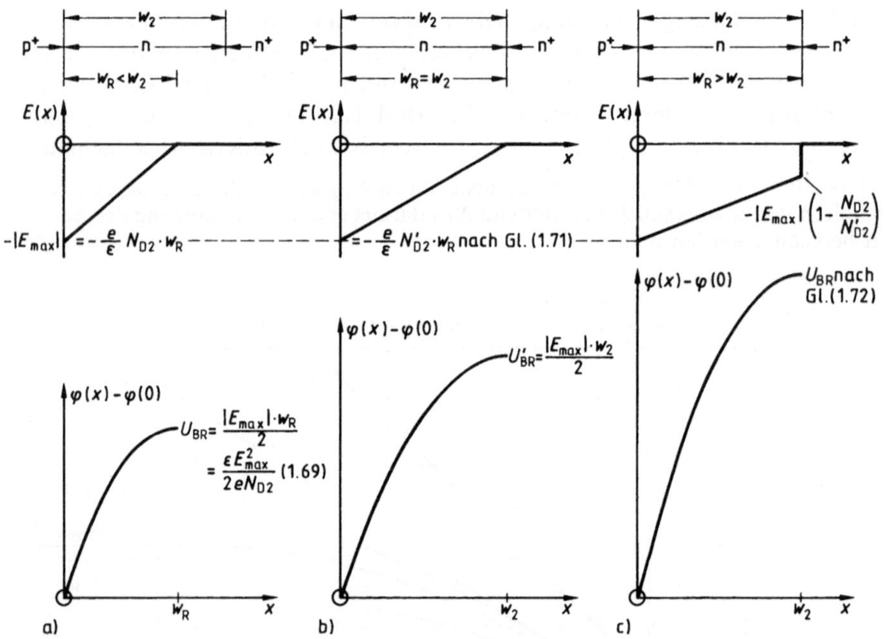

1.41 Ausdehnung w_R der Raumladungszone in das n-Gebiet der Breite w_2 einer p^+nn^+-Struktur in Abhängigkeit von der Dotierung der Mittelschicht sowie zugehörige Feldstärke- und Potentialverläufe
a) $w_R < w_2$, d.h. $N_{D2} > N'_{D2}$ nach Gl. (1.71)
b) $w_R = w_2$, d.h. $N_{D2} = N'_{D2}$
c) $w_R > w_2$, d.h. $N_{D2} < N'_{D2}$
(Die sehr geringe Ausdehnung in das n^+-Gebiet ist vernachlässigt.)

Beispiel 1.12. Für eine Si-Struktur mit $N_{D2} = 10^{12}\,\text{cm}^{-3}$, $w_2 = 300\,\mu\text{m}$, $\varepsilon_r = 11{,}9$ ist $U_{pt} = 68{,}4\,\text{V}$.

Die Gl. (1.69) gilt nun nur solange, wie die danach errechneten U_{BR}-Werte kleiner als die zugehörigen U_{pt}-Werte nach Gl. (1.70) sind, d.h. oberhalb des Dotierungswertes

$$N'_{D2} \cdot w_2 = \frac{\varepsilon}{e}\,|E_{max}| \quad (= 1{,}3 \cdot 10^{12}\,\text{cm}^{-2} \text{ für Si}). \tag{1.71}$$

Unterhalb dieser Grenze bestimmt der Durchgreifeffekt die Sperrbelastung U_{BR} mit: Da sich in diesem Fall die Raumladungszone auch ein kleines Stück in die hochdotierte n^+-Zone hinein erstreckt, existiert in der Ebene $x = w_2$ eine von Null verschiedene Feldstärke (s. Bild **1**.41c). Die Lösung der Poissonschen Gleichung (1.55) liefert für diesen Fall

$$U_{BR} = |E_{max}| \cdot w_2 - \frac{e N_{D2}}{2\varepsilon} \cdot w_2^2 \cdot (-U_D). \tag{1.72}$$

Das Bild **1**.42 zeigt die Gültigkeitsbereiche der beiden Beziehungen (1.69) und (1.72); sie gehen an der Grenze (1.71) ineinander über.

Nach Gl. (1.72) nimmt U_{BR} langsamer mit ϱ_2 zu als nach Gl. (1.69) und ist von w_2 abhängig, in Einklang mit Bild **1**.40.

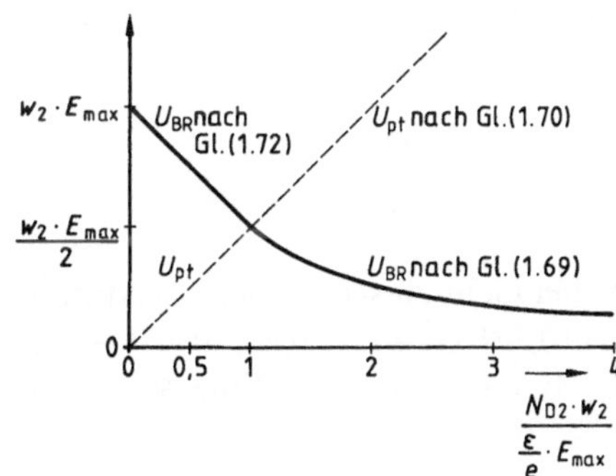

1.42
Die Abhängigkeit der Lawinendurchbruchs- und Durchgreif-Spannung einer p^+nn^+-Struktur von der Dotierung N_{D2} der n-Schicht (nach [5])

Wir haben bisher zur Vereinfachung mit einer konstanten Feldstärke E_{max} gerechnet; in Wirklichkeit nimmt E_{max} mit abnehmender Dotierung N_{D2} ab, wodurch auch die Sperrfähigkeit sinkt. Der Kurventeil „Lawinen-Durchbruch" in Bild **1**.40 steigt dementsprechend langsamer als mit ϱ_2^1.

Außerdem ist im Gebiet des Steilanstieges des Stroms die Raumladung der beweglichen Ladungsträger zu berücksichtigen sowie die Tatsache, daß die Trägergeschwindigkeit bei den vorliegenden hohen Feldstärken bereits ihren Sättigungswert erreicht hat (s. Bd. I/3, Bild **2**.88).

1.2.2 Der wechselstromdurchflossene Übergang

1.2.2.1 Kleinsignalverhalten. Beim Betrieb der pin-Struktur in Flußrichtung kann man die gesamte Impedanz $\underline{Z}$ auffassen als Serienschaltung der 3 Impedanzen für den pi-Übergang und ni-Übergang ($\underline{Z}_{D1}$ bzw. $\underline{Z}_{D3}$ entsprechend Gl. (1.46a) und Bild **1**.32) sowie für die Mittelzone ($\underline{Z}_2$). Letztere wird bei schwacher Injektion ebenfalls durch eine Parallelschaltung aus einem ohmschen Widerstand $R_2 = R_i$ und einer Kapazität C_2 beschrieben; bei starker Injektion und insbesondere bei Hochstrombetrieb enthält $\underline{Z}_2$ zusätzlich eine induktive Komponente L_2. Wir erhalten so die Darstellung in Bild **1**.43; sie ist für ein reales Bauelement in bekannter Weise durch Zuleitungsinduktivitäten und die Gehäusekapazität zu ergänzen (vg. Bild **1**.32).

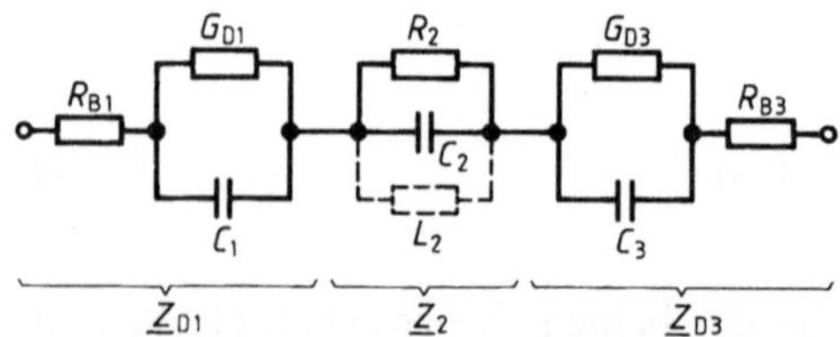

1.43
Wechselstrom-Ersatzschaltung eines pin-Übergangs in Flußrichtung

Die Größe des differentiellen Widerstandes R_2 läßt sich wie folgt abschätzen (dazu nehmen wir vereinfachend $\tau_{p2} = \tau_{n2} = \tau$ und $\mu_{p2} = \mu_{n2} = \mu$ an): Der Flußstrom $I = I_F$ kommt dadurch zustande, daß die in der i-Schicht vorhandene Löcherladung Q_p mit der Elektronenladung Q_n $(= -Q_p)$ in der Zeit τ rekombiniert, d.h.

$$I_F = \frac{Q_p}{\tau}.$$

Da bei nicht zu schwacher Injektion in der i-Zone $p(x) = n(x) = \text{const}$ gilt (s. Bild **1**.38b), ist $Q_p = Ae \cdot p w_i$, also $I_F = Aep w_i/\tau$.
Der Widerstand der i-Zone $R_2 = \varrho_2 \cdot w_i/A$ ist daher wegen $\varrho_2 = (2ep\mu)^{-1}$

$$R_2 = \frac{w_i^2}{2\mu \cdot \tau \cdot I_F}. \tag{1.73}$$

Beispiel 1.13. Für $w_i = 70\,\mu\text{m}$, $I_F = 1{,}5\,\text{mA}$, $\mu = 1000\,\text{cm}^2\,(\text{Vs})^{-1}$, $\tau = 1\,\mu\text{s}$ ist

$$R_2 = \frac{(70 \cdot 10^{-6})^2\,\text{m}^2}{2 \cdot 1{,}5 \cdot 10^{-3}\,\text{A} \cdot 10^{-3}\,\text{m}^2\,(\text{Vs})^{-1} \cdot 10^{-6}\,\text{s}} = 16{,}3\,\Omega.$$

Da nun $1/G_{D1}$, $1/G_{D3}$ von derselben Größenordnung wie R_2 sind, können die Leitwerte $\underline{Y}_{D1,3}$ der Zonen 1 und 3 für Frequenzen $\omega \cdot \tau_{1,3} \gg 1$ praktisch als Kurzschlüsse gegenüber dem Mittelgebiet angesehen werden; für $\tau = 1\ \mu s$ gilt das etwa für Frequenzen $f \geq 200$ kHz. Es verbleibt dann als Gesamtimpedanz

$$\underline{Z} = \frac{1}{\frac{1}{R_2} + j\omega C_2} + R_{B1} + R_{B3} \approx R_2 + R_{B1} + R_{B3}. \tag{1.74}$$

Die Diode stellt also einen über den Flußstrom I_F (über mehrere Größenordnungen hinweg) veränderlichen linearen Widerstand dar (sog. Varistor, s. Abschn. 2.5). Dies gilt nun nicht nur für Kleinsignalbetrieb, sondern auch für Wechselströme bis etwa zur Amplitude

$$\hat{i} = \pi f \cdot \tau \cdot I_F,$$

d.h. für $\tau = 1\ \mu s$, $f = 1$ GHz

$$\hat{i}/I_F = 10^3 \cdot \pi.$$

Die pin-Diode ist also für Varistor- und Schalt-Anwendungen bei hohen HF-Leistungen prädestiniert (s. Abschn. 2.5).

Beim Betrieb eines p^+nn^+- (bzw. pvn)-Übergangs in Sperrichtung können wir die gesamte Impedanz $\underline{Z}$ anschaulich auffassen als Reihenschaltung der 3 Impedanzen der Raumladungszone des p^+n-Übergangs (Sperrschichtkapazität $C_{s,1}$ mit parallelem „Verlust"-Leitwert G_{D1}, der i. allg. vernachlässigt werden kann), des noch nicht von beweglichen Ladungsträgern entblößten Teils der Basiszone ($C_{s,2} \| R_{B2}$) und der Bahnwiderstände R_{B1}, R_{B3} der p^+- bzw. n^+-Zone (Bild **1.44**, vgl. Bild **1.43**). - Bei realen Dioden kommen, entsprechend wie bei der einfachen pn-Diode, Zuleitungsinduktivitäten und die Gehäusekapazität hinzu. - Dabei gilt bei Annahme abrupter Übergänge (vgl. die Gln. (1.41), (1.42))

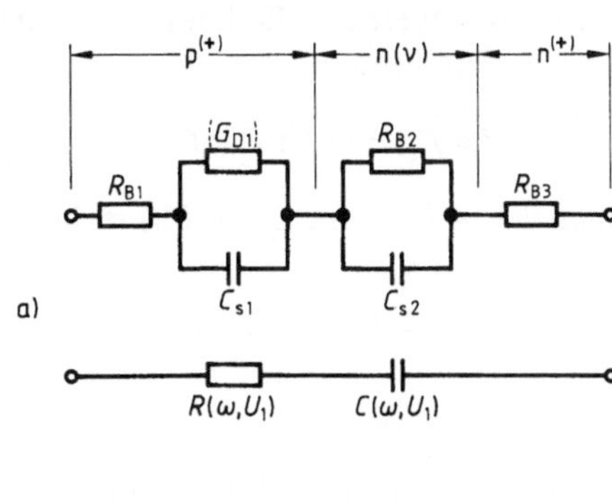

1.44
Wechselstrom-Ersatzschaltung eines $p^{(+)}vn^{(+)}$-Übergangs in Sperrichtung.
a) allgemein
b) Näherung für Frequenzen $f \gg f_{rel}$

$$\left.\begin{aligned}
&C_{s,1}=\frac{\varepsilon\cdot A}{w_R}\quad\text{mit}\quad w_R=\sqrt{\frac{2\varepsilon}{e}\cdot\left(\frac{1}{N_{A1}}+\frac{1}{N_{D2}}\right)\cdot(U_D+|U_1|)}\\
&\text{sowie}\\
&C_{s2}=\frac{\varepsilon A}{w_2-w_R},\quad R_{B2}=\varrho_2\cdot\frac{w_2-w_R}{A}\quad\text{mit}\quad\varrho_2=\begin{cases}e\mu_{n2}\cdot N_{D2} & \text{für } p^+nn^+\\ e(\mu_{p2}+\mu_{n2})n_i & \text{für } pin\end{cases}
\end{aligned}\right\}\tag{1.75}$$

d.h.

$$\underline{Z}=R_{B1}+R_{B3}+\frac{1}{(G_{D1})+j\omega C_{s1}}+\frac{1}{\frac{1}{R_{B2}}+j\omega C_{s2}}\tag{1.76}$$

(Bild **1**.44a). Dies kann als Serienschaltung eines Widerstandes

$$\begin{aligned}
R(\omega,U_1)&=R_{B1}+R_{B3}+\frac{R_{B2}}{1+(\omega R_{B2}\cdot C_{s2})^2}\\
&=R_{B1}+R_{B3}+\varrho_2\cdot\frac{w_2-w_R(U_1)}{A}\cdot\frac{1}{1+\left(\frac{f}{f_{rel}}\right)^2}
\end{aligned}\tag{1.77}$$

und einer Kapazität

$$\begin{aligned}
C(\omega,U_1)&=\left(\frac{1}{C_{s1}}+\frac{1}{C_{s2}}\cdot\frac{1}{1+\frac{1}{(\omega R_{B2}C_{s,2})^2}}\right)^{-1}\\
&=\frac{\varepsilon A}{\frac{w_2}{1+\left(\frac{f_{rel}}{f}\right)^2}+\frac{w_R(U_1)}{1+\left(\frac{f}{f_{rel}}\right)^2}}
\end{aligned}\tag{1.78}$$

beschrieben werden, die beide vom Arbeitspunkt (U_1) und von der Frequenz abhängen. Für Frequenzen

$$f\gg f_{rel}=1/2\pi\, R_{B2}C_{s2}=1/2\pi\,\varrho_2\varepsilon\tag{1.79}$$

gehen $R(\omega, U_1)$ und $C(\omega, U_1)$ in konstante Werte über:

$$R(\omega\gg\omega_{rel};U_1)=R_{B1}+R_{B3},\quad C(\omega\gg\omega_{rel},U_1)=\frac{\varepsilon\cdot A}{w_2}$$

(Bild **1**.44b).

Die Frequenzunabhängigkeit für $f\gg f_{rel}$ ist anschaulich verständlich, denn oberhalb der dielektrischen Relaxationsfrequenz f_{rel} können die Majoritätsträger in der neutralen Basiszone nicht auf Feldänderungen reagieren.

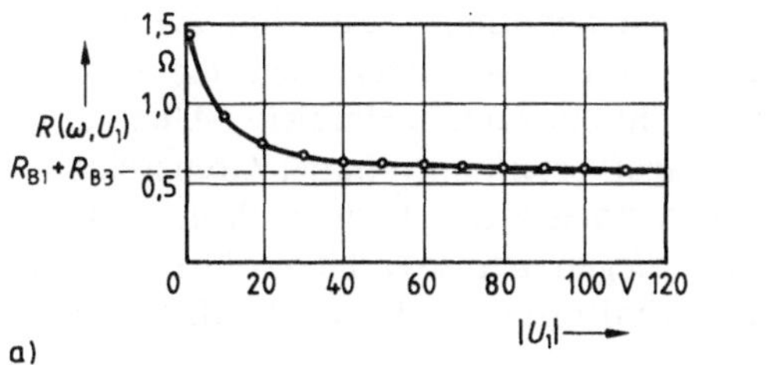

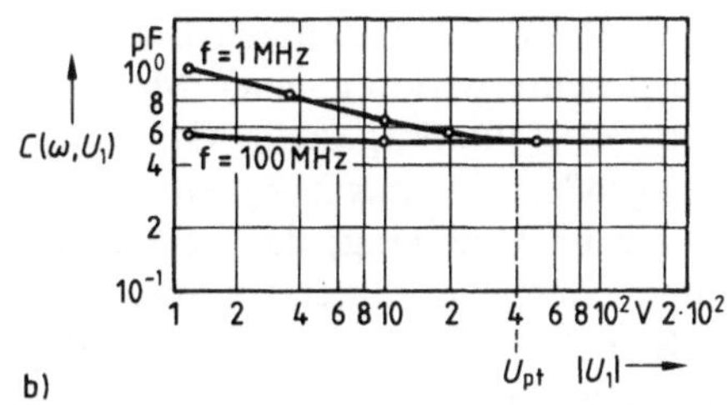

1.45 Arbeitspunktabhängigkeit der Impedanz der pin-Diode BXY 59 D (Siemens AG); $U_{BR} = 700$ V, $U_{pt} = 40$ V, $w_2 \approx 70$ µm, $\varrho_2 > 1000\ \Omega \cdot$cm (nach [6])
a) Widerstand $R(\omega, U_1)$ für $f = 2{,}4$ GHz b) Kapazität $C(\omega, U_1)$

Für $N_{D2} = 10^{12}$ cm^{-3}, $\mu_{n2} = 1500$ cm$^2 \cdot$(Vs)$^{-1}$, $\varepsilon_r = 12$ (Si) ist nach den Gln. (1.75) und (1.79) $f_{rel} = 36$ MHz. Das Bild **1.45** zeigt die Arbeitspunktabhängigkeit von R und C einer speziellen psn-Diode für verschiedene Meßfrequenzen.

Die vereinfachte Ersatzschaltung für höhere Frequenzen gilt auch für Großsignalbetrieb, da beide Ersatzbildelemente nicht mehr vom Arbeitspunkt abhängen. Von der wesentlich geringeren Spannungsabhängigkeit der Kapazität C (für $f \gg f_{rel}$) im Vergleich zur Sperrschicht-Varaktordiode wird bei den Speicher-Varaktoren im Mikrowellengebiet Gebrauch gemacht (s. Abschn. 2.4.2).

Für die pin-Struktur gilt Entsprechendes, da sie als Serienschaltung zweier psn-Strukturen (p^+nn^+ und p^+pn^+) aufgefaßt werden kann.

1.2.2.2 Großsignalverhalten. Es muß i. allg. unter Benutzung der Gln. (1.52)–(1.56) berechnet werden. Wegen des großen Rechenaufwandes beschränken wir uns darauf, bei den Anwendungen die Lösungen qualitativ zu beschreiben.

1.3 Der Metall/Halbleiter-Übergang

Wenn ein Metall mit einem Halbleiter in einen metallurgisch innigen, flächenhaften Kontakt gebracht wird, so nennt man den Bereich in unmittelbarer Umgebung der Grenzfläche einen Metall/Halbleiter-Übergang; der innige flächenhafte Kontakt wird dabei heute i. allg. durch Aufdampfen des Metalls auf die Halbleiter-Oberfläche hergestellt. Derartige Übergänge haben wir bei der pn- und pin- bzw. psn-Diode als Kontaktschichten auf den äußeren Halbleiterzonen zur Aufnahme der Anschlußdrähte an das Bauelement stillschweigend vorausgesetzt (s. die Bilder **1.1** und **1.37**). Wir haben dabei angenommen, daß sich diese Übergänge wie ohmsche Widerstände verhalten, also insbesondere den Strom in beiden Richtungen in gleicher Weise durchlassen, d.h. keine Richtwirkung zeigen. Das ist nicht selbstverständlich; im Gegensatz dazu hatte bereits Ferdinand Braun 1874 an dem historisch ersten Halbleiter-Bauelement „Spitzendiode" (einem extrem kleinflächigen Metall/Halbleiter-Übergang, s. Abschn. 2.1.1) die Gleichrichterwirkung einer Metallspitze gegenüber der Oberfläche eines Bleiglanz-Kristalls festgestellt. Offenbar ermöglicht ein Metall/Halbleiter-Übergang eine größere Mannigfaltigkeit an Ladungsträgerverteilungen in der Grenzschicht als ein pn-Übergang; das ist einleuchtend, denn letzterer bildet sich im Innern eines einzigen Materials aus. – Dagegen liegen bei sog. Heteroübergängen (z. B. n-Ge/p-GaAs) ähnliche vielfältige Verhältnisse wie beim Metall-Halbleiter-Übergang vor. –

Im folgenden wollen wir einen Überblick über die verschiedenen Möglichkeiten geben und daraus Schlüsse auf die entsprechenden Anwendungen ziehen.

1.3.1 Verarmungs- und Anreicherungs-Randschichten

Wir legen unseren Betrachtungen die Kombination Metall/n-Halbleiter zugrunde; aus ihren Eigenschaften kann dann anschließend leicht auf das komplementäre Verhalten einer Struktur Metall/p-Halbleiter geschlossen werden. Die Elektronenkonzentration im Innern des Halbleiters wird bekanntlich durch die Dotierung festgelegt, welche wir der Einfachheit halber als räumlich konstant ansehen wollen, d. h. $n_{HL} = N_D = \mathrm{const}$; sie ist selbstverständlich unabhängig von der Existenz des Metalls. An der Grenze Metall/Halbleiter wird die Elektronenkonzentration im thermodynamischen Gleichgewicht durch eine ganz andere Forderung festgelegt: Pro Zeit und Fläche wird die Grenzfläche in beiden Richtungen von der gleichen Anzahl von Elektronen passiert. Die sich einstellende Randkonzentration n_R hängt selbstverständlich von den Material-Eigenschaften des Metalls und des Halbleiters ab, aber nicht von dessen Dotierung. Sie wird daher i. allg. von der Konzentration $n_{HL} = N_D$ im Halbleiterinnern verschieden sein. Hieraus ergibt sich folgende Fallunterscheidung:

a) $n_R < n_{HL}$: Verarmungs-Randschicht (Bild **1.46**a). In diesem Fall bestimmt die hochohmige Schicht zwischen Metall und Halbleiterinnern das Verhalten der ganzen Struktur entsprechend der Raumladungszone bei einem pn-Übergang. Wir erwarten daher bei Anlegen einer äußeren Spannung eine Gleichrichter-Wirkung. Einen derartigen Metall-Halbleiter-Übergang mit Verarmungs-Randschicht nennt man zu Ehren seines Erforschers Schottky-Kontakt.

b) $n_R > n_{HL}$: Anreicherungs-Randschicht (Bild **1.46**b). In diesem Fall wird der Übergangsbereich zwischen Metall und Halbleiterinnern niederohmig; sein Widerstand spielt neben dem stets vorhandenen und i. allg. viel größeren Bahnwiderstand des Halbleitermaterials praktisch keine Rolle. Die Struktur Metall/n-Halbleiter setzt also Spannungen beiderlei Vorzeichens denselben konstanten Widerstand entgegen; sie ist ein sperrfreier, sog. ohmscher Kontakt.

Wir wollen nun diese qualitativen Betrachtungen durch die Benutzung des Energiebänder-Modells für den Metall/Halbleiter-Übergang vertiefen.

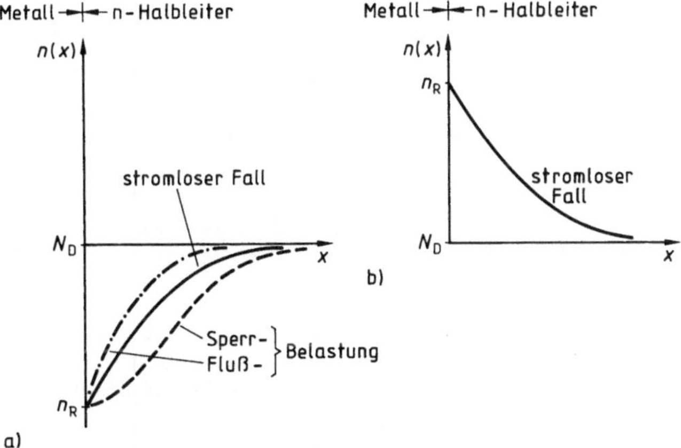

1.46 Elektronen-Konzentration in der Randschicht eines Metall/n-Halbleiter-Übergangs
a) Verarmungs-Randschicht
b) Anreicherungs-Randschicht

Dazu gehen wir von den Bändermodellen der getrennten Materialien aus (Bild 1.47a). Die Elektronenverteilung im Metall endet am dortigen Fermi-Niveau $W_{F,M}$. - Von der geringfügigen Verwischung für $T>0$ gemäß Bd. I/3, Bild 2.21 sehen wir zur Vereinfachung hier ab. - Im n-Halbleiter liegt das Fermi-Niveau $W_{F,n}$ beträchtlich oberhalb der Mitte des verbotenen Energiebereichs dicht unterhalb der Leitungsbandkante. Wenn nun die beiden Materialien miteinander in Kontakt gebracht werden, können Elektronen sowohl aus dem n-Halbleiter in das Metall als auch in der Gegenrichtung fließen. Offenbar entscheidet die Differenz $W_M - W_n$ der Austrittsarbeiten darüber, ob der Übertritt leichter aus dem Halbleiter in das Metall erfolgt ($W_n < W_M$) oder umgekehrt ($W_n > W_M$). In beiden Fällen findet eine Ladungsumverteilung statt, bis nach Einstellung des thermodynamischen Gleichgewichts das Fermi-Niveau als elektrochemisches Potential in beiden Materialien gleich hoch ist ($W_{F,M} = W_{F,n} = W_F$); letzteres folgt aus dem 2. Hauptsatz der Thermodynamik. Dadurch entsteht eine Potentialdifferenz

$$\varphi_M - \varphi_n = (W_M - W_n)/e = U_D \tag{1.80}$$

des Halbleiterinnern ($x \to \infty$) gegenüber dem Halbleiterrand ($x=0$), die wir entsprechend zum pn-Übergang Diffusionsspannung nennen; sie stellt sich so ein, daß das Diffusions- bzw. Emissions-Bestreben durch einen entgegengesetzt gerichteten Feldstrom gerade kompensiert wird.

Im Fall $W_n < W_M$ (Bild 1.47b) treten Elektronen leichter aus dem Halbleiterinnern in das Metall über; die Randschicht des Halbleiters verarmt dadurch an Elektronen, und der Halbleiter lädt sich positiv gegenüber dem Metall auf

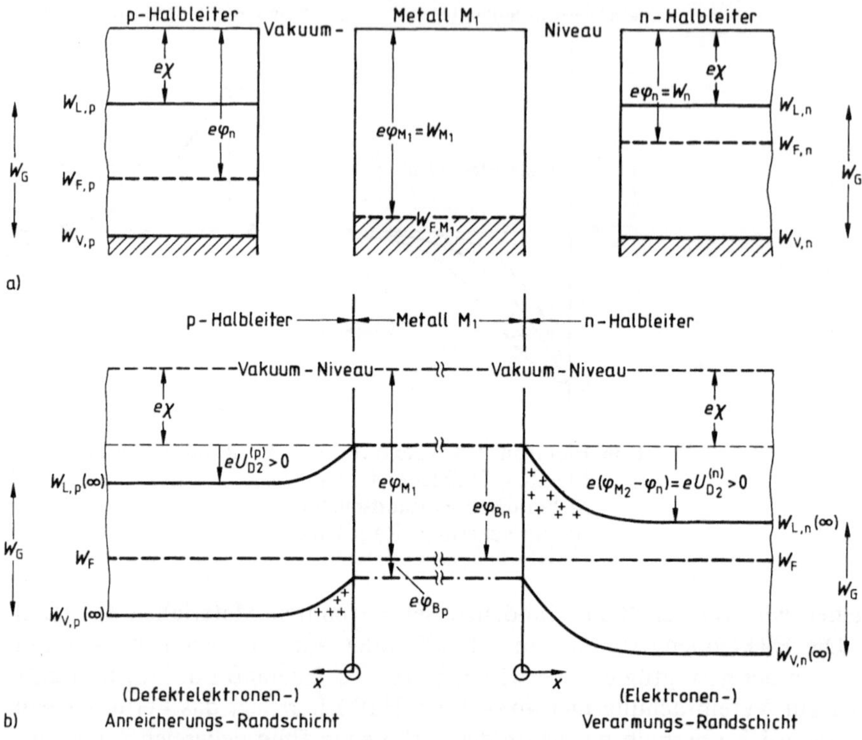

1.47 Bändermodelle von Metall/Halbleiter-Übergängen im thermodynamischen Gleichgewicht bei Vernachlässigung von Oberflächenladungen

$e\chi$ = Affinität eines Halbleiter-Elektrons (typisch 3–4 eV)
– In der Literatur wird mitunter auch diese Größe als χ bezeichnet. –

$e\varphi_n = W_n$ = Austrittsarbeit für ein Halbleiter-Elektron (typisch einige eV)

$e\varphi_M = W_M$ = Austrittsarbeit für ein Metall-Elektron (typisch 2–6 eV)

($U_D > 0$). Die Elektronenniveaus im Halbleiterinnern sind dadurch gegenüber der Grenzebene $x = 0$ zwischen Halbleiter und Metall um eU_D abgesenkt; dies führt im Bereich der Raumladungszone zu einer Verbiegung der Energiebänder: $W_L \rightarrow W_L(x)$, $W_V \rightarrow W_V(x)$. Die Spannung U_D stellt eine Potentialbarriere für den Elektronen-Übergang vom n-Halbleiter in das Metall dar. Umgekehrt sehen die Metallelektronen die Schwelle

$$\varphi_{B,n} = \varphi_M - \chi \qquad (1.81)$$

vor sich, sie wird als Schottky-Barriere bezeichnet; z.B. beträgt für einen Übergang Au/n-Si wegen $\varphi_M = 4{,}8$ V, $\chi = 4{,}05$ V die Schwelle $\varphi_{B,n} = 0{,}75$ V.

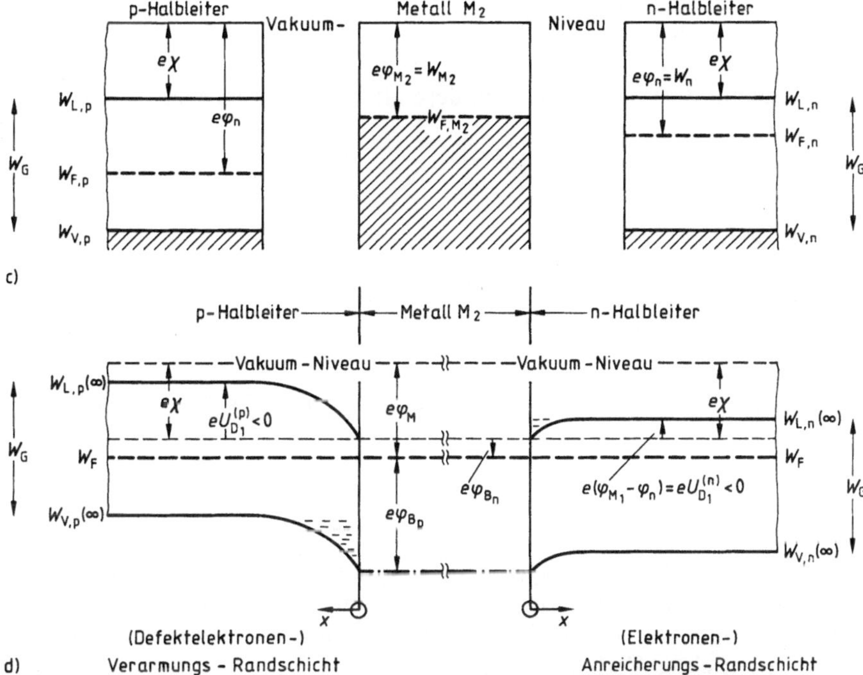

1.47 $W_{M_1} > W_n$: a) Metall M_1 und n- bzw. p-Halbleiter räumlich getrennt
b) Übergang M_1/n-Halbleiter bzw. M_1/p-Halbleiter
$W_{M_2} < W_n$: c) Metall M_2 und n- bzw. p-Halbleiter räumlich getrennt
d) Übergang M_2/n-Halbleiter bzw. M_2/p-Halbleiter
(Die Dotierung des p-Halbleiters ist willkürlich etwas geringer als die des n-Halbleiters angenommen.)

Die Elektronenanreicherung im Metall wird auf einer Strecke von der Größenordnung der Debye-Länge

$$L_D = \sqrt{\frac{\varepsilon \cdot U_T}{e \cdot n_M}} = \text{typisch } 10^{-8}\,\text{cm}$$

(n_M = Elektronenkonzentration im Metall) abgebaut; es liegt also praktisch eine Oberflächenladung vor. Dagegen vollzieht sich der Konzentrationsausgleich im Halbleiter von n_R auf N_D wie beim pn-Übergang über eine wesentlich größere (Raumladungs-)Zone. Deren Ausdehnung erhalten wir bei einem homogen dotierten Halbleiter offenbar aus Gl. (1.12) mit Gl. (1.10), indem wir dort formal $N_A \to \infty$ gehen lassen, denn dadurch verschwindet der entsprechende metallseitige Anteil.

Die zu den verbogenen Energiebändern gehörende räumliche Verteilung der Elektronen folgt aus Gl. (2.75a) in Bd. I/3

$$n(x) = N_L \cdot e^{\frac{W_F - W_{Ln}(x)}{kT}} \tag{1.82}$$

mit N_L gemäß Gl. (1.5a); insbesondere gilt in der Grenzebene $x=0$

$$n(0) = n_R = N_L \cdot e^{\frac{W_F - W_{Ln}(0)}{kT}} = N_L \cdot e^{-\frac{\varphi_{Bn}}{U_T}} \tag{1.83a}$$

und in der Ebene $x = \infty$

$$n(\infty) = n_{HL} = N_D = N_L \cdot e^{\frac{W_F - W_{Ln}(\infty)}{kT}}, \tag{1.83b}$$

d.h.

$$\begin{aligned} U_D &= \frac{W_{Ln}(0) - W_{Ln}(\infty)}{e} = \frac{W_{Ln}(0) - W_F}{e} + \frac{W_F - W_{Ln}(\infty)}{e} \\ &= \varphi_{Bn} - U_T \cdot \ln \frac{N_L}{N_D}. \end{aligned} \tag{1.83c}$$

Es liegen hier offenbar entsprechende Verhältnisse wie bei einem stark unsymmetrischen pn-Übergang vor. Damit wird unsere frühere anschauliche Überlegung bestätigt: Der Metall/Halbleiter-Übergang mit Verarmungs-Randschicht zeigt Gleichrichter-Verhalten.

Den Fall $W_n > W_M$ (Bild **1**.47c) brauchen wir nach den vorstehenden ausführlichen Erläuterungen nur kurz zu behandeln. Jetzt gelangen Elektronen leichter aus dem Metall in den Halbleiter, dessen Randschicht dadurch mit Elektronen angereichert wird. Der Halbleiter lädt sich negativ gegen das Metall auf, d.h.

$$U_D = \varphi_M - \varphi_n = \frac{W_M - W_n}{e} < 0.$$

Die Energiebänder verbiegen sich dadurch nach unten und beschreiben so die Anreicherungsschicht bei Annäherung an das Metall gemäß Gl. (1.82). Diese setzt dem Stromdurchgang in beiden Richtungen keinen nennenswerten Widerstand entgegen, in Übereinstimmung mit unserer anschaulichen Überlegung.

Für die Kombination zwischen Metallen und p-Halbleitern gelten die komplementären Überlegungen, so daß wir hier nur kurz darauf einzugehen brauchen. An die Stelle der Gl. (1.82) tritt die Beziehung

$$p(x) = N_V \cdot e^{-\frac{W_F - W_{Vn}(x)}{kT}},$$

insbesondere gilt in der Grenzebene $x=0$

$$p_R = N_V \cdot e^{-\frac{W_F - W_{Vn}(0)}{kT}} = N_V \cdot e^{-\frac{\varphi_{Bp}}{U_T}}.$$

Aus dem Vergleich mit Gl. (1.83a) bzw. aus Bild **1.**47b, c folgt

$$\varphi_{Bn} + \varphi_{Bp} = [W_{Ln}(0) - W_{Vn}(0)]/e = W_G/e, \tag{1.84}$$

d.h. die Summe der Schottky-Barrieren für Elektronen und Defektelektronen in einer Metall/Halbleiter-Struktur ist vom verwendeten Metall unabhängig und gleich dem Bandabstand des Halbleiters. Es gilt also

$$0 \leq \varphi_{Bn}, \quad \varphi_{Bp} \leq W_G/e.$$

Ganz im Sinne der Komplementarität vertauschen Verarmungs- und Anreicherungsschichten ihre Rollen (s. die Gegenüberstellung in Bild **1.**47b, d): Wenn ein Metall mit einem n-Halbleiter einen Schottky-(ohmschen)Kontakt bildet, so liefert es bei p-Dotierung desselben Halbleiters einen ohmschen (Schottky-)Kontakt. In der folgenden Tafel **1.**48 sind entsprechende Metall/Halbleiter-Kombinationen zusammengestellt.

Tafel **1.**48 Charakter von Metall/Halbleiter-Übergängen für unterschiedliche Austrittsarbeiten W_M, W_{HL}

	Anreicherungs- Randschicht (ohmscher Kontakt)	Verarmungs-(Inversions-) Randschicht (Schottky-Kontakt)
n-Halbleiter	$W_M < W_{HL}$	$W_M > W_{HL}$
p-Halbleiter	$W_M > W_{HL}$	$W_M < W_{HL}$
	Beispiele von Materialkombinationen für ohmsche Kontakte	Schottky-Kontakte
p-Si	Fe, Au, Rh (Rhodium), Pt.	Al, Zn, In, Pb, Sn, Ag, Cu, Ni.
n-Si	Al, Zn, In, Pb, Sn.	Ag, Cu, Ni, Fe, Au, Sb, Rh, Pt, Bi.

Die Potentialbarriere φ_{Bn} hängt nach Gl. (1.81) linear von der Austrittsarbeit des Metalls ab. Das Experiment liefert jedoch eine viel schwächere Abhängigkeit (Bild **1.**49); das hat folgenden Grund: Die bisherigen Überlegungen gelten für solche Grenzflächen zwischen Metall und Halbleiter, welche völlig frei von sog. energetischen Oberflächenzuständen sind; dieser Fall liegt in der Praxis aber nicht vor. Zum einen entstehen nämlich an der Oberfläche des Halbleiters durch den Abbruch des Kristallgitters Energieterme im „verbotenen" Bereich zwischen W_V und W_L. Vor allem aber werden beim Zusammentreffen der beiden Materialien Metall und Halbleiter durch mögliche Verunreinigungsatome, Oxidschich-

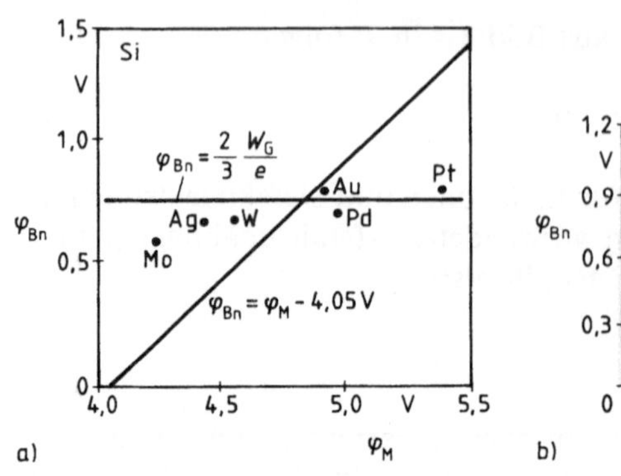

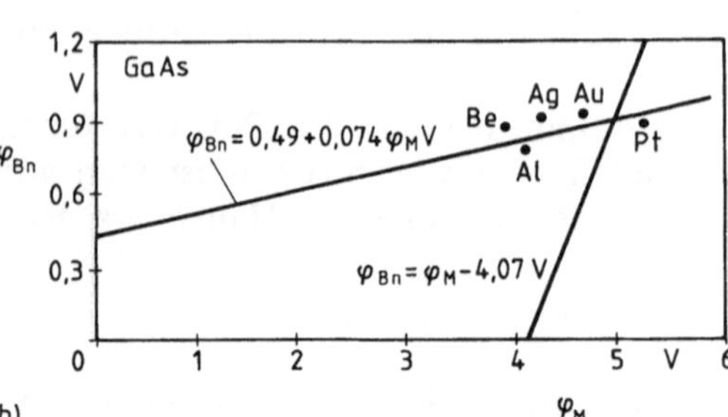

1.49 Potentialbarriere φ_{Bn} für Metalle (nach [7])
a) auf n-Si ($\chi = 4{,}05$ V)
b) auf n-GaAs ($\chi = 4{,}07$ V)

ten, Gitterstörungen, physikalische oder chemische Reaktionen Energieniveaus im verbotenen Band erzeugt. Wenn diese in einem n-Halbleiter Akzeptoren-Charakter haben, so sind sie bis zum Fermi-Niveau $W_{\text{F,n}}$ mit Elektronen besetzt. Sie stellen also eine negative Oberflächenladung dar; dieser steht im Halbleiter-Innern eine durch Influenz verursachte positive Raumladung gegenüber. Dadurch entsteht bereits ohne metallischen Kontakt eine Potentialdifferenz zwischen Halbleiter-Oberfläche und -Innern und eine entsprechende Bandverbiegung. Offenbar liegt hier eine Verarmungs-Randschicht vor. Bei Grenzflächenzuständen mit Donator-Charakter entsteht dagegen eine Anreicherungs-Randschicht. - In einem p-Halbleiter führen umgekehrt Oberflächenzustände mit Akzeptoren-(Donatoren-)Charakter zu Anreicherungs-(Verarmungs-)Randschichten. - Bei sehr großer Konzentration der Oberflächenzustände bestimmen diese schließlich das energetische Gleichgewicht mit den Halbleiter-Innern, und die Schottky-Barriere wird unabhängig vom Metall. Dieser Fall liegt in der Praxis bei vielen Halbleiter-Oberflächen angenähert vor, wie die experimentellen Werte in Bild **1.**49a zeigen; danach ist

$$e\varphi_{\text{Bn}} = W_{\text{Ln}}(0) - W_{\text{F,n}} \approx \frac{2}{3} W_{\text{G}}.$$

Für p-Halbleiter gilt wegen Gl. (1.84)

$$e\varphi_{\text{Bp}} \approx \frac{1}{3} W_{\text{G}}.$$

Beispiel 1.14. Für n-Si ($\chi = 4{,}05$ V, $m_{\text{n}} = 1{,}18\, m_{\text{e}}$), das mit $N_{\text{D}} = 10^{16}\,\text{cm}^{-3}$ dotiert ist, soll für die Temperatur $T = 300$ K zunächst die Austrittsarbeit $e \cdot \varphi_{\text{n}}$ berechnet werden und damit dann die Diffusionsspannung zu Gold ($\varphi_{\text{M}} = 4{,}8$ V) bzw. Aluminium ($\varphi_{\text{M}} = 4{,}1$ V).

Aus Bild **1**.47 folgt zunächst

$$\varphi_n = \chi + (W_{Ln}(\infty) - W_{Fn})/e$$

und unter Benutzung von Gl. (1.83b) schließlich

$$\varphi_n = \chi + U_T \cdot \ln(N_L/N_D).$$

Mit den gegebenen Daten folgt $\varphi_n = 4{,}26$ V und damit nach Gl. (1.80)

$$U_D(\text{Au/n-Si}) = 0{,}54\text{ V}, \quad U_D(\text{Al/n-Si}) = -0{,}16\text{ V}.$$

Danach bildet n-Si mit Gold einen Schottky-Kontakt, mit Aluminium einen ohmschen Kontakt (s. Tafel **1**.48).

1.3.2 Der gleichstromdurchflossene Schottky-Übergang

Bei einem Metall/n-Halbleiter-Übergang kann der stromlose Zustand – ähnlich wie beim pn-Übergang – als Gleichgewicht zwischen zwei gleichgroßen, aber entgegengesetzt fließenden Strömen verstanden werden, nämlich

1. einem Majoritätsträger-Diffusionsstrom vom Halbleiter zum Metall auf Grund des Konzentrationsgefälles vom Halbleiterinnern ($n = n_{HL} = N_D$) zum Metall ($n = n_R < N_D$) und

2. einem Majoritätsträger-Driftstrom vom Metall zum Halbleiter als Folge des durch die Diffusionsspannung bedingten Potentialgefälles.

Bei Anlegen einer Spannung U wird dieses Gleichgewicht gestört: Bei Polung in Flußrichtung ($U > 0$) wird das Metall positiv gegen den n-Halbleiter vorgespannt und dadurch die Potentialbarriere von U_D auf $U_D - U$ abgebaut; daher überwiegt der Diffusionsstrom. Bei Polung in Sperrichtung ($U < 0$) wird die Potentialstufe von U_D auf $U_D + |U|$ erhöht und das Gleichgewicht zugunsten des Feldstromes gestört. Dabei bleibt die Randkonzentration n_R in allen Fällen unverändert, da sie nur durch die Eigenschaften beider Materialien bestimmt wird, aber nicht durch die äußere Spannung U. Allerdings nimmt die Weite der Raumladungszone ab (in Flußrichtung) bzw. zu (in Sperrichtung) (s. Bild **1**.46), da Elektronen auf die Grenzfläche zugeschwemmt bzw. in Gegenrichtung abgezogen werden. – Trotz dieser formalen Gleichheit der Mechanismen besteht zum pn-Übergang folgender wesentliche Unterschied: Dort werden die Minoritätsträger-Randkonzentrationen gegenüber den Gleichgewichtswerten angehoben oder abgesenkt und erzeugen damit den Gesamtstrom als Summe zweier Minoritätsträger-Diffusionsströme in die Bahngebiete hinein. –

Diese vorstehenden Erläuterungen legen die Vermutung nahe, daß man den Stromfluß mittels einer „Diffusionstheorie" beschreiben kann. Das ist auch zutreffend, solange die Raumladungszone w_R breit ist im Vergleich zur mittleren freien Weglänge Λ der Elektronen ($\lesssim 10^{-5} \ldots 10^{-6}$ cm), d.h. bei niedrigen Dotierungen des Halbleiters (für Si typisch $10^{14} \ldots 10^{17}\,\mathrm{cm}^{-3}$). Denn nur für $w_R \gg \Lambda$ haben die in den makroskopischen Transport-Gln. (1.52)-(1.54) vorkommenden Größen μ und D einen Sinn, da sie als Mittelwerte über viele freie Weglängen definiert sind.

Wenn wir Rekombination und Generation in der Raumladungszone vernachlässigen, ist entsprechend den Gln. (1.54) und (1.1)

$$\frac{I_n}{A} = S_n = e\mu_n U_T \cdot \frac{\partial n}{\partial x} - e\mu_n \cdot n \cdot \frac{\partial \varphi}{\partial x} = \mathrm{const}\,.$$

Hieraus folgt durch Integration zwischen den Ebenen $x=0$ und $x=w_R$ mit den dortigen Randbedingungen

$$n(0) = n_R = n_{HL} \cdot \mathrm{e}^{-\frac{U_D}{U_T}} \quad \text{nach Gl. (1.83)}$$

bzw.

$$n(w_R) = n_{HL} = N_D$$

die Strom-Spannungs-Charakteristik

mit
$$\left.\begin{aligned} I_n &= I_S \cdot (\mathrm{e}^{U/U_T} - 1) \\ I_S &= A e n_R \bar{v}_D \approx A e n_R \cdot \mu_n E_R\,. \end{aligned}\right\} \qquad (1.85)$$

Hierin ist

$$\bar{v}_D = \frac{\mu_n \cdot U_T}{\int\limits_0^{w_R} \mathrm{e}^{\frac{W_{Ln}(x) - W_{Ln}(0)}{kT}}\,\mathrm{d}x} \approx \mu_n \cdot E_R$$

eine effektive Diffusionsgeschwindigkeit und E_R die Randfeldstärke in der Ebene $x=0$ des Metall/Halbleiter-Übergangs.

Der Löcherstrom (= Diffusionsstrom in das n-Gebiet) hat für ein langes Bahngebiet nach Gl. (1.18) die Größe

$$I_n = \frac{A e D_p p_n}{L_p} \cdot \left(\mathrm{e}^{\frac{U}{U_T}} - 1\right),$$

er kann i. allg. gegen I_n vernachlässigt werden, d.h. $I \approx I_n$. Es gilt also formal dieselbe Strom-Spannungs-Charakteristik wie für einen pn-Übergang, allerdings mit dem Unterschied, daß der Sättigungsstrom I_S über E_R von der Spannung U (geringfügig) beeinflußt werden kann.

Die vorstehende Überlegung gilt nicht mehr für Randschichten, die wegen sehr hoher Dotierung des Halbleiters (für Si typisch $>10^{17}\,\mathrm{cm}^{-3}$) kurz im Vergleich zur mittleren freien Weglänge Λ der Elektronen sind. Denn dann stellt die Raumladungszone praktisch nur eine Potentialbarriere dar, die von den Elektronen in beiden Richtungen ohne Stoßvorgänge mit ihresgleichen oder dem Gitter überwunden werden kann, sofern nur ihre Energie dazu ausreicht. Nach dieser sog. Emissionstheorie (oder „Diodentheorie" in Analogie zur Emissionstheorie für die Hochvakuum-Röhrendiode) besteht der Strom aus folgenden beiden Anteilen (s. hierzu Bild **1.50**):

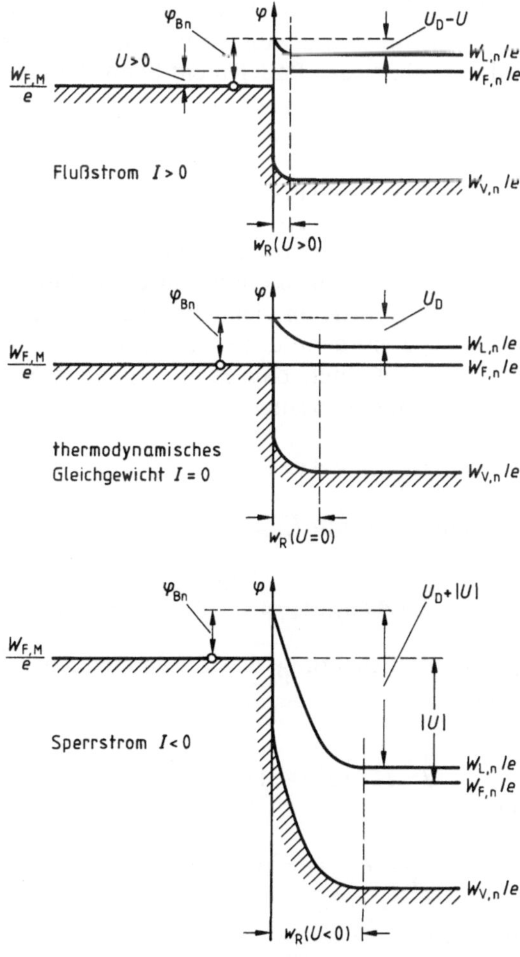

1.50 Zur „Emissionstheorie" des Stromflusses durch einen Schottky-Übergang

1. Aus dem Halbleiter treten diejenigen Elektronen in das Metall über, deren kinetische Energie auf Grund der thermischen Geschwindigkeitsverteilung zur Überwindung der Potentialschwelle $U_D - U$ ausreicht; ihre Anzahl pro Zeit- und Flächeneinheit ist

$$N = n_{HL} \cdot v_E \cdot e^{-\frac{U_D - U}{U_T}}$$

mit

$$v_E = \sqrt{\frac{kT}{2\pi\, m_n}} = \text{mittlere Geschwindigkeit der einseitig gerichteten thermischen Emission.}$$

Da diese Elektronen die um $e \cdot \varphi_{Bn}$ gegenüber dem Fermi-Niveau im Metall höhere Energiehürde überwunden haben, nennt man sie mitunter „heiße Elektronen" und bezeichnet das Bauelement Schottky-Diode als ‚hot electron device'.

Der Emissionsstrom beträgt

$$I_{HL \to M} = AeN = A e n_{HL} v_E \cdot e^{-\frac{U_D - U}{U_T}}.$$

2. Aus dem Metall treten Elektronen mit der Randkonzentration n_R in den Halbleiter über. Für diese bedeutet die Potentialstufe $U_D - U$ aber kein Hindernis; sie transportieren vielmehr einen „Sättigungsstrom" $I_{M \to HL}$, der also von U unabhängig ist; denn das elektrische Feld in der Raumladungszone des Halbleiters ist so gerichtet, daß es alle aus dem Metall emittierten Elektronen in das Halbleiterinnere absaugt:

$$I_{M \to HL} = A e n_R v_E.$$

Der gesamte Strom $I_{HL \to M} - I_{M \to HL}$ beträgt somit

$$I = A e n_{HL} v_E \cdot e^{-\frac{U_D - U}{U_T}} - A e n_R v_E,$$

d.h. unter Beachtung des Zusammenhangs zwischen n_{HL} und n_R gemäß Gl. (1.83)

$$\left.\begin{aligned} I &= I_S' \cdot \left(e^{\frac{U}{U_T}} - 1\right) \\ &\text{mit} \\ \frac{I_S'}{A} &= e n_R v_E = A^* T^2 \cdot e^{-\frac{\varphi_{Bn}}{U_T}}. \\ &\text{Hierin ist} \\ A^* &= \frac{4\pi e k^2 \cdot m_n}{h^3} = 120\,\mathrm{AK^{-2} \cdot cm^{-2}} \cdot \left(\frac{m_n}{m_e}\right) \end{aligned}\right\} \qquad (1.86)$$

die Richardson-Konstante des Halbleiters; sie geht aus derjenigen für die Emission ins Vakuum durch die Substitution $m_e \rightarrow m_n$ hervor.

Beide Grenzfälle führen also auf Strom-Spannungs-Charakteristiken, welche formal mit derjenigen des einfachen pn-Übergangs übereinstimmen; jedoch ist I'_S nach Gl. (1.86) von der Spannung U unabhängig, im Gegensatz zu I_S nach Gl. (1.85).

Die vorstehenden Überlegungen müßten noch durch eine Reihe theoretischer Überlegungen ergänzt werden, um eine vollständige Übereinstimmung mit der Praxis zu erreichen. Ihre Beschreibung würde aber den Rahmen dieser einführenden Darstellung überschreiten; sie können pauschal durch die modifizierte Kennliniengleichung

$$I = I_S(U) \cdot \left[e^{\frac{U}{mU_T}} - 1 \right] \tag{1.87}$$

mit dem Idealitätsfaktor $1 \leq m \leq 2$ erfaßt werden; der Wert 2 gilt bei Berücksichtigung der Netto Rekombination in der Raumladungszone (vgl. Gl. (1.27)). In den I-U-Charakteristiken des Metall/Halbleiter- und pn-Übergangs bestehen trotz formaler Ähnlichkeit folgende praktische Unterschiede

in Flußrichtung:
Der exponentielle Charakter gilt hier über einen größeren Spannungsbereich und zwar mit der Steigung $1/(mU_T)$; das liegt daran, daß hier kein Hochstromeffekt eintritt. Allerdings macht sich auch hier bei größeren Spannungen der Einfluß des Bahnwiderstandes bemerkbar; er ist durch die Substitution $U \rightarrow U - R_B \cdot I$ in Gl. (1.87) zu berücksichtigen. Die Schleusenspannung ist etwa halb so groß, da der Partner „Metall“ hierzu nichts beiträgt;

in Sperrichtung:
Durch die Spannungsabhängigkeit des Sperrstroms ist die Sperrkennlinie weicher und die Sperrfähigkeit verringert.

Bild 1.51 zeigt ein Kennlinienbeispiel.

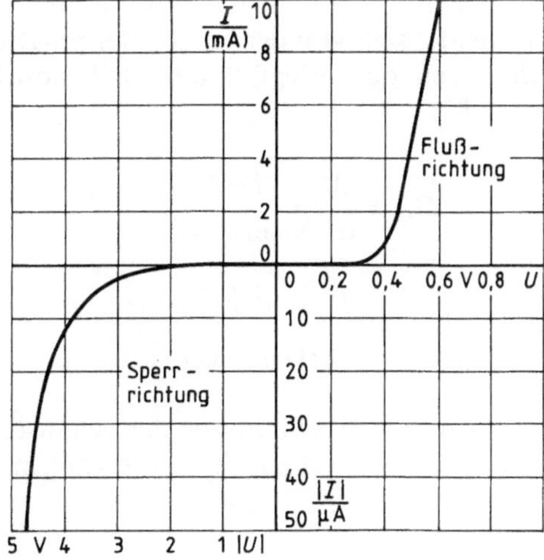

1.51
Strom-Spannungs-Charakteristik der Mikrowellen-Mischerdiode BAT 11 (aus [8])

1.3.3 Der wechselstromdurchflossene Schottky-Übergang

Wenn der Schottky-Kontakt beiderseits mit ohmschen Kontakten versehen wird, entsteht das Bauelement Schottky-Diode. Da es im Gegensatz zur pn-Diode ein Majoritätsträger-Bauelement ist, gibt es hier (praktisch) keine Minoritätsträger-Speicherung, keine Diffusionskapazität (welche bei der pn-Diode im Flußgebiet den überwiegenden Anteil an der gesamten Kapazität ausmacht), und bei Umschaltvorgängen zwischen Fluß- und Sperrbetrieb entfällt (nahezu) die Speicherzeit. Durch die geringere Gesamtkapazität und den verringerten Bahnwiderstand (zu dem das Metall ja nichts beiträgt) wird die Grenzfrequenz gemäß Gl. (1.46b) erhöht.

Die Schottky-Diode eignet sich daher vorzugsweise als Hochfrequenz-Bauelement, speziell für das Mikrowellengebiet, und zwar mit Si als Halbleitermaterial bis zu Frequenzen um 10 GHz (X-Band), mit GaAs und InP wegen der höheren Elektronen-Beweglichkeit und -Sättigungsgeschwindigkeit bis weit in das mm-Wellengebiet. Dabei kann im Flußgebiet der steuerbare differentielle Widerstand zur HF-Gleichrichtung sowie zur Auf- und Abwärtsmischung verwendet werden (sog. Varistor, s. Abschn. 2.1.3); die kleine und nur geringfügig von der Injektion abhängige Sperrschichtkapazität spielt dabei eine untergeordnete Rolle. Im Sperrgebiet kann die Spannungsabhängigkeit der Sperrschichtkapazität zur Mischung und Verstärkung in parametrischen Schaltungen benutzt werden (sog. Varaktor, s. Abschn. 2.4.1). Große Bedeutung haben Schottky-Übergänge auch als Steuerstrecken in selbstsperrenden und selbstleitenden Feldeffekt-Transistoren, vorzugsweise auf GaAs (sog. GaAs-MESFET, s. Abschn. 3.2). Wegen ihrer guten Schalteigenschaften werden sie in großem Umfang für schnelle integrierte digitale Schaltungen eingesetzt (Schottky-Logik), aber z. B. auch als Leistungsgleichrichter in Schaltnetzteilen für Schaltfrequenzen von einigen 10 kHz.

Die Wechselstrom-Ersatzschaltung des Dioden-chips für Kleinsignalbetrieb unterscheidet sich von derjenigen der pn-Diode (Bilder **1.32** und **1.35**) formal lediglich durch den Wegfall der Diffusionskapazität; außerdem ist entsprechend Gl. (1.87)

$$G_{\mathrm{D}} = \frac{\mathrm{d}I}{\mathrm{d}U} \approx \frac{I + I_{\mathrm{S}}}{\mathrm{m} \cdot U_{\mathrm{T}}}$$

und

$$C_{\mathrm{s}} = \sqrt{\frac{\varepsilon \cdot e \cdot N_{\mathrm{D}}}{2 \cdot (U_{\mathrm{D}} - U)}} \cdot A$$

zu setzen. Zur Beschreibung der gehäusten Diode sind wieder Zuleitungsinduktivität und Gehäusekapazität zu ergänzen.

Das Rauschen von Schottky-Dioden ist wegen des geringeren Bahnwiderstandes und des Wegfalls des Generations-Rekombinations-Rauschens sowie der Diffusions-Kapazität geringer als bei pn-Dioden (Bild **1**.52, vgl. Bild **1**.36). Für kleine Ströme I (die aber groß gegenüber I_S sind), wird das Rauschverhalten durch die hochohmige Sperrschicht bestimmt. Wie bei der pn-Diode wird ein Minimum durchlaufen (vgl. Bild **1**.36), das aber wegen des Wegfalls der Diffusionskapazität deutlicher ausgeprägt ist. Da es bei einem Stromwert auftritt, für den das $1/f$-Rauschen noch keine Rolle spielt, gilt gemäß Gl. (1.51)

$$\left(\frac{T_{\text{äqu}}}{T_B}\right)_{\min} \approx \frac{\mathrm{m}}{2} \cdot \frac{T_j}{T_B};$$

dieser Wert kann deutlich unter Eins liegen, was auch von Experimenten bestätigt wird.

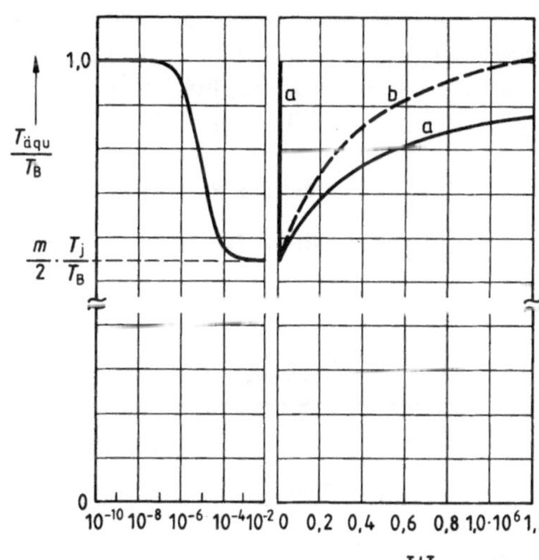

1.52 Äquivalenter Rauschfaktor eines Schottky-Diodenchips als Funktion des Stromes $\left(\text{für den praktisch interessanten Fall } \frac{\mathrm{m}}{2} \cdot (T_j/T_B) < 1\right)$

a) ohne $1/f$-Rauschen, Grenzwert für $I \gg I_S$: 1

b) mit $1/f$-Rauschen, Grenzwert für $I \gg I_S$: $1 + \frac{\mathrm{m}}{2} \cdot \frac{T_j}{T_B} \cdot \frac{k_{\ddot{u}}}{2ef} \cdot \frac{U_{T_j}}{R_B}$

Beispiel 1.14. Für einen Schottky-Übergang Au/n-Si ist $\varphi_{Bn} = 0{,}8$ V sowie $m_n = 1{,}18\, m_e$. Damit folgt aus Gl. (1.86) $A^* = 120 \cdot 1{,}18\ \mathrm{AK^{-2}\,m^{-2}}$ und bei einer Temperatur von $T = 300$ K

für $-U \gg U_T$

$$-I/A = I_S'/A = 4{,}9 \cdot 10^{-7}\ \mathrm{A \cdot cm^{-2}}$$

$$U = 10\, U_T = 0{,}259\ \mathrm{V} \qquad I/A = 1{,}08 \cdot 10^{-2}\ \mathrm{A \cdot cm^{-2}}$$

$$U = 15\, U_T = 0{,}389\ \mathrm{V} \qquad I/A = 1{,}6\ \mathrm{A \cdot cm^{-2}}.$$

Für einen Übergang mit dem Durchmesser 20 µm ergeben sich hieraus die Ströme

$$I_S' = 1{,}54 \cdot 10^{-12}\ \mathrm{A}, \quad I = 3{,}4 \cdot 10^{-8}\ \mathrm{A} \quad \text{bzw.} \quad I = 5\ \mu\mathrm{A}.$$

1.4 Der Metall-Isolator-Halbleiter-Übergang

Nachdem wir bisher mehrere Beispiele von gleich- und wechselstromführenden Übergängen aus 2 bzw. 3 Materialien kennengelernt haben, wenden wir uns jetzt einer Struktur aus 3 Materalien zu, welche nur Wechselstrom führen kann. Entsprechend ihrem Aufbau aus

Metal – **I**solator – **S**emiconductor

wird sie als MIS-Übergang bezeichnet (Bild 1.53). Als Halbleitermaterial wird wegen der gut beherrschten Technologie Silizium verwendet – und zwar n-Typ wegen der größeren Beweglichkeit von Elektronen gegenüber Löchern –, als Isolator vorwiegend SiO_2 oder Si_3N_4. Dementsprechend spricht man speziell von

MOS (= **M**etal-**O**xyde-**S**emiconductor)-Übergängen

oder

MNS (= **M**etal-**N**itride-**S**emiconductor)-Übergängen.

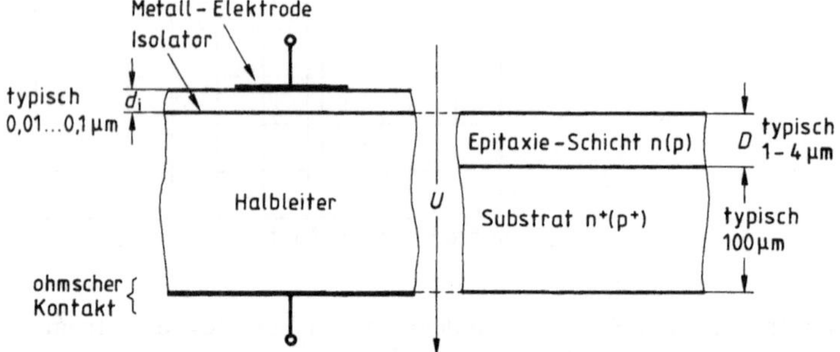

1.53 Metall-Isolator-Halbleiter-Struktur, schematisch

Da durch einen (idealen) Isolator kein Gleichstrom fließen kann, interessiert hier lediglich das Wechselstromverhalten. Offenbar stellt die MIS-Struktur einen Plattenkondensator zwischen einer Metallplatte und einer volumenhaften Halbleiter„platte" dar. Seine Kapazität C_{ges} entsteht durch Serienschaltung der konstanten Kapazität $C_i = \varepsilon_i A/d_i$ der Isolatorschicht und der Kapazität C_R der angrenzenden Raumladungszone im Halbleiter; da letztere wie bei den bisher besprochenen Übergängen von der an der Struktur anliegenden Spannung U abhängt, stellt auch

$$C_{ges}(U) = \frac{1}{\dfrac{1}{C_i} + \dfrac{1}{C_R(U)}} \tag{1.88}$$

eine spannungsgesteuerte Kapazität dar, welche eine Vielfalt von Anwendungsmöglichkeiten bietet (s. Abschn. 2.4.3).

Außerdem ist die MIS-Struktur ein entscheidender Bestandteil der sog. MIS-Transistoren (s. Kapitel 3): Dort wird der im Halbleiter parallel zur Grenze Isolator/Halbleiter fließende Strom über eine an der oberen Metallelektrode liegende Spannung (leistungslos) gesteuert. Der MIS-Kapazität kommt damit bei allen (diskreten und integrierten) MIS-Bauelementen dieselbe grundlegende Bedeutung zu wie dem pn-Übergang bei den bipolaren Bauelementen.

1.4.1 Bändermodell und Kapazität der idealen MIS-Struktur

Die ideale MIS-Struktur ist durch folgende Annahmen gekennzeichnet:

- Metall und Halbleiter haben dieselbe Austrittsarbeit.
- Der Isolator ist ideal sperrend für Gleichstrom und frei von räumlich feststehenden Ladungen.
- An der Grenzfläche Isolator/Halbleiter gibt es keine energetischen Oberflächenzustände und dementsprechend keine Grenzflächenladungen.

Das zugehörige Bändermodell für den thermodynamischen Gleichgewichtszustand ($U=0$) zeigt Bild **1**.54 (s. auch Bild **1**.55a).

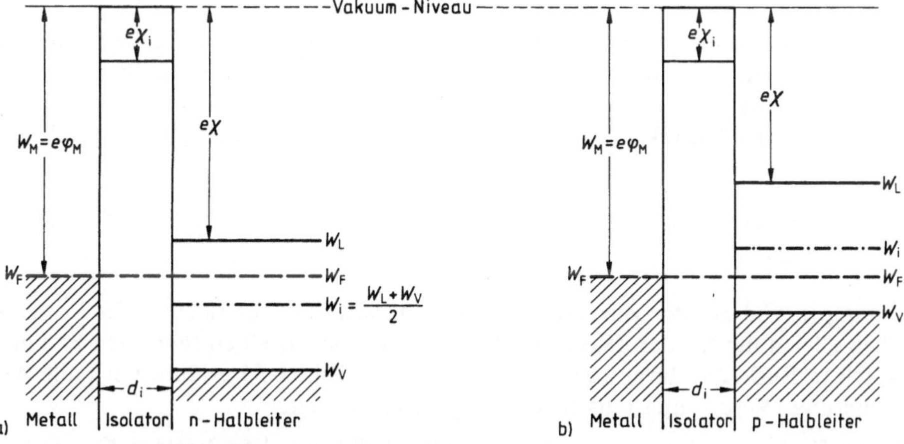

1.54 Bändermodell einer idealen MIS-Struktur mit a) n-Typ, b) p-Typ-Halbleiter im thermodynamischen Gleichgewicht

Wir wollen nun gemäß Bild **1**.53 an die obere Metallelektrode eine Spannung U anlegen und unterstellen im folgenden als Halbleiter ein n-Typ Material. Für $U>0$ werden Elektronen (Majoritätsträger) aus dem Halbleiterinnern zur Grenzfläche Halbleiter/Isolator hingezogen und bilden dort eine Anreicherungs-Randschicht; dies kommt im Bändermodell durch eine Absenkung der Energieniveaus zum Ausdruck, also u.a. in der Annäherung der Leitband-Kante an das

Fermi-Niveau (Bild 1.55b, vgl. Bild 1.47d). Durch eine negative Spannung $U<0$ werden Elektronen von der Grenzfläche in das Halbleiterinnere zurückgedrängt und hinterlassen eine Verarmungs-Randschicht; dem entspricht im Bändermodell eine Anhebung der Energieniveaus, also u.a. eine Annäherung des Intrinsic-Niveaus w_i an das Fermi-Niveau W_F (Bild 1.55c, vgl. Bild 1.47b). Bei weiter zunehmender Spannung $|-U|$ kann in der Randschicht die Konzentration der Elektronen schließlich unter die der Defektelektronen sinken, so daß der Halbleiter in einer grenzflächennahen Zone (Kanal) seinen Leitungstyp ändert; man spricht dann von Inversion. In diesem Fall (Bild 1.55d) liegt das Intrinsic-Niveau oberhalb der Fermikante (wie auch in Bild 1.47b), was nichts anderes bedeutet, als daß im thermodynamischen Gleichgewicht das Auftreten eines Defektelektrons an der Valenzbandkante wahrscheinlicher ist als das Auftreten eines Elektrons an der Leitungsbandkante. Der Zustand der Inversion spielt in den MIS-Transistoren eine entscheidende Rolle.

Zur Berechnung der gesamten MIS-Kapazität C_{ges} benötigen wir neben der schon bekannten Isolatorkapazität $C_i = \varepsilon_i A/d_i$ die Raumladungskapazität

$$C_R = \frac{dQ_s}{d\psi_s} \tag{1.89}$$

des Halbleiters; hierin bezeichnet Q_s die halbleiterseitige Oberflächenladung in der Grenzebene Isolator-Halbleiter, welche durch Influenzwirkung der Raumladungszone entsteht, und ψ_s das der Bandverbiegung entsprechende Oberflächenpotential (s. Bild 1.55). Q_s und ψ_s sind zum einen durch die Spannungsbilanz

$$U = \psi_s + \frac{Q_s}{C_i} \tag{1.90}$$

verknüpft. Ein zweiter Zusammenhang ergibt sich aus der Lösung der Poissonschen Gleichung für den Halbleiterbereich; diese ist für einen typischen Fall graphisch in Bild 1.56 dargestellt; darin sind die in Bild 1.55 erläuterten Fälle Anreicherung, Verarmung und Inversion gekennzeichnet.

Durch Zusammenfassung der Gln. (1.89), (1.90) mit dem Verlauf $Q_s = Q_s(\psi_s)$ nach Bild 1.56 erhalten wir schließlich die Spannungsabhängigkeit der MIS-Kapazität C_{ges} gemäß Gl. (1.88). Ihr Verlauf ist in Bild 1.57 dargestellt; er kann wie folgt anschaulich verstanden werden: Für positive Spannungen $U \gg U_T$ sammeln sich viele Elektronen dicht an der Grenzfläche zum Isolator. Wegen dieser Anreicherung der Majoritätsträger genügen schon sehr kleine Potentialänderungen zur Erzeugung großer Ladungsänderungen; C_R ist also sehr groß und bildet gegenüber C_i praktisch einen Kurzschluß, d.h.

$$C_{ges}(U \gg U_T) = C_i .$$

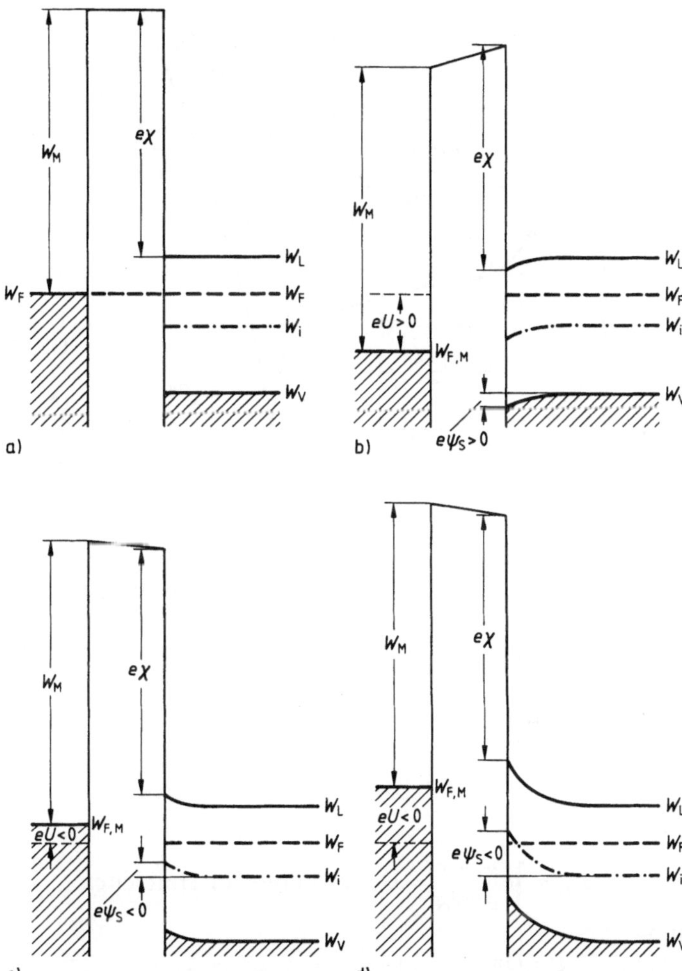

1.55 Bändermodell einer idealen MIS-Struktur mit n-Typ-Halbleiter bei anliegender Spannung U (ψ_s = Oberflächenpotential)
a) $U=0$: Thermodyn. Gleichgew. (wie Bild **1.54a**)
b) $U>0$: Anreicherung ($\psi_s>0$)
c) $U<0$: Verarmung ($W_i-W_F<e\psi_s<0$)
d) $|-U|\gg U_T$: Inversion ($e\psi_s<W_i-W_F<0$)

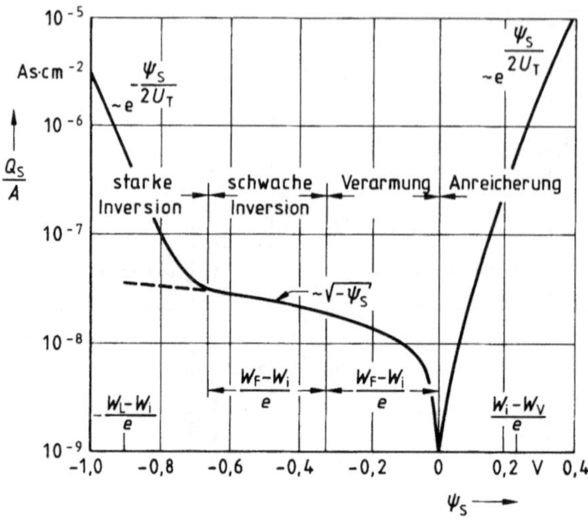

1.56
Oberflächenladungsdichte Q_s/A in n-Typ Silizium ($N_D = 4 \cdot 10^{15}\,\text{cm}^{-3}$, $T = 300\,\text{K}$) als Funktion des Oberflächenpotentials ψ_s (nach [7])

Bei Annäherung an $U = 0$ (sog. Flachbandzustand) nimmt das Übergewicht der Raumladungskapazität natürlich ab, und C_{ges} sinkt auf den Wert der sog. Flachband-Kapazität

$$C_{ges}(U=0) = C_{FB} = \frac{C_i}{1 + \dfrac{\varepsilon_i}{\varepsilon} \cdot \dfrac{L_D}{d_i}}$$

mit

$$L_D = \sqrt{\frac{\varepsilon \cdot U_T}{e \cdot N_D}} = \text{Debye-Länge im Halbleiter}$$

und

$$\left.\begin{aligned} \varepsilon &= \text{DK} \\ N_D &= \text{Dotierung} \end{aligned}\right\} \text{ des Halbleiters.}$$

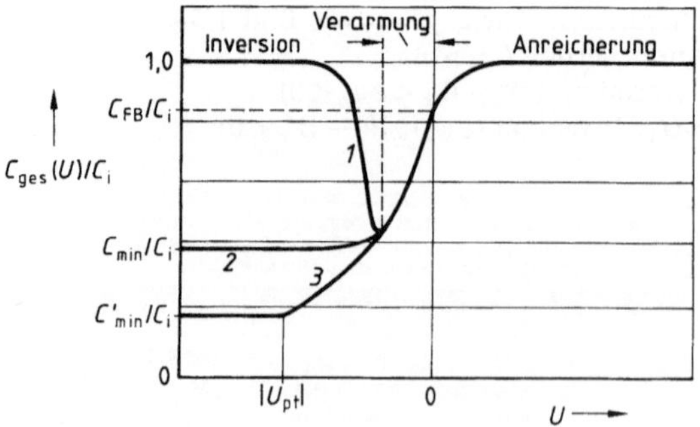

1.57
Kapazitäts-Spannungs-Charakteristik der idealen MIS-Struktur
Kurve 1: Niedrige Meßfrequenz,
Kurve 2: Hohe Meßfrequenz,
Kurve 3: Impulsförmige Vorspannung

Durch negative Spannungen $U<0$ werden Elektronen aus der Randschicht in das Halbleiterinnere verdrängt, wodurch die räumlich feststehenden Donatoren eine Raumladungszone bilden. Diese erzeugt eine Spannungsabhängigkeit $C_R(U)$ wie beim pn-Übergang, d.h. C_R und C_{ges} werden mit wachsendem $|-U|$ kleiner.

Wenn schließlich durch weitere Erhöhung von $|-U|$ Inversion einsetzt, geht das von der Inversion betroffene Gebiet der Raumladungszone der Verarmungs-Randschicht verloren. Sobald sich die Inversionsschicht schneller ausdehnt als die Verarmungs-Randschicht, steigt C_R wieder an, wodurch C_{ges} für $|-U| \to \infty$ wieder den Maximalwert $C_{ges,max} = C_i$ erreicht. Dieser Wiederanstieg findet allerdings nur dann statt, wenn sowohl die negative Vorspannung hinreichend lange anhält (typisch >10 ms) als auch die Meßspannung hinreichend langsam schwankt (typisch <10 Hz). Denn nur dann kann sich in der Inversionsschicht die Minoritätsträgerkonzentration (welche dort durch die langsam verlaufende thermische Bildung von Elektron/Loch-Paaren erzeugt wird) auf den Gleichgewichtswert einstellen, der zur jeweils anliegenden Spannung gehört. - Dieser Fall (Kurve 1 in Bild **1**.57) ist also für HF-Anwendungen uninteressant. - Wenn man andererseits die negative Vorspannung zeitlich konstant hält, aber eine hohe Meßfrequenz verwendet (typisch >10 kHz), so kann die Inversionsladung diesen schnellen Schwankungen nicht mehr folgen und trägt daher nichts zur differentiellen Gesamtkapazität C_{ges} bei. Diese wird dann durch die Serienschaltung aus C_i und der Verarmungskapazität C_R gebildet. Da die Weite der Raumladungszone für starke Inversion dem spannungsunabhängigen Wert

$$w_{R,max} = \sqrt{\frac{4\varepsilon}{eN_D} \cdot U_T \cdot \ln \frac{N_D}{n_i}}$$

zustrebt, gilt

$$C_{ges}(-U \to \infty) = C_{min} = \frac{C_i}{1 + \dfrac{\varepsilon_i}{\varepsilon} \cdot \dfrac{w_{R,max}}{d_i}}$$

(Kurve 2 in Bild **1**.57). - Für ein großes Verhältnis C_i/C_{min} ist GaAs günstiger als Si und dieses wieder dem Ge vorzuziehen, da die Intrinsic-Dichte in dieser Reihenfolge deutlich abnimmt. Die geringen Unterschiede in der Dielektrizitätskonstante (11,5/11,9/16) können diese Tendenz nicht kompensieren. - Wenn schließlich die negative Vorspannung nur so kurzzeitig anliegt, daß es nicht zur Ausbildung von Inversionsladungen kommen kann (typisch $<100\,\mu$s), so wächst mit zunehmendem $|-U|$ die Raumladungszone weiter in den Halbleiter hinein, wodurch C_R und C_{ges} monoton abnehmen, bis die Raumladungszone schließlich zum Substrat durchgreift (s. Bild 1.53), d.h.

$$C_{ges}(-U \geq U_{pt}) = C'_{min} = \frac{C_i}{1 + \frac{\varepsilon_i}{\varepsilon} \cdot \frac{D}{d_i}}$$

(Kurve 3 in Bild 1.57). Auch in diesem Fall ist für ein großes Verhältnis C_i/C'_{min} GaAs am günstigsten; er liegt auch z.B. immer dann vor, wenn der Arbeitspunkt im Akkumulationsgebiet liegt und mit großen HF-Amplituden (kurzzeitig) in das Inversionsgebiet ausgesteuert wird.

1.4.2 Korrekturen für reale MIS-Strukturen

Wir wollen jetzt die bisher vernachlässigten Einflüsse auf die MIS-Kapazität infolge unterschiedlicher Austrittsarbeiten von Metall und Halbleiter, durch feste Volumen- und Oberflächenladungen im Isolator sowie durch umladbare Oberflächenzustände untersuchen. An der Annahme eines ideal sperrenden Isolators halten wir allerdings fest.

Unterschiedliche Austrittsarbeiten $W_M \neq W_n$.
Das Bändermodell einer idealen MIS-Struktur zeigt bei Anlegen einer Spannung $U>0$ ($U<0$) ähnliche Bandverbiegungen wie ein Metall/Halbleiter-Übergang mit $W_M < W_n$ ($W_M > W_n$) im thermodynamischen Gleichgewicht. Das ist nicht überraschend, denn in beiden Fällen entsteht im n-Halbleiter eine Elektronen-Anreicherungs-(Verarmungs-)Randschicht bzw. im p-Halbleiter eine Defektelektronen-Verarmungs-(Anreicherungs-)Randschicht.

In einem realen MIS-Übergang sind wegen $W_M \neq W_n$ im thermodynamischen Gleichgewicht entsprechende Bändermodelle wie für Metall/Halbleiter-Übergänge mit $W_M \neq W_n$ zu erwarten. Bild 1.58 zeigt das für die beiden Material-Kombinationen Au/SiO_2/n-Si und Al/SiO_2/n-Si; dabei ist $W_{Au} = 5$ eV, $W_{Al} = 4{,}1$ eV und $W_n = 4{,}25$ eV (gemäß Beispiel 1.13) unterstellt. Bei der ersten Struktur ($W_M > W_n$) kann die Elektronenverarmung in der Randschicht offenbar durch die positive Spannung

$$U_{FB} = \frac{W_M - W_n}{e}$$

kompensiert und damit ein horizontaler Verlauf der Energiebänder eingestellt werden (Flachbandzustand); dementsprechend heißt die zugehörige Spannung U_{FB} Flachbandspannung. Die Kapazitäts-Charakteristik $C_{ges}(U)$ wird dadurch längs der Spannungsachse um den Wert U_{FB} zu größeren Spannungswerten

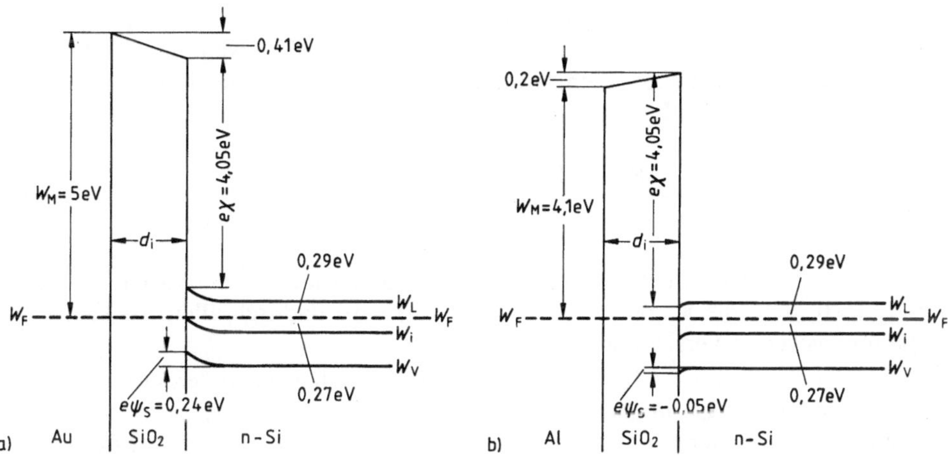

1.58 Bändermodelle zweier realer MIS-Strukturen im thermodynamischen Gleichgewicht (unter Vernachlässigung von Ladungen im Isolator)
a) Au/SiO_2/n-Si, b) Al/SiO_2/n-Si für jeweils $N_D = 10^{16}\,cm^{-3}$ und $d_i = 0{,}05\,\mu m$ (nach [9])

verschoben (Bild 1.59). Für die zweite Struktur ($W_M < W_n$) ist $U_{FB} < 0$, und die $C_{ges}(U)$-Kurve wird um $|U_{FB}|$ zu kleineren Spannungen verschoben. In jedem Fall gilt

$$C_{ges}(U)_{real} = C_{ges}(U - U_{FB})_{ideal}\,. \tag{1.91}$$

Ladungen an der Grenzfläche Halbleiter-Isolator.
Diese Ladungen Q_0 besetzen energetische Oberflächenzustände, welche entsprechende Ursachen haben wie bei Metall/Halbleiter-Übergängen (s. die Diskussion von Bild 1.49). Hier kommen allerdings noch Störungen in dem normalerweise polykristallinen oder sogar amorphen Isolator hinzu. Sofern es sich dabei

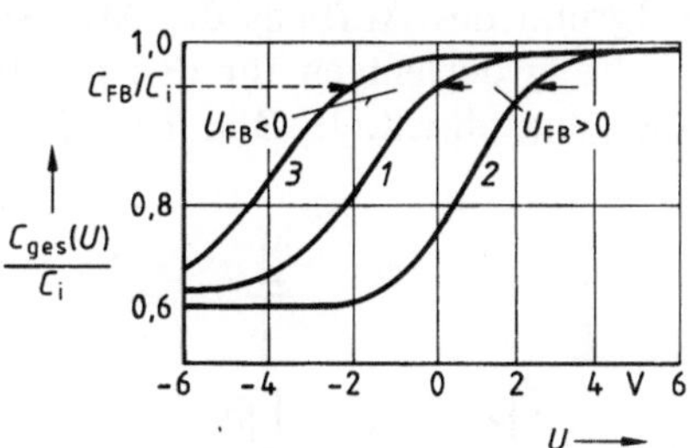

1.59 Kapazitäts-Spannungs-Charakteristiken von MIS-Strukturen (n-Typ-Halbleiter mit $N_D = 1{,}45 \cdot 10^{16}\,cm^{-3}$, Isolatordicke $d_i = 0{,}2\,\mu m$).
Kurve 1: Ideale Struktur; Kurve 2 (3): Reale Struktur mit positiver (negativer) Flachbandspannung, verursacht durch unterschiedliche Austrittsarbeiten von Metall und Halbleiter bzw. durch feste Ladungen im Isolator

um ortsfeste Ladungen Q_{of} handelt, welche bei Anlegen einer Spannung nicht umgeladen werden, bewirken sie eine zusätzliche Flachbandspannung $-Q_{of}/C_i$. - Im gleichen Sinn wirken auch räumlich feststehende Ladungen im Isolatorvolumen. - Die gesamte Flachbandspannung beträgt

$$U_{FB} = -\frac{Q_{of}}{C_i} + \frac{W_M - W_n}{e}. \tag{1.92}$$

Für das häufig verwendete, durch thermische Oxidation auf Si entstehende SiO_2 ist $Q_{of} > 0$, d.h. die Kapazitäts-Kurve $C_{ges}(U)$ wird dadurch allein zu kleineren Spannungswerten verschoben.

Neben den mit festen Ladungen besetzten Grenzflächenzuständen gibt es i. allg. auch noch solche, die je nach ihrer Lage zum Fermi-Niveau geladen oder ungeladen sind und daher bei Schwankungen der Spannung U (und damit des Oberflächenpotentials ψ_s) umgeladen werden können. Diese sog. schnellen Oberflächenzustände bzw. die auf ihnen sitzenden Ladungen Q_0 können durch eine zusätzliche Oberflächenzustands-Kapazität $C_0 = dQ_0/d\psi_s$ berücksichtigt werden. Da C_0 über ψ_s von U abhängt, bewirken die schnellen Oberflächenzustände nicht nur eine Verschiebung der $C_{ges}(U)$-Charakteristik, sondern auch eine Verformung (Bild **1.60**).

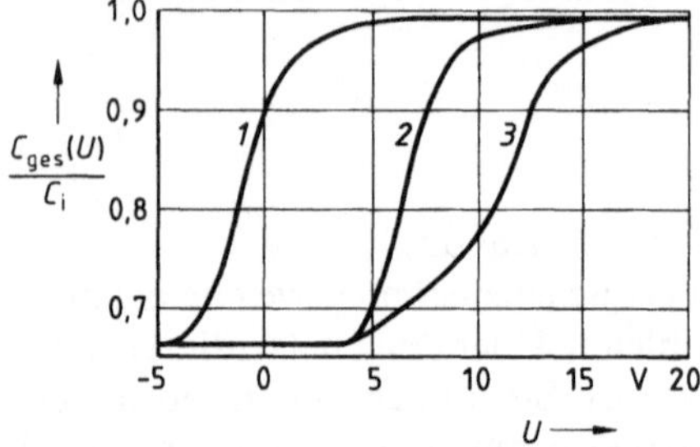

1.60
Einfluß schneller Oberflächenzustände auf die $C_{ges}(U)$-Charakteristik einer MIS-Struktur, schematisch.
Kurve 1: Ideale Struktur; Kurve 2: Verschiebung durch die Flachbandspannung, aber ohne schnelle Oberflächenladungen Q_0; Kurve 3: Mit Q_0

Aufgrund des Aufbaus der MIS-Struktur ist es verständlich, daß ihre Ersatzschaltung derjenigen für den pn-Übergang (Bild **1.32**) bzw. für den Schottky-Übergang ähnelt. In Bild **1.61** bedeutet R_B den Bahnwiderstand einschließlich

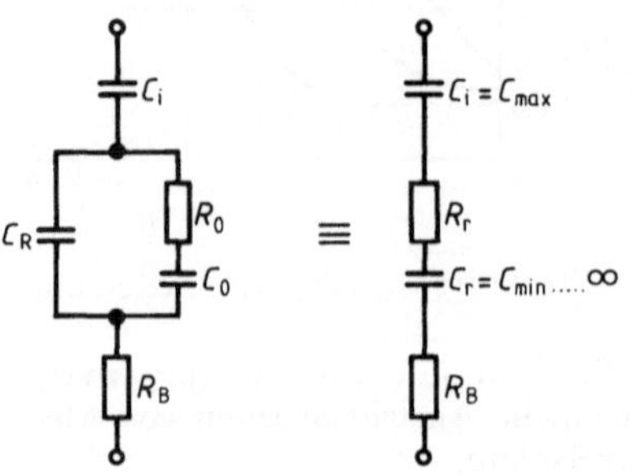

1.61
Wechselstrom-Ersatzschaltung einer MIS-Struktur unter Berücksichtigung schneller Oberflächenzustände

der Übergangswiderstände in den Kontakten, während die Kombination R_0, C_0 die mit Trägheit behaftete Auf- und Entladung schneller energetischer Oberflächenzustände in der Grenzebene zwischen Isolator und Epitaxieschicht beschreibt. Zur Beschreibung des gehäusten MIS-chips (=MIS-Diode) ist die Ersatzschaltung in bekannter Weise durch Zuleitungsinduktivität und Gehäusekapazität zu ergänzen.

Ähnlich wie bei pn- und Schottky-Übergängen wird auch bei MIS-Übergängen eine Grenzfrequenz definiert (vgl. Gl. (1.46b)):

$$f_g = \frac{1}{2\pi R_B \cdot C_R},$$

sie ist vom Arbeitspunkt abhängig. Als Mittelwert bei Aussteuerung in den Grenzen $-|U_{pt}| + U_{FB} \leq U \leq U_{FB}$ gilt unter der Annahme eines ideal leitenden Substrats und vernachlässigbarer Kontaktwiderstände in Näherung

$$f_g = \frac{\sigma}{2\pi\varepsilon},$$

wo σ die Leitfähigkeit und ε die DK der Epitaxieschicht sind. In dieser Näherung stimmt f_g mit der dielektrischen Relaxationsfrequenz der Epitaxieschicht überein. Zur Erzielung großer f_g-Werte empfiehlt sich GaAs wegen seiner hohen Elektronenbeweglichkeit.

2 Dioden

Wenn die im Kapitel 1 besprochenen Strukturen an ihren beiden Enden mit je einem ohmschen Kontakt sowie je einem Zuleitungsdraht versehen werden, entstehen Bauelemente, die wegen ihrer beiden Anschlüsse als Dioden bezeichnet werden. Jeder der in Kapitel 1 erläuterten physikalischen Effekte in Übergängen zwischen Halbleitern, Metallen und Isolatoren kann durch den konstruktiven Aufbau der Diode, die Wahl des Materials, der Dotierung, der Technologie etc. in seiner Wirksamkeit bevorzugt und technisch nutzbar gemacht werden. Dementsprechend gibt es eine Fülle von Ausführungsformen und Anwendungsmöglichkeiten von Dioden in elektronischen Schaltungen; die folgende Übersicht stellt eine beispielhafte Auswahl dar:

Physikalischer Effekt	Anwendung
Nichtlineare stationäre Strom-Spannungs-Charakteristik	Gleichrichtung und Mischung (Abschn. 2.1)
Durchbruch der stationären Strom-Spannungs-Charakteristik im Sperrgebiet	Spannungs-Stabilisierung und -Begrenzung (Abschn. 2.2)
Impulsförmiger Wechsel zwischen Fluß- und Sperrichtung einer pn-Diode	Schaltvorgänge in logischen Schaltungen bzw. in der Leistungselektronik (Großsignalverhalten, Abschn. 2.3)
Kapazitiv beeinflußte Ladungsträgerbewegungen in der Raumladungszone bzw. in den Bahngebieten eines pn-, Metall/Halbleiter- oder MIS-Übergangs	Ausnutzung der Spannungsabhängigkeit der Sperrschicht- bzw. Diffusionskapazität zur elektronischen Abstimmung, Frequenz-Modulation und -Vervielfachung, Mischung (Abschn. 2.4)
Unterschiedliches dynamisches Verhalten einer pin-Diode in Fluß- und Sperrichtung	Passives Mikrowellen-Bauelement zur Schaltung, Modulation, Begrenzung, Phasenschiebung etc. (Abschn. 2.5)
- Laufzeiterscheinungen, ggf. in Verbindung mit Durchbruchsmechanismen - Spezielle Energiebänder-Struktur des Halbleitermaterials - Extrem hohe Dotierung des p- und/oder n-Gebietes eines pn-Übergangs	Erzeugung von HF-Leistung zur Realisierung von Oszillatoren und Verstärkern im Mikrowellengebiet (Abschn. 2.6)
Licht-Absorption bzw. -Emission im Bereich eines pn-Übergangs und Erzeugung bzw. Rekombination von Elektron-Loch-Paaren	Empfangs- bzw. Sendedioden für die optische Nachrichtentechnik (Abschn. 2.7)

Im folgenden werden zunächst Aufbau und Wirkungsweise der verschiedenen Diodenarten gemäß den zugrundeliegenden physikalischen Effekten beschrieben. Dabei werden vereinfachende Annahmen gemacht, damit die Darstellung leicht verständlich bleibt und knapp gehalten werden kann. Außerdem werden typische Anwendungsfälle vorgestellt.

2.1 Gleichrichter- und Mischdioden

Die in diesem Abschnitt behandelten Dioden nutzen den physikalischen Effekt der nichtlinearen stationären Strom-Spannungs-Charakteristik bei Ausschluß des Durchbruchgebietes (Tafel **2**.1).

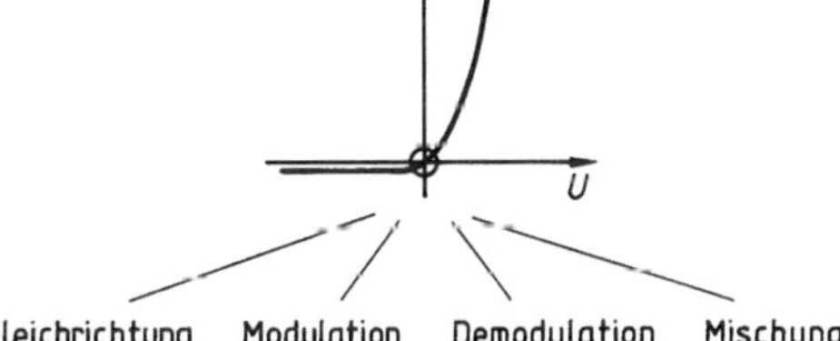

2.1
Nutzung der nichtlinearen Strom-Spannungs-Charakteristik

Unter **Gleichrichtung** versteht man die Erzeugung einer Spannung einheitlichen Vorzeichens aus einer vorgegebenen zeitlich veränderlichen Spannung mit dem zeitlichen Mittelwert Null (z. B. der Netzwechselspannung). Das geschieht dadurch, daß die vorgegebene Spannung an die Klemmen eines Zweipol-Bauelementes angelegt wird, welches bei der einen Spannungspolarität einen (im Idealfall unbegrenzten) Stromfluß zuläßt, bei der entgegengesetzten Polarität aber den Stromfluß (bis auf den auch in der Praxis vernachlässigbar kleinen Sperrstrom) unterdrückt. Zur Realisierung des Gleichrichtervorgangs sind Halbleiterdioden wegen ihrer ausgeprägten Richtungsabhängigkeit der $I(U)$-Charakteristik geeignet (s. z. B. die Bilder **1**.5b, **1**.14–**1**.17, **1**.51). Ehe wir auf die Eignung und die typischen Eigenschaften einzelner Diodenformen eingehen, soll der Gleichrichter-Vorgang an zwei einfachen Schaltungen erläutert werden.

Bild **2**.2 zeigt eine mit einer Diode ausgestattete Einweg-Gleichrichterschaltung mit reiner Wirklast. Zur mathematischen Beschreibung dieser Schaltung wird

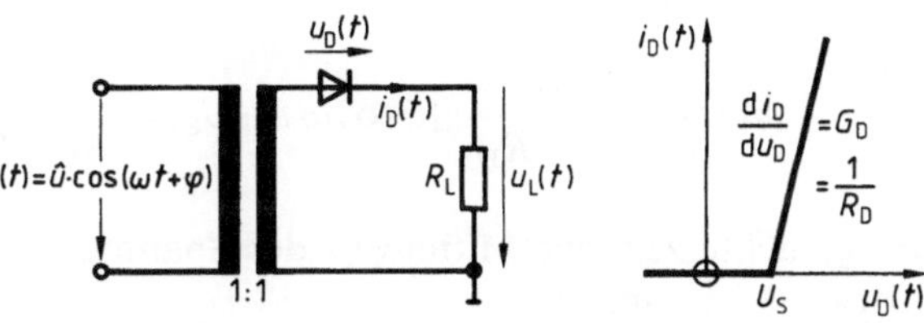

2.2
Einweg-Gleichrichterschaltung mit reiner Wirklast

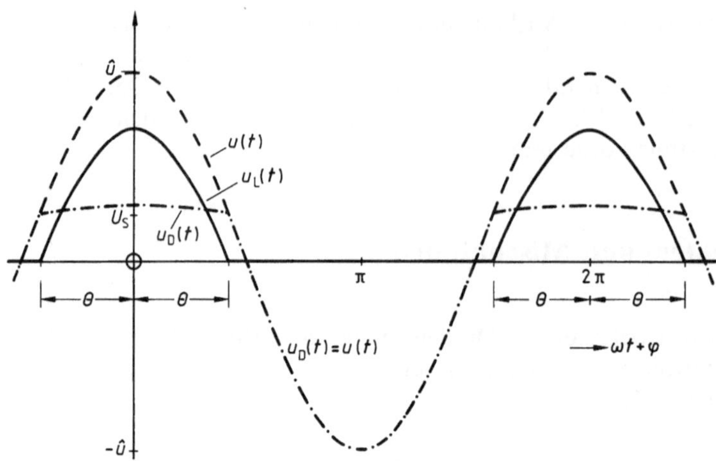

2.3 Zeitlicher Verlauf der Spannung in der Schaltung nach Bild **2.2**

die Strom-Spannungs-Charakteristik der verwendeten Diode durch eine geknickte Gerade angenähert (vgl. Bild **1.18**). Diese Näherung empfiehlt sich nicht nur wegen ihrer mathematischen Einfachheit, sondern ist auch immer dann angebracht, wenn die Aussteuerung über einen großen Spannungsbereich erfolgt, so daß die genaue Form der Charakteristik nicht exakt zugrundegelegt werden muß. Solange $u_D(t) < U_S$ ist, fließt durch die Diode kein Strom; daher ist auch $u_L(t) = 0$, d.h. $u_D(t)$ stimmt mit der Wechselspannung $u(t) = \hat{u} \cdot \cos(\omega t + \varphi)$ überein (Bild **2.3**). Wenn dagegen $u_D(t) > U_S$ ist, d.h. im Zeitraum

$$-\theta < \omega t + \varphi < \theta \quad \text{mit} \quad \cos\theta = U_S/\hat{u} \tag{2.1}$$

(θ = Stromflußwinkel), dann liegen der Lastwiderstand R_L und der Diodenwiderstand R_D in Serie. Somit gilt nach der Spannungsteiler-Regel

$$\frac{u_L(t)}{u_D(t) - U_S} = \frac{R_L}{R_D},$$

also in Verbindung mit der Spannungsbilanz $u(t) = u_D(t) + u_L(t)$ sowie mit Gl. (2.1)

$$u_L(t) = \frac{R_L}{R_L + R_D} \cdot [\hat{u} \cos\omega t - U_S] = \frac{R_L}{R_L + R_D} \hat{u} \cdot [\cos\omega t - \cos\theta].$$

Der gesuchte zeitliche Mittelwert der Spannung am Lastwiderstand R_L (Gleichrichtwert) ist danach

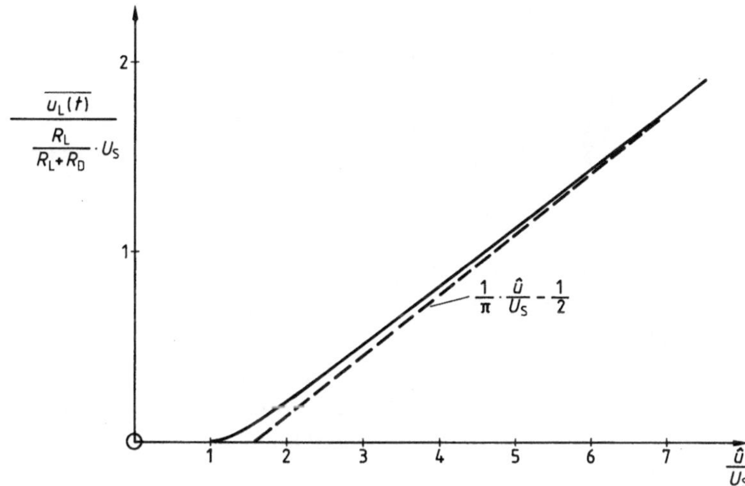

2.4 Normierter Gleichrichtwert der Spannung am Lastwiderstand der Schaltung nach Bild **2.2**

$$\overline{u_L(t)} = \frac{1}{2\pi}\int_{-\theta}^{\theta} u_L(t)\,\mathrm{d}(\omega t+\varphi) = \frac{R_L}{R_L+R_D}\cdot\frac{\sin\theta-\theta\cdot\cos\theta}{\pi}\cdot\hat{u}\,. \tag{2.2}$$

Seine Abhängigkeit von der Spannungsamplitude $\hat{u}$ ist in Bild **2.4** dargestellt. Mit wachsendem $\hat{u} \geq U_S$ nimmt der Stromflußwinkel gemäß Gl. (2.1) von $\theta = 0$ aus bis zum Wert $\theta = \pi/2$ zu.

Aus den Gln. (2.1) und (2.2) erhält man folgende analytische Näherungen für die beiden Grenzfälle

$$\theta \to 0:\ \overline{u_L(t)} \to \frac{R_L}{R_L+R_D}\cdot U_S\cdot\frac{2\sqrt{2}}{3\pi}\cdot\left(\frac{\hat{u}}{U_S}-1\right)^{3/2} \tag{2.3}$$

und

$$\theta \to \pi/2:\ \overline{u_L(t)} \to \frac{R_L}{R_L+R_D}\cdot\left(\frac{\hat{u}}{\pi}-\frac{U_S}{2}\right) \approx \frac{R_L}{R_L+R_D}\cdot\frac{\hat{u}}{\pi}. \tag{2.4}$$

Der Gleichanteil der Spannung am Lastwiderstand ist im zweiten Fall näherungsweise proportional zur „Ursache“ $\hat{u}$. – Dieses asymptotische Verhalten gilt übrigens auch bei einer Dioden-Charakteristik der Form

$$I = \begin{cases} a\cdot(U-U_S)^2 & \text{für} \quad U \geq U_S \\ 0 & \text{für} \quad U \leq U_S \end{cases}$$

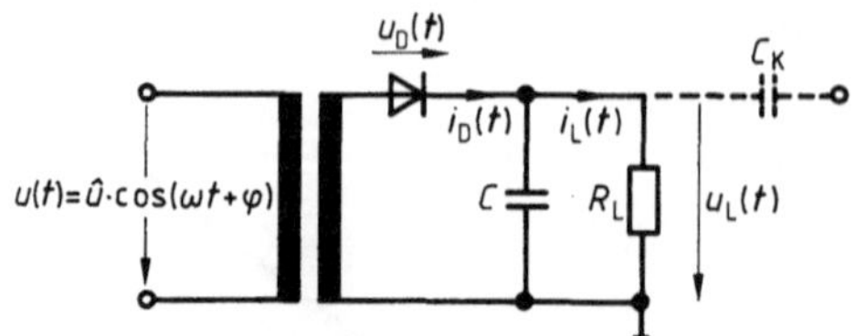

2.5
Einweg-Gleichrichterschaltung mit Ladekondensator C

oder $I=I_S\left(e^{\frac{U}{U_T}}-1\right)$, (s. Gl. (2.16)). Dagegen hängt das Verhalten im ersten Grenzfall $\theta\to 0$ wesentlich vom Verlauf der Charakteristik in der Umgebung des Fußpunktes U_S ab. -

Wenn eine möglichst konstante Ausgangsspannung $u_L(t)$ erzielt werden soll, muß die pulsierende Spannung am Lastwiderstand R_L geglättet werden; dies gelingt mit Hilfe eines zu R_L parallel geschalteten Kondensators C (Bild **2**.5). Dadurch kann auch während der Strompausen am Widerstand R_L eine Spannung aufrechterhalten werden entsprechend dem Entladungsvorgang des Kondensators C über den Widerstand R_L. Im eingeschwungenen Zustand, der sich bei hinreichend kleinem Durchlaßwiderstand R_D der Diode innerhalb weniger Perioden der HF-Schwingung einstellt, ist der Stromfluß durch die Diode auf ein solches Zeitintervall $\Delta t<T/2=\pi/\omega$ beschränkt, daß der Ladungsnachschub für den Kondensator gerade den Ladungsverlust während der Strompausen wieder ausgleicht (Bild **2**.6). Der Stromflußwinkel $\theta=\omega\Delta t/2$ kann um so kleiner sein, je kleiner der Durchlaßwiderstand R_D ist; in der Grenze $R_D\to 0$ gilt $\theta\to 0$.

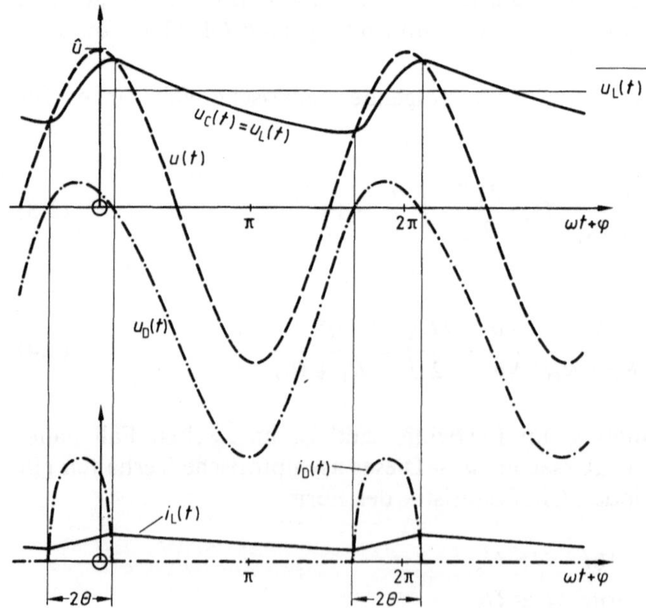

2.6
Zeitlicher Verlauf der Spannungen und Ströme in der Schaltung nach Bild **2**.5

Die Gleichspannung $u_L(t)$ an R_L ist dann – bei Vernachlässigung der Schleusenspannung U_S – praktisch gleich der Amplitude $\hat{u}$ der Wechselspannung; man spricht daher auch von Spitzengleichrichtung. Damit sich der Kondensator während der Strompausen nicht nennenswert entlädt, muß

$$R_L \cdot C \gg \frac{2\pi}{\omega} = \frac{1}{f} = T \tag{2.5}$$

sein; in der Praxis wird mindestens $R_L \cdot C > 10/\omega$ gewählt.

Die Gleichrichterwirkung kann dadurch verbessert werden, daß man von der Einwegschaltung gemäß Bild **2**.5 zu einer Zweiweg-Gegentaktschaltung bzw. -Brückenschaltung mit zwei bzw. vier Dioden übergeht.

Bei der **Modulation, Demodulation** und **Mischung** wird die nichtlineare $I(U)$-Charakteristik in der Umgebung des Arbeitspunktes $A(\overline{U}, \overline{I})$ durch je eine harmonische Spannung $u_0(t) = \hat{u}_0 \cdot \cos(\omega_0 t + \varphi_0)$ großer Amplitude und ein Signalspannungsgemisch $\Delta u(t)$ kleiner Amplituden ausgesteuert, d.h.

$$i(t) = i(\overline{U} + u_0(t) + \Delta u(t)) \tag{2.6}$$

(Bild **2**.7). Da – abgesehen von diskreten Zeitpunkten – die Ungleichung

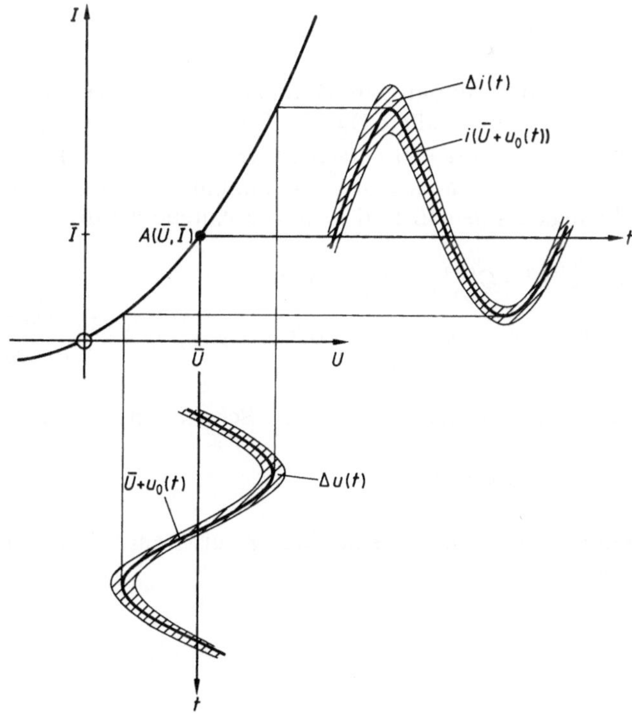

2.7
Aussteuerung einer Diode mit einer Spannung aus Großsignal- und Kleinsignal-Anteil

$|\Delta u(t)| \ll |u_0(t)|$ erfüllt ist, darf die Taylorreihenentwicklung von Gl. (2.6) bzgl. $\Delta u(t)$ nach dem linearen Glied abgebrochen werden, d.h.

$$i(t) = i(\overline{U} + u_0(t)) + \underbrace{\left(\frac{\mathrm{d}i}{\mathrm{d}u}\right)_{\overline{U}+u_0(t)} \cdot \Delta u(t)}_{\Delta i(t)} + \cdots . \tag{2.7}$$

Hierin stellt

$$\left(\frac{\mathrm{d}i}{\mathrm{d}u}\right)_{\overline{U}+u_0(t)} = G(\omega_0 t) \tag{2.8}$$

den im Rhythmus von ω_0 schwankenden differentiellen Leitwert der Diode (vgl. Gl. (1.37)) dar; er kann folglich als Fourier-Reihe geschrieben werden:

$$G(\omega_0 t) = \sum_{\mathrm{n}=-\infty}^{\infty} \underline{G}^{(\mathrm{n})} \cdot \mathrm{e}^{\mathrm{j}n\omega_0 t} \quad \text{mit} \quad \underline{G}^{(\mathrm{n})} = \underline{G}^{(-\mathrm{n})*} = \frac{1}{2\pi} \int_0^{2\pi} G(\omega_0 t) \mathrm{e}^{-\mathrm{j}n\omega_0 t} \mathrm{d}(\omega_0 t) . \tag{2.9}$$

Wir erhalten somit für den Kleinsignalanteil des Diodenstromes gemäß Gl. (2.7)

$$\Delta i(t) = G(\omega_0 t) \cdot \Delta u(t) . \tag{2.10}$$

Im Falle der Amplituden-Modulation ist $\Delta u(t)$ ein Gemisch von NF-Anteilen (Sprache, Musik, allg.: Daten); für eine einzelne herausgegriffene Komponente $\Delta u(t) = \hat{u} \cdot \cos(\omega t + \varphi)$ entstehen gemäß Gln. (2.9) und (2.10) Stromanteile bei den Frequenzen $\mathrm{n}\omega_0 \pm \omega$. Wenn man mit einem selektiven Netzwerk (z.B. einem Schwingkreis gemäß Bild **2**.8a) die Anteile bei $\omega_0 \pm \omega$

$$\begin{aligned} &(\underline{G}^{(1)} \cdot \mathrm{e}^{\mathrm{j}\omega_0 t} + \underline{G}^{(-1)} \cdot \mathrm{e}^{-\mathrm{j}\omega_0 t}) \cdot \Delta u(t) \\ &= 2\,|\underline{G}^{(1)}| \cdot \cos(\omega_0 t + \varphi_0) \cdot \hat{u} \cos(\omega t + \varphi) = |\underline{G}^{(1)}| \cdot \hat{u} \cdot \begin{cases} \cos((\omega_0 + \omega) t + \varphi_0 + \varphi) \\ \cos((\omega_0 - \omega) t + \varphi_0 - \varphi) \end{cases} \end{aligned}$$

und die in $i(\overline{U} + u_0(t))$ enthaltene Schwingung bei ω_0

$$\hat{i}_0 \cos(\omega_0 t + \varphi_0)$$

herausfiltert, entsteht eine sog. Zweiseiten-AM-Schwingung mit Träger (Bild **2**.8b):

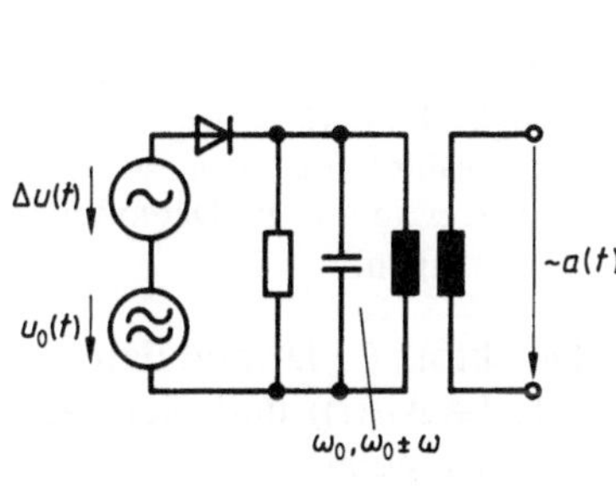

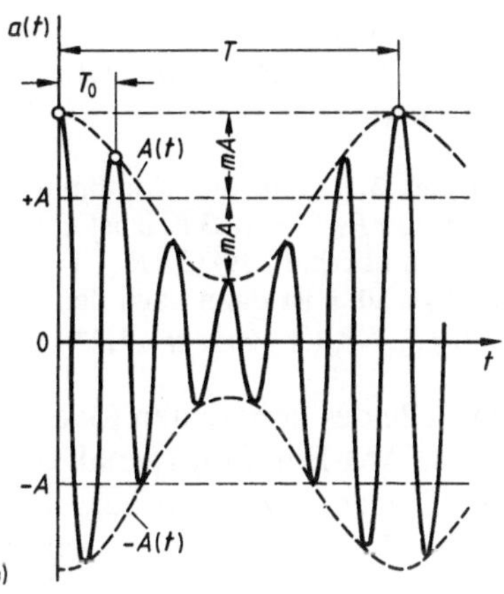

2.8 Zweiseiten-Amplitudenmodulation
a) Schaltung, b) Zeitfunktion ($T_0 = 2\pi/\omega_0$, $T = 2\pi/\omega$)

$$a(t) = \hat{i}_0 \cdot \cos(\omega_0 t + \varphi_0) + 2\,|\underline{G}^{(1)}| \cdot \hat{u} \cdot \cos(\omega_0 t + \varphi_0) \cdot \cos(\omega t + \varphi)$$

$$= \underbrace{\hat{i}_0 \cdot \left(1 + \frac{2\,|\underline{G}^{(1)}| \cdot \hat{u}}{\hat{i}_0} \cdot \cos(\omega t + \varphi).\right)}_{\substack{\text{modulierte Amplitude} \\ A(t) = A \cdot (1 + s(t))}} \cdot \cos(\omega_0 t + \varphi_0). \tag{2.11}$$

Der Modulationsgrad

$$m = 2\,|G^{(1)}| \cdot \hat{u}/\hat{i}_0$$

ist proportional zur Größe $\hat{u}$ des NF-Signals. Auf diese Weise werden NF-Signale mittels eines HF-Trägers übertragen (Prinzip der AM-Trägerfrequenztechnik).

Auf der Empfängerseite wird das NF-Signal durch Demodulation wiedergewonnen. Eine Möglichkeit hierzu bietet die Schaltung in Bild **2.5**; sie erzeugt von einer AM-Schwingung mit der Momentanamplitude $A(t) = A \cdot (1 + s(t))$ die „momentane" Gleichspannung $A(t)$; sie bildet also die Hüllkurve der AM-Schwingung in die NF-Ebene ab (sog. Hüllkurven-Detektor). Voraussetzung dafür ist allerdings, daß die Zeitkonstante $R_L \cdot C$ und damit die Trägheit dieses Tiefpasses gering genug ist, daß die Spannung am Widerstand R_L auch dem höchstfrequenten Anteil (f_{max}) im NF-Signal $s(t)$ folgen kann. Das ist um so eher erfüllt, je besser die Ungleichung

$$R_L \cdot C < \frac{\sqrt{1 - m^2}}{m \cdot \omega_{max}} \tag{2.12}$$

erfüllt ist (m = Modulationsgrad der Komponente bei f_{max}). Die Zeitkonstante $R_L \cdot C$ ist also durch die Ungleichungen (2.5) und (2.12) nach unten und oben begrenzt.

Beispiel 2.1. Für die Kombination $R_L = 220\,\text{k}\Omega$, $C = 100\,\text{pF}$ mit der Grenzfrequenz $f_g = 1/(2\pi R_L C) = 7{,}23$ kHz ist entsprechend der Ungleichung (2.5) für $f = \omega/2\pi$ ein Wert deutlich oberhalb $10/(2\pi R_L C) = 10 f_g = 72{,}3$ kHz zu wählen. Bei einem Modulationsgrad von $m = 50\%$ ist dann nach der Ungl. (2.12) eine verzerrungsarme Demodulation unterhalb $f_{max} = f_g \sqrt{1 - m^2}/m = 7{,}23\,\text{kHz} \cdot \sqrt{3} = 12{,}5$ kHz möglich.

Im Falle des kohärenten (oder Synchron-) Detektors (= Demodulators) wird aus einem AM-Empfangssignal gemäß Gl. (2.11) ($\triangleq \Delta u(t)$) und einer am Ort des Empfängers erzeugten sog. Lokaloszillatorschwingung $u_0(t) = \hat{B} \cdot \cos(\omega_0 t + \psi_0)$ die NF-Information $s(t)$ wiedergewonnen. Hierzu wird eine Diode mit

$$\hat{A}(t) \cdot \cos(\omega_0 t + \varphi_0) + \hat{B} \cdot \cos(\omega_0 t + \psi_0)$$

ausgesteuert; ihre Nichtlinearität führt zu der Produktbildung (vgl. Gl. (2.10))

$$\hat{A}(t) \cdot \hat{B} \cdot \cos(\omega_0 t + \varphi_0) \cdot \cos(\omega_0 t + \psi_0) = \frac{\hat{A}(t)\hat{B}}{2} \cdot [\cos(2\omega_0 t + \varphi_0 + \psi_0) + \cos(\varphi_0 - \psi_0)] .$$

Der Anteil in der Umgebung von $2\omega_0$ wird durch einen Tiefpaß abgetrennt, und es verbleibt der NF-Anteil

$$\frac{\hat{A}(t)\hat{B}}{2} \cdot \cos(\varphi_0 - \psi_0) = \frac{\hat{A}\hat{B}}{2} \cdot \cos(\varphi_0 - \psi_0) + \frac{\hat{A}\hat{B}}{2} \cdot \cos(\varphi_0 - \psi_0) \cdot s(t) .$$

Durch einen Kondensator C_K kann der Gleichanteil abgetrennt werden, und wir erhalten schließlich

$$\frac{\hat{A}\hat{B}}{2} \cdot \cos(\varphi_0 - \psi_0) \cdot s(t) .$$

– Hierbei ist allerdings vorausgesetzt, daß die Frequenz des Lokaloszillators identisch mit der Trägerfrequenz des Empfangssignals ist, so daß allenfalls Phasendifferenzen $\varphi_0 - \psi_0$ zugelassen sind. – Sofern durch zusätzliche Schaltungsmaßnahmen verhindert wird, daß $\varphi_0 - \psi_0 = \pi/2$ ist, kann also hinter dem Koppelkondensator C_K das NF-Signal $s(t)$ abgenommen werden.

Im Falle der Mischung wird eine modulierte HF-Schwingung $\Delta u(t)$ mit der Trägerfrequenz f_s mittels eines Lokaloszillators f_0 auf eine andere Trägerfrequenz umgesetzt: davon wird z. B. im Überlagerungsempfänger Gebrauch gemacht, wo von f_s (z. B. ca. 100 MHz bei UKW) auf die sog. Zwischenfrequenz $f_z = |f_s - f_0|$

(10,7 MHz bei UKW) umgesetzt und weiterverarbeitet (verstärkt, demoduliert) wird (sog. Abwärtsmischer, s. unter Abschn. 2.1.3).

Mitunter wird das Signal in sog. Repeaterstationen lediglich in der ZF-Ebene verstärkt und danach wieder auf die ursprüngliche Trägerfrequenz $f_s = f_0 \pm f_z$ umgesetzt (Aufwärtsmischer).

Obwohl es zur Erfüllung aller dieser Aufgaben im Prinzip nur auf einen nichtlinearen Zusammenhang zwischen Strom und Spannung ankommt, sind die verschiedenen Dioden in unterschiedlicher Weise geeignet, wie die folgenden vier Unterabschnitte zeigen.

2.1.1 Punktkontakt-Dioden

Diese gehören zu den ältesten Halbleiter-Bauelementen und bestehen daher aus dem historisch zuerst benutzten Material Germanium. Sie sind heute wegen der inzwischen ausgereiften Si-Planar- bzw. Mesa-Technik praktisch vollständig durch Si-pn-Flächendioden bzw. durch Schottky-Dioden verdrängt, welche bessere HF- und Rauscheigenschaften besitzen. Obwohl Punktkontakt-Dioden nur noch in Ausnahmefällen Anwendung finden, werden sie des vollständigen Überblicks wegen hier dennoch beschrieben.

Die **Spitzendiode** entspricht in ihrem Aufbau der Anordnung, an welcher F. Braun im Jahre 1874 die Gleichrichterwirkung einer Metallspitze gegenüber der Oberfläche gewisser Kristalle entdeckte. Dieser sog. Kristalldetektor ist das älteste Halbleiter-Bauelement in der Elektrotechnik und hat insbesondere in den Anfangszeiten der Funktechnik eine große Rolle gespielt. Den Aufbau einer solchen Spitzendiode zeigt Bild **2.**9a: ein n-Typ Ge-Plättchen ist auf eine Metallunterlage aufgelötet. Auf die Oberseite des Plättchens wird eine Metallspitze (aus Wolfram oder Molybdän) federnd aufgesetzt und durch einen kurzen Stromstoß an den Kristall angeschweißt (Formieren). Dadurch entsteht unter der Spitze ein kleiner p-leitender Bereich (typisch einige 10 μm Durchmesser) und dadurch ein kleinflächiger pn-Übergang. Die p-Dotierung wird durch eindiffundierte Metallatome vom Akzeptortyp verursacht und/oder durch Gitterfehlstellen, die beim Formierungs-Prozeß thermisch erzeugt wurden.

Derartige Dioden zeichnen sich durch eine kleine Kapazität (typisch einige Zehntel bis 1 pF) und durch eine große Kennlinienkrümmung im Nullpunkt aus; sie sind daher zur Hochfrequenz-Gleichrichtung und -Mischung, als Diskriminatoren in UKW-Empfängern sowie als Modulatoren und Demodulatoren geeignet. Die maximale Arbeitsfrequenz von normalen Spitzendioden liegt bei etwa 50–100 MHz; speziell entwickelte Mikrowellendioden sind bis in das GHz-Gebiet brauchbar.

Die Kennlinien von Spitzendioden weichen stark von der einfachen Form für eine Flächendiode nach Bild **1.**5b ab; insbesondere wird in Rückwärtsrichtung praktisch nie eine Sättigung des Stromes beobachtet (Bild **2.**9b).

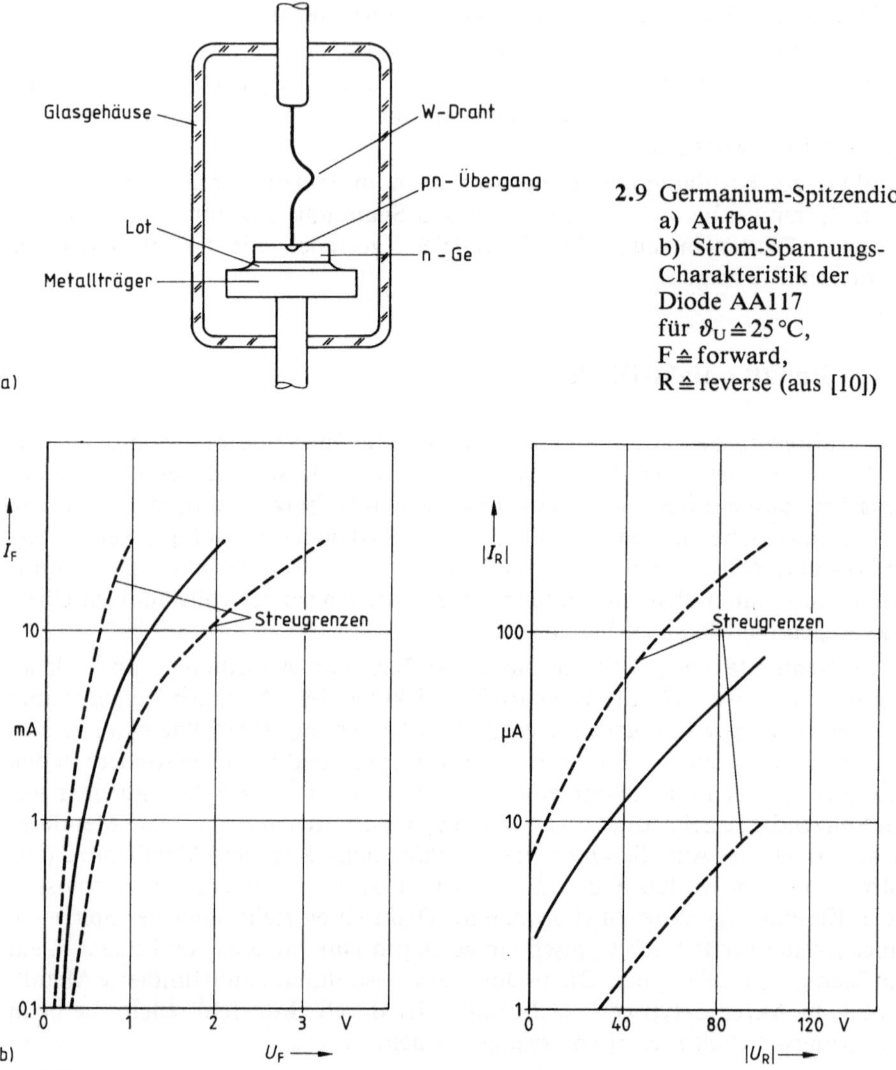

2.9 Germanium-Spitzendiode
a) Aufbau,
b) Strom-Spannungs-Charakteristik der Diode AA117 für $\vartheta_U \triangleq 25\,°C$, F ≙ forward, R ≙ reverse (aus [10])

Bei der **Golddraht-Diode** (Bild **2.**10) wird ein mit Akzeptoren (1–1,5% Ga) versetzter stumpfer Golddraht mit einem n-Ge-Plättchen „verschweißt". Aus der eutektischen Schmelze (12 Gew.% Ge, 88 Gew.% Au bei 356 °C) rekristallisiert bei der Abkühlung Germanium mit dem p-dotierenden Zusatz aus. Die gute Legierungsfähigkeit des Goldes läßt einen homogenen pn-Übergang entstehen. Die Gleichrichtung findet an diesem kleinflächigen pn-Übergang statt; im Vergleich zur Spitzendiode ist er allerdings deutlich größer (Durchmesser etwa 100 µm) und damit auch seine Kapazität. Der Sperrwiderstand ist wesentlich größer, der

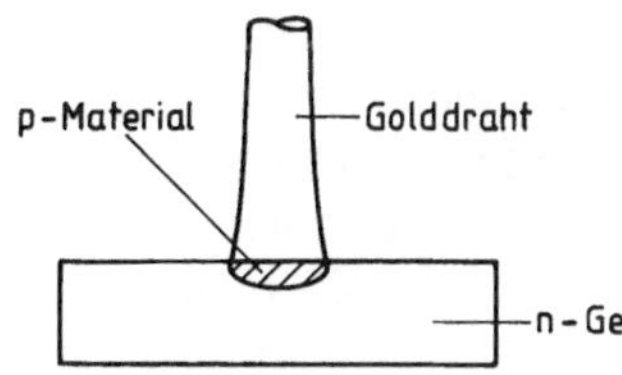

2.10
Aufbau des aktiven Teiles einer Ge-Golddrahtdiode

Durchlaßwiderstand wesentlich kleiner, so daß das Verhältnis von Rückwärts- zu Vorwärtswiderstand etwa 100mal größer als bei einer normalen Spitzendiode sein kann. Die Stromspannungskennlinie ähnelt der einer Flächendiode.

2.1.2 Die Rückwärts-Diode

Mit wachsender Dotierung des p- und/oder n-Gebietes sinkt die Durchbruchsspannung U_{BR} einer pn-Diode gemäß Gl. (1.32a). Wir betrachten jetzt den Sonderfall, in dem bei beidseitig hoher Dotierung (N_D, $N_A \approx 10^{18}$ cm^{-3}) im stromlosen Zustand das Fermi-Niveau W_F genau auf der Höhe der Leitungsbandkante des n-Gebietes $W_{L,n}$ bzw. der Valenzbandkante des p-Gebietes $W_{v,p}$ liegt (Bild **2.**11a). Bei Polung in Sperrichtung ($U<0$, s. hierzu Bild **2.**11b) wird bekanntlich die Energie des n-Gebietes um $e\,|U|$ gegenüber dem des p-Gebietes abgesenkt, so daß mit Elektronen besetzte Energieniveaus im p-Gebiet unbesetzten, aber zur Besetzung erlaubten Energieniveaus im n-Gebiet gegenüberstehen. Durch die hohe elektrische Feldstärke (einige kV/cm) über der schmalen Raumladungszone (einige Zehntel µm) kann die Potentialbarriere zwischen p- und n-Gebiet von den Elektronen schon bei kleinsten Werten der Sperrspannung durch Zener-Effekt (quantenmechanischer Tunneleffekt) überwunden werden. Dieser Zener-Strom nimmt mit betragsmäßig wachsender Sperrspannung rasch zu, da der energetische Überlappungsbereich zunimmt. Dagegen entfällt bei Flußpolung ($U>0$, s. Bild **2.**11c) dieser Überlappungseffekt, und es fließt nur der (zunächst

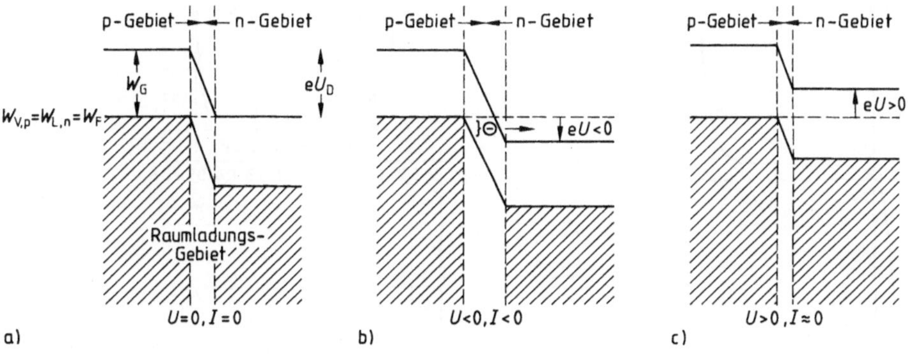

2.11 Energiebändermodell einer Rückwärtsdiode
a) Stromloser Zustand, b) Polung in Sperrichtung, c) Polung in Flußrichtung

sehr kleine) Diffusionsstrom. Auf diese Weise entsteht die in Bild **2**.12 qualitativ dargestellte *I*-*U*-Kennlinie. Gegenüber der konventionell dotierten Diode sind offenbar Fluß- und Sperrichtung vertauscht (vgl. Bild **1**.15), man spricht daher von einer Rückwärts-Diode (auch rückwärtsleitenden Diode; im Engl. backward diode). Da sie hauptsächlich als Gleichrichter verwendet wird - der Arbeitspunkt liegt dabei im 3. Quadranten -, sind auch die Bezeichnungen „verkehrter Gleichrichter" und „Tunnel rectifier" (wegen des Charakters des Stromes) üblich.

Für den praktischen Einsatz ist es von Bedeutung, daß der Knick in der Kennlinie schärfer als bei konventionellen pn-Übergängen ist und praktisch im Ursprung liegt. Daher eignen sich Rückwärtsdioden sehr gut zur Gleichrichtung von sehr kleinen HF-Spannungen (< 1 mV), wo andere pn-Übergänge versagen. Außerdem ist die Temperaturabhängigkeit der Kennlinie wesentlich geringer als bei konventionellen pn-Dioden.

Die Gleichrichterwirkung geht allerdings für größere Spannungen infolge der dann im positiven Bereich einsetzenden großen Diffusionsströme verloren. Die „Sperrspannung" (= Schleusenspannung U_S) beträgt bei Ge etwa 0,25 V, bei GaAs etwa 0,4 V.

Da der im 3. Quadranten fließende (Tunnel)-Strom ein Majoritätsträgerstrom ist - es werden gemäß Bild **2**.11b Elektronen in das n-Gebiet injiziert -, entfallen Minoritätsträger-Speichereffekte; außerdem erfolgt das Tunneln in Zeiten der Größenordnung 10^{-13} s, also praktisch momentan. Daher können Rückwärtsdioden bis in das GHz-Gebiet (z.B. Ku-Band 12–18 GHz) als Gleichrichter, Detektoren oder Mischer eingesetzt werden, wozu sie in induktivitäts- und kapazitätsarme koaxiale Keramikgehäuse eingebaut werden. Bei gleich guten HF-Signaleigenschaften sind die Rückwärtsdioden hinsichtlich Sperrspannung und Rauschen allerdings den Schottky-Dioden unterlegen und daher von ihnen verdrängt worden (s. Abschn. 2.1.3).

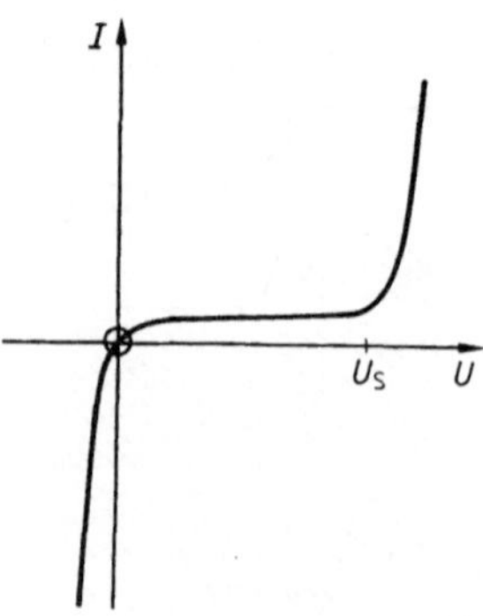

2.12 Strom-Spannungs-Charakteristik einer idealen Rückwärtsdiode

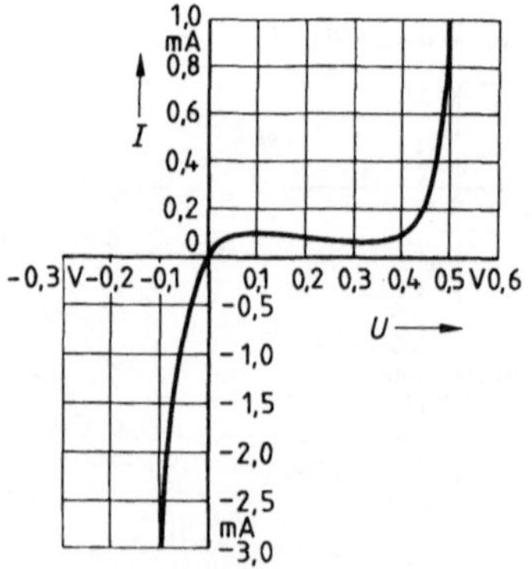

2.13 Strom-Spannungs-Charakteristik einer realen Rückwärtsdiode (aus [11])

Die Kennlinie einer realen Rückwärtsdiode zeigt Bild **2**.13. Gegenüber der idealisierten Darstellung in Bild **2**.12 existiert im 1. Quadranten ein schwach ausgebildeter Bereich mit fallender Charakteristik; das ist eine Folge davon, daß die Dotierung im n- und/oder p-Gebiet so stark ist, daß das Fermi-Niveau im stromlosen Zustand bereits im n-Leitungs- bzw. p-Valenzband liegt. - Dieser Effekt wird bei der sog. Tunnel-Diode absichtlich und verstärkt erzeugt und entsprechend praktisch ausgenutzt (s. Abschn. 2.6.4). -

2.1.3 Die Schottky-Diode

Obwohl die theoretischen Grundlagen der Schottky-Diode schon seit den 30er Jahren bekannt sind, wurden technische Anwendungen erst seit den 60er Jahren möglich, nachdem die Planar- und Epitaxialtechnik die Herstellung zuverlässiger flächenhafter Metall-Halbleiter-Übergänge gestattet. Man unterscheidet dabei die „reinen" Schottky-Dioden mit einer durchgehenden Metall/Halbleiter-Struktur und die „hybriden" Typen, welche durch technologische Zusatzmaßnahmen störende Randzonen-Effekte der Übergänge beheben.

Ein Beispiel einer „reinen" Mikrowellen-Planardiode zeigt Bild **2**.14a. Der eigentliche Metall/Halbleiter-Übergang wird durch das Schottky-Metall und die Epitaxieschicht gebildet; deren Dicke *d* und Dotierung N_D sind so gewählt, daß die Raumladungszone infolge der Diffusionsspannung bis an das Substrat heranreicht. Dadurch wird der Bahnwiderstand der Struktur praktisch allein durch das hochdotierte Substrat bestimmt und ist entsprechend niedrig, wodurch eine hohe Grenzfrequenz erreicht wird. Die zugehörige Kleinsignal-Ersatzschaltung ist in Bild **2**.13b dargestellt. Sofern die Diode, z. B. in Streifenleitungsschaltungen, in Form des „nackten" chips durch Bonden oder in beam(Träger)-lead (= Zuleitungs-)Technik eingebaut wird (Bilder **2**.14c, d), reduziert sich die Ersatzschaltung auf den gestrichelt eingerahmten Teil.

Die Struktur der „reinen" Diode hat zwei Nachteile:

1. Herabsetzung der Durchbruchspannung durch die Randkrümmung der Raumladungszone.

2. Parallelschaltung einer parasitären MOS-Kapazität C_p durch die Randüberlappung.

Zur Verminderung dieser Einflüsse gibt es u. a. folgende technologische Möglichkeiten: Bei der Doppelmetall-Diode (Bild **2**.15a) wird das primäre Schottky-Metall 1 von einem zweiten Schottky-Metall 2 überdeckt und am Rand überragt; da letzteres zusammen mit dem Halbleiter eine größere Potentialbarriere bildet, wird die Durchbruchspannung erhöht und wirkt der durch die Krümmung bedingten Durchbruchsneigung entgegen. Die Durchlaßeigenschaften werden hingegen durch das Schottky-Metall 1 bestimmt. Die reine Mesa-Technik (Bild **2**.15b) reduziert nur die Streukapazität, aber nicht den Randkrümmungseffekt. Bei der moat (= Graben)-etch (= Ätz-)Technik (Bild **2**.15c), welche auch „nega-

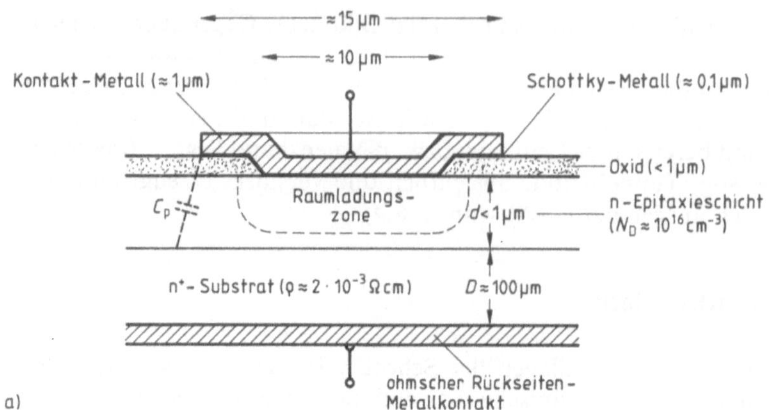

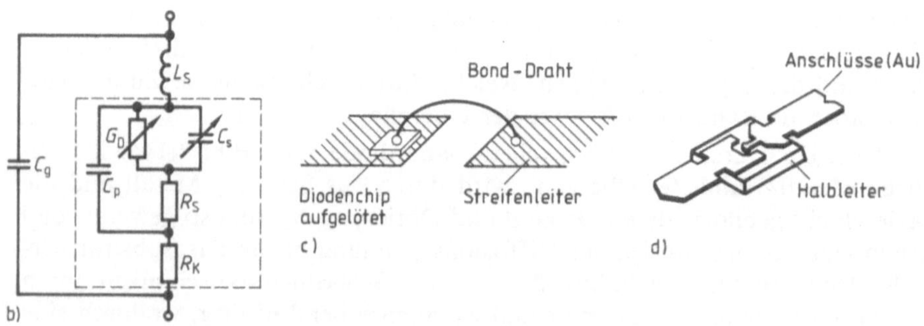

2.14 Schottky-Diode in Planartechnik (nach [6])
a) Aufbau mit typischen Daten
b) Ersatzschaltung mit den chip-Elementen
C_s, G_D = Elemente des eigentlichen Schottky-Übergangs
R_S = Substrat-Widerstand
R_K = Kontakt-Widerstand
C_p = Randüberlappungs-Kapazität
(L_S = Zuleitungsinduktivität, C_g = Gehäusekapazität);
c) Einbau eines Diodenchips mit Bond-Verbindung
d) beam-lead-Diode (aus [12])

tive Mesatechnik" genannt wird, ist das Schottky-Metall in den Halbleiter hineinversenkt; die dadurch bedingte Randkrümmung des Halbleiters wirkt der Feldlinienkonzentration an der Metallisierungsgrenze (= Ort höchster Feldstärke) und damit dem Randdurchbruch entgegen.

Für integrierte Mikrowellenschaltungen sind außerdem spezielle, der Schaltungsgeometrie angepaßte Bauformen entwickelt worden, z. B. die sog. Streifenleiter-Dioden.

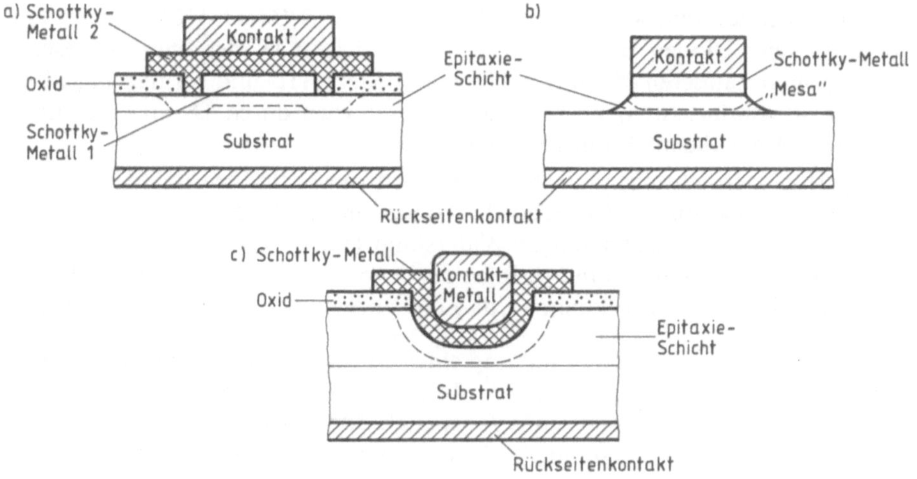

2.15 Varianten von Schottky-Dioden (nach [6])
a) Doppelmetall-Diode, b) Mesa-Diode, c) moat-etch-Diode.
--- Grenze der Raumladungszone

Während bei den „reinen" Schottky-Dioden die schädlichen Randeffekte nur gemildert, aber nicht grundsätzlich behoben werden, gelingt dies bei der „hybriden" Diode gemäß Bild **2.**16a durch einen p^+-dotierten Schutzring; dieser wird durch Diffusion oder Ionenimplantation erzeugt. Auf ihm endet der größte Teil des Randfeldes, wodurch der Rand der Schottky-Diode gegen vorzeitigen Durchbruch geschützt wird. Bild **2.**16b zeigt die zugehörige Ersatzschaltung; sie

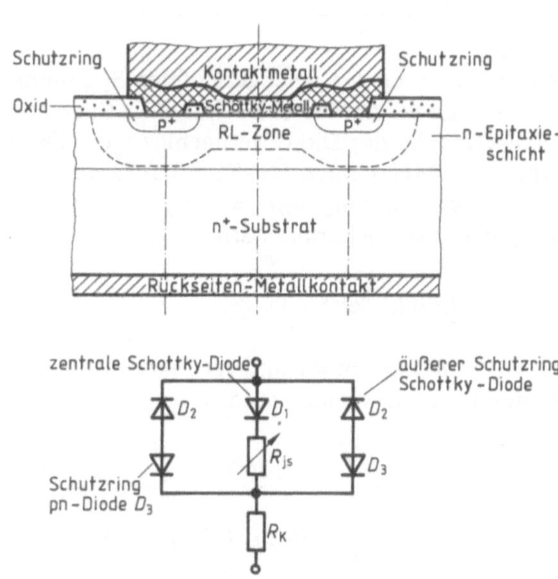

2.16
Hybride Schottky-Diode (nach [6])
a) Aufbau
b) Ersatzschaltung

enthält parallel zur zentralen, eigentlichen Schottky D_1(Me/n-HL) eine Serienschaltung zweier Dioden D_2, D_3. Hierbei kennzeichnet D_2 den entgegengesetzt zu D_1 gepolten „äußeren" Schottky-Übergang Me/p-HL und D_3 den darunter liegenden, (unerwünschten) pn-Übergang; dieser wird durch D_2 an einer nennenswerten Minoritätsinjektion gehindert.

Bei der HF-Gleichrichtung und Mischung wird die Nichtlinearität der Strom-Spannungs-Charakteristik der Schottky-Diode im Flußgebiet ausgenutzt; sie wirkt dort als spannungsabhängiger Widerstand (Varistor). Dabei ist von Vorteil, daß die Diffusionsspannung geringer als bei pn-Dioden ist, da nur ein Halbleiterbereich dazu beitragen kann, so daß die Vorwärtsverluste geringer sind. –

HF-Gleichrichtung. Die Ersatzschaltung eines Gleichrichters mit einem Diodenchip ist in Bild **2**.17 dargestellt (vgl. die Bilder **2**.5 und **2**.14b); darin trennt C_T den HF- vom Gleichstromkreis, mit R (typisch 50 Ω) wird eine Anpassung an die HF-Quelle (Wellenwiderstand $Z \approx R$) vorgenommen. – Der differentielle Dioden-Widerstand $1/G_D(U)$ ist dagegen sehr groß, z.B. in der Umgebung des Nullpunktes $U_T/I_S \approx 10\ \text{k}\Omega$, so daß bei direkter Verbindung zwischen HF-Quelle und Diode eine starke Fehlanpassung entstehen würde. –

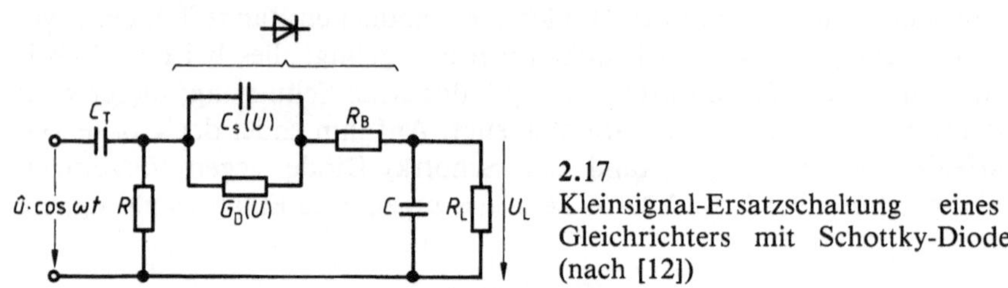

2.17 Kleinsignal-Ersatzschaltung eines HF-Gleichrichters mit Schottky-Dioden-chip (nach [12])

Zur Berechnung der gleichgerichteten Spannung U_L als Funktion der HF-Amplitude wollen wir zur Vereinfachung die Sperrschicht-Kapazität C_s und den Bahnwiderstand R_B der Diode vernachlässigen. Da der Tiefpaß $R_L C$ (Grenzfrequenz typisch 10 MHz) einen HF-Kurzschluß darstellt und $R_L \gg R$ ist, wird die Diode durch die Spannung $u_D(t) = -U_L + \hat{u}\cdot\cos\omega t$ durchgesteuert. Bei Zugrundelegung der Diodencharakteristik

$$I_D = I_S \cdot \left(e^{\frac{U}{U_T}} - 1\right)$$

(s. Gl. (1.87) mit m = 1 und $I_S(U) = \text{const} = I_S$) erhalten wir für den Gleichstrom I_L durch den Lastwiderstand R_L

$$\begin{aligned} I_L &= \frac{1}{2\pi}\int_0^{2\pi} I_D(t)\,d(\omega t) = \frac{1}{2\pi}\int_0^{2\pi} I_S \cdot \left(e^{\frac{-U_L + \hat{u}\cdot\cos\omega t}{U_T}} - 1\right) d(\omega t) \\ &= I_S \cdot \left(e^{-\frac{U_L}{U_T}} \cdot I_0\left(\frac{\hat{u}}{U_T}\right) - 1\right) \end{aligned} \tag{2.13}$$

($I_0(x)$ = modifizierte Besselfunktion 0. Ordnung). Die gesuchte „detektierte“ Gleichspannung U_L erhalten wir aus Gl. (2.13) in Verbindung mit der Spannungsbilanz $U_L = R_L I_L$ aus der impliziten Bestimmungsgleichung

$$\left(1 + \frac{U_L}{R_L \cdot I_S}\right) \cdot e^{\frac{U_L}{U_T}} = I_0\left(\frac{\hat{u}}{U_T}\right). \tag{2.14}$$

Wir betrachten zunächst den praktisch wichtigen Grenzfall $\hat{u} \ll U_T$. Dann folgt aus Gl. (2.14) wegen $I_0(x) \approx 1 + x^2/4$

$$U_L \approx \frac{1}{4} \cdot \frac{1}{1 + \frac{U_T}{R_L \cdot I_S}} \cdot \frac{\hat{u}^2}{U_T} = R_L \cdot I_L \sim P_{HF}, \tag{2.15}$$

die gleichgerichtete Spannung ist also bei dieser sog. Nullpunkts-Detektion proportional zu der von der Diode aufgenommenen HF-Leistung P_{HF} und wächst mit zunehmendem Lastwiderstand R_L. Hierfür besonders geeignete Schottky-Dioden werden als Zero-Bias-Dioden bezeichnet; bei ihnen wird durch geeignete Wahl der Potentialstufe φ_{Bn} zwischen Metall und n-Halbleiter sowie des Dotierungsverlaufs ein möglichst guter Kompromiß zwischen hoher Stromempfindlichkeit I_L/P_{HF} und geringem Rauschen im Nullpunkt erreicht. Derartige Dioden werden z. B. in Satelliten-Empfängern eingesetzt.

In dem zweiten Grenzfall $\hat{u} \gg U_T$ folgt aus Gl. (2.14) wegen $I_0(x) \approx e^x/\sqrt{2\pi x}$ das asymptotische Verhalten

$$U_L \to \hat{u} \sim \sqrt{P_{HF}}; \tag{2.16}$$

das ist in Übereinstimmung mit den Bemerkungen zu Gl. (2.4).

Beispiel 2.2. In der Schaltung nach Bild **2.17** wird eine Diode mit $I_S = 1\,\mu A$ verwendet. Gesucht ist die Größe der an einem Lastwiderstand $R_L = 100\,k\Omega$ entstehenden gleichgerichteten Spannung U_L für eine HF-Aussteuerung mit a) $\hat{u} = 10 \cdot U_T = 259\,mV$, b) $\hat{u} = 100 \cdot U_T = 2{,}59\,V$.

Aus Gl. (2.14) folgt im Fall a) mit $I_0(10) = 2815{,}7$ zunächst $U_L/U_T = 6{,}92$ und damit $U_L = 179{,}1\,mV$; dieser Wert liegt um rund 30% unter dem Näherungswert $U_L = \hat{u} = 259\,mV$ gemäß Gl. (2.16). Im Fall b) erhalten wir aus Gl. (2.14) mit $I_0(100) = 0{,}039944 \cdot e^{100}$ zunächst $U_L/U_T = 93{,}55$ und daraus $U_L = 2{,}423\,V$; für diesen Fall stellt Gl. (2.16) eine brauchbare Näherung dar.

Der Kompromiß zwischen gleichzeitig möglichst günstigem Signal- und Rauschverhalten führt bei Berücksichtigung der Sperrschicht-Kapazität und des Bahnwiderstandes auf die Forderung nach einer Gleich-Vorspannung U_V (bis zu einigen wenigen 100 mV entsprechend einem Vorstrom I_V im Bereich von 10–50 µA); dadurch sinkt gleichzeitig der differentielle Diodenwiderstand

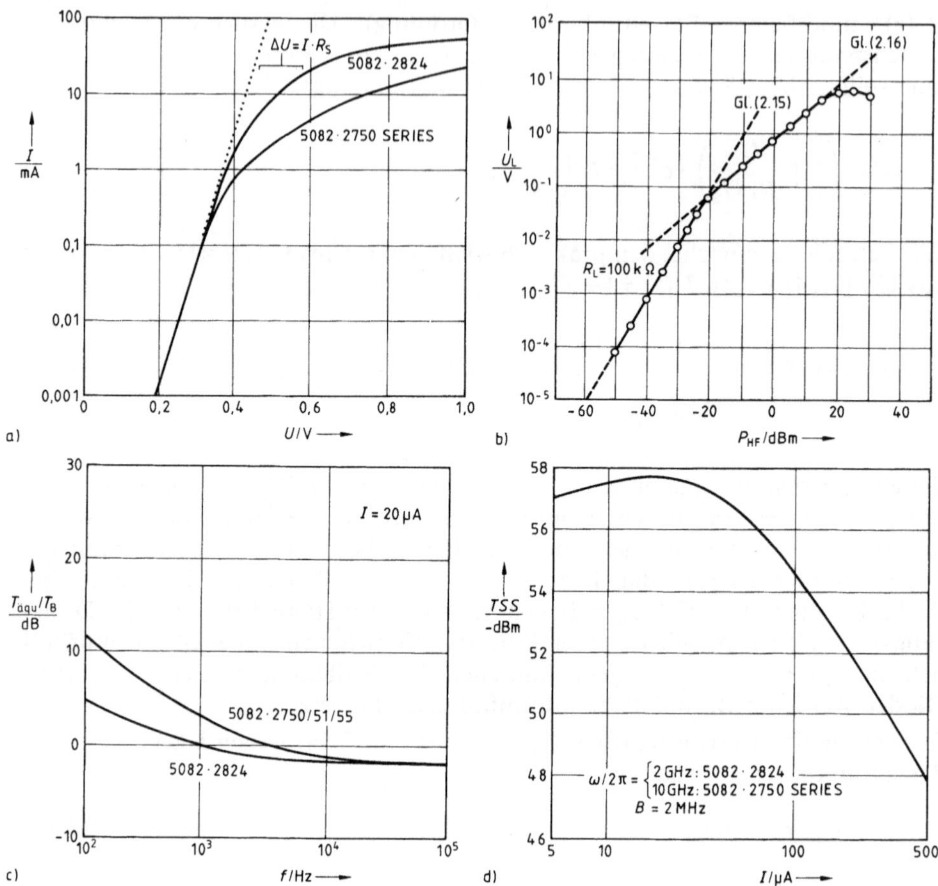

2.18 Eigenschaften von hp-Detektordioden (aus [13])
a) *I-U*-Charakteristik in Flußrichtung

$$I = I_S \left[\exp \left(\frac{U}{m \frac{kT}{e}} \right) - 1 \right] \quad \text{mit}$$

$$I_S = 0{,}75 \text{ nA}, \quad m \frac{kT}{e} = 26{,}3 \text{ mV}$$

b) Dynamische Übertragungscharakteristik ($I = 20\ \mu\text{A}$, $f = 10$ GHz)
c) Äquivalenter Rauschfaktor
d) Tangentiale Empfindlichkeit TSS

$1/G_D(U_V) = U_T/(I_V + I_S) \approx U_T/I_V$ auf günstigere Werte im Bereich um 1 kΩ. Das Bild 2.18a zeigt die *I*-*U*-Charakteristik einer Detektordiode in Flußrichtung, das Teilbild b die dynamischen Übertragungscharakteristiken $U_L \sim P_{HF}$ bzw. $\sim\sqrt{P_{HF}}$ für kleine bzw. große HF-Leistung; diese gelten also nicht nur für die Vorspannung $U_V = 0$ (vgl. die Gln. (2.15) und (2.16)), sondern auch für vorgespannte Dioden, was sich ebenfalls theoretisch zeigen läßt. Das Teilbild c läßt den Einfluß des $1/f$-Rauschens auf den äquivalenten Rauschfaktor bei tiefen Frequenzen erkennen (vgl. Gl. (1.51)); oberhalb des $1/f$-Bereiches ist $T_{äqu} < T_B$!

Im Teilbild d ist die sog. tangentiale Empfindlichkeit TSS dargestellt, die zur Kennzeichnung der Nachweisempfindlichkeit von Detektoren häufig verwendet wird; sie ergibt sich aus folgender Messung (s. die Meßschaltung in Bild 2.19): Das Oszilloskop wird bei den beiden Schalterstellungen 1 und 2 beobachtet. Der Beobachter stellt die Leistung seines getasteten Signalgenerators so ein, daß (nach seinem Eindruck) die niedrigsten Rauschspitzen in der Schalterstellung 1 genau so hoch sind wie die höchsten Rauschspitzen bei abgeschaltetem Signal (Schalterstellung 2). Der zugehörige Leistungspegel in dBm ist der TSS-Wert. Er hängt von den Parametern der Messung ab wie Frequenzgang der Anordnung, Größe der Hochfrequenz $f = \omega/2\pi$, Meßbandbreite B sowie von der subjektiven Entscheidung des Beobachters. Trotz des subjektiven Charakters der Messung werden erfahrungsgemäß von verschiedenen Beobachtern gut übereinstimmende TSS-Werte gefunden; dies in Verbindung mit der Einfachheit der Messung hat ihr Eingang in die Praxis verschafft. Der dem TSS-Wert entsprechende Signalpegel ist nach experimenteller Erfahrung einem ausgangsseitigen Signal/Rauschleistungs-Abstand von etwa 8 dB äquivalent.

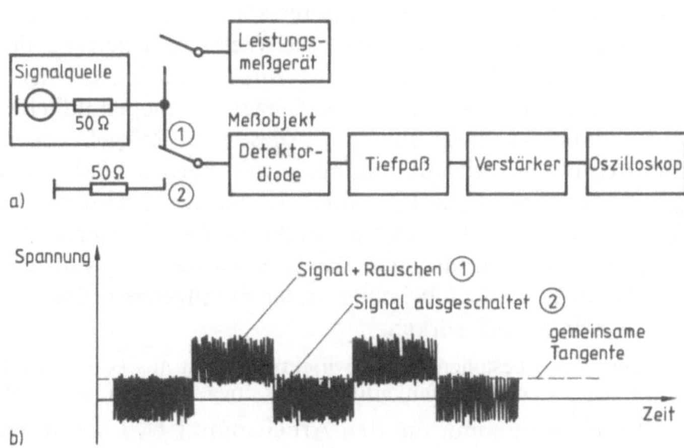

2.19 Zur Messung der tangentialen Empfindlichkeit (aus [14])
a) Meßaufbau,
b) Bildschirmanzeige, wenn Generatorpegel = TSS

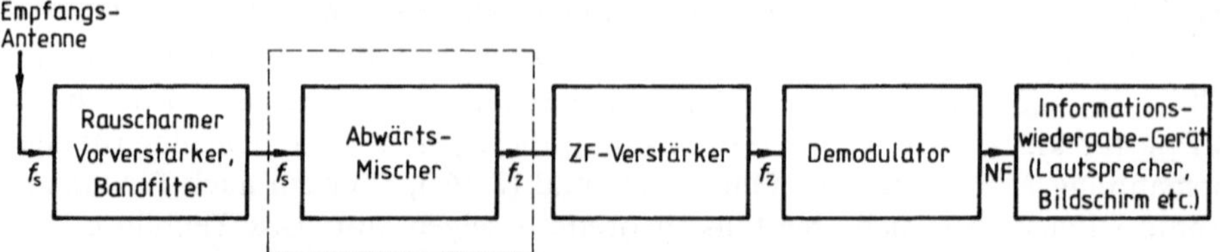

2.20 Blockschaltbild eines Überlagerungsempfängers (nach [12])

Mischung. Als Beispiel wählen wir die Abwärtsmischung beim Überlagerungsempfang; Bild 2.20 zeigt die Prinzipschaltung eines Überlagerungsempfängers, wie er in der Rundfunk- und Fernsehtechnik verwendet wird; davon interessiert hier nur der gestrichelt eingerahmte Teil: Z.B. werden beim terrestrischen UKW-Rundfunk Eingangsfrequenzen im Bereich um $f_s = 100$ MHz auf die Zwischenfrequenz $f_z = 10{,}7$ MHz umgesetzt; beim Satellitenfunk findet die Umsetzung zwischen 4 GHz/70 MHz bzw. 12 GHz/1 GHz statt, bei radiometrischen Empfängern zum Nachweis interstellaren Wasserstoffes zwischen 183 GHz (bzw. 380 GHz)/1,39 GHz. Für Eingangs-Signalfrequenzen oberhalb 1 GHz bis zu einigen 100 GHz werden als Mischelemente bevorzugt Schottky-Dioden verwendet wegen ihres geringen Rauschens und der ausgeprägten Nichtlinearität; eine Prinzipschaltung eines derartigen Dioden-Mischers zeigt Bild 2.21a. Durch die Aussteuerung der nichtlinearen Diodencharakteristik mit der Summe aus der Empfangsspannung (kleiner Amplitude) bei der Frequenz f_s und der Lokaloszillator-Spannung $u_0(\omega_0 t)$ (großer Amplitude) bei der Frequenz f_0 enthält der Diodenstrom neben Anteilen bei diesen beiden Frequenzen auch Komponenten bei den sog. Kombinationsfrequenzen $\mathrm{n}f_0 \pm f_s$ mit $\mathrm{n} = 1, 2, \ldots$ (Bild 2.21b); hiervon wird als ausgangsseitige Signalfrequenz die sog. Zwischenfrequenz $f_z = f_0 - f_s$ verwendet, welche wesentlich tiefer als die eingangsseitige Signalfrequenz liegt. Von der ZF-Ebene aus erfolgt die Weiterverarbeitung des HF-Signals bis zur Gewinnung der NF-Information (Ton, Bild, allg.: Daten). Als einzige der Kombinationsfrequenzen liegt die zu f_s bzgl. f_0 spiegelbildliche Frequenz $f_{sp} = f_0 + f_z$ in der Nähe der Nutzfrequenz f_s; diese sog. Spiegelfrequenz muß daher bei der hochfrequenten Abwärtsmischung mit berücksichtigt werden, da sie gemäß $f_{sp} - f_0 = f_z$ ebenfalls auf f_z umgesetzt wird. Dementsprechend enthält die Prinzipschaltung in Bild 2.21a Schwingkreise für die 3 Frequenzen f_s, $f_0 - f_s = f_z$ und $f_0 + f_z = f_{sp}$; die Bandbreiten dieser Schwingkreise sind dabei so klein, daß sie jeweils nur Spannung bei einer dieser Frequzenzen führen und für die drei anderen als Kurzschluß wirken.

– In der Praxis bestehen die Schwingkreise nicht aus konzentrierten Bauelementen, sondern werden durch Streifenleitungen (bis etwa 40 GHz) bzw. Hohlleiter realisiert. –

Die Diode wird somit um den Arbeitspunkt U, I herum von der großen Lokaloszillator-Spannung $u_0(\omega_0 t) = \mathrm{Re}(\hat{\underline{u}}_0 \mathrm{e}^{\mathrm{j}\omega_0 t}) = \mathrm{Re}(\sqrt{2}\, \underline{U}_0 \cdot \mathrm{e}^{\mathrm{j}\omega_0 t})$ und der Kleinsignal-Spannung

$$\Delta u(t) = \mathrm{Re}\sqrt{2}\,(\underline{U}_s \cdot \mathrm{e}^{\mathrm{j}\omega_s t} + \underline{U}_{sp} \cdot \mathrm{e}^{\mathrm{j}\omega_{sp} t} - \underline{U}_z \cdot \mathrm{e}^{\mathrm{j}\omega_z t})$$

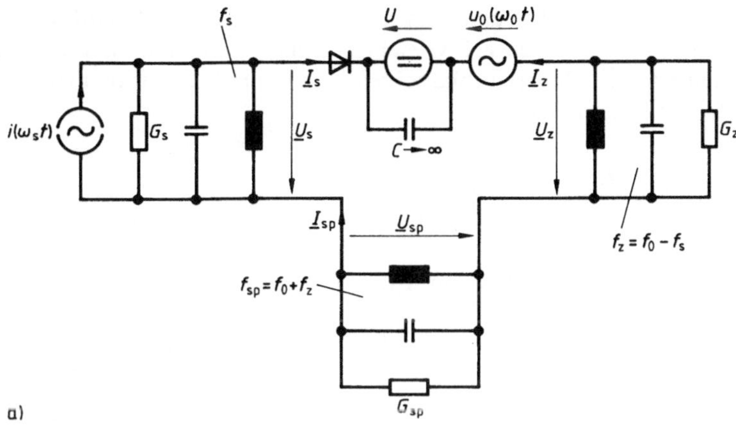

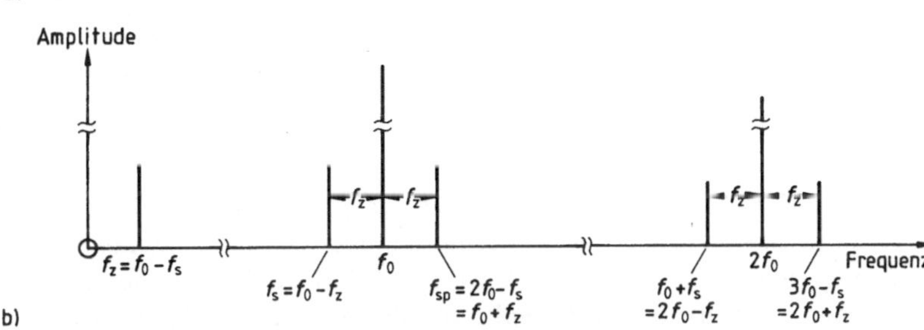

2.21 Dioden-Abwärtsmischer in Frequenz-Kehrlage
a) Prinzipschaltung mit Parallelschwingkreisen (Spannungssteuerung)
b) Amplitudenspektrum des Diodenstromes

durchgesteuert; damit erhalten wir nach Gl. (2.10) den Kleinsignalanteil des Stromes bei den Frequenzen f_s, f_{sp}, f_z

$$\Delta i(t) = \mathrm{Re}\sqrt{2}\,(\underline{I}_s \cdot e^{j\omega_s t} + \underline{I}_{sp} \cdot e^{j\omega_{sp} t} - \underline{I}_z \cdot e^{j\omega_z t})$$

(+ Anteile bei nicht interessierenden Kombinationsfrequenzen)

Die komplexen Effektivwerte der 3 interessierenden Ströme und Spannungen sind dabei durch die Beziehung

$$\begin{pmatrix} \underline{I}_s \\ \underline{I}_z^* \\ \underline{I}_{sp}^* \end{pmatrix} = \begin{pmatrix} G^{(0)} & -\underline{G}^{(1)} & \underline{G}^{(2)} \\ -\underline{G}^{(1)*} & G^{(0)} & -\underline{G}^{(1)} \\ \underline{G}^{(2)*} & -\underline{G}^{(1)*} & G^{(0)} \end{pmatrix} \begin{pmatrix} \underline{U}_s \\ \underline{U}_z^* \\ \underline{U}_{sp}^* \end{pmatrix} \tag{2.17}$$

verknüpft. - Die vorstehenden Betrachtungen gelten für den sog. Kehrlagebetrieb $f_s < f_0$. Im Gleichlagebetrieb $f_s > f_0$ ist $f_z = f_s - f_0$, d.h. $f_s = f_0 + f_z$ und $f_{sp} = f_0 - f_z$; es vertauschen also Signal- und Spiegelfrequenz ihre Rollen. -

Wenn wir für die Dioden-Charakteristik wieder die einfache Form $I = I_S(e^{U/U_T} - 1)$ wie bei der HF-Gleichrichtung verwenden, gilt für die Fourier-Koeffizienten $G^{(n)}$ des zeitabhängigen differentiellen Diodenleitwertes $G(\omega_0 t)$ (s. die Gln. (2.8), (2.9))

$$G^{(n)} = \frac{I_S}{U_T} \cdot e^{\frac{U}{U_T}} \cdot I_n \left(\frac{\hat{u}_0}{U_T} \right) \tag{2.18}$$

(I_n = modifizierte Besselfunktion n-ter Ordnung).

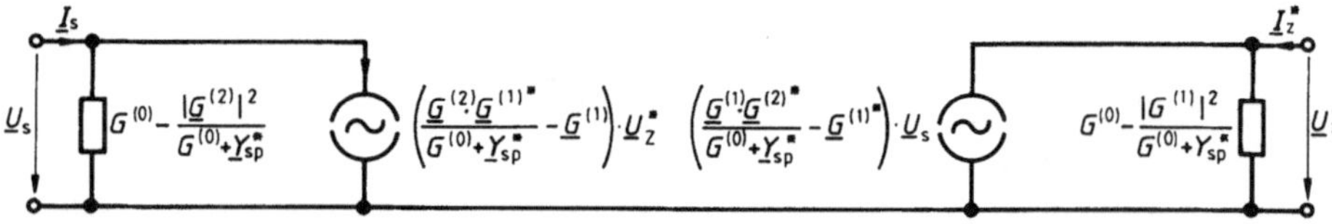

2.22 Kleinsignal-Ersatzschaltung des Mischers nach Bild **2.21**

Obwohl die Mischung ein Bauelement mit nichtlinearer Charakteristik erfordert, kann das Wechselstrom-Verhalten des Mischers gemäß Gl. (2.17) durch lineare Beziehungen beschrieben werden; Bild **2.22** zeigt die zugehörige Ersatzschaltung. Sie muß für die Berechnung des Signal- und Rauschverhaltens praktischer Mischerschaltungen durch die Sperrschichtkapazität und den Bahnwiderstand der Diode sowie durch die Rauschquellen der Diode und ihrer Beschaltung ergänzt werden. Da das den Rahmen dieser Darstellung überschreiten würde, begnügen wir uns mit folgenden pauschalen Bemerkungen:

Da unser Mischer keine Leistungsverstärkung ermöglicht, wird zur Kennzeichnung seines Signalverhaltens der sog. Konversionsverlust

$$L = \frac{\text{verfügbare Leistung des Signalgenerators bei } f_s}{\text{an die angepaßte Last bei } f_z \text{ abgegebene Wirkleistung}}$$

angegeben. Bei Kurzschluß in der Spiegelfrequenz-Ebene ($G_{sp} = \infty$), eingangsseitiger Leistungsanpassung und Vernachlässigung des Dioden-Bahnwiderstandes R_B sowie der Schwingkreisverluste hat L theoretisch den Minimalwert $L_{min} = 1$ (in der Praxis werden wegen $R_B \neq 0$ Werte von 3 ... 6 dB erreicht), dies gilt auch für Spiegelfrequenz-Leerlauf ($G_{sp} = 0$). Bei dem sog. Breitbandabschluß der Spiegelfrequenz ($G_{sp} = G_s$) gilt $L_{min} = 2$.

Durch die von der Diode erzeugte (thermische, Schrot- und $1/f$-) Rauschleistung, gekennzeichnet durch ihre äquivalente Rauschtemperatur $T_{äqu}$ gemäß Gl. (1.51), wird das Verhältnis von Signal- zu Rauschleistung auf dem Weg vom Mischereingang (Klemmenpaar s-s) zu seinem Ausgang (Klemmenpaar z-z) verschlechtert, der Reduktionsfaktor F wird Rauschzahl genannt. Bei Spiegel-

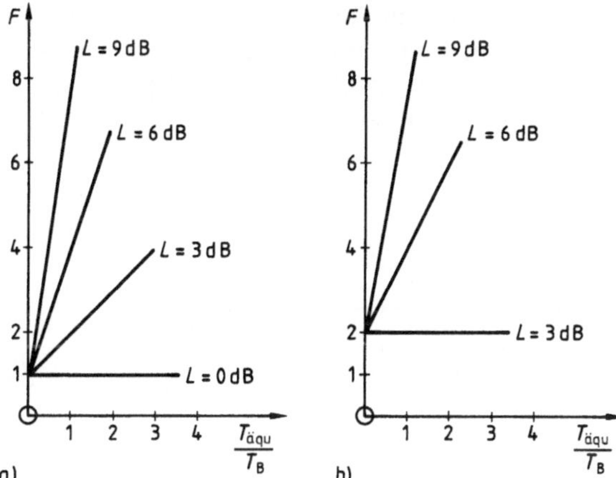

2.23
Rauschzahl des Mischers in Bild **2.21** bei Spiegelfrequenz-Kurzschluß und -Leerlauf (a) bzw. Breitbandbetrieb (b)

frequenz-Kurzschluß und -Leerlauf gilt

$$F = 1 + \frac{T_{äqu}}{T_B} \cdot (L - 1) \tag{2.19}$$

(Bild **2.23**a), dagegen im Breitbandbetrieb

$$F = 2 + \frac{T_{äqu}}{T_B} \cdot (L - 2) \tag{2.20}$$

(Bild **2.23**b). In beiden Fällen stellt sich bei minimalem Konversionsverlust auch die minimale Rauschzahl F_{min} ein (sog. Rauschanpassung), nach Gl. (2.19) gilt $F \geqq 1$, nach Gl. (2.20) $F \geqq 2 \triangleq 3$ dB; in der Praxis werden bis zu einigen wenigen 100 GHz typisch Werte um 6 dB erreicht. Für $T_{äqu} = T_B$ ist in beiden Fällen $F = L$.

2.1.4 Leistungsgleichrichter

Für die Anwendung von Gleichrichterdioden in der Leistungselektronik sind folgende Anforderungen möglichst gleichzeitig zu erfüllen:

a) Damit die Verlustleistung im Sperrzustand klein ist, muß der Sperrsättigungsstrom klein sein. Daher wird für Leistungsgleichrichter Silizium verwendet.

b) Zur Erzielung einer großen Aussteuerung soll die Durchbruchsspannung in Sperrichtung hoch sein.

c) Damit die Verlustleistung im Durchlaßzustand möglichst gering ist, soll die Durchlaßspannung (= Spannungsabfall in der Diode bei Flußpolung) klein sein.

In der Einleitung zu Abschn. 1.2 ist bereits gezeigt worden, daß die Forderungen b) und c) mit konventionellen pn-Dioden nicht gleichzeitig erfüllt werden können, dagegen mit Strukturen des Typs p^+sn^+; darin steht s (≙soft) für eine schwach p- oder n-leitende Zone.

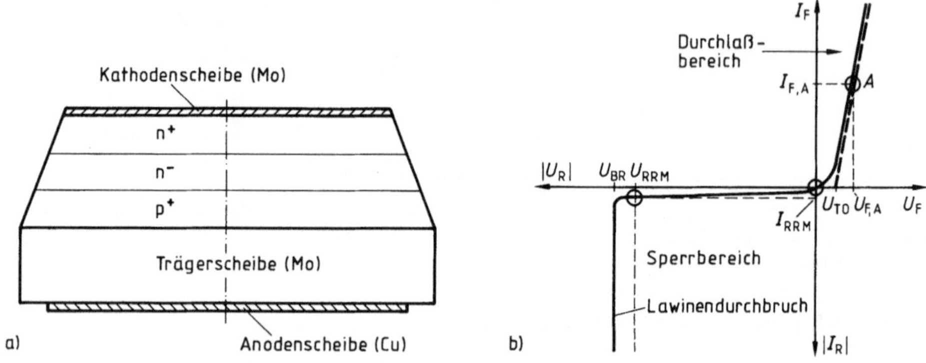

2.24 Leistungs-Gleichrichterdiode, schematisch
a) Schichtstruktur (nach Nestler)
b) Strom-Spannungs-Kennlinie

Der Aufbau eines Leistungs-Gleichrichters ist in Bild **2.24**a schematisch dargestellt. Die niederohmigen p^+- und n^+-Zonen werden durch Diffusion in ein hochohmiges Grundmaterial (hier vom n-Typ) erzeugt.

Die Diode muß einen geringen Wärmewiderstand haben, damit die stationäre Sperrschicht-Temperatur den zulässigen Höchstwert (180 °C) nicht überschreitet. Um auch kurzzeitigen Leistungs- und Temperaturspitzen vorzubeugen, ist außerdem eine große Wärmekapazität erforderlich. Bild **2.24**b zeigt qualitativ die Strom-Spannungs-Charakteristik der Diode; die darin vorkommenden Spannungs-Kenngrößen haben folgende Bedeutung:

U_{RRM} Diese sog. ‚höchste periodische Spitzensperrspannung' ist der höchste Augenblickswert der Sperrspannung, der – einschließlich aller periodischen Spitzen – im gesamten Betriebstemperatur-Bereich an der Diode auftreten darf.

U_{BR} Durchbruchsspannung = Sperrspannung bei Dioden mit eingegrenztem Durchbruch (controlled avalanche diode), bei deren Überschreitung der Sperrstrom lawinenartig ansteigt.

$U_{TO} = U_S$ Schleusenspannung (vgl. Bild **1**.18).

Neben diesen Spannungs-Kenngrößen sind beim praktischen Einsatz von Leistungs-Gleichrichterdioden zahlreiche weitere Grenzwerte bzgl. Strom, Leistung und thermischem Verhalten (gemäß den Datenblättern der Hersteller) zu beachten; z. B. für den Strom:

$I_{FAV(M)}$ Dauergrenzstrom; das ist der höchste dauernd zulässige arithmetische Mittelwert des Durchlaßstromes bei sinusförmigem Stromverlauf (180° Stromflußwinkel), gültig für den Frequenzbereich 40–60 Hz.

I_{FRMS} Durchlaßstrom-Effektivwert (oder Grenzeffektivstrom); das ist der höchste dauernd zulässige Effektivwert des Durchlaßstromes, der auch bei intensiver Kühlung im Dauerbetrieb nicht überschritten werden darf; er soll für beliebige Kurvenformen und Stromflußwinkel gelten.

Außer diesem Grenzwert ist zu beachten der

I_{FSM} Stoßstrom-Grenzwert; das ist der höchste zulässige Scheitelwert einer sinusförmigen Halbschwingung von 10 ms Dauer (≙ 50 Hz) ohne nachfolgende Beanspruchung in Rückwärtsrichtung unter der Voraussetzung, daß vor dieser Belastung die Sperrschichttemperatur die im Datenblatt angegebene Höhe hat. Die Belastung mit I_{FSM} (typisch $(5 \dots 10) \cdot I_{FRMS}$) ist nur gelegentlich, d.h. im Störungsfall, zulässig, da sonst die höchste zulässige Sperrschichttemperatur für Dauerbetrieb überschritten wird.

Eine ausgeführte Gleichrichterdiode ist zusammen mit ihren charakteristischen Daten in Bild **2**.25 dargestellt.

1 Kathodenanschluß (Gehäusedeckel) aus Cu
2 Kathodenscheibe aus Mo
3 Si-Scheibe, ca. 500 µm dick (vgl. Bild **2**.24a)
4 Schutzgas (N_2, Argon)
5 Umguß (Passivierung)
6 Keramikring (Gehäuse) aus Al_2O_3
7 Manschette aus Cu
8 Anodenanschluß (Gehäuseboden) aus Cu
9 Anodenscheibe aus Cu
10 Trägerscheibe aus Mo, ca. 1,5–2 mm dick

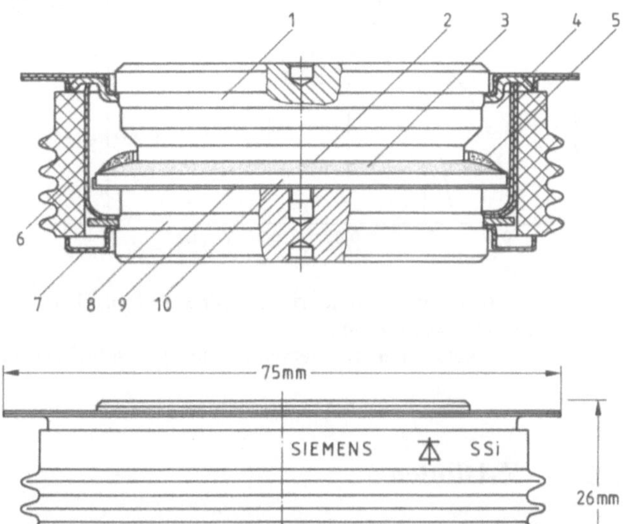

2.25 Ausführungsbeispiel einer Si-Leistungs-Gleichrichterdiode (Dioden-Scheibenzelle SSiR62 der Fa. Siemens)

Die Verlustleistung in der Gleichrichterdiode nimmt mit wachsender Frequenz und Trägerlebensdauer τ zu. Die zulässige obere Frequenzgrenze kann also durch Erniedrigung von τ erhöht werden; dies geschieht bei Si-Dioden durch den Einbau von Gold als Rekombinationszentren (damit kann τ von z. B. 10 µs auf 0,2 µs gesenkt und der Anwendungsbereich von etwa 1 kHz bis auf typisch 20 kHz, mitunter auch bis 100 kHz, erweitert werden) oder durch den Übergang zu GaAs als Halbleitermaterial. Derartige „schnelle Dioden" werden verwendet für selbstgeführte Stromrichter, z. B. Wechselrichter, Umrichter, Gleichstromsteller etc. (mit Grenzeffektivströmen I_{FRMS} bis zu einigen wenigen kA bei Spitzensperrspannungen U_{RRM} bis zu einigen wenigen kV; die Betriebsfrequenzen reichen dann nur bis zu einigen kHz), aber auch in der Fernsehtechnik (Zeilenfrequenz; mit Grenzeffektivströmen von typisch 1 A und Spitzensperrspannungen von 100 bis 1000 V).

Für getaktete Niedervolt-Stromversorgungen (5 V–12 V) werden auch Schottky-Dioden verwendet (typisch bei 20 kHz, aber auch bis 100 kHz). Sie besitzen einen höheren Wirkungsgrad als pn-Gleichrichter, da bei diesem Majoritätsträger-Bauelement der Trägerstaueffekt entfällt (s. hierzu Abschn. 2.3). Bild **2**.26 zeigt die Durchlaß- und Sperr-Kennlinie einer 40 V ($=U_{RRM}$)/30 A ($=I_{FAV}$)-Type.

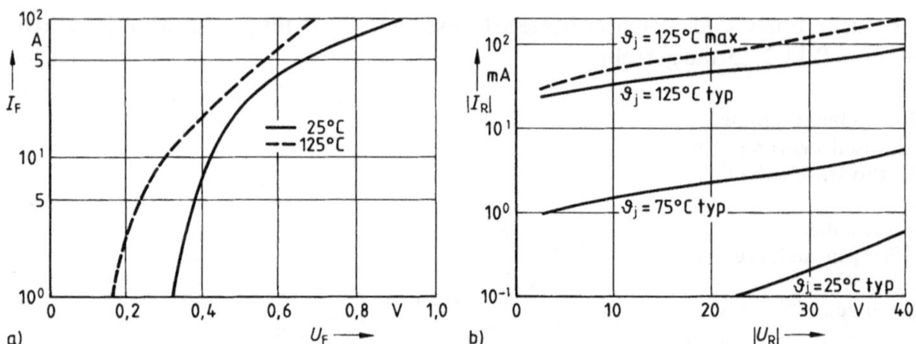

2.26 Silizium-Schottky-Gleichrichter BYS 30 (aus [15])
a) Durchlaßkennlinien,
b) Sperrkennlinien für verschiedene Sperrschicht-Temperaturen

2.2 Z-Dioden

Unter Z-Dioden versteht man kontaktierte und mit Zuleitungsdrähten versehene pn-Übergänge, die im Sperrgebiet im Bereich des reversiblen Durchbruchs betrieben werden, der vom Zener- und/oder Lawinen-Effekt verursacht wird (Bild **2**.27a). Sofern einer der beiden Effekte dominiert, spricht man auch speziell von einer Zener- bzw. Lawinen-Diode. Z-Dioden werden zur Spannungs-Stabilisierung und -Begrenzung verwendet.

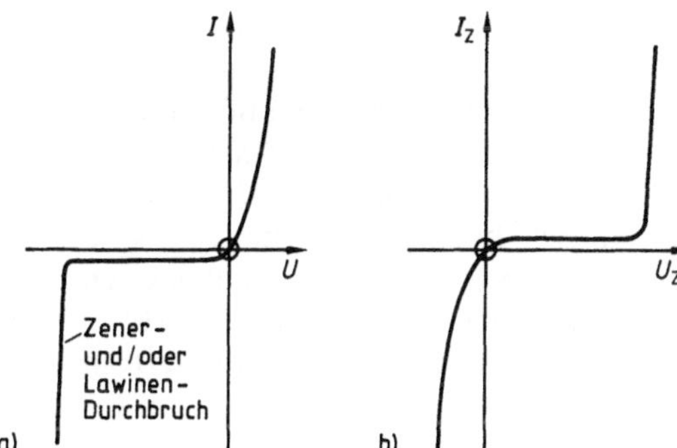

2.27
Zur Darstellung der Strom-Spannungs-Kennlinie einer Z-Diode

Vielfach wird das Verhalten der Z-Dioden auch gemäß Bild **2.**27b beschrieben; das Geschehen ist also formal aus dem 3. Quadranten in den 1. verlagert worden, indem man $-U$ durch U_Z und $-I$ durch I_Z ersetzt; man erspart sich dadurch viele Minuszeichen.

Da der Übergang vom Bereich sehr kleiner Sperrströme zum Steilanstieg nicht abrupt erfolgt, kennzeichnet man eine Z-Diode durch Angabe derjenigen Spannung U_Z, für die der Diodenstrom I_Z einen bestimmten Wert hat, z. B. 5 mA.

Die Größe von U_Z kann durch die Dotierung beeinflußt werden und liegt im Bereich von einigen Volt bis zu einigen Hundert Volt. Als Beispiel zeigt Bild **2.**28 die Dioden-Familie BZX 55/C, welche von 2,4 V bis 200 V reicht; die Bezeichnung BZX 55/C5V1 kennzeichnet die Diode mit $U_Z = 5{,}1$ V, der Buchstabe C kennzeichnet die Toleranz von $U_Z = 4{,}8 \dots 5{,}4$ V $\triangleq \pm 5\%$.

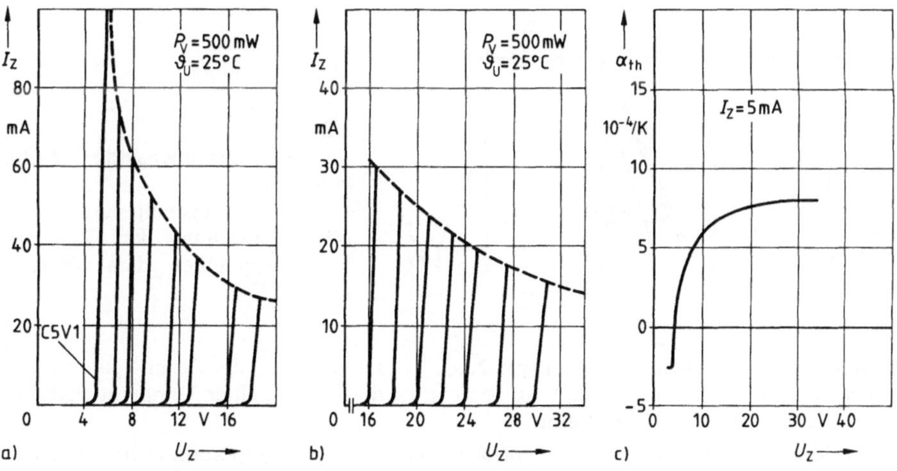

2.28 Eigenschaften der Epitaxie-Planar-Z-Dioden-Familie BZX55C/... (aus [16])
a) Sperrkennlinien für kleine (a) und größere (b) Durchbruchsspannungen,
b) Temperaturkoeffizient der Durchbruchsspannung (vgl. Bild **1.**22)

Bei der Anwendung der Z-Dioden ist darauf zu achten, daß die zulässige Verlustleistung $P_V = U_Z I_Z$ nicht überschritten wird; diese ist als sog. Verlustleistungs-Hyperbel in den Teilbildern 2.28a und b eingezeichnet und hat im vorliegenden Fall den Wert $P_V = 500$ mW. Das Teilbild 2.28c zeigt die Spannungsabhängigkeit des Temperaturkoeffizienten α_{th} der Spannung U_Z, insbesondere die physikalisch bedingte interne Temperatur-Kompensation bei $U_Z \approx 5{,}6$ V. Eine Temperatur-Kompensation ist aber auch für andere U_Z-Werte möglich, z. B. dadurch, daß eine Z-Diode (mit $\alpha_{th} > 0$) mit einer oder mehrerer in Vorwärtsrichtung gepolter Dioden D_1, D_2 ($\alpha_{th} < 0$) in Reihe geschaltet wird. Damit läßt sich im Temperatur-Bereich von $-50 \ldots +100$ °C die Abhängigkeit der Zener-Spannung bis unter 10^{-5}/K reduzieren (Bild 2.29); derartige Dioden-Kombinationen werden als Referenzspannungsquellen verwendet.

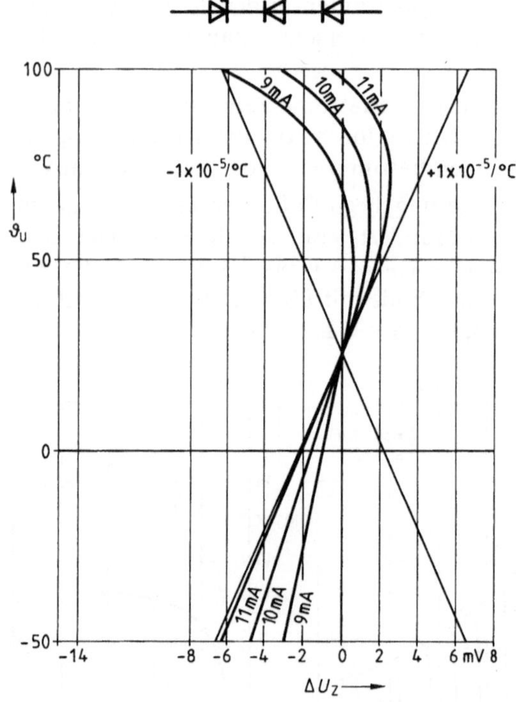

2.29
Temperaturkompensierte Z-Diode (aus [17])
ϑ_u = Umgebungstemperatur
ΔU_z = Änderung der Zenerspannung gegenüber dem Wert bei $\vartheta_u = 25$ °C

Beispiel 2.3. Unter Benutzung von Bild 2.28c ist die Änderung der Zener-Spannung ΔU_Z gegenüber dem Sollwert $U_Z = 20$ V zu berechnen, die sich bei einer Temperaturerhöhung von $T = 298$ K auf $T = 373$ K ergibt.

Aus Bild 2.27c entnimmt man als typischen Wert für den Temperaturkoeffizienten

$$\alpha_{th} = \frac{1}{U_Z} \cdot \frac{\Delta U_Z}{\Delta T_U} = 7{,}5 \cdot 10^{-4}\,\mathrm{K}^{-1}.$$

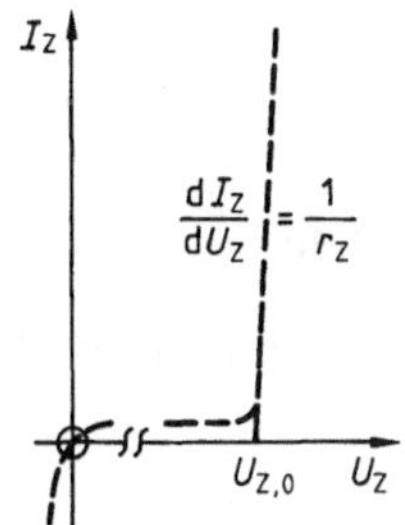

2.30 Approximation der Z-Dioden-Charakteristik durch eine Gerade

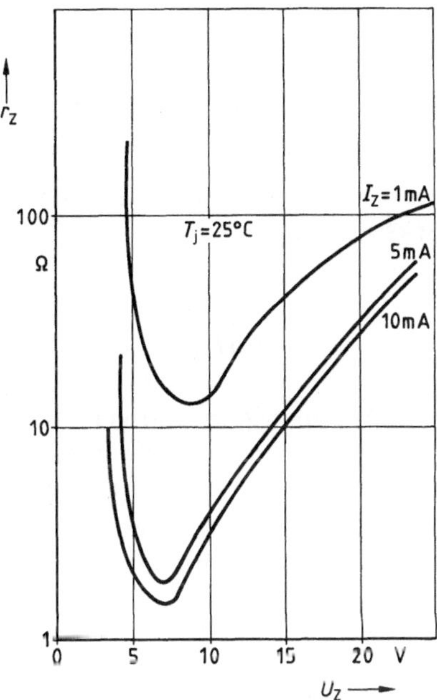

2.31 Spannungsabhängigkeit des dynamischen Widerstandes r_z für BZX55C/... (aus [16])

Hieraus folgt

$$\Delta U_Z/U_Z = 7{,}5\cdot 10^{-4}\cdot 75 \triangleq 5{,}6\%\,, \quad \Delta U_Z = 1{,}125\ \mathrm{V}\,.$$

Nach Bild 2.27b kann die Z-Dioden-Charakteristik im Arbeitsbereich $U_Z > U_{Z,0}$ mit guter Näherung durch eine Gerade approximiert werden (Bild 2.30), deren Steigung durch den sog. dynamischen Widerstand

$$r_z = \left(\frac{dU_Z}{dI_Z}\right)_{T=\mathrm{const}}$$

gegeben ist. Dieser ist von Diode zu Diode verschieden, also bei vorgegebenem I_Z eine Funktion von U_Z (Bild 2.31). Die kleinsten Werte von r_z, also die steilsten Durchbruchskennlinien, erhält man für den U_Z-Bereich 6 ... 10 V. In diesem Intervall ist auch der Temperaturkoeffizient von U_Z sehr klein (s. Bild 2.28c).

Die Approximationsgerade in Bild 2.30 hat die Gleichung

$$I_Z = \frac{U_Z - U_{Z,0}}{r_z}, \tag{2.21}$$

sie kann durch die Ersatzschaltung in Bild 2.32 beschrieben werden. Danach stellt die Diode eine Spannungsquelle $U_{Z,0}$ mit dem Innenwiderstand r_z dar. Ne-

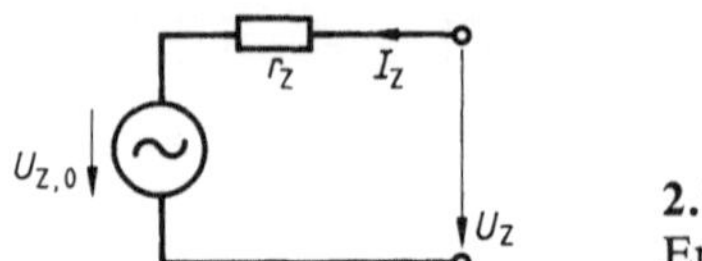

2.32
Ersatzschaltung zu Bild 2.30

ben r_z ist unter Umständen auch der thermische differentielle Widerstand zu berücksichtigen

$$r_{th} = \left(\frac{\partial U_Z}{\partial T}\right)_{I_Z = \text{const}} \cdot \frac{dT}{dI_Z} = \alpha_{th} \cdot R_{th} \cdot U_Z^2 \tag{2.22}$$

(R_{th} = Wärmewiderstand gemäß Gl. (1.33)) und zwar dann, wenn die Stromänderungen so langsam erfolgen, daß ihnen die Temperatur des Bauelements folgen kann (thermischer Mitlaufeffekt).

Im folgenden werden zwei einfache prinzipielle Anwendungsbeispiele für Z-Dioden besprochen: die Spannungs-Stabilisierung und -Begrenzung.

Spannungsstabilisierung. In der in Bild 2.33a dargestellten Schaltung soll die Z-Diode dafür sorgen, daß bei Schwankungen ΔU_B der Versorgungsspannung U_B bzw. bei Veränderungen ΔR_L des Lastwiderstandes R_L die Spannung U_L an der Last nahezu konstant bleibt. In welchem Maße das erreicht wird, geht aus der folgenden Rechnung bzw. der zugehörigen graphischen Darstellung hervor:

Zunächst wird der Vorwiderstand R_V durch die Vorgabe des maximal zulässigen Diodenstromes $I_{Z,max}$ festgelegt; dieser fließt bei Leerlauf, d.h. für $R_L = \infty$.

Nach Bild 2.33a gilt

$$R_V = \frac{U_B - U_Z(R_L = \infty)}{I_{Z,max}};$$

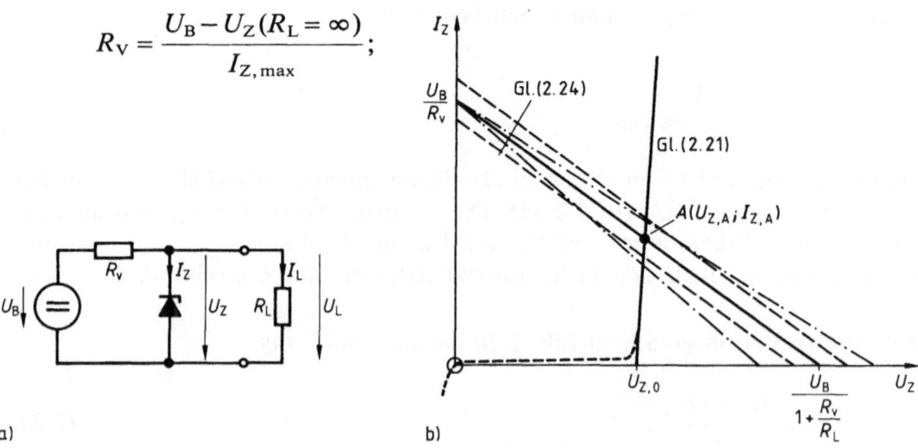

2.33 Spannungs-Stabilisierung mit einer Z-Diode
a) Schaltung
b) graphische Darstellung (U_B-Änderung ----, R_L-Änderung -·-·-)

in Verbindung mit Gl. (2.21)

$$I_{Z,\max} = \frac{U_Z(R_L = \infty) - U_{Z,0}}{r_z}$$

folgt explizit

$$R_V = \frac{U_B - U_{Z,0}}{I_{Z,\max}} - r_z. \tag{2.23}$$

Aus den Spannungsbilanzen

$$U_B = R_V(I_Z + I_L) + U_Z, \quad U_L = U_Z = R_L \cdot I_L$$

folgt

$$I_Z = \frac{U_B}{R_V} - U_Z\left(\frac{1}{R_V} + \frac{1}{R_L}\right) \tag{2.24}$$

Diese „Arbeitsgerade" schneidet sich im Arbeitspunkt A mit der linearisierten Diodengleichung (2.21) (s. Bild **2.**33b). Bei Veränderung von U_B wird die Arbeitsgerade parallel verschoben, wodurch sich der Ordinaten- und Abszissenabschnitt gleichsinnig verändern; abhängig von R_L ändert sich nur der Abszissen-Abschnitt und damit die Steigung der Arbeitsgeraden. In beiden Fällen wandert der Arbeitspunkt A auf der Geraden Gl. (2.21), wodurch sich $U_{Z,A}$ und $I_{Z,A}$ ändern. Aus den Gln. (2.21) und (2.24) folgt

$$U_{Z,A} = U_L = \frac{\dfrac{U_B}{R_V} + \dfrac{U_{Z,0}}{r_z}}{\dfrac{1}{R_V} + \dfrac{1}{r_z} + \dfrac{1}{R_L}}. \tag{2.25}$$

Hieraus erhält man den sogenannten Stabilisierungsfaktor bei U_B-Schwankungen

$$S = \left(\frac{\dfrac{\Delta U_B}{U_B}}{\dfrac{\Delta U_L}{U_L}}\right)_{R_L = \text{const}} = 1 + \frac{R_V}{r_z} \cdot \frac{U_{Z,0}}{U_B}. \tag{2.26}$$

Entsprechend folgt aus Gl. (2.25) für die relative Spannungsänderung an der Last infolge von R_L-Schwankungen

$$\frac{\Delta U_L}{U_L} = \frac{U_L(R_L + \Delta R_L) - U_L(R_L)}{U_L(R_L)} = \frac{\dfrac{\Delta R_L}{R_L}}{1 + R_L\left(\dfrac{1}{R_V} + \dfrac{1}{r_z}\right) \cdot \left(1 + \dfrac{\Delta R_L}{R_L}\right)}. \tag{2.27}$$

Beispiel 2.4. Die Stabilisierungsschaltung in Bild **2**.33a wird mit einer Batteriespannung $U_B = 24$ V und einer Z-Diode mit $U_{Z,0} = 5{,}55$ V, $r_z = 10\ \Omega$, $I_{Z,max} = 100$ mA betrieben. Dafür folgt aus Gl. (2.23)

$$R_V = \frac{24 - 5{,}55}{0{,}1} \cdot \frac{\text{V}}{\text{A}} - 10\ \Omega = 174{,}5\ \Omega.$$

Bei Abschluß mit dem Lastwiderstand $R_L = 1{,}15$ kΩ liegt an ihm nach Gl. (2.25) die Spannung

$$U_L = U_{Z,A} = \frac{\dfrac{24}{174{,}5} + \dfrac{5{,}55}{10}}{\dfrac{1}{174{,}5} + \dfrac{1}{10} + \dfrac{1}{1150}} \cdot \frac{\text{A}}{\Omega} = 6{,}5\ \text{V},$$

und der Stabilisierungsfaktor nach Gl. (2.26) beträgt

$$S = 1 + 4 = 5.$$

Aus Gl. (2.27) erhalten wir selbst bei den großen Lastschwankungen $\Delta R_L / R_L = \pm 50\%$ nur

$$\frac{\Delta U_L}{U_L} = 2{,}7 \cdot 10^{-3} \quad \text{bzw.} \quad 8{,}1 \cdot 10^{-3},$$

d.h. $\quad \Delta U_L = 17{,}6\ \text{mV} \quad \text{bzw.} \quad -52{,}6\ \text{mV}.$

Die Stabilisierungswirkung kann durch Hintereinanderschaltung mehrerer Stufen der in Bild **2**.33a gezeigten Art erhöht werden.

Spannungsbegrenzung einer Wechselspannung $u_e(t)$ ist mit der in Bild **2**.34a gezeigten Schaltung möglich. Zum einfacheren Verständnis wollen wir die Dioden als gleich annehmen und ihre Charakteristiken in der in Bild **2**.34b dargestellten Weise idealisieren; dabei sei $U_{Z,0} > U_S$. Die Dioden-Kombination hat dann die in Bild **2**.34c dargestellte Charakteristik. Dadurch wird bei harmonischer Erregung $u_e(t) = \hat{u}_e \cdot \sin \omega t$ der Betrag der Spannung $u_L(t)$ an der Last in der in Bild **2**.34d dargestellten Weise auf $u_{L,max} = U_{Z,0} + U_S < \hat{u}_e$ begrenzt, d.h. der Verbraucher R_L vor unzulässig hohen Spannungswerten geschützt. Der maximale Strom durch die Dioden ist

$$i_1(t)_{max} = I_{Z,max} = \frac{\hat{u}_e - u_{L,max} \cdot \left(1 + \dfrac{R_V}{R_L}\right)}{R_V}.$$

Aufgrund ihrer Eigenschaften finden Z-Dioden auch weit verbreitete Anwendung in der Meßtechnik (zur Nullpunktunterdrückung, Meßbereichs-Begrenzung und -Dehnung), als Begrenzer und Klipper, in der Leistungselektronik als Schutzdiode, in Verbindung mit Transistoren, Thyristoren zur Triggerung sowie zur Potentialverschiebung in integrierten Schaltungen.

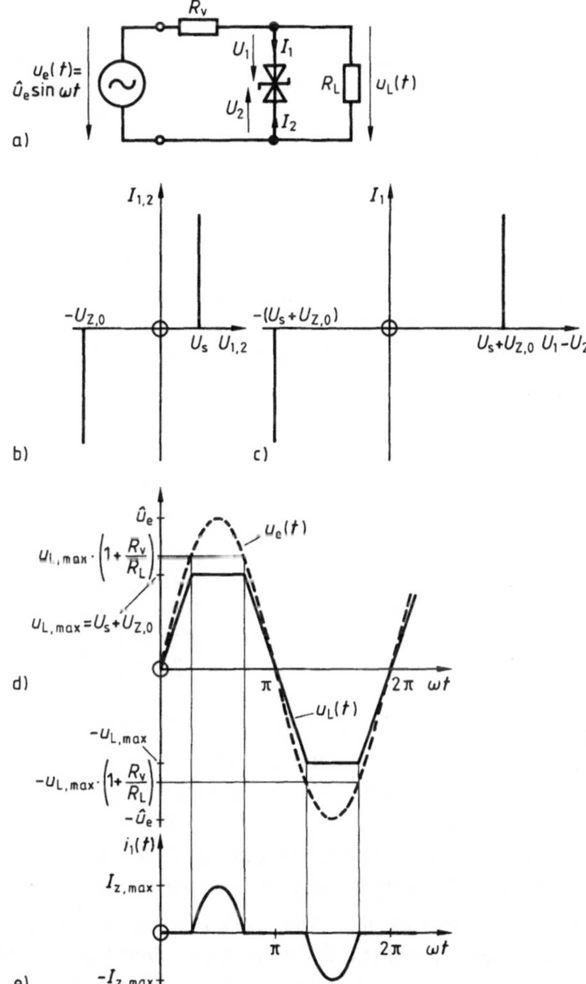

2.34
Spannungs-Begrenzung mit zwei Z-Dioden
a) Schaltung
b) Charakteristik der Einzeldioden
c) Charakteristik des Diodenpaares
d) zeitlicher Verlauf der Spannung an der Last
e) zeitlicher Verlauf des Diodenstromes

2.3 Schaltdioden

Im Gegensatz zur zeitlich harmonischen Ansteuerung von Gleichrichter- und Mischdioden betrachten wir jetzt die Reaktion einer pn-Diode auf steilflankige Änderungen der Steuergröße (Strom oder Spannung). Derartige impulsförmige Zeitverläufe sind z. B. für logische Schaltungen und für die Leistungselektronik charakteristisch.

Bild 2.35a zeigt eine Prinzipschaltung zur Untersuchung des Schaltverhaltens einer Diode.

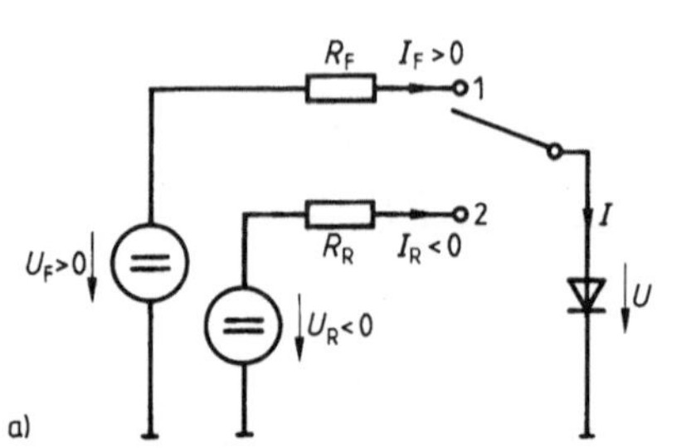

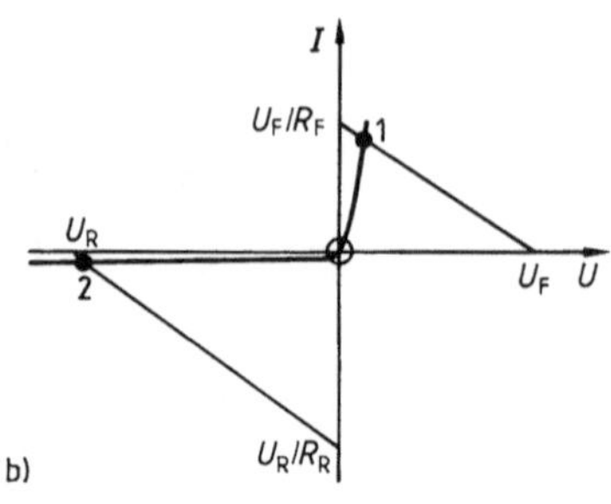

2.35 Zum Schaltverhalten einer Diode
a) Prinzipschaltung,
b) graphische Darstellung der Arbeitspunkte

Die folgenden Schaltvorgänge sind zu unterscheiden (s. hierzu auch Bild **2.35**b):

$$\text{Schalterstellungswechsel}\begin{cases} 0\rightarrow 1 & \text{Einschalten} \\ 1\rightarrow 0 & \text{Ausschalten} \\ \left.\begin{matrix} 1\rightarrow 2 \\ 2\rightarrow 1 \end{matrix}\right\} & \text{Umschalten} \end{cases}$$

Wir beschränken uns hier auf die Beschreibung der beiden Umschaltvorgänge.

Beim Übergang $1\rightarrow 2$ wird die Diode aus dem Durchlaßzustand „kleine Spannung, großer Strom", in dem sie einen kleinen Widerstand darstellt und demzufolge gut leitet, in den Zustand „große Spannung, kleiner Strom" übergeführt, in dem sie einen großen Widerstand repräsentiert und entsprechend (nahezu) sperrt. Beim Umschaltvorgang $2\rightarrow 1$ ist die Reihenfolge der Zustände vertauscht.

Die Diode befinde sich für $t<0$ infolge der Spannung U_R (= Rückwärtsspannung) im Sperrzustand 2; dementsprechend ist ihre Sperrschichtkapazität auf die Spannung $U_R<0$ aufgeladen. Wenn nun zur Zeit $t=0$ auf die Flußspannung $U_F>0$ (Vorwärtsspannung) umgeschaltet wird (Schalterstellung 1), liegt an der Sperrschicht zunächst die Spannung $U_F+|U_R|$ – da die Spannung an der Diode nicht springen kann –, und es fließt anfänglich der Strom $(U_F+|U_R|)/(R_F+1/G_D)$ (Bild **2.36**a). Nach der sog. Verzögerungszeit t_d ist die Sperrschichtkapazität entladen, die Diodenspannung $u(t)$ wird positiv, und die Injektion von Minoritätsträgern in die Bahngebiete beginnt. Der Anstieg der Diodenspannung $u(t)$ zeigt für kleinen Ladestrom kapazitives Verhalten, für sehr großen Strom als Folge der Leitfähigkeitsmodulation induktives Verhalten, wodurch eine Spannungsspitze entstehen kann (Bild **2.36**b). Da in der Praxis meistens unsymmetrisch dotierte pn-Übergänge verwendet werden, brauchen wir nur die Injektion aus dem höher dotierten Bereich heraus zu betrachten; wir unterstellen dabei einen p^+n-Übergang. Der Aufbau der Konzentrationsverteilung $p(x, t)$ im n-Gebiet erfolgt entsprechend dem (für $R_F \gg 1/G_D$) konstanten Diffusions-Ladestrom I_F mit einem konstanten Dichtegradienten (Bild 2.36c).

Nach dem Umschalten von Flußspannung U_F (Schalterstellung 1) auf Sperrspannung U_R (Schalterstellung 2) zur Zeit $t = t_U$ werden die überschüssigen Minoritätsträger zum Teil über den pn-Übergang zurücktransportiert, zum Teil rekombinieren sie in den Bahngebieten. Als Folge davon springt der Diodenstrom auf den Wert U_R/R_R, welcher zu U_R gehört. Danach findet ein Ausgleichsvorgang statt, der die endliche Ausschaltzeit der Diode t_{rr} (= Sperrverzögerungszeit) bedingt (Bild 2.37a): Unmittelbar nach dem Umschalten von Fluß- in Sperr-Rich-

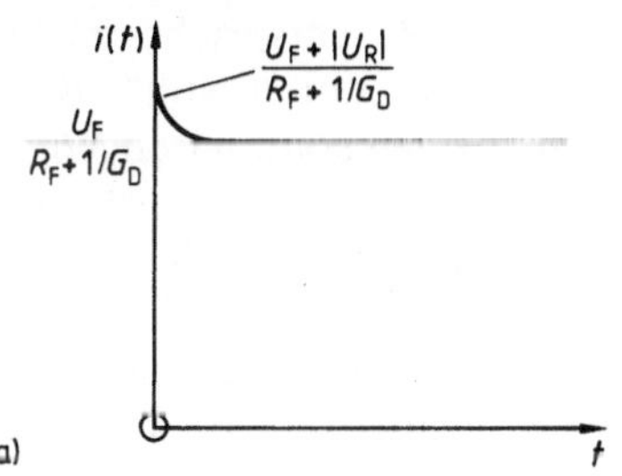

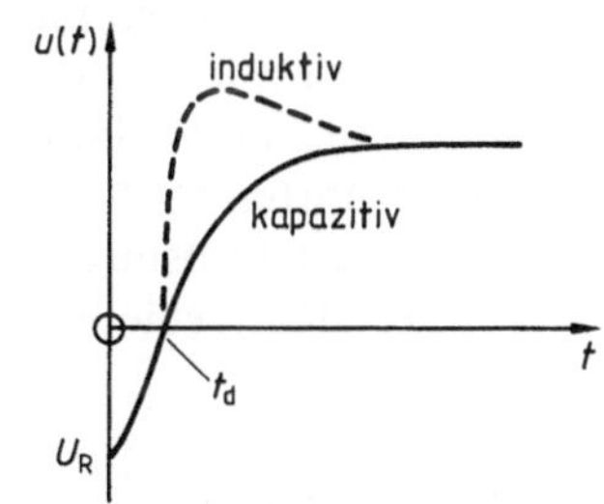

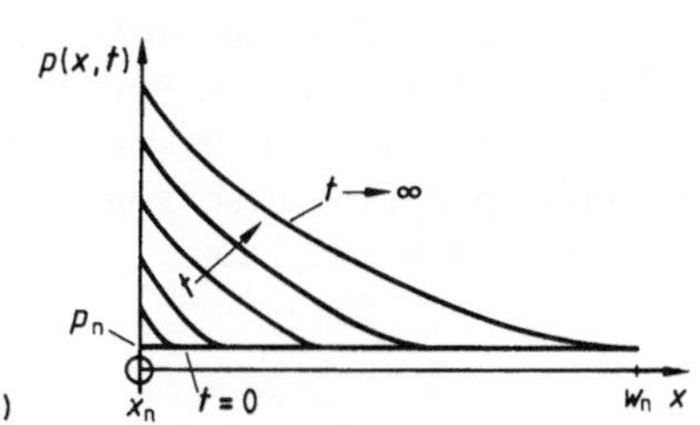

2.36 Der Einschaltvorgang
Zeitlicher Verlauf
a) des Diodenstromes $i(t)$
b) der Diodenspannung $u(t)$
c) der Minoritätsträgerverteilung $p(x, t)$ im n-Gebiet einer p^+n-Diode

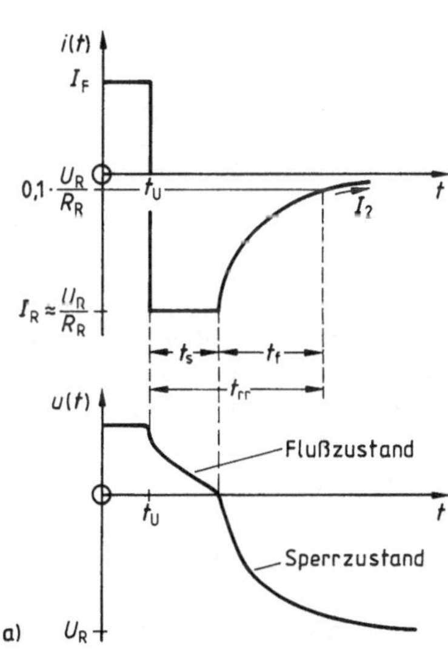

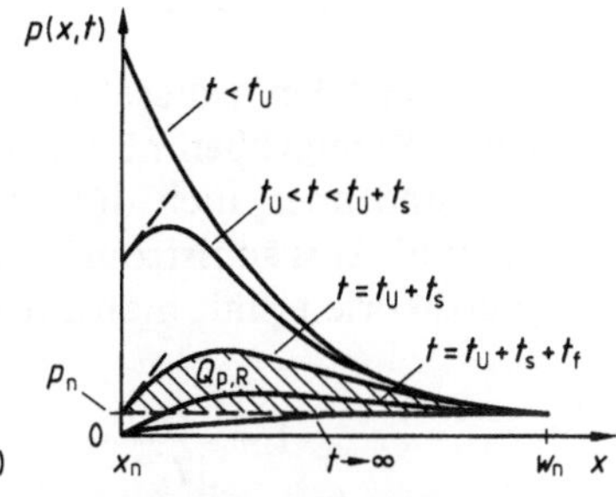

2.37 Der Umschaltvorgang
Zeitlicher Verlauf
a) des Diodenstromes $i(t)$ und der Diodenspannung $u(t)$
b) der Minoritätsträgerverteilung $p(x, t)$ im n-Gebiet einer pn-Diode

tung besitzt die Diode infolge der gespeicherten Minoritätsladung noch den hohen Durchlaß-Leitwert (Trägerspeicher- oder Staueffekt), und der im Außenkreis fließende Strom wird praktisch durch den Widerstand R_R des äußeren Kreises begrenzt, d.h. $I_R \approx U_R/R_R$. Dieser Strom ist während eines Zeitraumes t_s (Speicherzeit, storage time) zeitlich annähernd konstant. Dadurch wird der Löcherüberschuß im n-Gebiet gemäß Bild **2.**37b abgebaut; die Konstanz des Ausräum-Diffusions-Stromes I_R kommt in diesem Bild dadurch zum Ausdruck, daß die Anfangsneigung der Kurve $p = p(x)$ für $t_U < t < t_U + t_S$ konstant ist.

Die Ausräumphase ist beendet, wenn der Minoritätsträger-Überschuß durch Rücktransport und Rekombination so weit abgebaut ist, daß er den Ladungsträgergradienten am pn-Übergang, welcher dem Strom U_R/R_R entspricht, nicht mehr aufrechterhalten kann; die Diodenspannung geht dann „durch Null" (Bild **2.**37a). Von jetzt an sinkt der Strom etwa exponentiell auf den stationären Wert $I_s = I_2$ (vgl. Bild **2.**35b) entsprechend der Zahl der Ladungsträger, die noch aus den Bahngebieten durch Diffusion zum pn-Übergang gelangen. Der Zeitraum, während dem der Strom I_R vom Wert U_R/R_R auf $0{,}1 \cdot U_R/R_R$ abfällt, wird üblicherweise als Abfallzeit t_f (aber auch als Übergangszeit t_t) bezeichnet; sie wird wesentlich durch die Entladung der Sperrschichtkapazität über den Widerstand R_R bestimmt.

Die mathematische Behandlung der Schaltvorgänge und damit die Berechnung der charakteristischen Schaltzeiten t_s und t_f kann grundsätzlich mit den Großsignalgleichungen (1.52)–(1.56) erfolgen, welche den raum-zeitlichen Verlauf der Ladungsträgerdichten $p(x, t)$, $n(x, t)$ und der von ihnen geführten Ströme beschreiben. Da der Rechenaufwand sehr hoch und eine geschlossene Lösung nicht möglich ist, benutzt man stattdessen vereinfachend die in den Bahngebieten insgesamt gespeicherten Überschußladungen

$$Q_p(t) = e \cdot \int_{\text{n-Gebiet}} [p(x, t) - p_n]\, dx, \qquad Q_n(t) = -e \cdot \int_{\text{(p-Gebiet)}} [n(x, t) - n_p]\, dx$$

als „gesuchte Größen"; diese sind nur noch Funktionen der Zeit und enthalten die zeitlichen Kenngrößen t_s, t_f sowie Materialeigenschaften als Parameter. Mit Q_p und Q_n sind aber auch dQ_p/dt und dQ_n/dt bekannt, welche ihrerseits mit dem Lade- und Ausräumstrom I_F und I_R zusammenhängen. Aus dieser sog. Ladungssteuertheorie erhält man für einen p^+n-Übergang näherungsweise

$$t_s = \tau_{T,p} \cdot \ln \frac{1 + \dfrac{I_F}{|I_R|}}{1 + K}. \qquad (2.28)$$

Hierin ist $\tau_{t,p}$ anschaulich die Laufzeit der Defektelektronen durch das n-Gebiet, während $K (\approx 0{,}2 \ldots 1)$ durch

$$Q_{p,R} = K \cdot \tau_{T,p} \cdot |I_R|$$

definiert ist; $Q_{p,R}$ bezeichnet die am Ende der Speicherphase ($t = t_U + t_s$) im n-Gebiet noch verbliebene Restladung. Für die Abfallzeit t_f, welche wesentlich durch die Entladung der Sperrschichtkapazität C_s über R_R mitbestimmt wird, liefert die Ladungsspeichertheorie den Näherungswert

$$t_f = \frac{K \cdot \tau_{T,p} + R_R \cdot \overline{C_s}}{1+K} \cdot \ln 10 \tag{2.29}$$

($\overline{C_s}$ = Mittelwert der Sperrschichtkapazität während der Abfallphase). Die theoretischen Ergebnisse (2.28), (2.29) werden von Meßergebnissen bestätigt, wie Bild **2**.38 zeigt: Die Sperrverzögerungszeit wächst bzw. fällt mit zunehmendem I_F bzw. $|I_R| \triangleq I_{RM}$ in gleichem Maße und ist für $I_F = |I_R|$ nahezu stromunabhängig.

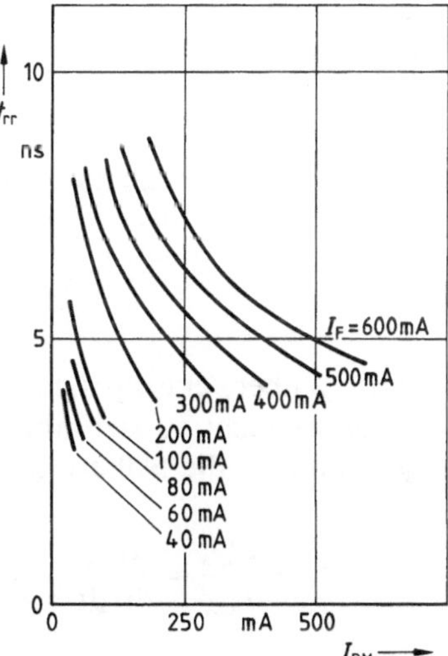

2.38
Sperrverzögerungszeit der Si-Planar-Epitaxial-Diode BAV 10, gemessen bei $I_{RM}/10$; Sperrschicht-Temperatur 25 °C (aus [18])

Die bisher diskutierte Prinzipschaltung (Bild **2**.35a) stellt für die Diode eine ohmsche Last dar. Bei induktiven Stromkreisen, wie sie für die Leistungselektronik typisch sind, wird der zunächst gesperrten Diode beim Übergang in den Flußzustand eine große Stromsteilheit $(\mathrm{d}i/\mathrm{d}t)_1$ aufgeprägt, welche in Verbindung mit kapazitiven Schaltungskomponenten eine Spannungsüberhöhung zur Folge hat; erst nach der Durchlaßverzögerungszeit t_{fr} ist die Spannungsüberhöhung gegenüber dem stationären Flußwert U_F bis auf einen Rest von 10% abgebaut (Bild **2**.39). Auch der Ausschaltvorgang in den Sperrzustand hinein wird durch den induktiven Außenkreis entsprechend der sog. Abkommutierungs-Steilheit $(-\mathrm{d}i/\mathrm{d}t)_2$ entscheidend bestimmt: Die Diode bleibt auch nach dem Nulldurchgang des Stromes noch leitend. Erst wenn die sog. Nachlaufladung Q_s innerhalb der Spannungsnachlaufzeit t_s' ausgeräumt ist, geht die Diode in den Sperrzustand über. Da anschließend der Strom wieder rasch ansteigt, schwingt die

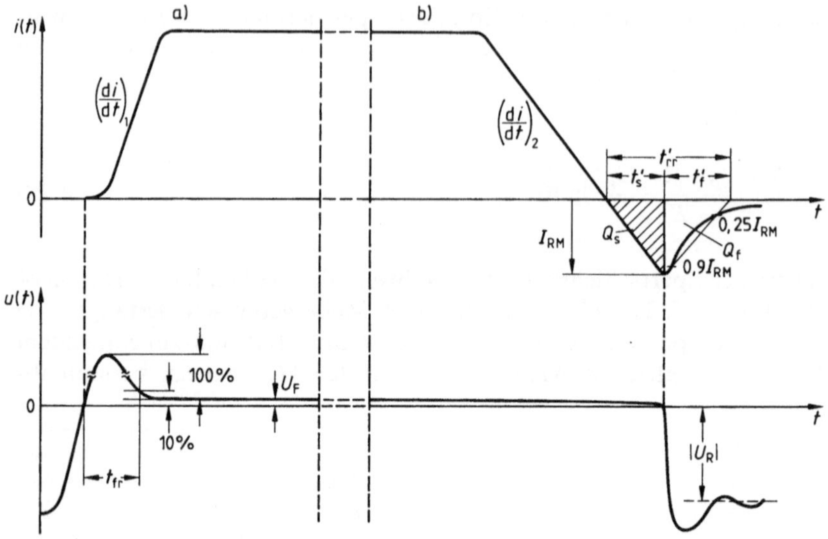

2.39 Strom- und Spannungsverlauf bei einer Diode mit induktiver Belastung
a) Umschaltverhalten bei Stromkommutierung
b) Abschaltverhalten mit Abschaltkommutierung (I_{RM} = Rückstromspitze)

Spannung über, ehe sie sich auf den Endwert U_R einstellt; der Ausräumstrom sollte daher nicht zu steil abfallen. Nach Bild 2.39 gelten für t_s' und die Rückstromfallzeit t_f' die Näherungsausdrücke

$$t_s' \approx \frac{2Q_s}{I_{RM}} \approx \frac{I_{RM}}{di/dt}, \quad t_f' = t_{rr}' - t_s' \approx \frac{2Q_f}{I_{RM}}$$

mit der gesamten Sperrverzögerungszeit (2.30)

$$t_{rr}' \approx \frac{2Q_{rr}}{I_{RM}} = \frac{2(Q_s + Q_f)}{I_{RM}}.$$

Das Ausräumen der injizierten Ladung aus den Bahngebieten kann dadurch beschleunigt werden, daß die dortige Dotierung zum pn-Übergang hin abnimmt (p^+nn^+- oder pin-Struktur mit kurzem Mittelgebiet); durch einen derartigen Gradienten in der Konzentration der ionisierten Dotierungsatome wird ein elektrisches Feld in die Bahngebiete eingebaut; es hält den gesamten injizierten Minoritätsträgerüberschuß in der Nähe des pn-Übergangs, so daß nahezu die gesamte gespeicherte Ladung schon während der Speicherzeit t_s' aus der Diode entfernt wird. Die Übergangs- bzw. Abfallzeit, in welcher der Sperrstrom um einige Größenordnungen auf seinen stationären Wert abnimmt, kann dann einige wenige ns kurz sein. Solche Dioden werden Speicher-Varaktoren, Speicherschalt- oder Ladungsspeicher-Dioden genannt (im Englischen step recovery bzw. snap-off diodes, s. Abschn. 2.4.2).

Auch Schottky-Dioden sind für die Realisierung schneller Schaltvorgänge sehr gut geeignet. Da der Stromtransport durch dieses Bauelement ein Majoritätsträgereffekt ist (s. Abschn. 1.3.2), gibt es hier keine gespeicherte Minoritätsladung, die nach dem Umschalten von Fluß- in Sperrichtung abgebaut werden muß. Daher stellt sich die Sperrwirkung nach dem Umschalten praktisch momentan (typisch 1 ns) ein.

2.4 Varaktordioden

Bei diesen Dioden werden die verschiedenen, in den Abschn. 1.1.4.1, 1.3.3 und 1.4.1 beschriebenen physikalischen Effekte genutzt, welche bei einer pn-, Metall/Halbleiter- oder Metall/Isolator/Halbleiter-Struktur zu einer spannungsabhängigen Kapazität führen (Tafel 2.40).

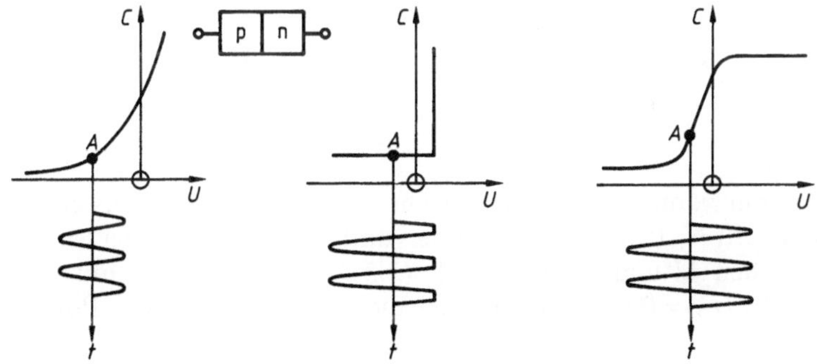

2.40 Klassifizierung der Varaktordioden (A = Arbeitspunkt)

2.4.1 Sperrschicht-Varaktoren

Die Spannungsaussteuerung dieser Dioden wird im Sperrgebiet begrenzt durch die Durchbruchsspannung $U = -U_{BR}$ (typisch einige 10 V) und im Flußgebiet durch die Diffusionsspannung $U = +U_D$ (typisch einige Zehntel Volt). In diesem Spannungsbereich ist der fließende Gleichstrom sehr klein, so daß die Diode in erster Näherung als reine steuerbare (Sperrschicht-)Kapazität $C_s = C_s(U)$ beschrieben werden kann. – In der Praxis müssen natürlich die parasitären Ersatzbildelemente Bahnwiderstand, Zuleitungsinduktivität und Gehäusekapazität berücksichtigt werden (s. Bild 1.32). – Die verschiedenen Anwendungsfälle von Sperrschicht-Varaktoren erfordern unterschiedliche „ideale“ $C_s(U)$-Charakteristiken; diese können jeweils durch ein geeignetes Dotierungsprofil im Halbleiter realisiert werden, wie im folgenden gezeigt wird. Dabei beschränken wir uns zur Vereinfachung auf einen stark unsymmetrischen pn-Übergang, so daß wir die Ausdehnung der Raumladungszone in das niederohmige Gebiet vernachlässigen können. – Das Ergebnis gilt daher auch für einen Metall/Halbleiter-Übergang, bei dem die Metallzone formal an die Stelle der hochdotierten Halbleiterzone tritt. –

Nach Gl. (1.40) gilt z. B. für einen p^+n-Übergang

$$C_s(U) = \frac{\mathrm{d}(-Q)}{\mathrm{d}U} = \frac{\varepsilon \cdot A}{x_n}, \tag{2.31}$$

andererseits enthält die Schicht der Dicke $\mathrm{d}x_n$ die Ladung

$$\mathrm{d}Q = A\,e N_D(x_n) \cdot \mathrm{d}x_n .$$

Die Verknüpfung beider Gleichungen liefert

$$N_D(x_n) = \frac{2}{e\varepsilon A^2} \cdot \frac{1}{\dfrac{\mathrm{d}}{\mathrm{d}U}\left(-\dfrac{1}{C_s^2}\right)} = \frac{C_s^3(U)}{e\varepsilon \cdot A^2} \cdot \frac{1}{\dfrac{\mathrm{d}C_s}{\mathrm{d}U}}. \tag{2.32}$$

Hiermit kann zu jedem vorgegebenen $C_s(U)$-Verlauf das erforderliche Störstellenprofil $N_D(x_n)$ ermittelt werden und umgekehrt. Dabei ist der Zusammenhang zwischen U und x_n durch Gl. (2.31) in Verbindung mit der Randbedingung $x_n(U = U_D) = 0$ gegeben. Als Beispiel betrachten wir das Potenzgesetz

$$N_D(x_n) = N_0 \cdot \left(\frac{x_n}{w_n}\right)^m$$

(w_n = Weite der n-Zone); hierfür gilt

$$C_s(U) = \frac{\varepsilon \cdot A}{\left[\dfrac{(m+2)\varepsilon}{eN_0} \cdot w_n^m \cdot (U_D - U)\right]^{\frac{1}{m+2}}}. \tag{2.33}$$

Als Sonderfall erhält man hieraus für $m = 0$ den abrupten pn-Übergang mit

$$C_s(U) = \frac{\varepsilon \cdot A}{\sqrt{\dfrac{2\varepsilon}{eN_0} \cdot (U_D - U)}} \quad \text{(vgl. Gl. (1.42))}. \tag{2.34}$$

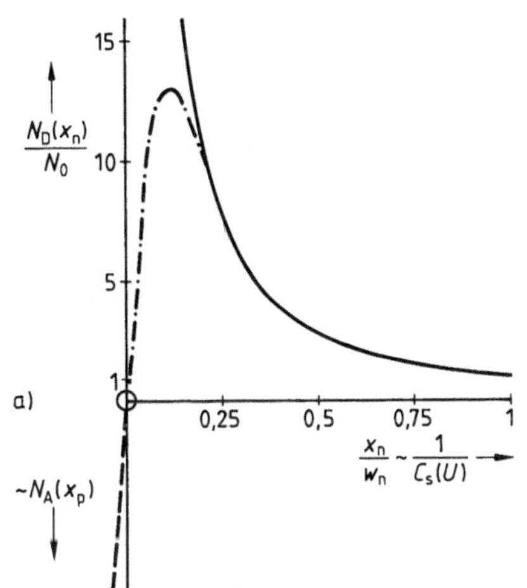

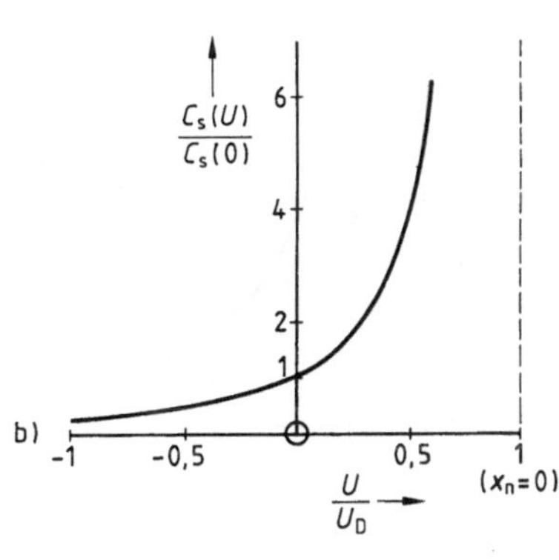

2.41 Hyperabrupt-dotierte Diode (m = −3/2)
a) Störstellenprofil
—— theor. Verlauf nach Gl. (2.33)
–·–·– } prakt. Verlauf im { n-Gebiet
––––– } { p-Gebiet

b) Spannungsabhängigkeit der Sperrschichtkapazität gemäß Gl. (2.35)

In den Fällen $m<0$ nimmt die Dotierung mit wachsender Entfernung von der Grenzebene $x=0$ ab. Solche Verläufe nennt man hyperabrupt; sie lassen sich durch mehrfache Diffusionsprozesse bzw. durch Ionenimplantation angenähert realisieren; speziell gilt für $m=-3/2$ (s. hierzu Bild **2.41**)

$$C_s(U)=\frac{\varepsilon A}{\left[\frac{\varepsilon}{2eN_0 w_n^{3/2}}\cdot(U_D-U)\right]^2}. \tag{2.35}$$

Dieser Fall spielt für einige der im folgenden diskutierten Anwendungen von Sperrschicht-Varaktoren eine besonders wichtige Rolle.

Der hyperabrupte Übergang mit $m=-2$ fällt gemäß Gl. (2.33) aus dem Rahmen der allgemeinen Rechnung; dafür liefern die Gln. (2.31)-(2.33) direkt (s. hierzu Bild **2.42**)

$$C_s(U)=C_s(0)\cdot e^{\frac{\varepsilon}{eN_0 w_n^2}\cdot U}. \tag{2.36}$$

Für den praktischen Einsatz von Sperrschicht-Varaktoren sind folgende Kenngrößen von Bedeutung:

- Kapazitätsverhältnis $q_c=\frac{C_{max}}{C_{min}}=\frac{C(U_{max})}{C(U_{min})}$
- Kapazitätssteilheit $g_c=dC_s/dU$
- Güte Q.

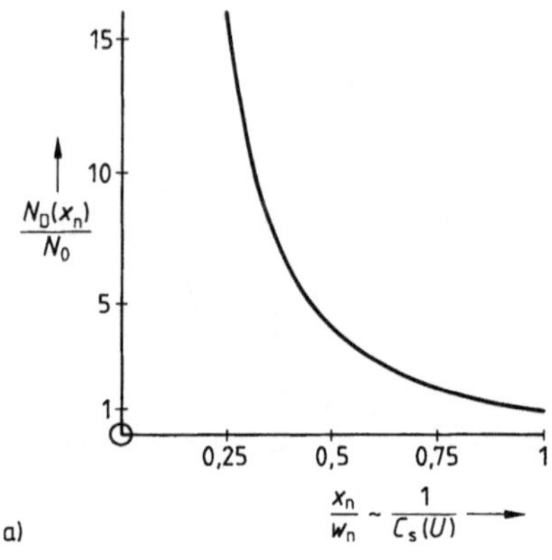

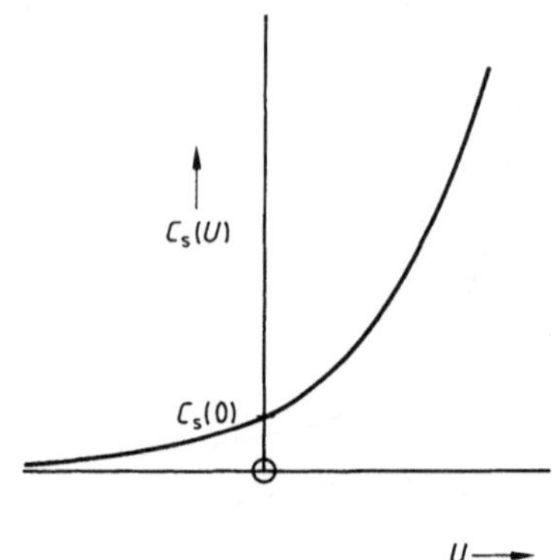

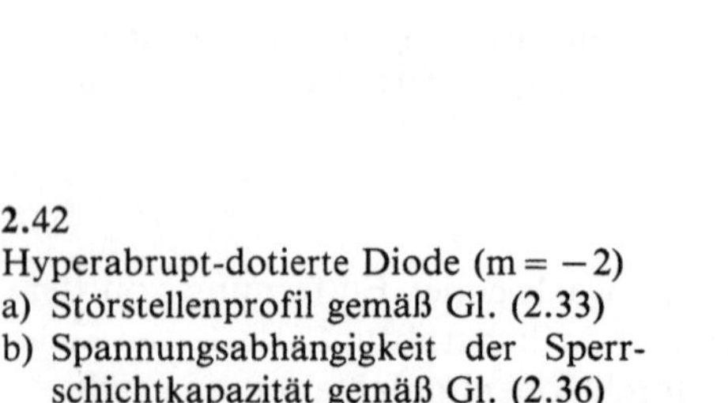

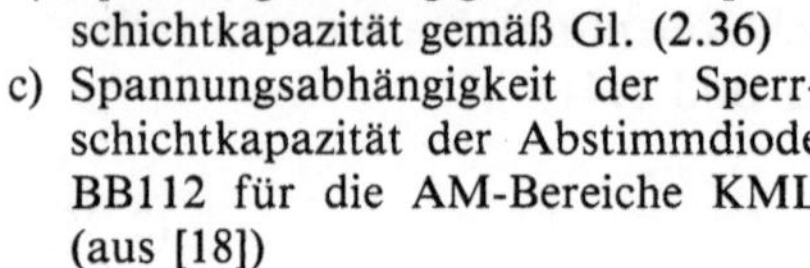

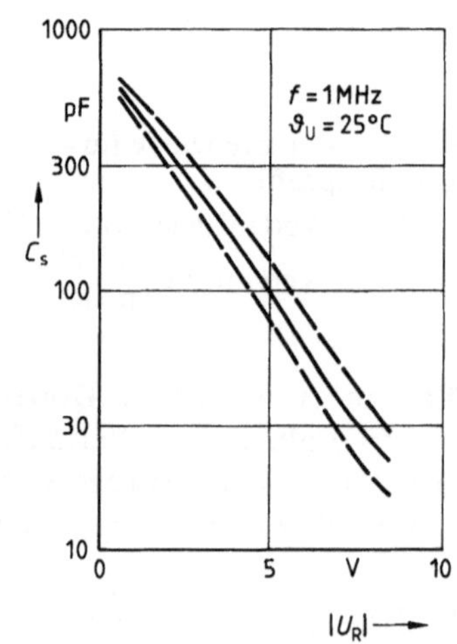

2.42
Hyperabrupt-dotierte Diode (m = −2)
a) Störstellenprofil gemäß Gl. (2.33)
b) Spannungsabhängigkeit der Sperrschichtkapazität gemäß Gl. (2.36)
c) Spannungsabhängigkeit der Sperrschichtkapazität der Abstimmdiode BB112 für die AM-Bereiche KML (aus [18])

Q wird üblicherweise für die „innere" Diode angegeben, die aus der Ersatzschaltung in Bild **1**.32 durch Vernachlässigung der Zuleitungsinduktivität und der Gehäusekapazität entsteht; im Sperrgebiet kann außerdem i. allg. die Diffusions- neben der Sperrschicht-Kapazität außer Betracht bleiben (Bild **2**.43). Danach gilt

$$Q = \omega C_p R_p = \frac{\omega C_s R_B}{(1 + R_B \cdot G_D) \cdot R_B G_D + (\omega C_s R_B)^2}\,; \tag{2.37}$$

die Güte erreicht für

$$f_{opt} = \frac{\omega_{opt}}{2\pi} = \frac{G_D}{2\pi C_s} \cdot \sqrt{1 + \frac{1}{R_B G_D}} \tag{2.38}$$

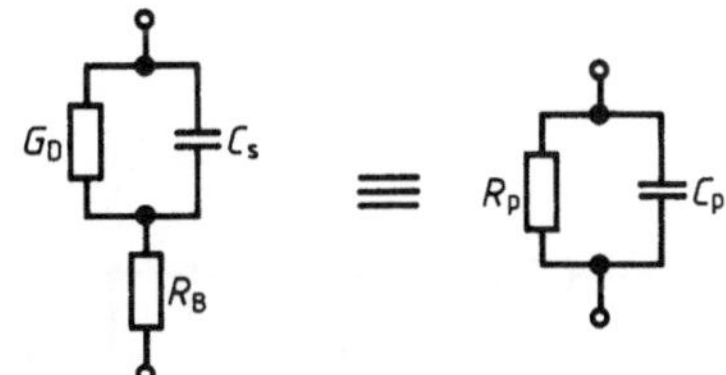

2.43
Ersatzschaltung des „inneren“ Sperrschicht-Varaktors

ihren Maximalwert

$$Q_{max} = \frac{1}{2\sqrt{(1+R_B G_D)\cdot R_B G_D}}\,. \qquad (2.39)$$

Damit die kapazitive Wirkung der Diode durch ihren Verlustwiderstand $1/G_D$ möglichst wenig beeinträchtigt wird, muß sie deutlich oberhalb f_{opt} betrieben werden; dann gilt

$$Q \approx \frac{1}{\omega C_s \cdot R_B}\,. \qquad (2.40)$$

Hiernach wäre GaAs wegen seiner hohen Elektronenbeweglichkeit (kleines R_B!) zu bevorzugen; im Hinblick auf die technologische Realisierung wird jedoch meist Si verwendet.

Grenzfrequenz ist diejenige Frequenz f_g, für die $Q=1$ ist, d.h. nach Gl. (2.40)

$$f_g \approx \frac{1}{2\pi C_s \cdot R_B}\,; \qquad (2.41)$$

damit gilt auch $Q=f_g/f$.

Aus Gl. (2.41) folgt mit Gl. (1.40) und

$$R_B = \frac{1}{A}\left(\underbrace{\int \frac{dx}{\mu_n(x)\,N_D(x)}}_{\text{n-Bahngebiet}} + \underbrace{\int \frac{dx}{\mu_p(x)\,N_A(x)}}_{\text{p-Bahngebiet}}\right),$$

daß die Grenzfrequenz vom Diodenquerschnitt A unabhängig ist.

Durchbruchsspannung nimmt mit steigender Dotierung ab (s. Bild **1**.23). Im folgenden werden einige typische Anwendungsbeispiele von Sperrschicht-Varaktoren erörtert.

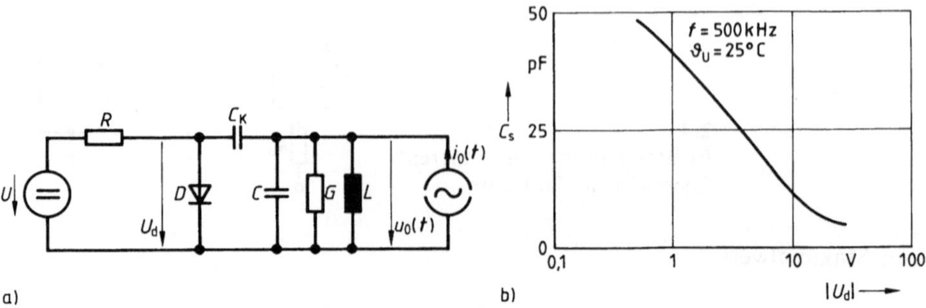

2.44 Schwingkreis mit Kapazitätsdiode
a) Schaltung,
b) Kapazitätscharakteristik der Diode BB 809 (aus [18])

Abstimmung eines Schwingkreises. In der Schaltung in Bild 2.44a wird der Halbleiterdiode D über einen Widerstand R eine Gleichspannung $U_d < 0$ zugeführt, womit ihr Kapazitätswert C_s eingestellt wird. Die Diode ist über eine Koppelkapazität C_K, welche den Kurzschluß von U_d über L verhindert, an einen Schwingkreis C, L mit dem Resonanzwiderstand $1/G$ angekoppelt. Der Widerstand R wird so bemessen, daß er den Schwingkreis nicht nennenswert bedämpft, d.h. $R \gg 1/G$. Wenn die Koppelkapazität $C_K \gg C_s$ gewählt wird, hat die Schaltung in guter Näherung die Resonanzfrequenz

$$f_{res} = \frac{1}{2\pi \cdot \sqrt{L \cdot (C + C_s(U_d))}}; \tag{2.42}$$

diese ist also elektronisch mittels der Gleichspannung U_d einstellbar.

Beispiel 2.5. Der Schwingkreis in Bild 2.44a soll mit der Diode BB 809, welche eine Kapazitätscharakteristik $C_s(U_d)$ entsprechend Bild 2.44b hat, über den Frequenzbereich $f_{res,1} = 180\,\text{MHz} \ldots f_{res,2} = 220\,\text{MHz}$ abgestimmt werden. Man berechne die Größe der erforderlichen Parallel-Kapazität C und Induktivität L sowie den Bereich der Vorspannung U_d, wenn die Sperrschicht-Kapazität C_s zwischen $C_{s,1} = 35$ pF und $C_{s,2} = 15$ pF variiert.

Zur Sperrschicht-Kapazität $C_{s,1}$ gehört $U_{d,1} = -1{,}7$ V und

$$f_{res,1} = \frac{1}{2\pi\sqrt{(C + C_{s,1})L}},$$

entsprechend zu $C_{s,2}$ die Spannung $U_{d,2} = -7{,}5$ V und

$$f_{res,2} = \frac{1}{2\pi\sqrt{(C + C_{s,2})L}}.$$

Aus den beiden Frequenzbeziehungen folgt nach Division

$$C=\frac{f_{\mathrm{res},1}^2\cdot C_{\mathrm{s},1}-f_{\mathrm{res},2}^2\cdot C_{\mathrm{s},2}}{f_{\mathrm{res},2}^2-f_{\mathrm{res},1}^2}=\frac{(180\,\mathrm{MHz})^2\cdot 35\,\mathrm{pF}-(220\,\mathrm{MHz})^2\cdot 15\,\mathrm{pF}}{(220\,\mathrm{MHz})^2-(180\,\mathrm{MHz})^2}=25{,}5\,\mathrm{pF}$$

und damit aus jeder der beiden Beziehungen

$$L=\frac{1}{2\pi}\cdot\frac{f_{\mathrm{res},1}^{-2}-f_{\mathrm{res},2}^{-2}}{C_{\mathrm{s},1}-C_{\mathrm{s},2}}=12{,}9\,\mathrm{nH}.$$

Die oben definierten Kenngrößen haben bei der Varaktordiode BB 809 folgende numerische Werte

Kapazitätsverhältnis $q_c=\dfrac{C_{max}}{C_{min}}=\dfrac{35}{15}=2{,}33$

Kapazitätssteilheit $g_c=\dfrac{\mathrm{d}C_s}{\mathrm{d}U}=3{,}7\,\mathrm{pF/V}$

bei $U=-3{,}5\,\mathrm{V}$ ($\triangleq C_s=25\,\mathrm{pF}$).

Mit dem Serienwiderstand $R_B=0{,}5\,\Omega$ (gemessen bei $C_s=25\,\mathrm{pF}$ und $f=200\,\mathrm{MHz}$) folgt nach Gl. (2.41) die Grenzfrequenz

$$f_g=\frac{1}{2\pi R_B C_s}=12{,}7\,\mathrm{GHz}$$

und die Güte

$$Q=f_g/f=63{,}5\quad(\text{bei } f=200\,\mathrm{MHz}).$$

Die maximale Sperrspannung dieser Diode beträgt 28 V.

Für Abstimmaufgaben ist die Temperaturabhängigkeit des Sperrschicht-Varaktors wesentlich. Diese wird gemäß der Ersatzschaltung in Bild **1**.32 im wesentlichen durch den Parallelwiderstand $1/G_D=U_T/(I+I_S)$ und die Sperrschicht-Kapazität C_s bestimmt. Bei Sperrströmen in der Größenordnung von 10 ... 100 nA (Si) liegt $1/G_D$ im MΩ-Bereich und sinkt bei einer Temperaturerhöhung um 10 °C etwa um den Faktor 2 (s. Abschn. 1.1.2.2). Die überwiegende Temperaturabhängigkeit der Abstimmdiode wird daher von C_s verursacht, d.h. von der Dielektrizitätskonstanten ε des Halbleiters und von der Diffusionsspannung U_D. Bei Zugrundelegung des Potenzgesetzes (2.33) gilt mit $1/(\mathrm{m}+2)=\mathrm{n}$

$$C_s=\mathrm{const}\cdot\varepsilon^{1-\mathrm{n}}\cdot(U_D-U)^{-\mathrm{n}},$$

also für den Temperaturkoeffizienten

$$(TK)_{C_s}=\frac{1}{C_s}\cdot\frac{\mathrm{d}C_s}{\mathrm{d}T}=(1-\mathrm{n})\cdot\frac{1}{\varepsilon}\cdot\frac{\mathrm{d}\varepsilon}{\mathrm{d}T}-\frac{\mathrm{n}}{U_D-U}\cdot\frac{\mathrm{d}U_D}{\mathrm{d}T}. \tag{2.43}$$

Für Si ist $\varepsilon = 12$ und

$$\frac{1}{\varepsilon} \cdot \frac{d\varepsilon}{dT} = 3{,}5 \cdot 10^{-5}\,\mathrm{K}^{-1}; \quad U_D = 0{,}4 \ldots 0{,}9\,\mathrm{V}; \quad \frac{dU_D}{dT} = -1{,}5 \ldots -2{,}5\,\mathrm{mV} \cdot \mathrm{K}^{-1};$$

somit ist $(TK)_C > 0$.

Für Dioden, deren Dotierungsprofile nicht dem Potenzgesetz (2.33) gehorchen, kann man formal an der Gleichung

$$C_s(U) \sim \frac{1}{(U_D - U)^n}$$

festhalten, wobei dann aber n spannungsabhängig wird gemäß

$$n = -\frac{d \ln C_s}{d \ln (U_D - U)}.$$

Bild **2.**45a zeigt dies am Beispiel der hyperabrupten Diode BB 105; der damit nach Gl. (2.43) unter Benutzung der Mittelwerte $U_D = 0{,}7\,\mathrm{V}$, $dU_D/dT = -2\,\mathrm{mV} \cdot \mathrm{K}^{-1}$ berechnete Verlauf des Temperaturkoeffizienten ist in guter Übereinstimmung mit den Meßwerten (Bild **2.**45b).

Da der zweite Summand in Gl. (2.43) numerisch i. allg. überwiegt (im Beispiel des Bildes **2.**45 bis etwa $U = -15\,\mathrm{V}$), wird die Temperaturabhängigkeit von C_s im wesentlichen durch U_D bestimmt. Das führt auf die folgende Kompensationsmethode: In Serie zur Spannungsquelle U wird in Flußrichtung eine Diode D geschaltet, welche ähnliche Werte von U_D und $-dU_D/dT$ hat wie die Abstimmdiode. Bei einer Temperaturerhöhung wird daher der Spannungsabfall an D um den gleichen Betrag kleiner - und damit die Abstimmspannung am Varaktor größer - wie die Spannung U_D des Varaktors. Der resultierende Wert von $(TK)_{C_s}$ kann damit, unabhängig von U, im Bereich $\pm 10^{-5}\,\mathrm{K}^{-1}$ gehalten werden.

Da an der Abstimmdiode gemäß Bild **2.**44 außer der Gleichspannung U_d auch die HF-Spannung $u_0(t)$ anliegt, schwankt ihr Kapazitätswert und damit auch die Resonanzfrequenz f_{res} in deren Rhythmus:

$$\begin{aligned} f_{res}(U_d, u_0(t)) &= \frac{1}{2\pi\sqrt{L \cdot (C + C_s(U_d + u_0(t)))}} \\ &= \frac{1}{2\pi\sqrt{L \cdot (C + C_s(U_d))}} \cdot \left[1 - \frac{1}{2} \cdot \frac{\left(\frac{dC_s}{dU}\right)_{U_d}}{C + C_s(U_d)} \cdot u_0(t) + o(u_0(t)^2) \right]. \end{aligned} \tag{2.44}$$

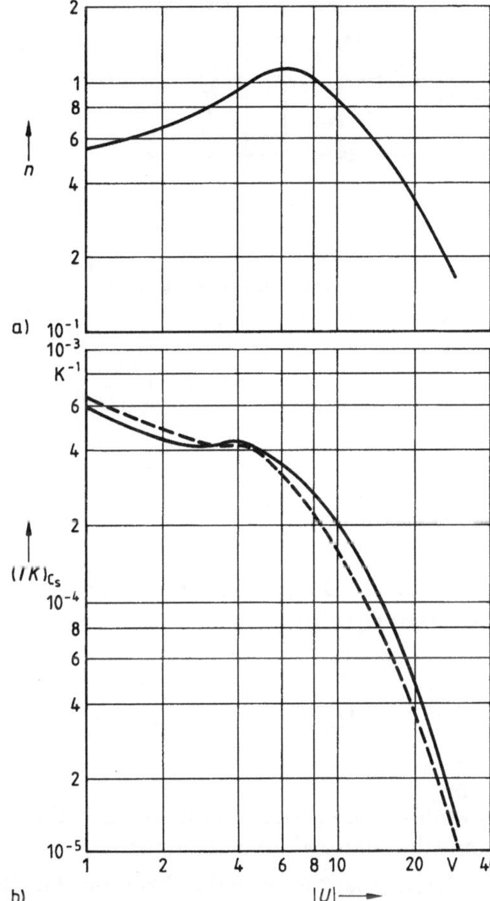

2.45
a) Exponent n der Kapazitätscharakteristik der Diode BB 105
b) Temperaturkoeffizient $(TK)_{C_S}$ der Sperrschichtkapazität als Funktion der Sperrspannung
---- berechnet nach Gl. (2.43)
—— Meßwertkurve; (aus [6])

Infolge der abwechselnden Verkürzungen bzw. Verlängerungen der Halbschwingungen ist trotz harmonischer Einströmung $i_0(t)$ die Schwingkreisspannung $u_0(t)$ keine harmonische Zeitfunktion mehr. Diese Frequenzverzerrungen können nun durch eine Zweifach-Abstimmdiode in erster Näherung vermieden werden: Hierzu werden zwei zu einem einzigen Bauelement vereinigte Dioden HF-mäßig in Antiserienschaltung betrieben (Bild **2**.46); gleichspannungsmäßig liegen sie wegen der als Kurzschluß wirkenden Schwingkreis-Induktivität parallel. Ein Koppelkondensator ist hier nicht erforderlich. Für die Resonanzfrequenz gilt entsprechend zu Gl. (2.44)

$$f_{\mathrm{res}} = \frac{1}{2\pi\sqrt{L \cdot \left(C + \left[\dfrac{1}{C_1} + \dfrac{1}{C_2}\right]^{-1}\right)}}$$

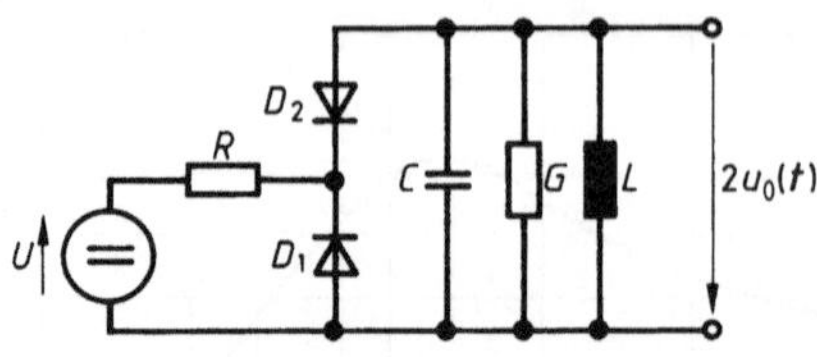

2.46
Schwingkreis mit Kapazitäts-Doppeldiode

mit

$$\frac{1}{C_1}+\frac{1}{C_2}=\frac{1}{C_1(U_d-u_0(t))}+\frac{1}{C_2(U_d+u_0(t))}$$

$$=\frac{1}{C_1(U_d)-\left(\frac{dC_1}{dU}\right)_{U_d}\cdot u_0(t)+\frac{1}{2}\cdot\left(\frac{d^2C_1}{dU^2}\right)_{U_d}\cdot u_0(t)^2\dots}$$

$$+\frac{1}{C_2(U_d)+\left(\frac{dC_2}{dU}\right)_{U_d}\cdot u_0(t)+\frac{1}{2}\cdot\left(\frac{d^2C_2}{dU^2}\right)_{U_d}\cdot u_0(t)^2\dots}.$$

Wenn beide Dioden als gleich angesehen werden können, gilt mit $C_1(U) = C_2(U) = C_s(U)$

$$\frac{1}{C_1}+\frac{1}{C_2}=\frac{2}{C_s(U_d)}\cdot\left[1+u_0^2(t)\cdot\left\{\left(\frac{1}{C_s(U_d)}\cdot\left(\frac{dC_s}{dU}\right)_{U_d}\right)^2-\frac{1}{2}\cdot\frac{1}{C_s(U_d)}\cdot\left(\frac{d^2C_s}{dU^2}\right)_{U_d}\right\}+\right]. \tag{2.45}$$

Es kompensieren sich also in erster Näherung die Kapazitätsschwankungen und damit die Spannungsverzerrungen.

Das Diodenpaar wirkt daher bzgl. der HF-Spannung in erster Näherung wie eine konstante, d.h. nur von U beeinflußte Kapazität $\frac{1}{2}C_s(U)$. Für die erst in zweiter Näherung zu berücksichtigenden Kapazitätsschwankungen und Frequenzverzerrungen erhalten wir im Fall eines abrupt-dotierten Diodenpaares gemäß Gl. (1.42)

$$\frac{1}{C_1}+\frac{1}{C_2}=\frac{2}{C_s(U_d)}\cdot\left[1-\frac{1}{8}\left(\frac{u_0(t)}{U_D-U_d}\right)^2+o(u_0(t)^4)\right].$$

Selbst im ungünstigsten Zustand $u_0(t)=U_D-U_d$, wo also bis an die Diffusionsspannung heran ausgesteuert wird, beträgt der Frequenzfehler nur 6,5%. Als Beispiel zeigt Bild 2.47 die $C_s(U)$-Charakteristik der Zweifach-Abstimmdiode BB 212 für Auto- und Heim-AM-Rundfunkempfänger (Kurz-, Mittel- und Langwellenbereich).

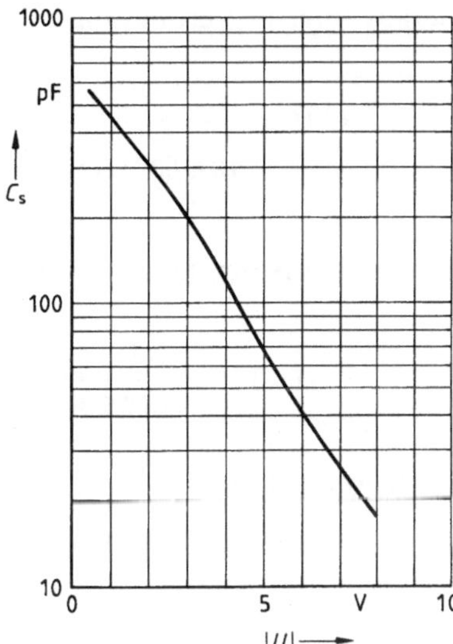

2.47
Kapazitäts-Charakteristik der Zweifach-Abstimmdiode BB 212 bei $f = 1$ MHz (aus [18])

Entsprechendes gilt für Mehrfach-Dioden; so ist z. B. die für die Abstimmung der AM-Bereiche in Autoempfängern verwendete Type BB 313 ein ionenimplantiertes Array aus 3 Teildioden, die in Sternschaltung auf einem Kristall integriert sind.

Erzeugung von Frequenzmodulation. Die Abhängigkeit einer Resonanzfrequenz bzw. einer Oszillator-Schwingfrequenz von einer zeitabhängigen Diodenspannung, welche beim Einsatz von Sperrschicht-Varaktoren ein Nachteil ist, kann nutzbringend zur Erzeugung einer frequenzmodulierten Schwingung (FM) verwendet werden. Dabei wird die Momentanfrequenz $f(t)$ einer HF-Trägerschwingung im Rhythmus eines niederfrequenten elektrischen Signals $u_{\mathrm{NF}}(t)$ verändert, welches z. B. durch elektroakustische Wandlung aus Sprache bzw. Musik oder allgemein aus einem NF-Datenstrom gewonnen wurde. – Eine Nachrichtenübertragung mittels FM erfolgt z. B. beim UKW-Rundfunk, beim Richt- und Satellitenfunk und beim Fernsehton. – Für eine unverzerrte FM muß die Frequenzänderung gegenüber der mittleren Trägerfrequenz f_0 proportional zu $u_{\mathrm{NF}}(t)$ sein; diese Forderung

$$f(t) = f_0 \cdot \left(1 - \frac{u_{\mathrm{NF}}(t)}{U}\right) \tag{2.46}$$

kann durch ein spezielles Dotierungsprofil des Sperrschicht-Varaktors erfüllt werden: Wenn wir zur Vereinfachung annehmen, daß der Varaktor die einzige Kapazität im Schwingkreis ist, gilt

$$f(t) = \frac{1}{2\pi\sqrt{L \cdot C_s(t)}}\,.$$

Hieraus folgt in Verbindung mit Gl. (2.46)

$$C_s(t) = \frac{1}{(2\pi f_0)^2 \cdot L \cdot \left(1 - \frac{u_{NF}(t)}{U}\right)^2}$$

und damit aus den Gln. (2.31), (2.32) das zugehörige Dotierungsprofil

$$N_D(x_n) = \frac{U}{2e(2\pi f_0)} \cdot \sqrt{\frac{\varepsilon}{AL}} \cdot \frac{1}{x_n^{3/2}}\,.$$

Dieser hyperabrupte Verlauf ist bereits in Bild **2.**41a dargestellt.

Frequenzvervielfachung. Dies ist eine weitere Nutzanwendung der Frequenzverzerrung durch eine HF-Schwingung. Das Prinzip der Frequenzvervielfachung wird immer dann angewendet, wenn die direkte Schwingungserzeugung bei der gewünschten Frequenz f – z. B. mittels eines Transistors – wegen der benötigten Leistung und/oder der geforderten Frequenzstabilität nicht möglich ist. So werden z. B. in der Richtfunktechnik bei Frequenzen um 10 GHz Leistungen im Bereich um 1 W benötigt und zwar mit einer Stabilität, wie man sie von quarzgesteuerten Oszillatorschaltungen her kennt. Diese können aber wegen der begrenzten mechanischen Stabilität der Schwingquarze nur bis etwa 200 MHz (bei Ausnutzung von Oberschwingungen) realisiert werden. Daher wird die benötigte Mikrowellenleistung durch wiederholte Frequenzvervielfachung (und Verstärkung) aus einer Quarzoszillatorschaltung abgeleitet. – Die geringste Frequenzdrift von typisch $5 \cdot 10^{-11}$/Tag (bei Einbau in einen Thermostaten) haben allerdings Grundschwingungsquarze um 5 MHz, ihre Dicke beträgt etwa 1/3 mm. – Zur Frequenzvervielfachung ist im Prinzip jedes Bauelement mit einer nichtlinearen Charakteristik geeignet. Der Sperrschicht-Varaktor hat den Vorteil, daß er – im Idealfall – lediglich einen gesteuerten Blindwiderstand darstellt, also eine Leistungsumsetzung von der Eingangsfrequenz $f_0 = f/\mathrm{n}$ auf die Ausgangsfrequenz f mit 100% Wirkungsgrad ermöglicht. Wenn ein stark unsymmetrischer, abrupt-dotierter pn-Übergang verwendet wird, gilt nach Gl. (2.33) mit $\mathrm{m}=0$

$$C = \frac{\mathrm{d}(-Q)}{\mathrm{d}U} = \frac{\varepsilon A}{\sqrt{\frac{2\varepsilon}{eN_0} \cdot (U_D - U)}}\,,$$

d. h. mit der Randbedingung $Q(U = U_D) = 0$

$$U = U_D - \frac{Q^2}{A^2\, 2\varepsilon\, e N_0}\,. \tag{2.47}$$

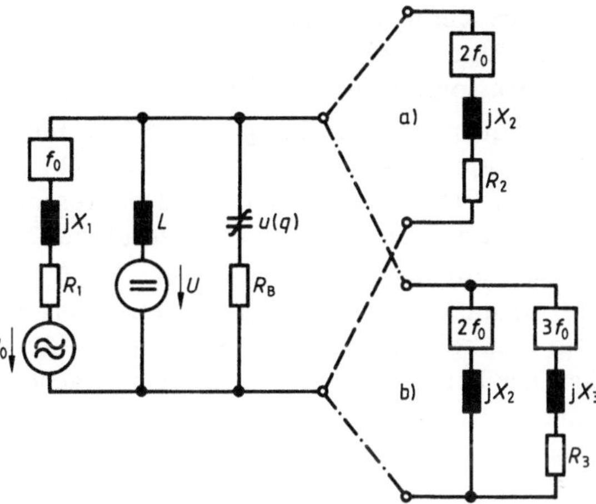

2.48
Prinzipschaltung eines Frequenz-Verdopplers (a) bzw. -Verdreifachers (b) mit Stromsteuerung. Mit $\boxed{nf_r}$ sind ideale Bandfilter bei der Frequenz nf_0 gekennzeichnet (nach [19])

Bei Aussteuerung mit einer harmonischen Ladung bzw. einem harmonischen Strom

$$q(t) = Q + \hat{q}_0 \cdot \sin(\omega_0 t + \varphi_0) \quad \text{bzw.} \quad i(t) = I + \hat{i}_0 \cdot \cos(\omega_0 t + \varphi_0)$$

(sog. Ladungs- bzw. Stromsteuerung) enthält die Diodenspannung nach Gl. (2.47) Anteile bei den Frequenzen f_0 und $2f_0$.

Eine entsprechende Prinzipschaltung eines Frequenzverdopplers zeigt Bild **2.**48a; darin sind mit nf_0 ideale Bandfilter bezeichnet, welche jeweils nur einen Stromfluß bei der Frequenz f_0 bzw. $2f_0$ zulassen. Die Vorspannung der Diode wird mit U eingestellt, die Drossel L unterdrückt Wechselströme im Gleichstromkreis. Die Wirkwiderstände R_1 und R_2 (= Lastwiderstand) sowie die Reaktanzen X_1, X_2 werden im Hinblick auf maximalen Wirkungsgrad $\eta = P_2/P_1$ optimiert. Zur Erzielung großer η-Werte muß der Varaktor gemäß Kurve 2 in Bild **2.**49 weit unterhalb seiner Grenzfrequenz

$$f_g(U = -U_{BR}) = \frac{\sqrt{U_D + U_{BR}}}{A\pi R_B \cdot \sqrt{2\varepsilon e N_0}}$$

gemäß Gl. (2.41)

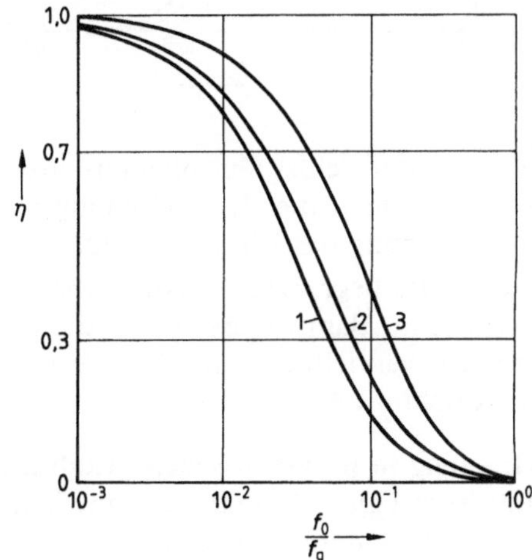

2.49
Maximale Wirkungsgrade des Verdopplers mit Sperrschichtvaraktor (Kurve 1: n = 1/3, d. h. linearer pn-Übergang; Kurve 2: n = 1/2, d. h. abrupter Übergang) bzw. mit Speichervaraktor (Kurve 3) bei voller Aussteuerung als Funktion der Diodengüte f_0/f_g (nach [19])

betrieben werden, da sonst der Leistungsverlust im Bahnwiderstand R_B zu groß wird. - Zum Vergleich zeigt die Kurve 1 in Bild **2**.49 das entsprechende Ergebnis für einen sog. linearen pn-Übergang, d.h. m = 1 in Gl. (2.33). -

Die Frequenzvervielfachung mit n > 2 ist mit dem abrupten pn-Übergang nicht direkt möglich; sie gelingt jedoch dadurch, daß die Vervielfacherschaltung neben dem Eingangskreis (f_0) und dem Ausgangskreis (nf_0) zusätzliche Parallelzweige enthält, welche einen Stromfluß bei $2f_0$, $3f_0$ ..., $(n-1)f_0$ ermöglichen.

Durch diese sog. Hilfskreise (engl.: idler) erhöht sich der Schaltungsaufwand aber so stark, daß in der Praxis (neben den Verdopplern) nur Verdreifacher gebaut und höhere Vervielfachungszahlen durch Kettenschaltungen realisiert werden. Die Prinzipschaltung eines Verdreifachers, der nur einen Hilfskreis bei $2f_0$ benötigt, zeigt Bild **2**.48b; der damit erreichbare Wirkungsgrad ist in Bild **2**.50 dargestellt.

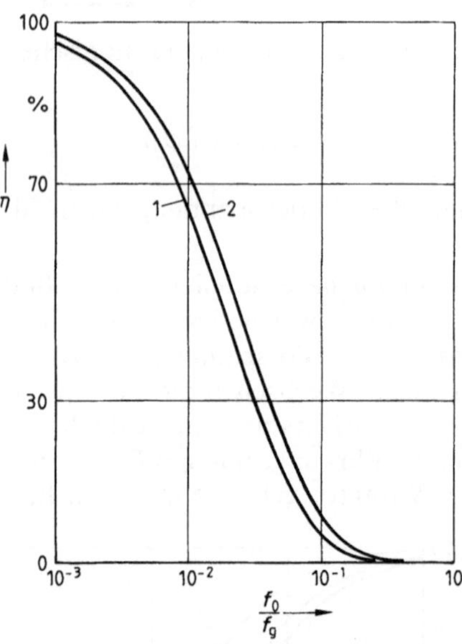

2.50
Maximaler Wirkungsgrad des Verdreifachers mit Sperrschichtvaraktor (Kurve 1: n = 1/3; d.h. linearer pn-Übergang; Kurve 2: n = 1/2, d.h. abrupter Übergang) bei voller Aussteuerung als Funktion der Diodengüte f_0/f_g (nach [19])

Wenn anstelle eines abrupten pn-Übergangs andere Dotierungsprofile verwendet werden, gelingt die Vervielfachung mit n > 2 im Prinzip auch ohne Hilfskreise; zur Erhöhung des Wirkungsgrades werden sie jedoch auch dort benutzt.

Wegen des begrenzten Aussteuerbereiches der Sperrschicht-Varaktoren und der Verluste im Bahnwiderstand ist die umsetzbare Leistung niedrig. Daher werden Frequenzvervielfacher für höhere Leistungen mit Speichervaraktoren realisiert (s. Abschn. 2.4.2).

Mischung in parametrischen Schaltungen. Mischung ist selbstverständlich auch mit Sperrschicht-Varaktoren möglich, denn es kommt ja nur auf einen nichtlinearen Zusammenhang zwischen zwei elektrischen Größen an; bei den gesteuerten Wirkwiderständen in Abschn. 2.1 waren das Strom und Spannung, hier sind es Ladung und Spannung. Von Mischschaltungen mit gesteuerten Blindwiderständen kann man geringere Verluste und geringeres Rauschen erwarten.

Wenn man einen Sperrschicht-Varaktor in der Umgebung eines stationären Arbeitspunktes U mit der Summe aus einer harmonischen Spannung $u_0(t) = u_0 \cdot \cos(\omega_0 t + \varphi_0)$ mit großer Amplitude und einem Signalspannungsgemisch $\Delta u(t)$ mit kleinen Amplituden aussteuert, gilt in Analogie zu den Gln. (2.6), (2.7)

$$\begin{aligned} Q &= Q(U + u_0 \cdot \cos(\omega_0 t + \varphi_0) + \Delta u(t)) \\ &= Q(U + u_0 \cdot \cos(\omega_0 t + \varphi_0)) + \left(\frac{\mathrm{d}Q}{\mathrm{d}U}\right)_{U + u_0(t)} \cdot \Delta u(t) + \cdots \end{aligned}$$

Hierin ist die Sperrschicht-Kapazität

$$C_s = \left(\frac{\mathrm{d}(-Q)}{\mathrm{d}U}\right)_{U + u_0(t)}$$

eine periodische Funktion und kann folglich durch eine Fourier-Reihe dargestellt werden:

$$C_s(t) = \sum_{\mathrm{n}=-\infty}^{\infty} C^{(\mathrm{n})} \cdot \mathrm{e}^{\mathrm{j} n \omega_0 t}$$

(vgl. die Gln. (2.8) und (2.9)).

Es entstehen somit Kleinsignalanteile der Ladung bei den Kombinations-Frequenzen $\mathrm{n}\omega_0 \pm \omega$. Durch Differentiation nach der Zeit erhalten wir die entsprechenden Stromkomponenten.

Da die hier unterstellte ideale Sperrschicht-Varaktordiode verlustfrei ist, setzt sie die bei der Frequenz f_0 zugeführte Wirkleistung vollständig in Wirkleistung bei denjenigen Kombinationsfrequenzen um, für die in den Schaltungen Schwingkreise mit Lastwiderständen vorgesehen sind. Auch mit realen Dioden kann man so Auf- und Abwärtsmischer (sowie Geradeausverstärker) realisieren, die mit gutem Wirkungsgrad arbeiten und rauscharm sind; man nennt sie parametrische Schaltungen. Diese Bezeichnung bringt zum Ausdruck, daß sie einen charakteristischen Parameter enthalten - eben die Sperrschichtkapazität einer Varaktordiode -, der im Rhythmus der Lokaloszillator-Frequenz f_0 schwankt. Parametrische Geradeausverstärker waren bei ihrem Bekanntwerden zu Anfang der 50er Jahre die einzigen Verstärker, welche extreme Anforderungen an Rauscharmut, z.B. in der beginnenden Satellitenempfangstechnik erfüllen konnten. Heutzutage werden sie vielfach durch die inzwischen zur Verfügung stehenden, einfacher aufgebauten MESFET-Verstärker ersetzt (s. Abschn. 3.1) bzw. durch rauscharme Abwärtsmischer mit Schottky-Dioden.

Die bisher besprochenen Anwendungsmöglichkeiten von pn-Varaktoren können auch mit kontaktierten Schottky-Übergängen realisiert werden. Diese haben sogar folgende Vorzüge:

- Es gibt kein p-Bahngebiet, der zugehörige Anteil zum Bahnwiderstand entfällt. Dies erhöht zum einen die Grenzfrequenz und ermöglicht damit Anwendungen bei höheren Betriebsfrequenzen; zum anderen ist es für Anwendungen bei tiefen Temperaturen von Bedeutung, da die Leitfähigkeit einer p-Zone rascher abfällt als die der n-Zone. Der Schottky-Varaktor, insbesondere bei Verwendung von GaAs, behält also selbst bei wenigen Grad Kelvin den ursprünglichen Bahnwiderstand bei.
- Die Technologie ist einfacher; sie besteht im Prinzip aus dem Aufdampfen (und ggf. galvanischem Verstärken) von Schottky-Kontakten auf ein mit einer Epitaxieschicht präpariertes Substrat. Sehr kleine Strukturen können mit hoher Präzision hergestellt werden. Nachteilig ist die Begrenzung auf geringere Sperrspannungen und der weichere Durchbruch (s. Abschn. 2.1.3).

Schottky-Varaktoren können u.a. zur Abstimmung von Mikrowellen-Oszillatoren verwendet werden; z.B. wurde mit einer GaAs-Diode ein 32 GHz-Oszillator mit einem Gunn-Element (s. Abschn. 2.6.3) über 600 MHz durchgestimmt. Weitere Anwendungen in der Mikrowellentechnik sind Frequenzvervielfacher, parametrische Schaltungen und die Steuerstrecke in Schottky-Gate-Feldeffekttransistoren (MESFET, s. Bild 3.3).

2.4.2 Speicher-Varaktoren

Bei der Diskussion der Eignung von Sperrschicht-Varaktoren zur Frequenzvervielfachung haben wir folgende Nachteile festgestellt:

1. Durch die Beschränkung der Aussteuerung auf den Sperrbereich sowie durch die Verluste im Bahnwiderstand ist die umsetzbare Leistung auf kleine Werte begrenzt.
2. Mit vertretbarem Aufwand und brauchbarem Wirkungsgrad lassen sich nur kleine Vervielfachungszahlen erzielen.

Dagegen eignen sich Speichervaraktoren als Vervielfacher für hohe Leistungen (>1 W) und große Vervielfachungszahlen, allerdings bei nicht zu hohen Frequenzen (<10 GHz). Das wird duch eine Aussteuerung erreicht, die sich auch in das Flußgebiet hinein erstreckt, wobei natürlich die maximal zulässige Verlustleistung nicht überschritten werden darf.

Bei der Besprechung des Schaltvorganges in einer konventionellen pn-Diode haben wir gesehen, daß während der Flußpolung Minoritätsträger in die Bahngebiete injiziert und dort zunächst gespeichert werden, bis sie entsprechend ihrer (mittleren) Lebensdauer τ rekombinieren und dadurch einen Leitungsstrom verursachen. Wenn nun die Periodendauer $T_0=1/f_0$ der steuernden HF-Schwingung klein gegenüber τ ist, so wird die Diode schon wieder in Sperrichtung gepolt, noch ehe Minoritätsträger in nennenswerter Menge rekombinieren konnten. Die Verluste sind dann gering, und die Diode wirkt in Flußrichtung wie ein idealer Ladungsspeicher: Ihre Kapazität ist unendlich groß, die Spannung an der Diode bleibt bei $U = U_D$ stehen; daher spricht man von Speicher-Varaktoren bzw. von Speicher-Schaltdioden; als Halbleitermaterial eignet sich Si ($\tau \approx 1\ \mu s$), aber nicht GaAs ($\tau = 10^{-8} \ldots 10^{-9}$ s).

Bei diesen Dioden wird nun außerdem durch ein Driftfeld E_{Dr} im Halbleiterinneren dafür gesorgt, daß die injizierten Minoritätsträger während der Flußphase in der Nähe des pn-Übergangs gehalten werden. Sie können daher in der anschließenden Sperrphase bereits während der Speicherzeit t_s völlig zurückgeführt werden, so daß keine Restladung Q_R verbleibt, die dann erst in der Übergangszeit t_f durch langsame Diffusionsprozesse abgebaut werden müßte (s. Bild 2.37a).

Der „Einbau" des Driftfeldes E_{Dr} geschieht durch eine ortsabhängige Dotierung, wie im folgenden am Beispiel eines n-Gebietes erläutert wird: Im thermodynamischen Gleichgewicht beträgt der Minoritätsträgerstrom nach Gl. (1.1)

$$I_p = A\,e \cdot \left(p\mu_p E - D_p \cdot \frac{\partial p}{\partial x}\right) = 0 .$$

Hieraus folgt mit der Einsteinbeziehung $D_p = \mu_p U_T$

$$E(x) = U_T \cdot \frac{\partial \ln p(x)}{\partial x} . \tag{2.48}$$

Nach dem Massenwirkungsgesetz ist nun $p(x) = n_i^2/n(x)$ und aus Neutralitätsgründen $n(x) \approx N_D(x)$; damit folgt aus Gl. (2.48) in guter Näherung

$$E_{Dr}(x) = -U_T \cdot \frac{\partial \ln N_D(x)}{\partial x} . \tag{2.49}$$

Eine mit wachsender Entfernung x vom pn-Übergang ansteigende Dotierung $N_D(x)$ erzeugt also ein elektrisches Feld $E_{Dr}(x) < 0$, welches das Abdiffundieren der während der Flußphase injizierten Minoritätsträger in die Bahngebiete hinein verhindert. Wenn z. B. im n-Gebiet ein Dotierungsprofil gemäß Gl. (2.33) besteht, herrscht dort das Driftfeld

$$E_{Dr}(x) = -\frac{m}{x} \cdot U_T . \tag{2.50}$$

Für große m-Werte wird gleichzeitig diese elektrische Feldstärke groß und die Sperrschicht-Kapazität nahezu spannungsunabhängig. Zusammen mit der unbegrenzten Speicherwirkung in Flußrichtung ergibt sich im Idealfall die geknickte

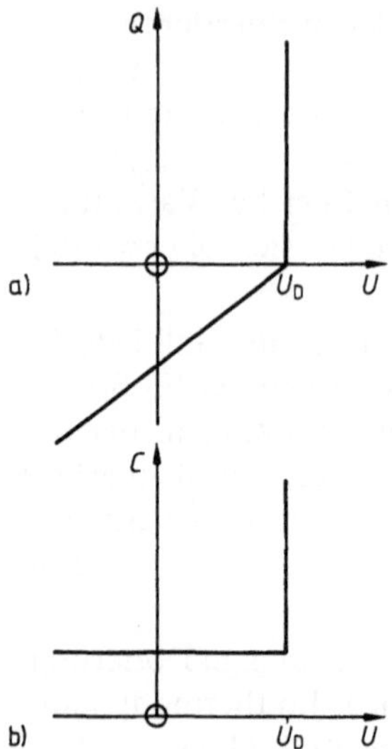

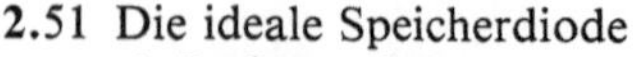

2.51 Die ideale Speicherdiode
a) Ladungs-Spannungs-Kennlinie
b) Kapazitäts-Spannungs-Kennlinie

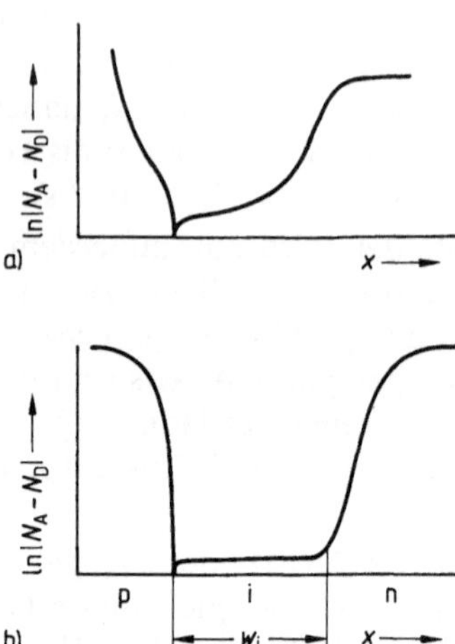

2.52 Dotierungsprofile von Speicherdiode (a) und pin-Diode (b) (aus [19])

$C(U)$-Charakteristik gemäß Bild **2.51**. Sie bewirkt bei einer HF-Durchsteuerung einen stärkeren Oberwellengehalt als die weichere Charakteristik eines Sperrschicht-Varaktors.

Das Dotierungsprofil einer realen Speicherdiode zeigt Bild **2.52**. Es kann durch p^+-Diffusion in eine dünne epitaxiale n-Schicht erzeugt werden, die sich auf einem n^+-Substrat befindet; dabei diffundieren auch Donatoren aus dem Substrat in die n-Zone. Die geringe Donatorenkonzentration im n-Gebiet unmittelbar am pn-Übergang garantiert eine große Atmungsweite der Raumladungszone und damit eine kleine Sperrschicht-Kapazität. Durch das Driftfeld werden die während der Flußpolung gespeicherten Minoritätsträger nach dem Wechsel zur Sperrpolung bereits während der Speicherzeit t_s (s. hierzu Bild **2.**37b) praktisch vollständig aus den Bahngebieten zurückgeführt, so daß die am Ende der Speicherzeit verbleibende Restladung Q_R nahezu Null ist und der Rückstrom innerhalb extrem kurzer Abfallzeiten t_f (bis unter 100 ps) abreißt (vgl. Gl. (2.29)). Man spricht daher auch von snap off oder step recovery (= sprunghafte Erholung) Dioden. Der bei ihnen ausgenutzte nichtlineare Effekt der Ladungsspeicherung ermöglicht auch bei großen Vervielfachungszahlen n beträchtliche Wirkungsgrade, wie Bild **2.53** zeigt (vgl. die Bilder **2.49** und **2.50** für den Sperrschicht-Varaktor). Daher kann man auf Hilfskreise verzichten und die gewünschte Harmonische am Schaltungsausgang einfach ausfiltern.

Ab etwa 10 GHz wird die HF-Periodendauer schließlich vergleichbar mit der zwar kleinen, aber doch von Null verschiedenen Abfallzeit t_f. Der Wirkungsgrad

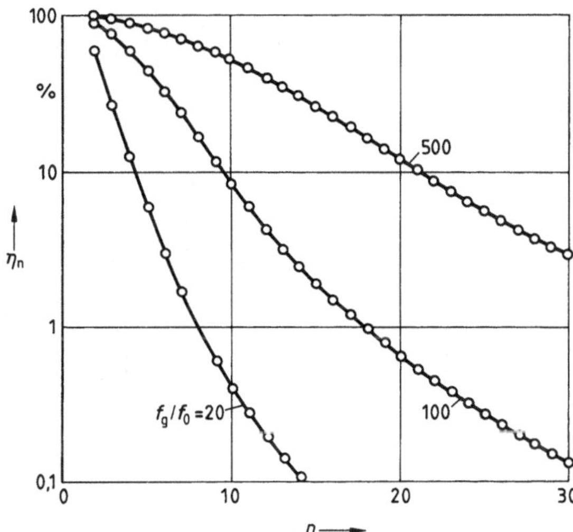

2.53
Maximaler Wirkungsgrad von Frequenzvervielfachern mit idealer Speicherdiode ohne Hilfskreise in Abhängigkeit vom Vervielfachungsgrad n (aus [19])

nimmt dann infolge von Hystereseverlusten stark ab, und man muß wieder auf Sperrschicht-Varaktoren übergehen.

Der Dotierungsverlauf in Bild **2**.52 kann durch den einer pin-Struktur angenähert werden (vgl. Bild **1**.37). Damit erscheint die pin-Diode als Grenzfall der Speicherdiode. Wenn man zum Ausgleich für das fehlende Driftfeld die i-Zone sehr schmal macht (typisch 1 μm), eignet sich die pin-Diode zur Frequenzvervielfachung für hohe Vervielfachungszahlen, zur Erzeugung sehr kurzer Impulse etc.

2.4.3 MIS-Varaktoren

Hiermit können grundsätzlich dieselben Anwendungen realisiert werden wie mit Speicher-Varaktoren. Vor diesen haben sie aber den Vorteil der Gleichstrom-Freiheit, außerdem entfallen frequenzbegrenzende Minoritätsträgereffekte.

Als Beispiel für Frequenzvervielfacher sei ein Verdoppler von 2,7 auf 5,4 GHz genannt, der mit 55% Wirkungsgrad eine Ausgangsleistung von 5,5 W bei einer 3 dB-Bandbreite von 8% lieferte; zur Vermeidung von Überhitzung wurde der Verdoppler mit einem Tastverhältnis 1:1 betrieben.

Wenn man 2 MIS-Varaktoren gemäß Bild **2**.54a, b in Gegenreihenschaltung betreibt, so daß $U = U_1 - U_2 = U(Q) - U(-Q)$ gilt, dann ergibt sich eine ungerade Ladungs-Spannungs-Charakteristik und dementsprechend eine gerade Kapazitäts-Spannungs-Charakteristik (vgl. die Bilder **1**.57, **1**.59, **1**.60). Daher erzeugt das Varaktorpaar beim Einsatz als Frequenzvervielfacher im wesentlichen die 3. Harmonische, wobei ein Blindkreis bei der 2. Harmonischen nicht erforderlich ist.

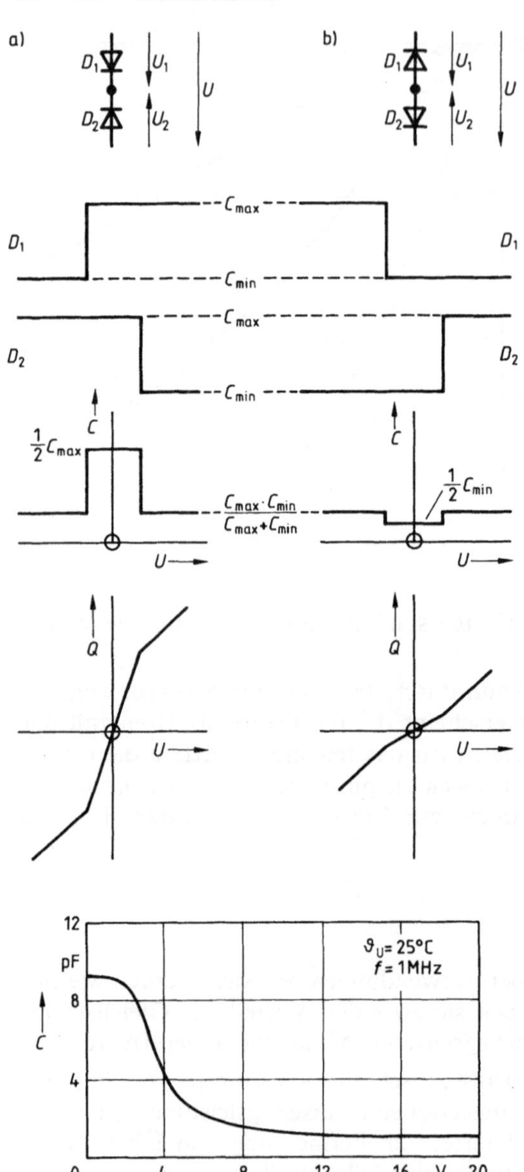

2.54
Gegenreihenschaltung zweier idealer MIS-Varaktoren (nach [19])
a) Arbeitspunkt im Bereich von C_{max}
b) Arbeitspunkt im Bereich von C_{min}
c) typischer Kapazitätsverlauf eines Mikrowellen-MIS-Varaktors BV 140 (aus [6])

Der MIS-Varaktor ist wegen seines großen Kapazitätshubes von typisch 10:1 (s. Bild 2.54c) als RF-Impedanzschalter geeignet, z.B. für digitale Schaltaufgaben im Mikrowellengebiet. Er hat in dieser Anwendung vor der pin-Diode (s. Abschn. 2.5) den Vorzug geringerer Leistungsaufnahme bei gleichzeitig großem Kapazitätshub und – als Majoritätsträger-Bauelement – Schaltzeiten im ns-

Bereich. Der MIS-Varaktor bietet sich daher z. B. als Mikrowellen-Phasenschieber für sog. Phased-Array-Antennen an; bei diesen wird mittels einer Matrix aus sehr vielen (bis zu einigen 1000) phasenversetzt gespeisten Einzelantennen die gewünschte Apertur und Ausbildung der Phasenfront der „Gesamtantenne" erzielt.

MIS-Varaktoren können wie Speicherdioden in Aufwärtsmischern hoher Leistung eingesetzt werden. Die Aussteuerung erfolgt dabei über einen so großen Teil der $C(U)$-Charakteristik, daß der Übergang zwischen großen und kleinen Kapazitätswerten nahezu sprunghaft erfolgt und das Bauelement angenähert wie eine Serienschaltung aus der konstanten Isolatorkapazität und einer idealen Speicherdiode wirkt. Im Gegensatz zu ihr entfallen aber die Frequenzbeschränkungen durch Rekombinations- und Hystereseverluste. Mit einem MIS-Varaktor der Grenzfrequenz 80 GHz wurde eine Aufwärtsmischung von 70 MHz auf 2,37 GHz mit einem Wirkungsgrad von 70% erzielt; die HF-Eingangsleistung betrug 300 mW. Auch für den Einsatz in parametrischen Schaltungen und als Abstimmvaraktoren sind MIS-Varaktoren vorgeschlagen worden.

Die MIS-Struktur hat sich trotz ihrer Vorzüge „gleichstromfrei, keine frequenzbegrenzenden Minoritätsträgereffekte" als einzelnes konzentriertes Bauelement gegen ihre Konkurrenten nicht in größerem Maße durchsetzen können. Das liegt daran, daß nicht nur die Technologie, sondern auch der schaltungstechnische Einsatz mit Schwierigkeiten verbunden ist. Dagegen spielt die MIS-Struktur eine überragende Rolle als Steuerstrecke innerhalb von Feldeffekt-Transistoren mit isolierter Steuerelektrode (MIS-FET); sie ermöglicht dort eine leistungslose Steuerung des im sog. Kanal fließenden Majoritätsträgerstromes und zwar bei Steuerspannungen beiderlei Vorzeichens (s. Gl. (3.46) ff.). Von mindestens gleichgroßer Bedeutung ist der MOS-Kondensator als Komponente in integrierten Digitalschaltungen zur Speicherung bzw. zum Transfer von Ladungen (z. B. RAM = **R**andom **A**ccess **M**emory, ROM = **R**ead **O**nly **M**emory, CCD = **C**harge **C**oupled **D**evice).

2.5 Die pin-Diode als HF-Varistor und -Schalter

Die in Abschn. 1.2 beschriebenen Eigenschaften des pin- bzw. psn-Übergangs ermöglichen eine große Anzahl von Anwendungen. Der in Abschn. 2.1.4 behandelte Leistungsgleichrichter war das erste Beispiel, hierfür war eine große Breite der Intrinsic-Schicht charakteristisch. Die Verwendung der Diode als (Speicher-)Varaktor, z. B. zur Frequenzvervielfachung, wurde in Abschn. 2.4.2 behandelt. Die Eignung als optoelektronisches Bauelement wird in Abschn. 2.7.1.1 beschrieben.

Dieser Abschnitt ist einigen Anwendungen der pin-Diode als passives HF-(vorzugsweise Mikrowellen-)Bauelement gewidmet. Hierfür werden sog. kurze Dioden verwendet, d.h. die i-(oder s-)Schichtdicke w_i ist kurz gegenüber den Diffusionslängen der Elektronen und Löcher.

Varistor-Anwendungen. Die Kleinsignal-Impedanz einer kurzen pin-Diode im Flußgebiet ist für Frequenzen etwa oberhalb 200 kHz durch die Gln. (1.73), (1.74) gegeben:

$$\underline{Z} = \frac{1}{\dfrac{1}{r_2} + \mathrm{j}\omega C_2} + R_{B1} + R_{B3} \approx r_2 + R_{B1} + R_{B3} \qquad (1.74)$$

mit

$$r_2 = \frac{w_i^2}{2\mu\tau \cdot I_F}\,. \qquad (1.73)$$

Hiernach stellt die Diode praktisch einen ohmschen Widerstand dar, der über den Gleichstrom I_F gesteuert werden kann, d.h. $r_2 = r_F(I_F)$ (sog. Varistor). Wie das Beispiel in Bild **2**.55 zeigt, gilt diese Abhängigkeit über mehrere Zehnerpotenzen des Stromes; bei großen Strömen macht sich schließlich der in Serie liegende Bahnwiderstand bemerkbar (s. Gl. (1.74)). Der Varistor-Effekt ist typisch im Frequenzbereich von einigen 10 MHz bis zu etwa 1 GHz ausnutzbar.

Reale Dioden werden durch die gegenüber Gl. (1.74) erweiterte Ersatzschaltung gemäß Bild **2**.56 beschrieben (vgl. auch Bild **1**.43). Für die Diode BA 379 (einem Vorläufer der in Bild **2**.55 gezeigten Type) gelten folgende Werte

$$C_2 \approx 0{,}17\ \mathrm{pF}; \quad r_2 \approx 0{,}5 \ldots 10^4\ \Omega;$$
$$R_B \approx 0{,}5\ \Omega; \quad L_z \approx 2\ \mathrm{nH}; \quad C_g \approx 0{,}15\ \mathrm{pF}.$$

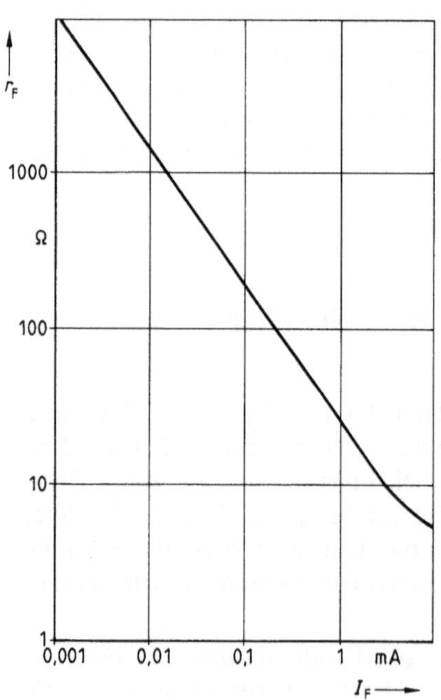

2.55
Flußwiderstand r_F ($\triangleq \mathrm{Re}\,\underline{Z}$ nach Gl. (1.74)) der pin-Diode BA 679 bei $f = 20$ MHz und $\vartheta_U = 25$ °C in Abhängigkeit vom Flußstrom I_F (aus [6])

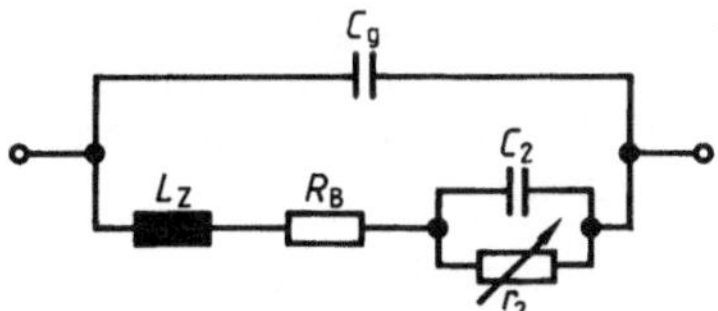

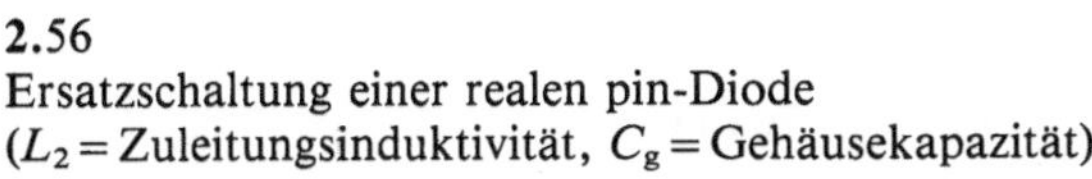

2.56
Ersatzschaltung einer realen pin-Diode
(L_2 = Zuleitungsinduktivität, C_g = Gehäusekapazität)

Als erstes Anwendungsbeispiel der Varistoreigenschaft betrachten wir elektronisch gesteuerte und geregelte Dämpfungsglieder, wie sie z.B. in den Eingangsstufen (Tuner) von Fernseh- und Rundfunkempfängern verwendet werden. Da diese Dämpfungsglieder reflexionsarm sein sollen, also eingangs- und ausgangsseitig Leistungsanpassung angestrebt wird, erfordert ihre Realisierung wenigstens 3 pin-Dioden (Bild 2.57a).

Die Bedingung für beiderseitige Leistungsanpassung lautet

$$\frac{Z}{r_{F,2}} = \frac{1 - \left(\frac{Z}{r_{F,1}}\right)^2}{2\frac{Z}{r_{F,1}}}. \tag{2.51}$$

In diesem Fall bewirkt die Schaltung die Dämpfung

$$D = -20\log\left|\frac{\underline{U}_a}{\underline{U}_e}\right| = 20\log\frac{1+\frac{Z}{r_{F,1}}}{1-\frac{Z}{r_{F,1}}} \tag{2.52}$$

Bei vorgesehener Dämpfung liegen die erforderlichen Widerstandswerte $r_{F,1}$ nach Gl. (2.52) und $r_{F,2}$ nach Gl. (2.51) fest; die zugehörigen Werte der Flußströme $I_{F,1}$, $I_{F,2}$ erhält man aus Gl. (1.73), ihre Abhängigkeit von D ist qualitativ in Bild 2.57b dargestellt.

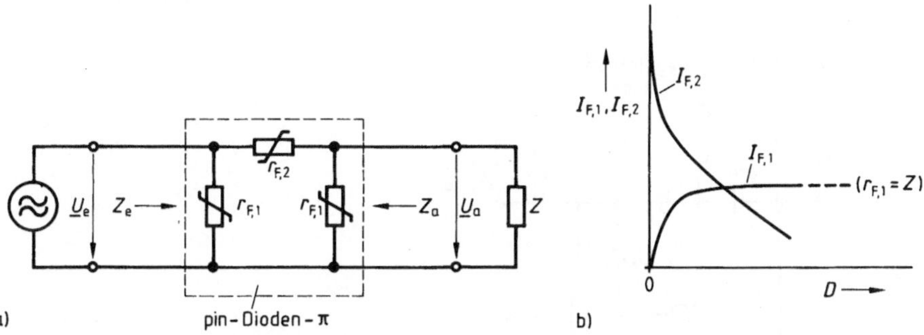

2.57 HF-Dämpfungsglied mit 3 pin-Dioden in π-Struktur ($R_{1,2}$ = Flußwiderstand gemäß Gl. (1.73); Anpassungsbedingung $Z_e = Z = Z_a$)
a) Schaltung, b) Schematische Verläufe der Flußströme I_{F1} und I_{F2} in Abhängigkeit von der Dämpfung D bei Leistungsanpassung (nach [12])

Beispiel 2.6. Wie groß ist die Dämpfung in dem Sonderfall $r_{F,1} = r_{F,2} = r_F$ (d.h. auch $I_{F,1} = I_{F,2} = I_F$), und wie groß ist r_F für $Z = 60\,\Omega$? Welchen Wert hat der zugehörige Vorstrom I_F, wenn die Bahnwiderstände des pi- und ni-Übergangs vernachlässigt und die Zahlenwerte

$$\mu = 10^3\,\text{cm}^2\,(\text{Vs})^{-1}; \quad \tau = 1\,\mu\text{s} \quad \text{und} \quad w_i = 70\,\mu\text{m}$$

zugrundegelegt werden?

Die Forderung $r_{F,1} = r_{F,2}$ führt nach Gl. (2.51) auf $r_F = \sqrt{3}\,Z = 103{,}9\,\Omega$; damit folgt aus Gl. (2.52)

$$D = 20 \cdot \log \frac{1 + \frac{1}{\sqrt{3}}}{1 - \frac{1}{\sqrt{3}}} = 20 \cdot \log(2 + \sqrt{3}) \mathrel{\hat{=}} 11{,}4\,\text{dB}.$$

Mit dem gefundenen r_F-Wert erhalten wir aus Gl. (1.73) mit den vorgegebenen Daten

$$I_F = \frac{(70 \cdot 10^{-4})\,\text{cm}^2}{\sqrt{3} \cdot 60\,\Omega \cdot 2 \cdot 10^3\,\text{cm}^2\,(\text{Vs})^{-1} \cdot 10^{-6}\,\text{s}} = 0{,}236\,\text{mA}.$$

In der Praxis begnügt man sich mit einer reflexions*armen* Schaltungsvariante, die dafür nur *einen* Vorstrom I_F erfordert (Bild **2.**58): Bei kleinen Dämpfungen fließt der Steuerstrom von S über D_1 und R' und erzeugt an R' einen Spannungsabfall > 10 V, so daß D_2 und D_3 gesperrt sind. Bei der größten Dämpfung fließt der Strom vom Anschluß U über D_2, D_3 und R'; jetzt ist D_1 gesperrt. Durch Variation des Steuerstromes kann die Übertragungsdämpfung im Bereich von 1 dB bis > 35 dB (bei 800 MHz) bzw. bis 65 dB (bei 50 MHz) eingestellt werden. Die Kapazitäten in Bild **2.**58 stellen HF-Kurzschlüse, die Induktivitäten HF-Sperren dar.

Im Frequenzbereich der Varistor-Wirkung kann die pin-Diode auch als *Amplituden-Modulator* wirken; der modulierende Strom kann dann als „langsam veränderlicher" Zusatz zum Gleichstrom aufgefaßt werden. Verzerrungsfreie Modulation ist bis 1 MHz möglich.

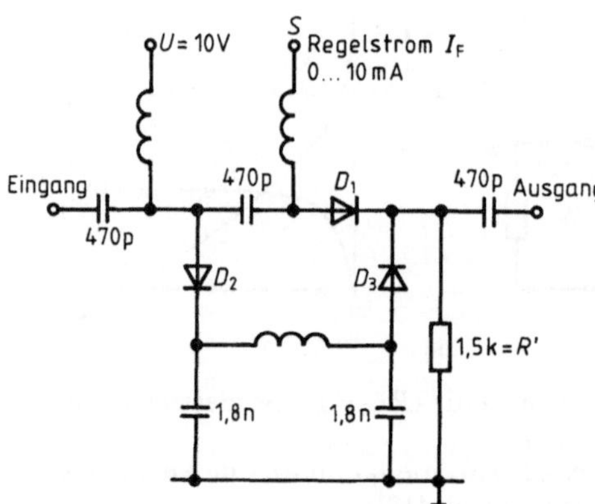

2.58
HF-Dämpfungsglied für Fernsehtuner mit 3 pin-Dioden BA 379 und *einem* Vorstrom I_F; $Z = 60\,\Omega$ (aus [6])

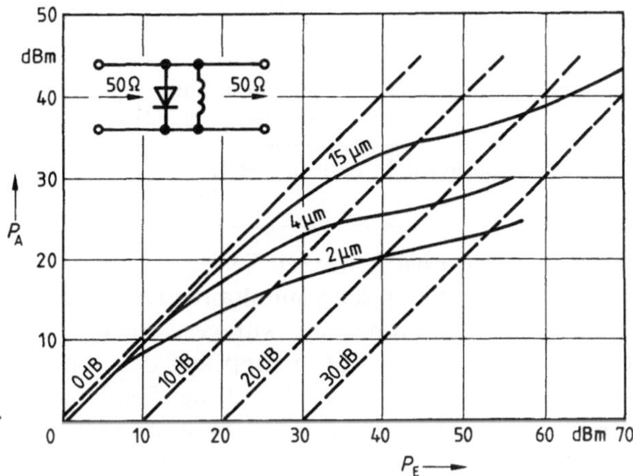

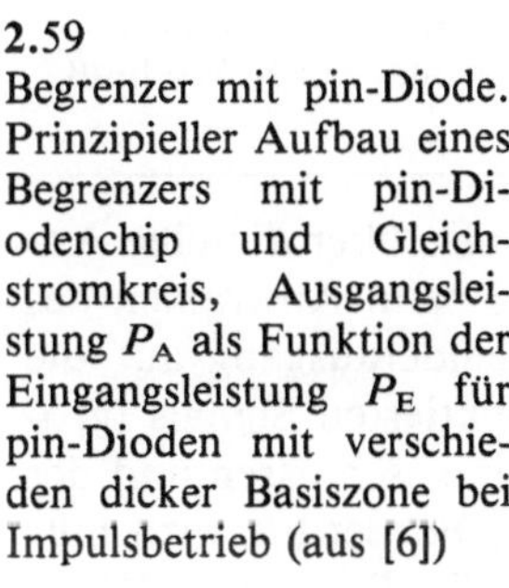
2.59
Begrenzer mit pin-Diode. Prinzipieller Aufbau eines Begrenzers mit pin-Diodenchip und Gleichstromkreis, Ausgangsleistung P_A als Funktion der Eingangsleistung P_E für pin-Dioden mit verschieden dicker Basiszone bei Impulsbetrieb (aus [6])

Die Stromabhängigkeit des pin-Dioden-Flußwiderstandes kann auch zur *passiven Begrenzung* verwendet werden, z.B. zum Schutz empfindlicher Bauelemente (wie etwa Schottky-Dioden) vor Leistungsüberbelastung und zur Leistungsstabilisierung (z.B. in einem Sender). Hierbei wird von der Tatsache Gebrauch gemacht, daß bei einer HF-Aussteuerung mit wachsender Amplitude zunehmend in den Flußbereich ausgesteuert wird, wodurch die Diodenimpedanz sinkt. In der Schaltung nach Bild **2**.59 bedeutet das eine zunehmende Fehlanpassung, was zu einer Leistungsreflexion führt; gleichzeitig nimmt aber auch die Verlustleistung zu.

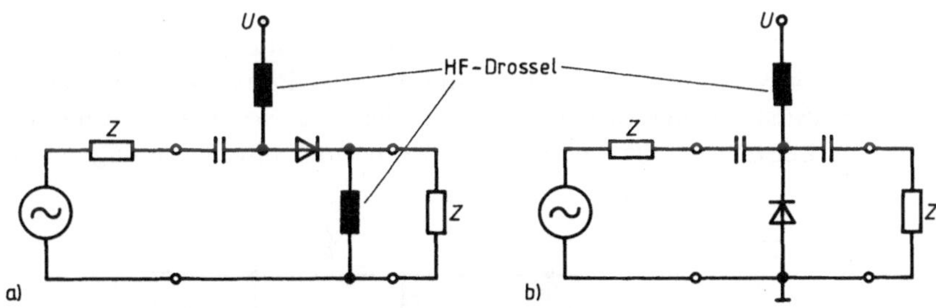

2.60 Einpolige pin-Dioden-Schalter (nach [20])
a) Serienschalter,
b) Parallel-Schalter
(„Z" steht für eine Leitung mit dem Wellenwiderstand Z)

Schalter-Anwendungen. Beim Schalterbetrieb von pin-Dioden wird zwischen dem niedrigen Widerstand in Flußrichtung und der kleinen Kapazität (hohe Impedanz) in Sperrichtung umgeschaltet. Sie haben gegenüber pn-Dioden den Vorteil größerer Schaltleistungen und besserer Linearität. Bei den in Bild **2**.60 gezeigten einpoligen Schaltern wird die Diode zwischen dem „Ein"- und „Aus"-Zustand wie folgt geschaltet:

<table>
<tr><th></th><th>a) Serienschaltung</th><th>b) Parallelschaltung</th></tr>
<tr><td>Ein</td><td>Flußpolung, d.h. nahezu Kurzschluß</td><td>Sperrpolung, d.h. nahezu Leerlauf</td></tr>
<tr><td></td><td colspan="2">und damit praktisch keine Reflexion</td></tr>
<tr><td>Aus</td><td>Sperrpolung, d.h. nahezu Leerlauf</td><td>Flußpolung, d.h. nahezu Kurzschluß</td></tr>
<tr><td></td><td colspan="2">und daher starke Reflexion.</td></tr>
</table>

In der Radartechnik werden Sende- und Empfangsimpulse über dieselbe Antenne geführt. Dieser sog. Simultanbetrieb erfordert, daß beim Abstrahlen des Sendesignals der Empfänger kurzgeschlossen und der Senderausgang auf die Antenne geschaltet ist; beim Empfang des vom Ziel reflektierten Signals (größenordnungsmäßig µs später) muß der Senderausgang kurzgeschlossen und der Empfängereingang auf die Antenne geschaltet sein. Diese Forderung wird mittels eines Sende-/Empfangs-Schalters (sog. Duplexer) erfüllt (Bild **2.61**). Wenn die Diode D_2 (D_1) leitet und die Diode D_1 (D_2) sperrt, ist der Empfängereingang E (Senderausgang A) praktisch kurzgeschlossen und der Senderausgang (Empfängereingang) auf die Antenne geschaltet. Der Gleichstromkreis wird für die jeweils leitende Diode über L geschlossen, während C einen HF-Kurzschluß bewirkt. Durch die beiden $\lambda/4$-Leitungen werden die Dioden D_1 und D_2 entkoppelt: Wenn D_1 (D_2) kurzgeschlossen ist, wird durch die $\lambda/4$-Leitung ein Leerlauf in die Ebene B transformiert, d.h. der Stromfluß von A nach E (von S nach A) nicht beeinflußt. Falls die Kurzschlußwirkung durch je eine Diode nicht ausreicht, kann sie durch Hinzufügung weiterer Dioden unter Zwischenschaltung je einer $\lambda/4$-Leitung verbessert werden; dies ist in Bild **2.61** gestrichelt angedeutet.

Der extreme Unterschied in den Impedanzwerten einer pin-Diode bei Fluß- bzw. Sperrpolung wird auch zur Realisierung digitaler Phasenschieber benutzt, die es in vielen Ausführungsformen gibt. Bei den sog. loaded-line-Phasenschiebern wird eine Leitung (Wellenwiderstand Z) mit einer pin-Diode abgeschlossen und

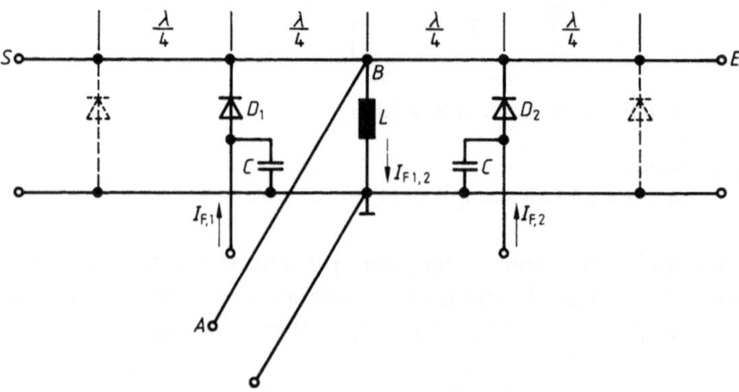

2.61 Sende-/Empfangs-Schalter mit zwei pin-Dioden (aus [11])

erzeugt am Leitungsende gemäß ihrer Impedanz $\underline{Z}_D$ einen Reflexionsfaktor

$$\underline{r}_0 = \frac{\underline{Z}_D - Z}{\underline{Z}_D + Z} = \begin{cases} -1 & \text{für } \underline{Z}_D = 0, \quad \text{d.h. Diode leitet} \\ 1 & \text{für } \underline{Z}_D = \infty, \quad \text{d.h. Diode sperrt.} \end{cases}$$

Dieser wird durch eine (verlustlose) Leitung der Länge l in einen Wert r_e transformiert, wodurch am Leitungseingang eine gewünschte Phasendrehung φ_l zwischen den Amplituden a der einfallenden Welle und b der reflektierten Welle entsteht gemäß

$$r_l = \frac{b}{a} = |r_l| \cdot e^{j\varphi_l}.$$

Die zu den beiden Schaltzuständen der Diode gehörenden unterschiedlichen Phasen φ_l und φ_l' können in vielfältiger Weise ausgenutzt werden. Z.B. wird bei den sog. ‚phased array' Antennen durch phasenverschiedene Speisung von sehr vielen Einzelstrahlen eine elektronische, d.h. praktisch trägheitslose, Schwenkung der resultierenden gesamten Strahlungscharakteristik um einen Winkel φ erreicht. Bild 2.62 erläutert das schematisch für eine lineare, äquidistante Anordnung von gleichen Strahlern mit linear ansteigender Phasenverschiebung.

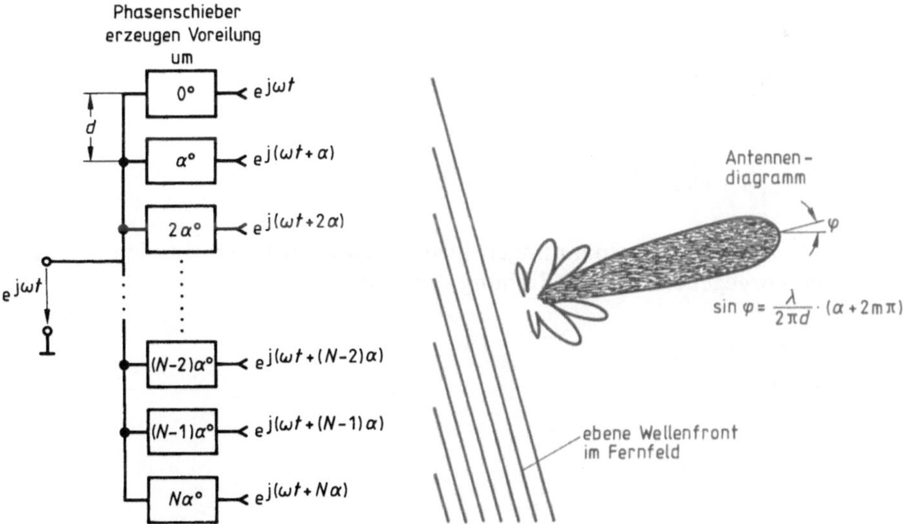

2.62 Schematische Darstellung des Aufbaus einer phased-array-Antenne und ihres Strahlungs-Diagramms

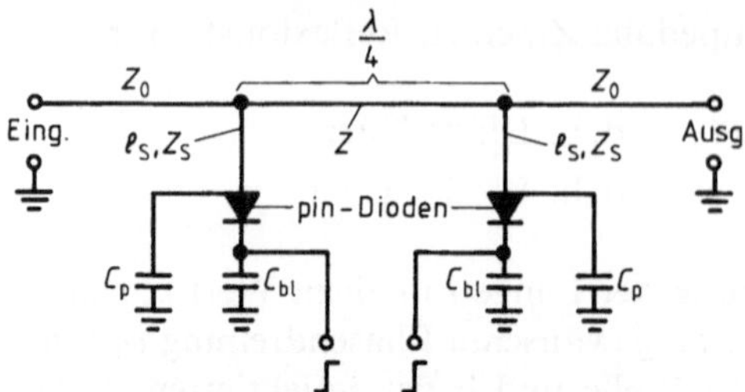

2.63 loaded-line Phasenschieber mit 2 pin-Dioden (aus [21])
C_P = Abgleich-Kondensator zum Ausgleich der Exemplarstreuungen der Sperrschicht-Kapazität C_S
C_{bl} = Abblock-Kondensator, der als HF-Kurzschluß wirkt, aber die Vorspannungsimpulse nur unwesentlich verformt

Die Ersatzschaltung eines loaded-line Phasenschiebers ist in Bild **2.63** dargestellt. Die beiden Stichleitungen (Länge l_s, Wellenwiderstand Z_s) haben den Abstand $\lambda/4$, damit sich die von ihnen auf der durchgehenden Leitung erzeugten Reflexionen gegenseitig aufheben.

Die Dimensionierungs-Richtlinien für den Phasenschieber sind:

1. An die Stellen 1 und 2 soll bei Polung der Dioden in Flußrichtung (Sperrichtung) der Leitwert $\mathrm{j}B$ $(-\mathrm{j}B)$ transformiert werden. Das läßt sich durch geeignete Wahl von l_s, Z_s und C_p realisieren.

2. In beiden Schaltzuständen der Dioden soll am Eingang und Ausgang Leistungsanpassung herrschen; das ist erfüllt für

$$Z_K = \frac{Z_0}{\sqrt{1+(BZ_0)^2}}\,. \tag{2.53}$$

3. Zwischen den Ausgangsspannungen in den beiden Schaltzuständen soll (lediglich) eine vorgegebene Phasendrehung $\Delta\varphi$ bestehen, d.h.

$$\frac{\underline{u}_A(-\mathrm{j}B)}{\underline{u}_A(\mathrm{j}B)} = \mathrm{e}^{\mathrm{j}\Delta\varphi};$$

das ist erfüllt für

$$BZ_0 = \mathrm{tg}\,\frac{\Delta\varphi}{2}\,. \tag{2.54}$$

Beispiel 2.7. Für einen loaded-line Phasenschieber sollen 2 pin-Dioden mit folgenden Daten verwendet werden:

Zuleitungsinduktivität $L_z = 0{,}5$ nH, Gehäusekapazität $C_g = 0{,}3$ pF,
Sperrschicht-Kapazität $C_s = 1$ pF, $R = R' = 0{,}6\ \Omega$

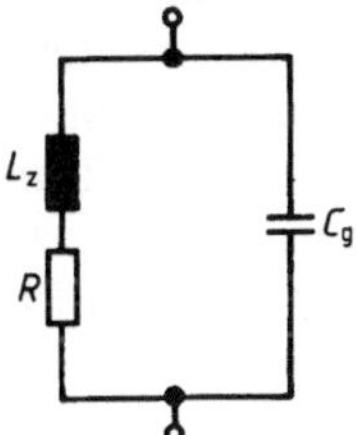

Flußrichtung (vgl. Bild 1.43)

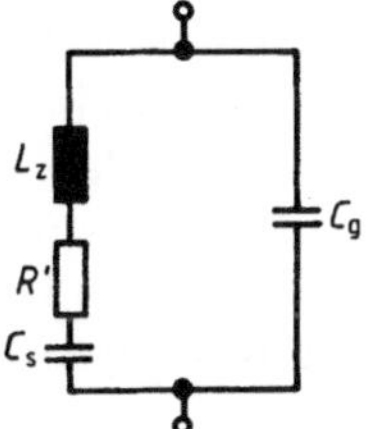

Sperrichtung (vgl. Bild 1.44)

Aus den Dimensionsrichtlinien folgt mit den gegebenen Daten

	für $\Delta\varphi = 45°$	für $\Delta\varphi = 90°$	
BZ_0	0,414	16,2	nach Gl. (2.54)
Z_K/Ω	46,2	35,4	nach Gl. (2.53)
Z_S/Ω	48	30	bei vorgegebenem B unter
l_s/λ	0,276	0,283	Benutzung der Leitungs-
C_p/pF	0,25	0,2	theorie zu ermitteln

Bei den in der Nachrichtentechnik zunehmend eingesetzten digitalen Modulations- und Signalverarbeitungsverfahren muß die Phase einer HF-Trägerschwingung im Takte eines digitalisierten Nutzsignals geschaltet werden. Bild **2**.64 erläutert das am einfachsten Beispiel einer Umtastung zwischen zwei Phasen; diese wird mit Hilfe eines sog. Leitungslängenmodulators realisiert. Er besteht aus einem 3 Arm-Zirkulator, an dessen einem Tor (2) eine $\lambda/4$-lange, am Ende kurzgeschlossene Leitung angeschlossen ist. – Der Zirkulator führt eine am Tor Nr. n einfallende Welle (im Idealfall reflexionsfrei) in dem angegebenen Drehsinn zum Tor Nr. n + 1, in der Gegenrichtung wirkt er als ‚Isolator'. – Die HF-

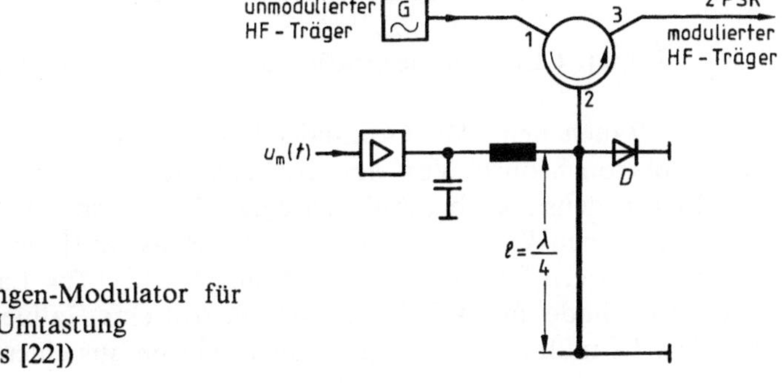

2.64
Leitungslängen-Modulator für 2 Phasen-Umtastung (2 PSK, aus [22])

Trägerschwingung gelangt über die Tore 1 und 2 des Zirkulators zum Anfang dieser $\lambda/4$-Leitung. Dort ist eine pin-Diode D angeschlossen, welche über einen Impulsverstärker vom Modulationssignal $u_m(t)$ angesteuert wird. Wenn die Diode entsprechend dem Vorzeichen von $u_m(t)$ gesperrt ist, läuft die HF-Welle bis zum Leitungsende, wird dort reflektiert, läuft auf der Leitung wieder zurück und gelangt schließlich über die Tore 2 und 3 des Zirkulators zum Ausgang des 2PSK-Modulators. Bei entgegengesetzter Polarität von $u_m(t)$ ist die Diode durchgeschaltet, so daß die HF-Welle bereits am Leitungsanfang auf einen Kurzschluß trifft. Sie wird in diesem Falle früher reflektiert; der Wegunterschied zum Fall der gesperrten Diode beträgt $2 \cdot \lambda/4$, was einem Phasenunterschied von 180° im ausgangsseitigen HF-Signal entspricht.

2.6 Aktive Mikrowellen-Dioden

In diesem Abschnitt werden Dioden vorgestellt, welche – vorzugsweise im Mikrowellengebiet – zur Schwingungserzeugung (Oszillatoren) und/oder Verstärkung verwendet werden. In beiden Fällen wird von den Dioden bei einer bestimmten Frequenz HF-Leistung an eine angeschlossene Schaltung abgegeben. Das ist nur möglich, wenn die Phasendifferenz zwischen Wechselspannung und Strom der betreffenden Frequenz bei Zugrundelegung des Verbraucher-Zählpfeilsystems zwischen 90° und 270° liegt – vorzugsweise bei 180° –; zur Erzeugung dieser Phasendifferenz gibt es verschiedene Möglichkeiten und dementsprechende Bauelemente (Tafel **2.65**); deren Wirkungsweise und Eigenschaften werden im folgenden beschrieben.

2.6.1 Die Lawinen-Laufzeit-Diode

Die erforderliche Phasendifferenz zwischen Strom und Spannung wird hierbei durch eine Kombination von lawinenförmiger Ladungsträger-Vervielfachung mit einem Laufzeiteffekt bewirkt; daraus erklärt sich auch das Akronym

Impatt (≙ **Imp**act ionization **a**valanche and **t**ransit **t**ime)-Diode

für dieses Bauelement. Die Grundidee hierzu entstand in Analogie zur Hochvakuum-Elektronenröhre. Von dort ist bekannt, daß der von der Kathode emittierte Elektronenstrom bei Anlegen einer Wechselspannung der Frequenz f im Außenkreis einen Wechselstrom mit einer Phasendifferenz im Bereich 90–270° verursacht, sofern f in der Größenordnung $1/\tau$ liegt (τ = Laufzeit der Elektronen zwischen Kathode und Anode der Diode). Auf eine Halbleiter-Diode übertragen heißt das: Es muß eine Ladungsträger-Injektion aus einem Halbleiterbereich in

Tafel **2.65** Klassifizierung aktiver Mikrowellendioden

180°-Phasendrehung durch	Erzeugung einer Ladungsträgerlawine in einem sperrgepolten pn-Übergang mit anschließendem Laufraum: Impatt-Diode (Abschn. 2.6.1)	zur vorzugsweisen Verwendung im Mikrowellengebiet als	Oszillator und Verstärker für große Leistungen
	Ladungsträgerinjektion aus einem flußgepolten pn-Übergang in einen Laufraum: Baritt-Diode (Abschn. 2.6.2)		sehr rauscharmer Oszillator sehr kleiner Leistung
	die negative differentielle Beweglichkeit von Elektronen in Halbleitern mit mehreren Leitungsbandminima: Gunn-Element (Abschn. 2.6.3)		rauscharmer Oszillator für kleine Leistungen
	die fallende Strom-Spannungs-Charakteristik als Folge extrem hoher Dotierung (Entartung) des p- und n-Gebietes: Tunnel-Diode (Abschn. 2.6.4)		Oszillator und rauscharmer Verstärker für kleine Leistungen

einen anderen bewirkt werden, in dem die Ladungsträger ein hinreichend langes Wegstück driften können. Eine besonders wirkungsvolle Injektion kann nun bekanntlich dadurch zustandegebracht werden, daß ein in Sperrichtung betriebener pn-Übergang im Bereich des Lawinen-Durchbruchs betrieben wird (s. Abschn. 1.1.3.4). Die Impatt-Diode hat dementsprechend eine Struktur gemäß Bild **2.**66a, welche zuerst von Read angegeben und untersucht wurde.

Die Dotierung N_D der n-Zone, die Abmessungen der n- und i-Zone sowie die angelegte Sperr-Gleichspannung werden so gewählt, daß folgende Bedingungen erfüllt sind:

1. Die Raumladungszone des p^+n-Übergangs erstreckt sich durch das p- und i-Gebiet bis zur n^+-Zone. Daraus folgt für die Feldstärke gemäß Gl. (1.6)

$$\frac{\partial E}{\partial x} = \frac{e}{\varepsilon} \cdot \begin{cases} N_D & \text{im n-Gebiet} \\ 0 & \text{im i-Gebiet} \end{cases} \quad \text{d.h.} \quad \begin{aligned} E(x) &= E(0) + \frac{e}{\varepsilon} N_D \cdot x \\ E(x) &= E(0) + \frac{e}{\varepsilon} N_D \cdot w = E_i \end{aligned}$$

(s. Bild **2.66**b).

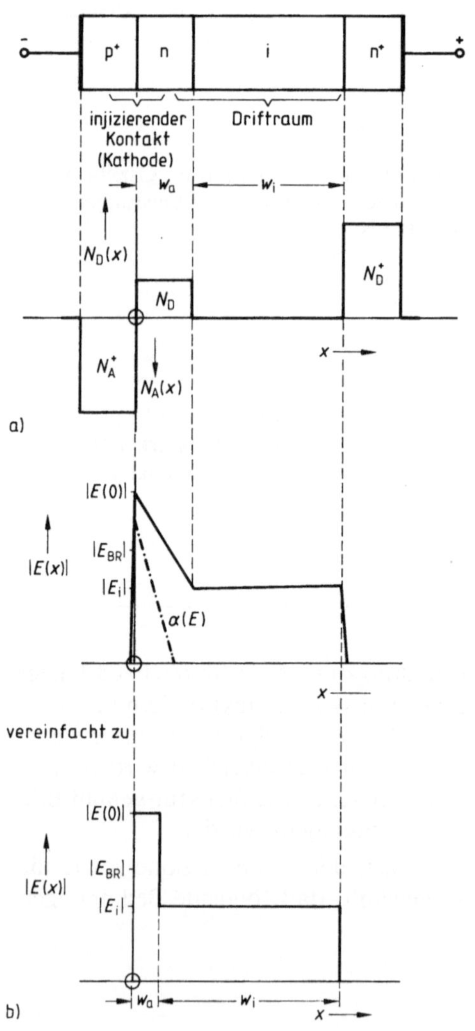

2. Die Feldstärke E_i ist so groß, daß die Ladungsträger ihre feldstärkeunabhängige asymptotische Geschwindigkeit $v_s \approx 10^7$ cm/s erreicht haben, d.h. in Si $|E_i| \gtrsim 10$ kV/cm für Elektronen. Andererseits muß $|E_i|$ deutlich unterhalb der Feldstärke $|E_{BR}|$ für Stoßionisation liegen (in Si typisch 300 kV/cm).

3. Die Feldstärke $|E(0)|$ muß deutlich oberhalb $|E_{BR}|$ liegen, damit der p^+n-Übergang im Gebiet des Lawinendurchbruchs arbeitet. Die Lawinenbildung findet allerdings nur in einem schmalen Bereich um $x=0$ herum statt, da die Ionisierungsraten α_n, α_p mit fallender Feldstärke exponentiell abnehmen (s. Band I/Teil 3, Bild **2.90**).

2.66
Impatt-Diode (Modellstruktur von Read, nach [19])
a) Zonenfolge und Dotierungsprofil
b) Feldstärkeprofil (qualitativ)

Das Zusammenwirken der Lawinenbildung und des anschließenden Driftvorgangs im i-Gebiet zur Erzeugung der erforderlichen Phasendrehung soll nun anschaulich erläutert werden:

Die Phasendrehung in der Lawinenzone. Wir gehen von einer harmonischen Spannung an der Lawinenzone aus:

$$u(t) = U_{BR} + \hat{u} \cdot \sin \omega t = U_{BR} + \Delta u(t) \tag{2.55}$$

(Bild **2**.67a); hierin ist U_{BR} die zu E_{BR} gehörende Durchbruchsspannung. Im Zeitintervall $0 < \omega t < \pi$ ist $u(t) > U_{BR}$, daher nimmt der Strom $i_a(t)$ durch die Diode infolge Lawinenbildung zu; im Intervall $\pi < \omega t < 2\pi$ ist $u(t) < U_{BR}$, d.h. es wird keine Lawine gebildet, so daß $i_a(t)$ rasch wieder auf den sehr kleinen

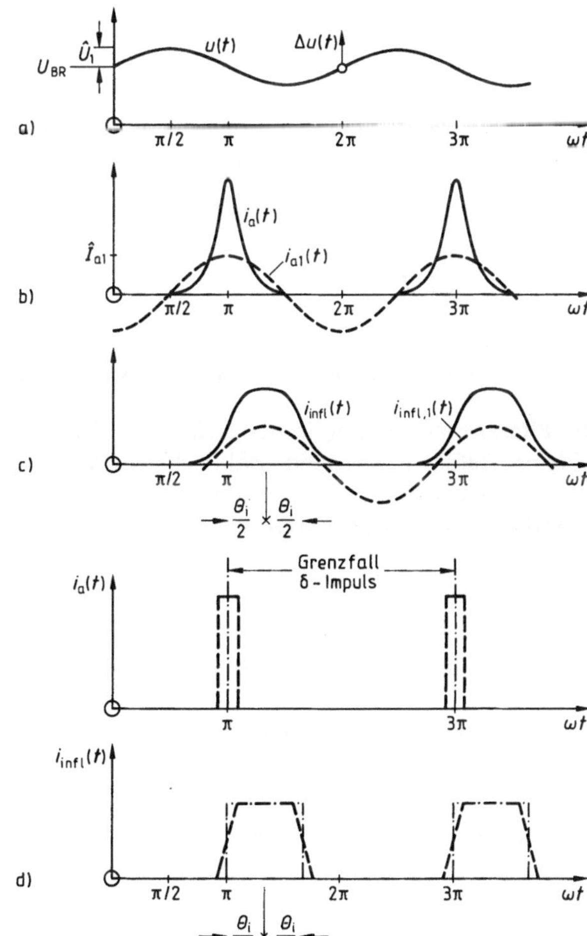

2.67
Zur Wirkungsweise der Impattdiode
a) Spannung an der Lawinenzone
b) Konvektionsstrom $i_a(t)$ in der Lawinenzone und zugehöriger Grundschwingungsanteil $i_{a,1}(t)$
c) Influenzstrom $i_{infl}(t)$ allgemein und zugehöriger Grundschwingungsanteil $i_{infl,1}(t)$
d) Influenzstrom $i_{infl}(t)$ im Grenzfall scharfer Lawinenstromimpulse $i_a(t)$

Wert des Sperrstroms abfällt (Bild 2.67b). Aus dem p^+n-Übergang wird also praktisch eine Folge von Stromimpulsen jeweils zu den Nulldurchgängen der Wechselspannung $\Delta u(t)$ in den Driftraum injiziert. Die Grundwelle $i_{a1}(t)$ dieses Stroms hinkt der Spannung $\Delta u(t)$ um 90° nach als Folge der „Trägheit" der Lawinenbildung. Dieses Ergebnis erhält man auch aus der folgenden anschaulichen Überlegung: Die Stromzunahme (bzw. -abnahme) $\mathrm{d}i_{a1}(t)$ während der Zeit $\mathrm{d}t$ ist proportional zu $\mathrm{d}t$ und zum Überschuß (bzw. Defizit) $\Delta u(t)$ der Spannung $u(t)$ gegenüber der Durchbruchsspannung U_{BR}, d.h.

$$\mathrm{d}i_{a1}(t) \sim \Delta u(t)\,\mathrm{d}t$$

mit einem positiven Proportionalitätsfaktor, d.h.

$$\Delta u = L_a \cdot \frac{\mathrm{d}i_{a1}(t)}{\mathrm{d}t}\,.$$

Das ist aber gerade die Definitionsgleichung für eine Induktivität L_a; die Theorie liefert hierfür mit der Näherung $\alpha_n = \alpha_p = \alpha$

$$L_a = \frac{\tau_a}{2 \cdot I \cdot \left(\dfrac{\mathrm{d}\alpha}{\mathrm{d}E}\right)_{E_{max}}} \tag{2.56}$$

mit $\tau_a = w_a/v_s$, w_a = Länge der Lawinenzone, I = Gleichstrom durch die Diode.

Die Phasenverschiebung in der Driftzone. Während die in der Lawinenzone gebildeten Defekt-Elektronen praktisch sofort die p^+-Elektrode erreichen, wandern die Elektronen mit Sättigungsgeschwindigkeit durch die i-Zone zur n^+-Elektrode. Sie transportieren den Konvektionsstrom

$$i_n(x, t) = A \cdot v_s \cdot \varrho(x, t)\,;$$

für ihn gilt nach der Kontinuitätsgleichung (1.54)

$$\frac{\partial i_n(x, t)}{\partial x} = -\frac{1}{v_s} \cdot \frac{\partial i_n(x, t)}{\partial t}\,,$$

er ist also von der allgemeinen Form

$$i_n(x, t) = i_n\left(t - \frac{x}{v_s}\right),$$

d.h.: Der in der Ebene $x = w_a$ zur Zeit $t = t_a$ in die Driftzone injizierte Lawinenstrom $i_a(t_a) = i_n(w_a, t_a)$ wandert in Form einer Raumladungswelle mit der Geschwindigkeit v_s durch den Driftraum

$$i_n(x, t) = i_a\left(t - \frac{x - w_a}{v_s}\right). \tag{2.57}$$

Dieser den Driftraum erfüllende Konvektionsstrom verursacht im Außenkreis der Diode den Influenzstrom

$$i_{infl}(t) = \frac{1}{w_i} \int\limits_{w_a}^{w_a + w_i} i_n(x, t)\,dx = \frac{v_s}{w_i} \int\limits_{t - \frac{w_i}{v_s}}^{t} i_a(t')\,dt'. \tag{2.58}$$

Er ist proportional zur Fläche unter der Stromkurve $i_a(t)$ (Bild **2.**67b), wobei das Integrationsintervall $\Delta t' = \dfrac{w_i}{v_s} = \tau_i$ (= Laufzeit durch den Driftraum) mit der Geschwindigkeit v_s über die Zeitachse wandert; daraus erklärt sich recht anschaulich der in Bild **2.**67c dargestellte Verlauf von $i_{infl}(t)$. Die in $i_a(t)$ enthaltene Grundwelle $i_{a1}(t)$ hat bei Kleinsignalbetrieb die Form $-\mathrm{Re}\,\hat{I}_{a1} \cdot e^{j\left(\omega t - \frac{x - w_a}{v_s}\right)}$, damit liefert die Gl. (2.58) den Grundwellenanteil des Influenzstromes

$$-\mathrm{Re}\,\hat{I}_{a1} \cdot \frac{\sin\frac{\theta_i}{2}}{\frac{\theta_i}{2}} \cdot e^{j\omega\left(t - \frac{\theta_i}{2}\right)}.$$

Sie ist um die Hälfte des Laufwinkels im Driftraum $\theta_i = \omega\tau_i$ gegenüber dem anregenden Lawinenstrom phasenverschoben; insgesamt besteht damit zwischen Dioden-Wechselspannung und -Wechselstrom die Phasenverschiebung $\dfrac{\pi}{2} + \dfrac{\theta_i}{2}$. Die von der Diode aufgenommene Wirkleistung

$$P = \frac{1}{2}\hat{U}_1 \cdot \hat{I}_{a1} \cdot \cos\left(\frac{\pi}{2} + \frac{\theta_i}{2}\right) = -\frac{1}{2}\hat{U}_1 \cdot \hat{I}_{a1} \cdot \sin\frac{\theta_i}{2}$$

ist für $0 < \theta_i < 2\pi$ negativ, d.h. die Diode gibt dann Wirkleistung ab, was zur Kleinsignalverstärkung bzw. zur Schwingungserzeugung ausgenutzt werden kann. Die Leistungsabgabe ist maximal für $\theta_i = \pi$; das leuchtet auch anschaulich ein, denn dann sind Strom und Spannung in Gegenphase. Zur Abschätzung des Wirkungsgrades η betrachten wir den Grenzfall scharfer Lawinenstromimpulse; dann hat $i_{infl}(t)$ nahezu rechteckigen Verlauf (s. Bild **2.**67d), und es gilt für den

Mittelwert bzw. die Grundwellenamplitude des Influenzstromes

$$I_{\text{infl}} = I_{\max} \cdot \frac{\theta_i}{2\pi}, \quad \hat{I}_{\text{infl},1} = \frac{2}{\pi} \cdot I_{\max} \cdot \sin\frac{\theta_i}{2},$$

d.h.
$$\eta = \frac{-P}{U_{\text{BR}} \cdot I_{\text{infl}}} = \frac{\hat{U}_1}{U_{\text{BR}}} \cdot \frac{\sin^2\frac{\theta_i}{2}}{\frac{\theta_i}{2}}. \tag{2.59}$$

Für $\theta_i = 2{,}33 \approx \frac{3}{4}\pi$ erreicht η seinen Maximalwert

$$\eta_{\max} = 0{,}71 \cdot \frac{\hat{U}_1}{U_{\text{BR}}} \tag{2.60}$$

Beispiel 2.8. Eine p^+nin^+-Impatt-Diode soll optimal bei der Frequenz $f = 10$ GHz arbeiten. Wie groß ist die Laufzeit τ_i der Elektronen durch den Driftraum bei einer Sättigungsgeschwindigkeit $v_s = 10^7$ cm/s, und welche Größe w_i muß der Driftraum haben? Welcher Oszillator-Wirkungsgrad wird für $\hat{U}_1 = 0{,}5\, U_{\text{BR}}$ erreicht?
Aus $\theta_{i,\text{opt}} = 2{,}33 = \omega\tau_i$ folgt

$$\tau_i = \frac{2{,}33}{2\pi \cdot 10^{10}\,\text{s}^{-1}} = 0{,}037 \text{ ns}$$

und damit $w_i = \tau_i v_s = 3{,}7$ µm. Aus Gl. (2.60) folgt $\eta_{\max} \approx 35\%$.

Die vorstehenden einfachen Überlegungen müssen noch durch die Berücksichtigung des Verschiebungsstromes ergänzt werden. Man erhält dann die folgende Kleinsignal-Impedanz des Diodenchips

$$\underline{Z}_{\text{ges}} = \frac{w_i^2}{2 v_s \varepsilon A} \cdot \frac{(1-\cos\theta_i)\Big/\frac{\theta_i^2}{2}}{1 - \left(\frac{\omega}{\omega_a}\right)^2} + \frac{1}{j\omega C_i} \cdot \left[1 - \frac{\sin\theta_i}{\theta_i} + \frac{\frac{\sin\theta_i}{\theta_i} + \frac{w_a}{w_i}}{1 - \left(\frac{\omega_a}{\omega}\right)^2}\right] \tag{2.61}$$

mit der sog. Lawinenfrequenz

$$f_a = \frac{\omega_a}{2\pi} = \frac{1}{2\pi\sqrt{C_a L_a}}, \quad C_a = \frac{\varepsilon A}{w_a} = \text{Kapazität der Lawinenzone}. \tag{2.62}$$

Für die typischen Daten

$$v_s = \frac{w_a}{\tau_a} = 10^7 \text{ cm/s}, \quad I/\text{A} = 250 \text{ A/cm}^2,$$

$$\varepsilon_{Si} = 1{,}05 \cdot 10^{-12}\,\mathrm{As/Vcm}, \quad \left(\frac{\mathrm{d}\alpha}{\mathrm{d}E}\right)_{E_{max}} = 0{,}35\,\mathrm{V}^{-1}$$

ist

$$f_a = \frac{1}{2\pi} \cdot \sqrt{250\,\frac{\mathrm{A}}{\mathrm{cm}^2} \cdot \frac{2}{1{,}05 \cdot 10^{-12}} \cdot \frac{\mathrm{Vcm}}{\mathrm{As}} \cdot 0{,}35\,\mathrm{V}^{-1} \cdot 10^7\,\frac{\mathrm{cm}}{\mathrm{s}}} = 6{,}5\,\mathrm{GHz}.$$

Nach Gl. (2.61) gilt

$$\mathrm{Re}\,\underline{Z}_{ges} \begin{matrix} >0 \\ <0 \end{matrix} \quad \text{für} \quad \begin{matrix} f<f_a \\ f>f_a \end{matrix},$$

d.h. Kleinsignalverstärkung bzw. Schwingungserzeugung ist mit der Impattdiode oberhalb der Lawinenfrequenz möglich.

Für Laufwinkel $\theta_i < \frac{\pi}{4}$ vereinfacht sich $\underline{Z}_{ges}$ nach Gl. (2.61) wie folgt

$$\underline{Z}_{ges} = \frac{1}{1 - \left(\frac{\omega}{\omega_a}\right)^2} \cdot \left[\frac{w_i^2}{2 v_s \varepsilon A} + \frac{\mathrm{j}\omega}{\omega_a^2}\left(\frac{1}{C_a} + \frac{1}{C_i}\right)\right] = R_d + \mathrm{j} X_d. \qquad (2.63)$$

Die zugehörige Ersatzschaltung und den Frequenzgang dieser Impedanz zeigt Bild **2**.68; für eine gehäuste Diode sind in bekannter Weise Zuleitungsinduktivität L_z und Gehäusekapazität C_g zu ergänzen.

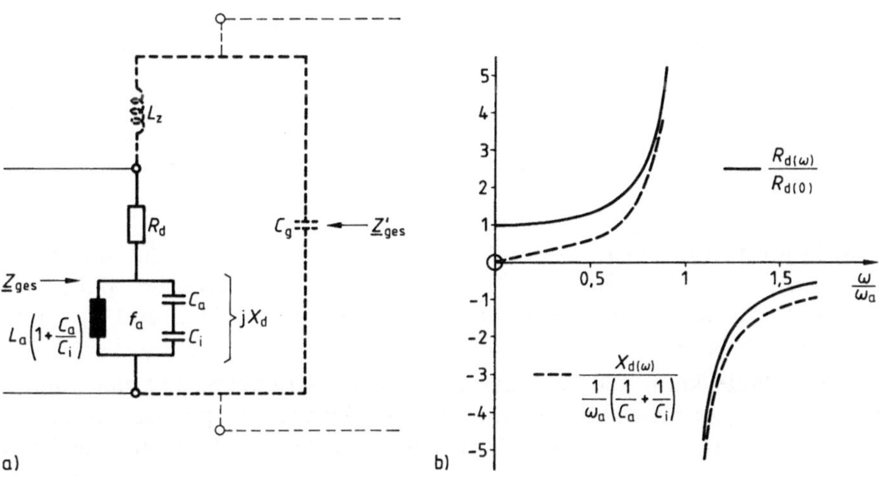

2.68 Ersatzschaltung (a) und Frequenzgang der Kleinsignal-Impedanz (b) einer Impattdiode

Die Kleinsignal-Impedanz gemäß Gl. (2.61) bzw. (2.63) ist für den Einsatz in Kleinsignalverstärkern von Bedeutung; dafür werden Impatt-Dioden allerdings kaum verwendet, da das mit der Lawinenbildung verbundene Schrotrauschen sehr hoch ist. Impatt-Dioden werden praktisch ausschließlich in Leistungsverstärkern und Oszillatoren eingesetzt, also im Großsignalbetrieb. Dort spielen die nichtlinearen Gesetzmäßigkeiten $i_n = i_n(E)$ und $\alpha = \alpha(E)$ eine entscheidende Rolle, vor allem die Strom-Nichtlinearität. Man erhält als Großsignal-Impedanz der Driftzone - der Betrag der Lawinenzone kann i. allg. vernachlässigt werden -

$$\underline{Z}_{\text{ges}} = \frac{1}{\omega C_i} \cdot \left[\frac{(1-\cos\theta_i)/\theta_i}{1 - \dfrac{\omega^2}{\omega_a^2 \cdot \phi(p)}} + \mathrm{j} \left\{ -1 + \frac{\sin\theta_i/\theta_i}{1 - \dfrac{\omega^2}{\omega_a^2 \cdot \phi(p)}} \right\} \right] \tag{2.64}$$

mit

$$\phi(p) = \frac{2 \mathrm{I}_1(p)}{p \cdot \mathrm{I}_0(p)}, \quad p = \frac{2 v_s \cdot \left(\dfrac{\mathrm{d}\alpha}{\mathrm{d}E}\right)_{E_{\text{BR}}}}{\omega} \cdot \hat{E}_1$$

(I_0 bzw. I_1 = modifizierte Besselfunktion der Ordnung 0 bzw. 1); dabei ist für die Feldstärke in der Lawinenzone die Annahme $E = E_{\text{BR}} + \hat{E}_1 \cdot \cos\omega t$ gemacht worden. Gegenüber dem Kleinsignalbetrieb ist also lediglich ω_a durch die aussteuerungsabhängige Größe $\omega_a \cdot \sqrt{\phi(p)}$ ersetzt worden. Für $\theta_i < \dfrac{\pi}{4}$ führt die Gl. (2.64) auf eine entsprechende Ersatzschaltung wie in Bild **2.**68. Die Diodenimpedanz hat nach Gl. (2.64) den Realteil

$$R_d = \frac{1}{\omega C_i} \cdot \frac{(1-\cos\theta_i)/\theta_i}{1 - \dfrac{\omega^2}{\omega_a^2 \cdot \phi(p)}}; \tag{2.65}$$

er ist in normierter Form in Bild **2.**69a als Funktion des Aussteuerungsparameters $p \sim \hat{E}_1 \sim \hat{I}_1 \sim \hat{U}_1$ dargestellt; Bild **2.**69b zeigt ein numerisches Beispiel. Mit den bei $f = 10$ GHz typischen Werten $R_d = -2\,\Omega$, $X_d = -31\,\Omega$ und $L_z = 0{,}6$ nH, $C_g = 0{,}3$ pF folgt $\underline{Z}'_{\text{ges}} = -2{,}7 + \mathrm{j}\,8\,\Omega$.

Mit der Diode kann z.B. ein angeschlossener Serienkreis mit der Impedanz $\underline{Z}_L = R_L + \mathrm{j}X_L$ zu Schwingungen mit einer stationären Amplitude angeregt werden (Bild **2.**70a); die Bedingung dafür lautet bei Beschränkung auf das Dioden-Chip

$$\underline{Z}_{\text{ges}} + \underline{Z}_L = 0, \quad \text{d.h.} \quad R_d + R_L = 0, \quad X_d + X_L = 0 \tag{2.66}$$

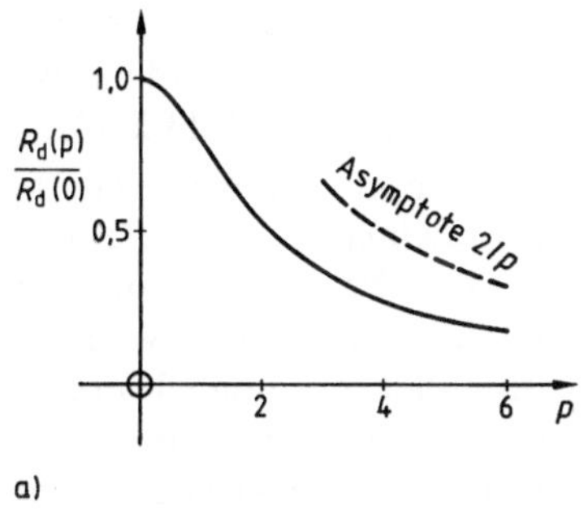

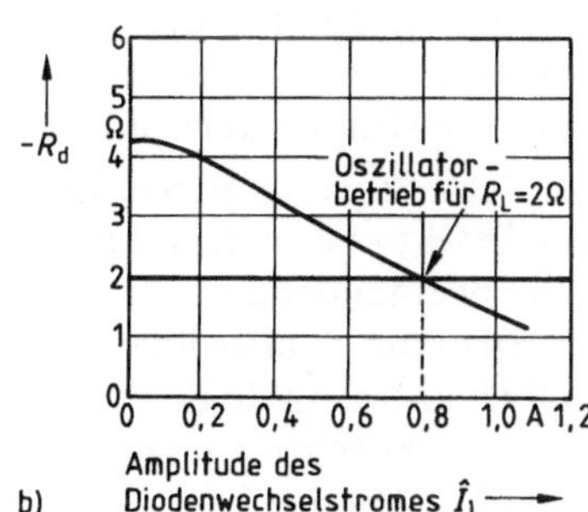

2.69 Realteil der Großsignal-Diodenimpedanz als Funktion der Aussteuerung
a) nach Gl. (2.65) für $\omega = \omega_a \cdot \sqrt{2}$
b) numerisches Beispiel ($f = 9$ GHz, Diodengleichstrom 100 mA; nach [23])

In dem Beispiel von Bild **2.**69b stellt sich für $R_L = 2\ \Omega$ eine Schwingungsamplitude des Stromes von 800 mA ein. In der Praxis wird der Schwingkreis je nach Frequenzbereich durch einen Koaxial-, Streifen- oder Hohlleiter realisiert (Bild **2.**70b). Der große Wellenwiderstand dieser Leitungen (z. B. 50 Ω) muß zur Erfüllung der Schwingbedingung (2.66) durch eine (möglichst verlustlose) Schaltung auf den kleinen Diodenwiderstand von einigen Ω heruntertransformiert werden.

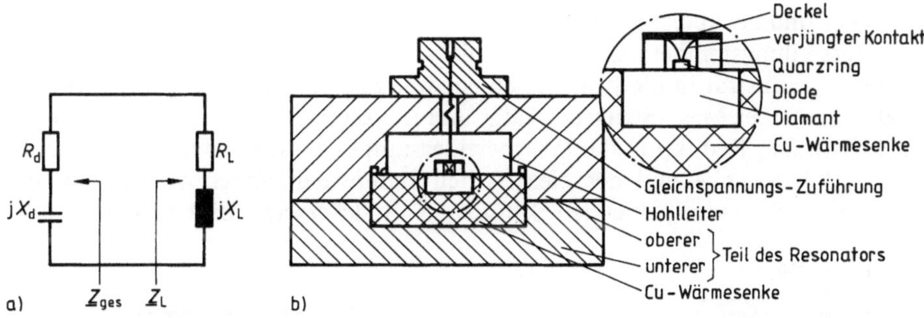

2.70 Impatt-Oszillator
a) Ersatzschaltung (schematisch)
b) Ausführungsbeispiel mit einem 94 GHz-Radialleitungs-Hohlraumresonator (nach [24])

Der Wirkungsgrad des Oszillators ist

$$\eta = \frac{\hat{U}_1}{U_{BR}} \cdot \frac{w_i}{w_a + w_i} \cdot \frac{\sin^2 \dfrac{\theta_i}{2}}{\dfrac{\theta_i}{2}}$$

(vgl. Gl. (2.59) für den Kleinsignalbetrieb). Für $\theta_i = \theta_{i,opt} = 2{,}33$ und $\hat{U}_1/U_{BR} = 0{,}5$, $w_i = 5\,w_a$ ist $\eta \approx 30\%$; in der Praxis werden Wirkungsgrade zwischen 20% und 30% (für 10 GHz) und 2% (für 250 GHz) erreicht (s. Bild **2**.73).

Die Read-Struktur gemäß Bild **2**.66 ist für die theoretische Beschreibung des Impatt-Effekts besonders gut geeignet, da hier Lawinen- und Driftzone vollkommen voneinander getrennt sind. Die experimentelle Verwirklichung einer derartigen Struktur ist allerdings schwierig und erst mit zunehmender Verfeinerung der Halbleiter-Technologie in immer besserer Annäherung möglich geworden. Die ersten praktischen Impatt-Dioden hatten noch die leichter realisierbare Struktur $p^{(+)}in^{(+)}$. Hierbei herrscht in der i-Zone ein so großes elektrisches Feld, daß die Stoßionisation mit gleicher Wahrscheinlichkeit über diese gesamte eigenleitende Zone hinweg erfolgt: Lawinen- und Driftraum fallen hier zusammen; sowohl das anschauliche Verständnis für den Impatt-Effekt als auch seine theoretische Beschreibung sind dadurch wesentlich schwieriger. Zwischen den beiden Grenzfällen Read- und $p^{(+)}in^{(+)}$-Struktur gibt es eine Reihe von Übergangsformen.

In der Praxis werden heute Dioden mit der Struktur p^+nn^+ bzw. n^+n-Schottky-Kontakt verwendet. Ausgangsmaterial ist üblicherweise stark dotiertes n^+-Substrat (Si oder GaAs); die schwach dotierte Zwischenzone wird i. allg. durch Epitaxie aufgebracht; der p^+n-Übergang wurde anfänglich durch Diffusion erzeugt, heute vielfach durch Ionenimplantation. – Das letztere Verfahren hat den Vorteil, daß der p^+n-Übergang viel näher an der Oberfläche liegt, wodurch die Wärmeabfuhr erleichtert wird. Außerdem ist das entstehende Dotierungsprofil homogener und abrupter; schließlich wird wegen der um einige 100 Grad niedrigeren Herstellungstemperatur (700 °C) die störende Diffusion von Störstellen aus dem n^+-Substrat in die Epitaxieschicht weitgehend vermieden. – Die Diode wird dann zu einer Mesa-Struktur geätzt und mit ohmschen Kontakten versehen (Bild **2**.71a). Zur Reduktion des Wärmewiderstandes zwischen der Lawinenzone und der Wärmesenke und des elektrischen Bahnwiderstandes wird der p^+n-Übergang durch einen sperrenden Schottky-Kontakt ersetzt (Bild **2**.71b).

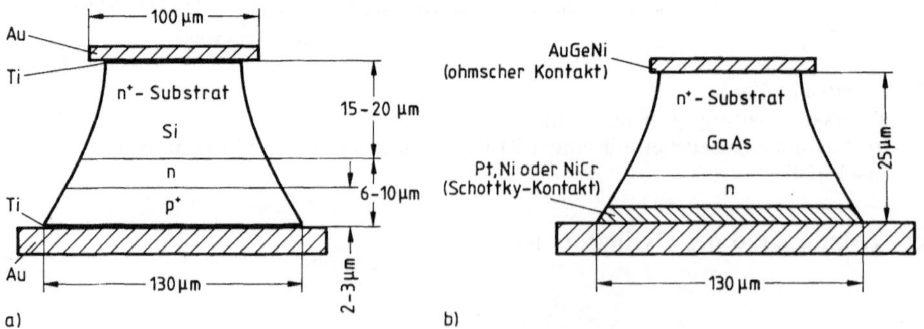

2.71 Abgewandelte Realisierung von Impattdioden
a) p^+nn^+-Struktur (nach [19]),
b) n^+n-Schottkykontakt-Struktur (nach [25])

Alle vorstehenden Typen sind sog. single-drift-Dioden, da sie nur einen Driftraum (für die durch Lawinenbildung erzeugten Elektronen) besitzen. Die am p^+n- (oder Schottky-)Übergang gleichzeitig erzeugten Defektelektronen verschwinden dagegen sofort in der p^+-Zone und sind damit für die HF-Impedanz unwirksam. Dieser Nachteil läßt sich beheben, indem auch den Defektelektronen ein Driftraum zur Verfügung gestellt wird; das Bild **2**.72a zeigt schematisch den Aufbau sowie Dotierungs- und Feldverlauf einer derartigen Doppel-Drift-Diode. Es handelt sich dabei im Prinzip um die Serienschaltung zweier komplementärer single-drift-Dioden (p^+pn bzw. pnn^+). Die Lawinenmultiplikation findet am pn-Übergang statt. Das Bild **2**.72b zeigt ein praktisches Beispiel.

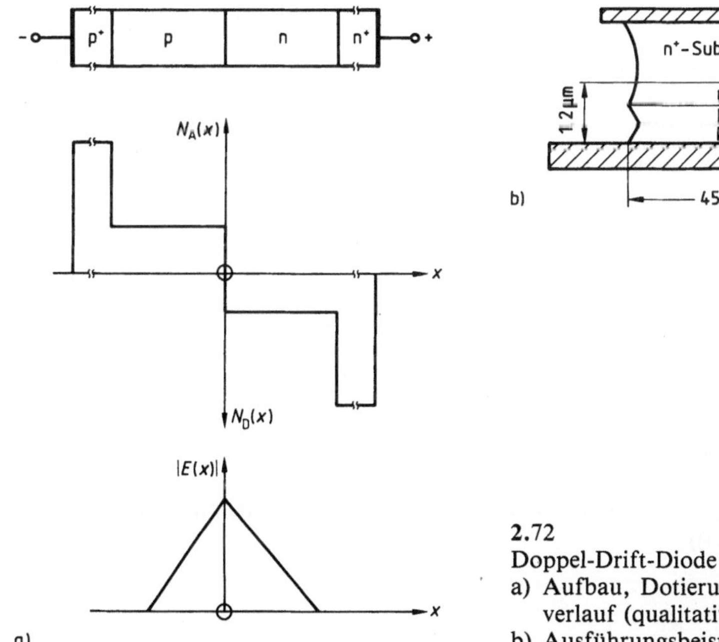

2.72
Doppel-Drift-Diode
a) Aufbau, Dotierungs- und Feldstärkeverlauf (qualitativ)
b) Ausführungsbeispiel (aus [25])

Durch die Ausnutzung beider Ladungsträgersorten – in Verbindung mit der vergrößerten Geometrie – verdoppelt sich die erreichbare Ausgangsleistung, und der Wirkungsgrad steigt etwa um den Faktor 1,3.

Mit der ersten Impatt-Diode wurde 1965 bei 180 MHz eine Dauerstrichleistung von 1 µW erzielt, die erste Mikrowellendiode lieferte bei 5 GHz 18 mW mit einem Wirkungsgrad von 1,5%. Der heute erreichte Stand bzgl. Ausgangsleistung und Wirkungsgrad wird durch Bild **2**.73 beschrieben.

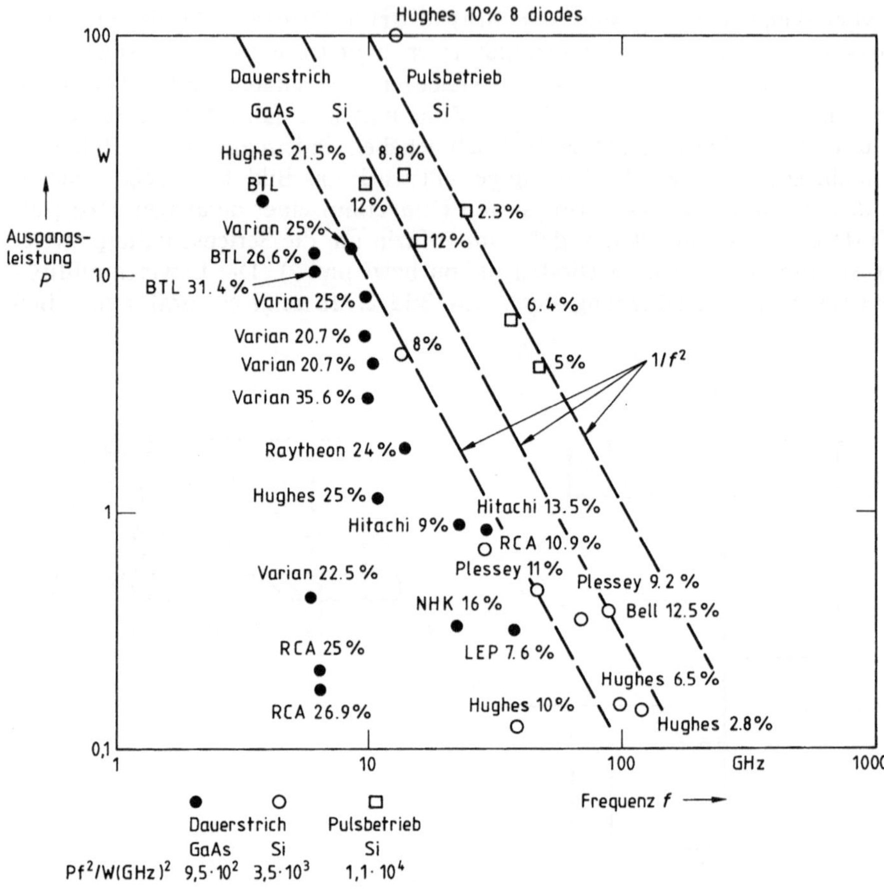

2.73 Ausgangsleistung und Wirkungsgrad heutiger Impattdioden als Funktion der Frequenz (aus [23])

Impatt-Dioden werden eingesetzt als Oszillatoren

- in Empfängern zur Umsetzung eines modulierten Mikrowellensignals in die Zwischenfrequenzebene (sog. Lokal-Oszillator)
- für Doppler- und Puls-Radaranlagen
- in phasengesteuerten (phased array) Antennen

aber auch

- in Reflexions-Leistungsverstärkern. - Für rauscharme Vorverstärker sind sie dagegen ungeeignet, da der Rauschpegel infolge des Lawineneffekts wesentlich höher liegt als z. B. beim GaAs-Feldeffekt-Transistor.

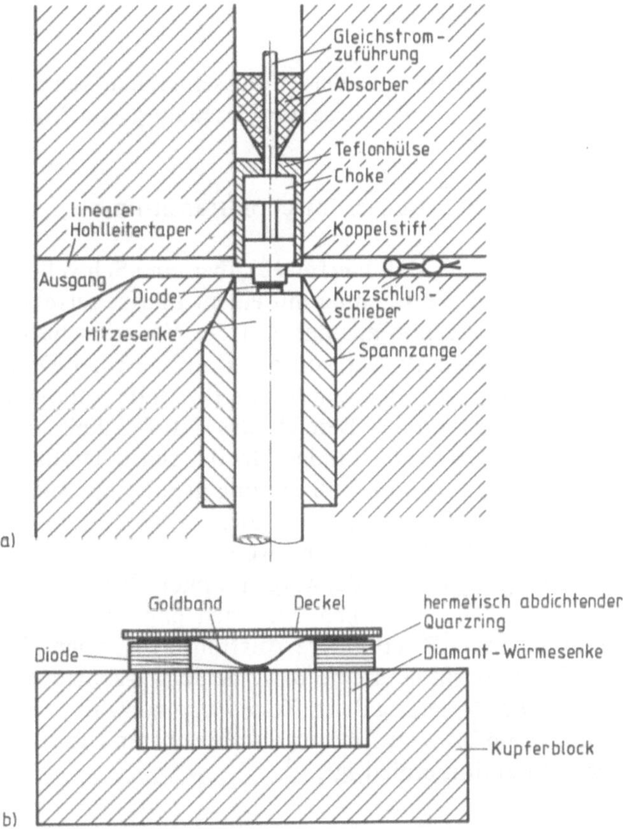

2.74 Impatt-Oszillator für Pulsbetrieb (nach [26])
a) Aufbau, b) verwendete Si-Doppeldrift-Mesa-Diode

Der Schwerpunkt der zukünftigen Anwendungen von Impatt-Dioden liegt im mm-Wellengebiet, da der Konkurrent GaAs-FET bereits bis in das X-Band vorgedrungen ist (s. Abschn. 3.1). In Bild **2.**74a ist schematisch der Aufbau eines Impatt-Oszillators für Impulsbetrieb (Pulsdauer ca. 60 ns) dargestellt, der bei 96 GHz 42 W liefert; Bild **2.**74b zeigt die verwendete Si-Doppeldrift-Mesa-Diode mit Gehäuse und Wärmesenke.

Für Frequenzen bis 10 GHz ist eine spezielle Betriebsart der Impatt-Diode, der sog.

Trapatt-Mode = **Tra**pped-**p**lasma-**a**valanche-**t**riggered-**t**ransit-Betrieb

von Bedeutung; damit werden Wirkungsgrade >70% und Impulsleistungen >1 kW erreicht.

2.6.2 Baritt-Diode

Dieses Bauelement, das derzeit ausschließlich aus Si hergestellt wird, ist wie die Impatt-Diode vorzugsweise zur Erzeugung von Mikrowellen-Leistung geeignet. Das Akronym

Baritt ≙ **Bar**rier-**i**njection-**t**ransit-**t**ime

weist darauf hin, daß hierfür ein über eine Schwelle hinweg injizierter Ladungsträgerstrom in Verbindung mit einem Laufzeiteffekt verwendet wird. Auch dieses Prinzip ist schon aus der Zeit der Vorherrschaft der Hochvakuum-Elektronenröhren bekannt: Der von der Kathode einer Diode emittierte und von dort während der Laufzeit τ zur Anode fließende raumladungsbegrenzte Strom führt in einem bestimmten Bereich des Laufwinkels $\theta = \omega \cdot \tau$ zu einem negativen Realteil des HF-Widerstandes. Bei der Baritt-Diode wird die Rolle der geheizten Kathode von einem in Flußrichtung gepolten p^+n-Übergang übernommen, welcher in die n-Zone Löcher injiziert. Diese durchqueren den n-Typ-Driftraum während der Laufzeit τ_{Dr} und werden dann von einem in Sperrichtung gepolten p^+n-Übergang (≙ Anode) aufgenommen (Bild **2**.75a). Bei der Baritt-Diode handelt es sich also eigentlich um einen pnp-Transistor, dessen Basis nicht angeschlossen ist. – Zwei andere Ausführungsformen sind in den Bildern **2**.75b, c dargestellt; darin sind eine bzw. beide p^+-Zonen durch Schottky-Kontakte ersetzt. – Die Dotierung der n-Zone ist so gewählt, daß die kollektorseitige Raumladungszone bis zum Emitter durchreicht und dort die Potentialbarriere für die Löcherinjektion erniedrigt.

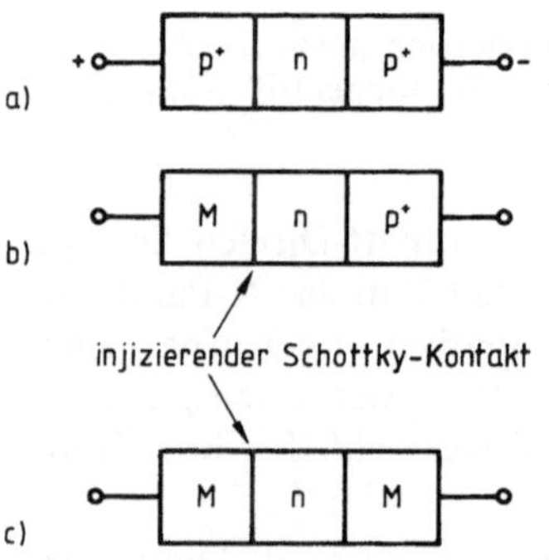

2.75
Struktur von Baritt-Dioden (schematisch)
a) p^+np^+-Diode
b) Mnp^+-Diode (M ≙ Pt mit der geringen Potentialbarriere $\varphi_{Bp} \approx 0{,}25$ V für Löcher, auch Pd mit $\varphi_{Bp} \approx 0{,}3$ V oder Cr mit $\varphi_{Bp} \approx 0{,}35$ V)
c) MnM-Diode (M ≙ Pd, das effektive Löcherinjektion mit hoher Sperrwirkung für Elektronen gemäß $\varphi_{Bn} \approx 0{,}85$ V verbindet)

Im Gegensatz zur Impatt-Diode soll hier bei der Injektion keine Lawinenbildung stattfinden. Hierzu wird zum einen die Gleichspannung geeignet eingestellt; außerdem wird für die Mittelzone n-Material verwendet, da in Si die Ionisierungsrate für Defektelektronen deutlich kleiner als für Elektronen ist (s. Band I/Teil 3, Bild **2**.90).

Der Wegfall der Lawinenbildung bringt je einen Vor- und Nachteil: Vorteilhaft ist das Fehlen des mit der Lawinenentstehung verbundenen starken Schrotrauschens. Barittdioden sind daher zur Realisierung sehr rauscharmer (also spektralreiner) Oszillatoren geeignet, z. B. für selbstschwingende Abwärtsmischer in Doppler-Radar-Anlagen. Der Nachteil ist das Fehlen der mit der Lawinenbildung verbundenen Phasenverschiebung von 90° zwischen Strom und Spannung, welche die Entdämpfung erleichtert. Die zur Leistungsabgabe erforderliche Phasenverschiebung muß hier allein durch den Driftraum aufgebracht werden; dieser muß daher wesentlich größer als bei der Impattdiode sein. Das bedeutet aber nach Gl. (2.58) einen geringeren Influenzstrom, und als Folge davon ist die erzeugte Mikrowellen-Leistung prinzipiell geringer als bei Impattdioden. Dieser Nachteil hat eine breite Anwendung der Barittdiode verhindert, zumal das noch zu besprechende Gunn-Element (s. Abschn. 2.6.3) als attraktiver Kompromiß zwischen der sehr rauscharmen Baritt-Diode und der sehr leistungsstarken Impatt-Diode zur Verfügung steht.

Für den Wirkungsgrad der idealen Baritt-Diode gilt

$$\eta = \frac{\hat{U}}{U_0} \cdot \frac{\sin \theta_{\mathrm{Dr}}}{\theta_{\mathrm{Dr}}}, \tag{2.67}$$

er erreicht für den Driftlaufwinkel $\theta_{\mathrm{Dr}} = \omega \tau_{\mathrm{Dr}} = 4{,}49 \approx \frac{3}{2}\pi$ sein Maximum

$$\eta_{\max} = 0{,}22 \frac{\hat{U}}{U_0} \tag{2.68}$$

(vgl. die entsprechende Gl. (2.60) für die ideale Impatt-Diode), also z. B. für $\hat{U} = 0{,}5 \cdot U_0$ $\eta_{\max} = 11\%$. Im Experiment werden im X-Band (8–12 GHz) Wirkungsgrade von 2–3% und Leistungen von bis über 150 mW erreicht, im Ku-Band (12–18 GHz) etwa 20 mW mit typischen η-Werten bei 1,5%.

2.6.3 Das Gunn-Element

Dieses Bauelement geht auf folgenden experimentellen Befund von J. B. Gunn aus dem Jahre 1963 zurück: Wenn an einen homogenen n-GaAs-Kristall über ohmsche Kontakte und eine ohmsche Last ein elektrisches Gleichfeld E angelegt wird – dies geschieht impulsförmig, um eine unzulässig hohe Erwärmung zu vermeiden –, so treten bei Überschreitung eines kritischen Wertes $E_c \approx 3{,}3$ kV/cm Mikrowellen-Stromschwingungen auf. – Mit dem Buchstaben E wird in diesem Abschnitt der Betrag der elektrischen Feldstärke bezeichnet. – Der zeitliche Verlauf der Stromschwingung während eines Impulses ist in Bild **2**.76 dargestellt: Der Mittelwert dieses Stromes ist kleiner als der Maximalwert im ansteigenden Teil der I-U-Charakteristik (Bild **2**.77); hierin drückt sich die Wirkung

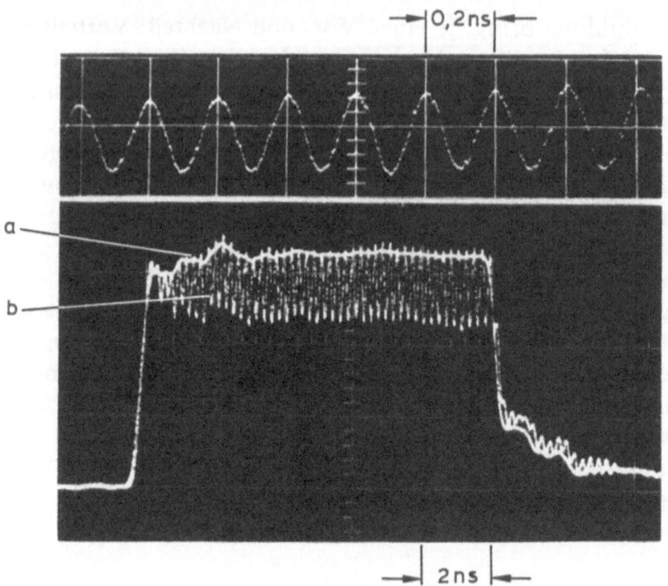

2.76 Zeitverlauf des Stromes durch eine n-GaAs-Probe bei einer Spannung knapp unter (a) bzw. knapp über (b) dem Schwellwert (aus [27])

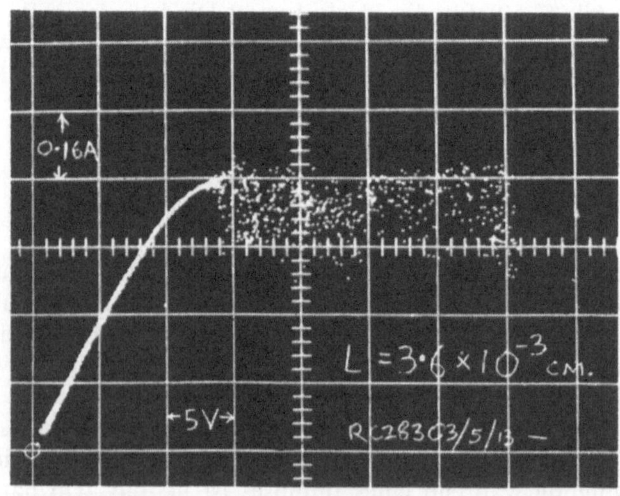

2.77 Strom-Spannungs-Charakteristik einer n-GaAs-Probe (aus [27]). - Die Meßpunkte stellen abgetastete Stromwerte bei impulsförmig angelegter Spannung dar

eines negativen dynamischen Leitwerts der Probe aus, der zur Realisierung von Mikrowellen-Verstärkern bzw. -Oszillatoren verwendet werden kann. Der Entdecker dieses Effekts stellte bereits fest, daß die Frequenz f_T der Stromschwingung der Beziehung $f_T = v/l$ genügt (l = Probenlänge, v = Geschwindigkeit der Elektronen); z.B. ist $f_T = 10$ GHz für $l = 10$ µm, $v = 10^7$ cm/s. Es handelt sich also wie bei der Impatt- und Barittdiode um einen Laufzeiteffekt; dementsprechend heißt f_T Laufzeitfrequenz. Im Gegensatz zu diesen beiden Bauelementen ist aber hier nicht die Mitwirkung eines oder mehrerer pn-Übergänge erforderlich, vielmehr liegt ein Volumeneffekt vor. Daher spricht man auch vom Gunn-Element und nicht von der Gunn-Diode.

Der Gunn-Effekt beruht auf einer (teilweise) fallenden Geschwindigkeits-Feldstärke-Charakteristik der Elektronen, d.h. auf ihrer negativen differentiellen Beweglichkeit

$$\mu = \frac{\mathrm{d}v}{\mathrm{d}E} < 0 .$$

Daß in einem Halbleiterkristall mit $\mu < 0$ eine Schwingungsanfachung möglich ist, wird sofort verständlich, wenn man bedenkt, daß Störungen des thermodynamischen Gleichgewichts gemäß der Zeitfunktion $\mathrm{e}^{-t/\tau_{\mathrm{rel}}}$ ablaufen mit der sog. Relaxationszeit $\tau_{\mathrm{rel}} = \varepsilon/\sigma$ (s. Band I/Teil 3, Gl. (2.95)). In einem n-Typ-Halbleiter mit der Dotierungskonzentration N_D ist $\sigma \approx e \cdot n \cdot \mu \approx e N_D \cdot \mu$, d.h. für $\mu < 0$ ist auch

$$\tau_{\mathrm{rel}} = \frac{\varepsilon}{e N_D \cdot \mu} < 0 . \tag{2.69}$$

Eine Störung des Gleichgewichtszustandes klingt also zeitlich exponentiell an.

Die Eigenschaft „$\mu < 0$" ist eine Folge der speziellen Struktur des Leitungsbandes einiger Verbindungs-Halbleiter vom Typ $A^{III}B^{V}$ (z.B. GaAs, InP, GaAsP) bzw. $A^{II}B^{VI}$ (z.B. CdTe, ZnSe); die größte Bedeutung kommt dem GaAs zu, obwohl InP grundsätzlich besser geeignet ist. Denn die GaAs-Technologie ist am weitesten ausgereift, da dieses Material außerdem für MESFETs, Schottky-Dioden sowie für optoelektronische Bauelemente in großem Umfang verwendet wird. Bild **2.78** zeigt drei Ausführungsbeispiele von Gunn-Elementen.

Wir wollen im folgenden die Erklärung für $\mu < 0$ am Beispiel des GaAs geben: Das Bild **2.79** zeigt qualitativ das Diagramm $W = W(\vec{k})$ für das Leitungsband (vgl. Bild **2.65**c in Band I/Teil 3). Ihm entspricht in der klassischen Physik der Zusammenhang zwischen kinetischer Energie

$$W_{\mathrm{kin}} = \frac{\vec{p}^{\,2}}{2 m_0} \tag{2.70a}$$

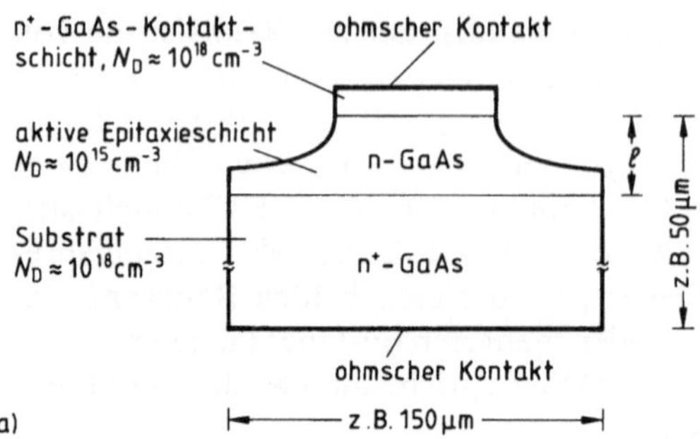

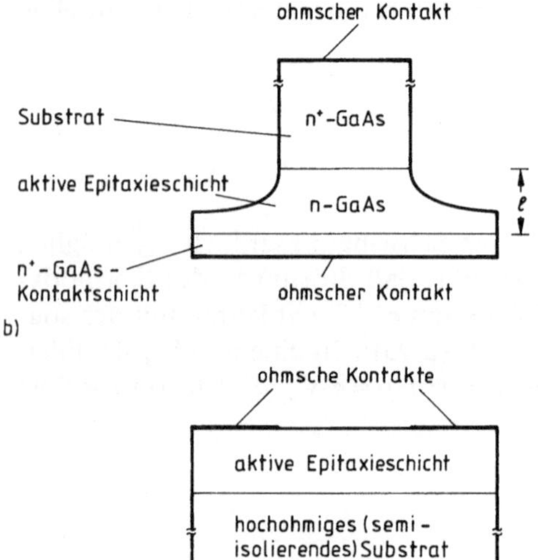

2.78
Gunn-Elemente aus GaAs in Mesa-Technik (nach [12], [19], [25])
a) konventioneller Aufbau
b) up-side-down-Aufbau zur besseren Wärmeabfuhr (Kontaktmetall: Au (88%)/Ge (12%)-Eutektikum)
c) Planare Struktur (vorzugsweise für integrierte Schaltungen in Streifenleitungstechnik)

eines Teilchens und seinem Impuls $\vec{p} = m_0 \vec{v}$; die Krümmung dieser Kurve ist umgekehrt proportional zur Teilchenmasse m_0. Im Halbleiter tritt an die Stelle von $\vec{p}$ der Ausdruck $\hbar \cdot \vec{k}$ ($\hbar = h/2\pi$, h = Plancksches Wirkungsquantum, $\vec{k}$ = Wellenvektor der Materiewelle des Elektrons), wobei aber nur in der Umgebung des Minimums ein zu Gl. (2.70a) analoger Zusammenhang

$$W = \frac{(\hbar \vec{k})^2}{2 \cdot m_{\text{eff}}} \tag{2.70b}$$

besteht; m_{eff} ist die effektive Masse des Kristallelektrons. Das Bild **2.79** zeigt ein Hauptminimum M_1 (Γ-Minimum) im Zentrum $\vec{k} = (0, 0, 0)$ der 1. Brillouin-Zone und jeweils ein Nebenminimum M_2 (L-Minimum) am Rand dieser Zone in jeder der sechs $\langle 100 \rangle$-Richtungen; diese Minima liegen jeweils um $\Delta W = 0{,}32$ eV höher als M_1. – Zum Vergleich: Der Abstand zwischen Valenz- und Leitungs-

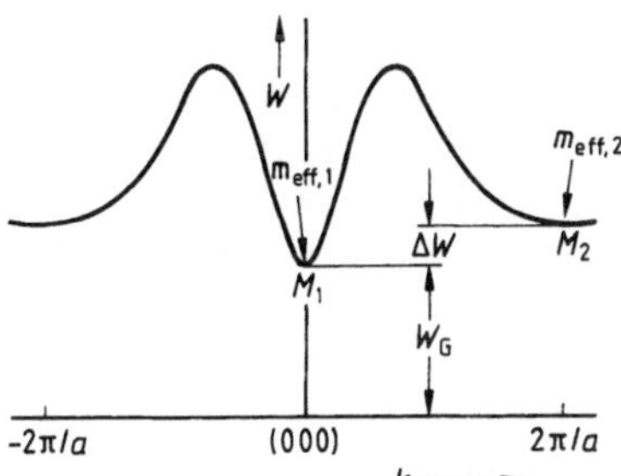

2.79
Elektronenenergie W im Leitungsband von GaAs in [100]-Kristallrichtung; a = Gitterkonstante (nach [25])

band (Bandabstand W_G) ist 1,43 eV. - Im Hauptminimum ist die Krümmung der $W(\vec{k})$-Kurve wesentlich größer als in den Nebenminima; dem entsprechen starke Unterschiede in den effektiven Elektronenmassen $m_{eff,1} \approx 0{,}07\, m_0 \ll m_{eff,2} \approx 1{,}2\, m_0$ und in den Dichten z_1, z_2 der Elektronenzustände (s. Band I/Teil 3, Gl. (2.71a)):

$$\frac{z_2}{z_1} = \left(\frac{m_{eff,2}}{m_{eff,1}}\right)^{3/2} \approx 70.$$

Da die 6 Nebenminima je zur Hälfte in der 1. Brillouin-Zone liegen, besteht in den Nebenminima insgesamt eine um etwa den Faktor 200 größere Zustandsdichte als im Hauptminimum. Dort ist dagegen die Beweglichkeit $\mu \sim 1/m_{eff}$ größer ($\mu_1 = 6000$–$8500\ cm^2/Vs$) als in den Nebenminima ($\mu_2 = 50$–$100\ cm^2/Vs$).

Das Zustandekommen der (teilweise) fallenden $v(E)$-Charakteristik kann nun wie folgt verstanden werden: Ohne äußere Spannung, d.h. im Gleichgewichtszustand, nehmen die Leitungselektronen die energetisch am tiefsten liegenden erlaubten Zustände ein; sie befinden sich also überwiegend in der Umgebung des Zentralminimums, d.h. $n_2 = 0$, und daher gilt $v = \mu_1 E$ mit der großen Steigung μ_1 (Bild 2.80). Mit wachsender äußerer Spannung nehmen die Elektronen aus dem Feld zusätzliche Energie auf, wodurch sich die effektive Elektronentemperatur

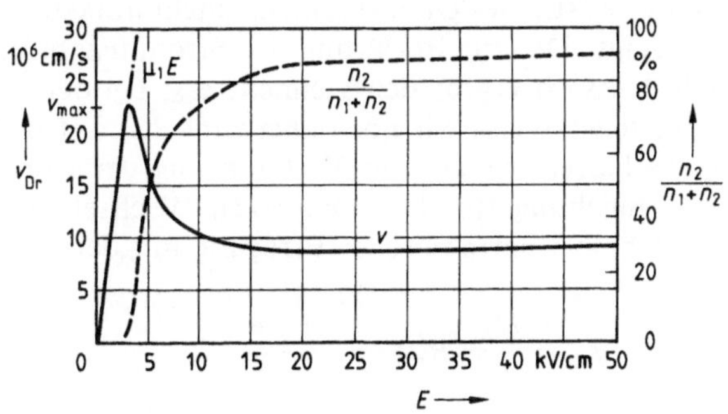

2.80 Feldstärkeabhängigkeit der mittleren Elektronen-Driftgeschwindigkeit gemäß Gl. (2.71) und des Anteils $n_2/n_1 + n_2$ an der Gesamt-Elektronenzahl $n_1 + n_2$ im Nebenminimum des Leitungsbandes (nach [25])

über die Temperatur des Gitters hinaus erhöht. Diejenigen Elektronen, welche einen Energie-Zuwachs größer als ΔW erlangt haben, können dann in eines der Nebentäler gestreut werden, wo sie eine wesentlich geringere Beweglichkeit haben. – Diesen Elektronen-Übergang nennt man Elektronen-Transfer-Mechanismus und alle Bauelemente, welche diesen Effekt ausnutzen, Elektronen-Transfer-Bauelemente. Der zuerst von Gunn festgestellte experimentelle Befund ist nur einer von vielen, die man in der Zwischenzeit noch entdeckt hat. – Falls genügend Elektronenübergänge aus M_1 nach M_2 erfolgen und diese außerdem in einem relativ engen Feldstärkebereich stattfinden, kann eine fallende Charakteristik entstehen. Die resultierende mittlere Driftgeschwindigkeit ist

$$v_{Dr} = \frac{n_1 \cdot \mu_1 + n_2 \cdot \mu_2}{n_1 + n_2} \cdot E\,. \tag{2.71}$$

Wenn schließlich bei weiterer Erhöhung der Feldstärke alle Elektronen in der Umgebung von M_2 versammelt sind ($n_1 = 0$), ist die $v_{Dr}(E)$-Charakteristik wieder steigend mit der (viel kleineren) Steigung entsprechend μ_2. Zusätzlich zu den schon geschilderten Voraussetzungen für eine fallende Charakteristik muß auch die Ungleichung $\Delta W \gg kT/e$ erfüllt sein; sie stellt sicher, daß nicht bereits durch thermische Streuung viele Elektronen in eines der Nebentäler gelangen. Andererseits muß ΔW deutlich kleiner als der Bandabstand W_G sein, damit nicht schon vor Einsetzen des Transfer-Mechanismus ein Lawinendurchbruch erfolgt. Diese Bedingungen sind z. B. für GaAs mit

$$\frac{kT}{e} \approx 25\,\text{mV} \ll \frac{\Delta W}{e} = 0{,}32\,\text{V} \ll \frac{W_G}{e} = 1{,}43\,\text{V}$$

gut erfüllt.

Trotz der (teilweise) fallenden $v(E)$-Charakteristik enthält die stationäre I-U-Charakteristik des Gunn-Elements nicht unbedingt einen fallenden Teil, wie Bild **2.**81 zeigt. Der zur Erklärung der Strominstabilität erwartete negative differentielle Leitwert ergibt sich vielmehr erst bei der Untersuchung des dynamischen Verhaltens. Wenn wir uns dabei zunächst auf den Kleinsignalbetrieb beschränken, erhalten wir aus der Verknüpfung der Kontinuitäts-, Poisson- und Bewegungsgleichung für den komplexen Wechselstrom-Widerstand $\underline{Z}_G$ einer Materialprobe bei harmonischer Erregung mit der Kreisfrequenz ω

$$\underline{Z}_G = \frac{\underline{U}}{\underline{I}} = R_{RL} \cdot \frac{\underline{\gamma} - 1 + e^{-\underline{\gamma}}}{\underline{\gamma}^2/2}\,; \tag{2.72}$$

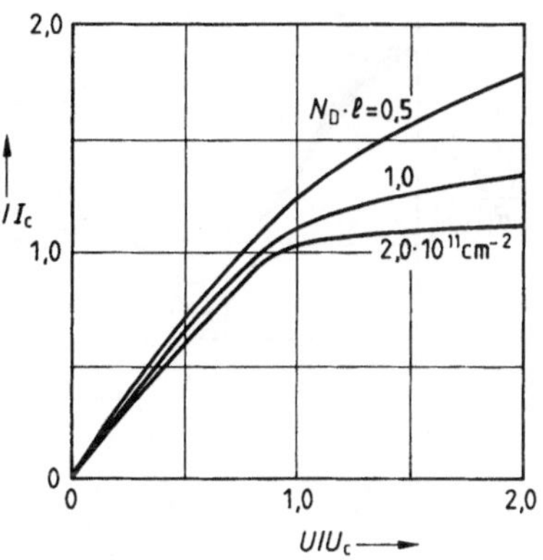

2.81
Stationäre Strom-Spannungs-Kennlinie einer n-GaAs-Probe mit der $v_{Dr}(E)$-Charakteristik gemäß Bild **2.80** (aus [25]) mit $U_c = E_c \cdot l$ (E_c = kritische Feldstärke)
$I_C = A \cdot e N_D \cdot v_{Dr}(E_c)$ und
l = Länge, N_D = Dotierung, A = Querschnitt der Probe

hierin ist

$$\underline{\gamma} = \mathrm{j}\underline{k}l \quad \text{mit} \quad \underline{k} = \frac{\omega - \mathrm{j}\omega_c}{v_0}, \quad \omega_c = \frac{eN_D}{\varepsilon} \cdot \mu \tag{2.73}$$

$$R_{RL} = \frac{l^2}{2\varepsilon v_0 A} = \text{Raumladungs-Widerstand} = \underline{Z}_G(\underline{\gamma} = 0)$$

l = Länge, A = Querschnitt der Probe

Das Ergebnis Gl. (2.72) wird unter der Annahme erhalten, daß der Diffusionsstrom vernachlässigbar ist – was bis unterhalb etwa $N_D \cdot l = 10^{15}\,\text{cm}^{-2}$ zutrifft – und daß $v = v_0$ und ω_c ortsunabhängig sind.
Die Feldstärke in der Probe wird durch eine Raumladungswelle

$$\underline{E}(x, t) \sim e^{\mathrm{j}(\omega t - \underline{k} \cdot x)} \tag{2.74}$$

beschrieben, deren Amplitude für $\mathrm{Im}\,\underline{k} > 0$ exponentiell anwächst, d.h. nach Gl. (2.73) für $\mu < 0$. Die Frequenzabhängigkeit von $\underline{Z}_G$ gemäß Gl. (2.72) ist in Bild **2.82** dargestellt. Für Frequenzen in der Nähe der sog. Laufzeitfrequenz $f_T = v_0/l$, d.h. $\theta_T = \omega_T l/v_0 = 2\pi$ zeigt das Elektronen-Transfer-Element einen negativen Realteil seines dynamischen Widerstandes. Wenn es mit einer Last $\underline{Z}_L = R_L + \mathrm{j}X_L$ zusammengeschaltet wird (Bild **2.83**a), so daß $R_L > \mathrm{Re}\,\underline{Z}_G$ ist, kann es zur Verstärkung von HF-Signalen benutzt werden, ohne daß es selbst Schwingungen erzeugt. – Aktive Bauelemente mit negativem differentiellen Widerstand werden i. allg. in Verbindung mit einem sog. Zirkulator betrieben, der eine einseitig gerichtete Leistungsübertragung bewirkt; dadurch wird eine Rückwirkung der Last auf die Signalquelle vermieden (Bild **2.83**b).

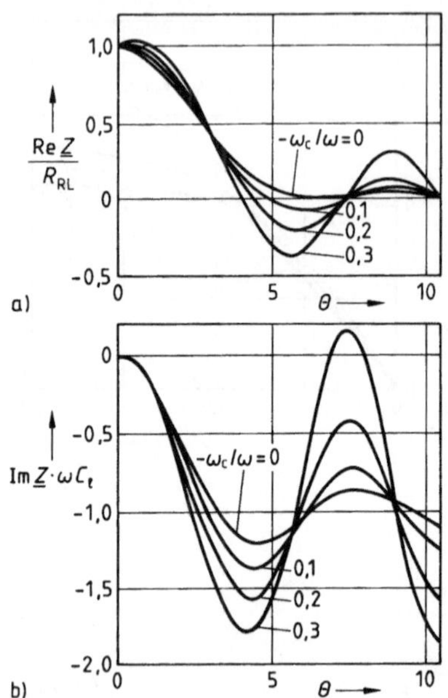

2.82 Normierte Kleinsignal-Impedanz eines Elektronen-Transfer-Elementes als Funktion des Laufzeitwinkels $\theta=\omega l/v_0=\text{Im}\ \underline{\gamma}$ mit $-\omega_c/\omega$ als Parameter (aus [25]).
a) Realteil
b) Imaginärteil ($C_1=\varepsilon A/l$)

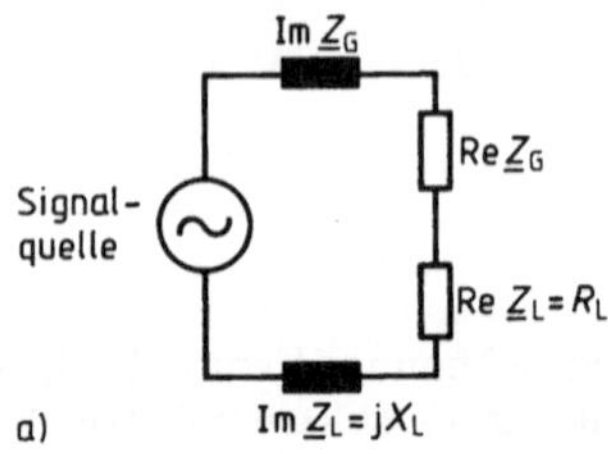

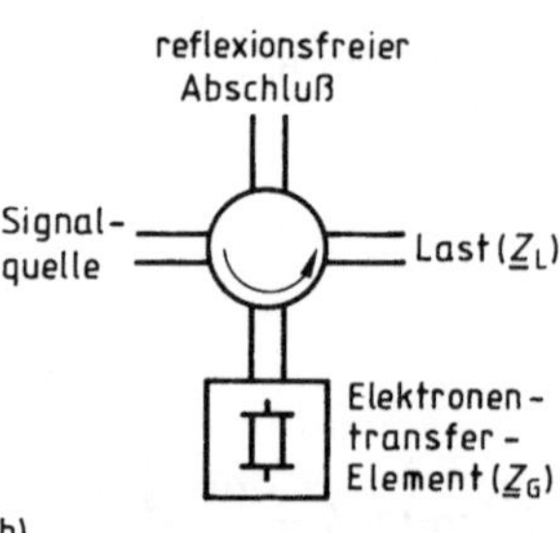

2.83 Verstärker mit einem Bauelement mit negativem HF-Widerstand Re$\underline{Z}_G<0$ (aus [25])
a) Ersatzschaltung für einen Zweipolverstärker
b) Reflexionsverstärker mit Zirkulator (Zweitorverstärker)

Nach dem oben Gesagten kann das Bauelement frühestens dann Schwingungen erzeugen, wenn bei der kleinstmöglichen Belastung $R_L=0$ (d.h. HF-Kurzschluß $\underline{U}=0$) ein Wechselstrom $\underline{I}\neq 0$ fließen kann. Diese Forderung führt nach Gl. (2.72) auf die Bedingungsgleichung

$$\underline{U}=\underline{Z}_G\cdot\underline{I}=0\rightarrow\underline{Z}_G=0\,.$$

Von den unendlich vielen Lösungen dieser Gleichung ist diejenige mit dem größten Realteil die interessanteste; denn hierfür ist die Schwingneigung am größten. Diese Lösung lautet

$$\underline{\gamma}_1=2{,}09+\mathrm{j}\,7{,}46=-p_1+\mathrm{j}\,\theta_1\,,$$

d.h. in Verbindung mit Gl. (2.73)

$$N_D\cdot l=\frac{\varepsilon\cdot v_0}{e\cdot\mu}\cdot p_1\,. \tag{2.75}$$

Daraus folgt z. B. mit

$$\frac{v_0}{|\mu|} = 1 \dots 2 \cdot 10^4 \text{ V/cm} \quad \text{bei} \quad |E| = 5 \text{ kV/cm}$$

(s. Bild 2.80) schließlich

$$N_D \cdot l = 1{,}5 \dots 3 \cdot 10^{11} \text{ cm}^{-2}. \tag{2.76}$$

Ferner erhält man aus Gl. (2.73) mit $\theta_1 = 7{,}46$

$$f_{osz} = \frac{v_0}{l} \cdot \frac{7{,}46}{2\pi} = 1{,}18 \cdot \frac{v_0}{l} = 1{,}18 \cdot f_T,$$

die Schwingfrequenz f_{osz} liegt also sehr nahe bei der Laufzeitfrequenz f_T.

Die Gl. (2.75) bzw. (2.76) kann anschaulich so verstanden werden, daß das Anschwingen erst dann möglich ist, wenn der Betrag der Relaxationszeit nach Gl. (2.69) deutlich kleiner als die Laufzeit $\tau_l = l/v_0$ der Elektronen durch die Probe ist:

$$\frac{\varepsilon}{eN_D \cdot |\mu|} \ll \frac{l}{v_0}, \quad \text{d.h.} \quad N_D \cdot l \gg \frac{\varepsilon \cdot v_0}{e \cdot |\mu|}$$

(vgl. Gl. (2.75)).

Da nach Gl. (2.74) die Amplitude der Raumladungswelle für $\mu < 0$ exponentiell wächst, liegt schon bald nach ihrem Start von der Kathode Großsignalbetrieb vor. Dessen mathematische Beschreibung ist natürlich noch aufwendiger als die des Kleinsignalverhaltens, da jetzt die vollständigen, nichtlinearen Grundgleichungen (1.52)–(1.55) heranzuziehen sind; denn nur damit ist z. B. der Effekt der Amplitudenbegrenzung zu erfassen. Wir wollen uns hier stattdessen mit einer anschaulichen Betrachtung begnügen.

Wie wir gesehen haben, stellt in einem Halbleiter-Material mit negativer differentieller Beweglichkeit ein homogenes elektrisches Feld keinen thermodynamisch stabilen Zustand dar. Geringste Störungen des Zustandes $E = \text{const}$ – z. B. durch Abweichung von der Raumladungsneutralität $\varrho = 0$ infolge räumlicher Dotierungsschwankungen – wachsen räumlich exponentiell an. Derartige Störungen der Neutralität und damit der Feld-Homogenität entstehen an der Kathode durch den Übergang von der dortigen extrem hohen Dotierung $10^{18} \dots 10^{19}$ cm^{-3} (d.h. hohe Leitfähigkeit σ und kleine Feldstärke $E \approx 0$) zur niedrigen Dotierung 10^{14}–10^{15} cm^{-3} der GaAs-Probe (d.h. kleinere Leitfähigkeit σ und größere Feldstärke $E \neq 0$) sowie durch Dotierungs- und damit Feldstärke-Schwankungen im Probeninneren.

Nach der Poisson-Gleichung (1.55) erzeugt die erstgenannte Störung eine Elektronen-Anreicherungsschicht vor der Kathode, die zweite kann sowohl eine Anreicherungs- als auch eine Verarmungsschicht hervorrufen. Insgesamt kann man i. allg. von einer dipolartigen Störung der Ladungsträgerverteilung in der Nähe der Kathode ausgehen; entsprechend den numerischen Werten der Materialparameter in GaAs ist die Akkumulationsschicht sehr schmal im Vergleich zur Verarmungsschicht (Bild **2**.84a). Der von Gunn gefundenen Strominstabilität liegt eine derartige Störung zugrunde.

Wenn die Probenspannung $U_0 \gtrsim E_c \cdot l = U_c$ gewählt wird, so daß ohne die Raumladungsstörung ein homogenes Feld $E \gtrsim E_c$ herrschen würde, dann ist bei Vorhandensein der Störung wegen $U_0 = \int E \mathrm{d}x = \mathrm{const}$ die elektrische Feldstärke links davon kleiner als E_c, rechts davon größer; die Feldverteilung spaltet also in einen Nieder- und einen Hochfeldbereich auf (Bild **2**.84a). Das zugehörige Geschwindigkeitsprofil zeigt Bild **2**.84b: Danach treten die Elektronen mit größerer Geschwindigkeit in die Anreicherungsschicht ein als aus ihr heraus ($v_{\mathrm{Dr},1} > v_{\mathrm{Dr},1'}$ bzw. $v_{\mathrm{Dr},2} > v_{\mathrm{Dr},2'}$), d.h. diese Schicht wächst zeitlich an ($0 < t_1 < t_2$). Da die Elektronen andererseits in die Verarmungsschicht mit geringerer Geschwindigkeit hinein- als herausfließen ($v_{\mathrm{Dr},1'} < v_{\mathrm{Dr},1''}$ bzw. $v_{\mathrm{Dr},2'} < v_{\mathrm{Dr},2''}$), nimmt auch die Verarmung zu. Das Anwachsen der dipolartigen Störung (Domäne) ist erst dann beendet ($t = t_3$), wenn vor und hinter der Domäne dieselbe Feldstärke (E_n) und damit Geschwindigkeit v_{Do} herrscht und sich auch die Feldspitze (E_h) mit dieser Geschwindigkeit bewegt (Zustand für $t \geq t_3$ in Bild **2**.84b). Die voll ausgebildete Domäne läuft dann in unveränderter Gestalt mit der einheitlichen Geschwindigkeit

$$v_{\mathrm{Do}}(E_h) = v_{\mathrm{Do}}(E_n) \tag{2.77a}$$

durch den Kristall. In diesem Zustand fließt durch die Probe der Strom $I = A e N_D v_{\mathrm{Do}}$, er ist offensichtlich kleiner als der Maximalstrom $I_c = A e N_D v_{\mathrm{Dr}}(E_c)$ vor Einsetzen der Domänenbildung. Die Forderung Gl. (2.77a) läßt sich nur erfüllen, wenn in der Domäne neben der Driftgeschwindigkeit $v_{\mathrm{Dr}}(E)$ der durch die Diffusion der Elektronen verursachte Geschwindigkeitsanteil berücksichtigt wird, d.h.

$$v_{\mathrm{Do}} = v_{\mathrm{Dr}}(E) - D_n \cdot \frac{1}{n(x)} \cdot \frac{\mathrm{d}n(x)}{\mathrm{d}x}$$

(s. hierzu Gl. (1.1)). Hiermit folgt unter Beachtung der Poisson-Gleichung (1.55), d.h. hier

$$\frac{\mathrm{d}E(x)}{\mathrm{d}x} = \frac{e}{\varepsilon} \cdot (N_D - n(x)),$$

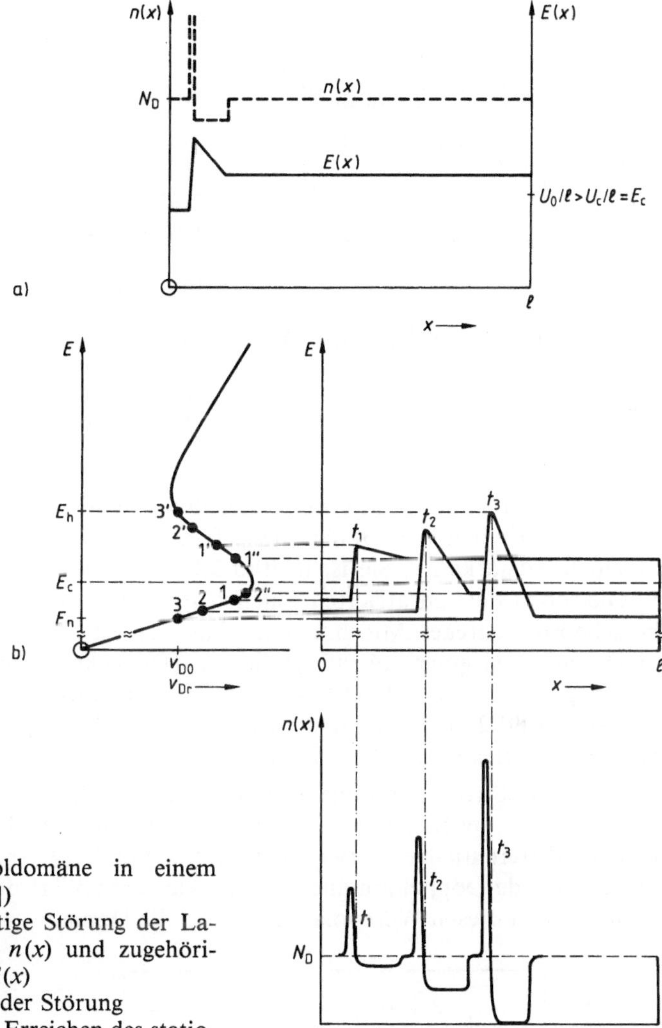

2.84
Ausbildung einer Dipoldomäne in einem Gunn-Element (nach [19])
a) ursprüngliche dipolartige Störung der Ladungsträgerverteilung $n(x)$ und zugehöriges Feldstärkeprofil $E(x)$
b) zeitliche Entwicklung der Störung $0 < t_1 < t_2 < t_3$) bis zum Erreichen des stationären Zustandes ($t \geq t_3$)

zunächst

$$\int_{E_n}^{E} [v_{Dr}(E) - v_{Do}]\,dE = D_n \int_{N_D}^{n} \frac{1}{n(x)} \cdot \frac{dn(x)}{dx}\,dE = \frac{eD_n}{\varepsilon}\left[\frac{n}{N_D} - 1 - \ln\frac{n}{N_D}\right].$$

– Das Niederfeldgebiet ist raumladungsfrei; daher gehört zur unteren Integrationsgrenze E_n $n = N_D$. – Insbesondere gilt im Feldstärkemaximum $E = E_h$ nach

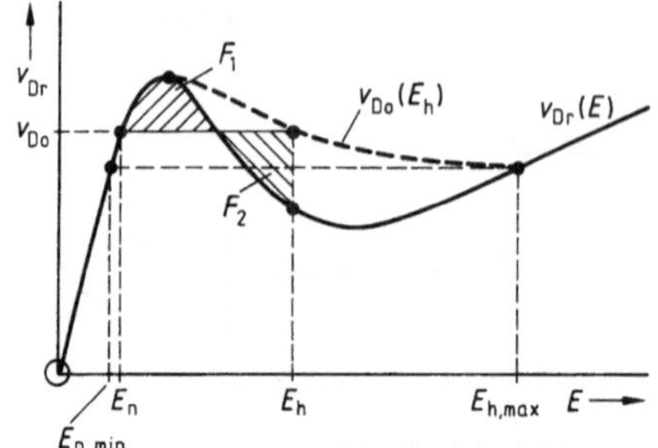

2.85
Graphische Darstellung der Butcher'schen Flächenregel (nach [19])

der Poissongleichung $N_D = n$, d.h.

$$\int_{E_n}^{E_h} [v_{Dr}(E) - v_{Do}]\,dE = 0 \quad \text{bzw.} \quad \int_{E_n}^{E_h} v_{Dr}(E)\,dE = v_{Do}(E_h - E_n) \tag{2.77b}$$

Das ist eine implizite Bestimmungsgleichung für den Zusammenhang zwischen den asymptotischen Werten der Niederfeldstärke E_n außerhalb der Domäne und der Hochfeldstärke E_h. Sie ist in Bild **2.**85 graphisch dargestellt und beinhaltet die Gleichheit der schraffierten Flächen F_1, F_2; die Gl. (2.77b) heißt auch Butchersche Flächenregel. Mit ihrer Hilfe kann der Strom durch das Gunn-Element bei Durchlaufen einer voll ausgebildeten (Dreiecks-)Domäne als Funktion der Probenspannung $U_0 = \int E(x)\,dx$ berechnet werden; diese sog. dynamische Kennlinie ist in Bild **2.**86 für verschiedene Werte des Parameters $N_D \cdot l$ oberhalb des kritischen Wertes nach Gl. (2.76) dargestellt.

Die gesamte Stromspannungs-Kennlinie besteht somit aus 2 Zweigen: Für $0 < E < E_c$ folgt der Strom der stationären nichtlinearen Charakteristik, die einen positiven differentiellen Leitwert beschreibt. Für $E > E_c$ springt der Strom durch die entstehende Doppeldomäne auf den kleineren Wert des dynamischen Zweiges und behält diesen Wert solange bei, bis die Domäne an der Anode angekom-

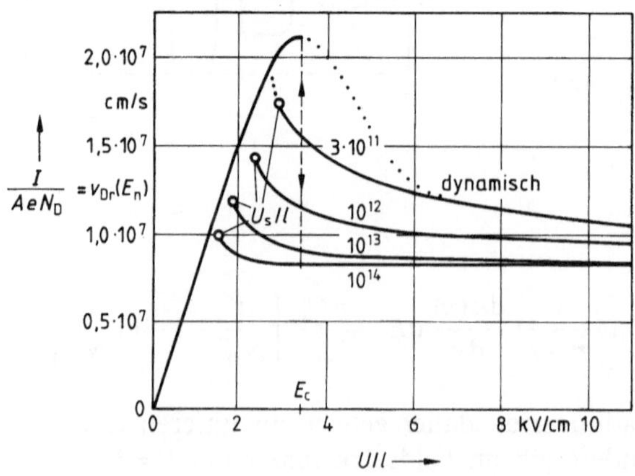

2.86
Stationäre und dynamische Strom-Spannungs-Kennlinien von n-GaAs-Proben mit überkritischem $N_D \cdot l$-Produkt (aus [25])

men ist; dann springt der Strom wieder auf den Wert des stationären Zweiges zurück (<---> in Bild 2.86). Dadurch entsteht in der Probe wieder die überkritische Feldverteilung $E(x) = \text{const} > E_c$, und es kann sich, ausgehend von der Kathode $x = 0$, eine neue Domäne ausbilden. – Während der Laufzeit einer Domäne kann an der Kathode keine weitere ausgelöst werden, da dort $E(0) = E_n < E_c$ ist. – Der Abstand zwischen dem stationären und dynamischen Kennlinienzweig im Bereich $E \approx E_c$ wird mit abnehmendem $N_D \cdot l$-Wert geringer und verschwindet bei Erreichen des kritischen Wertes.

Da auch unterhalb E_c eine Domäne möglich ist, sofern sie durch ein vorangegangenes kurzzeitiges Überschreiten von E_c ausgelöst worden war, enden die dynamischen Kennlinienzweige für einen Feldstärkewert $E_s = U_s/l < E_c$, der von $N_D \cdot l$ abhängig ist. Unterhalb $E = E_s$ kann keine Domäne die Anode erreichen.

Der Übergang zwischen stationärem und dynamischem Kennlinienzweig erfolgt bei Frequenzen oberhalb etwa 10 GHz wegen der endlichen Aufbau- und Abbauzeiten der Domäne (typisch 10 ps) nicht mehr sprunghaft; der tatsächliche Verlauf ist beispielhaft durch die punktierte Kurve in Bild 2.86 angedeutet.

Wenn man also eine GaAs-Probe mit überkritischem $N_D \cdot l$-Produkt mit $U_0 > U_c$ betreibt, so hat der Strom nach den vorstehenden Erläuterungen den in Bild 2.87 dargestellten zeitlichen Verlauf: Er besteht aus einer Folge von Impulsen im zeitlichen Abstand gleich der Laufzeit $\tau_T = l/v_{Dr}$; diese Betriebsart entspricht dem ursprünglichen Experiment von Gunn. Sie ermöglicht die Realisierung von Impulsgeneratoren und von logischen Funktionen im Subnanosekundenbereich; Bild 2.88 zeigt als Beispiel eine Schaltung zur Pulserzeugung: In dem knapp unterhalb $U_c = E_c \cdot l$ vorgespannten Gunn-Element wird durch einen Triggerimpuls eine Dipoldomäne ausgelöst und damit der Stromverlauf gemäß Bild 2.87.

Der zyklische Aufbau und Abbau von Domänen, d.h. der Wechsel zwischen stationärer und dynamischer Kennlinie, kann in vielfältiger Weise für den Oszillatorbetrieb ausgenutzt werden. Zur Erzeugung einer möglichst reinen Sinusschwingung muß das aktive Bauelement mit einem Resonator hoher Güte zusammengeschaltet werden; dieser muß den Charakter eines Parallelschwingkrei-

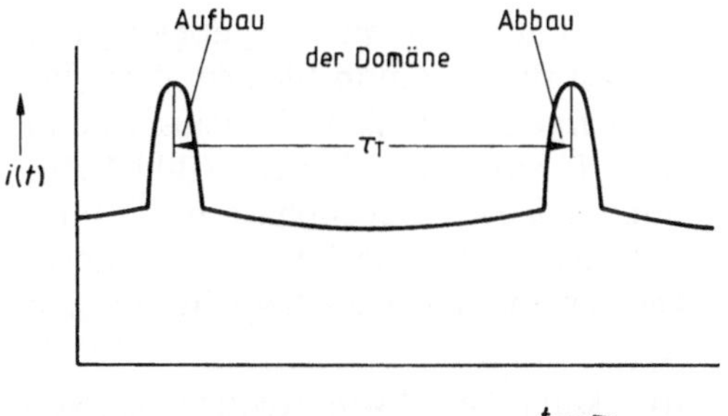

2.87 Stromverlauf in einer n-GaAs-Probe mit überkritischem $N_D \cdot l$-Produkt für $U > U_c$ (nach [25])

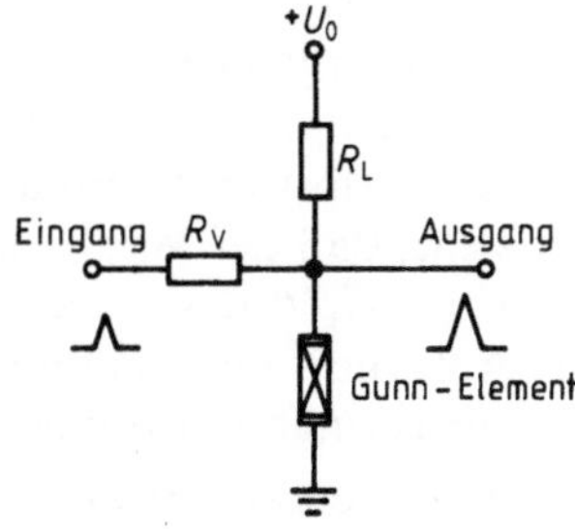

2.88 Schaltung zur Pulserzeugung mit einem Gunn-Element (aus [25])

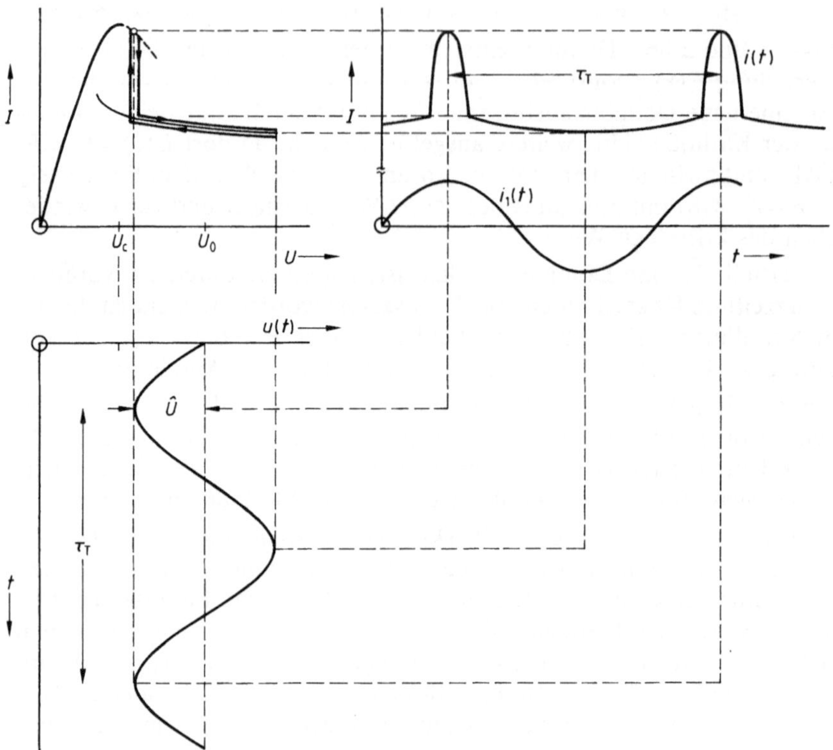

2.89 Laufzeitbetrieb eines Gunn-Oszillators (nach [25])

ses haben, so daß Spannungssteuerung vorliegt. Diese Forderung folgt aus der $v(E)$-Charakteristik, welche jedem Wert von E (bzw. Spannung) eindeutig einen Wert von v (bzw. Strom) zuordnet, aber nicht umgekehrt.

Es sind nun mehrere Oszillatorbetriebsarten zu unterscheiden:

Im Laufzeitbetrieb ist der Resonator auf die Laufzeitfrequenz f_T abgestimmt, so daß er bei dieser Frequenz eine ohmsche Last für das Gunn-Element darstellt. Dieses wird mit der Gleichspannung U_0 so vorgespannt, daß die Feldstärke in der Probe selbst im Spannungsminimum $U_0 - \hat{U}$ größer als E_c bleibt (Bild 2.89). Man sieht, daß der Wechselanteil der Spannung $u(t)$ in Gegenphase zur Grundschwingung $i_1(t)$ des Stromes ist; das Bauelement kann also HF-Leistung abgeben. Aufgrund der Spannungsabhängigkeit der Domänengeschwindigkeit sind aber nur geringe Leistungen möglich.

Bei der Betriebsart Domänenverzögerung kann die Schwingfrequenz f_{osz} von f_T zu kleineren Werten bis etwa $f_T/2$ durchgestimmt werden, z.B. durch eine Kapazitätsdiode oder durch einen ferrimagnetischen YIG-Resonator. Die Vorspannung U_0 und die Resonatorgüte werden so gewählt, daß die kritische Feld-

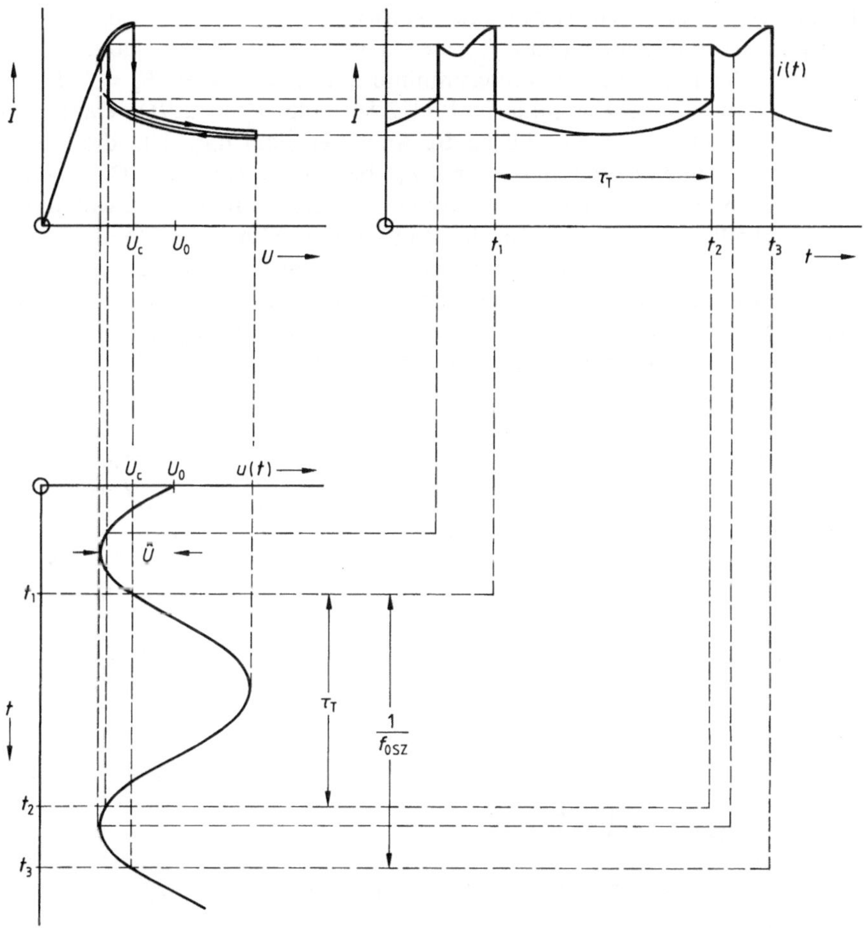

2.90 Gunn-Element mit verzögerter Domänenbildung (nach [25])

stärke E_c im Spannungsminimum $U_0 - \hat{U}$ unterschritten wird (Bild **2.90**). Zur Zeit $t = t_1$ wird eine Domäne ausgelöst, wodurch der Strom auf den Wert entsprechend der dynamischen Kennlinie abfällt. Wenn dann nach Ankunft der Domäne an der Anode ($t = t_2 = t_1 + \tau_T$) der Strom wieder auf den stationären Wert springt, wird eine neue Domäne erst nach erneuter Überschreitung der kritischen Feldstärke E_c bzw. der Spannung U_c ausgelöst $\left(t = t_3 = t_1 + \frac{1}{f_{osz}}\right)$. Auch hier erkennt man sofort, daß die Wechselspannung und die Grundwelle des Stromes in Gegenphase sind. Der maximale Wirkungsgrad liegt zwischen 5 und 10%. Die untere Grenze der Schwingfrequenz ist dadurch bedingt, daß zur Zeit t_2 noch $u(t_2) < U_c$ gelten muß, damit noch keine neue Domäne ausgelöst werden kann.

Bei der Betriebsart Domänenauslöschung kann eine Schwingfrequenz f_{osz} oberhalb der Laufzeitfrequenz f_T erreicht werden und zwar dadurch, daß das Feld E_n in der Probe im Spannungsminimum unter den Wert $E_s = U_s/l$ sinkt, bei dem die dynamische Kennlinie in Bild 2.86 endet (Bild 2.91). Dann wird die Domäne ausgelöscht, noch ehe sie die Anode erreicht hat, d.h. die Laufzeit τ_T ist größer als die Schwingungsdauer $1/f_{osz}$ bzw. $f_{osz} > 1/\tau_T = f_T$. Die obere Grenze für die Schwingfrequenz ist dadurch gegeben, daß die Schwingungsdauer $1/f_{osz}$ schließlich mit der Zeit für den Aufbau und Abbau der Domäne vergleichbar wird. Da f_{osz} bei dieser Betriebsart von der Laufzeit unabhängig ist, entfällt auch die Bindung der abgegebenen Leistung P an die Schwingfrequenz f_{osz} gemäß $P \cdot f_{osz}^2 = \text{const}$. Allerdings ist der Wirkungsgrad wegen der ungünstigen Stromform nur etwa halb so groß wie beim Laufzeitbetrieb.

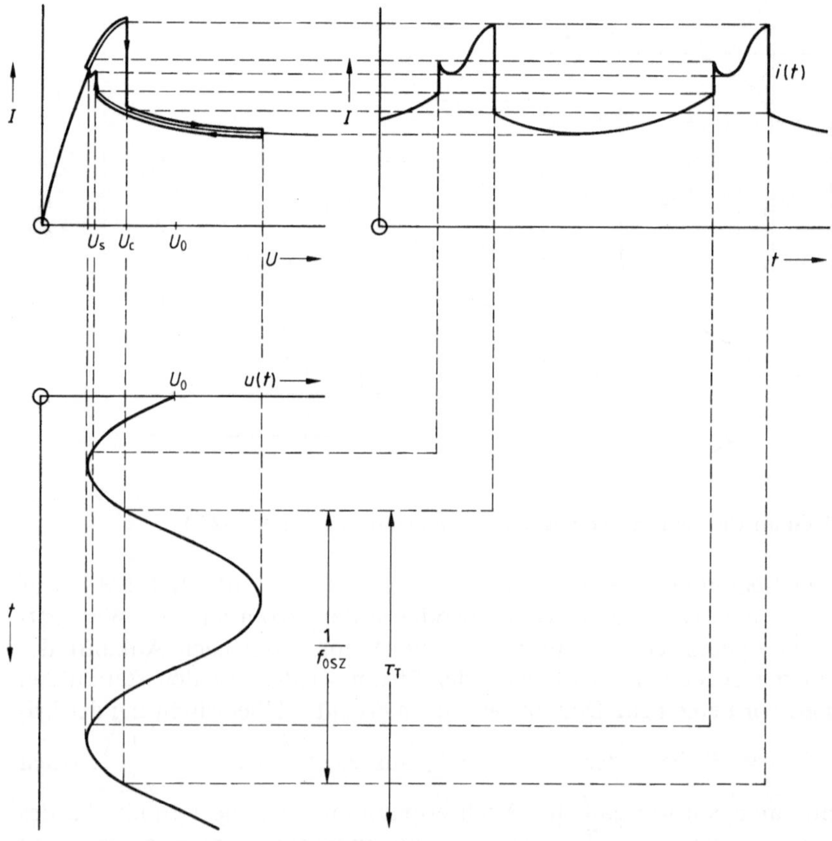

2.91 Gunn-Element mit Domänenauslöschung (nach [25])

Die Wirkungsgrade der bisher beschriebenen Betriebsarten und die erzielbaren Leistungen sind wegen der Beteiligung von Domänen relativ niedrig, verglichen mit den Daten von Impatt-Oszillatoren. Durch geeignete Wahl der Parameter von Probe und Lastkreis kann jedoch - bei hinreichend homogener Dotierung - eine ausgeprägte Raumladungsbildung und damit die Entstehung von Hochfelddomänen unterdrückt werden. Bei diesem sog. LSA-Betrieb (≙ **L**imited **S**pace Charge **A**ccumulation) wird die Probe rasch und weit in den Bereich $\mu = \frac{dv_{Dr}}{dE} < 0$ und damit zu kleinen Werten von $|\mu|$ ausgesteuert (Bild **2**.92). Dadurch ist $|\tau_{rel}|$ nach Gl. (2.69) so groß, daß es nicht zu einer nennenswerten Anfachung von Verarmungsschichten kommt. Andererseits wird im Spannungsminimum ein so großer positiver Wert von μ ($\approx \mu_1$) erreicht, daß die an der Kathode ausgelöste Akkumulationsschicht hinreichend stark bedämpft wird. Dadurch ist es möglich, die negative differentielle Beweglichkeit über nahezu die ganze Probenlänge auszunutzen und Wirkungsgrade um 20% zu erzielen; außer-

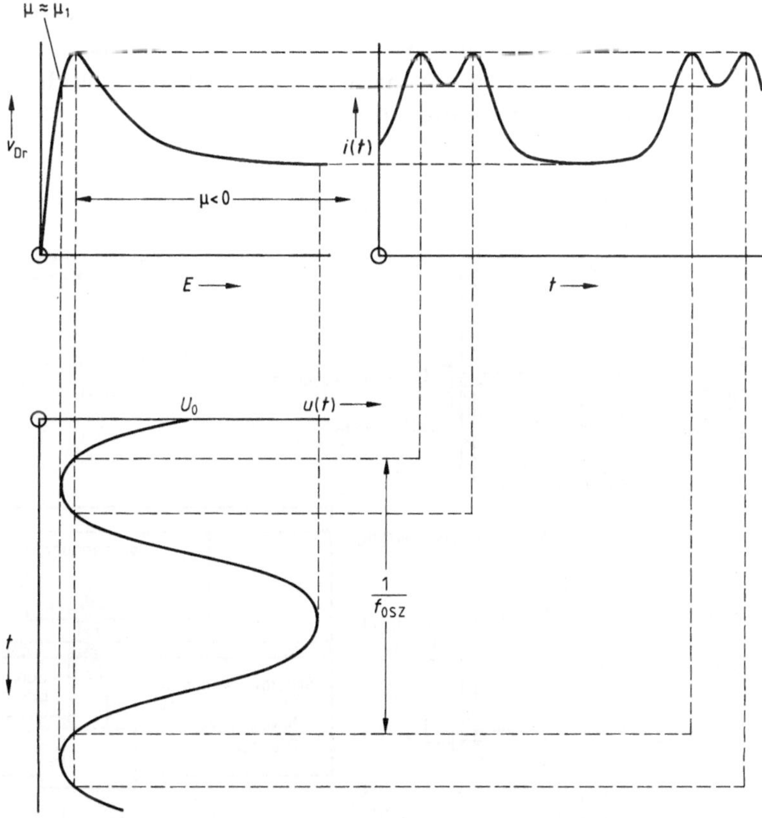

2.92 Gunn-Element im LSA-Betrieb (nach [25])

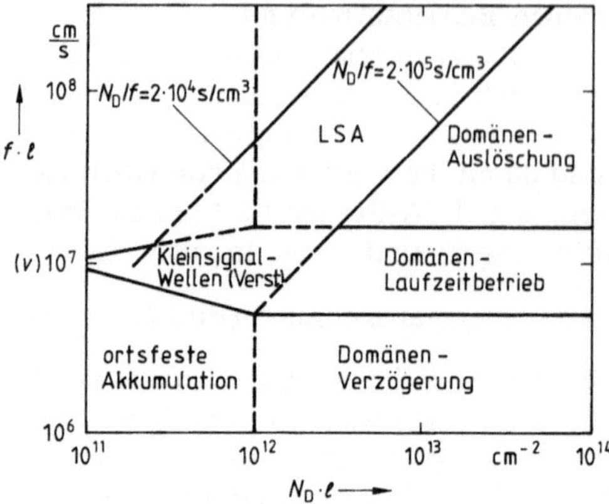

2.93
Betriebszustände eines GaAs-Gunn-Elementes in Abhängigkeit von $f \cdot l$ und $N_D \cdot l$. Die einzelnen Geradenstücken kennzeichnen lediglich die ungefähre Begrenzung; in der Regel überlappen sich die Bereiche (aus [25])

dem entfällt wie bei der Betriebsart Domänenauslöschung die Bindung der Schwingfrequenz an die Laufzeit. Der theoretisch vielversprechende LSA-Betrieb läßt sich in der Praxis wegen der extremen Anforderung an homogene Dotierung nicht rein verwirklichen, man findet vielmehr Schwingungsformen zwischen LSA- und Domänenbetrieb.

Bild **2.93** gibt einen vereinfacht dargestellten Überblick über die mit Gunn-Elementen möglichen Betriebsarten in Abhängigkeit von den Parametern $f_{osz} \cdot l$ und $N_D \cdot l$.

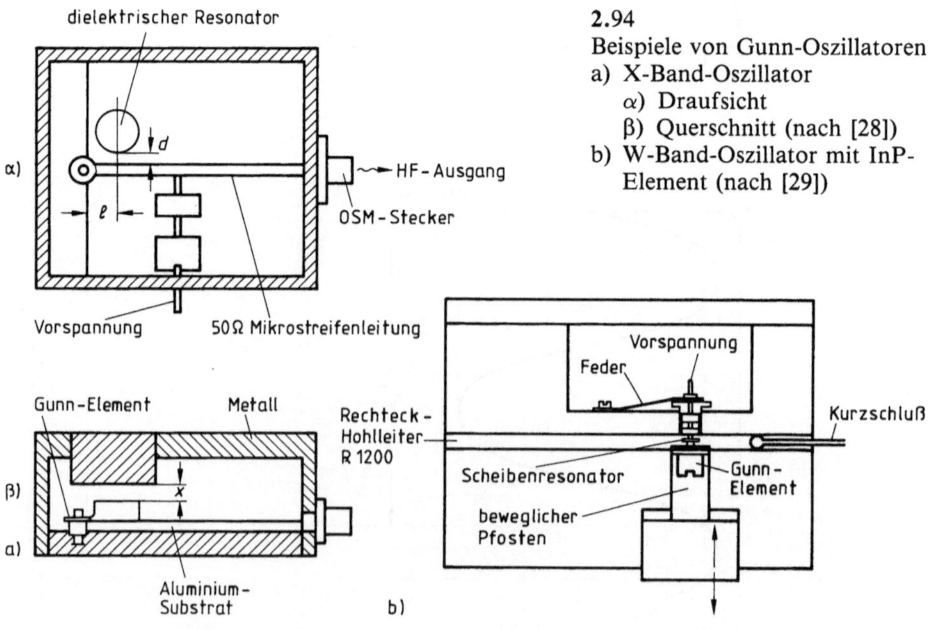

2.94
Beispiele von Gunn-Oszillatoren
a) X-Band-Oszillator
α) Draufsicht
β) Querschnitt (nach [28])
b) W-Band-Oszillator mit InP-Element (nach [29])

Generell sind Gunn-Oszillatoren den Impatt-Oszillatoren bzgl. Rauscharmut und Durchstimmbarkeit überlegen, bzgl. der Leistung unterlegen. Sie finden Anwendung in Meßgeräten und als Lokaloszillatoren. Bild **2.**94a zeigt den Aufbau eines X-Band-Oszillators in Streifenleitungstechnik, der zur Stabilisierung der Frequenz ($\approx 11{,}4$ GHz) einen dielektrischen Resonator enthält; bei $l = 2{,}4$ mm und der Luftspaltdicke $x = 3$ mm fällt die Schwingfrequenz für $d = 0 \ldots 1$ mm von 11,43 auf 11,39 GHz und die abgegebene Leistung P von 14,5 auf 8 dBm; andererseits wird für $l = 2{,}4$ mm und $d = 0$ mm bei Variation von $x = 3 \ldots 0{,}8$ mm der Frequenzbereich 11,43 ... 11,8 GHz überstrichen, wobei P zwischen 14,5 und 14 dBm liegt. Bild **2.**94b zeigt im Querschnitt den Aufbau eines mechanisch abstimmbaren InP-Gunn-Oszillators in Hohlleitertechnik, der über das ganze W-Band (75–110 GHz) mehr als 10 mW liefert mit einem Maximum von 50 mW bei 84 GHz.

Der gegenwärtige Stand der mit Gunn-Oszillatoren erzielbaren Leistungen ist in Bild **2.**95 zusammengestellt.

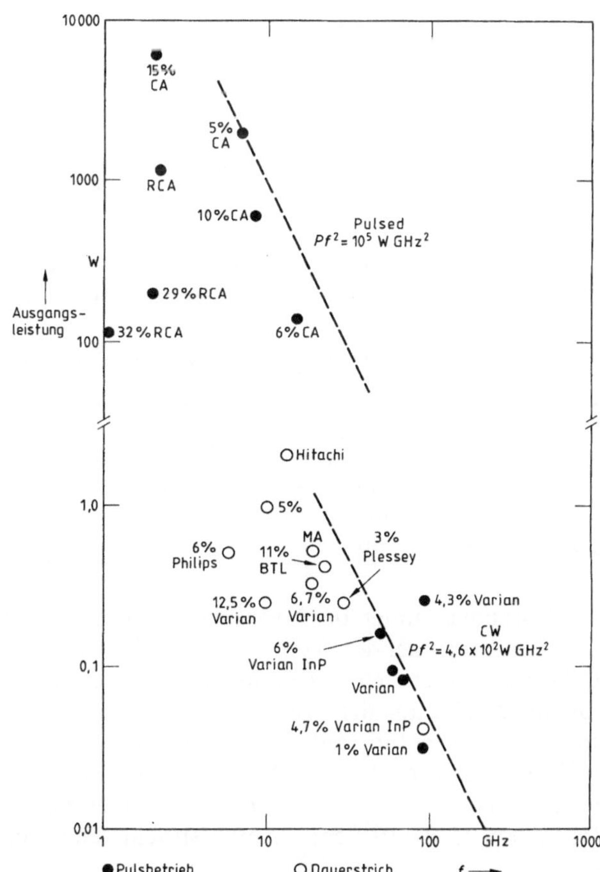

2.95
Ausgangsleistung und Wirkungsgrad heutiger Gunn-Elemente als Funktion der Frequenz (aus [23])

2.6.4 Die Tunneldiode

Sie ist das älteste ausschließlich aus Halbleitermaterial bestehende Mikrowellen-Bauelement (Esaki 1957). Das p- und das n-Gebiet dieser Diode sind extrem hoch dotiert und bewirken dadurch einen fallenden Ast in der stationären Strom-Spannungs-Kennlinie (Bild **2**.96). Im Bereich zwischen $U=U_p$ (p$\triangleq$peak) und $U=U_v$ (v$\triangleq$valley) stellt die Diode einen negativen differentiellen Leitwert

$$-G_N = \left(\frac{dI}{dU}\right)_A$$

dar. Die Phasenverschiebung von 180° zwischen Strom- und Spannungsänderung wird also bei dieser Diode - im Gegensatz zu den anderen Bauelementen dieses Abschnitts - bereits von der stationären $I-U$-Charakteristik geliefert.

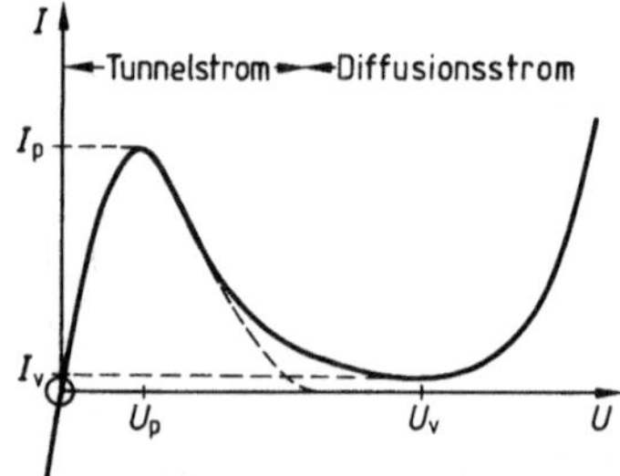

2.96
Strom-Spannungs-Kennlinie einer Tunneldiode (schematisch)

Die Materialabhängigkeit der Größen U_p, U_v und des Stromverhältnisses I_p/I_v geht aus den in Tafel **2**.97 zusammengestellten (typischen) Werten hervor.

Tafel **2**.97 Materialabhängigkeit von Tunneldioden-Kenngrößen

Material	Ge	GaSb	Si	GaAs
W_G/eV	0,66	0,7	1,11	1,43
U_p/mV	50	120	100	150
U_v/mV	300	350	450	650
$I_p/I_v \lesssim$	10	15	5	60

Das Zustandekommen der Kennlinie in Bild **2**.96 kann wie folgt verstanden werden: Mit zunehmender Konzentration der Akzeptoren (Donatoren) in einem Halbleiter bewegt sich das Fermi-Niveau nach den Untersuchungen in Bd. I/3, Abschn. 2.4.3.3 aus der Mitte der Energiebandlücke zwischen Valenz- und Leitungsband in Richtung auf die obere (untere) Kante des Valenzbandes (Leitungsbandes) zu und taucht schließlich in dieses ein, wenn die Dotierung die Größe der effektiven Zustandsdichten N_V (N_L) erreicht, d.h. nach Gl. (1.5a) für $N_A, N_D \approx (1 \ldots 3) \cdot 10^{19}\,\mathrm{cm}^{-3}$; man spricht dann von einem entarteten Halbleiter.

Ohne äußere Spannung U zwischen p- und n-Gebiet, d.h. im thermodynamischen Gleichgewicht, sind die Energiebänder des p- und n-Gebietes um die Diffusionsspannung

$$U_D = \frac{W_G}{e} + U_T \cdot \ln \frac{N_A \cdot N_D}{N_V \cdot N_L} \tag{1.5a}$$

gegeneinander versetzt; diese ist für $N_A, N_D \geq N_V, N_L$ größer als der Bandabstand W_G. Da für $U=0$ die Fermi-Niveaus E_F im p- und n-Gebiet auf gleicher Höhe liegen, ergibt sich für die bis in die Entartung dotierte Diode das Energiebändermodell gemäß Bild **2**.98a. Die Raumladungszone des pn-Übergangs ist nun infolge der extrem hohen Dotierung des p- und n-Gebietes sehr dünn (typisch einige 10^{-7} cm gemäß Gl. (1.10)) und die dort herrschende elektrische Feldstärke sehr hoch (typisch einige 10^6 V/cm gemäß Gl. (1.10)). Daher kann schon bei $U=0$ der Zener-Effekt einsetzen, d.h. Elektronen können ohne Energieänderung die (klassisch nicht überwindbare) Potentialbarriere zwischen p- und n-Gebiet durchdringen (wellenmechanischer Tunneleffekt, s. hierzu auch Abschn. 1.1.3.4, insbesondere Bild **1**.20). Allerdings führt das noch zu keinem „Tunnel"strom, da sich auf beiden Seiten der Sperrschicht unterhalb W_F nur besetzte und oberhalb W_F nur unbesetzte Energieniveaus gegenüberstehen. Nach dieser Erläuterung haben wir einen Stromverlauf wie in Bild **2**.96 zu erwarten:

Bei Anlegen einer Sperrspannung $U<0$ verschieben sich die Energiebänder des p- und n-Gebietes gegenseitig um $e(U_D + |U|)$, so daß mit zunehmendem Spannungsbetrag $|U|$ immer mehr besetzte Zustände des p-seitigen Valenzbandes einer immer größeren Anzahl leerer Zustände des n-seitigen Leitungsbandes gegenüberstehen (Bild **2**.98b). Dadurch können zunehmend Elektronen vom p-Valenzband in das n-Leitungsband tunneln; der Strom $I<0$ steigt daher in Sperrichtung mit der Spannung steil an. Im Gegensatz zur konventionell dotierten pn-Diode bricht die Tunneldiode also infolge des Zenereffekts bereits bei beliebig kleinen Spannungen durch.

In Vorwärts-Richtung $U>0$ bestimmen zwei gegenläufige Vorgänge den Verlauf der Kennlinie. Zunächst nimmt der Strom mit der Spannung rasch zu, weil das Intervall größer wird, in dem sich (vorwiegend) besetzte Zustände des n-seitigen Leitungsbandes und (vorwiegend) unbesetzte Zustände des p-seitigen Valenzbandes gegenüberstehen (Bild **2**.98c, d). Andererseits wird mit zunehmender Vorwärtsspannung das Energieintervall kleiner, in dem sich die Bänder des p- und n-Gebietes überlappen, d.h. in dem überhaupt ein Tunneln möglich ist (Bild **2**.98e). Der Vorwärts-Tunnelstrom nimmt also nach Erreichen eines Maximums wieder ab und wird Null, sobald sich die Bänder nicht mehr überlappen (Bild **2**.98f). Bei noch höheren Vorwärtsspannungen überwiegt dann der normale Dioden-Diffusionsstrom, der vorher praktisch noch nicht ins Gewicht fällt (Bild **2**.98g). – Von der Spannungsabhängigkeit der Breite des Raumladungsgebietes ist in Bild **2**.98 der Einfachheit halber abgesehen. – Die so entstehende

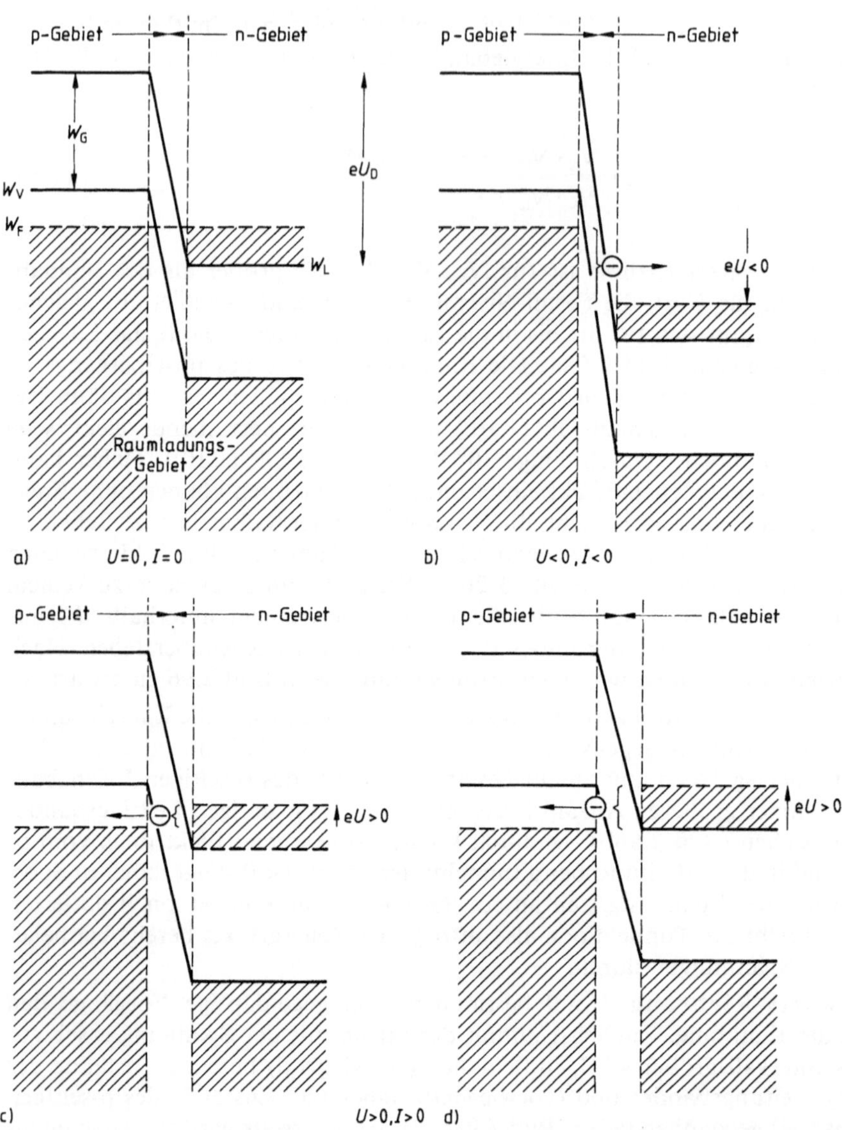

2.98 Erläuterung des Zustandekommens der Tunneldioden-Kennlinie an Hand ihres Energiebänder-Modells – **2.98** e), f), g) siehe nächste Seite

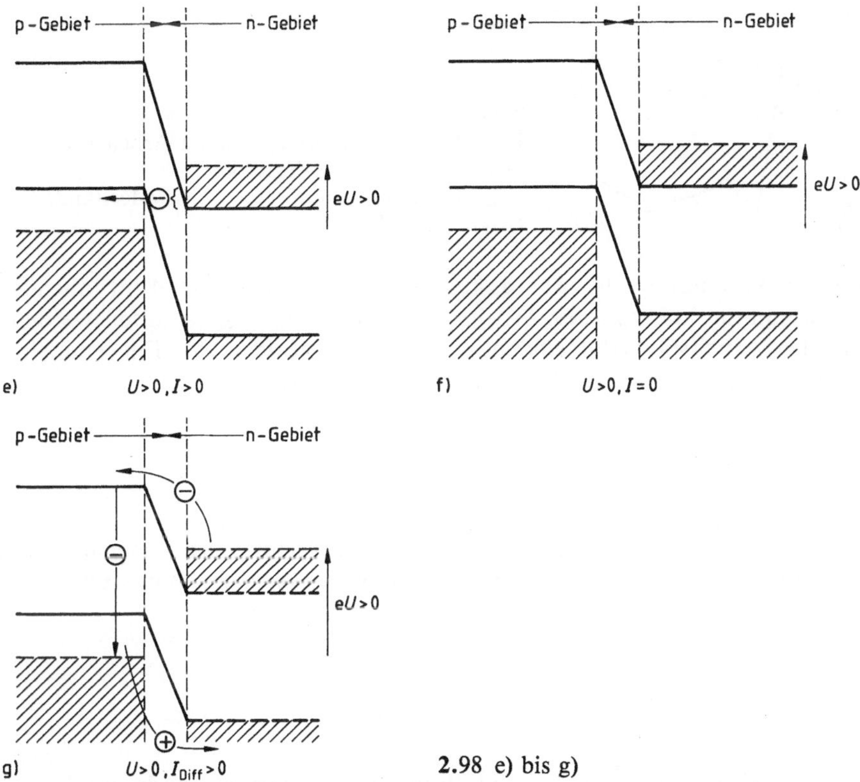

2.98 e) bis g)

Kennlinie gemäß Bild **2**.96 kann durch folgenden analytischen Ausdruck angenähert beschrieben werden:

$$I = I_{\mathrm{p}} \cdot \frac{U}{U_{\mathrm{p}}} \cdot \mathrm{e}^{1-\frac{U}{U_{\mathrm{p}}}} + I_{\mathrm{S}} \cdot \left(\mathrm{e}^{\frac{U}{U_{\mathrm{T}}}} - 1\right) + G_{\mathrm{e}} \cdot U \tag{2.78}$$

Tunnel-Strom	konventioneller Diffusions-Strom	parasitärer Überschuß-Strom infolge metallisch leitender Brücken durch die Sperrschicht hindurch

Wenn die Parameter I_{p}, U_{p}, G_{e} und I_{S} an das Experiment angepaßt werden, ist die Gl. (2.78) in sehr guter quantitativer Übereinstimmung mit praktischen TD-Kennlinien. Ihre relativ einfache Form ermöglicht eine näherungsweise analytische Beschreibung von Tunneldioden-Schaltungen. Da die Kennlinie durch den praktisch trägheitsfreien quantenmechanischen Tunnelprozeß bewirkt wird, können Tunneldioden im Prinzip bei sehr hohen Frequenzen als Verstärker (bis zu einigen 10 GHz), Schalter und Oszillatoren (bis zu 100 GHz) benutzt werden.

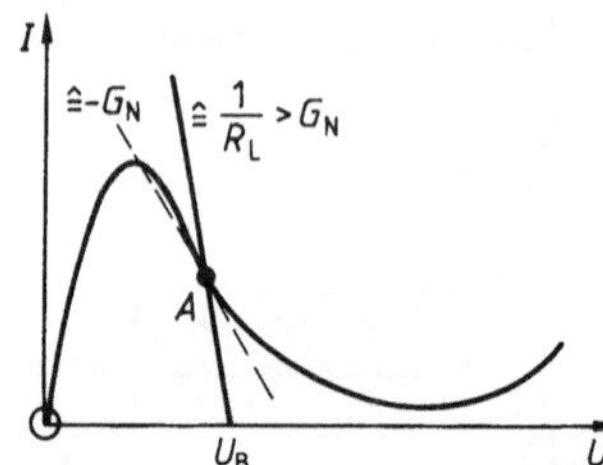

2.99
Lage des Arbeitspunktes und der Arbeitsgeraden beim Tunneldioden-Verstärker (U_B = Batteriespannung, R_L = Lastwiderstand, $G_N = -(dI/dU)_A$)

Bei der Anwendung als Verstärker liegt der Arbeitspunkt A im fallenden Teil der Kennlinie, die von der Arbeitsgerade nur einmal geschnitten werden darf, um den Arbeitspunkt A eindeutig festzulegen (Bild **2**.99). Ein Tunneldioden-Verstärker (mit Zirkulator) hat die Rauschtemperatur

$$T_r = \frac{1}{2kT} \cdot \frac{I}{G_N}, \tag{2.79}$$

sofern der Dioden-Bahnwiderstand sowie die Verluste des Zirkulators und des die Diode umgebenden Stabilisierungsnetzwerks vernachlässigt werden.
Aus Gl. (2.79) erhält man die Verstärker-Rauschzahl

$$F = 1 + \frac{T_r}{T_g}; \tag{2.80}$$

das ist das Verhältnis der Signal-/Rausch-Leistungs-Abstände am Verstärker-Eingang und -Ausgang; T_g ist die Rauschtemperatur des Signalgenerators am Verstärkereingang. Typische Werte von F nach Gl. (2.80) liegen für Ge und GaSb bei 3 dB, für GaAs bei 5 dB; die praktisch erreichten Werte sind um etwa 1 bis 2 dB höher.

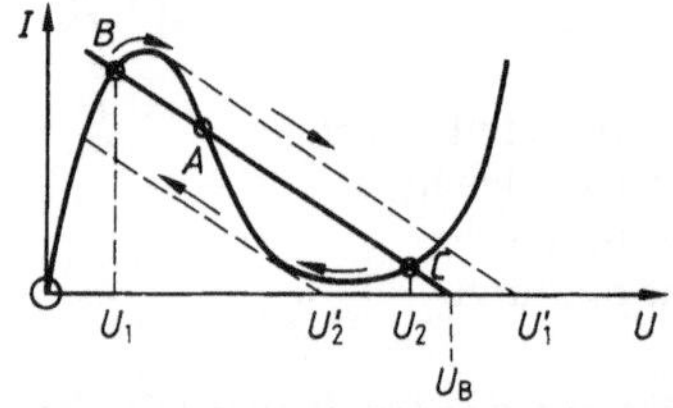

2.100
Die Tunneldiode als bistabiler Schalter

Beim Einsatz einer Tunneldiode als bistabiler Schalter schneidet die Widerstandsgerade die Diodenkennlinie dreimal (Bild **2**.100). Wie eine nähere Untersuchung zeigt, sind die Punkte B und C stabil, der Punkt A ist instabil - vgl. die entsprechenden Betrachtungen bzgl. der thermischen Instabilität im Abschnitt 1.1.3.4, insbesondere Bild **1**.24; das Geschehen ist gegenüber dort, - abgesehen von der physikalischen Ursache, - lediglich vom 3. in den 1. Quadranten verlagert. - Wenn die Batteriespannung, ausgehend vom Wert 0, auf den Wert U_B

gesteigert wird, stellt sich der (stabile) Arbeitspunkt *B* ein; über der Diode fällt dann die kleine Spannung U_1 ab. Bei kurzzeitigem Vergrößern der Batteriespannung auf den Wert U_1' oder darüber hinaus und anschließender Rückkehr zum Wert U_B springt das System entlang den Pfeilen in Bild **2.**100 und bleibt schließlich im stabilen Arbeitspunkt *C* stehen, in dem eine große Spannung U_2 an der Diode liegt. Durch kurzzeitiges Absenken der Batteriespannung unter den Wert U_2' und anschließende Rückkehr zum Wert U_B kann das System wieder in den Ausgangspunkt *B* zurückgeführt werden. Man kann also die Diode durch geeignete Spannungsimpulse vom niederohmigen in den hochohmigen Zustand und zurück schalten.

Als Oszillator liefert die Tunneldiode maximal die Leistung

$$P = \frac{3}{16} \cdot (U_v - U_p) \cdot (I_p - I_v),$$

d.h. z.B. für $U_p = 50$ mV, $U_v = 300$ mV, $I_p = 10{,}6$ mA, $I_v = 1$ mA den geringen Wert $P = 0{,}45$ mW.

Wegen der geringen verarbeitbaren Signalleistung, der niedrigen dynamischen Diodenimpedanz sowie wegen technologischer Zuverlässigkeits- und schaltungstechnischer Stabilitäts-Probleme ist die Bedeutung der Tunneldiode in dem Maße stark zurückgegangen wie leistungsfähigere Halbleiterbauelemente für Verstärker (z.B. Feldeffekt-Transistoren), Oszillatoren (Impattdioden, Gunn-Elemente) und Schalter zur Verfügung stehen.

Der Tunneleffekt selbst spielt außer bei der Tunneldiode u.a. auch beim Stromfluß durch eine Schottky-Diode eine Rolle sowie bei (den hier nicht behandelten) MIM-Strukturen und bei der Tunnett(=**Tunne**l-**t**ransit-time)-Diode; letztere ermöglicht wegen des Fehlens des Lawinendurchbruchs die Realisierung eines rauschärmeren Oszillators als die Impattdiode, allerdings mit dem Nachteil kleinerer Leistung.

2.7 Lichtempfindliche Dioden

Auf die Wechselwirkung zwischen Licht und quasifreien Ladungsträgern in einem Halbleiter ist bereits in Abschn. 2.4.3.6 des Bandes I/3 hingewiesen worden. Im vorliegenden Abschnitt betrachten wir diese Wechselwirkung in Verbindung mit einem pn-Übergang. Je nachdem, ob dabei Lichtenergie in elektrische Energie umgewandelt wird oder umgekehrt, unterscheidet man (Strahlungs-) Empfangs- und Sende-Dioden. Anwendungsbeispiele für Empfangsdioden sind lichtgesteuerte Widerstände (bei Vorspannung in Flußrichtung) sowie Strahlungsdetektoren (bei Vorspannung in Sperrichtung) und Fotoelemente (ohne Vorspannung, z.B. Solarzellen). Zu den Sendedioden zählen Lumineszenz-Dioden als Einzelelemente bzw. in Anzeigeeinheiten (sog. Displays) und Laserdioden. In Kombination werden Sende- und Empfangsdioden zur Signalwandlung elektrisch-optisch-elektrisch verwendet; bei sehr kurzen optischen Übertragungsstrecken spricht man von Optokopplern. Bei längeren Übertragungsstrekken (in der Regel mit einer Glasfaser als Übertragungsmedium) spricht man von optischen Übertragungssystemen; diese spielen in der modernen Nachrichtentechnik als Konkurrenz zu Kupferkabel-gebundenen Übertragungssystemen eine große Rolle.

2.7.1 Empfangsdioden

Je nach der Beschaltung der Dioden und dadurch festgelegtem Arbeitspunkt arbeiten sie als passives oder aktives lichtelektrisches Bauelement (Tafel **2**.101).

Tafel **2**.101 Klassifizierung der Empfangsdioden

<table>
<tr><td colspan="3">Trennung der durch Lichteinfall erzeugten Elektron-Loch-Paare im Raumladungsfeld</td></tr>
<tr><td>eines in Sperrichtung vorgespannten pn-Übergangs.</td><td>eines in Sperrichtung im Durchbruchsbereich vorgespannten pn-Übergangs, daher lawinenartige Vermehrung der Ladungsträger.</td><td>eines ohne Vorspannung betriebenen pn-Übergangs.</td></tr>
<tr><td colspan="3">Leistungsabgabe an einen Lastwiderstand.</td></tr>
<tr><td colspan="2">Betrieb im 3. Quadranten als passives, lichtelektrisches Bauelement:</td><td>Betrieb im 4. Quadranten als</td></tr>
<tr><td>Photodiode (Abschn. 2.7.1.1)</td><td>Lawinen-Photodiode (Abschn. 2.7.1.2)</td><td>aktives lichtelektrisches Bauelement: Photoelement (Abschn. 2.7.1.3)</td></tr>
</table>

2.7.1.1 Die Photodiode. Wenn auf einen Halbleiter Licht der Wellenlänge $\lambda = c/f$ fällt, werden in seinem Innern dann nennenswert Elektron-Loch-Paare gebildet, wenn die Energie hf eines Lichtquants (Photon) zum Aufbrechen einer atomaren (kovalenten) Bindung im Kristallgitter ausreicht, d.h. für

$$hf = h \cdot \frac{c}{\lambda} \geq W_{\mathrm{G}} \tag{2.81a}$$

(innerer lichtelektrischer Effekt). Nach dem Energiebänder-Modell wird dieser Vorgang so beschrieben:

Ein Elektron wird unter Aufnahme der Photonenenergie von der Oberkante des Valenzbandes (W_V) zur Unterkante des Leitungsbandes (W_C) angehoben, wobei es im Valenzband eine Lücke (= Loch ≙ Defektelektron) hinterläßt (Bild **2**.102).

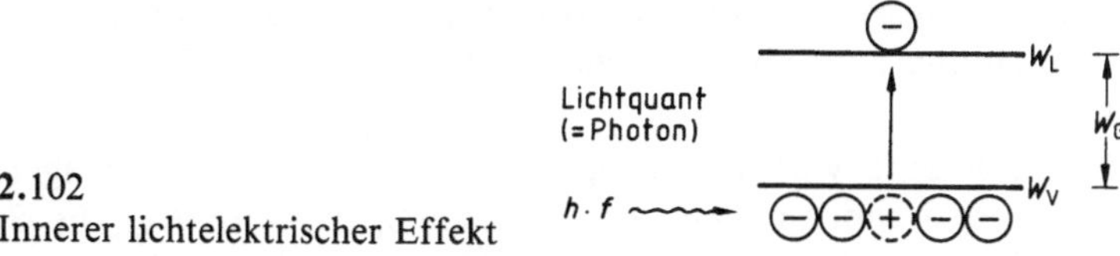

2.102
Innerer lichtelektrischer Effekt

Aus der Energiebilanz Gl. (2.81a) für die Photonenabsorption folgt

$$\lambda = \frac{c}{f} \leq \frac{hc}{W_G} = \lambda_{\text{Grenz}} = \begin{cases} 1{,}88\ \mu\text{m für Ge} & (W_G = 0{,}66\ \text{eV}) \\ 1{,}12\ \mu\text{m für Si} & (W_G = 1{,}11\ \text{eV}) \\ 0{,}87\ \mu\text{m für GaAs} & (W_G = 1{,}43\ \text{eV}) \end{cases} \tag{2.81b}$$

Bei der Photodiode fällt Licht entweder senkrecht oder parallel zu einem pn-Übergang ein (Bild **2**.103). Wir betrachten im folgenden nur den ersten Fall, da er dem Aufbau realer Photodioden entspricht.

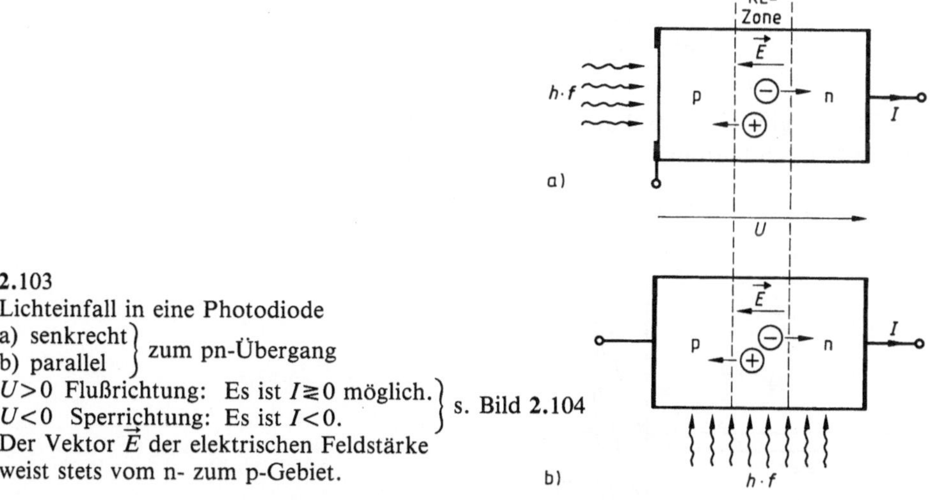

2.103
Lichteinfall in eine Photodiode
a) senkrecht } zum pn-Übergang
b) parallel
$U>0$ Flußrichtung: Es ist $I \gtrless 0$ möglich. } s. Bild **2**.104
$U<0$ Sperrichtung: Es ist $I<0$.
Der Vektor $\vec{E}$ der elektrischen Feldstärke weist stets vom n- zum p-Gebiet.

Die innerhalb der Raumladungszone erzeugten Elektron-Loch-Paare werden durch das dortige elektrische Feld $\vec{E}$ getrennt; die Ladungsträger fließen mit ihrer jeweiligen Driftgeschwindigkeit in entgegengesetzter Richtung zu den Kontakten ab; während dieser Zeit erzeugen sie im Außenkreis einen Influenzstrom. Die in den (nahezu) feldfreien Bahngebieten erzeugten Ladungsträgerpaare bewegen sich infolge Diffusion nach Maßgabe ihrer Dichtegradienten – also viel langsamer - zu den Rändern der Raumladungszone; dort werden die Minoritätsträger vom Raumladungsfeld erfaßt, auf die andere Seite gezogen und tragen dabei zum Strom im Außenkreis bei: Dies gilt aber offenbar nur für diejenigen Minoritätsträger, die innerhalb der Diffusionslänge - gemessen vom Rand der Raumladungszone - erzeugt worden sind, da die anderen vor dem Erreichen der Raumladungszone bereits wieder durch Rekombination vernichtet worden sind.

Die insgesamt wirksamen optisch erzeugten Ladungsträger bewirken einen (spannungsunabhängigen) zusätzlichen Sperrstrom I_{Ph}; die Strom-Spannungs-Charakteristik des beleuchteten pn-Übergangs lautet daher

$$I = I_{\mathrm{S}} \cdot \left(e^{\frac{U}{U_{\mathrm{T}}}} - 1 \right) - I_{\mathrm{Ph}} \tag{2.82}$$

mit

$$I_{\mathrm{Ph}} = \eta e P / hf \tag{2.83}$$

(P = einfallende Lichtleistung, η = Quantenwirkungsgrad = Zahl der pro absorbiertem Lichtquant im Außenkreis fließenden Elektronen). Die graphische Darstellung der Gl. (2.82) zeigt Bild **2.**104.

Sofern der pn-Übergang im Leerlauf $I = 0$ betrieben wird, stellt sich nach Gl. (2.82) zwischen den Anschlüssen eine Spannung

$$U_{\mathrm{L}} = U_{\mathrm{T}} \cdot \ln \left(1 + \frac{I_{\mathrm{Ph}}}{I_{\mathrm{S}}} \right) > 0 \tag{2.84}$$

ein. Diese ergibt sich anschaulich wie folgt: Durch die Trennung der lichtelektrisch erzeugten Ladungsträger im Raumladungsfeld wird die Raumladung im p-

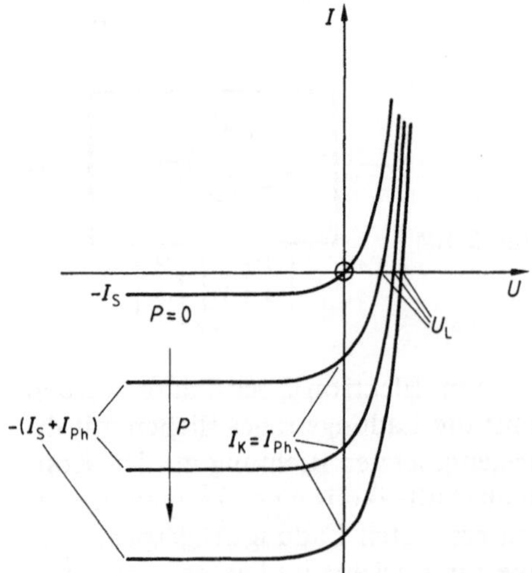

2.104
Kennlinienfeld einer Photodiode nach Gl. (2.82)

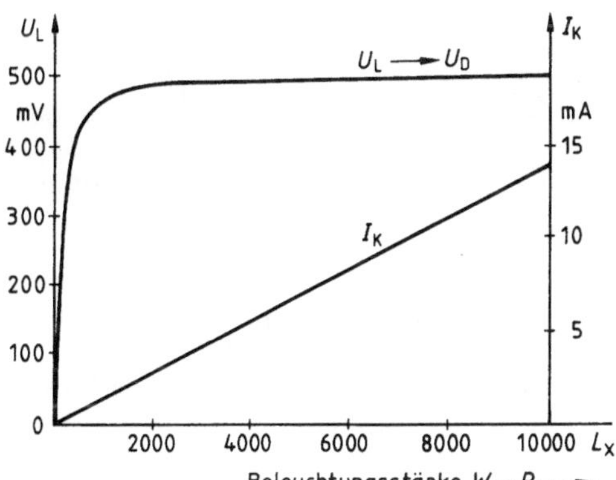

2.105
Leerlaufspannung und Kurzschlußstrom einer Si-Photodiode in Abhängigkeit von der Beleuchtungsstärke (nach [30])

und n-Gebiet und damit die Potentialstufe gegenüber dem Wert U_D abgebaut; der Unterschied erscheint an den äußeren Klemmen als Flußspannung U_L. Im Kurzschlußfall $U=0$ muß der von den optisch erzeugten Elektronen und Löchern - soweit sie der Rekombination entgangen sind - getragene Strom in Sperrichtung über die äußeren Kontakte abgeführt werden, d.h. $I(0)=-I_{Ph}=-I_K$. In Bild **2**.105 sind Kurzschlußstrom I_K und Leerlaufspannung U_L eines realen Si-Photoelementes in Abhängigkeit von der Beleuchtungsstärke $W_v \sim P$ dargestellt. Erwartungsgemäß nimmt I_K proportional mit W_v zu (vgl. Gl. (2.83)), während U_L zunächst linear, danach etwa logarithmisch wächst; asymptotisch nähert sich U_L der Diffusionsspannung, da die Potentialstufe über dem pn-Übergang nicht vollständig abgebaut werden kann (s. hierzu die Diskussion des Falles ‚Starke Injektion' im Abschn. 1.1.3.3).

Im 1. und 3. Quadranten wirkt die Diode als (passives) lichtelektrisches Bauelement; da die relative Änderung des Diodenstromes mit der Beleuchtungsstärke offenbar im 3. Quadranten größer ist als im ersten, wird sie üblicherweise in Sperrichtung betrieben - dort ist ihre Empfindlichkeit auch viel größer als die eines Photoleiters (s. Bd. I/3, S. 159ff.) -. Mit einem großen Arbeitswiderstand läßt sich eine hohe Spannungsänderung dU/dI_{Ph} erzielen.

Bei Einstrahlung einer zeitlich veränderlichen Lichtleistung $P(t)=P_0+\Delta P(t)$ ist der Photostrom I_{Ph} in gleicher Weise zeitlich veränderlich, d.h. eine in der Lichtintensität enthaltene Modulation - z.B. durch eine hochratige Impulsfolge - kann in einen entsprechend variierenden Photostrom umgewandelt, d.h. demoduliert werden. Diese Anwendung spielt in der optischen Nachrichtentechnik eine große Rolle; dort sollen Signale mit Modulationsfrequenzen bis in den GHz-Bereich ohne nennenswerte Energieverluste demoduliert werden. Das dynamische Verhalten der Fotodiode kann durch die Ersatzschaltung gemäß Bild **2**.106 beschrieben werden (vgl. Bild **1**.32); darin bedeuten

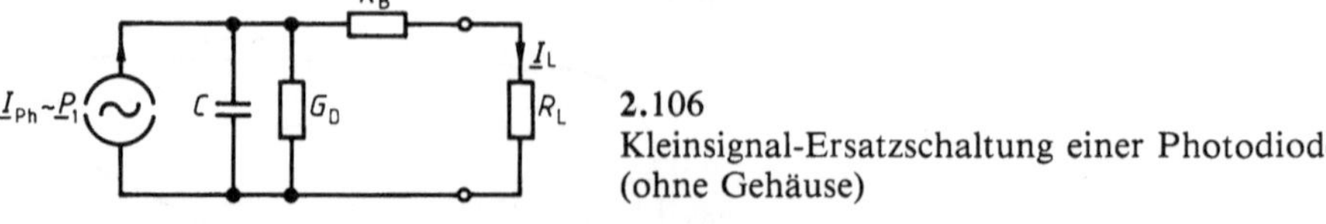

2.106
Kleinsignal-Ersatzschaltung einer Photodiode (ohne Gehäuse)

mit

$C = C_s + C_D$ = gesamte Kapazität

C_s = Sperrschicht-	C_D = Diffusions-
Kapazität, bedingt durch die	
rasche	langsame
Bewegung der in der	
Raumladungs-	Diffusions-
zone optisch erzeugten Ladungsträger.	

G_D = differentieller Leitwert im Arbeitspunkt,
R_B = Bahnwiderstand, R_L = Lastwiderstand.

Nach Bild **2**.106 besteht zwischen dem harmonischen Anteil $\Delta P(t) = \mathrm{Re}(\sqrt{2} \cdot \underline{P}_1 \cdot e^{j\omega t})$ der Lichtleistung und dem Last-Wechselstrom $\mathrm{Re}(\sqrt{2} \cdot \underline{I}_L \cdot e^{j\omega t})$ der Zusammenhang

$$\frac{\underline{I}_L}{\underline{P}_1} \sim \frac{\underline{I}_L}{\underline{I}_{Ph}} = \frac{1}{1 + j\omega(R_L + R_B)C}. \tag{2.85}$$

- Dabei ist G_D vernachlässigt worden, was i. allg. zulässig ist. - Aus Gl. (2.85) folgt die Grenzfrequenz

$$f_g = \frac{1}{2\pi(R_L + R_B)C}, \tag{2.86}$$

d.h. für die typischen Werte $R_L = 50\,\Omega$, $R_B = 10\,\Omega$, $C = 3$ pF, $f_g = 0{,}9$ GHz; es sind also Modulationsfrequenzen bis in das GHz-Gebiet erreichbar.

Von der einfallenden optischen Leistung P wird an der Halbleiteroberfläche der Bruchteil $R \cdot P$ mit $R = |\underline{r}|^2$ reflektiert, dabei ist $\underline{r}$ der Reflexionsfaktor für die einfallende optische Welle. Es gilt also $\eta \sim (1 - R)$. Zur Reduktion dieses Leistungsverlustes wird die dem Licht zugewandte Halbleiteroberfläche mit einem Antireflexionsbelag versehen. Die Reflexion bei der Wellenlänge λ kann damit sogar ganz vermieden werden, wenn der Belag die Dicke $d_B = \lambda/(4 \cdot n_B)$ hat und zwischen seiner Brechzahl n_B und der des Halbleiters der Zusammenhang $n_B = \sqrt{n_{HL}}$ besteht. Denn dann wirkt der Belag als $(\lambda/4)$-Transformator, der den optischen Wellenwiderstand des Halbleiters an den Wellenwiderstand des freien

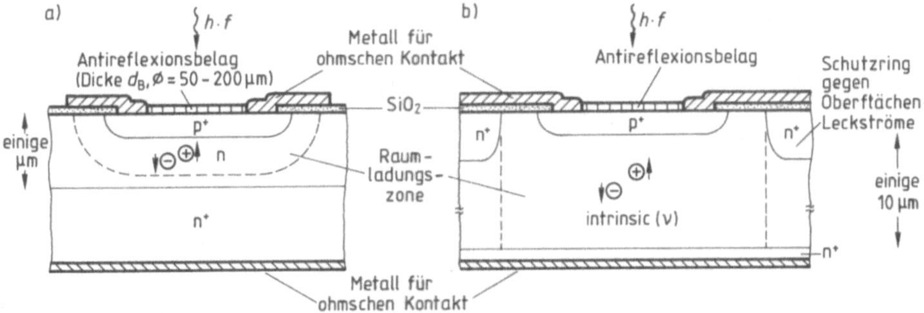

2.107 Struktur von Photodioden (aus [31])
a) p^+n-Diode aus Ge mit Sperrschicht in der stark absorbierenden n-Zone
b) $p^+\nu n^+$-Diode aus Si mit Sperrschicht in der ν-Zone

Raumes anpaßt. – Bei Si genügt hierfür eine durch Oxidation entstehende $(\lambda/4)$-Haut aus SiO_2; besser ist allerdings ein Belag aus Si_3N_4 mit $n_B = 1{,}97$. – Zwei Beispiele solcher Dioden zeigt Bild 2.107.

Die p^+-Schicht ist dünn und hoch dotiert, so daß sich die Raumladungszone praktisch nur in die n-Schicht (Teilbild a) bzw. in die ν-Schicht (Teilbild b) erstreckt und zwar bei geeigneter Wahl der Abmessungen bis nahe an die n^+-Schicht heran. Dadurch wird die Lichtabsorption praktisch auf den Bereich der von einer großen Feldstärke erfüllten n- bzw. ν-Zone beschränkt. Eine derartige Diode aus Ge (Teilbild a) spricht auf einen Wellenlängenbereich von 0,6 ... 1,65 µm an mit einem maximalen Quantenwirkungsgrad von 70%; Si-Dioden (Teilbild b) eignen sich für den Bereich 0,45–0,6 µm (s. dazu das spätere Bild 2.108) und erzielen Quantenwirkungsgrade von typisch 80%.

Ge-Dioden haben gegenüber Si-Dioden wegen des geringeren Bandabstandes und des damit verbundenen größeren Dunkelstroms I_S ein um Zehnerpotenzen größeres Schrotrauschen, was ihren Einsatz als Detektoren in der optischen Nachrichtentechnik einschränkt.

Photodioden mit pνn-Struktur verhalten sich praktisch wie pin-Dioden und werden daher auch vereinfacht als pin-Photodioden bezeichnet. Für ihren Quantenwirkungsgrad gilt

$$\eta = (1 - R) \cdot (1 - e^{-\alpha d_i}) \cdot e^{-\alpha d_p}. \tag{2.87}$$

Hierin ist α der Absorptionskoeffizient der optischen Strahlung; er beschreibt den exponentiellen Abfall der Generationsrate von Elektron-Loch-Paaren mit wachsender Entfernung x von der Oberfläche; $1/\alpha$ heißt Absorptionslänge. Mit d_i bzw. d_p ist die Dicke der i- bzw. p-Schicht bezeichnet. Ein großer η-Wert verlangt neben der schon bekannten Bedingung $R \to 0$ (d.h. Antireflexionsbelag!) das Bestehen der beiden Ungleichungen

$$d_p \ll \frac{1}{\alpha} \ll d_i.$$

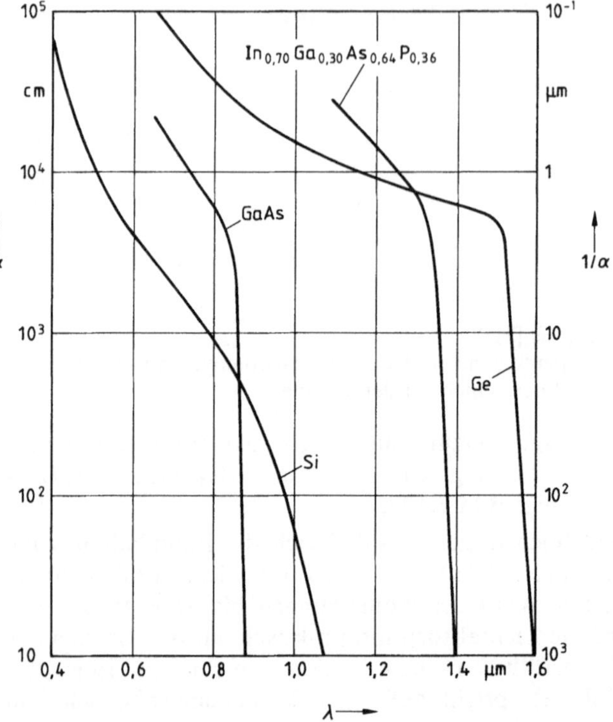

2.108 Absorptionskoeffizient α und Absorptionslänge $1/\alpha$ als Funktion der Wellenlänge für einige wichtige Photodioden-Materialien (aus [31])

Ihre Erfüllung ist stark von der Wellenlänge abhängig (Bild **2.**108), aber auch vom Material, u.a. von der Dotierung (insbesondere beim n-Typ).

Wenn man den Einfluß von R und d_p vernachlässigen kann, vereinfacht sich Gl. (2.87) zu

$$\eta = 1 - e^{-\alpha d_i}; \qquad (2.88)$$

danach ist $\eta = 87\%$ für Ge bei $\lambda = 1{,}2\ \mu m$ ($\alpha = 10^4\ cm^{-1}$) und $d_i = 2\ \mu m$.

Die Grenzfrequenz der pin-Diode läßt sich wie folgt abschätzen: Wegen der vernachlässigbaren Diffusionseffekte reduziert sich die Gesamtkapazität auf die Sperrschichtkapazität $C_s = \varepsilon A/d_i$. Zusammen mit dem Lastwiderstand R_L bedeutet das eine Zeitkonstante

$$\tau_L = R_L \cdot C_s = R_L \varepsilon A/d_i;$$

der Bahnwiderstand R_B kann in Anbetracht der hohen p^+, n^+-Dotierung vernachlässigt werden. Hiernach ist eine möglichst große i-Zone vorteilhaft; dies bedeutet aber eine nicht mehr zu vernachlässigende Laufzeit τ_i. Da die Ladungsträger in der i-Zone praktisch die Sättigungsgeschwindigkeit v_s erreichen, gilt $\tau_i = d_i/v_s$; hiernach wäre eine möglichst kurze i-Zone anzustreben. Ein Kompromiß besteht darin, die gesamte zeitliche Verzögerung $\tau_L + \tau_i$ zwischen Ursache und Wirkung (= Ansprechzeit der Diode) zu minimieren; das führt auf

$$\left.\begin{aligned} d_{i,\mathrm{opt}} &= \sqrt{\varepsilon A v_s R_L} \quad \text{und} \quad (\tau_L + \tau_i)_{\min} = 2\sqrt{\frac{\varepsilon A R_L}{v_s}} \\ \text{sowie} \quad f_g &= \frac{1}{2\pi(\tau_L + \tau_i)_{\min}} = \frac{1}{4\pi}\sqrt{\frac{v_s}{\varepsilon A R_L}} \end{aligned}\right\} . \qquad (2.89)$$

Beispiel 2.8. Für Si mit $v_s = 10^7\,\mathrm{cm\,s^{-1}}$, $\varepsilon \approx 10^{-12}\,\mathrm{F\,cm^{-1}}$ folgt für $A = 10^{-4}\,\mathrm{cm^2}$ und $R_L = 50\,\Omega$

$$d_{i,\mathrm{opt}} = 2{,}2\,\mu\mathrm{m} \quad \text{und} \quad f_g = 3{,}56\,\mathrm{GHz}.$$

Ob man den Kompromiß gemäß Gl. (2.89) wirklich macht, hängt allerdings davon ab, ob der dabei erreichbare Wert der Quantenausbeute gemäß Gl. (2.87) bzw. (2.88) der jeweiligen Anforderung entspricht. In unserem Beispiel ist nach Bild **2**.108 für $\lambda = 0{,}5\,\mu$ die Eindringtiefe $1/\alpha = 1\,\mu\mathrm{m}$; damit folgt aus Gl. (2.88) $\eta = 0{,}89$; dagegen erhält man für $\lambda = 0{,}8\,\mu\mathrm{m}$ mit $1/\alpha = 10$ den ungenügenden Wert $\eta = 0{,}2$.

Für die optische Nachrichtentechnik ist der Wellenlängenbereich 1–1,6 μm wegen der dort geringen Dämpfung des Übertragungsmediums Glasfaser von besonderem Interesse. In diesem Gebiet setzen sich aus materialbedingten Gründen Heterostrukturen aus III-V-Mischkristallen immer mehr durch, insbesondere das System $In_{1-x}Ga_xAs_yP_{1-y}/InP$. Bild **2**.109 zeigt eine derartige Diode in Mesa-Technik mit gitterangepaßten Halbleiterzonen. Die Lichteinstrahlung erfolgt durch eine p-InP-Schicht, welche wegen des hohen Bandabstandes $W_G = 1{,}35\,\mathrm{eV}$ ($\triangleq \lambda = 0{,}9\,\mu\mathrm{m}$) im Bereich $\lambda = 1 \ldots 1{,}6\,\mu\mathrm{m}$ nahezu transparent ist. Dieses hat folgende Vorteile: Die Dicke dieser sog. Fensterschicht ist unkritisch; außerdem entfällt der langsame Diffusionsprozeß von Minoritätsträgern in die

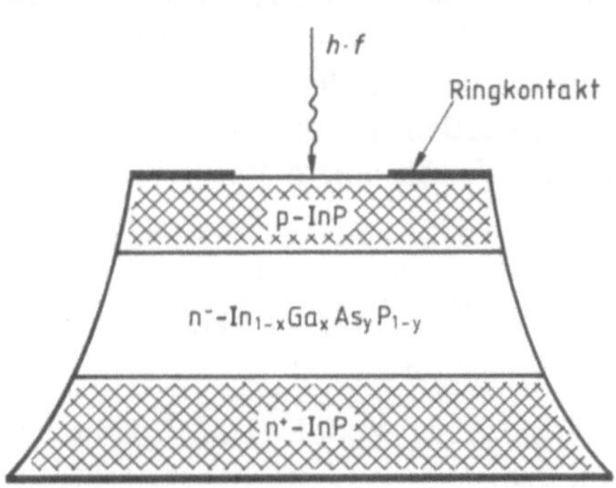

2.109
InGaAsP/InP-pin-Photodiode in Mesa-Doppelheterostruktur (aus [32])

Driftzone, wodurch wiederum die Ansprechzeit verkürzt wird. Die schwach n-dotierte Quaternär-Schicht ist der Absorptionsbereich; er entspricht der i-Zone und enthält die Sperrschicht. Die Mischungsverhältnisse x, y werden so gewählt, daß die maximale Absorption bei 1,3 μm ($x=0{,}27$, $y=0{,}63$) bzw. bei 1,6 μm liegt ($x=0{,}47$, $y=1$). In beiden Fällen kann (für Dioden ohne reflexionsmindernden Belag) eine hohe Quantenausbeute von etwa 60% (über den Bereich $\lambda=1{,}05 \ldots 1{,}3$ μm bzw. $1{,}1 \ldots 1{,}6$ μm) erreicht werden, da der Mischkristall im Gegensatz zu Ge und Si ein direkter Halbleiter ist (zu diesem Begriff s. Abschn. 2.4.3.1 in Bd. I/3). Man kommt dann mit Mischkristallzonen von typisch 5 μm aus und erreicht mit Diodenkapazitäten von $C<0{,}5$ pF Ansprechzeiten unter 200 ps. Durch Aufbringen eines Si_3N_4-Antireflexionsbelags kann η für $\lambda=1{,}3$ μm bzw. 1,5 μm auf 90% gesteigert werden.

Auf das Rauschverhalten der bisher besprochenen Photodioden gehen wir hier nicht ein; wir gewinnen es als Sonderfall aus dem Verhalten der Lawinen-Photodiode, der wir uns jetzt zuwenden.

2.7.1.2 Die Lawinen-Photodiode. Wenn eine Photodiode im Empfänger eines optischen Nachrichtensystems eingesetzt wird, ist diesem Detektor ein Verstärker nachgeschaltet. Dessen Rauschpegel ist i. allg. höher als der einer pn- bzw. pin-Photodiode mit kleinem Dunkelstrom, so daß die Empfindlichkeit des Empfängers im wesentlichen durch den Verstärker begrenzt wird.

Eine Empfindlichkeitssteigerung des Empfängers ist nun dadurch zu erreichen, daß man Photodioden mit Verstärkungseigenschaften benutzt, so daß der Signalpegel am Verstärkereingang vergrößert wird; das gelingt unter Ausnutzung der Lawinen-Multiplikation in einem sperrgepolten pn-Übergang (s. Abschn. 1.1.3.4). Der Aufbau einer derartigen Avalanche-Photodiode (APD), ihr Dotierungsprofil und der Feldstärkeverlauf sind schematisch in Bild **2**.110 dargestellt; er hat – abgesehen vom Lichteinfall – Ähnlichkeiten mit der einer Impatt-Diode (vgl. Bild **2**.66).

Das Licht wird durch die dünne p^+-Deckschicht hindurch in die (schwach dotierte) π-Zone eingestrahlt; diese entspricht der i-Schicht einer pin-Photodiode und absorbiert das Licht praktisch vollständig. Die erzeugten Löcher werden zur p^+-Zone hin abgesaugt, während die Elektronen in das p-Gebiet der Lawinenzone injiziert werden und am pn^+-Übergang die Lawinenbildung anregen. Hierdurch werden der primäre Photostrom I_{Ph} und der Volumenanteil des Dunkelstromes I_S mit einem Vervielfachungsfaktor

$$M_0 = \frac{1}{1-(|U|/U_{BR})^n} \tag{2.90}$$

multipliziert (vgl. Gl. (1.32)). Dieser ist vom primären Photostrom I_{Ph} unabhängig, d.h. I_{Ph} wird linear verstärkt; das gilt jedoch nur für Lichtleistungen bis zu

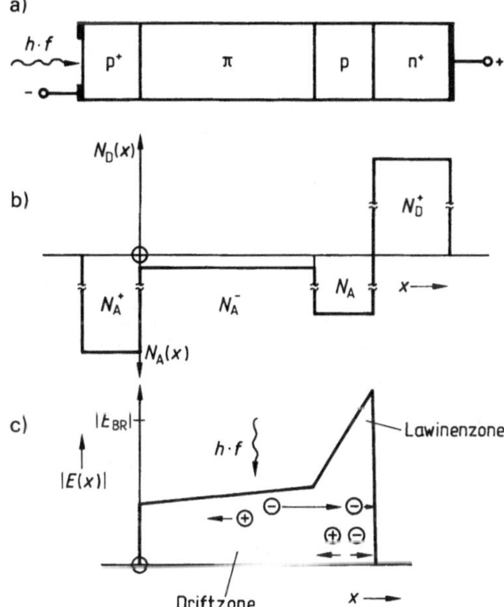

2.110
Lawinen-Photodiode (APD)
a) Aufbau (schematisch)
b) Dotierungsprofil
c) Feldstärkeverlauf
(nach [32])

einigen μW, darüber ist der Spannungsabfall am Bahnwiderstand R_B zu berücksichtigen, d.h.

$$M_0 = \frac{1}{1 - \left(\frac{|U - R_B I|}{U_{BR}}\right)^n};$$

dadurch wird der Vervielfachungsfaktor reduziert. Außerdem bewirkt die Stromabhängigkeit von M_0 in analogen optischen Übertragungssystemen nichtlineare Verzerrungen und in digitalen Systemen wegen der Kompression der Pulsamplituden eine Erhöhung der Bitfehler-Wahrscheinlichkeit.

Der Vorteil der Signalverstärkung in einer APD wird durch ein mit M_0 wachsendes Schrotrauschen erkauft. – Trotzdem kann die Empfindlichkeit des gesamten Empfängers durch die APD gesteigert werden, wie die Diskussion der späteren Gl. (2.92) zeigen wird. – Durch die Lawinenbildung wird das mittlere Rauschstromquadrat $|\underline{I}_R(f)|^2 = 2eI_{Ph}$ des primären Photostromes aber nicht einfach mit M_0^2 multipliziert, sondern außerdem mit einem Zusatzrauschfaktor $F_{Zus} > 1$, weil die Lawinenbildung selbst wieder ein (zusätzlicher) statistischer Prozeß ist. – Von einem Elektron bzw. Loch wird nicht in jedem Zeitintervall Δt die gleiche Anzahl neuer Ladungsträger erzeugt. – Es gilt also für Frequenzen $f < 1/\tau_L$ (τ_L = Laufzeit der Ladungsträger durch die Diode)

$$|\underline{I}_R(f)|^2 = 2eI_{Ph} \cdot M_0^2 \cdot F_{Zus}(M_0); \tag{2.91}$$

dabei ist

$$F_{\text{Zus}}(M_0) = M_0 \cdot \left[1 - (1 - k_i) \cdot \left(\frac{M_0 - 1}{M_0}\right)^2\right]$$

mit

$$k_i = \begin{cases} \dfrac{\alpha_p}{\alpha_n} \\ \dfrac{\alpha_n}{\alpha_p} \end{cases} \text{falls nur} \begin{cases} \text{Elektronen} \\ \text{Defektelektronen} \end{cases} \begin{matrix} \text{in die Lawinenzone} \\ \text{injiziert werden} \end{matrix}$$

($\alpha_{n,p}$ Ionisierungskoeffizienten für Elektronen bzw. Defektelektronen, s. hierzu Bd. I/3, Bild **2**.90). Bild **2**.111 zeigt $F_{\text{Zus}}(M_0)$ für verschiedene k_i-Werte. – Für die pin-Diode ist $M_0 = 1$ und $F_{\text{Zus}} = 1$. –

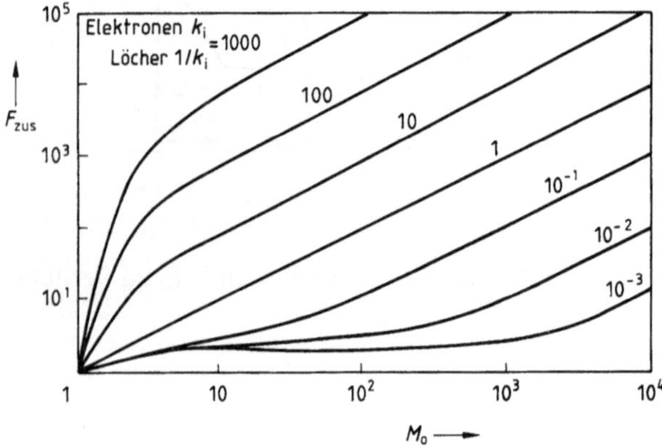

2.111 Zusatzrauschfaktor F_{zus} der Lawinenvervielfachung, wenn nur Elektronen (k_i) bzw. nur Defektelektronen ($k_i \rightarrow 1/k_i$) in die Lawinenzone injiziert werden (aus [33])

Hiernach sind für geringes Lawinenrauschen Halbleiter mit stark unterschiedlichen Ionisierungskoeffizienten zu verwenden und zwar so, daß möglichst nur die Ladungsträgersorte mit dem größeren α-Wert in die Lawinenzone injiziert wird. In den hier interessierenden Feldstärkebereichen gilt

$$\frac{\alpha_p}{\alpha_n} = \begin{cases} 0{,}01 \ldots\ 0{,}1 & & \text{Si} \\ 1 \ \ldots\ 2 & \text{für} & \text{Ge} \\ 1 \ \ldots 30 & & \text{InP} \\ 0{,}1 \ \ldots\ 0{,}5 & & \text{ternäre und quaternäre Halbleiter.} \end{cases}$$

Danach können insbesondere rauscharme Si-APDs realisiert werden, wenn überwiegend nur Elektronen in die Lawinenzone injiziert werden; dem entspricht die Struktur in Bild **2**.110. Sie hat aber den praktischen Nachteil, daß die

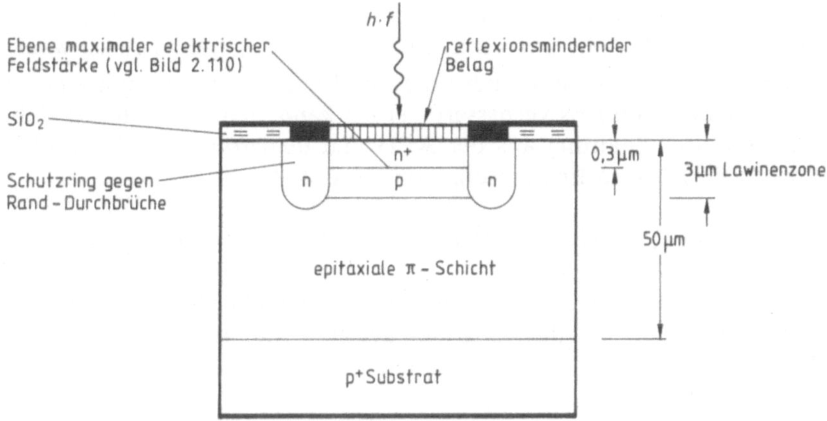

2.112 Si-p$^+$-πpn$^+$-Lawinen-Photodiode (nach [32])

π-Zone zur Erzielung einer kurzen Ansprechzeit der Diode extrem dünn sein müßte (Halbleiterfilm). Aus diesem technologischen Grund werden APDs praktisch als Planarstrukturen auf einem p$^+$-Substrat aufgebaut und das Licht in die n$^+$-Zone eingestrahlt (Bild **2.**112): Neben den Elektronen aus der eigentlichen strahlungsabsorbierenden π-Driftzone werden hier allerdings auch Löcher aus der n$^+$-Deckschicht und p-Schicht in die Lawinenzone injiziert; durch diese gemischte Injektion ergibt sich gemäß Bild **2.**111 ein etwas erhöhtes Rauschen.

Die Spannungsabhängigkeit von M_0 für eine Si-p$^+\pi$pn$^+$-Diode ist in Bild **2.**113 dargestellt. Der erste Anstieg von M_0 – etwa ab 50 V – erfolgt, nachdem die Löcher aus der p-Zone ausgeräumt sind. Bei weiter steigender Sperrspannung wird zunehmend auch die π-Zone von Ladungsträgern geräumt; dabei steigt je-

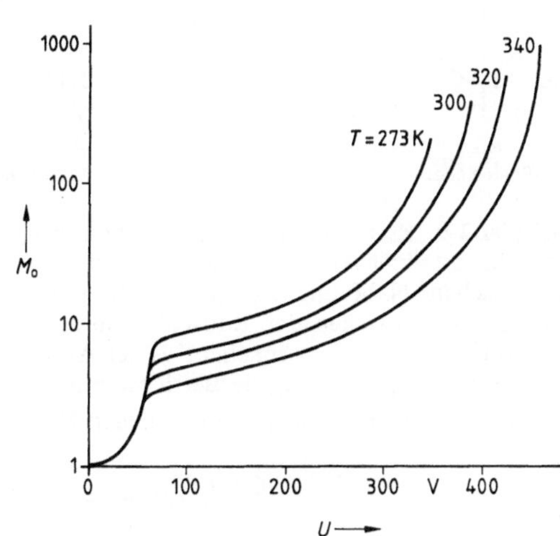

2.113
Vervielfachungsfaktor M_0
einer Si-p$^+\pi$pn$^+$-APD als Funktion der Spannung (aus [32])

doch E im Hochfeldgebiet nur langsam und dementsprechend auch M_0, bis schließlich bei Annäherung an den Durchbruch M_0 wieder rasch wächst.

Daß trotz des Lawinenrauschens die Empfindlichkeit eines mit einer APD ausgestatteten Empfängers verbessert werden kann, zeigt die folgende Überlegung: Für die Kettenschaltung aus der APD und dem folgenden Verstärker mit der Rauschzahl F gilt in Erweiterung von Gl. (2.91)

$$|\underline{I}_R(f)|^2 = [2eI_{Ph} \cdot M_0^2 \cdot F_{Zus}(M_0) + 4kT_D \cdot G_D \cdot F(G_D)] \cdot \Delta f,$$

hierin ist T_D die Rauschtemperatur des differentiellen Diodenleitwertes G_D (vgl. Bild 2.106). Die Signalleistung des amplitudenmodulierten Photostromes I_{Ph} (Modulationsgrad m) ist proportional zu $(I_{Ph} m M_0)^2/2$. Hieraus folgt der Signal/Rausch-Abstand

$$\frac{S}{N} = \frac{(I_{Ph} m M_0)^2}{2[2eI_{Ph} \cdot M_0^2 \cdot F_{Zus}(M_0) + 4kT_D \cdot G_D \cdot F(G_D)]\,\Delta f} \tag{2.92}$$

Seine Abhängigkeit von M_0 ist qualitativ in Bild 2.114 dargestellt; es läßt die Überlegenheit der APD, insbesondere bei optimal gewähltem M_0, gegenüber der pin-Photodiode ($M_0 = 1$) erkennen.

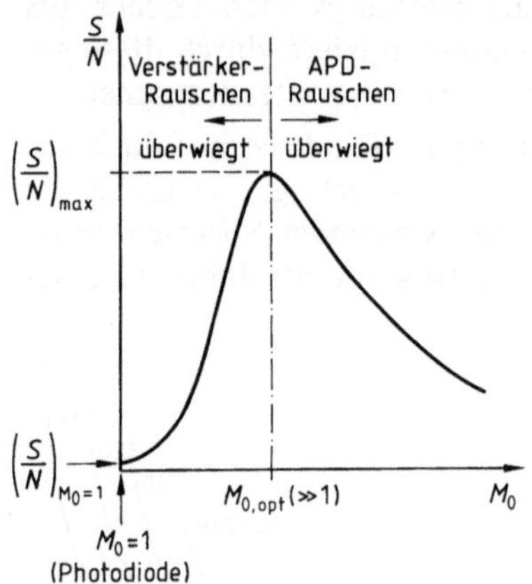

2.114
Signal/Rauschabstand am Ausgang eines mit einer APD ausgerüsteten Empfängers in Abhängigkeit von ihrem Vervielfachungsfaktor M_0

Beispiel 2.9. Es ist die maximale Verbesserung des Signal/Rauschabstandes zu berechnen, die mit einer APD gegenüber einer pin-Diode erzielt werden kann. Dabei ist von der analytischen Näherung $F_{Zus}(M_0) = M_0^x$ mit $x = 0{,}3$ sowie von dem Zusammenhang $\Delta f = G_D/4C$ zwischen der Rauschbandbreite und den Kenngrößen der Dioden-Ersatzschaltung Gebrauch zu machen; es sei $\Delta f = 50$ MHz, $C = 5$ pF. Ferner sei der primäre Photostrom $I_{Ph} = 0{,}1$ µA, die Betriebstemperatur $T_D = 291$ K sowie $F(G_D) = 1{,}5$.

Aus Gl. (2.92) folgt mit der angegebenen Näherung für F_{Zus} zunächst

$$M_{0,\,opt} = \left(\frac{4kT_D G_D \cdot F(G_D)}{eI_{Ph} \cdot x}\right)^{\frac{1}{x+2}}$$

und wegen

$$G = 4C\Delta f = 1\ \text{mS}$$

schließlich $M_{0,\text{opt}} = 40,6$. Damit ergibt sich der gesuchte Verbesserungsfaktor

$$\left(\frac{S}{N}\right)_{\max} \bigg/ \left(\frac{S}{N}\right)_{M_0=1} = 215 \mathrel{\hat=} 23,3\ \text{dB}.$$

Für den Wellenlängenbereich $1\ \mu\text{m} < \lambda < 1,7\ \mu\text{m}$ kommt auch die Ge-APD in Betracht. Wegen der starken Absorption genügt hier die wenige µm dicke Sperrschicht eines pn-Übergangs als Absorptionsgebiet. Von hier aus sollen wegen $k_i > 1$ möglichst nur Löcher in die Lawinenzone injiziert werden; das ist mit einem p^+n-Übergang erreichbar (Bild **2**.115).

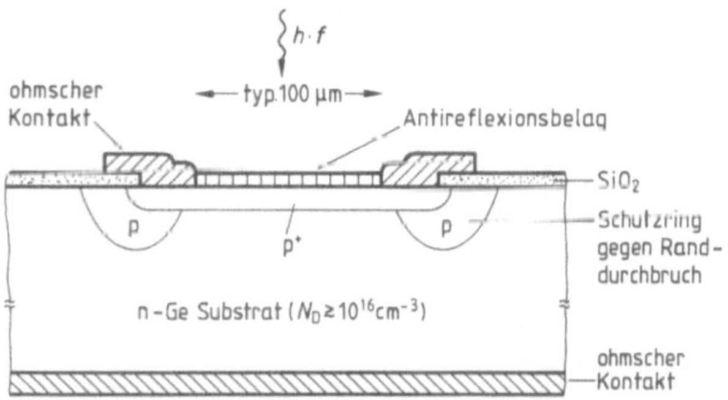

2.115 p^+n-Lawinen-Photodiode aus Germanium (nach [33])

Die hohe Dotierung des Substrats und die hohe Elektronenbeweglichkeit sichern einen geringen Bahnwiderstand und damit eine kurze Ansprechzeit (0,2 ns). Die p^+-Zone ist sehr dünn gewählt ($< 1\ \mu\text{m}$), um eine hohe Quantenausbeute zu erzielen (80% bei 1,55 µ). Ge-Dioden rauschen allerdings wegen des ungünstigen k-Wertes und des um den Faktor 10^2 höheren Dunkelstroms (typisch 200 nA) wesentlich stärker als Si-Dioden. Dieser Nachteil läßt sich durch Verwendung von Heterostrukturen mit ternären bzw. quaternären Halbleiter-Materialien vermeiden. Bild **2**.116 zeigt als Beispiel eine Doppelheterodiode aus InGaAs/InP in Mesatechnik:

Die InP-Zonen ($W_G = 1,35$ eV) und die InGaAsP-Zwischenschicht ($W_G = 1,03$ eV) sind für $\lambda > 1,2\ \mu\text{m}$ transparent; daher wird das Licht erst in der n-$In_{0,53}Ga_{0,47}As$-Schicht ($W_G = 0,75$ eV) absorbiert und erzeugt dort Elektron-Loch-Paare. Die Löcher driften in die n-InP-Lawinenzone; in diesem Material wird wegen der bis 30 reichenden α_p/α_n-Werte der zusätzliche Rauschfaktor F_{Zus} klein gehalten (s. Bild **2**.111). Die zwischengeschaltete InGaAsP-Schicht sorgt für einen geglätteten Verlauf der Valenzbandkante und damit beschleunigten

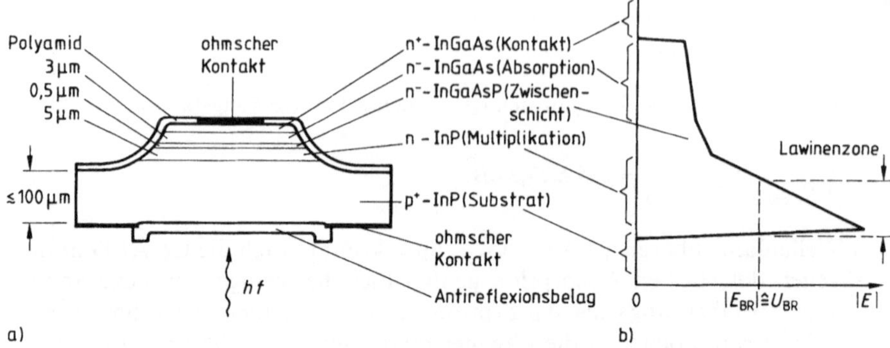

2.116 InGaAs/InP-Lawinenphotodiode mit Doppelheterostruktur in Mesatechnik (nach [34])
a) Aufbau, b) Feldstärkeprofil

Löchertransport, was zu einer kurzen Ansprechzeit der Diode führt (typisch 0,3 ns). Durch die Mesaätzung werden die Feldstärken an der Diodenberandung reduziert und damit vorzeitige Durchbrüche verhindert. Gleichzeitig wird damit die Querschnittsfläche des Mesaplateaus an den Querschnitt der empfangenen Strahlung angepaßt und die Diodenkapazität verringert.

Aus den dynamischen Grundgleichungen der Lawinenbildung folgt, daß bei zeitlich veränderlichen Photoströmen der Multiplikationsfaktor mit wachsender Frequenz $f = \omega/2\pi$ hinter dem stationären Wert M_0 zurückbleibt gemäß

$$M(\omega) = \frac{M_0}{1 + \mathrm{j}\,\frac{\omega\tau_s}{2}\cdot(M_0 - 1)} \qquad (2.93)$$

Hierin ist τ_s das Zeitintervall, in dem im statistischen Mittel ein Ladungsträger ein neues Ladungsträgerpaar erzeugt. Die Gl. (2.93) legt die Definition einer 3 dB-Bandbreite B nahe gemäß

$$B = \frac{1}{\pi\cdot(M_0 - 1)\cdot\tau_s}$$

sowie eines Gewinn-Bandbreite-Produkts

$$B\cdot(M_0 - 1) = \frac{1}{\pi\cdot\tau_s} \approx \left\{\begin{matrix} 200 \\ 30\,\mathrm{GHz} \\ 15 \end{matrix}\right. \text{ für } \left\{\begin{matrix} \mathrm{Si} \\ \mathrm{Ge} \\ \mathrm{InGaAs(P)/InP}. \end{matrix}\right.$$

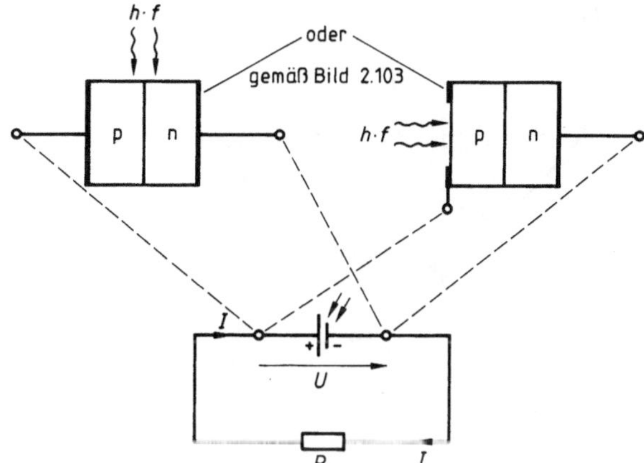

2.117
Beleuchteter pn-Übergang als Photoelement

2.7.1.3 Das Photoelement. Das Kennlinienfeld in Bild **2.**104 erlaubt auch, den Arbeitspunkt im 4. Quadranten zu wählen; dort sind Strom I und Spannung U entgegengesetzt gerichtet, d.h. die Diode kann elektrische Leistung abgeben: Sie ist hier ein aktives lichtelektrisches Bauelement. Diese Betriebsart kann einfach dadurch eingestellt werden, daß die beiden Anschlüsse der Diode über einen Lastwiderstand R_L miteinander verbunden werden (Bild **2.**117), denn dann gilt $U = -R_L \cdot I$. Die an R_L abgegebene Leistung

$$P_{el} = U \cdot (-I) = R_L I^2 \tag{2.94}$$

hängt bei vorgegebener Diode und Beleuchtungsstärke wesentlich von der Größe des Lastwiderstandes ab; sie ist Null für

$R_L = 0$, d.h. Kurzschluß: Dann ist $U = 0$, und es fließt nach Gl. (2.82) der Kurzschlußstrom $I_K = I_{Ph} = -I(0)$.

und für

$R_L = \infty$, d.h. Leerlauf: Jetzt ist $I = 0$, und an der Diode steht die Leerlaufspannung nach Gl. (2.84).

Daher muß P_{el} für einen dazwischen liegenden Widerstand $R_{L,opt}$ ein Maximum haben; wir erhalten es aus der Forderung

$$\frac{dP}{dR_L} = 0, \quad \text{d.h.} \quad U \cdot \frac{dI}{dR_L} + \frac{dU}{dR_L} \cdot I = 0$$

bzw. (2.95)

$$\frac{dU}{dI} = -\frac{U}{I} = R_{L,opt}.$$

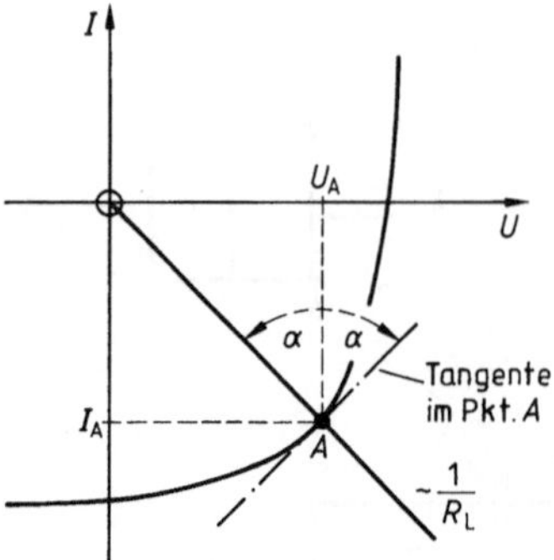

2.118
Bestimmung des optimalen Lastwiderstandes $R_{L,opt}$ für maximale Leistungsabgabe eines Photoelementes

Dieses Ergebnis gestattet eine anschauliche Deutung (s. Bild **2.**118): Die Arbeitsgerade und die Kennlinien-Tangente im Arbeitspunkt liegen spiegelbildlich zur Vertikalen. Aus der idealisierten Kennliniengleichung (2.82) folgt gemäß Gl. (2.95)

$$R_{L,opt} = \frac{U_A + U_T}{I_S + I_{Ph}} \tag{2.96}$$

und damit aus Gl. (2.94)

$$P_{max} = U_A^2 / R_{L,opt};$$

dabei erhält man U_A aus der impliziten Gleichung

$$\left(1 + \frac{U_A}{U_T}\right) \cdot e^{\frac{U_A}{U_T}} = 1 + \frac{I_{Ph}}{I_S}. \tag{2.97}$$

Bei üblichen Beleuchtungsstärken W_v ist $I_{Ph} \gg I_S$, d.h. nach Gl. (2.97) auch $U_A \gg U_T$; damit folgt aus Gl. (2.96)

$$R_{L,opt} \approx U_A / I_{Ph}, \quad \text{d.h.} \quad I_A \approx -I_{Ph} \quad \text{sowie} \quad P_{max} \approx U_A \cdot I_{Ph}. \tag{2.98}$$

Hiernach nimmt mit wachsender Beleuchtungsstärke $R_{L,opt}$ ab und P_{max} zu. Diese Abhängigkeit von W_v wird durch Bild **2.**119 bestätigt, welches das Kennlinienfeld eines realen Photoelements zeigt. Danach ist z.B. für $W_v = 4000$ lx $U_A \approx 0{,}4$ V und $I_{Ph} \approx 5$ mA. Damit folgt aus Gl. (2.98) $R_{L,opt} \approx 80\,\Omega$, $P_{max} \approx 2$ mW in guter Übereinstimmung mit den Meßwerten.

Das Verhältnis $P_{max}/(U_L I_{Ph})$ wird Füllfaktor genannt; er beträgt etwa 0,75 und wird bei realen Bauelementen von dem – hier vernachlässigten – Bahnwiderstand R_B (vgl. Gl. (1.28)) mitbestimmt.

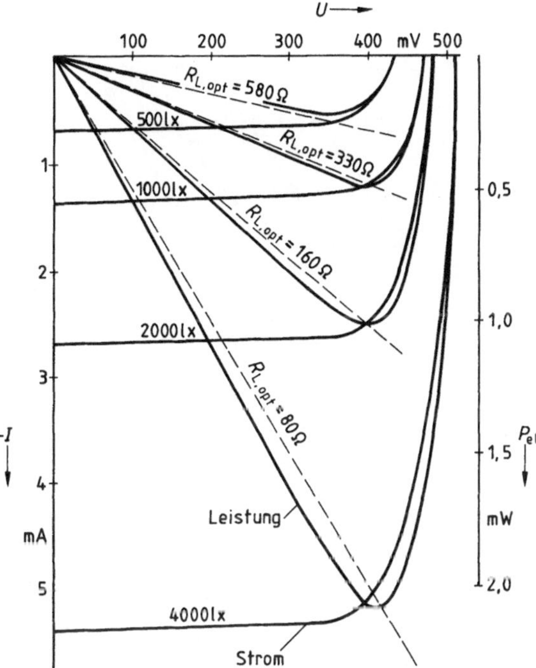

2.119
Kennlinienschar und Leistungskurven eines Si-Photoelementes mit der Beleuchtungsstärke W_v als Parameter (nach [30])

Als Anwendungsbeispiel eines Photoelementes sei die Solarzelle genannt. Dieses ursprünglich für die Stromversorgung in Satelliten und Raumfahrzeugen entwickelte, auf das Sonnenspektrum optimierte Bauelement gewinnt auch für terrestrische Anwendung zunehmend an Bedeutung. Obwohl theoretische Betrachtungen zeigen, daß der größte Wirkungsgrad für Halbleitermaterialien mit einem Bandabstand $W_G = 1{,}3 \ldots 1{,}5$ eV erzielt wird (GaAs 26% (exp. 21%), CdTe 25% (exp. 6%)), hat aus technologischen Gründen das Silizium trotz des etwas geringeren theoretischen Wirkungsgrades die größte praktische Bedeutung. Bild **2**.120a zeigt schematisch den Aufbau einer pn-Si-Solarzelle mit typischen geometrischen und technologischen Daten.

Die dünne n-Schicht auf dem p-Si-Block wird durch Diffusion hergestellt, weil damit die Sperrschicht planparallel und - in Anpassung an die Eindringtiefe des Lichtes - dicht unter der Oberfläche erzeugt werden kann. Der Antireflexbelag wird in bekannter Weise plan ausgeführt; zwar würde seine Strukturierung gemäß Bild **2**.120b den Reflexionsfaktor weiter verringern, jedoch hat sich dieses Verfahren wegen des großen technologischen Aufwandes bei terrestrischen Anwendungen nicht durchgesetzt und ist bei Raumfahrzeugen lediglich vereinzelt eingesetzt worden.

Übliche Si-Solarzellen liefern Leerlaufspannungen von 0,5 bis 0,6 V sowie Kurzschlußströme um 150 mA. Ihre Empfindlichkeit reicht von 0,4 bis 1,1 μm mit einem Maximum bei 0,8 μm; das Energiemaximum der Sonnenstrahlung liegt

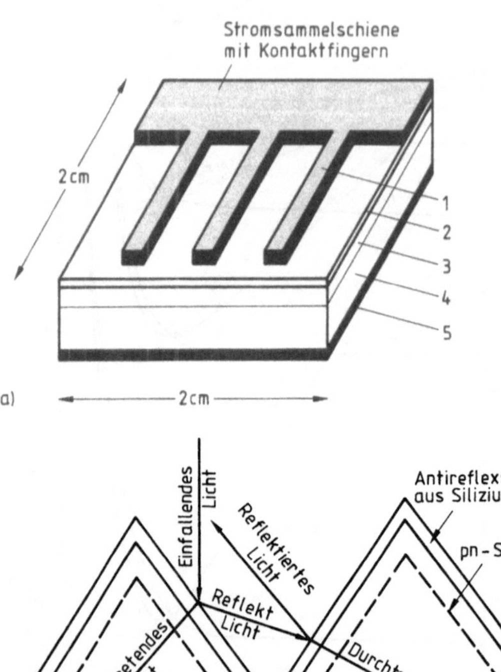

2.120 Aufbau einer pn-Si-Solarzelle
a) mit polierter Oberfläche (aus [35])
1 Vorderseitenkontakt in Streifenform (zur Reduzierung des Zuleitungswiderstandes)
2 Antireflexbelag (Refl.-Faktor $<5\%$ bei Betriebswellenlänge)
3 n-Si ($<0{,}4\,\mu m$)
4 p-Si ($100 \ldots 200\,\mu m$, $1 \ldots 10\,\Omega cm$)
5 ganzflächiger Rückseitenkontakt
b) rauhe Oberfläche in Form pyramidenförmiger Kristalle (aus [36])

bei 0,5 µm (Bild **2**.121). Fabrikmäßig hergestellte Dioden aus monokristallinem Si haben einen Wirkungsgrad η um 13%. Da die von der Sonne beim höchsten Stand im Sommer eingestrahlte Leistung etwa 1 kW/m^2 beträgt, würde pro m^2 Zellenfläche dann eine elektrische Leistung von etwa 130 W erzeugt. - Die Globalstrahlung, welche sich aus direkter und diffuser Strahlung zusammensetzt, beträgt in unseren Breiten im Jahresmittel 150 W/m^2; darin sind auch die ertraglosen Nachtstunden eingerechnet. - Der Nachrichtensatellit Telstar 1 (1962) enthielt 3600 derartige n- auf p-Si-Solarzellen, von denen jede bei voller Sonneneinstrahlung 22 mW abgab; alle Zellen zusammen lieferten bei jeder Lage des Satelliten zur Sonne 14 W bei 28 V. Bei dem Ende 1987 gestarteten europäischen

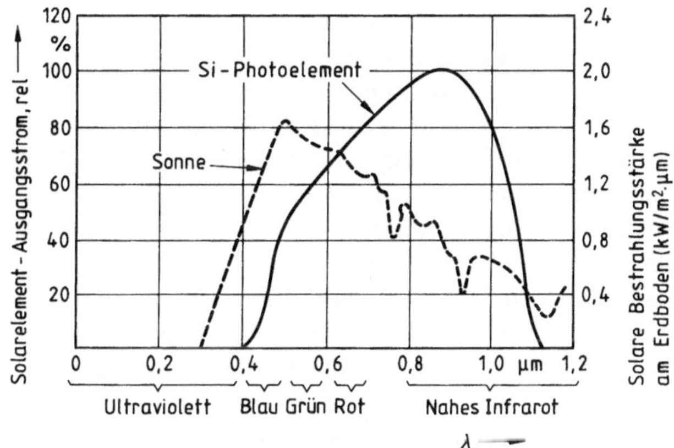

2.121 Spektrale Verteilung der relativen Empfindlichkeit eines Si-Photoelementes im Vergleich zur spektralen Verteilung der Sonnenstrahlung am Erdboden (aus [36])

Nachrichtensatelliten TV-Sat 1 liefern ca. 40000 Zellen, die auf zwei je $10 \times 2\ m^2$ großen Flügeln angeordnet sind, ca. 4 kW; am Ende der 9jährigen Missionsdauer soll diese Leistung immer noch 3 kW betragen.

Neben den bisher beschriebenen Zellen aus monokristallinem Si findet auch preisgünstigeres polykristallines Material Verwendung ($\eta \approx 10\%$) sowie amorphes Si. Solarzellen aus amorphem Si ermöglichen eine beträchtliche Materialersparnis, da das Licht schon auf einer Strecke von etwa 1 µm praktisch vollständig absorbiert wird; der Wirkungsgrad beträgt aber nur etwa 7% und fällt am Anfang der Betriebszeit noch etwas ab. Derartige Zellen haben starken Eingang in Produkte der Konsumelektronik wie Uhren, Taschenrechner etc. gefunden.

2.7.2 Sendedioden

Hierunter versteht man pn-Dioden, welche elektrischen Strom in Licht verwandeln. Dies geschieht dadurch, daß die Diode in Flußrichtung oberhalb der Schleusenspannung U_S (s. Bild **1**.18) gepolt wird. Dann findet eine kräftige Injektion von Löchern (Elektronen) in das n-(p-)Gebiet statt, und das Produkt $n \cdot p$ steigt über den Gleichgewichtswert n_i^2 hinaus stark an; damit wächst auch die Zahl der Rekombinationsprozesse. Die bei der Rekombination eines Elektron-Loch-Paares freiwerdende Energie kann entweder ganz oder teilweise in Form eines Lichtquants (Photon) abgegeben werden; man spricht dann von einem strahlenden Übergang und nennt den ganzen Vorgang Injektions-Lumineszenz. – Die vielen Möglichkeiten nicht-strahlender Übergänge brauchen hier nicht diskutiert zu werden. – Der am einfachsten zu übersehende Rekombinationsvorgang ist der Übergang eines Elektrons von der Unterkante des Leitungsbandes zur Oberkante des Valenzbandes, wo es eine Besetzungslücke (Loch) füllt. Die Photonen-Energie hf bei diesem sog. strahlenden Band-Band-Übergang ist gleich dem Bandabstand W_G des Halbleiters (s. Gl. (2.81)). Bei diesem Übergang muß nun neben der Energiebilanz $hf = W_G$ auch der Impulserhaltungssatz erfüllt sein. Da nun der Impuls h/λ eines Gitterschwingungsquants (Photon) sehr klein gegenüber dem Elektronenimpuls ist, muß dieser vor der Rekombination (d.h. im Minimum des Leitungsbandes) und nach der Rekombination (d.h. im Maximum des Valenzbandes) praktisch derselbe sein, d.h. denselben $\vec{k}$-Wert haben (i. allg. $\vec{k}=0$). Das ist aber nur bei den sog. direkten Halbleitern der Fall; nur bei diesen finden also Band-Band-Strahlungsvorgänge mit nennenswerter Wahrscheinlichkeit (und damit Intensität) statt. Bei den sog. indirekten Halbleitern bedarf es zur Erfüllung des Impulssatzes der Mitwirkung des Gitters: Die Impulsdifferenz wird von einem Gitterschwingungs-Quant übernommen; es leuchtet ein, daß wegen dieses notwendigen zusätzlichen Reaktionspartners die Übergangswahrscheinlichkeit stark abnimmt.

Außer Band-Band-Übergängen können Rekombinationsvorgänge zwischen einem Donator-(Akzeptor-)Niveau und dem Valenzband (Leitungsband) bzw. zwischen einem Donator- und einem Akzeptorniveau zur Strahlungserzeugung führen. Durch den Einbau spezieller Störstellen (sog. isoelektronischer Zentren) können auch mit indirekten Halbleitern wirkungsvolle Lichtquellen realisiert werden (s. Abschn. 2.7.2.1).

Als Materialien für Sendedioden werden in der Praxis Mischkristalle verwendet vom Typ $A^{III}B^{V}$ (binär), $A^{III}B^{V}_{1-x}C^{V}_{x}$ bzw. $A^{III}_{x}D^{III}_{1-x}C^{V}$ (ternär) sowie $A^{III}_{1-x}D^{III}_{x}B^{V}_{y}C^{V}_{1-y}$ (quaternär). Durch Variation der Mischungsverhältnisse x bzw. x und y läßt sich der Bandabstand und damit die Wellenlänge der emittierten Strahlung über einen großen Bereich stetig verändern; gleichzeitig ändert sich i. allg. die Gitterkonstante a mit. So emittiert z.B. der ternäre Verbindungs-Halbleiter $Al_xGa_{1-x}As$ für $0<x<0{,}64$ im sichtbaren Bereich

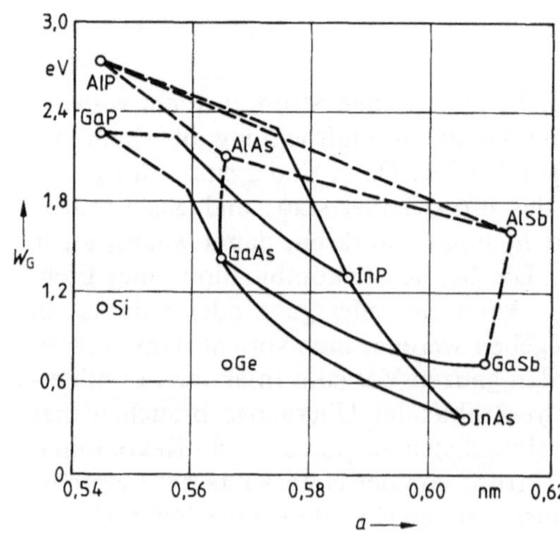

2.122
Bandabstand W_G und Gitterkonstante a bei Si, Ge und den wichtigsten $A^{III}B^{V}$-Halbleitern (aus [37])
—— direkter / ---- indirekter } Halbleiter

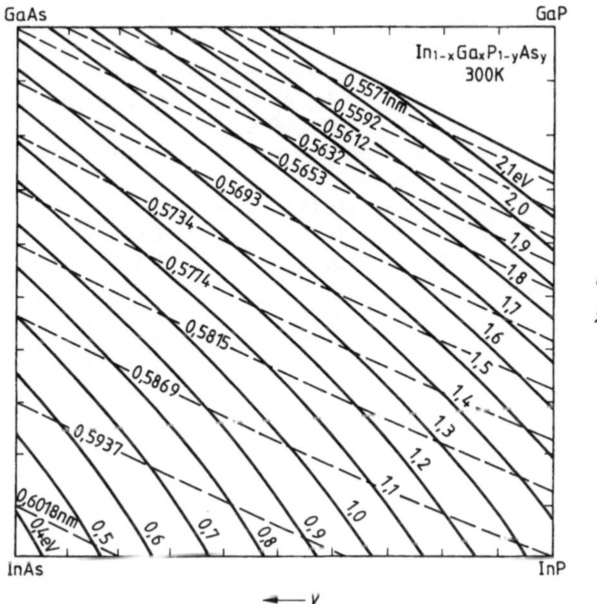

2.123 Bandabstände W_G in eV (——) und Gitterkonstanten a in nm (---) beim quaternären Mischkristallsystem (In, Ga)(P, As) bei 300 K (aus [37])

0,868 ... 0,646 µm, davon direkt bis $x \approx 0{,}37$. Der Bandabstand variiert dabei etwa gemäß $W_G = 1{,}424 + 1{,}247 \cdot x$ [eV] und die Gitterkonstante $a = 0{,}5653 + 0{,}0027 \cdot x$ [nm] (Bild **2**.122). Dagegen emittiert das quaternäre System $In_{1-x}Ga_xAs_yP_{1-y}$ bei fester, an InP als Substrat angepaßter Gitterkonstante 0,587 nm in dem für die optische Nachrichtentechnik interessanten Bereich 0,92 nm $< \lambda <$ 1,65 nm entsprechend 1,35 eV $> W_G >$ 0,75 eV als direkter Verbindungshalbleiter (Bild **2**.123); dabei gilt

$$0 \leq x = y/(2{,}2091 - 0{,}06864\, y) \leq 0{,}47 \triangleq y = 1$$

und

$$W_G = 1{,}35 - 0{,}72 y + 0{,}12 y^2 \text{ [eV]}.$$

Als Dotierungselemente werden z.B. Schwefel, Selen, Tellur, Silizium (Donator) bzw. Zink, Cadmium, Silizium (Akzeptor) verwendet; das amphotere Silizium ersetzt z.B. bei der Herstellung eines pn-Übergangs mittels Flüssigphasenepitaxie bei etwa 1200 K Ga, bei etwa 1100 K As.

In Tafel **2**.124 sind einige Materialien mit ihren Eigenschaften zusammengestellt.

Nach dem Charakter der emittierten Strahlung unterscheidet man Lumineszenz- und Laser-Dioden (Tafel **2**.125).

Tafel 2.124 Halbleitermaterialien für Lumineszenz- und Laser-Dioden (aus [32], [37–40])

Material	W_G/eV bei $T = 300$ K	Grenzwellenlänge nach Gl. (2.81) $\lambda/\mu m = 1{,}24/W_G$/eV		Halbleiter-Typ d (direkt), i (indirekt)
InAs	0,36	3,45	infrarot	d
$In_{0,53}Ga_{0,47}As$	0,75	1,65	infrarot	d
$In_{0,58}Ga_{0,42}As_{0,9}P_{0,1}$	0,79	1,55	infrarot	d
$In_{0,72}Ga_{0,28}As_{0,61}P_{0,39}$	0,95	1,3	infrarot	d
Si	1,11	1,12	infrarot	i
InP	1,34	0,925	infrarot	d
GaAs	1,43	0,87	infrarot	d
$Al_{0,05}Ga_{0,95}As$	1,49	0,85	infrarot	d
AlSb	1,62	0,765	rot	i
$GaAs_{0,6}P_{0,4}$	1,93	0,64	orange	d
$GaAs_{0,35}P_{0,65}$	2,06	0,6	gelb	i
$GaAs_{0,15}P_{0,85}$	2,2	0,565	gelb-grün	i
GaP	2,26	0,55	grün	i
ZnSe	2,67	0,465	blau	d
SiC (hexagonal)	3,0	0,415	violett	i
ZnS	3,66	0,34	ultraviolett	d

Tafel 2.125 Klassifizierung der Sendedioden

Emission	
inkohärenter, d.h. rauschähnlicher Strahlung als Folge spontan stattfindender Rekombinationsprozesse: Lumineszenzdioden (= LED, Abschn. 2.7.2.1; Emission im Sichtbaren bzw. im Infraroten (IRED))	kohärenter Strahlung als Folge induzierter (= stimulierter) Rekombinationsprozesse: Laserdioden (Abschn. 2.7.2.2)

2.7.2.1 Lumineszenzdioden. In Bild 2.126a ist das Emissionsspektrum

$$P(\lambda) = P(\lambda_0) \cdot e^{-\left(\frac{\lambda - \lambda_0}{\Delta\lambda/2}\right)^2 \cdot \ln 2} \tag{2.99}$$

einer GaAs-IRED mit $\Delta\lambda = 30 \ldots 40$ mm dargestellt; das Teilbild b zeigt die Abhängigkeit der ausgesandten integralen Strahlungsleistung P vom Diodenstrom I; aus dem (nahezu) linearen Verlauf entnimmt man die Möglichkeit einer (nahezu) verzerrungsfreien Intensitätsmodulation, wovon in der optischen Nachrich-

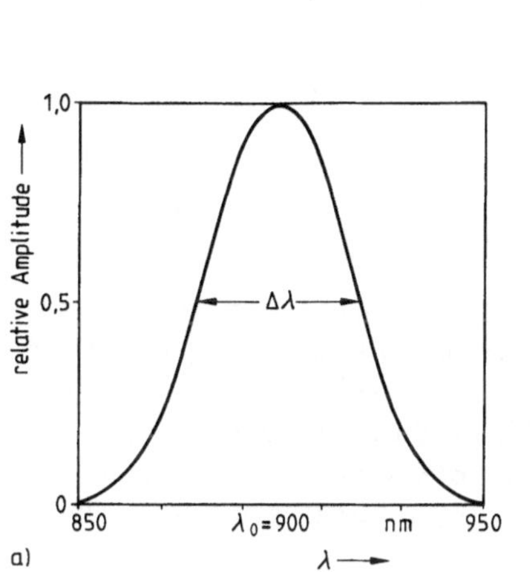

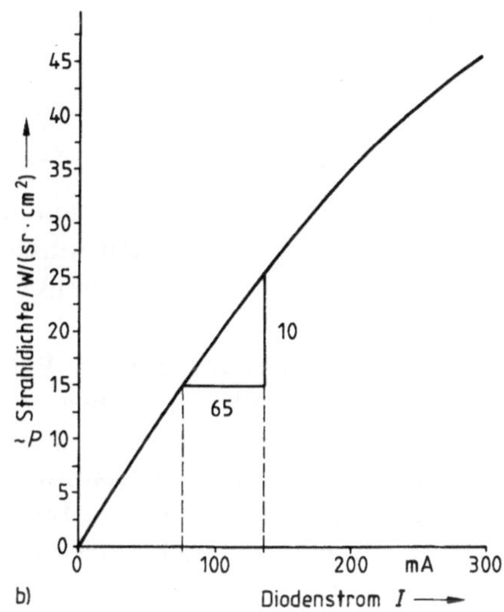

2.126 Charakteristika der GaAs-IRED HR 954 (Plessey)
a) Emissionsspektrum, b) Integrale Strahlungsleistung P als Funktion des Diodenstromes I; (aus [41])

tentechnik Gebrauch gemacht wird; die sog. Modulationssteilheit dP/dI hat im vorliegenden Fall die Größe $1\,\mathrm{W/cm^2\,mA}$, d.h. bei einer aktiven Diodenfläche von $100\,\mu\mathrm{m}\times 50\,\mu\mathrm{m}$ $50\,\mu\mathrm{W/mA}$.

Der Zusammenhang in Bild **2**.126b kann wie folgt verstanden werden: Wenn der Strom I durch die Diode fließt, werden pro Zeit I/e Ladungsträger durch den Querschnitt transportiert. Hiervon können aber nur diejenigen zur Lichterzeugung beitragen, welche in das p- bzw. n-Gebiet injiziert werden, also einer Rekombination in der Raumladungszone entgangen sind. Es finden also pro Zeit im p-Gebiet $(I/e)\cdot\eta_{\mathrm{I}}^{(p)}$ Rekombinationen statt mit

$$\eta_{\mathrm{I}}^{(p)} = \frac{I-I_{\mathrm{RG}}}{I} \cdot \underbrace{\frac{L_{\mathrm{n}}}{\tau_{\mathrm{n}}\cdot N_{\mathrm{A}}}\Bigg/\left(\frac{L_{\mathrm{n}}}{\tau_{\mathrm{n}}N_{\mathrm{A}}}+\frac{L_{\mathrm{p}}}{\tau_{\mathrm{p}}N_{\mathrm{D}}}\right)}$$

Anteil des Diffusionsstroms am Gesamtstrom gemäß Gl. (1.27)	Elektronenanteil am Diffusionsstrom $I-I_{\mathrm{RG}}$ gemäß Gl. (1.19)

und entsprechend im n-Gebiet $(I/e)\cdot\eta_{\mathrm{I}}^{(n)}$ Rekombinationen mit

$$\eta_{\mathrm{I}}^{(n)}=\frac{I-I_{\mathrm{RG}}}{I}\cdot\underbrace{\frac{L_{\mathrm{p}}}{\tau_{\mathrm{p}}N_{\mathrm{D}}}\Bigg/\left(\frac{L_{\mathrm{n}}}{\tau_{\mathrm{n}}N_{\mathrm{A}}}+\frac{L_{\mathrm{p}}}{\tau_{\mathrm{p}}N_{\mathrm{D}}}\right)}_{\substack{\text{Löcheranteil am}\\ \text{Diffusionsstrom}\\ I-I_{\mathrm{RG}}\ \text{gemäß Gl. (1.19)}}}$$

η_{I} heißt Injektionswirkungsgrad. - Bei der rot leuchtenden GaP:Zn,O-Diode wird Licht überwiegend im p-Gebiet erzeugt, bei der grün leuchtenden GaP:N-Diode im p- und n-Gebiet (s. das spätere Bild **2.**140). - Die Rekombinationsprozesse verlaufen nun aber nicht sämtlich strahlend (dieses gilt z.B. für die sog. Auger-Rekombination, bei der die freiwerdende Rekombinationsenergie auf einen anderen freien oder gebundenen Ladungsträger übertragen wird). Daher finden pro Zeit nur

$$(\eta_{\mathrm{I}}^{(p)}\cdot\eta_{\mathrm{R}}^{(p)}+\eta_{\mathrm{I}}^{(n)}\cdot\eta_{\mathrm{R}}^{(n)})\cdot(I/e)=\eta_{\mathrm{int}}\cdot(I/e)$$

strahlende Rekombinationen statt. η_{R} heißt Quantenwirkungsgrad der Strahlung, η_{int} wird interner Quantenwirkungsgrad genannt; er stellt anschaulich das Verhältnis der abgestrahlten Photonenrate zur Rate der über den pn-Übergang transportierten Elektronen dar. Trotz der genannten Störeffekte kann η_{int} in der Praxis nahe an den Idealwert 1 gebracht werden. Den entscheidenden Einfluß auf die abgegebene Strahlungsleistung P hat daher der optische Wirkungsgrad η_{opt}, das ist das Verhältnis der pro Zeit im Innern der Diode erzeugten zu der aus ihrer Oberfläche austretenden Photonen der Energie hf.
Nach dem Gesagten beträgt die optische Strahlungsleistung

$$P=\eta_{\mathrm{ex}}\cdot\frac{I}{e}\cdot hf \tag{2.100}$$

mit dem externen Quantenwirkungsgrad

$$\eta_{\mathrm{ex}}=\eta_{\mathrm{int}}\eta_{\mathrm{opt}}$$

(vgl. Gl. (2.83)). Gelegentlich wird auch noch der Leistungswirkungsgrad

$$\eta_{\mathrm{L}}=\frac{P}{U\cdot I}=\eta_{\mathrm{ex}}\cdot\frac{hf}{eU} \tag{2.101}$$

benutzt, welcher numerisch dicht unterhalb η_{ex} liegt.

Beispiel 2.10. Aus Bild **2**.126 ist der externe Quantenwirkungsgrad für eine aktive Diodenfläche von $A = 100\ \mu m \times 50\ \mu m$ zu bestimmen.

Aus Gl. (2.100) folgt

$$\eta_{ex} = \frac{P}{I} \cdot \frac{e}{hf} = \frac{P/A}{I} \cdot \frac{e\lambda A}{h \cdot c}.$$

Nach Bild **2**.126b ist

$$\frac{P/A}{I} = 1\ \frac{\mathrm{W}}{\mathrm{cm^2 \cdot mA}}$$

(Die Diode strahlt in den Halbraum!) und mit $\lambda = 900$ nm gemäß Bild **2**.126a

$$\frac{e\lambda A}{hc} = \frac{1{,}6 \cdot 10^{-19}\ \mathrm{As} \cdot 900 \cdot 10^{-7}\ \mathrm{cm} \cdot 100 \cdot 50 \cdot 10^{-8}\ \mathrm{cm^2}}{6{,}62 \cdot 10^{-34}\ \mathrm{Ws^2} \cdot 3 \cdot 10^{10}\ \mathrm{cms^{-1}}} = 3{,}6 \cdot 10^{-5}\ \frac{\mathrm{cm^2}}{\mathrm{V}},$$

d.h.

$$\eta_{ex} = 1\ \frac{\mathrm{W}}{\mathrm{cm^2 \cdot mA}} \cdot 3{,}6 \cdot 10^{-5}\ \frac{\mathrm{cm^2}}{\mathrm{V}} = 3{,}6\%.$$

Die Ursache für diesen niedrigen η_{ex}-Wert ist der optische Wirkungsgrad; dieser kennzeichnet sowohl die Selbstabsorption eines Teils der erzeugten Strahlung im Diodeninneren als auch die Verluste beim Austritt der Strahlung aus der Diodenoberfläche. Letztere beruhen auf der großen Brechzahl n des Halbleitermaterials. Von einer senkrecht auf die Grenze Halbleiter–Luft auftreffenden Strahlungsleistung tritt nur der Anteil

$$T = \frac{4n}{(n+1)^2} \tag{2.102}$$

hindurch, d.h. z.B. für GaAs ($n = 3{,}6$) $T = 0{,}68$. Tatsächlich trifft die Strahlung aber unter verschiedenen Winkeln α auf die Grenzfläche auf und unterliegt für $\alpha > \alpha_G = \arcsin 1/n$ der Totalreflexion (Bild **2**.127a).

Es gilt z.B. für GaAs $\alpha_G = 16{,}1°$. Der innerhalb des Kegels mit dem Öffnungswinkel $2\alpha_G$ durchgelassene Anteil beträgt

$$\sin^2 \frac{\alpha_G}{2} = \frac{n - \sqrt{n^2 - 1}}{2n} = \frac{1}{2n(n + \sqrt{n^2 - 1})} \approx \frac{1}{4n^2} \tag{2.103}$$

Mit der etwas zu optimistischen Annahme, daß der Transmissionsfaktor auch für schräg einfallendes Licht den Wert T nach Gl. (2.102) hat, ergibt sich in Verbindung mit Gl. (2.103) der optische Wirkungsgrad

$$\eta_{opt} = T \cdot \sin^2 \frac{\alpha_G}{2} = \frac{2}{(n+1)^2 \cdot (n + \sqrt{n^2 - 1})} \approx \frac{1}{n(n+1)^2};$$

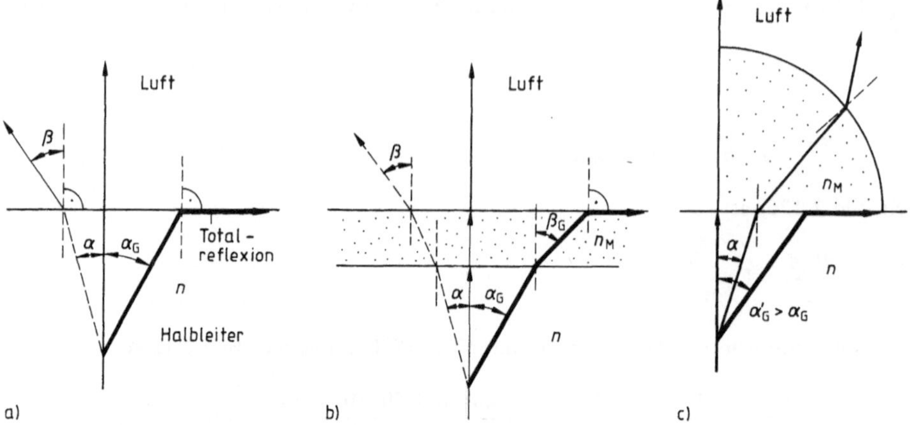

2.127 Brechungsgesetze an den Phasengrenzen
a) Halbleiter–Luft, b) Halbleiter–Kunststoffschicht–Luft $\sin\beta_G = 1/n_M$, c) wie b), jedoch mit Kunststoffhalbkugel (aus [38])

z.B. ist für GaAs $\eta_{opt} \approx 1{,}3\%$; eine Diode mit $\eta_{ex} \approx \eta_{opt}$ liefert damit bei einem Strom von 100 mA nach Gl. (2.100) eine Lichtleistung von etwa 1,86 mW.

Der optische Wirkungsgrad kann durch Belegung der Lichtaustrittsfläche mit einem Material der Brechzahl $n_M > 1$ mäßig bzw. durch Einbetten der Diode in ein solches Medium wesentlich erhöht werden. Im ersten Fall wird der Transmissionsfaktor für senkrecht auftreffende Strahlungsleistung verändert in

$$T' = \frac{4\dfrac{n}{n_M}}{\left(\dfrac{n}{n_M}+1\right)^2} \cdot \frac{4n_M}{(n_M+1)^2} = T \cdot \left[\frac{2n_M(n+1)}{(n+n_M)(n_M+1)}\right]^2, \qquad (2.104)$$

während der Grenzwinkel α_G der Totalreflexion erhalten bleibt (Bild **2**.127b); die größte Verbesserung des Transmissionsfaktors ergibt sich für $n_M = \sqrt{n}$. Für GaAs ($n = 3{,}6$) ist mit $n_M \approx 1{,}9$ $T' = 1{,}2\,T$, und selbst für die in der Praxis benutzte Kunststoffbeschichtung (Epoxidharz mit $n_M \approx 1{,}5$) ist noch eine Verbesserung um 17% zu erreichen.

Dagegen wird durch eine Dom-Struktur (Bild **2**.127c) der Grenzwinkel der Totalreflexion auf $\alpha_G' = \arcsin(n_M/n)$ erhöht, d.h. bei GaAs auf 24,6°. Das bewirkt gemäß Gl. (2.103) eine Steigerung des in das einbettende Medium eintretenden Strahlungsanteils um den Faktor 2,3. Zusammen mit der Verbesserung des Transmissionsfaktors um 17% ergibt sich eine Steigerung der abgestrahlten Leistung um den Faktor 2,5 entsprechend $\eta_{ex} \approx 3{,}7\%$.

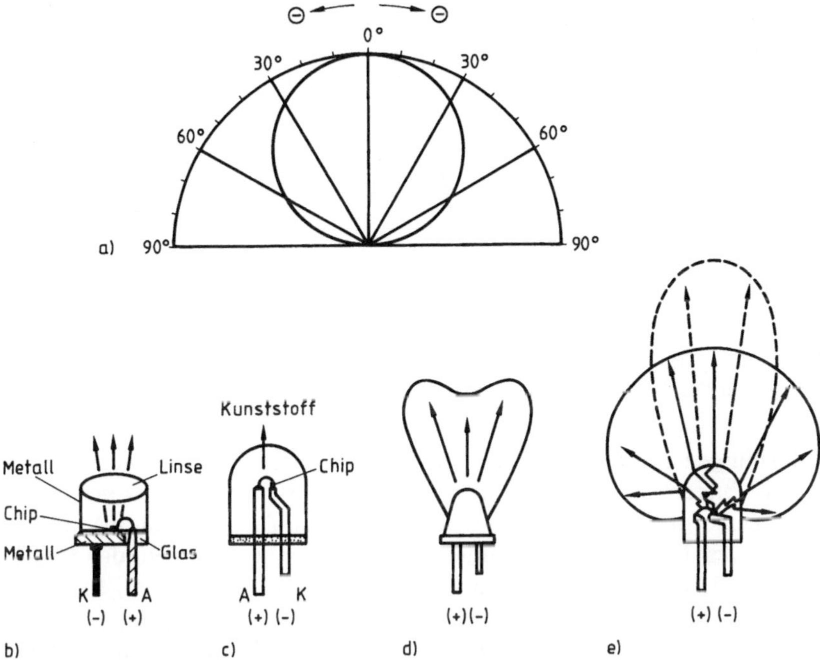

2.128 Strahlungscharakteristik einer LED (aus [38])
a) mit ebenem Fenster (Lambert'scher Strahler)
b) im Metallgehäuse mit Linse
c) im zylindrischen Kunststoffgehäuse; das Chip kann ohne oder mit Reflektor ausgeführt sein
d) im parabolisch gekrümmten Kunststoffgehäuse (klar)
e) im zylindrischen Kunststoffgehäuse mit klarer (---) bzw. lichtstreuender (—) Halbkugellinse

Die emittierte Strahlungsleistung einer LED mit ebener Lichtaustrittsfläche ist proportional zum Cosinus des Abstrahlwinkels (Lambertscher Strahler, Bild **2**.128a). Durch Formgebung des Kunststoffes bzw. des (Kunststoff-)Gehäuses oder durch zusätzliche Linsen läßt sich eine Vielzahl von Strahlungs-Charakteristiken erzeugen und somit verschiedenen Anwendungsfällen anpassen (Bilder **2**.128b–e).

Lumineszenzdioden für die optische Nachrichtentechnik. Von großer Bedeutung ist der Einsatz von Lumineszenzdioden als Senderelemente in der optischen Nachrichtentechnik; hier kommt es entscheidend auf folgendes an:

- Die Emissions-Wellenlänge muß in einem Bereich niedriger Dämpfung und Dispersion des Lichtwellenleiters (Glasfaser) liegen, damit mit möglichst wenigen zwischengeschalteten Wiederholverstärkern (Regeneratoren) große Ent-

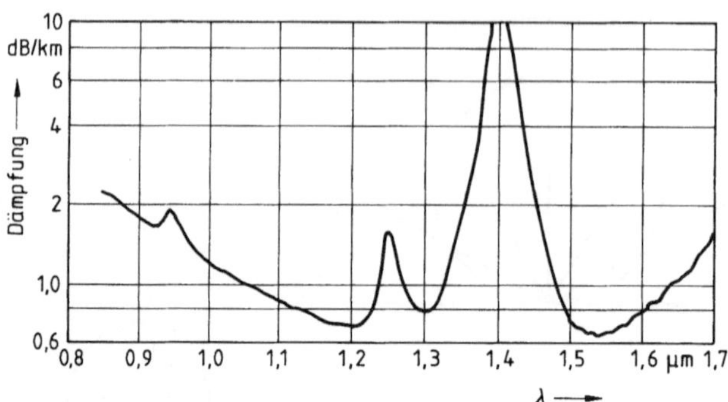

2.129 Dämpfung eines Lichtwellenleiters in Abhängigkeit von der Wellenlänge (aus [31])

fernungen zwischen Sender und Empfänger überbrückt werden können. Danach bieten sich gemäß Bild **2.**129 die im Infraroten liegenden Wellenlängen-Bereiche um 0,85 µm (erstes relatives Dämpfungsminimum), 1,3 µm (drittes relatives Dämpfungsminimum bei gleichzeitig verschwindender Dispersion) und 1,55 µm (absolutes Dämpfungsminimum) an. Die zugehörigen Bandabstände werden durch die Materialien $Al_{0,05}Ga_{0,95}As$, $In_{0,72}Ga_{0,28}As_{0,61}P_{0,39}$ bzw. $In_{0,58}Ga_{0,42}As_{0,9}P_{0,1}$ realisiert; die beiden letzteren sind an die Gitterkonstante 0,587 nm des als Substrat benutzten Halbleiters InP angepaßt. Für noch langwelligere Strahlung (1,5–1,8 µm) ist das System (AlGa)(AsSb) geeignet.

- Die Anstiegs- und Abfallzeiten der Emission bei pulsförmiger Erregung sollen hinreichend kurz sein entsprechend der geforderten Übertragungs-Bandbreite (bei analoger Übertragung) bzw. -Rate (bei digitaler Übertragung).
- Die Dioden sollen das erzeugte Licht möglichst vollständig und axial in den (kleinen) Querschnitt des Lichtwellenleiters einspeisen. Zusammen mit einem kleinen Wärmewiderstand und einer geeigneten Schichtstruktur (sog. Doppelheterostruktur), die eine hohe Strombelastung zuläßt, wird so eine große eingekoppelte optische Strahlungsleistung ermöglicht.

Im folgenden werden einige geeignete Diodentypen vorgestellt.

a) Diffundierte GaAs-Diode für 0,9 µm (Bild **2.**130)

In einem n-leitenden GaAs-Substrat (1) wird durch Zn-Diffusion eine p-Schicht (2) erzeugt; dazu ist in der Mitte des Diodenkörpers in die diffusionshemmende Al_2O_3-Isolatorschicht (3) ein Fenster durch photolithographische Verfahren und Ätzung geöffnet worden. Die p-Schicht ist schwach dotiert und nur etwa 10 µm dick, um die Selbstabsorption der erzeugten Strahlung gering zu halten. Die Rekombinationsstrahlung wird vornehmlich im p-Gebiet erzeugt und von dort über eine Antireflexionsschicht aus Si_3N_4 (4), welche die auskoppelbare Strahlungsleistung um etwa 35% erhöht, in die Faser eingekoppelt. Bei einem Diodenstrom von 100 mA werden typisch 3 mW Strahlungsleistung abgegeben; diese ist nach

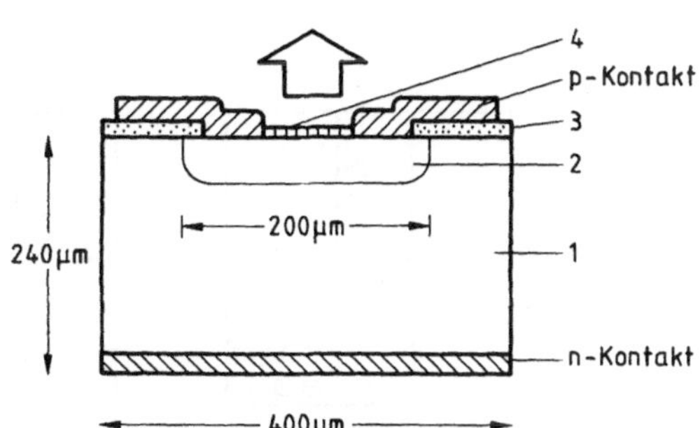

2.130
Schematischer Aufbau der diffundierten GaAs-Diode SFH 407 (nach [42])

einem Cosinus-Gesetz räumlich verteilt (Lambertscher Strahler). Wegen der relativ großen Emissionsfläche ist diese Diode vorwiegend für Dickkernfasern ($\phi \approx 100$ µm) geeignet; bei Verwendung von Stufenprofilfasern und einer numerischen Apertur $A_N = 0{,}4$ werden bei einem Strom von 100 mA Lichtleistungen von 120 µW (bei 50 nm ϕ nur etwa 2 µW) eingekoppelt. Die Anstiegs- und Abfallzeiten liegen im Bereich 40–50 ns; daher ist diese Diode für Übertragungsraten bis zu etwa 5 Mbit/s über Entfernungen bis zu einigen 100 m geeignet.

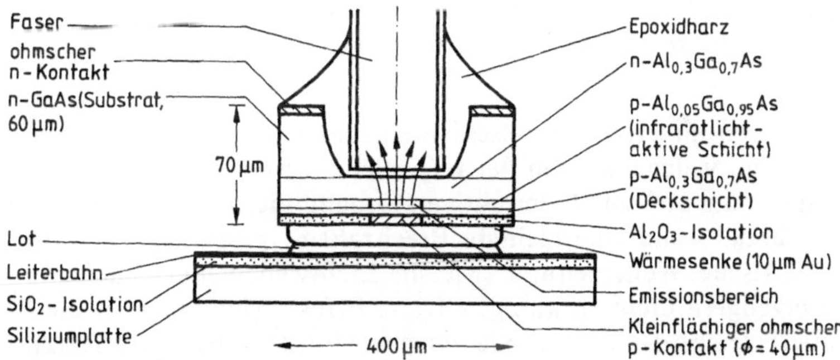

2.131 Schematischer Aufbau der Hochleistungsdiode SFH 404 aus AlGaAs/GaAs für 0,83 µm mit Andeutung der Lichteinkopplung in die Faser (nach [42])

b) Hochleistungsdiode aus AlGaAs/GaAs für 0,83 µm

Das hier benutzte Halbleitersystem ist für Wellenlängen um 0,8 µm das am gründlichsten untersuchte, technologisch am besten beherrschte und daher bevorzugte Material. Zur Herstellung der in Bild **2**.131 dargestellten Diode werden auf dem n-dotierten GaAs-Substrat durch Flüssigphasen-Epitaxie drei AlGaAs-Schichten unterschiedlicher Dicke und Dotierung aufgewachsen. Diese sog. Doppelheterostruktur erfüllt eine Doppelfunktion (s. hierzu Bild **2**.132):

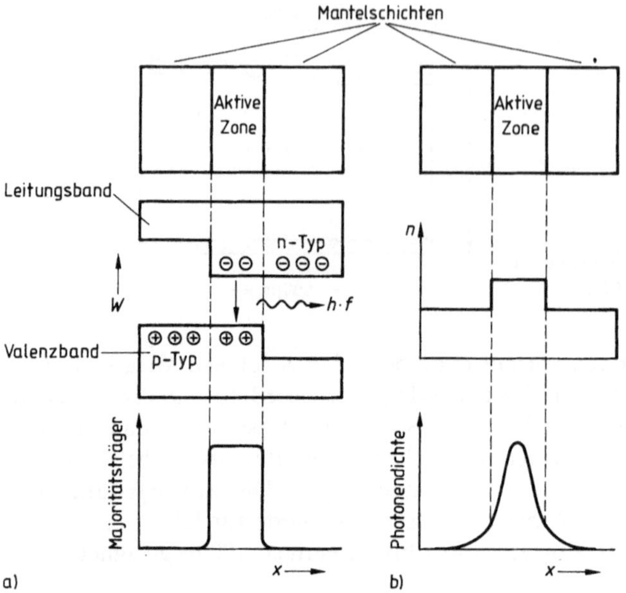

2.132 Doppelfunktion einer Doppel-Heterostruktur
a) Energetische Wirkung, b) Optische Wirkung (nach [43])

Die beiden äußeren Mantelschichten bilden wegen des höheren Bandabstandes Barrieren, welche die von der n-(p-)Seite injizierten Elektronen (Löcher) an der Ausbreitung außerhalb der aktiven Zone hindern. Gleichzeitig ist mit dem höheren Bandabstand eine kleinere Brechzahl n verbunden; hierdurch entsteht eine dielektrische Wellenleitung (wie im Lichtwellenleiter) und eine Konzentration der erzeugten Lichtstrahlung. - Diese Effekte sind auch für die Realisierung des Dauerbetriebs der Laserdiode entscheidend (s. Abschn. 2.7.2.2). -

Da die in der aktiven Schicht erzeugte Strahlung im n-GaAs-Substrat wieder total absorbiert würde, ist dieses konzentrisch zum p-Kontakt ausgeätzt. Im Gegensatz zur Diode in Bild 2.130 liegt hier das Substrat oben; durch diesen sog. upside-down-Aufbau wird der Vorteil erzielt, daß diejenigen Gebiete unmittelbar an der Wärmesenke liegen, in denen überwiegend Verlustleistung erzeugt wird, das sind der pn-Übergang und der p-Kontakt.

Der kleinflächige p-Kontakt sorgt in Verbindung mit der Heterostruktur für einen kleinen Anregungsbereich ($\phi \approx 45\ \mu m$) in der aktiven Schicht. Die Lichtleistung ist annähernd dem Durchlaßstrom proportional, solange keine Erwärmung der Diode erfolgt. Sie erreicht bei 100 mA etwa 4 mW; davon werden in Gradientenfasern ($\phi \approx 45\ \mu m$, numerische Apertur $A_N = 0{,}2$) 60 μW und in Dickkernfasern ($\phi \approx 100\ \mu m$, $A_N = 0{,}4$) 700 μW eingekoppelt. Damit können Streckenlängen von 6 km bei einer Übertragungsrate von 34 Mbit/s überbrückt werden. Die Spektralbreite der Emission beträgt 45 nm.

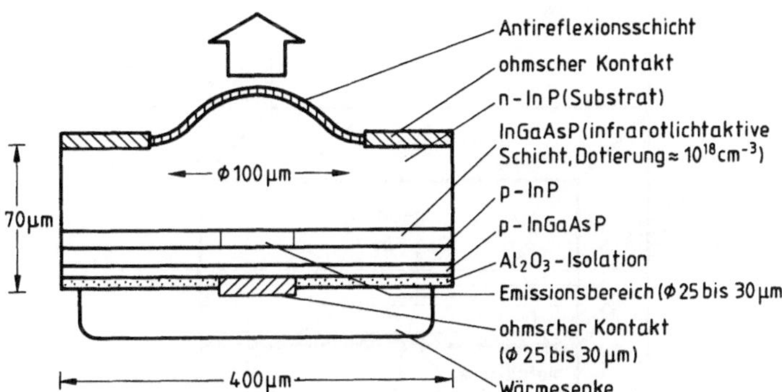

2.133 Schematischer Aufbau einer Hochleistungsdiode aus InGaAsP/InP für 1,3 µm (nach [42])

Entsprechende Hochleistungsdioden für den Wellenlängenbereich um 1300 nm (Dämpfungs- und Dispersions-Minimum) lassen sich durch Übergang vom ternären Halbleiter AlGaAs zum quaternären InGaAsP auf InP-Substrat herstellen:

c) Hochleistungsdiode aus $In_{0,72}Ga_{0,28}As_{0,61}P_{0,39}$/InP für 1,3 µm
Auch hierbei wird wieder eine Doppelheterostruktur verwendet (Bild **2**.133). Da InP für die 1,3 µm-Strahlung transparent ist, entfällt hier die Notwendigkeit des Ausätzens eines Teils des n-InP-Substrats; vielmehr wird dieses als Linse ausgebildet und erhöht - in Verbindung mit einer Antireflexionsschicht - die Strahlungsausbeute.

Typisch für quaternäre Dioden ist die nichtlineare Lichtleistungs-/Strom-Charakteristik (Bild **2**.134); sie sind daher besser für Digital- als für Analog-Übertragung geeignet. Die Anstiegs-(Abfall-)Zeit ist etwa 8 ns (18 ns), so daß Übertragungsraten von 34 Mbit/s bei überbrückbaren 15 km möglich sind.

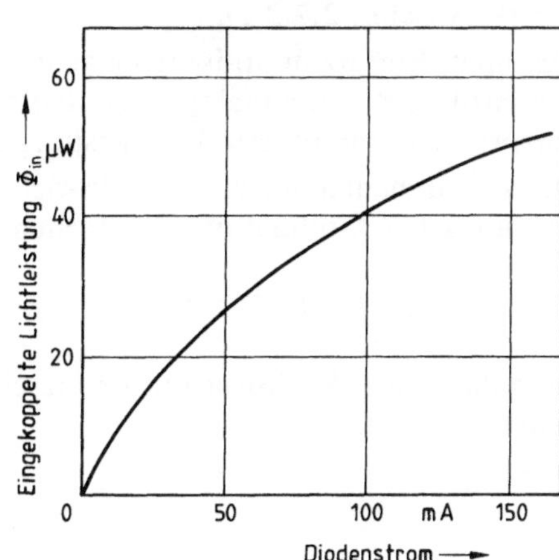

2.134
Charakteristische Stromabhängigkeit der Lichtleistung, die mit einer Diode nach Bild **2**.133 in eine Standardfaser (Kerndurchmesser 50 µm, numerische Apertur $A_N = 0,2$) eingekoppelt werden kann (aus [41])

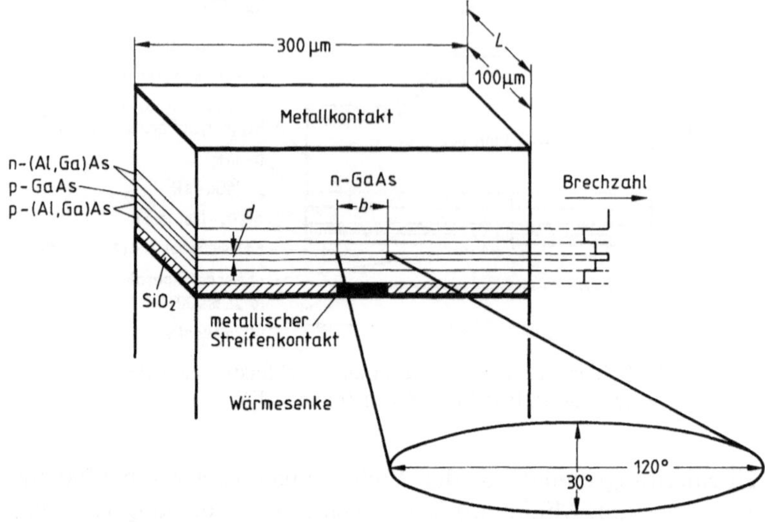

2.135 Kantenemittierende LED; L, b (einige 10 µm), d ($\approx 0{,}1$ µm) sind die Maße der Rekombinationszone (aus [44])

Bei den bisher besprochenen Dioden tritt das Licht senkrecht zum pn-Übergang aus (sog. Flächenemitter). Im Gegensatz dazu wird es bei den sog. Kantenemittern parallel zum pn-Übergang abgestrahlt (Bild 2.135). Bei der Ausbildung als Doppelheterostruktur kann der früher geschilderte Wellenleitereffekt dazu ausgenutzt werden, mittels vorhandener spontan emittierter Photonen Elektronen zu strahlenden Übergängen anzuregen (stimulierte Emission); dadurch nimmt die Strahlungsdichte zu, die Strahldivergenz und die spektrale Breite der Emission ab. Dioden, welche durch ihren Aufbau diesen Mechanismus ausnutzen, nennt man Superstrahlungs-LEDs; sie stellen den Übergang zu den Laserdioden dar (s. Abschn. 2.7.2.2).

Bei ihrem Einsatz in optischen Nachrichtenübertragungssystemen werden Lumineszenzdioden mit (analog oder digital) modulierten Strömen erregt, um eine entsprechend modulierte Lichtleistung zu erzielen.

Der Zusammenhang zwischen Lichtleistung $p(t)$ und elektrischem Strom $i(t)$ bei harmonischer Modulation entsprechend

$$i(t) = I_0 + \mathrm{Re}(\sqrt{2} \cdot \underline{I}_1 \cdot \mathrm{e}^{\mathrm{j}\omega t}), \quad p(t) = P_0 + \mathrm{Re}(\sqrt{2} \cdot \underline{P}_1 \cdot \mathrm{e}^{\mathrm{j}\omega t})$$

kann durch die Wechselstrom-Ersatzschaltung nach Bild 2.136 beschrieben werden; darin bedeuten

G_D = differentieller Leitwert der $I(U)$-Charakteristik
C_p = parasitäre Kapazität
L_z = Zuleitungsinduktivität
R_B = Bahnwiderstand
C_D = Diffusions- } Kapazität.
C_s = Sperrschicht- }

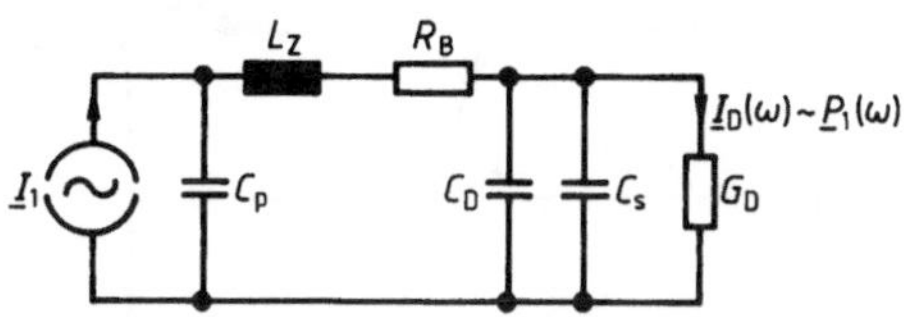

2.136 Wechselstrom-Ersatzschaltung einer LED

Bei Vernachlässigung von R_B und L_z gilt

$$\underline{P}_1(\omega) = \left(\frac{\mathrm{d}P}{\mathrm{d}I}\right)_U \cdot \underline{I}_D(\omega) \sim \underline{I}_1 \cdot (G_D + \mathrm{j}\,\omega\, C_{ges}), \quad C_{ges} = C_D + C_s + C_p$$

d.h.

$$\frac{\sqrt{2}\,\underline{P}_1(\omega)}{P_1(0)} = \frac{1}{1+\mathrm{j}\,\omega\tau}, \quad \tau = \frac{C_{ges}}{G_D}. \tag{2.105}$$

Die Lichtleistung $\sqrt{2}\,\underline{P}_1(\omega)$ bleibt also nach Betrag und Phase hinter dem stationären Wert $P_1(0)$ zurück (s. die entsprechende Gl. (2.85) für die Photodiode). Aus Gl. (2.105) definiert man eine elektrische Grenzfrequenz $f_{g,el}$ aufgrund der Forderung

$$\left|\frac{\sqrt{2}\,\underline{P}_1(\omega_{g,el})}{P_1(0)}\right| = \frac{1}{\sqrt{2}} \rightarrow f_{g,el} = \frac{1}{2\pi\tau} \tag{2.106a}$$

und eine optische aus der Forderung

$$\left|\frac{\sqrt{2}\,\underline{P}_1(\omega_{g,opt})}{P_1(0)}\right| = \frac{1}{2} \rightarrow f_{g,opt} = \frac{\sqrt{3}}{2\pi\tau}. \tag{2.106b}$$

Typische Werte von $R_D = 1/G_D$ sind einige Ω und für C_{ges} einige nF; hieraus folgen für $f_{g,el}$ Werte im Bereich von einigen 10 MHz bis einige wenige 100 MHz. Mit Sonderausführungen lassen sich Werte bis 1 GHz erzielen, allerdings mit stark verminderter Strahlungsleistung.

Bei impulsförmiger Aussteuerung der Diode bestimmt die Zeitkonstante τ den Verlauf der Impuls- und Sprungantwort, die Impulsverbreiterung und damit die übertragbare Bitrate.

Lumineszenzdioden für den sichtbaren Spektralbereich. Von den vielen möglichen Materialien gemäß Tafel **2.**124 wählen wir das System $GaAs_{1-x}P_x$ aus, mit dem sich für $0 \leq x \lesssim 0{,}42$ direkte Halbleiter realisieren lassen, für $x \gtrsim 0{,}42$ indirekte.

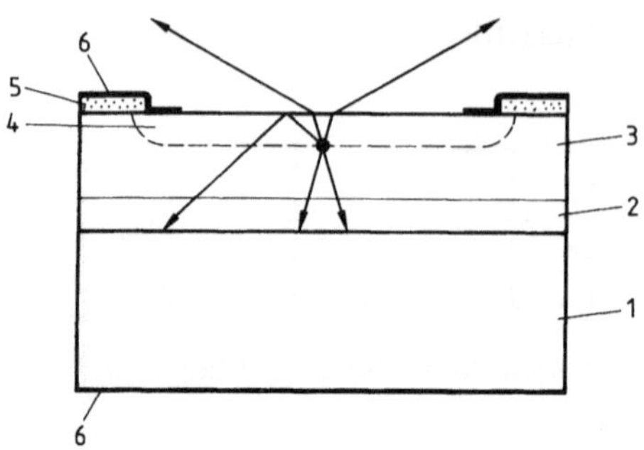

2.137 Schematischer Aufbau einer $GaAs_{0,6}P_{0,4}$-LED (aus [37])
1 n-GaAs-Substrat
2 n-$GaAs_{1-x}P_x$-Übergangsschicht zur Anpassung der Gitterparameter ($x=0 \dots 0,4$)
3 n-$GaAs_{0,6}P_{0,4}$-Schicht ($N_D=5\cdot10^{16}\,cm^{-3} \dots 10^{17}\,cm^{-3}$)
(2 und 3: 20–50 μm dick)
4 p-$GaAs_{0,6}P_{0,4}$-Schicht (Zinkdiffusion mit $N_A \approx 10^{19}\,cm^{-3}$)
5 Oxid
6 Metallisierung

Den Aufbau einer direkt emittierenden $GaAs_{0,6}\cdot P_{0,4}$-Diode zeigt Bild **2**.137. – Für diese Zusammensetzung haben $GaAs_{1-x}P_x$-Dioden ihr Helligkeitsmaximum. – Die p-Zone wird wegen der starken Absorption in diesem Material sehr dünn ausgelegt (3–5 μm), damit ein möglichst großer Anteil der erzeugten Strahlung aus der Diode austreten kann; die in das n-Gebiet und in das Substrat gerichtete Strahlung geht dort durch Absorption verloren. Die Diode emittiert rotoranges Licht mit $\lambda=0,65$ μm entsprechend einer Quantenenergie 1,91 eV.

Bei den indirekten Halbleitern wird eine praktisch verwertbare Rate strahlender Rekombination und damit Lichtemission durch den Einbau sog. isoelektronischer Störstellen erreicht. Diese entstammen derselben Spalte des Periodensystems wie die Wirtsgitteratome, welche sie ersetzen, unterscheiden sich von diesen aber durch ihren Atomradius und ihre Elektronegativität (= Neigung zur Anlagerung von Elektronen) und wirken daher als isoelektronischer Akzeptor bzw. Donator, je nachdem ob das gebundene Teilchen ein Elektron oder ein Loch ist.

Bild **2**.138 zeigt den Aufbau einer mit Stickstoff als isoelektronischen Zentren ausgestatteten $GaAs_{0,35}P_{0,65}$-Diode. Stickstoff stellt wegen seiner gegenüber Phosphor größeren Elektronegativität einen isoelektronischen Akzeptor dar, der etwa 90 mV unterhalb des Leitungsbandminimums ein Elektron bindet. Dieser negativ geladene Komplex kann seinerseits ein Loch binden, wodurch ein sog. Exciton entsteht. Bei dessen Zerfall (d.h. Elektron-Loch-Rekombination) wird rot-oranges Licht mit $\lambda=0,65$ μm emittiert. Nur etwa 30% des erzeugten Lichtes tritt direkt durch die p-Schicht aus; ein Teil wird am rückseitigen Ende des

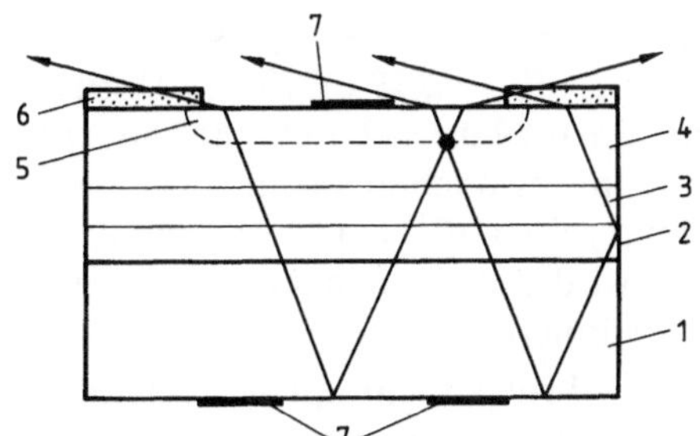

2.138 Schematischer Aufbau einer $GaAs_{0,35}P_{0,65}$:N-LED (aus [37])
1 n-GaP-Substrat
2 $GaAs_{1-x}P_x$-Übergangsschicht zur Anpassung der Gitterparameter ($x=1 \ldots 0{,}65$)
3 n-$GaAs_{0,35}P_{0,65}$-Schicht, 4 $GaAs_{0,35}P_{0,65}$:N-Schicht
5 p-$GaAs_{0,35}P_{0,65}$-Schicht (Zinkdiffusion)
6 Oxid, 7 Metallisierung

(transparenten) GaP-Substrats reflektiert, wodurch die Lichtausbeute steigt; das n-Gebiet ist mit Schwefel oder Tellur dotiert. Die Helligkeit ist etwa fünfmal größer als bei den rot-orange leuchtenden $GaAs_{0,6}P_{0,4}$-Dioden.

Die gleich aufgebauten Dioden mit $x=0{,}85$ senden gelbes Licht mit $\lambda=0{,}59\ \mu m \mathrel{\hat{=}} 2{,}1$ eV aus.

Für $x=1$ liegen GaP-Dioden vor. Diese sind entweder mit Stickstoff oder $Zn^{II}O^{VI}$ als isoelektronische Akzeptoren-Zentren ausgestattet (Bild 2.139).

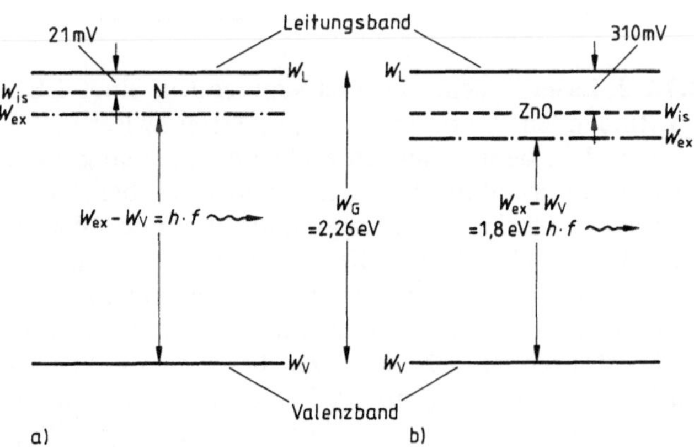

2.139 Zum Mechanismus der gelb/grün- bzw. rot strahlenden GaP-Dioden. Als isoelektronische Störstelle (mit Akzeptor-Charakter) wirkt Stickstoff (a) bzw. ein ZnO-Komplex (b) (nach [45])

W_{is} } elektronisches Energieniveau { der isoelektronischen Störstelle
W_{ex} } elektronisches Energieniveau { des Excitons, mit wachsender Störstellen-Konzentration nimmt W_{ex}-W_V ab

Im ersten Fall bewegt sich die Emission vom Grünen bei $\lambda = 0{,}565\ \mu m \triangleq W_{ex} - W_V = 2{,}19$ eV (für N-Dotierungen unterhalb $10^{19}\ cm^{-3}$) bis zum Gelben bei $\lambda = 0{,}59\ \mu m \triangleq 2{,}1$ eV (bei höheren N-Dotierungen) und stammt sowohl aus dem n- als auch aus dem p-Gebiet. Im zweiten Fall beträgt die Zinkkonzentration typisch $10^{18}\ cm^{-3}$ und die ZnO-Komplex-Konzentration $10^{16}\ cm^{-3}$. - Dabei wird auf benachbarten Gitterplätzen Ga^{III} durch Zn^{II} und P^{V} durch O^{VI} substituiert. -

Es wird rotes Licht mit $\lambda = 0{,}69\ \mu m \triangleq 1{,}8$ eV erzeugt, das ausschließlich im ZnO-dotierten p-Gebiet entsteht. Wenn zwei derartige Dioden mit gemeinsamem n-GaP-Substrat gegeneinander geschaltet und mit getrennten Spannungsquellen betrieben werden (Bild 2.140), kann das Farbspektrum von Rot über Orange und Gelb bis Grün verändert werden. Dabei durchdringt die rote Strahlung die gesamte Anordnung und tritt aus derselben Öffnung wie die grüne Strahlung in die Umgebung; hierdurch wird eine gute Durchmischung erzielt.

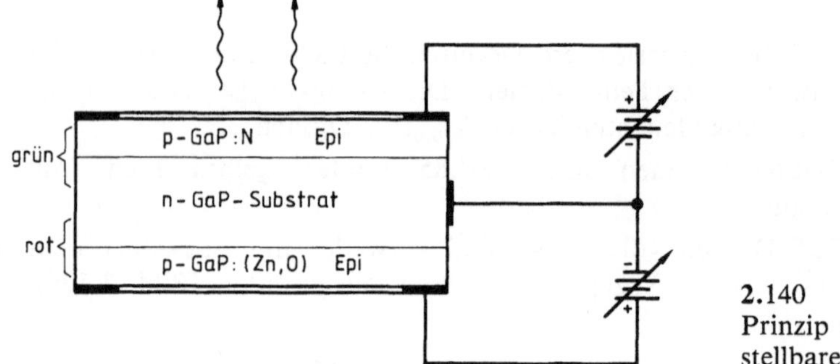

2.140
Prinzip einer LED mit einstellbarer Farbe (aus [40])

2.7.2.2 Laserdioden. Die Lichtemission in einer LED beruht auf den spontan stattfindenden Rekombinationsprozessen zwischen Elektronen und Defektelektronen, d.h. dem zufälligen Elektronenübergang zwischen einem hohen und einem tiefen erlaubten Energiezustand (z.B. bei der Band-Band-Rekombination zwischen Unterkante Leitungsband (W_L) und Oberkante Valenzband (W_V) gemäß Bild 2.141a). Neben dieser spontanen Emission findet, wie wir gesehen haben, in einer LED auch Selbstabsorption statt, indem emittierte Photonen dazu verwendet werden, Elektronen aus einem tiefer gelegenen Niveau in ein höheres zu überführen (Bild 2.141b). Zu dieser sog. induzierten Absorption gibt es natürlich auch den Gegenprozeß, die induzierte bzw. stimulierte Emission (Bild 2.141c): Dabei regt ein Photon der Energie $h \cdot f = W_G$, das entweder spontan erzeugt worden ist (s. Superstrahlungs-LED) oder zu einer die Diode durchlaufenden elektromagnetischen Welle der Frequenz f gehört, ein Elektron im Leitungsband zur strahlenden Rekombination bei gleichzeitigem Übergang ins Valenzband an. Das dabei emittierte Photon besitzt die gleiche Energie wie das anregende und ist mit diesem in Phase, also kohärent (im Gegensatz zur inkohärenden spontanen Emission). - Das Prinzip der induzierten Emission ist zuerst von

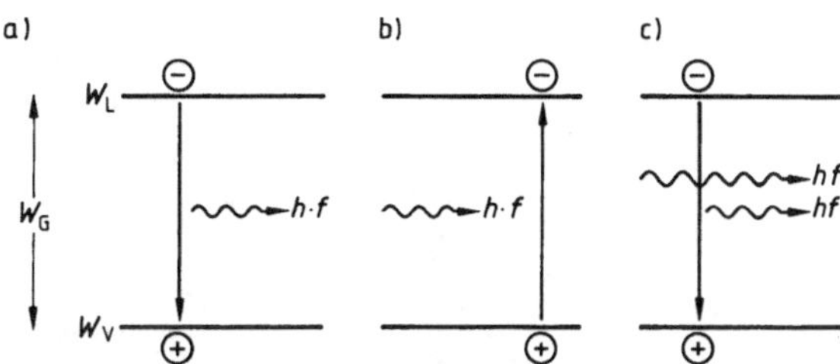

2.141 Elektrooptische Wechselwirkungen an Halbleiterübergängen (nach [43])
a) Spontane Emission, b) Absorption, c) Stimulierte Emission

Einstein formuliert worden, der es 1917 zur Herleitung des Planckschen Strahlungsgesetzes verwendet hat; der experimentelle Nachweis gelang 1928 Ladenburg und Kopfermann. - Da sich im thermodynamischen Gleichgewicht mehr Elektronen auf tieferen Energieniveaus befinden als auf höheren, laufen mehr Absorptions- als induzierte Emissionsprozesse ab, d.h. eine die Diode durchsetzende Strahlung wird gedämpft. Eine Verstärkung eines ursprünglich vorhandenen Photonenfeldes setzt ein Überwiegen der Anzahl der stimulierten Emissions- über die Absorptions-Prozesse voraus und ist offenbar dann möglich, wenn höher gelegene Energieniveaus stärker als tiefere besetzt sind. Diese sog. Besetzungsinversion in Verbindung mit einer optischen Rückkopplung ist die entscheidende Voraussetzung für die Wirkungsweise der Laserdioden.

Die durch Besetzungsinversion erhöhte Rate der induzierten Emission ist im Mikrowellenbereich bereits in den 50er Jahren zur Verstärkung benutzt worden und führte dort zur Entwicklung des Masers (≙ **M**icrowave **a**mplification by **s**timulated **e**mission of **r**adiation). In seiner Festkörperversion wird er auch heute noch als rauschärmster Vorverstärker in der Radioastronomie für Frequenzen bis zu einigen zehn GHz eingesetzt; dabei dient Rubin (Al_2O_3) als Wirtskristall, die Dotierung erfolgt durch paramagnetische Cr^{+++}-Ionen.

Die Übertragung des Maserprinzips auf den optischen Frequenzbereich führte auf den **L**(ight)aser. Die Besetzungswahrscheinlichkeit muß dabei an der Unterkante des Leitungsbandes größer sein als an der Oberkante des Valenzbandes. Diese Forderung ist dann erfüllt, wenn wenigstens eines der beiden Diodengebiete bis zur sog. Entartung dotiert ist. - Dann liegt das Fermi-Niveau im Valenz- und/oder Leitungsband. In n-GaAs ist das bei Raumtemperatur ab etwa $5 \cdot 10^{17}$ cm^{-3} der Fall, in p-GaAs ab etwa $8 \cdot 10^{18}$ cm^{-3}. - Diese Forderung hat die Laserdiode mit der Tunneldiode gemeinsam (s. Abschn. 2.6.4), sie wird allerdings bei wesentlich höheren Strömen betrieben, nämlich im Bereich des Diffusionsastes. Denn es genügt nicht, daß durch hohe Dotierung viele Elektronen bzw. Defektelektronen zur Verfügung stehen, sie müssen auch durch hinreichend hohe Flußspannung ($U \gtrsim U_D$) in großer Menge injiziert werden, um zu strahlender Rekombination zu führen. - Selbstverständlich sind hier direkte Halbleiter erforderlich, da diese eine höhere Übergangswahrscheinlichkeit als indirekte besitzen. -

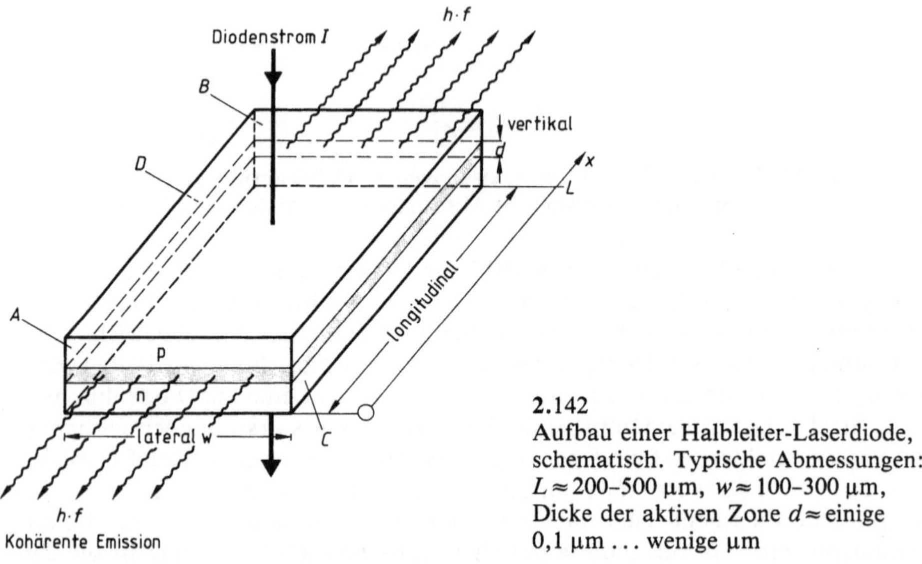

2.142
Aufbau einer Halbleiter-Laserdiode, schematisch. Typische Abmessungen: $L \approx 200\text{–}500\,\mu\text{m}$, $w \approx 100\text{–}300\,\mu\text{m}$, Dicke der aktiven Zone $d \approx$ einige 0,1 μm ... wenige μm

Obwohl Laserdioden als Verstärker im optischen Frequenzbereich prinzipiell geeignet sind, kommt dieser Anwendung keine praktische Bedeutung zu, denn ihre durch die unvermeidliche spontane Emission bedingte Rauschtemperatur $T_r = hf/k \cdot \ln 2$ (sog. Quantenrauschen) liegt in der Größenordnung 10^4 K. Dagegen spielen Laserdioden-Oszillatoren eine überragende Rolle als Sender für kohärente Strahlung in optischen Nachrichtenübertragungssystemen. Der prinzipielle Aufbau einer Laser-Diode ist in Bild **2**.142 dargestellt. Der aktive Teil der Diode (Dicke d) stellt einen optischen Wellenleiter (Länge L) dar, der durch die spiegelnde Wirkung der planparallelen Begrenzungsflächen A, B (natürliche Spaltflächen des Kristalls) rückgekoppelt ist, so daß bei ausreichendem Verstärkungsgrad Selbsterregung eintritt: Der Superstrahlungs-Dioden-Verstärker ist dann zum Oszillator geworden. Diese Betriebsart meint man, wenn man vom Dioden-(oder Injektions-)Laser spricht; sie entspricht dem aus der Verstärkertechnik bekannten Übergang vom rückgekoppelten Verstärker zum Oszillator. Die hierfür erforderliche Schwingbedingung ergibt sich aus der folgenden Überlegung: Der Laser-Kristall zusammen mit den spiegelnden Endflächen stellt einen optischen Resonator nach Art des Fabry-Perot-Interferometers dar. Eine Welle, die in der Richtung der größten Längenausdehnung des aktiven Bereichs läuft, wird bei einem Durchgang am höchsten verstärkt. Zur Unterdrückung nicht axialer Wellenformen (Moden) werden die beiden Seitenflächen C, D optisch aufgerauht - ursprünglich wurde das einfach durch Sägen bewirkt -. An den Begrenzungsflächen A, B wird entsprechend dem Unterschied der Brechungsindizes oder auch infolge einer zusätzlichen Verspiegelung ein Teil der Welle reflektiert. Deckt die Verstärkung bei einem Durchgang die Verluste der Abstrahlung nach außen und durch Absorption in den angrenzenden passiven n- bzw. p-leitenden Kristallbereichen, so kommt es zum Einsatz der Laser-Emission. Zur analytischen Formulierung der Einsatzbedingung gehen wir davon aus, daß sich auf der Strecke dx in Strahlrichtung die Amplitude $\sqrt{2}\cdot\underline{E}(x)$ der Feldstärke $E(x,t)=\mathrm{Re}(\sqrt{2}\cdot\underline{E}(x)\cdot e^{j\omega t})$ einer als bereits vorhanden angenommenen elektromagnetischen Welle um

$$d\underline{E}(x)=g\cdot\underline{E}(x)\,dx-(\alpha+j\beta)\cdot\underline{E}(x)\,dx \tag{2.107}$$

ändert. Hierin ist g der durch stimulierte Emission bedingte Gewinn pro Längeneinheit und α entsprechend der Dämpfungsbelag infolge von Verlusten. $\beta=2\pi/\lambda_i$ ist die Phasenkonstante der elektromagnetischen Welle (auch Wellenzahl genannt) im Laser mit $\lambda_i=\lambda/n$ (λ = Vakuum-Wellenlänge, n = Brechzahl des Halbleitermaterials).

Die Integration der Gl. (2.107) zwischen den Grenzen $x=0$ und x liefert

$$\underline{E}(x)=\underline{E}(0)\cdot e^{(g-\alpha)x-j\beta x}.$$

Am Ende $x=L$ des Wellenleiters möge der Reflexionsfaktor die Größe r_L haben, d.h. die Welle läuft als

$$r_L\cdot\underline{E}(L)\cdot e^{(g-\alpha)\cdot(L-x)-j\beta\cdot(L-x)}$$

zurück; am Eingang $x=0$ erfolgt eine Reflexion mit dem Faktor r_0; die Welle startet dann einen neuen Durchlauf mit der Anfangsamplitude

$$\underline{E}'(0)=r_0\cdot r_L\cdot\underline{E}(L)\cdot e^{[g-\alpha-j\beta]L}=r_0 r_L\, e^{[g-\alpha-j\beta]2L}\cdot\underline{E}(0). \tag{2.108}$$

Die Bedingung für den Schwingeinsatz, d.h. die notwendige Voraussetzung für den Laserbetrieb, lautet offenbar $\underline{E}'(0)=\underline{E}(0)$; das bedeutet nach Gl. (2.108)

$$r_0 r_L\cdot e^{2(g-\alpha)L-2j\beta L}=1; \tag{2.109}$$

r_0 und r_L sind hier als reell angenommen. Aus Gl. (2.109) folgt zum einen die Phasenbedingung

$$2\beta L=\frac{4\pi nL}{\lambda}=2m\pi \tag{2.110}$$

(m = 1, 2, ... = Ordnung des longitudinalen Resonatormodes). Es gilt z.B. für $L=500\ \mu m$ bei GaAs ($n=3{,}6$, $\lambda=0{,}9\ \mu m$) m = 4000. Da man nun nicht nur bei einer einzigen Wellenlänge im Inversionsfall Verstärkung erwarten kann, sondern etwa innerhalb der Linienbreite der spontanen Emission einer LED (30–40 nm gemäß Bild **2.**126a), ist die Gl. (2.110) für viele m-Werte erfüllbar.

Den Wellenlängen-Abstand $\Delta\lambda$ zweier benachbarter Moden (d.h. m und m + 1) erhalten wir aus Gl. (2.110) wie folgt: Es gilt

$$\frac{4\pi L \cdot n(\lambda_m)}{\lambda_m} = 2m\pi \quad \text{und} \quad \frac{4\pi L \cdot n(\lambda_{m+1})}{\lambda_{m+1}} = 2(m+1)\pi$$

d.h.

$$\frac{1}{2L} = \frac{n(\lambda_{m+1})}{\lambda_{m+1}} - \frac{n(\lambda_m)}{\lambda_m}. \tag{2.111}$$

Mit der erlaubten Näherung

$$n(\lambda_{m+1}) = n(\lambda_m) + \left(\frac{dn}{d\lambda}\right)_{\lambda_m} \cdot (\lambda_{m+1} - \lambda_m)$$

folgt aus Gl. (2.111)

$$\Delta\lambda = \lambda_{m+1} - \lambda_m = \frac{\lambda_m^2}{2L} \frac{1}{n(\lambda_m) - \lambda_m \cdot \left(\frac{dn}{d\lambda}\right)_{\lambda_m}} = \frac{\lambda_m^2}{2L \cdot n_g}.$$

– Die Dispersion nimmt mit wachsender Photonenenergie hf monoton zu und bei Annäherung an $hf = W_G$ besonders rasch. – Für GaAs ist $n_g = 4{,}5$ bei $\lambda_m = 0{,}85$ µm, also für $L = 100$ µm ... 500 µm $\Delta\lambda = 0{,}8$ nm ... 0,16 nm; es haben also innerhalb der LED-Linienbreite viele axiale (oder longitudinale) Moden Platz. Die Breite der einzelnen Laserlinien liegt bei etwa $\Delta\lambda/10$; hiernach ist ein Spektrum aus vielen scharfen Linien zu erwarten.

Für welche dieser Moden tatsächlich Oszillatorbetrieb einsetzt und mit welcher Amplitude, hängt von der 2. Bedingung aus Gl. (2.109) ab:

$$r_0 \cdot r_L \cdot e^{2(g-\alpha)L} = 1, \quad \text{d.h.} \quad g = \alpha + \frac{1}{2L} \cdot \ln \frac{1}{r_0 \cdot r_L} = \alpha_{ges}. \tag{2.112}$$

Sie besagt anschaulich, daß der Gewinn g den gesamten Verlust α_{ges} decken muß, der durch Absorption (α) und durch die an den Enden des Wellenleiters austretenden Strahlungsleistungen (gemäß r_0, r_L) verursacht wird.

Das Bild **2.**143a zeigt den Gewinn g als Funktion der Wellenlänge mit der Dichte n_e der injizierten Elektronen (~ Diodenstrom I) als Parameter. Danach ist für $n_e \gtrsim 1 \cdot 10^{18}$ cm^{-3} ein Gewinn $g > 0$ möglich; tatsächlich werden nur diejenigen Moden erregt werden, für die $g \gtrsim \alpha_{ges}$ ist (Bild **2.**143b). Da g von n_e abhängt, muß zur Erzielung eines Gewinns $g > 0$ der Diodenstrom I (~ n_e) eine bestimmte

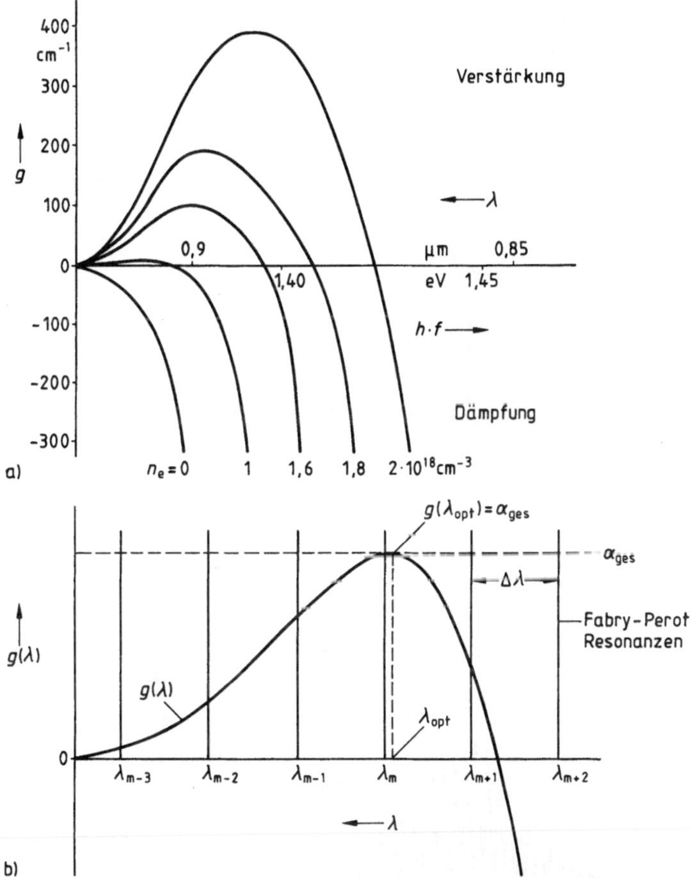

2.143 Optischer Gewinn einer Laserdiode als Funktion der Photonenenergie (aus [32])
a) für GaAs bei $T = 300$ K mit der Dichte n_e der injizierten Elektronen als Parameter
b) schematische Darstellung in Verbindung mit Fabry-Perot-Resonanzen; zur Vereinfachung ist α von λ unabhängig angenommen. (Emission nur bei $\lambda = \lambda_m \approx \lambda_{opt}$: Monomode-Betrieb)

Schwelle überschreiten; dieser Schwellstrom I_{th} ergibt sich aus Bild **2**.143b für $g(I_{th}) = \alpha_{ges}$. Bei Erhöhung von I über I_{th} hinaus tritt allerdings nicht schlagartig Laserstrahlung auf; vielmehr entstehen zunächst über der Breite der spontanen Emissionslinie einzelne Emissionsspitzen (Bild **2**.144a; das ist die Folge der schon erwähnten Superstrahlung). Bei weiter wachsendem Strom entwickelt sich hieraus (im Idealfall) eine e i n z i g e Laserlinie, nämlich diejenige, für die der Laserdioden-Resonator die größte Verstärkung besitzt (Bilder **2**.144b–d). Die Stromabhängigkeit der Intensität des emittierten Lichtes zeigt Bild **2**.145.

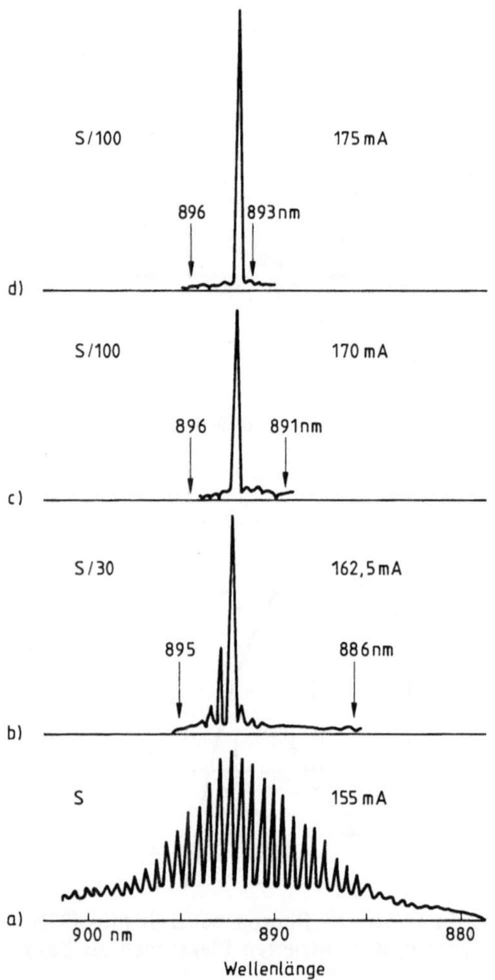

2.144
Entwicklung des Emissionsspektrums einer Streifen-Laserdiode bei Überschreiten des Schwellstroms; S = relative Skala der Strahlungsleistung (aus [37])

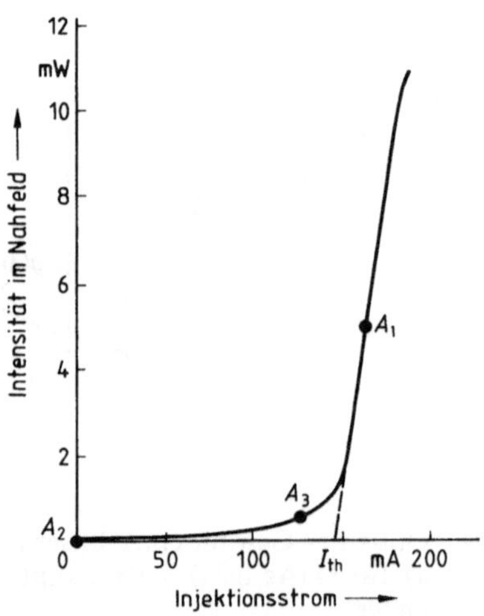

2.145
Lichtintensität einer Laserdiode in Abhängigkeit vom Injektionsstrom (nach [37])

Die Schwellströme bei dem einfachen Aufbau gemäß Bild **2**.142 sind bei Raumtemperatur so hoch (z. B. 10^4 A/cm^2 bei einer Breite der aktiven Zone von 2 μm und einer Länge von 200 μm), daß nur Impulsbetrieb der Laserdiode möglich ist, wenn eine Überhitzung der Diode und damit ihre mögliche Zerstörung vermieden werden soll. Die für einen Dauerbetrieb bei Raumtemperatur erforderliche drastische Reduktion des Schwellstroms wird durch eine Verringerung des Querschnitts des Wellenleiters möglich: Zum einen werden die Laserdioden (wie schon die LED) als Heterostrukturen ausgeführt, um senkrecht zum pn-Übergang die vertikale Einengung der injizierten Elektronen und den Wellenleitereffekt auszunutzen; - hierdurch werden der Gewinn g vergrößert und die Dämpfung α verringert. Zusätzlich wird in lateraler Richtung eine Einengung durchgeführt: Die obige Rechnung bezog sich nur auf longitudinale Moden. Es sind aber auch lateral mehrere stehende Wellen möglich, aber unerwünscht. Das gilt auch für transversale Wellen höherer Ordnung, da sie zu einer Aufweitung des Fleckdurchmessers und dadurch zu einer Erniedrigung des Koppelwirkungsgrades mit einem Lichtwellenleiter führen. Die Querschnittsabmessungen des Wellenleiters müssen also so eingeengt werden, daß nur jeweils der Grundmodus ausbreitungsfähig ist. Zur lateralen Einengung ist eine Vielzahl von Laserstrukturen entwickelt worden; diese lassen sich in zwei Strukturfamilien einordnen, für die jeweils einige Beispiele angegeben werden:

Bei den sog. index-(oder passiv-)geführten Lasern wird durch die Herstellung ein laterales Profil im Realteil des Brechungsindex und dadurch ein definierter Streifenwellenleiter erzeugt. Im Falle des Bildes **2**.146 ist die aktive Zone rings von Hetero-Übergängen begrenzt; die betreffenden GaAlAs-Schichten haben einen geringeren Brechungsindex und größere Bandabstände als GaAs, wodurch der Wellenführungseffekt und eine Elektronenbündelung entstehen. Da die aktive Zone in einer Umgebung von GaAlAs-Schichten vergraben ist, spricht man von einem **b**uried **h**eterostructure (BH)-Laser. Damit tatsächlich nur der fundamentale Lateral-Modus angeregt wird, ist der Al-Anteil y der lateral-begrenzenden Schichten kleiner als der Anteil x der vertikal-begrenzenden. Die Schwellströme liegen typisch bei 20 mA, die abgegebene Dauerleistung pro Fläche bei 15 mW; das Fernfeld hat die Öffnungswinkel 25°×35°. Der BH-Laser besitzt eine ausgezeichnete Linearität und ist bis zu einigen GHz modulierbar; die Klirrdämpfung $K_2 = -20\log[P_1(2\omega)/P_1(\omega)]$ beträgt typisch 55–65 dB bei 5 mW Lichtleistung und 30% Modulation.

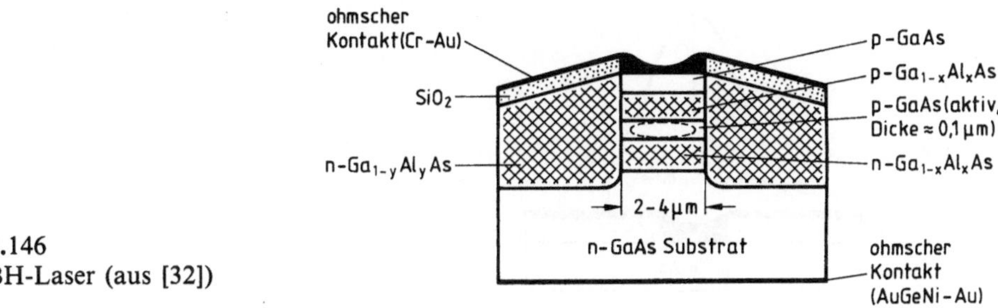

2.146
BH-Laser (aus [32])

Ein zweites Ausführungsbeispiel ist der mit einem Metallrücken bedeckte **M**etal **c**ladded **r**idge **w**aveguide (MCRW-)Laser (Bild **2**.147).

Die laterale Einengung des aktiven Bereiches erfolgt hier so: Der CrAu-Kontakt erzeugt auf der hoch p-dotierten GaAs-Deckschicht einen guten ohmschen Kontakt, sperrt dagegen gegenüber der niedrig dotierten p-GaAlAs-Schicht; dadurch

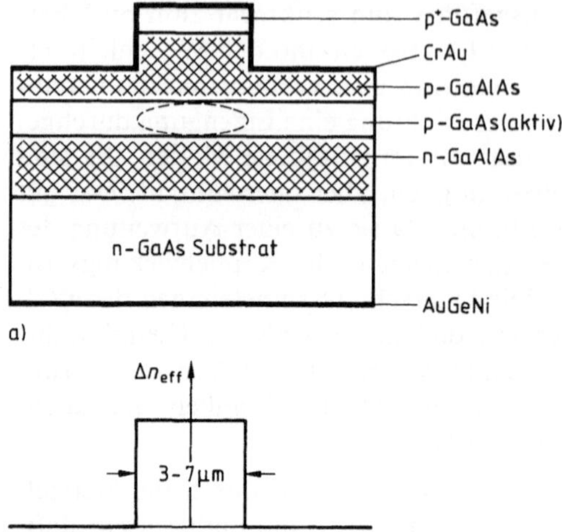

2.147
MCRW-Laser (aus [32])
a) Aufbau
b) Laterales Profil der effektiven Brechzahl

wird der Stromfluß der aktiven Schicht auf die Breite des herausgeätzten Streifens eingeengt. Durch die Geometrie des CrAu-Kontaktes ist seitlich der aktiven Zone die Ausbreitungsgeschwindigkeit der Strahlung größer als in der aktiven Zone und dementsprechend der Brechungsindex kleiner. Im Monomodebetrieb sind Schwellströme unter 20 mA erzielbar.

Bei gewinn-(oder aktiv-)geführten Lasern entsteht die laterale Wellenführung erst durch die Ladungsträger, welche beim Stromfluß in die aktive Zone injiziert werden. Die Injektion erfolgt beim Oxidstreifenlaser (Bild **2.**148) über einen 2–4 μm breiten Streifen, der durch eine Maskierung mit SiO_2 definiert ist.

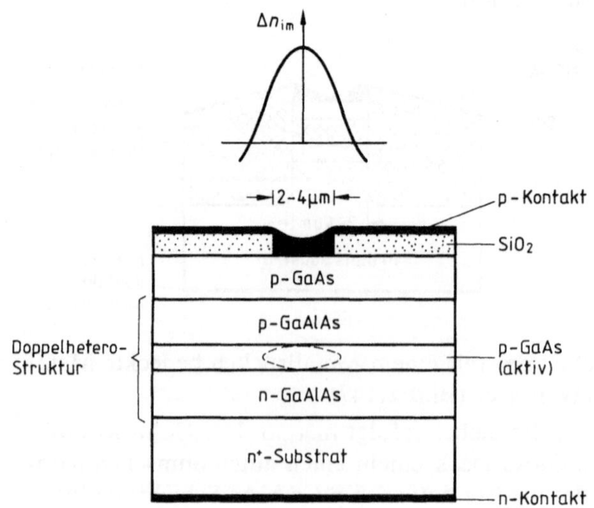

2.148
Oxidstreifen-Laser (nach [32])

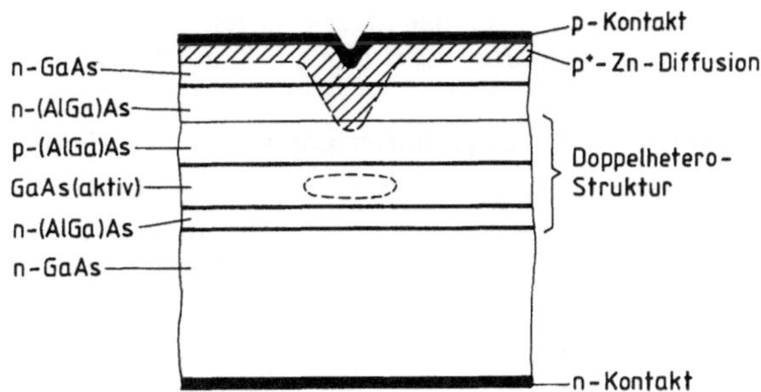

2.149
V-Nut-Laser (nach [31])

Durch diese Konzentration der injizierten Ladungsträger und ihre laterale Diffusion entsteht eine etwa parabolische Elektronendichteverteilung. Diese bewirkt sowohl eine Abnahme des Gewinns als auch des Imaginärteils der komplexen Brechzahl nach außen, womit der Führungseffekt erreicht ist.

Beim V-Nut-Laser (Bild **2**.149) wird die Einengung durch eine eindiffundierte p-Zone erzielt, welche am Fuße der Nut einen schmalen leitenden Übergang durch die ursprünglich n-leitende (Al,Ga)As-Schicht zum p-Material hin darstellt.

In der folgenden Tafel **2**.150 sind die Eigenschaften von index- und gewinngeführten Laserdioden gegenübergestellt.

Tafel **2**.150 Vergleich der Eigenschaften von index- (= passiv) mit gewinn- (= aktiv) geführten Laserdioden; 1) aus [31], 2) aus [46]

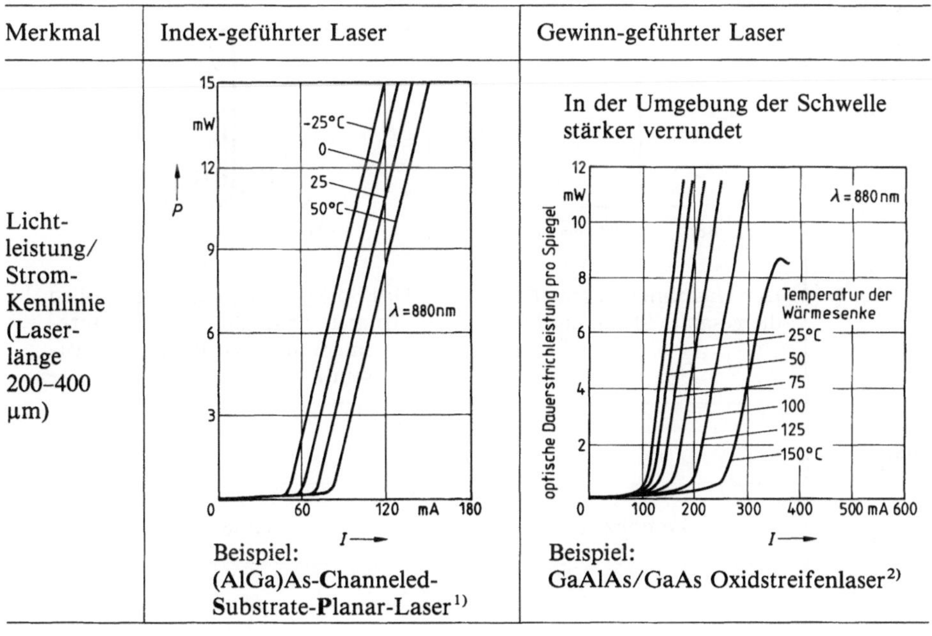

Merkmal	Index-geführter Laser	Gewinn-geführter Laser
Licht-leistung/ Strom-Kennlinie (Laser-länge 200–400 µm)	Beispiel: (AlGa)As-Channeled-Substrate-Planar-Laser[1)]	In der Umgebung der Schwelle stärker verrundet Beispiel: GaAlAs/GaAs Oxidstreifenlaser[2)]

Tafel 2.150 Vergleich der Eigenschaften von index- (= passiv) mit gewinn- (= aktiv) geführten Laserdioden; 1) aus [31], 2) aus [46] (Fortsetzung)

Merkmal	Index-geführter Laser	Gewinn-geführter Laser
Wellen-felder Nahfeld	Brechungsindex reell	komplex
	Phasenfronten 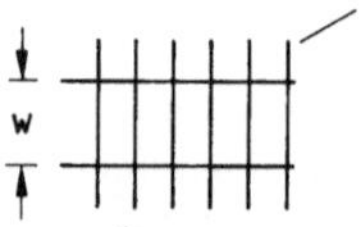 eben	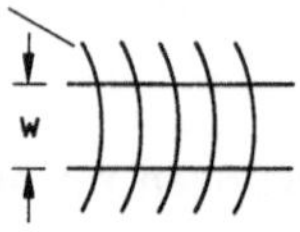 in Laufrichtung zylindrisch vorgewölbt
	Verteilung in lateraler Richtung 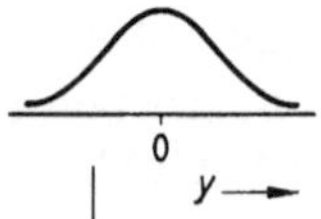	
Fernfeld	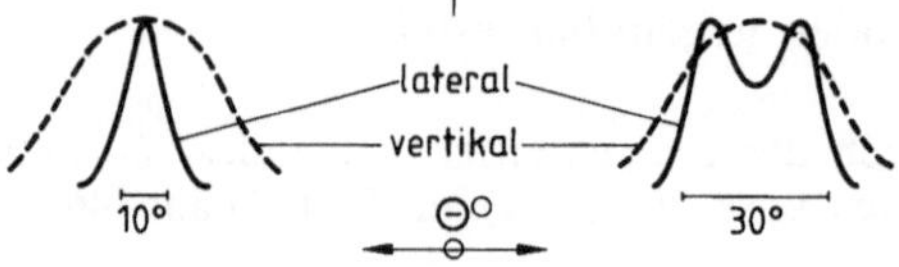	
Spektrum (Dauerbetrieb)	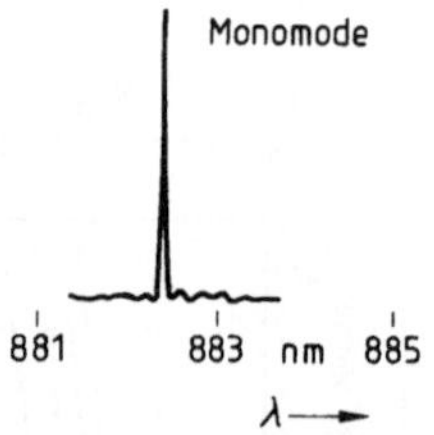 Der Hauptmode enthält nahezu die gesamte Strahlungsleistung	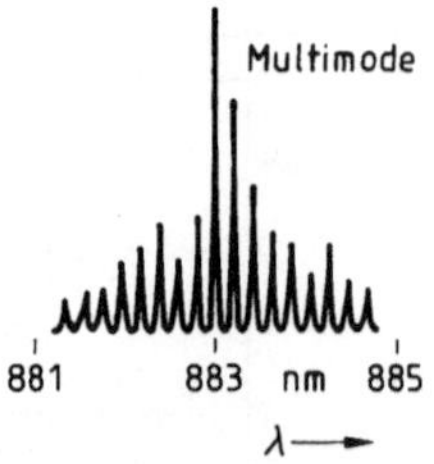 Das Spektrum ist selbst bei großen Strömen vielmodig, da die spontane Emission bis zu 100mal intensiver sein kann
Lebensdauer	$10^5 \ldots 10^6\ h$	
Herstellung	komplizierter	einfacher

Die vorstehend geschilderten Aufbauprinzipien sind auf Laserdioden für die Wellenlängenbereiche 1,3 µm und 1,5 µm übertragbar. Die Bilder 2.151 und

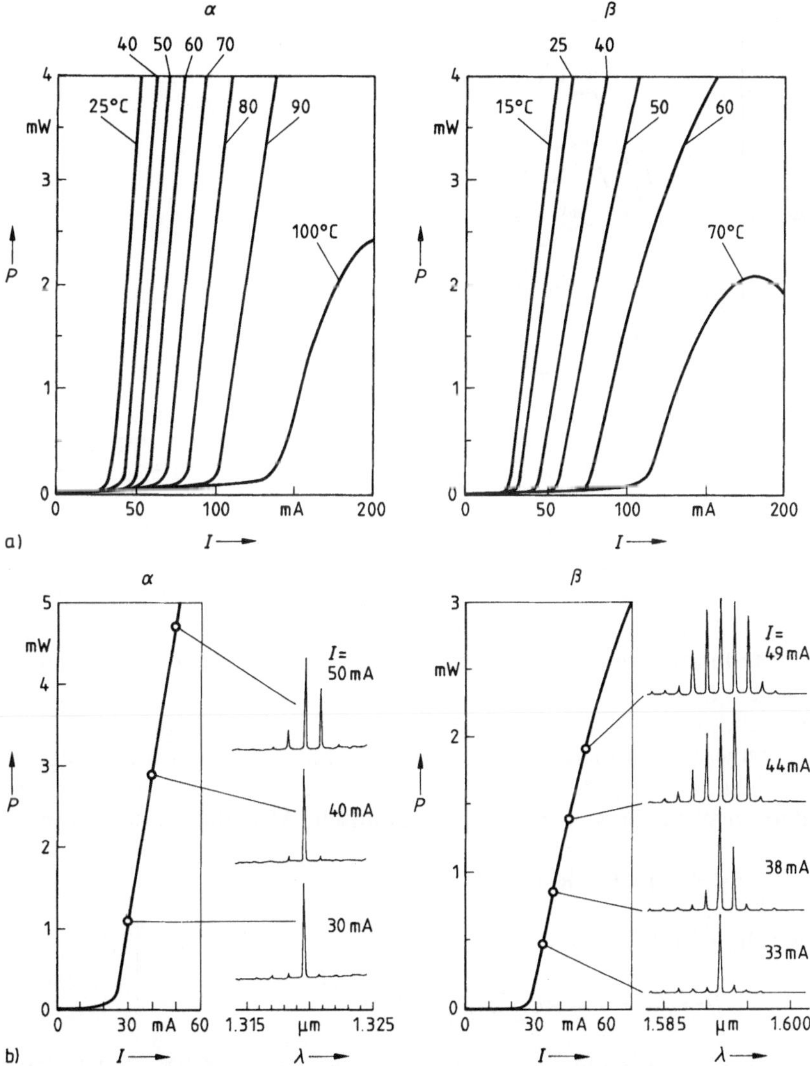

2.151 Eigenschaften von GaInAsP/InP-MCRW-Laserdioden für die Übertragungsfenster bei 1,3 bzw. 1,55 µm (aus [47])

a) Lichtleistung/Strom-Kennlinien in Abhängigkeit von der Temperatur
α) $\lambda = 1{,}3$ µm, β) $\lambda = 1{,}55$ µm
Langwellige indexgeführte Laser neigen zur Mehrmodigkeit im Gegensatz zu kurzwelligen (vgl. Tafel 2.150)

b) Spektrum in Abhängigkeit vom Arbeitspunkt α) $\lambda = 1{,}3$ µm, β) $\lambda = 1{,}55$ µm

2.152 geben einige Eigenschaften derartiger Dioden wieder, welche GaInAsP-Schichten auf InP-Substrat enthalten.

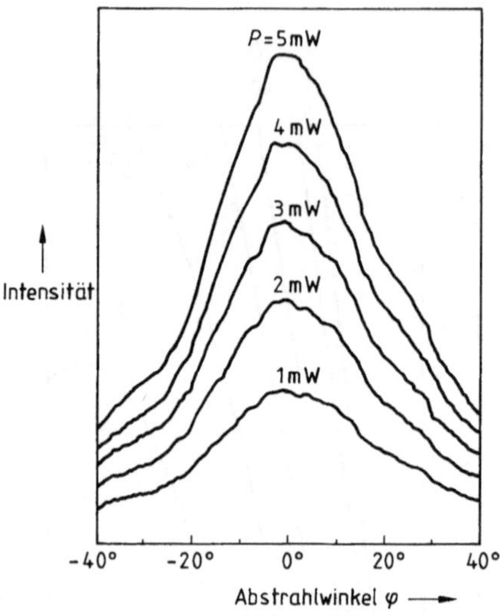

2.152
Laterale Fernfeldverteilung einer GaInAsP/InP-MCRW-Laserdiode bei $\lambda = 1{,}55\ \mu m$ (aus [47])

Für den Einsatz von Laserdioden als Sender in der optischen Nachrichtenübertragungstechnik interessiert ihre Modulierbarkeit und deren Frequenzgrenzen. Es wird meistens direkte Intensitätsmodulation angewendet, d.h. Modulation des die Strahlung erzeugenden elektrischen Stromes.

Bei Modulation mit analogen Signalen liegt der Arbeitspunkt im linearen Kennlinienteil (A_1 in Bild 2.145), und es wird nur bis zur Schwelle ausgesteuert, damit die nichtlinearen Verzerrungen klein bleiben. - Zur Verringerung der nichtlinearen Verzerrungen bietet sich Subträger-FM an: Dabei wird die Nachricht in FM auf einen Träger gebracht und mit dem so aufbereiteten Signal die Laserdiode intensitätsmoduliert. - Für eine harmonische Modulation des Stromes

$$I \rightarrow i(t) = I_0 + \mathrm{Re}(\sqrt{2} \cdot \underline{I}_1 \cdot \mathrm{e}^{\mathrm{j}\omega_\mathrm{m} t})$$

folgt die Lichtleistung

$$P \rightarrow p(t) = P + \mathrm{Re}(\sqrt{2} \cdot \underline{P}_1 \cdot \mathrm{e}^{\mathrm{j}\omega_\mathrm{m} t})$$

mit einer frequenzabhängigen Modulationssteilheit $\underline{P}_1/\underline{I}_1$, welche also von der Steigung der stationären (*P-I*)-Kennlinie abweicht: Aus den dynamischen Grundgleichungen des Halbleiter-Lasers folgt

$$\left.\begin{array}{l}
\dfrac{\sqrt{2}\cdot \underline{P}_1(\omega_m)}{P_1(0)} = \dfrac{1}{1-\left(\dfrac{\omega_m}{\omega_{m,g}}\right)^2 + \mathrm{j}\,\dfrac{\gamma}{\omega_{m,g}}\cdot\dfrac{\omega_m}{\omega_{m,g}}} \\
\text{mit} \\
\gamma = \dfrac{I_0}{I_{th}\cdot\tau} = \text{Dämpfungsfaktor} \\
f_{m,g} = \dfrac{\omega_{m,g}}{2\pi} = \dfrac{1}{2\pi}\sqrt{\dfrac{\dfrac{I_0}{I_S}-1}{\tau\cdot\tau_{Ph}}} = \text{Modulations-Grenzfrequenz} \\
\left.\begin{array}{l}\tau = \\ \qquad \text{Lebensdauer der} \\ \tau_{Ph} = \end{array}\right\{\begin{array}{l}\text{Elektronen durch spontane und nicht-strahlende} \\ \text{Rekombinationsprozesse, typisch 2 ns.} \\ \\ \text{Photonen in der Laserschwingung, typisch 5 ps.}\end{array}
\end{array}\right\} \quad (2.113)$$

Der Inhalt der Gl. (2.113) ist in normierter Form in Bild 2.153a dargestellt. Für $\gamma > \sqrt{2}\,\omega_{m,g}$ nimmt die Modulations-Steilheit mit wachsender Modulationsfrequenz monoton ab und fällt schließlich mit 6 dB/Oktave. Für $\gamma < \sqrt{2}\,\omega_{m,g}$ tritt an der Stelle

$$\omega_r = \sqrt{\omega_{m,g}^2 - \frac{\gamma^2}{2}} \tag{2.114}$$

eine Resonanzüberhöhung um den Faktor

$$\left|\frac{\sqrt{2}\cdot \underline{P}_1(\omega_r)}{P_1(0)}\right| = \frac{\dfrac{\omega_{m,g}}{\gamma}}{\sqrt{1-\left(\dfrac{\gamma}{2\,\omega_{m,g}}\right)^2}} \tag{2.115}$$

auf; oberhalb davon fällt die Modulations-Steilheit wieder mit 6 dB/Oktave ab. Aus Bild 2.153a wird die Bezeichnung „Modulations-Grenzfrequenz" für $f_{m,g}$ verständlich; allerdings muß eine verzerrungsfreie Modulation durch breitbandige Analogsignale auf das Plateau unterhalb $f_{m,g}$ beschränkt bleiben. Für den realistischen Wert $I_0/I_{th} = 1{,}4$ sowie die schon genannten Zeitkonstanten $\tau = 2$ ns, $\tau_{Ph} = 5$ ps gilt nach den Gln. (2.113)–(2.115)

$$\gamma = 0{,}7\ \text{GHz};\ f_{m,g} = 1\ \text{GHz};\ f_r \approx f_{m,g} = 1\ \text{GHz};\ \frac{\sqrt{2}\cdot P_1(\omega_r)}{P_1(0)} \approx \frac{\omega_{m,g}}{\gamma} = 9.$$

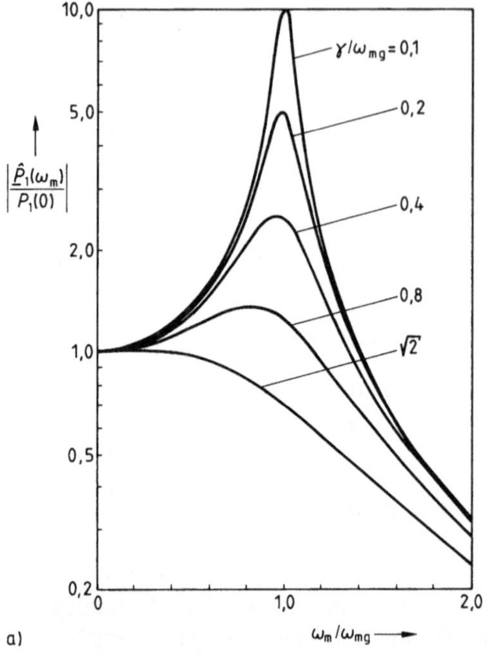

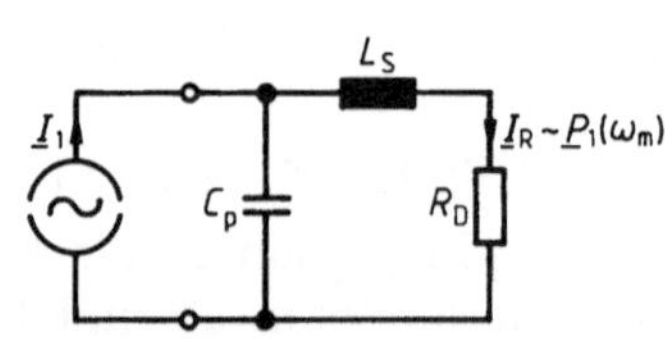

2.153 Dynamische Modulationssteilheit von monofrequenten Lasern
a) Frequenzabhängigkeit (aus [33])
b) Beschreibung durch eine Ersatzschaltung

Dies zeigt, daß sich Laserdioden bis in den GHz-Bereich direkt über den Diodenstrom modulieren lassen, also wesentlich weiter als LED's (vgl. die Gln. (2.105) und (2.106)). Noch höhere Modulationsfrequenzen erfordern indirekte Modulationsverfahren, z. B. externe Modulation durch optische Modulatoren mit nichtlinearen elektrooptischen Charakteristiken.

Der Zusammenhang nach Gl. (2.113) kann durch die Ersatzschaltung in Bild **2.**152b mit $\omega_{m,g} = 1/\sqrt{L_s C_p}$, $\gamma = R_D/L_s$ beschrieben werden, in unserem Beispiel ist $R_D = 1{,}4\ \Omega$, $L_s = 2$ nH; $C_p = 12{,}5$ pF.

Die Resonanzüberhöhung der Modulationssteilheit kommt auch in der Sprungantwort der Laserdiode

$$h_s(t) = i_s \cdot \left[1 - e^{-\frac{\gamma}{2}t} \cdot \left(\cos\omega_{rel}t + \frac{\gamma}{2\omega_{rel}} \cdot \sin\omega_{rel}t\right)\right]$$

(i_s = Höhe des Stromsprunges) und in der Impulsantwort (2.116)

$$h_i(t) = i_p \cdot \frac{\omega_{m,g}^2}{\omega_{rel}} \cdot e^{-\frac{\gamma}{2}t} \cdot \sin\omega_{rel}t \sim \frac{dh_s(t)}{dt}$$

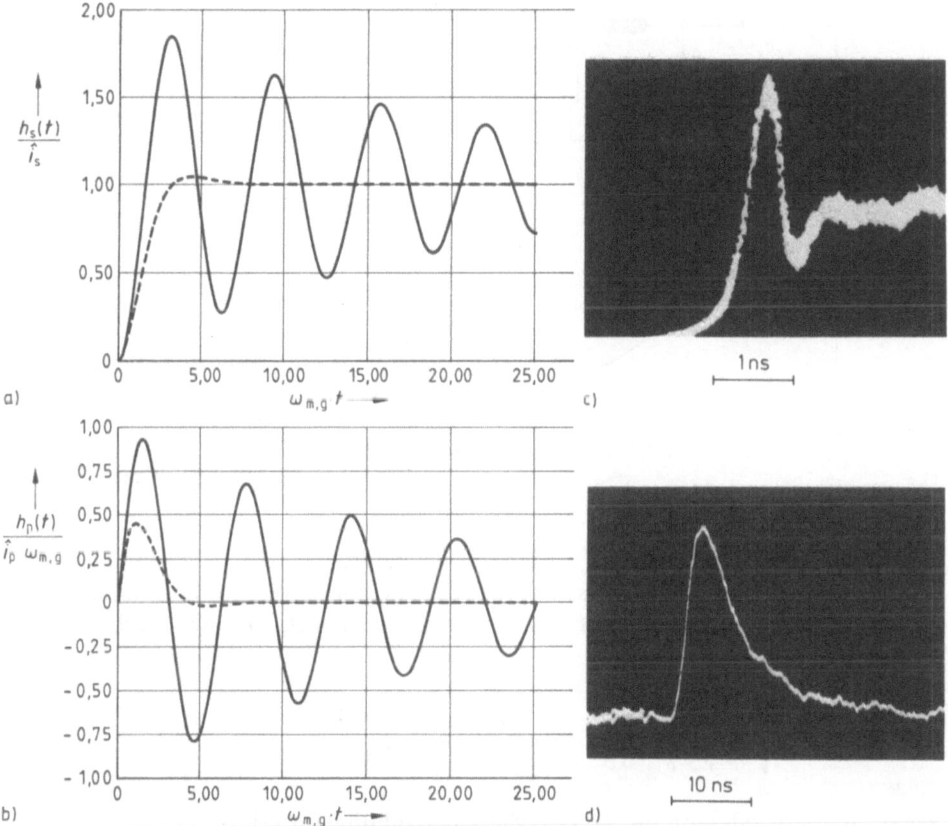

2.154 Einschwingverhalten von Sendedioden
a) normierte Sprungantwort
b) normierte Impulsantwort
einer Laserdiode, ohne bzw. mit Kompensations-Netzwerk nach Gl. (2.116) —— bzw. nach Gl. (2.118) ---
c) Sprungantwort einer realen Laserdiode (aus [48])
d) Impulsantwort einer realen LED ohne Kompensationsnetzwerk (aus [48])

(i_p = Gewicht des Stromimpulses) zum Ausdruck, wo sie sich als Relaxationsschwingung widerspiegelt (Bild **2**.154). Deren Frequenz f_{rel} ergibt sich aus der Polstelle von Gl. (2.113) zu

$$f_{rel} = \sqrt{f_{m,g}^2 - \left(\frac{\gamma}{4\pi}\right)^2},$$

d.h. in unserem Zahlenbeispiel $f_{rel} \approx f_{m,g} = 1$ GHz.

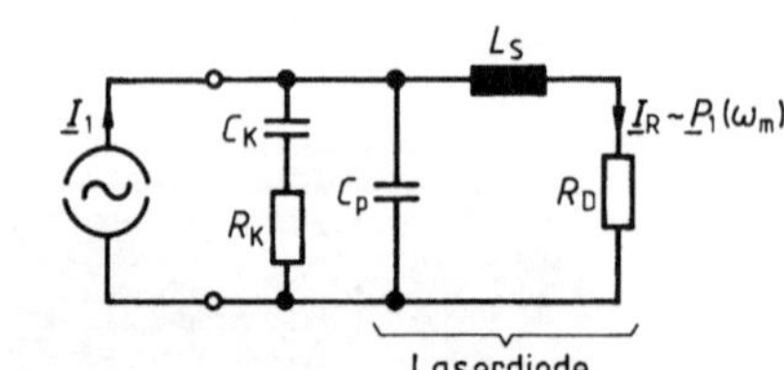

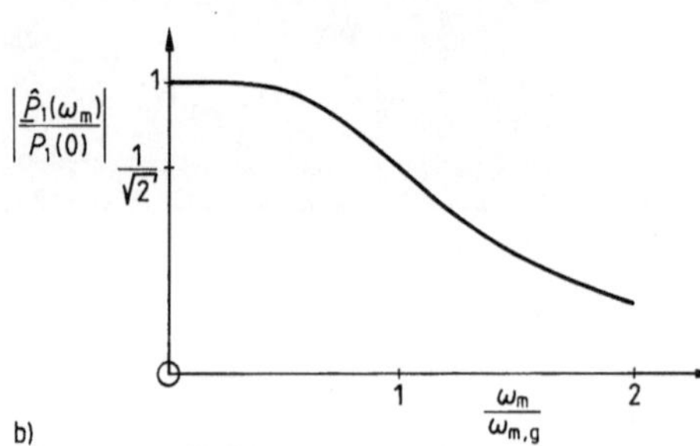

2.155
Laserdiode mit Kompensations-Netzwerk (nach [49])
a) Ersatzschaltung
b) Frequenzabhängigkeit der dynamischen Modulations-Steilheit

Die Relaxationsschwingungen stören insbesondere bei der Übertragung sehr breitbandiger Signale und müssen daher klein gehalten werden; dies kann durch ein elektrisches Kompensations-Netzwerk R_K, C_K erreicht werden (Bild **2**.155a). Mit

$$R_K = \frac{L_s/C_p}{\sqrt{2 L_s/C_p} - R_D}, \quad C_K = C_p \cdot \left(\frac{\sqrt{2 L_s/C_p}}{R_D} - 1\right) \tag{2.117}$$

erhält man anstelle von Gl. (2.113) die Übertragungsfunktion

$$\frac{\sqrt{2} \cdot \underline{P}_1(\omega_m)}{P_1(0)} = \frac{1}{1 - \left(\frac{\omega_m}{\omega_{m,g}}\right)^2 + j\sqrt{2} \cdot \frac{\omega_m}{\omega_{m,g}}},$$

welche zu dem maximal flachen Verlauf gemäß Bild **2**.155b führt. Die zugehörige Sprung- bzw. Impulsantwort lautet

$$h_s(t) = i_s \cdot \left[1 - e^{-\frac{\omega_{m,g}}{\sqrt{2}} t} \cdot \left(\cos \frac{\omega_{m,g}}{\sqrt{2}} t + \sin \frac{\omega_{m,g}}{\sqrt{2}} t\right)\right]$$

bzw. (2.118)

$$h_p(t) = i_p \cdot \sqrt{2} \cdot \omega_{m,g} \cdot e^{-\frac{\omega_{m,g}}{\sqrt{2}} t} \cdot \sin \frac{\omega_{m,g}}{\sqrt{2}} t,$$

d.h. die Relaxationsschwingungen sind jetzt viel stärker gedämpft (vgl. Bild **2**.154a, b).

Beispiel 2.11. Für eine Laser-Diode mit den Ersatzschaltungs-Elementen $R_D = 1{,}4\,\Omega$, $C_s = 12{,}5$ pF, $L_s = 2$ nH sind die Komponenten R_K und C_K des Kompensationsnetzwerkes zu bestimmen. Aus Gl. (2.117) folgt mit den gegebenen Diodendaten $R_K = 9{,}7\,\Omega$, $C_K = 147{,}3$ pF.

Bei der Modulation mit digitalen Signalen wird bei kleinen Bitraten (< 100 MBit/s) ohne Vorstrom gearbeitet (Arbeitspunkt A_2 in Bild **2**.145). Bei höheren Bitraten (> 100 MBit/s) ist Gleichstrom-Unterlagerung notwendig (Arbeitspunkt A_3), da sonst Lichtimpulse, die auf eine lange Impulslücke folgen, wegen der zwischenzeitlich zu stark abgesunkenen Zahl angeregter Ladungsträger verzögert einsetzen und eine geringere Spitzenleistung erzielen als Impulse, die nach einer kurzen Lücke eintreffen. Dadurch entstehen - unterstützt durch das Verschleifen der Impulse auf der Glasfaser - im Empfänger Fehler bei der Entscheidung auf „Null" oder „Eins".

Die Dauerstrichleistung eines Diodenlasers läßt sich durch Vergrößerung der Spiegelfläche in lateraler oder vertikaler Richtung wesentlich über die in der optischen Nachrichtentechnik üblichen Werte hinaus steigern. Mit entsprechenden Laser-Arrays werden Dauerstrichleistungen von 250 mW bei Strömen um 280 mA erreicht. Damit stehen Strahlungsquellen zur Verfügung, die - nach Fokussierung über optische Systeme - so hohe Leistungsdichten auf dem Objekt erzeugen, daß sie zahlreiche Anwendungen ermöglichen sowohl in der Medizin (z.B. Photostrahlungstherapie zur Krebsbekämpfung) als auch bei der Werkstoffbearbeitung (z.B. zum Pumpen von Yttrium-Aluminium-Granat-(YAG:Nd^{3+})-Lasern, welche im Bereich um 1,06 µm emittieren).

3 Feldeffekt-Transistoren

In diesem und dem nächsten Kapitel befassen wir uns mit Transistoren; das sind Halbleiter-Bauelemente mit mehr als zwei Elektroden, i. allg. sind es drei (Bild 3.1).

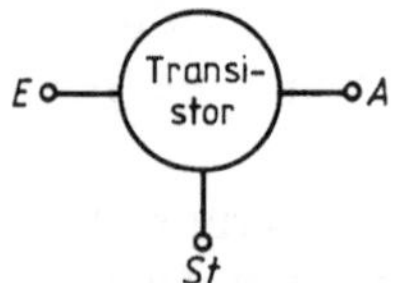

3.1
Transistor mit Eingangs-(Ausgangs)-Elektrode $E(A)$ sowie Steuerelektrode St, schematisch

Dadurch ist es möglich, den Widerstand zwischen den beiden Enden E und A der Halbleiterstruktur durch das Potential der dritten Elektrode St zu steuern; diese Möglichkeit wird durch das Kunstwort transistor (≙ **tran**sfer re**sistor**) zum Ausdruck gebracht. Von besonderem Interesse ist die Fähigkeit des Transistors, als Reaktion auf eine am „Eingangs-Klemmenpaar" E-St angelegte Wechselspannung am „Ausgangs-Klemmenpaar" A-St eine Wechselspannung mit vergrößerter Amplitude abzugeben: Transistoren sind also typische Verstärker-Bauelemente. – Den Effekt der Verstärkung haben wir zwar schon bei der Lawinen-Laufzeit-Diode (Abschn. 2.6.1) und bei der Tunneldiode (Abschn. 2.6.4) kennengelernt; diese Bauelemente bewirken aber lediglich die Entdämpfung einer vorgegebenen Schaltung zwischen zweien ihrer Elektroden (Zweipol, Eintor).

Mit dem Wort Transistor meinte man früher i. allg. den Bipolar- (oder Injektions-)Transistor (s. Kapitel 4); dieser ist im Jahre 1948 von Bardeen, Brattain und Shockley erfunden worden. Zu dieser Zeit war die auf Lilienfeld zurückgehende Grundidee des Feldeffekt-Transistors (FET) schon etwa 20 Jahre bekannt. Daß sich dieses Bauelement neben dem Bipolar-Transistor zunächst nicht behaupten konnte, lag an der noch nicht entwickelten erforderlichen Technologie. Der FET hat diesen Rückstand in der Zwischenzeit aber aufgeholt und spielt heute eine gleichwertige Rolle; auf einigen Gebieten ist er sogar überlegen (s. Abschn. 3.1).

Entgegen der historischen Entwicklung wird hier die Behandlung des FET aus didaktischen Gründen vorgezogen: Er ist leichter zu verstehen.

3.1 Das Funktionsprinzip. Typenübersicht

Das Funktionsprinzip eines Feldeffekt-Transistors ist folgendes:

In einem n- oder p-leitenden Stück Halbleitermaterial, das mit zwei Anschlüssen unterschiedlichen Potentials versehen ist (E und A in Bild **3.1**) fließt ein Strom; dieser wird durch ein zur Stromrichtung senkrechtes elektrisches Feld gesteuert, welches den Querschnitt bzw. die Ladungsträgerkonzentration des Strompfades (Kanal) verändert. Die Steuerung erfolgt mittels einer dritten, über dem Kanal befindlichen Elektrode (St in Bild **3.1**), über diese fließt im Idealfall kein Strom (leistungslose Steuerung).

Für diesen Strömungsmechanismus in einem FET gibt es zum einen ein einfaches hydrodynamisches Analogon: Die durch ein geneigtes, beiderseits offenes Rohr fließende Wassermenge (entsprechend dem elektrischen Strom) kann bei festgehaltener Neigung (entspricht einer vorgegebenen Spannung zwischen den Kanalenden des FET) durch eine Querschnittsveränderung mittels eines seitlich angebrachten Schiebers beeinflußt werden. Über diesen geht bei guter Dichtung kein Wasser verloren (entsprechend der leistungslosen Steuerung).

Ein elektrisches Analogon zum FET hinsichtlich der leistungslosen Stromsteuerung ist die gittergesteuerte Elektronenröhre, welche in der ersten Hälfte dieses Jahrhunderts als alleiniger Hochfrequenzverstärker verfügbar war: Dabei wird der Elektronenfluß in einem Hochvakuumgefäß durch ein elektronendurchlässiges Maschengitter gesteuert, welches wegen seines negativen Potentials keine Elektronen aus dem Strom entnimmt.

Die drei Anschlüsse eines FET werden mit den Buchstaben S, D und G bezeichnet entsprechend den englischen Wörtern

Source (Quelle) ≙ Anfang } des stromführenden Kanals
Drain (Abfluß) ≙ Ende } des stromführenden Kanals
Gate (Gatter, Tor) ≙ Elektrode zur Steuerung des Stromes

Es werden zwei Grundformen von FET's unterschieden, solche mit einem

Nicht-**I**solierenden **G**ate → **NIG**FET

(s. Abschn. 3.2)
bzw. mit einem

Isolierenden **G**ate → **IG**FET

(s. Abschn. 3.3).

Bei der ersten Gruppe wird der Strom von der Raumladungszone (RLZ) einer in Sperrichtung betriebenen Diode gesteuert; derartige FETs werden daher auch Sperrschicht-FET genannt und speziell

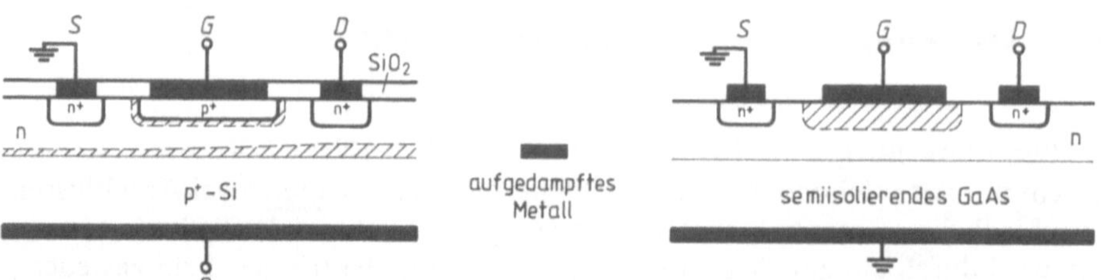

3.2 Beispiel eines n-Kanal Si-pn-FET in Planartechnik, //// Raumladungszone RLZ (aus [7])

3.3 Beispiel eines n-Kanal GaAs-MESFET in Planartechnik, //// Raumladungszone RLZ (aus [7])

pn-FET (engl. junction-FET JFET, s. Bild **3.2**)	MES-FET (engl. auch Schottky-Barrier-FET, s. Bild **3.3**)
wenn die steuernde Sperrschicht zwischen dem halbleitenden Kanal und einer	
Halbleiterzone	Metallelektrode (Schottky-Kontakt)
ausgebildet ist.	
Zwischen den (ohmschen) Source- und Drain-Anschlüssen befindet sich der halbleitende stromführende Kanal (hier vom n-Typ). Der Strom kann im Prinzip über die Ausdehnung jeder der beiden Raumladungszonen (p^+/n-Kanal bzw. n-Kanal/p^+-Substrat) gesteuert werden; in der Praxis ist jedoch oft die Elektrode B (≙ bulk) mit S verbunden.	Die Stromsteuerung über das Gate erfolgt hier mittels eines Metall-Halbleiter-Übergangs (Schottky-Kontakt, s. Abschn. 1.3.1). Anstelle des leitenden, gegendotierten Substrats in Bild **3.2** tritt hier ein sog. semiisolierendes; dessen Leitfähigkeit liegt mit $\sigma = 10^8\ \Omega^{-1}\ \mathrm{cm}^{-1}$ typisch um 10 Größenordnungen unter der des n-Kanals; daher kann das Substrat praktisch als Isolator aufgefaßt werden.

Während pn-FET's auf Si-Basis überwiegend für (rauscharme) Verstärker vom NF- bis in den UHF-Bereich sowie für (schnelle) Schalteranwendungen und Meßzerhacker verwendet werden, spielen MESFET's auf GaAs-Basis eine überragende Rolle im Mikrowellengebiet oberhalb 1 GHz als rauscharme Vorverstärker, kreuzmodulationsarme Mischer sowie als Oszillatoren und Leistungsverstärker und zwar sowohl als diskrete Bauelemente wie auch als Grundelement in monolithisch integrierten Schaltungen.

Für NIGFET's sind die verschiedenen Schaltzeichen nach Bild **3**.4 üblich. Nach der Schaltbildnorm (Bild **3**.4a) wird die in Sperrichtung gepolte Gate-Diode durch eine Pfeilspitze gekennzeichnet. Bei dem Symbol nach Bild **3**.4b dient die Pfeilspitze zur Kennzeichnung der im technischen Sinne positiven Stromrichtung.

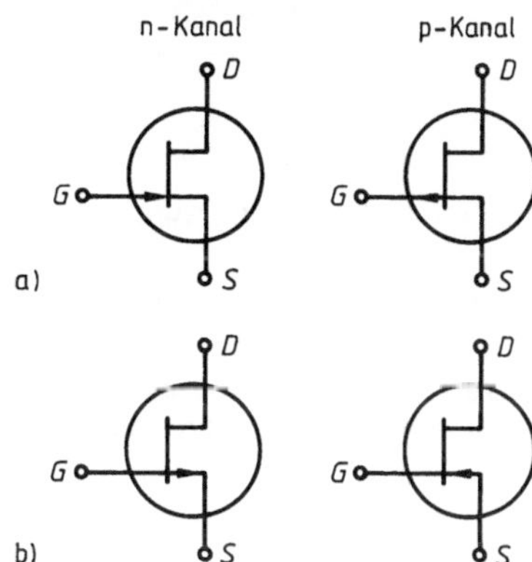

3.4
Schaltzeichen für Feldeffekt-Transistoren mit nicht-isolierendem Gate (NIGFET).
Kennzeichnung der in Sperrichtung gepolten Gate-Diode (a) bzw. der im technischen Sinne positiven Stromrichtung (b). – Die Einkreisung wird bei Transistoren an integrierten Schaltungen generell weggelassen, mitunter aber auch bei diskreten Transistoren. –

Da NIGFET's bereits ohne Steuerspannung, d.h. für $U_{GS}=0$, den Strom leiten, nennt man sie auch „selbstleitende" FET's (im Englischen „normally on").

Im Betrieb wird allg. durch U_{GS} der Stromfluß gegenüber $U_{GS}=0$ verringert; man spricht daher auch von Verarmungsbetrieb (depletion mode). – Bei sehr dünnem Kanal bewirkt (bei $U_{GS}=0$) die Diffusionsspannung der Gate-Diode bereits eine Sperrung des Kanals. Um einen Strom durch den Kanal zu erhalten, muß die Gate-Diode in Flußrichtung ausgesteuert werden; dann spricht man von Anreicherungsbetrieb (enhancement mode). In diesem Fall wird im Transistorsymbol der Kanal gestrichelt dargestellt. –

Bei der zweiten Gruppe von Feldeffekt-Transistoren, den IGFETs, ist die Steuerelektrode *G* vom stromführenden Kanal durch eine isolierende Zwischenschicht getrennt; man spricht daher auch von einem Metall-Isolator-Semiconductor-FET (abgekürzt MISFET). Wenn die Isolierschicht ein Oxid ist, spricht man speziell von einem MOS-FET. Sofern geschichtete Dielektrika verwendet werden, z.B. Si_3N_4-SiO_2 bzw. Al_2O_3-SiO_2, bezeichnet man sie als MNOS- bzw. MAOS-FET.

Beim IGFET läßt sich außer dem selbstleitenden Typ auch der selbstsperrende Typ (normally-off) realisieren; er besitzt erst oberhalb eines bestimmten Schwellwertes U_{th} der Steuerspannung U_{GS} ($U_{th}>0$ für n-Kanal, $U_{th}<0$ für p-Kanal) einen stromführenden Kanal, da dieser erst durch sog. Inversion erzeugt werden muß (s. Bild **3**.5 und Abschn. 3.3.1).

Der Si-MOSFET ist das Grundbauelement der MOS-Technik, welche die Herstellung höchstintegrierter Halbleiterschaltungen ermöglicht (derzeitiger Stand: 10^7 Transistoren/cm^2) und damit eine industrielle Revolution ausgelöst hat. – Bei integrierten Schaltungen wird als Gate- und Leitermaterial häufig polykristallines Silizium anstelle eines Metalles „M" verwendet. –

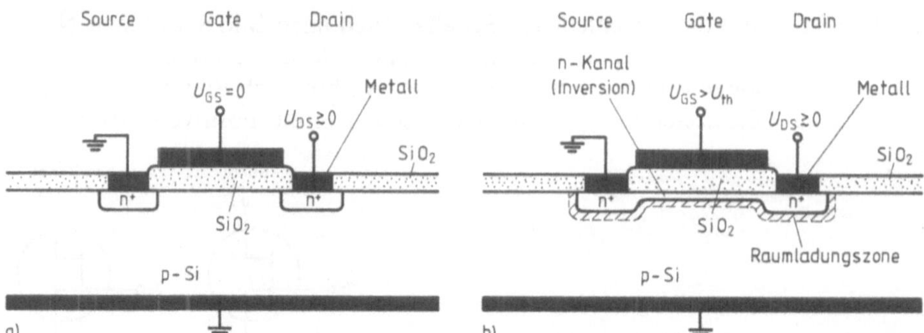

3.5 Beispiel eines selbstsperrenden n-Kanal Si-MOSFET (aus [7])
a) $U_{GS}=0$ (die Raumladungszone ist zur Vereinfachung hier nicht gekennzeichnet)
b) $U_{GS}>U_{th}$ (die Ausdehnungen des Kanals und der Raumladungszonen sind zur Vereinfachung hier als ortsunabhängig angenommen)

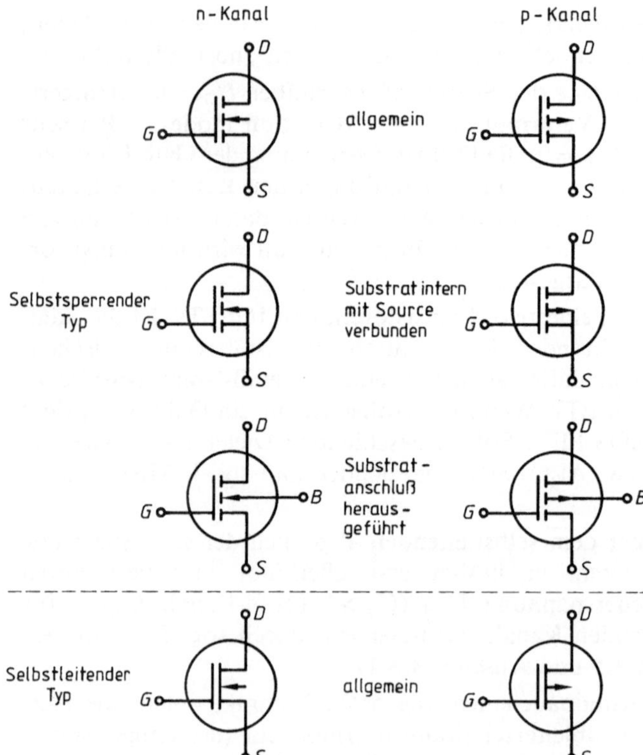

3.6 Schaltzeichen für Feldeffekt-Transistoren mit isolierendem Gate (IG-FET). Beim selbstleitenden (selbstsperrenden) Typ wird der Kanal durchgehend (gestrichelt) gezeichnet (aus [7])

MOS-Leistungs-FETs haben vor Bipolartransistoren den Vorteil unbedingter thermischer Stabilität, sie haben kürzere Schaltzeiten, erfordern geringere Steuerleistungen, und es lassen sich in einfacherer Weise komplementäre Schaltungen realisieren.

Für Isolierschicht-FETs werden nach der Schaltbildnorm die in Bild **3.**6 dargestellten Schaltzeichen verwendet; sie werden in Abschn. 3.3.1 in Verbindung mit dem Aufbau des IGFET erläutert.

Da in einem FET der Stromfluß in einem Halbleitermaterial einheitlichen Leitungstyps erfolgt, d.h. ohne Überschreitung von pn-Übergängen, vollzieht er sich wie in einem ohmschen Widerstand; er wird praktisch ausschließlich von Majoritätsträgern getragen (s. Bd. I/Teil 3, Abschn. 2.4.3.3). Während also in der Halbleiterdiode und auch beim Bipolartransistor Elektronen *und* Defektelektronen für den Betrieb des Bauelementes unverzichtbar sind, spielen beim FET nur die Majoritätsträger die entscheidende Rolle, d.h. *eine* Ladungsträgerart; man nennt ihn daher auch Unipolar-Transistor. - Die Minoritätsträger sind natürlich auch vorhanden, aber für den Wirkungsmechanismus des FET uninteressant. Damit hängt die viel geringere Temperaturempfindlichkeit seiner Strom-Spannungs-Charakteristik zusammen; ferner spielen Rekombinationsvorgänge eine untergeordnete Rolle. -

Tafel **3.**7 zeigt die Vielfalt der möglichen Transistortypen.

Im folgenden werden in Abschn. 3.2 der pn- und MESFET sowie in Abschn. 3.3 der MOS-FET behandelt und zwar zunächst die anschauliche Begründung der stationären Strom-Spannungs-Charakteristiken, danach ihre mathematische Ableitung sowie die Diskussion ihrer graphischen Darstellung (Kennlinienfelder). Außerdem wird kurz auf einige Sonderbauformen eingegangen.

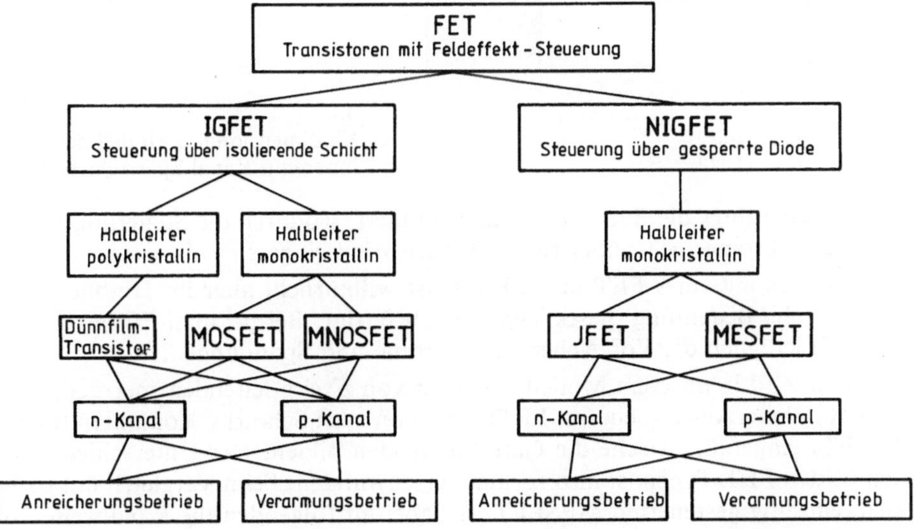

Tafel **3.**7 Schema der verschiedenen Arten von Feldeffekt-Transistoren (nach [50])

Bzgl. des dynamischen Verhaltens und dessen Beschreibung durch Ersatzschaltungen sowie bzgl. des Einsatzes von FETs in Schaltungen für Kleinsignalbetrieb (z. B. als rauscharmer Vorverstärker) bzw. für Großsignalbetrieb (z. B. Mischer, Leistungs- und Impulsverstärker) wird auf die entsprechende Spezialliteratur verwiesen.

3.2 Der FET mit nicht-isolierender Steuerelektrode (NIGFET)

3.2.1 Der Aufbau des inneren Transistors

Für die Berechnung der Strom-Spannungs-Charakteristik, d.h. des Zusammenhangs „Strom I_D durch den Kanal zwischen S und D in Abhängigkeit von U_{GS} und U_{DS}" ersetzen wir den realen Transistor (Bilder **3**.2 und **3**.3) zunächst durch einen idealisierten „inneren Transistor". Dieser entsteht dadurch, daß in Bild **3**.2 das p^+-Gebiet einschließlich der Raumladungszone p^+/n-Kanal bzw. in Bild **3**.3 das n-Substrat durch eine zweite spiegelbildlich angeordnete Transistorstruktur ersetzt wird sowie (ohmsche) Source- und Drain-Kontakte in unmittelbarer Nähe der Enden der Gate-Steuerstrecke senkrecht zur Längsrichtung des n-Kanals angebracht werden (Bild **3**.8).

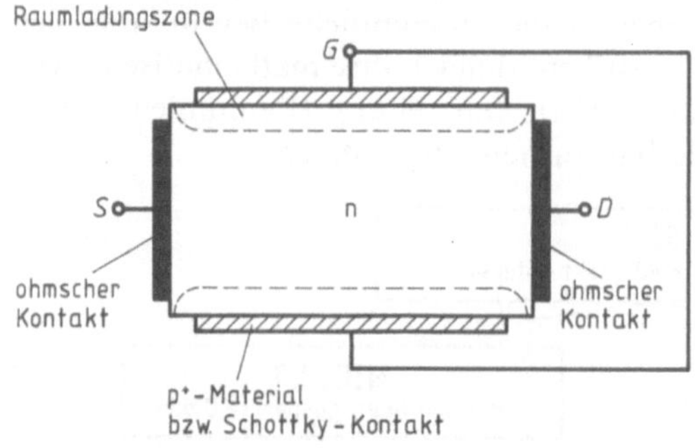

3.8
Eindimensionales Modell des inneren n-Kanal Sperrschicht-FET

Damit ist allerdings die Bulk-Elektrode eliminiert, wodurch die Steuerungsmöglichkeit des Stromes gegenüber realen Transistoren eingeschränkt wird.

Die Unterstellung eines FET mit n-Kanal ist willkürlich, aber im Hinblick auf die praktische Bedeutung dieses Typs gerechtfertigt. Bei p-Kanal-FETs vertauschen sich lediglich die Vorzeichen aller Ströme und Spannungen.

Der Kanal wird in unserem Modell entweder von zwei p-leitenden sperrgepolten p-Typ-Halbleiterzonen (beim pn-FET) bzw. von zwei Schottky-Kontakten (beim MESFET) eingefaßt, welche die Gate-Elektroden bilden. Der Unterschied zwischen beiden FET-Typen ist also formal verschwunden; beim Vergleich mit dem realen, einseitig gesteuerten MESFET ist dabei im folgenden die Kanalweite $2a$ durch a zu ersetzen (vgl. Bild **3**.8 mit Bild **3**.3).

3.2.2 Der gleichstromdurchflossene innere Transistor

3.2.2.1 Die Strom-Spannungs-Charakteristik. Wenn zwischen den Elektroden G, S, D des Transistors keine Spannungen angelegt werden, ragen die Raumladungszonen der Gate-Diode (infolge der Diffusionsspannung U_D) gleichmäßig ein Stück in den Kanal hinein (Bild **3**.9a); die Eindringtiefen in den hochdotierten p-leitenden bzw. metallischen Gate-Bereich können dagegen vernachlässigt werden (s. Gl. (1.7)).

Im Betrieb des Transistors ist das Gate gegenüber Source in Sperrichtung gepolt, d.h. bei dem hier unterstellten n-Kanal-Typ $U_{GS}<0$. Dadurch ragen die Raumladungszonen weiter in den Kanal hinein und verringern den für den Stromfluß zur Verfügung stehenden Querschnitt; das Teilbild **3**.9b zeigt das für den stromlosen Fall $U_{DS}=0$. Da nun im Betrieb gleichzeitig eine Spannung zwischen S und D liegt - sonst fließt kein Strom -, steigt im Kanal das Potential von S nach D (für $U_{DS}>0$) bzw. von D nach S (für $U_{DS}<0$), wodurch in derselben Richtung die Sperrpolung der Strecke Gate-Kanal und damit die Weite $w_R(x)$ der Raumladungszone zunehmen. In Bild **3**.9c ist das für den Fall $U_{DS}>0$ dargestellt.

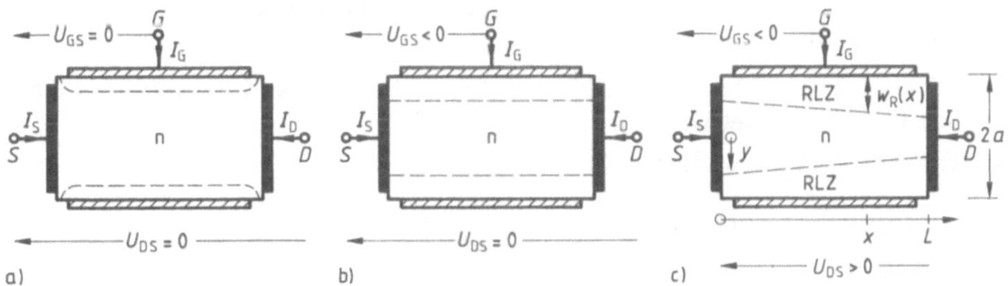

3.9 Die Geometrie des n-Kanals
a) ohne äußere Spannungen ($U_{DS}=0$, $U_{GS}=0$)
b) im stromlosen Zustand ($U_{DS}=0$), aber mit anliegender Steuerspannung $U_{GS}<0$
c) bei Stromfluß ($U_{GS}<0$, $U_{DS}>0$) im sog. Anlaufgebiet (s. hierzu Gl. (3.7) und Bild **3**.10)

- Da Source und Drain in ihrer Funktion vertauschbar sind, arbeitet der Transistor auch mit $U_{DS}<0$ (inverser Betrieb). Durch seinen (i. allg. unsymmetrischen) realen Aufbau und die technologische Realisierung ist jedoch die anzuwendende Beschaltung vorgegeben, so daß der Betrieb in inverser Richtung zumindest unzweckmäßig ist, abgesehen von der unmittelbaren Umgebung des Spannungs-Nullpunktes. -

Zur Berechnung der Abhängigkeit des Stromes I_D von den Spannungen U_{DS} und U_{GS} gemäß Bild **3**.9c gehen wir von folgenden vereinfachenden Annahmen aus:

1. Das elektrische Feld hat im Kanal nur eine Komponente in x-Richtung, in den Raumladungszonen (RLZ) nur eine Komponente in y-Richtung.

Der Strom fließt nur im Kanal, da das Raumladungsgebiet frei von beweglichen Ladungsträgern ist.
Diese Annahmen werden unter der Bezeichnung „gradual channel"-Näherung zusammengefaßt; sie ermöglichen jeweils eine eindimensionale Behandlung des Kanals bzw. der RL-Zone.

2. Der Kanalstrom wird ausschließlich von Majoritätsträgern getragen. Er ist ein reiner Driftstrom; es besteht also kein Trägerdichte-Gradient in x-Richtung.

3. Die Beweglichkeit der Majoritätsträger ist im ganzen Kanal unabhängig von der herrschenden Feldstärke und gleich μ_0.

4. Im Kanal wird Quasineutralität vorausgesetzt.

5. Der Übergang Gate-Kanal ist abrupt dotiert.

6. Der Gleichstromfluß über die (sperrgepolte) Gate-Diode ist vernachlässigbar.
– Wir werden bei der entsprechenden Beschreibung des Bipolar-Transistors (Abschn. 4) sehen, daß dort eine entsprechende Annahme weit weniger berechtigt ist; denn über die dortige Steuerelektrode, die sog. Basis, fließt ein i. allg. nicht zu vernachlässigender Gleichstrom. –
Den Einfluß der hier vernachlässigten Effekte werden wir später, soweit erforderlich, qualitativ diskutieren.

Unter den gemachten Annahmen kann die Strom-Spannungs-Charakteristik einfach wie folgt abgeleitet werden:
An der Stelle x ist die wirksame Steuerspannung

$$U_{\mathrm{St}}(x) = U_{\mathrm{D}} - U_{\mathrm{GS}} + U(x),$$

an der Stelle $x + \mathrm{d}x$

$$U_{\mathrm{St}}(x + \mathrm{d}x) = U_{\mathrm{D}} - U_{\mathrm{GS}} + U(x + \mathrm{d}x).$$

Der Spannungsabfall

$$\mathrm{d}U(x) = U_{\mathrm{St}}(x + \mathrm{d}x) - U_{\mathrm{St}}(x) = U(x + \mathrm{d}x) - U(x)$$

längs des Gate-Elements $\mathrm{d}x$ ist durch den fließenden Strom I_{D} und den differentiellen Widerstand $\mathrm{d}R(x)$ des Kanals zwischen den Ebenen x und $x + \mathrm{d}x$ bestimmt:

$$\mathrm{d}U(x) = I_{\mathrm{D}} \cdot \mathrm{d}R(x). \tag{3.1}$$

Dabei gilt

$$\mathrm{d}R(x) = \frac{\mathrm{d}x}{b \cdot 2(a - w_{\mathrm{R}}(x)) \cdot \sigma} \tag{3.2}$$

mit

b = Breite des Kanals in der zu x und y senkrechten Richtung,

$$w_R(x) = \sqrt{\frac{2\varepsilon \cdot \mu_0}{\sigma} \cdot (U(x) - U_{GS} + U_D)} \tag{3.3}$$

= Weite der Raumladungszone an der Stelle x gemäß den Gln. (1.10) und (1.12)

$\left.\begin{array}{ll} \sigma & = e \cdot N_D \cdot \mu_0 = \text{Leitfähigkeit} \\ N_D & = \text{Nettodotierung} \\ \varepsilon = \varepsilon_0 \cdot \varepsilon_r & = \text{Dielektrizitätskonstante} \end{array}\right\}$ des n-Kanal-Materials

Aus den Gln. (3.1)-(3.3) folgt

$$I_D = 2b \cdot \sigma \cdot \left[a - \sqrt{\frac{2\varepsilon\mu_0}{\sigma} \cdot (U(x) - U_{GS} + U_D)}\right] \cdot \frac{dU(x)}{dx}$$

und hieraus durch Integration über die Gatelänge, d.h. von $x = 0$ bis $x = L$,

$$I_D = \frac{2b\sigma}{L} \cdot \int_{U(0)}^{U(L)} \left[a - \sqrt{\frac{2\varepsilon\mu_0}{\sigma} \cdot (u - U_{GS} + U_D)}\right] du \tag{3.4}$$

Mit den Randbedingungen

$$U(0) = 0, \quad U(L) = U_{DS}$$

folgt aus Gl. (3.4) die gesuchte Strom-Spannungs-Charakteristik

$$I_D = I_D(U_{DS}, U_{GS}) = \frac{2ab\sigma}{L} \cdot \left[U_{DS} - \frac{2}{3} \cdot \frac{1}{\sqrt{|U_p'|}} \cdot \left(\sqrt{U_{DS} - U_{GS} + U_D}^{\,3} - \sqrt{U_D - U_{GS}}^{\,3}\right)\right] \tag{3.5}$$

mit $$U_p' = -\frac{a^2 \cdot \sigma}{2\varepsilon\mu_0} = -\frac{a^2 \cdot e N_D}{2\varepsilon_0 \varepsilon_r}. \tag{3.6}$$

Das Ergebnis (3.5) gilt im Spannungsbereich

$$U_D - |U_p'| \leq U_{GS} \leq U_D, \quad 0 < U_{DS} < U_{GS} + |U_p'| - U_D = U_{DSS} \tag{3.7}$$

(sog. Anlaufgebiet); es ist in Bild **3**.10 in der Form $I_D = I_D(U_{DS})_{U_{GS} = \text{const}}$ graphisch dargestellt.

Eine Erhöhung der Spannung U_{DS} über den Wert U_{DSS} hinaus bewirkt im Rahmen unserer Näherung keine Vergrößerung des Stromes mehr. Diese Bemerkung sowie die Bedeutung der Einschränkungen (3.7) für die Spannungen werden verständlich, wenn wir jetzt die obige mathematische Herleitung der Strom-Spannungs-Charakteristik durch eine anschauliche Begründung des Kennlinienverlaufs in Bild **3**.10 ergänzen:

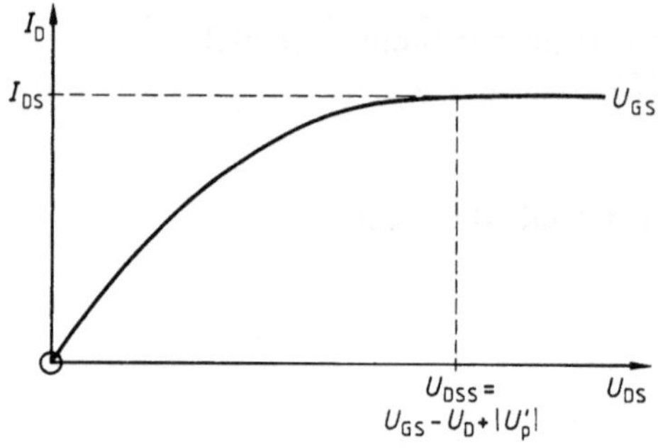

3.10
Ausgangskennlinie eines Sperrschicht-FET, schematisch

Bei kleinen Werten der Drain-Source-Spannung ist die Verengung des Kanals von S nach D vernachlässigbar. Der Kanal hat dann gemäß Bild **3**.9b praktisch die konstante Weite

$$2a' = 2\left(a - \underbrace{\sqrt{\frac{2\varepsilon\mu_0}{\sigma}\cdot(U_D - U_{GS})}}_{\substack{\text{Sperrschichtweite Gate-Kanal} \\ \text{für } U_{DS}\to 0 \text{ gemäß Gl. (1.12)}}}\right)$$

und wirkt daher wie ein ohmscher Leitwert

$$\begin{aligned} G_0' &= \frac{\text{Leitfähigkeit}\cdot\text{Querschnitt}}{\text{Länge}} \\ &= \sigma\cdot\frac{2a'b}{L} = G_0\cdot\left(1-\sqrt{\frac{U_D-U_{GS}}{|U_p'|}}\right). \end{aligned} \tag{3.8}$$

Hierin ist

$$G_0 = \frac{2ab\sigma}{L} \tag{3.9}$$

anschaulich der Leitwert eines Kanals der konstanten Weite $2a$; der Klammerausdruck in Gl. (3.8) beschreibt die Reduzierung des Kanal-Leitwertes infolge der Einengung durch die Raumladungszonen unterhalb des Gate. Da G_0' von U_{DS} unabhängig ist, gilt das ohmsche Gesetz

$$I_D = G_0'\cdot U_{DS}.$$

Dieses anschaulich gefundene Ergebnis ist in Übereinstimmung mit Gl. (3.5), denn danach ist der Anfangsanstieg der Strom-Spannungs-Charakteristik

$$\left(\frac{\partial I_D}{\partial U_{DS}}\right)_{U_{GS}=\text{const},\, U_{DS}=0} = \frac{2ab\sigma}{L}\left(1-\sqrt{\frac{U_D-U_{GS}}{|U'_p|}}\right) = G'_0 .$$

Die Source-Drain-Strecke wirkt also in einer kleinen Umgebung des Strom-Spannungs-Nullpunktes wie ein ohmscher Widerstand, dessen Größe durch die Gate-Spannung U_{GS} gesteuert werden kann (Bild **3**.11). So ergibt z. B. bei dem pn-FET BF 246 eine Gatespannungsänderung von 0 V ... −8 V eine Widerstandsänderung von etwa 30 Ω ... 30 kΩ.

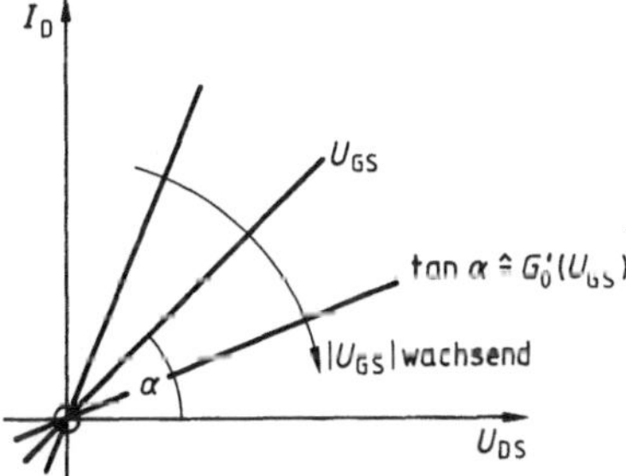

3.11
Der Sperrschicht-FET als spannungsgesteuerter Widerstand, schematisch

Die Steuerung ist im Rahmen unserer Näherung leistungslos, da der Steuerstrom I_G vernachlässigt wurde; in der Praxis ist eine (sehr geringe) Steuerleistung nötig. Die Eigenschaft des FET, als spannungsgesteuerter Widerstand zu wirken, ermöglicht zahlreiche Anwendungen, z. B. bei Dämpfungsgliedern, spannungsgesteuerten Oszillatoren, Verstärkern mit geregelter Ausgangsamplitude, Modulatoren und bei der Erzeugung von Analogrechenfunktionen.

Beispiel 3.1. Ein n-Kanal-Sperrschicht-FET aus Silizium hat folgende geometrische Abmessungen: $2a = 0{,}75\ \mu\text{m}$, $b = 25\ \mu\text{m}$, $L = 2\ \mu\text{m}$. Seine Kanal-Dotierung beträgt $N_D = 5\cdot 10^{16}\ \text{cm}^{-3}$, die Diffusionsspannung ist $U_D = 0{,}7$ V. In welchen Grenzen variiert der Kanalwiderstand $1/G'_0$, wenn sich die Gatespannung U_{GS} im Bereich 0 V ... −4,5 V ändert?

Zunächst liefert die Gl. (3.6) mit $\varepsilon_r = 11{,}9$ und $\varepsilon_0 = 1/(36\pi\cdot 10^{11})$ As (Vcm)$^{-1}$

$$U'_p = -\frac{(0{,}375\cdot 10^{-4})^2\ \text{cm}^2\cdot 1{,}6\cdot 10^{-19}\ \text{As}\cdot 5\cdot 10^{16}\ \text{cm}^{-3}}{2\cdot 11{,}9\ \text{As}\ (\text{Vcm})^{-1}}\cdot 36\pi\cdot 10^{11}$$
$$= -5{,}34\ \text{V}.$$

Entsprechend folgt aus Gl. (3.9) mit $\mu_0 = 1500\ \text{cm}^2\ (\text{Vs})^{-1}$

$$G_0 = \frac{0{,}75\cdot 10^{-4}\ \text{cm}\cdot 25\cdot 10^{-4}\ \text{cm}\cdot 1{,}6\cdot 10^{-19}\ \text{As}\cdot 5\cdot 10^{16}\ \text{cm}^{-3}\cdot 1500\ \text{cm}^2\ (\text{Vs})^{-1}}{2\cdot 10^{-4}\ \text{cm}}$$
$$\mathrel{\hat=} 88{,}9\ \Omega$$

und damit nach Gl. (3.8)

$$\frac{1}{G_0'} = \frac{88{,}9\,\Omega}{1-\sqrt{\dfrac{0{,}7\,\mathrm{V}-U_{\mathrm{GS}}}{5{,}34\,\mathrm{V}}}} = \begin{cases} 139\,\Omega & \text{für} \quad U_{\mathrm{GS}}=0\,\mathrm{V} \\ 6734\,\Omega & \text{für} \quad U_{\mathrm{GS}}=-4{,}5\,\mathrm{V} \end{cases}.$$

Bei größeren Werten von U_{DS} muß die Kanalverengung in Richtung $S \rightarrow D$ gemäß Bild **3**.9c berücksichtigt werden. Durch den Spannungsanstieg im Kanal von $U(0)=0$ auf $U(L)=U_{\mathrm{DS}}$ wird das Gate von S nach D gegenüber den darunterliegenden Abschnitten des Kanals zunehmend in Sperrichtung gepolt, und zwar beträgt

am Ort	die Sperrspannung	und damit die halbe Weite des Kanals $a'(x)$
$x=0$	$U_{\mathrm{GS}}-U_{\mathrm{D}}$	$a'(0)=a-\sqrt{\dfrac{2\varepsilon\mu_0}{\sigma}(U_{\mathrm{D}}-U_{\mathrm{GS}})}$
$0<x<L$	$U_{\mathrm{GS}}-U_{\mathrm{D}}-U(x)$	$a'(x)=a-\sqrt{\dfrac{2\varepsilon\mu_0}{\sigma}[U_{\mathrm{D}}-U_{\mathrm{GS}}+U(x)]}$
$x=L$	$U_{\mathrm{GS}}-U_{\mathrm{D}}-U_{\mathrm{DS}}$	$a'(L)=a-\sqrt{\dfrac{2\varepsilon\mu_0}{\sigma}(U_{\mathrm{D}}-U_{\mathrm{GS}}+U_{\mathrm{DS}})}$

Verengung von S nach D (3.10)

Der Kanal stellt also jetzt die Serienschaltung infinitesimaler Widerstände $\mathrm{d}R(x)$ gemäß Gl. (3.2) dar, deren Wert für $U_{\mathrm{DS}}>0$ von S nach D zunimmt. Die Summe dieser Widerstände (d.h. ihr Integral) ist daher größer als ohne die durch U_{DS} bedingte Kanalverengung gemäß Gl. (3.10), d.h. der Leitwert des Kanals ist geringer geworden. Daher steigt der Strom mit wachsender Spannung U_{DS} langsamer als mit dem Faktor G_0'; die Strom-Spannungs-Kennlinie bleibt also hinter dem ursprünglichen linearen Anstieg entsprechend Bild **3**.10 zurück. Dieser Effekt setzt nach Gl. (3.10) offenbar dann merklich ein, wenn $a'(L)$ wesentlich von $a(0)$ abweicht, d.h. wenn U_{DS} in die Nähe von $U_{\mathrm{D}}-U_{\mathrm{GS}}$ kommt. Diese Erwartung wird von Gl. (3.5) und (3.10) bestätigt. Die verminderte Zunahme des Stromes mündet schließlich in einen Sättigungszustand $I_{\mathrm{D}}=I_{\mathrm{DS}}$; dieser ist dann erreicht, wenn sich die Raumladungszonen am drainseitigen Ende des Kanals berühren und ihn dort abschnüren (sog. pinch-off, Bild **3**.12).

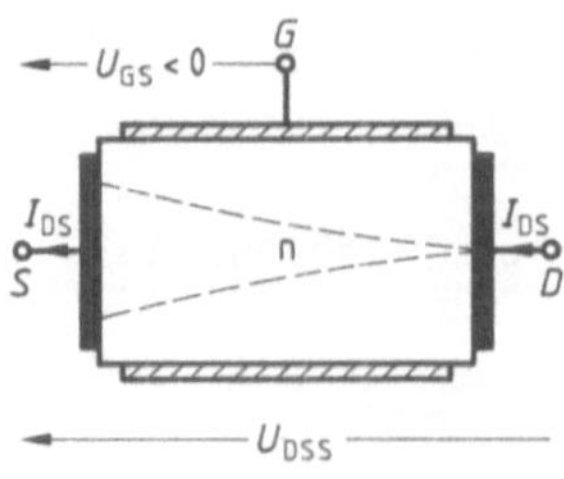

3.12
Der Sperrschicht-FET bei beginnender Kanalabschnürung (= Übergang vom Anlauf- in das Sättigungsgebiet)

Es bereitet natürlich Verständnisschwierigkeiten, daß im Kanal des idealisierten Transistors bei Erreichen von $a'(L)=0$ noch ein Strom fließt – und sogar der maximale, nämlich I_{DS} –, obwohl der Kanal an seinem drainseitigen Ende abgeschnürt ist. Letzteres trifft aber in Wirklichkeit gar nicht zu und ist vielmehr eine Folge der Annahmen 1) und 3): Bei abnehmendem Kanalquerschnitt darf letztlich die elektrische Querfeldstärke E_y gegenüber der Längsfeldstärke E_x nicht mehr vernachlässigt werden; damit entfällt eine der Annahmen der „gradual channel"-Näherung. Die Theorie muß vielmehr zweidimensional formuliert werden; Bild **3.**13 zeigt Beispiele für deren numerische Auswertung. Bei der gewählten Drainspannung ist nach der eindimensionalen Theorie der Kanal bereits abgeschnürt, in Wirklichkeit aber nicht, wie die gestrichelte Kurve im Teilbild a zeigt, welche den Abfall der Trägerdichte auf 50% des Normalwertes kennzeichnet. Die Teilbilder c und d lassen erkennen, daß der Rand der Raumladungszone keine exakte Begrenzung für den Stromfluß darstellt.

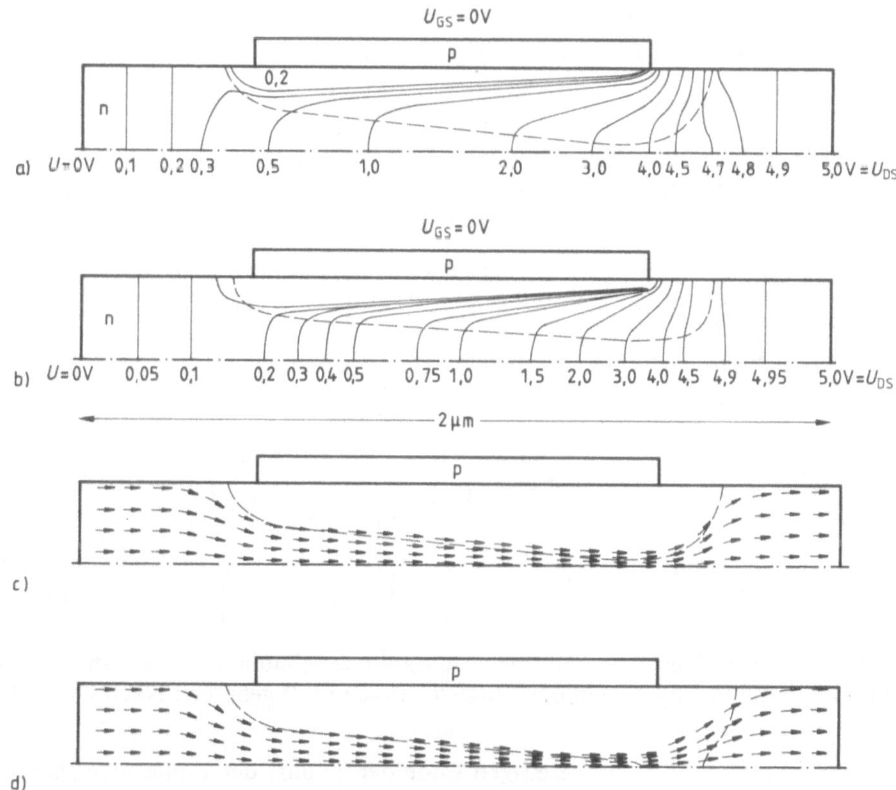

3.13 Äquipotentiallinien in einem n-Kanal Si-pn-FET für
a) konstante Beweglichkeit
b) feldabhängige Beweglichkeit mit Driftsättigung.
Zweidimensionale Stromdichte in einem n-Kanal Si-pn-FET für konstante Beweglichkeit bei $U_{GS}=0$ V und $U_{DS}=5$ V (c) bzw. 7 V (d)
Sonstige Daten: $a=0{,}2$ µm, $L=1$ µm; $U_p'=-4{,}53$ V, $U_{th}=-3{,}63$ V,
$N_D=1{,}5\cdot10^{17}$ cm^{-3}, $N_{A,Gate}=10^{19}$ cm^{-3}, $\mu_0=630$ cm^2/Vs
(nach Kennedy und O'Brien, aus [50])

Nach der „gradual-channel"-Näherung muß mit abnehmendem Kanalquerschnitt $A(x) = 2a(x)b$ die Geschwindigkeit $v(x)$ der Ladungsträger zunehmen, da der Strom $I_D = envA$ in der eindimensionalen Näherung in jeder Ebene x derselbe ist. Insbesondere würde der Querschnitt $A = 0$ die Konsequenz $v = \infty$ bedeuten. In Wirklichkeit erreichen die Ladungsträger mit wachsender Feldstärke eine Sättigungsgeschwindigkeit v_s in der Größenordnung 10^7 cm/s (s. Band I/Teil 3, Bild **2**.88). Die Ladungsträger laufen also nach Erreichen von v_s mit dieser konstanten Geschwindigkeit weiter durch einen Kanal mit $A \neq 0$. Dieser Effekt ist in Bild **3**.13b berücksichtigt; die Driftsättigung beginnt etwa beim Potentialwert 0,3 V, und der Kanalquerschnitt nimmt nach dem Drain zu nur noch geringfügig ab.

Trotz dieser Erläuterungen wird im folgenden an der idealisierten Vorstellung über die Stromführung im Kanal einschließlich seiner Abschnürung festgehalten, weil damit eine einfache und dennoch das Wesentliche richtig wiedergebende mathematische Beschreibung der Strom-Spannungs-Charakteristik möglich ist.

Aus der Bedingung $a'(L) = 0$ folgt nach Gl. (3.10)

$$U_{DS} = U_{GS} - U_D + |U'_p| = U_{DSS}; \tag{3.11}$$

U_{DSS} wird Drain-Source-Sättigungsspannung oder Kniespannung genannt. Das Ergebnis (3.11) ist in Übereinstimmung mit Gl. (3.5); denn danach lautet die Bedingung für das Erreichen der Sättigung

$$\left(\frac{\partial I_D}{\partial U_{DS}}\right)_{U_{GS}=\text{const}} = 0, \text{ d.h. } \frac{2ab\sigma}{L}\left(1 - \sqrt{\frac{U_{DS} - U_{GS} + U_D}{|U'_p|}}\right) = 0,$$

und hieraus folgt ebenfalls Gl. (3.11). Damit erhalten wir aus Gl. (3.5) die Größe des Sättigungsstromes

$$I_{DS} = G_0 \cdot \frac{|U'_p|}{3} \cdot \left[1 + 2\sqrt{\frac{U_D - U_{GS}}{|U'_p|}}^{\,3} - 3\,\frac{U_D - U_{GS}}{|U'_p|}\right] \tag{3.12a}$$

bzw.

$$I_{DS} = G_0 \cdot \frac{|U'_p|}{3} \cdot \left[3\,\frac{U_{DSS}}{|U'_p|} - 2\left(1 - \sqrt{1 - \frac{U_{DSS}}{|U'_p|}}^{\,3}\right)\right]. \tag{3.12b}$$

Die vorstehende Überlegung hat gleichzeitig die anschauliche Bedeutung für die Spannungsbegrenzung gemäß den Ungleichungen (3.7) geliefert: Nach Gl. (3.10) bedeutet

<table>
<tr><td>$U_{GS} > U_D - |U'_p|$</td><td rowspan="2">Am sourceseitigen Ende der Steuerstrecke, wo die Spannung U_{DS} noch gar nicht wirksam ist,</td><td>darf der Kanal nicht bereits abgeschnitten sein, d.h. $a'(0) > 0$.</td></tr>
<tr><td>$U_{GS} < U_D$</td><td>darf die Raumladungszone nicht verschwunden sein, d.h. $a'(0) < a$, da sonst die Steuerstrecke nennenswert in Flußrichtung gepolt wäre.</td></tr>
</table>

$U_{DS} < U_{DSS}$: Der Kanal soll am drainseitigen Ende gerade noch nicht abgeschnitten sein, d.h. $a'(L) > 0$.

Wir wenden uns nun der graphischen Darstellung der Strom-Spannungs-Charakteristik gemäß Gl. (3.5) zu.

3.2.2.2 Kennlinienfelder und dynamische Kenngrößen. Kleinsignal-Ersatzschaltung. Zur Beschreibung des stationären elektrischen Verhaltens einer Halbleiterdiode (Zweipol, Eintor) genügte *eine* Gleichung (z.B. Gl. (1.11) oder Gl. (2.78)); deren graphische Darstellung lieferte *eine* Kurve (z.B. Bild **1**.15 oder Bild **2**.96). Das Verhalten eines FET gemäß Bild **3**.9 (Vierpol, Zweitor) wird dagegen grundsätzlich durch die Abhängigkeit der *beiden* Ströme I_D und I_G von den *beiden* Spannungen U_{DS} und U_{GS} beschrieben; der dritte Strom I_S ergibt sich dann aus der Bedingung $I_S + I_D + I_G = 0$. Da wir I_G vernachlässigen können, verbleibt $I_D = I_D(U_{DS}, U_{GS}) = -I_S$ gemäß Gl. (3.5). Vor der Diskussion dieser Gleichung führen wir außer den schon erläuterten Parametern G_0 und U_p' noch drei weitere ein, denen ebenfalls eine anschauliche Bedeutung zukommt.

Mit betragsmäßig wachsender Spannung U_{GS} zwischen Gate und Source erstrekken sich die Raumladungszonen bei gleicher Spannung U_{DS} immer weiter in den Kanal hinein, wodurch der Strom abnimmt: Die Kennlinie in Bild **3**.10 wird also mit wachsendem $|U_{GS}|$ zu niedrigeren Stromwerten verschoben. Gleichzeitig nimmt die Kniespannung U_{DSS} gemäß Gl. (3.11) ab; ihr niedrigster Wert ist offenbar $U_{DSS} = 0$, er wird für die Gatespannung

$$U_{GS} = U_D - |U_p'| = U_{th} \tag{3.13}$$

erreicht. U_{th} heißt Schwell- oder Abschnür-Spannung (im Englischen threshold voltage oder pinch-off voltage, daher ist auch die Bezeichnung U_p üblich). Diese Namen erklären sich wie folgt: Für $U_{GS} = U_{th}$ ist nach Gl. (3.10) $a'(0) = 0$, d.h. der Kanal bereits am source-seitigen Ende abgeschnürt und damit auf der ganzen Gatestrecke geschlossen. Dann kann natürlich auch bei Anlegen einer Spannung $U_{DS} > 0$ kein Strom fließen: Der Transistor ist also für $U_{GS} < U_{th}$ gesperrt und wird erst bei Überschreiten dieser Schwelle für den Stromfluß geöffnet. U_{th} $(= U_p)$ ist eine für den Transistor-Typ charakteristische Größe, die auch im Datenbuch des Herstellers angegeben wird; ihr numerischer Wert hängt von der Geometrie des Transistors, vom Halbleitermaterial und von der Kanal-Dotierung ab.

Während die Steuerspannung U_{GS} nach unten durch U_{th} begrenzt ist, sollte sie nach oben in der Praxis den Wert $U_{GS} = 0$ nicht überschreiten, da sonst die Gatestrecke am drainseitigen Ende in Flußrichtung gepolt wird. Der zugehörige Sättigungsstrom wird mit I_{DSS} bezeichnet, er hat nach Gl. (3.12a) die Größe

$$I_{DSS} = \frac{G_0 \cdot |U_p'|}{3} \cdot \left[1 + 2\sqrt{\frac{U_D}{|U_p'|}}^3 - 3\frac{U_D}{|U_p'|}\right]. \tag{3.14}$$

short-circuit $U_{GS} = 0$ (for the subscript S); saturation (for the subscript S)

Vom mathematischen Standpunkt aus liegt die Grenze für U_{GS} erst bei dem positiven Wert $U_{GS} = U_D$; denn dann ist nach Gl. (3.10) die Raumladungszone am source-seitigen Ende der Gatestrecke verschwunden, d.h. $a'(0) = a$. – Erfahrungsgemäß setzt auch dann erst ein nennenswerter Stromfluß über die Gate-Diode ein. – Der zugehörige fiktive (größtmögliche) Sättigungsstrom ist nach Gl. (3.12a)

$$I_{DS,max} = \frac{G_0 \cdot |U_p'|}{3}; \tag{3.15}$$

er bietet sich für die normierte Darstellung der Strom-Spannungs-Charakteristik Gl. (3.5) des pn- bzw. MESFET an:

$$\frac{I_D(U_{DS}, U_{GS})}{I_{DS,max}} = 3 \cdot \frac{U_{DS}}{|U_p'|} - 2\left(\sqrt{\frac{U_{DS} + U_D - U_{GS}}{|U_p'|}}^3 - \sqrt{\frac{U_D - U_{GS}}{|U_p'|}}^3\right). \tag{3.16}$$

Bei ihrer graphischen Darstellung beschränken wir uns auf den Normalbetrieb $U_{DS} > 0$. – Für den inversen Betrieb tritt $U_{SD} = -U_{DS}$ an die Stelle der Kanalspannung und $U_{GD} = U_{GS} - U_{DS}$ an die Stelle der Steuerspannung. –

Beispiel 3.2. Wie groß sind die Schwellspannung U_{th} sowie die Sättigungsströme I_{DSS} und $I_{DS,max}$ für den Transistor aus Beispiel 3.1?

Aus Gl. (3.13) folgt

$$U_{th} = 0{,}7\ \text{V} - 5{,}34\ \text{V} = -4{,}64\ \text{V},$$

aus Gl. (3.15)

$$I_{DS,max} = \frac{5{,}34\ \text{V}}{88{,}9\ \Omega \cdot 3} = 20\ \text{mA}$$

und damit aus Gl. (3.14)

$$I_{DSS} = 20\left[1 + 2\sqrt{\frac{0{,}7}{5{,}34}}^3 - 3 \cdot \frac{0{,}7}{5{,}34}\right] \text{mA} = 14\ \text{mA}.$$

Bei einer zweidimensionalen graphischen Darstellung der Gl. (3.16) muß jeweils eine der beiden Spannungen konstant gehalten werden; man erhält so zwei Scharen von Kennlinien:

$I_D = I_D(U_{DS})_{U_{GS}=\text{const}}$ und $I_D = I_D(U_{GS})_{U_{DS}=\text{const}}$.

Diese bilden jeweils ein sog. **Kennlinienfeld.**

Da hier der Strom über die Ausgangs-Elektrode D mit der Spannung an dieser Elektrode verknüpft wird, spricht man vom **Ausgangs-Kennlinienfeld**	Da hier die Steuerwirkung der Gate-Spannung auf den Strom I_D beschrieben wird, spricht man vom **Steuer-Kennlinienfeld**

in Source-Schaltung.

Entsprechende Kennlinienfelder gibt es auch beim Bipolar-Transistor. Dort ist zusätzlich noch das Eingangs-Kennlinienfeld zu betrachten, da der dem Gatestrom funktional entsprechende Basisstrom i. allg. nicht vernachlässigt werden darf.

Bild 3.14 zeigt in normierter Darstellung das Ausgangs-Kennlinienfeld

$$I_D = I_D(U_{DS})_{U_{GS}=\text{const}}.$$

Den Übergang zwischen dem Anlaufgebiet ($U_{DS} < U_{DSS}$) und dem Sättigungs- oder pinch-off-Gebiet ($U_{DS} > U_{DSS}$) bildet die sog. Abschnürgrenze, das ist die graphische Darstellung der Gl. (3.12b).

Von der obersten Kennlinie $U_{GS} = U_D > 0$, welche einer Flußpolung der Gate-Elektrode und dem nennenswerten Einsatz von Gatestrom entspricht, wird man

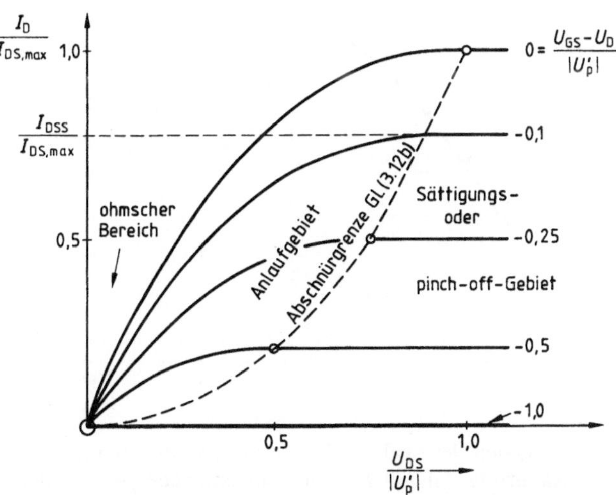

3.14 Normierte Darstellung des Ausgangs-Kennlinienfeldes eines n-Kanal Sperrschicht-FET gemäß Gl. (3.16) (mit dem willkürlich gewählten Wert $U_D/|U_p'| = 0{,}1$)

in der Praxis einen Sicherheitsabstand einhalten, da sonst der Gatestrom nicht mehr zu vernachlässigen ist.

Das Bild 3.14 legt die Vermutung nahe, daß die Anlaufkennlinien durch quadratische Parabeln angenähert werden können, womit eine einfache mathematische Beschreibung von FET-Schaltungen ermöglicht wird. Diese Näherung lautet:

$$I_D = I_{DS} \cdot \left[1 - \left(1 - \frac{U_{DS}}{U_{DSS}}\right)^2\right]; \tag{3.17}$$

in dem Wertebereich

$$0{,}3 < \frac{U_D - U_{GS}}{|U_p'|} \; (<1)$$

bleibt der Fehler gegenüber der exakten Gl. (3.16), abgesehen von einer kleinen Umgebung des Nullpunktes, unter 5% (s. hierzu Bild 3.15).

Das Steuer-Kennlinienfeld

$$I_D = I_D(U_{GS})_{U_{DS} = \text{const}}$$

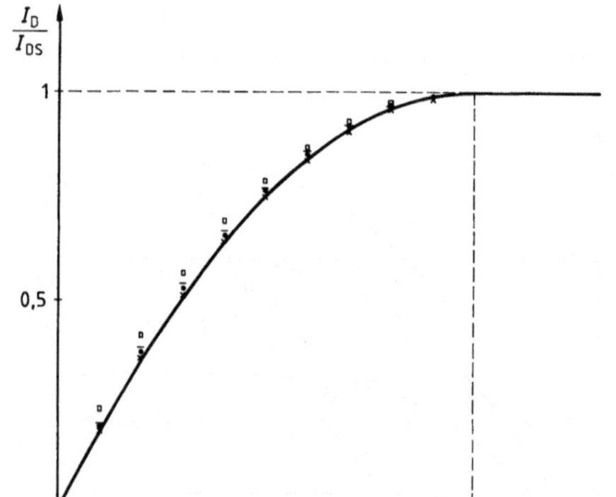

3.15 Vergleich der exakten Beschreibung der Anlaufkennlinien gemäß Gl. (3.16) mit der Näherung Gl. (3.17) für verschiedene Werte der normierten Steuerspannung. $\frac{U_D - U_{GS}}{|U_p'|}$: 0 (□); 0,3 (–); 0,5 (●); 0,9 (×); 1 (—) ≙ Gl. (3.17)

kann aus dem Ausgangs-Kennlinienfeld durch Umzeichnung gewonnen werden. Es ist in normierter Form in Bild 3.16 dargestellt.

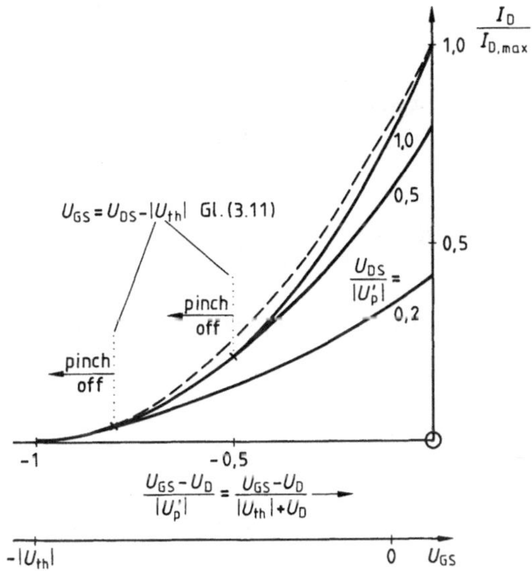

3.16
Normierte Darstellung des Steuer-Kennlinienfeldes eines n-Kanal-Sperrschicht-FET gemäß Gl. (3.16) (mit dem willkürlich gewählten Wert $U_D/|U_p'| = 0{,}1$).
--- Näherungsweise Beschreibung des Sättigungsgebietes (pinch-off) gemäß Gl. (3.18)

Wenn U_{GS} vom Wert U_D ausgehend abnimmt, befindet man sich zunächst im Anlaufgebiet, und I_D wird durch Gl. (3.16) gegeben, bis die Abschnürgrenze

$$U_{GS} = U_D - |U_p'| + U_{DS} = U_{DS} - |U_{th}|$$

gemäß Gl. (3.11) erreicht ist. Jenseits davon ist im Rahmen unserer Näherung $I_D = I_{DS}$, d.h. von U_{DS} unabhängig, und die Steuerkennlinie wird durch Gl. (3.12a) beschrieben.

In Bild **3**.16 sind für drei verschiedene Werte der normierten Drain-Source-Spannung $U_{DS}/|U_p'|$ die in dieser Weise konstruierten Steuerkennlinien dargestellt.

Für $U_{DS} \geq |U_p'|$ verlaufen die Steuerkennlinien ganz im Abschnür-Bereich. Sie können dort in guter Näherung durch die quadratische Parabel

$$\frac{I_{DS}}{I_{DS,max}} = \left[1 + \frac{U_{GS} - U_D}{|U_p'|}\right]^2 = \left[\frac{U_{GS} - U_{th}}{|U_p'|}\right]^2 \tag{3.18}$$

ersetzt werden, wie der Vergleich mit der exakten Kurve für $U_{DS}/|U_p'| = 1$ in Bild **3**.16 zeigt. In Verbindung mit Gl. (3.17) ergibt sich so die vereinfachte analytische Darstellung der *beiden* Kennlinienfelder

$$I_D = I_{DS} \cdot \left(1 - \frac{U_{GS}}{U_{th}}\right)^2 \cdot K \cdot \begin{cases} 1 - \left(1 - \frac{U_{DS}}{U_{DSS}}\right)^2 & \text{für} \quad 0 < U_{DS} < U_{DSS} \\ 1 & \text{für} \quad U_{DS} \geq U_{DSS}. \end{cases} \tag{3.19}$$

Bei ihrer Anwendung ist allerdings zu beachten, daß U_{DSS} gemäß Gl. (3.7) eine Funktion von U_{GS} ist. Der Korrekturfaktor

$$K = 1 + \frac{U_D / |U_p'|}{1 + 2\sqrt{U_D / |U_p'|}}$$

in Gl. (3.19) kann für $U_D < |U_p'|/10$ mit einem Fehler unter 6% durch den Wert 1 ersetzt werden.

Die Aussagen der Theorie werden trotz der gemachten vereinfachenden Annahmen von der Praxis recht gut bestätigt, wie die Bilder **3.17** zeigen.

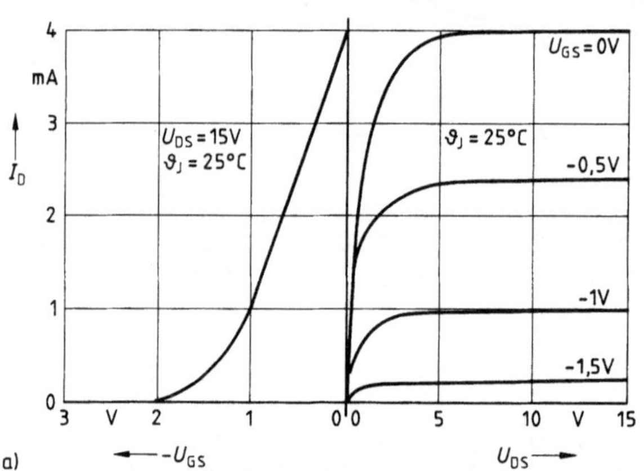

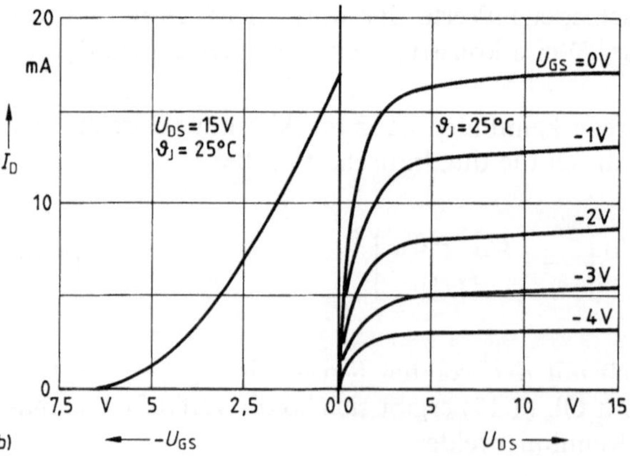

3.17
Steuerkennlinie im Sättigungsgebiet sowie Ausgangs-Kennlinienfeld des n-Kanal pn-FET BF 245 A (a) bzw. C (b) (aus [51])

Dies gilt insbesondere für die nahezu quadratische Abhängigkeit des Drainstromes von der Steuerspannung im Sättigungsgebiet; für die Schwellspannung liest man aus dem Teilbild a(b) den Wert $U_{th} = -2$ V ($-6{,}5$ V) ab sowie für den Sättigungsstrom den Wert $I_{DSS} = 4$ mA (17 mA). Die Ausgangskennlinien verlaufen jedoch im Gegensatz zur Theorie im Anlaufgebiet nur angenähert wie quadratische Parabeln und zeigen auch noch im Sättigungsgebiet einen leichten Anstieg (s. hierzu Abschn. 3.2.3). Daher kann die Kniespannung, welche den Übergang vom Anlauf- in das Sättigungsgebiet kennzeichnet, nicht exakt fixiert werden. Insbesondere müßte nach der Theorie die Kniespannung für $U_{GS} = 0$ mit $|U_{th}|$ übereinstimmen (s. die Gln. (3.11) und (3.13)); das ist im Teilbild a(b) gar nicht (in etwa) erfüllt.

Dynamische Kenngrößen. Im einleitenden Abschn. 3.1 wurde bereits darauf hingewiesen, daß der NIGFET schwerpunktmäßig u.a. als rausch- und verzerrungsarmer HF-Verstärker eingesetzt wird. Obwohl die Behandlung dieses dynamischen Verhaltens dem Bd. XII dieser Lehrbuchreihe vorbehalten ist, bietet es sich schon hier an, einige dafür wichtige Kenngrößen zu definieren. Diese charakterisieren das Verhalten des Transistors bei Aussteuerung mit einer kleinen Wechselspannung in der Umgebung eines bestimmten Punktes im Kennlinienfeld (sog. Arbeitspunkt), d.h. bei vorgegebenen Werten der Gleichspannungen U_{DS}, U_{GS} und damit des Gleichstromes I_D. – Entsprechende Kenngrößen existieren natürlich auch für andere Halbleiterbauelemente mit Vierpol-Charakter sowie für gittergesteuerte Elektronenröhren bzw. Laufzeitröhren; für den Bipolar-Transistor werden sie in Abschn. 4.3.3 definiert. – Diese dynamischen Kenngrößen sind

die Steilheit

$$S = \left(\frac{\partial I_D}{\partial U_{GS}}\right)_{U_{DS} = \text{const}} \tag{3.20}$$

und der Innenleitwert

$$G_i = \left(\frac{\partial I_D}{\partial U_{DS}}\right)_{U_{GS} = \text{const}} \tag{3.21}$$

In der angelsächsischen Literatur wird statt S meist g_m und statt G_i meist g_0 geschrieben.

Die Steilheit ist anschaulich die Steigung der Steuerkennlinie im Arbeitspunkt. Sie ist die für die Wechselspannungs-Verstärkung maßgebende Größe und interessiert daher ausschließlich im Sättigungsgebiet. Dort gilt nach Gl. (3.12a)

$$S = \begin{cases} G_0 \cdot \left[1 - \sqrt{\dfrac{U_D - U_{GS}}{|U_p'|}}\right] & \text{nach Gl. (3.12a)} \qquad (3.22a) \\ \dfrac{2}{3} G_0 \cdot \left[1 - \dfrac{U_D - U_{GS}}{|U_p'|}\right] = \dfrac{2}{|U_p'|} \sqrt{I_{DS} \cdot I_{DS,max}} & \qquad (3.22b) \end{cases}$$

nach der Näherung Gl. (3.18)

jeweils für $U_{th} < U_{GS} < U_{th} + U_{DS}$ (s. Bild **3**.18).

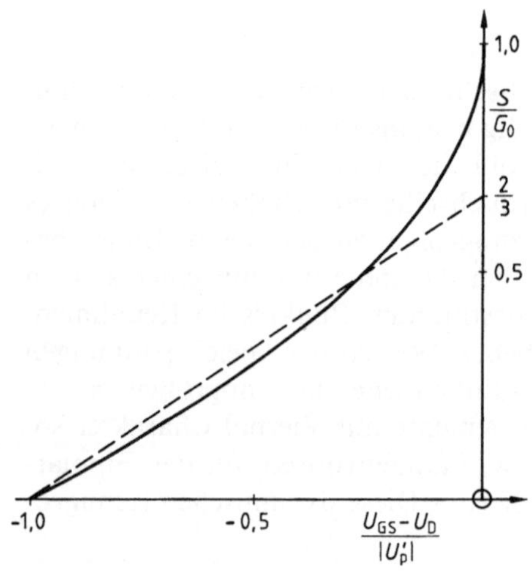

3.18
Normierte Darstellung der Steilheit eines n-Kanal pn-FET im Sättigungsgebiet
— nach Gl. (3.22a)
-- Näherung nach Gl. (3.22b)

Nach Gl. (3.22b) ist die Steilheit näherungsweise proportional zur Wurzel aus dem Strom im Arbeitspunkt; ähnliche Potenzgesetze gelten für den Bipolar-Transistor (s. Gl. (4.25)) und für Elektronenröhren.

Bei einer durch Meßpunkte gegebenen Steuerkennlinie kann die Definitionsgleichung (3.20) erst angewendet werden, nachdem ein analytischer Interpolationsausdruck gebildet worden ist. Stattdessen hilft man sich in der Praxis i. allg. aber damit, daß man die durch Gl. (3.20) beschriebene Steigung der Tangente im Arbeitspunkt A durch die Steigung der Sekante ersetzt, welche durch A und einen benachbarten, z. B. oberhalb von A gelegenen Kurvenpunkt P_1 geht, d.h. durch den Näherungsausdruck

$$S_1 = \frac{I_{D,1} - I_{D,A}}{U_{GS,1} - U_{GS,A}} = \left(\frac{\Delta I_{D,1}}{\Delta U_{GS,1}}\right)_{U_{DS}=\text{const}} \qquad (3.23a)$$

(Bild **3**.19a). Unter Benutzung der Taylorreihenentwicklung für den Drainstrom in der Umgebung des Arbeitspunktes A

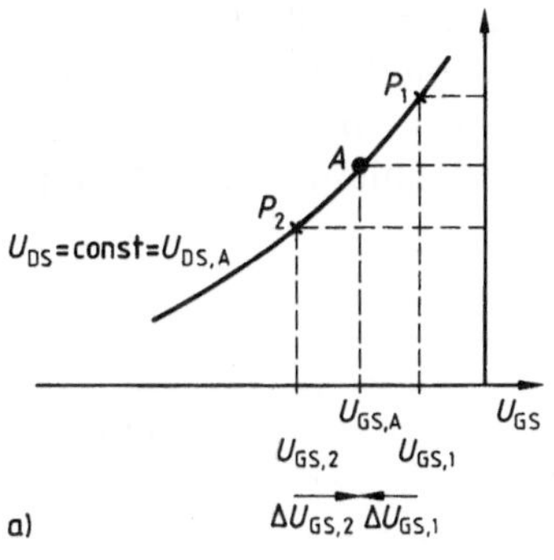

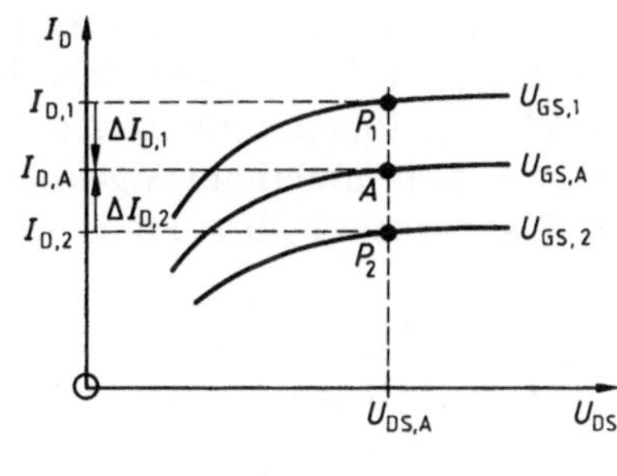

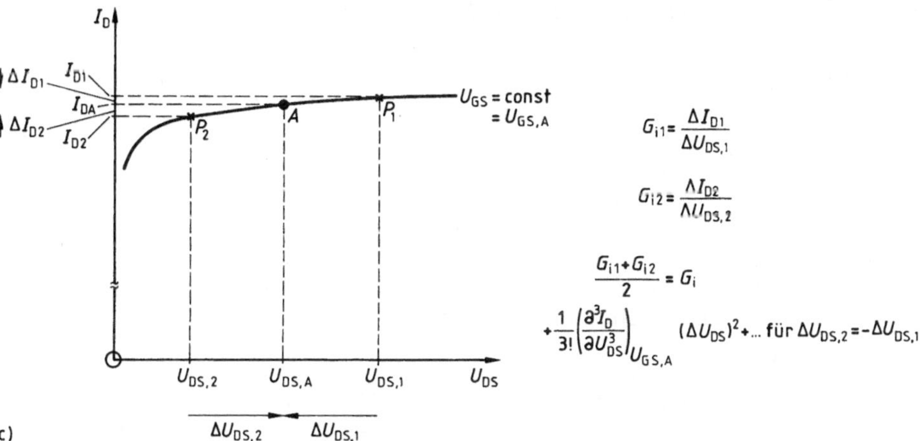

3.19 Näherungsweise graphische Bestimmung
a) der Steilheit S aus einer Steuerkennlinie
b) der Steilheit S aus dem Ausgangs-Kennlinienfeld
c) des Innenleitwertes G_i aus dem Ausgangs-Kennlinienfeld

$$I_{D,1} = I_{D,A} + \left(\frac{\partial I_D}{\partial U_{GS}}\right)_{U_{DS}=\text{const}} \cdot \Delta U_{GS,1} + \frac{1}{2!}\left(\frac{\partial^2 I_D}{\partial U_{GS}^2}\right)_{U_{DS}=\text{const}} \cdot (\Delta U_{GS,1})^2 + \frac{1}{3!}\left(\frac{\partial^3 I_D}{\partial U_{GS}^3}\right)_{U_{DS}=\text{const}} \cdot (\Delta U_{GS,1})^3 + \ldots$$

folgt aus Gl. (3.23a)

$$S_1 = S + \frac{1}{2!}\left(\frac{\partial^2 I_D}{\partial U_{G1}^2}\right)_{U_{DS}=\text{const}} \cdot \Delta U_{GS,1} + \frac{1}{3!}\left(\frac{\partial^3 I_D}{\partial U_{G1}^3}\right)_{U_{DS}=\text{const}} \cdot (\Delta U_{GS,1})^2 + \ldots \tag{3.23b}$$

Der Fehler dieses Näherungswertes gegenüber dem exakten Steilheitswert S ist also für einen hinreichend dicht bei A gelegenen Kurvenpunkt P_1 proportional zu $\Delta U_{GS,1}$. Einen verbesserten Näherungswert erhält man, indem man einen zweiten, dicht unterhalb A gelegenen Kurvenpunkt P_2 hinzunimmt, die Steigung der Sekante $A - P_2$ bestimmt

$$S_2 = \frac{I_{D,2} - I_{D,A}}{U_{GS,2} - U_{GS,A}} = \left(\frac{\Delta I_{D,2}}{\Delta U_{GS,2}}\right)_{U_{DS}=\text{const}}$$
$$\equiv S + \frac{1}{2!}\left(\frac{\partial^2 I_D}{\partial U_{GS}^2}\right)_{U_{DS}=\text{const}} \cdot \Delta U_{GS,2} + \frac{1}{3!}\left(\frac{\partial^3 I_D}{\partial U_{GS}^3}\right)_{U_{DS}=\text{const}} \cdot (\Delta U_{GS,2})^2 + \dots \tag{3.23c}$$

und den arithmetischen Mittelwert aus S_1 und S_2 bildet:

$$S_M = \frac{S_1 + S_2}{2} = S + \frac{1}{4}\left(\frac{\partial^2 I_D}{\partial U_{GS}^2}\right)_{U_{DS}=\text{const}} \cdot (\Delta U_{GS,1} + \Delta U_{GS,2})$$
$$+ \frac{1}{12}\left(\frac{\partial^3 I_D}{\partial U_{GS}^3}\right)_{U_{DS}=\text{const}} \cdot [(\Delta U_{GS,1})^2 + (\Delta U_{GS,2})^2] + \dots . \tag{3.24a}$$

Wenn die Abszissen der Punkte P_1 und P_2 symmetrisch zum Arbeitspunkt A gewählt werden, d.h. $\Delta U_{GS,2} = -\Delta U_{GS,1}$, dann ist S_M die Steigung der Sekante durch P_1 und P_2, und es gilt nach Gl. (3.24a)

$$S_M = S + \frac{1}{3!}\left(\frac{\partial^3 I_D}{\partial U_{GS}^3}\right)_{U_{DS}=\text{const}} \cdot (\Delta U_{GS,1})^2 + \dots . \tag{3.24b}$$

Der Fehler von S_M gegenüber dem exakten Steilheitswert S ist also für hinreichend nahe bei A gewählte Punkte P_1, P_2 proportional zu $(\Delta U_{GS,1})^2$, also viel kleiner als der Fehler von S_1 nach Gl. (3.23b) bzw. von S_2 nach Gl. (3.23c). Sofern die Steuerkennlinie durch eine quadratische Parabel beschrieben werden kann - was beim IGFET gemäß Gl. (3.43) der Fall ist -, verschwindet der Fehler überhaupt, weil dann $\left(\frac{\partial^3 I_D}{\partial U_{GS}^3}\right)_{U_{DS}=\text{const}} \equiv 0$ ist.

Wenn anstelle einer Steuerkennlinie das Ausgangskennlinienfeld gegeben ist, läßt sich auch daraus die Steilheit näherungsweise gemäß der Vorschrift Gl. (3.23) ermitteln (Bild **3**.19b).

Der Innenleitwert ist gemäß der Definitionsgleichung (3.21) anschaulich die Steigung der Ausgangskennlinie im Arbeitspunkt. In der Praxis benutzt man stattdessen bei vorgegebener Kennlinie entsprechend zu Gl. (3.23) den Näherungsausdruck

$$G_i = \left(\frac{\Delta I_D}{\Delta U_{DS}}\right)_{U_{GS}=\text{const}} \tag{3.25}$$

(Bild 3.19c). In dem für Kleinsignalverstärker ausschließlich interessierenden pinch-off-Bereich ist im Rahmen unserer Näherung $G_i = 0$, da die Ausgangs-Kennlinien horizontal verlaufen (s. Bild 3.14 bzw. Gl. (3.12)). Für reale Transistoren gilt das allerdings nicht mehr, wie die Bilder 3.17 zeigen. $G_i \neq 0$ bedeutet, daß die Wechselstrom-Ersatzschaltung des FET keine ideale spannungsgesteuerte Stromquelle ($\sim S$) mehr ist, sondern den Verlustleitwert G_i besitzt.

Die Wechselstrom-Ersatzschaltung für den Kleinsignalbetrieb erhält man aus folgender Überlegung: Wenn die Gleichspannungen U_{GS} bzw. U_{DS} um die differentiellen Größen dU_{GS} bzw. dU_{DS} verändert werden, wird der Drainstrom gegenüber dem Wert $I_D(U_{GS}, U_{DS})$ um

$$\begin{aligned} dI_D &= \left(\frac{\partial I_D}{\partial U_{GS}}\right)_{U_{DS}=\text{const}} \cdot dU_{GS} + \left(\frac{\partial I_D}{\partial U_{DS}}\right)_{U_{GS}=\text{const}} \cdot dU_{DS} \\ &= S \cdot dU_{GS} + G_i \cdot dU_{DS} \end{aligned} \tag{3.26}$$

geändert. Wenn man nun die Gültigkeit dieser Gleichung auf *endlich* kleine harmonische Spannungs- und Stromänderungen ausdehnt, d. h.

$$\begin{aligned} dU_{GS} &\to \mathrm{Re}\sqrt{2} \cdot \underline{U}_{GS} \cdot e^{j\omega t} \\ dU_{DS} &\to \mathrm{Re}\sqrt{2} \cdot \underline{U}_{DS} \cdot e^{j\omega t} \\ dI_D &\to \mathrm{Re}\sqrt{2} \cdot \underline{I}_D \cdot e^{j\omega t} \;, \end{aligned} \tag{3.27}$$

so besteht zwischen den komplexen Effektivwerten der Zusammenhang

$$\underline{I}_D = S \cdot \underline{U}_{GS} + G_i \cdot \underline{U}_{DS} \,. \tag{3.28}$$

Er wird durch die Ersatzschaltung in Bild 3.20a wiedergegeben; diese ist für hohe Frequenzen durch die Sperrschicht-Kapazitäten zwischen Gate und Source (bzw. Drain) sowie durch eine Kapazität zwischen Source und Drain zu ergänzen (Bild 3.20b).

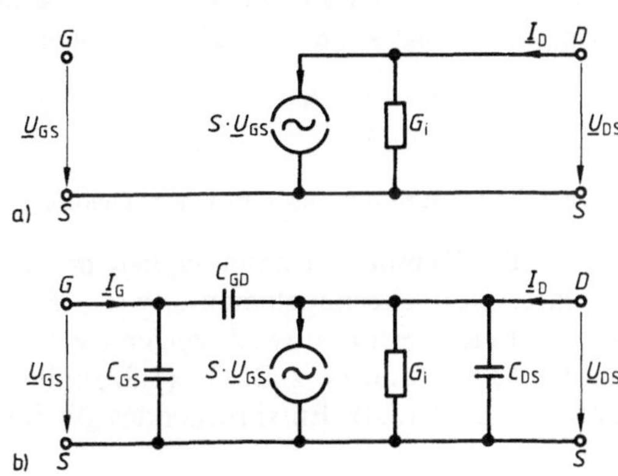

3.20
Kleinsignal-Ersatzschaltung des inneren FET (Source-Schaltung)
a) für tiefe Frequenzen (gemäß Gl. (3.28)), b) für hohe Frequenzen (die Kapazitäten haben die Größenordnung pF)

Die Bilder **3.**20 sind die Grundlage für die Berechnung von Kleinsignal-Verstärkerschaltungen; sie eignen sich unmittelbar zur Beschreibung der sog. Source-Schaltung. Bei dieser liegt der Generator zwischen dem Klemmenpaar *G–S*, der Verbraucher (Last) zwischen dem Klemmenpaar *D–S*, so daß die Eingangsspannung ($\underline{U}_{GS}$) und die Ausgangsspannung ($\underline{U}_{DS}$) zweckmäßig auf die gemeinsame Elektrode *S* bezogen werden. Entsprechend bilden in der Gate-(Drain-)Schaltung die Elektroden *S* und *G* (*G* und *D*) das Eingangs-Klemmenpaar bzw. *D* und *G* (*S* und *D*) das Ausgangs-Klemmenpaar. Die Werte der Spannungs-, Strom- und Leistungsverstärkung sowie des Eingangs- und Ausgangswiderstandes können in diesen 3 Grundschaltungen sehr verschieden sein, so daß unterschiedliche Anwendungen möglich sind: Die Source-Schaltung ist für die HF-Technik typisch, die Gate-Schaltung wird in der Mikrowellentechnik bevorzugt, die Drain-Schaltung – welche keine Spannungsverstärkung liefert – wird als Impedanzwandler benutzt (s. Band XII).

Beispiel 3.3. Für den Transistor BF 245C sind im Arbeitspunkt $U_{GS} = -2$ V, $U_{DS} = 15$ V die Steilheit *S* und der Innenleitwert G_i graphisch aus den Kennlinien in Bild **3.**17b zu bestimmen und mit den nach Gl. (3.22b) bzw. Gl. (3.12a) und (3.21) berechneten Werten zu vergleichen.

Aus der Steuerkennlinie in Bild **3.**17b folgt gemäß den Gln. (3.23) und (3.24)

$$S_1 = \frac{10{,}5 - 8{,}5}{-1{,}5-(-2{,}0)} \frac{\text{mA}}{\text{V}} = 4\ \text{mS}, \quad S_2 = \frac{8{,}5-7}{-2{,}0-(-2{,}5)} \frac{\text{mA}}{\text{V}} = 3\ \text{mS},$$

$$S_M = \frac{S_1 + S_2}{2} = 3{,}5\ \text{mS}.$$

Der Steuerkennlinie entnimmt man ferner $U_{th} = 6{,}5$ V ($\approx U_p'$ bei Vernachlässigung von U_D, s. Gl. (3.13)) sowie dem Ausgangs-Kennlinienfeld $I_{DS} = 8{,}5$ mA, $I_{DS,max} = 17$ mA. Damit liefert Gl. (3.22b)

$$S = \frac{2}{6{,}5\ \text{V}} \sqrt{8{,}5 \cdot 1{,}7}\ \text{mA} = 3{,}7\ \text{mS};$$

das ist in guter Übereinstimmung mit dem graphisch ermittelten Wert.

Entsprechend folgt aus dem Ausgangs-Kennlinienfeld mit Gl. (3.25)

$$G_i = \frac{8{,}5-8}{15-5} \frac{\text{mA}}{\text{V}} = 50\ \mu\text{S} \mathrel{\hat{=}} 20\ \text{k}\Omega = R_i,$$

dagegen ist im Rahmen der einfachen Theorie $G_i = 0$ (s. die Gln. (3.12a) und (3.21)).

3.2.2.3 Die Temperaturabhängigkeit des Drainstromes. Da die Wirkungsweise bipolarer Halbleiterbauelemente, wie z. B. pn-Dioden, entscheidend durch Minoritätsträger bestimmt wird, zeigen sie eine exponentielle Zunahme der Ströme mit der Temperatur (s. z. B. Gl. (1.22)); dies kann zum thermischen Durchbruch führen (s. Bild **1.**24). Entsprechendes gilt für den Bipolar-Transistor (s. Abschn. 4.4).

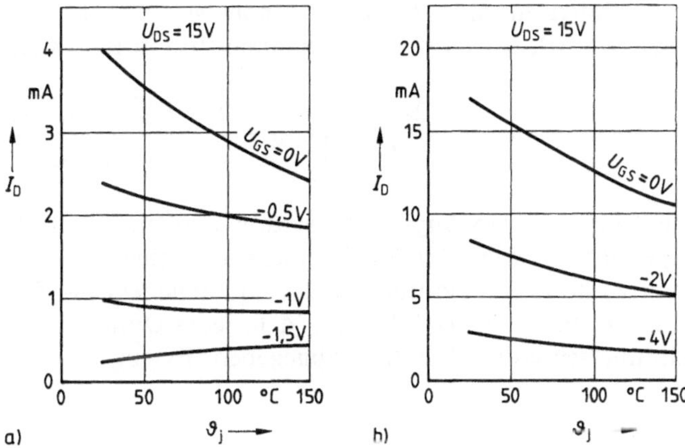

3.21 Die Temperaturabhängigkeit des Drainstromes beim n-Kanal Sperrschicht-FET BF 245 A (a) bzw. C (b) (aus [51])

Die Wirkungsweise von Feldeffekt-Transistoren wird dagegen entscheidend durch Majoritätsträger bestimmt; sie zeigen daher ein gänzlich anderes Temperaturverhalten, wie die Beispiele in Bild **3**.21 belegen.

Lediglich im Bereich kleiner Ströme wächst I_D mit zunehmender Temperatur, allerdings viel langsamer als bei bipolaren Bauelementen (s. Teilbild a für $U_{GS} = -1.5$ V). Bei größeren Strömen ist dagegen $dI_D/dT < 0$: Der FET neigt also viel weniger bzw. überhaupt nicht zur thermischen Instabilität. Insbesondere ist es durch geeignete Wahl des Arbeitspunktes (d.h. von U_{GS} bei vorgegebenem U_{DS}) möglich, I_D in erster Näherung temperaturunabhängig zu halten; das ist im Teilbild a für $U_{GS} \approx -1{,}2$ V der Fall.

Offenbar bestimmen zwei gegenläufige Tendenzen die Temperaturabhängigkeit des Stromes. Ihre Ursachen erkennt man besonders gut aus Bild **3**.22, das durch

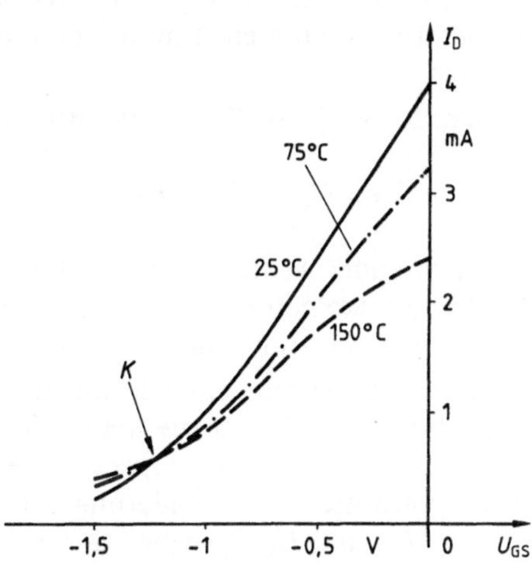

3.22
Temperaturabhängigkeit der Steuerkennlinie des BF 245 A gemäß Bild **3**.21a

Umzeichnen aus Bild 3.21a entstanden ist. Für den Drainstrom bei der Spannung $U_{GS}=0$, d.h. auf der Ordinatenachse in Bild 3.22, gilt nach Gl. (3.5)

$$I_D(U_{DS}, 0) = \frac{2ab\sigma}{L} \cdot \left[U_{DS} - \frac{2}{3} \cdot \frac{\sqrt{U_{DS}+U_D}^3 - \sqrt{U_D}^3}{\sqrt{|U_p'|}} \right]. \tag{3.29}$$

Die Temperaturabhängigkeit der drei Größen $\sigma = en\mu_0$, $|U_p'| = \sigma a^2/2\varepsilon\mu_0$ und U_D ergibt sich wie folgt: Im Temperaturbereich von $-50°$ bis $+100\,°C$ kann für nicht zu hohe Kanaldotierung N_D Störstellenerschöpfung angenommen werden (s. hierzu Band I/3 Teil, S. 122), d.h. jedes Donatoratom im Kanal-Material hat sein überschüssiges Elektron abgegeben. Es gilt also

$$n = N_D = \text{const. bzgl. } T$$

und damit

$$\sigma(T) = e \cdot n\mu_0(T) = eN_D \cdot \mu_0(T),$$

sowie

$$|U_p'| = \frac{\sigma(T) \cdot a^2}{2\varepsilon\mu_0(T)} = \text{const. bzgl. } T$$

(die geringe Temperaturabhängigkeit von ε_r ist hierbei vernachlässigt). In dem interessierenden Temperaturbereich nimmt die Beweglichkeit μ_0 der Majoritätsträger im Kanal mit steigender Temperatur gemäß $\mu_0 \sim T^{-m}$ ab, da die Phononenstreuung überwiegt (s. Band I/Teil 3, S. 128). Dementsprechend nimmt auch die Leitfähigkeit σ mit wachsender Temperatur ab und damit der Vorfaktor in Gl. (3.29). Dieser Effekt wird allerdings dadurch etwas gemildert, daß der Wert in der Klammer von Gl. (3.29) mit wachsender Temperatur zunimmt, weil die Diffusionsspannung gemäß Gl. (1.5b) mit zunehmendem T kleiner wird. Insgesamt sinkt also der Anfangswert $I_D(U_{GS}=0)$ der Steuerkennlinie mit wachsender Temperatur, in Übereinstimmung mit dem experimentellen Befund (s. die Bilder 3.21 bzw. 3.22).

Wir betrachten jetzt die Temperaturabhängigkeit der Fußpunktspannung

$$U_{GS} = U_{th} = U_{DS} + U_D - |U_p'|.$$

Mit wachsender Temperatur verschiebt sich der Fußpunkt wegen der Abnahme von U_D zu kleineren Spannungswerten, d.h. im Steuer-Kennlinienfeld nach links, in Übereinstimmung mit Bild 3.22.

Damit ist die Existenz eines Kompensationspunktes K bzw. einer kleinen Umgebung, durch die viele Steuerkennlinien für unterschiedliche Temperaturen hindurchlaufen, erklärt. Die zugehörige Steuerspannung $U_{GS,K}$ läßt sich analytisch wie folgt ermitteln: Die Änderung von I_D mit der Temperatur ist bei festen Werten von U_{DS} und U_{GS} gegeben durch

$$\frac{\mathrm{d}I_D(U_D(T),\ \mu_0(T))}{\mathrm{d}T} = \frac{\partial I_D}{\partial U_D} \cdot \frac{\mathrm{d}U_D}{\mathrm{d}T} + \frac{\partial I_D}{\partial \mu_0} \cdot \frac{\mathrm{d}\mu_0}{\mathrm{d}T}$$

$$= \underbrace{\frac{\partial I_D}{\partial(U_{GS} - U_D)}}_{S \text{ nach Gl. (3.20)}} \cdot \frac{\mathrm{d}(U_{GS} - U_D)}{\mathrm{d}T} + \frac{\partial I_D}{\partial \mu_0} \cdot \frac{\mathrm{d}\mu_0}{\mathrm{d}T}. \qquad (3.30)$$

Da nach Gl. (3.5) $I_D \sim \sigma \sim \mu_0$ gilt, ist

$$\frac{\partial I_D}{\partial \mu_0} = \frac{I_D}{\mu_0} \quad .$$

und wegen $\mu_0(T) \sim T^{-m}$

$$\frac{\mathrm{d}\mu_0}{\mathrm{d}T} = -\frac{m}{T} \cdot \mu_0;$$

ferner ist nach Gl. (1.5b) in guter Näherung

$$\frac{\mathrm{d}U_D}{\mathrm{d}T} = -\frac{W_G/e - U_D}{T}.$$

Damit folgt aus Gl. (3.30)

$$\frac{\mathrm{d}I_D}{\mathrm{d}T} = \frac{1}{T}\left[S \cdot \left(\frac{W_G}{e} - U_D\right) - m \cdot I_D\right].$$

Der Kompensationspunkt K ist durch die Forderung $\dfrac{\mathrm{d}I_D}{\mathrm{d}T} = 0$ bestimmt, d.h. durch

$$\frac{I_D}{S} = \frac{W_G/e - U_D}{m}.$$

Da K im Sättigungsgebiet liegt (s. das spätere Ergebnis Gl. (3.31)), ist nach den Näherungen Gl. (3.18) und (3.22b)

$$\frac{I_{DS}}{S} = \frac{U_{GS,K} - U_{th}}{2},$$

d.h.

$$U_{GS,K} = U_{th} + \frac{2}{m} \cdot \left(\frac{W_G}{e} - U_D\right).$$

Mit den für Si gültigen Werten $W_G = 1{,}11$ eV, $m \approx 1{,}8$, $U_D \approx 0{,}5$ V folgt

$$U_{GS,K} = U_{th} + 0{,}7\text{ V}, \tag{3.31}$$

was gut zu den experimentellen Werten paßt (vgl. die Bilder **3.**17 und **3.**21). Da die Verschiebespannung 0,7 V viel kleiner als die Kanalspannung U_{DS} ist, liegt der Kompensationspunkt K mit Sicherheit im pinch-off-Bereich; diese bei der Herleitung gemachte Annahme wird also durch das Ergebnis gerechtfertigt. Nach Gl. (3.31) ist die Kompensation nur für Schwellspannungen $U_{th} \lesssim -0{,}7$ V möglich; denn es muß $U_{GS,K} < 0$ sein, damit das Gate auf seiner ganzen Länge in Sperrichtung gepolt bleibt. Dies ist in Übereinstimmung mit dem Experiment, wie ein Vergleich der Teilbilder **3.**23a ($U_{th} = -1{,}25$ V; $U_{GS,K} \approx -0{,}6$ V) und b ($U_{th} = -0{,}55$ V) zeigt.

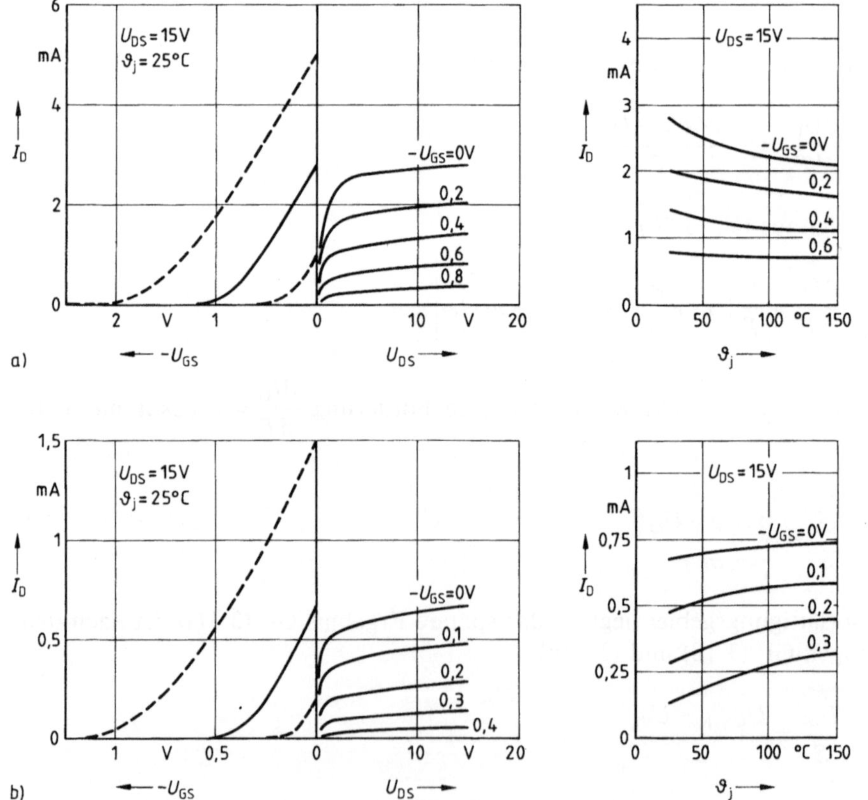

3.23 Kennlinienfelder (--- Streubereich) und Temperaturabhängigkeit des Drainstromes der n-Kanal Sperrschicht-FETs BFW 12 (a) und 13 (b) (aus [51])

Für die Steilheit im Punkt K gilt nach Gl. (3.31) mit Gl. (3.22b)

$$S_K \approx \frac{I_{DS}}{0{,}35\ \text{V}} = \frac{1{,}4\ \text{V}}{U_p'^2} \cdot I_{DS,\max}.$$

Wenn es also auf niedrige Temperaturdrift ankommt, sind pn-FETs mit betragsmäßig kleiner Abschnürspannung zu bevorzugen. Da aber der Punkt K dicht am Fußpunkt liegt, ist die Steilheit und damit die Verstärkung einer angelegten Steuerwechselspannung gering. Man wird daher in der Praxis ggf. einen anderen Arbeitspunkt wählen und/oder eine temperaturabhängige Regelung der Vorspannung U_{GS} anwenden.

3.2.3 Korrekturen für reale pn- und MES-FETs. Der praktische Arbeitsbereich

Reale NIGFETs unterscheiden sich von dem bisher behandelten idealisierten Typ in mehreren Punkten:

a) Der Kanal ist beim Eintritt in die Stromsättigung an seinem drainseitigen Ende nicht völlig abgeschnürt.

b) Da mit wachsender Kanalspannung U_{DS} in jeder Ebene x die Geschwindigkeit der Ladungsträger zunimmt, wandert der Sättigungspunkt ($v = v_s$) in Richtung Source (Bild **3**.24). Dadurch wird die wirksame Länge der Gatestrecke L_{eff} gegenüber ihrem geometrischen Wert L etwas verringert, und daher nimmt der Drain-Strom gemäß Gl. (3.5) auch nach Überschreitung des Sättigungspunktes noch geringfügig zu. Dies ist in Übereinstimmung mit dem experimentellen Befund (s. die Bilder **3**.17 und **3**.23).

c) Entsprechend dem Aufbau eines realen Transistors (Bilder **3**.2 und **3**.3) müssen die ohmschen Spannungsabfälle längs der Halbleiterstrecken zwischen dem source- bzw. drainseitigen Ende der Gatestrecke und den hochdotierten Inseln unter dem Source- bzw. Drain-Kontakt mit berücksichtigt werden, ähnlich wie bei der pn-Diode (s. Abschn. 1.1.3.3). Dies kann näherungsweise durch je einen konzentrierten ohmschen (Bahn-)Widerstand R_S bzw. R_D geschehen. In der Strom-Spannungs-Charakteristik (3.5) sind daher U_{DS} und U_{GS} zu ersetzen durch

$$U_{DS'} = U_{DS} - (R_S + R_D) \cdot I_D,$$
$$U_{GS'} = U_{GS} - R_S \cdot I_D.$$

Durch R_D wird die für pinch-off erforderliche Drainspannung gegenüber dem Wert U_{DSS} für den inneren Transistor nach Gl. (3.11) um $R_D I_D$ vergrößert. Der

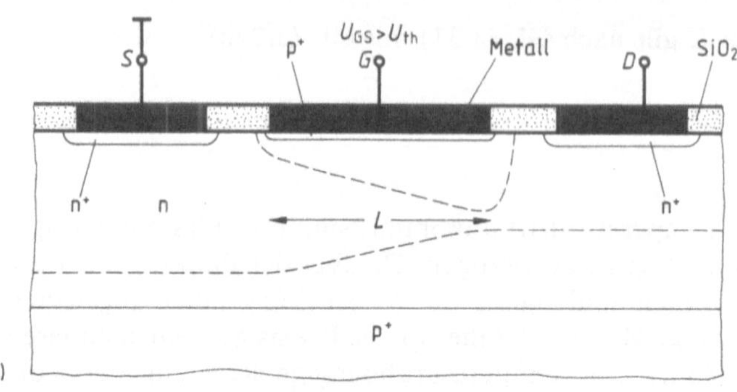

$L_{eff}(U_{DS,1})$

b) L

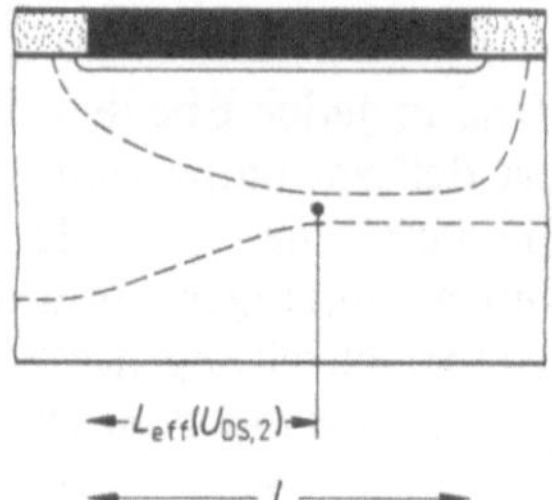

3.24 Verkürzung der effektiven Kanallänge L_{eff} im Sättigungsgebiet mit wachsender Kanalspannung U_{DS}, schematisch
a) beginnende Sättigung $U_{DS} = U_{DSS}$ (vgl. die Bilder 3.2 und 3.12)
b, c) Vorrücken des Sättigungspunktes für $U_{DS,2} > U_{DS,1} > U_{DSS}$

Source-Widerstand R_S wirkt linearisierend auf die Steuerkennlinie und verringert damit die Steilheit entsprechend der Definitionsgleichung (3.20) auf

$$\begin{aligned} S_{real} &= \left(\frac{\partial I_D(U'_{DS}, U'_{GS})}{\partial U_{GS}} \right)_{U_{DS} = \text{const}} \\ &= \frac{S}{1 + (R_S + R_D) G_i + R_S \cdot S} \approx \frac{S}{1 + R_S \cdot S} . \end{aligned} \tag{3.32}$$

Das Bild **3**.25 zeigt den Vergleich zwischen gemessenen und nach der verbesserten Theorie berechneten Ausgangs-Kennlinien eines GaAs-MESFET; die gestrichelte Kurve stellt den Einsatz der Sättigung dar.

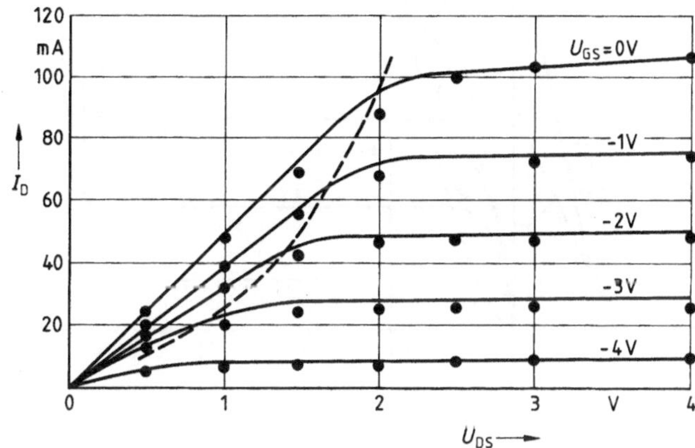

3.25 Gemessene (...) und unter Berücksichtigung der Bahnwiderstände berechnete (—) Kennlinien für einen GaAs-MESFET mit den Daten $a=0{,}34\,\mu m$, $L=1\,\mu m$, $b=500\,\mu m$, $N_D=6{,}5\cdot 10^{16}\,cm^{-3}$; $R_S=6{,}5\,\Omega$, $R_D=11{,}3+f(U_{GS})\,\Omega$ mit heuristischem Ansatz für $f(U_{GS})$ [nach Pucel et al., aus [7]]

d) Über die sperrgepolte pn-(oder Metall-Halbleiter-)Diode Gate-Kanal fließt ein mit der Temperatur exponentiell ansteigender Reststrom $I_{GS,S}$; z.B. gilt für den Feldeffekt-Transistor BF 245 im Betriebspunkt $U_{GS}=-20$ V, $U_{DS}=0$ V $-I_{GS,S}<5$ (500) nA bei 25 °C (125 °C).

Der Reststrom verringert den stationären Eingangswiderstand vom Idealwert $R_{ein}=\infty$ auf endliche Werte (typisch $10^{10}\,\Omega$) sowie den maximal zulässigen Wert des Gate-Vorwiderstandes (Gate-Ableitwiderstand).

e) Die Spannung zwischen Gate und Drain wird durch den einsetzenden Lawinen-Durchbruch begrenzt. Dieser tritt zuerst am drainseitigen Ende ein, weil dort die größte Sperrspannung herrscht, nämlich $U_{DS}-U_{GS}+U_D$. Zum Erreichen der Durchbruchspannung U_{BR} muß also $U_{DS}=|U_{BR}|+U_{GS}-U_D$ sein; demnach verschiebt sich im Ausgangs-Kennlinienfeld der Durchbruch mit wachsendem $|U_{GS}|$ nach kleineren U_{DS}-Werten (Bild **3**.26).

Entsprechend den vorstehenden Bemerkungen wird der zulässige Arbeitsbereich für einen FET begrenzt (Bild **3**.27). Im einzelnen bestehen folgende Gründe, die durch A–D gekennzeichneten Gebiete zu meiden:

A: In diesem Bereich kann es zum Lawinen-Durchbruch zwischen Drain und Gate kommen (s. Bild **3**.26).

B: Für den Transistor existiert – ähnlich wie für eine HL-Diode – eine maximal zulässige Verlustleistung $P_{V,max}$, welche im Hinblick auf die maximal erlaubte

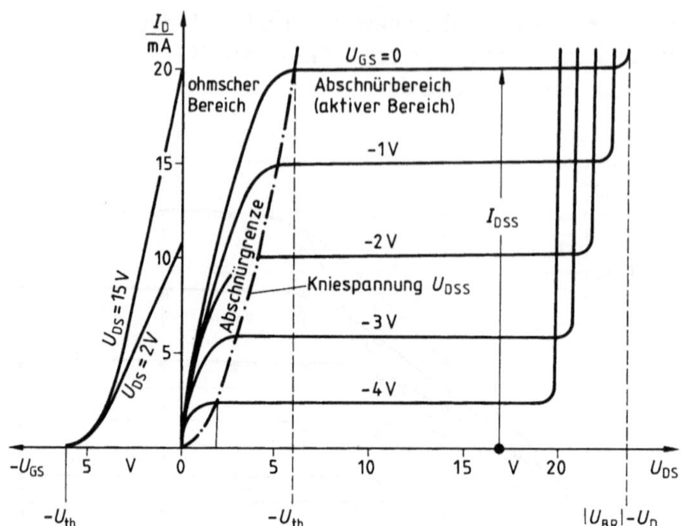

3.26 Ausgangs-Kennlinienfeld eines n-Kanal Sperrschicht-FET einschließlich der Drain/Gate-Durchbruchsbereiche (aus [51])

Kanal- bzw. Sperrschicht-Temperatur (150–175 °C) nicht dauernd überschritten werden darf. Es gilt

$$P_V = I_D \cdot U_{DS} + I_G \cdot U_{GS} \approx I_D \cdot U_{DS} \text{ (wegen } I_G \approx 0).$$

Die Bedingung

$$I_D \cdot U_{DS} = P_{V,max}$$

wird im Ausgangs-Kennlinienfeld durch die sog. Verlustleistungs-Hyperbel beschrieben; im Bild **3**.27 ist $P_{V,max} = 0{,}1$ W.

C: Durch die Forderung $U_{GS} < 0$ wird verhindert, daß ein nennenswerter Gatestrom fließt; andernfalls würde der Eingangswiderstand ab- und die Steuerleistung zunehmen.

D: In diesem Bereich treten wegen der Krümmung der Kennlinie bei der Aussteuerung mit einer harmonischen Spannung der Frequenz f im Strom harmonische Anteile bei $n \cdot f$ auf (Oberschwingungen). Die dadurch bewirkten nichtlinearen Verzerrungen schließen den Betrieb des Transistors als linearer Kleinsignal-Verstärker in diesem Bereich aus; bei Senderverstärkern treten sie dagegen nicht nennenswert in Erscheinung, da dort ein Schwingkreis als selektive Last verwendet wird. Auch bei Schalteranwendungen – welche allerdings seltener sind als beim IGFET – kann in den Bereich D gesteuert werden; der Transistor wird dabei lediglich durch impulsförmige Spannungen rasch zwischen den Zuständen

EIN (möglichst kleine Restspannung) und AUS (möglichst kleiner Drain-Strom) hin- und hergeschaltet. Der Übergang erfolgt bei ohmscher Last längs der in Bild 3.27 dargestellten Arbeitsgeraden, welche durch die Batteriespannung U_B und den Lastwiderstand R_L festgelegt ist, bei gemischt kapazitiv-ohmscher Last längs der gestrichelten Kurve.

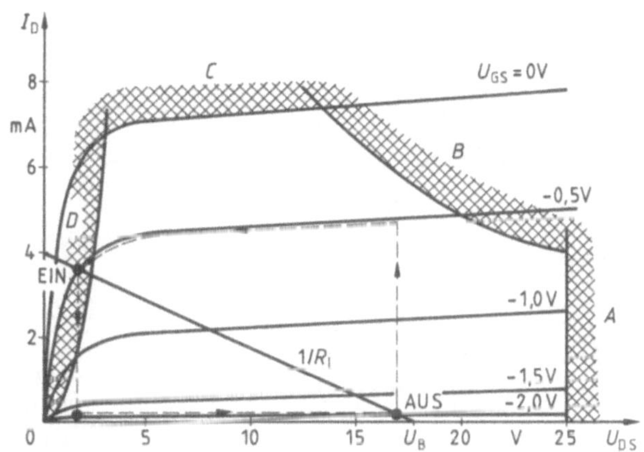

3.27
Arbeitsbereich des n Kanal pn-FET 2N 3819 (nach [52])

Beispiel 3.4. Der Transistor mit dem Kennlinienfeld gemäß Bild 3.27 ist über den Lastwiderstand $R_L = 4{,}5\ \text{k}\Omega$ an eine Gleichspannungsquelle mit $U_B = 18$ V angeschlossen. In welchem Arbeitspunkt A ist die im Transistor erzeugte Verlustleistung am größten, und wie groß ist $P_{V,A}$?

Da sich die Batteriespannung U_B auf den Transistor und die Last verteilt, gilt

$$U_B = U_{DS} + R_L \cdot I_D, \quad \text{d.h.} \quad U_{DS} = U_B - R_L \cdot I_D$$

und damit

$$\begin{aligned} P_V = I_D \cdot U_{DS} &= I_D (U_B - R_L \cdot I_D) \\ &= \frac{U_B^2}{4R_L} - R_L \left(I_D - \frac{U_B}{2R_L} \right)^2 . \end{aligned}$$

Hieraus folgt, entweder durch Differentiation oder durch Augenschein (s. hierzu Bild 3.28), für den gesuchten Arbeitspunkt

$$I_{D,A} = \frac{U_B}{2R_L} = 2\ \text{mA}; \quad P_{V,A} = \frac{U_B^2}{4R_L} = 18\ \text{mW}.$$

In diesem Arbeitspunkt verteilt sich U_B je zur Hälfte auf den Transistor und die Last, so daß auch in R_L eine Verlustleistung der Größe $P_{V,A}$ umgesetzt wird.

In dem oben beschriebenen Arbeitsbereich ist der GaAs-MESFET sowohl für die rauscharme Kleinsignalverstärkung als auch für die Leistungsverstärkung im

Mikrowellengebiet von herausragender praktischer Bedeutung. Im ersten Fall wird als Gütemaß die sog. Rauschzahl F benutzt; diese vergleicht das Verhältnis Signalleistung S/Rauschleistung N (den sog. Signal/Rauschabstand = Störabstand = signal-to-noise ratio) am Eingang und Ausgang des Transistors

$$\left(\frac{S}{N}\right)_{\mathrm{A}} = \left(\frac{S}{N}\right)_{\mathrm{E}} / F, \quad F > 1. \tag{3.33}$$

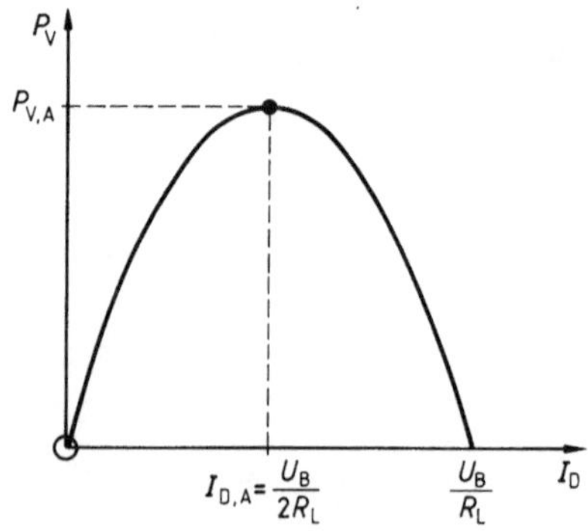

3.28
Verlustleistung in Abhängigkeit vom Drainstrom bei ohmscher Last

Die Rauschzahl F beschreibt also die Verschlechterung des Signal/Rauschabstandes infolge des Eigenrauschens des Transistors. Sie erreicht für optimal gewählten Generatorwiderstand ein Minimum (sog. Rauschanpassung); hierfür gilt die empirische Formel von Fukui

$$F_{\min} = 1 + K \cdot \frac{f}{f_{\mathrm{T}}} \sqrt{(R_{\mathrm{G}} + R_{\mathrm{S}}) \cdot S} \tag{3.34}$$

(f_{T} = Transitfrequenz = $S/2\pi C_{\mathrm{GS}}$, S = Steilheit, C_{GS} = Kapazität zwischen Gate und Source, R_{G} = Gate-Metallisierungswiderstand, R_{S} = Gate/Source-Bahnwiderstand; bei Raumtemperatur ist $K \gtrsim 2{,}5$).

Ein typischer Wert ist $F_{\min} = 3$ dB bei 20 GHz; es wurde aber auch schon $F_{\min} = 2{,}3$ dB bei 40 GHz mit 4 dB Verstärkung erreicht. Bemerkenswert an Gl. (3.34) ist der lineare Anstieg mit der Frequenz, im Gegensatz dazu nimmt $F_{\min}$ beim Bipolartransistor mit $f^{1 \cdots 2}$ zu [4b, Abschn. 10.5], [60, S. 201]. Bzgl. des Arbeitspunktes (I_{D}) nimmt $F_{\min}$ einen Minimalwert etwa bei 0,15 I_{DSS} an.

Als Leistungsbauelement übertrifft der GaAs-MESFET den Si-Transistor wegen der größeren Sättigungsgeschwindigkeit v_{s} (s. Band I/Teil 3, Bild **2**.88) etwa um den Faktor 2–3; es wurden bei 10 GHz (20 GHz) bis zu 10 W (1 W) erreicht.

3.2.4 Sonderbauformen

3.2.4.1 Der NIGFET mit Substratsteuerung. Da beim realen FET gemäß Bild 3.2 der Kanal auf einem halbleitenden Substrat aufgebaut ist, wird sein Querschnitt und damit der Kanalstrom I_D auch durch die Ausdehnung der Raumladungszone vom Substrat her mitbestimmt - und zwar verkleinert. Dies gilt selbst dann, wenn das Substrat intern elektrisch mit dem Sourceanschluß verbunden ist. Wenn dagegen ein Substratanschluß B getrennt herausgeführt wird, kann durch eine äußere Spannung U_{BS} sogar eine gezielte zusätzliche Steuerung des Kanalstromes bewirkt werden. Eine hier nicht wiedergegebene Rechnung, die ganz entsprechend wie die in Abschn. 3.2.2.1 verläuft, liefert

$$\begin{aligned} I_D(U_{DS}, U_{GS}, U_{BS}) &= I_D(U_{DS}, U_{GS}) \quad \text{nach Gl. (3.5)} \\ &-\frac{2}{3}\cdot\frac{\sigma b a_B}{L\sqrt{U_B}}\cdot\left[\sqrt{U_{DS}+U_B-U_{BS}}^{\,3}-\sqrt{U_B-U_{BS}}^{\,3}\right]. \end{aligned} \tag{3.35}$$

Hierin ist U_B die Diffusionsspannung des pn-Übergangs Kanal-Substrat und a_B die Ausdehnung seiner Raumladungszone infolge U_B in den Kanal hinein; bei abrupter Dotierung gilt nach den Gln. (1.5a) bzw. (1.10)

$$U_B = U_T\cdot\ln\frac{N_D\cdot N_{A,B}}{n_i^2} \quad \text{bzw.} \quad a_B=\sqrt{\frac{2\varepsilon_B\cdot U_B}{eN_D\left(1+\dfrac{N_D}{N_{A,B}}\right)}}$$

($N_{A,B}$ = Substratdotierung). Nach Gl. (3.35) ist der Einfluß der beiden Steuerspannungen U_{GS} und U_{BS} auf den Kanalstrom I_D im Anlaufgebiet additiv. Dies gilt jedoch nicht mehr im Sättigungsgebiet, so daß sich dort schaltungstechnische Anwendungen wie Verstärkungsregelung, Mischung etc. realisieren lassen. In der Praxis wird von der Möglichkeit der Substratsteuerung hauptsächlich beim IGFET Gebrauch gemacht (s. Abschn. 3.3.4.1).

3.2.4.2 Der FET mit zwei Gates (Dual-Gate-FET, Tetrode). Dieser FET-Typ besitzt längs des Kanals zwei benachbarte voneinander getrennte Steuerelektroden G_1, G_2 (Bild 3.29).

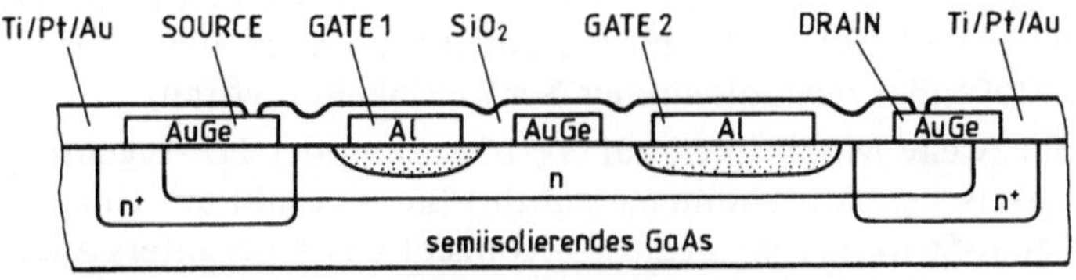

3.29 GaAs-MESFET-Tetrode mit Raumladungszonen unter den beiden Gates, schematisch (aus [53])

Beim Einsatz als Geradeausverstärker, z. B. in der Vorstufe eines Fernsehtuners, wird das zu verstärkende HF-Signal auf Gate 1 gegeben, während über Gate 2 eine automatische Verstärkungsregelung (AGC) erfolgt. Bei der Verwendung als multiplikativer Mischer wird das zu mischende HF-Signal auf Gate 1 gegeben und auf Gate 2 das Lokaloszillator-Signal.

Die FET-Tetrode kann als Kettenschaltung zweier konventioneller FETs angesehen werden: Im ersten Teiltransistor ist die Elektrode Source dem Eingangs- und Ausgangs-Klemmenpaar gemeinsam (sog. Source-Schaltung), im zweiten die Elektrode Gate 2 (sog. Gateschaltung). Die Kettenschaltung entspricht der Cascode-Schaltung in der früheren Röhrentechnik; sie zeichnet sich durch geringe Rückwirkung, gutes Großsignalverhalten und geringe Kreuzmodulation aus. Die Bilder **3.**30a–c zeigen Kennlinienfelder eines Transistors dieses Typs, der als regelbarer Verstärker und Mischer bis 2 GHz z. B. in schnurlosen Telefonen, Funkgeräten, Kabelfernsehen eingesetzt wird. Er besitzt als Verstärker bei f = 800 MHz eine Leistungsverstärkung von 23 dB und eine Rauschzahl F = 1,1 dB.

Aus den Teilbildern **3.**30b und c können die Werte der beiden Steilheiten

$$S_{G1} = \left(\frac{\partial I_D}{\partial U_{G1,S}}\right)_{U_{G2,S},\, U_{DS} = \text{const}}, \quad S_{G2} = \left(\frac{\partial I_D}{\partial U_{G2,S}}\right)_{U_{G1,S},\, U_{DS} = \text{const}}$$

entnommen werden. Insbesondere zeigt das Teilbild b, daß S_{G1} in Abhängigkeit von der Steuerspannung $U_{G1,S}$ ein ausgeprägtes Maximum durchläuft. Beim Einsatz des Transistors als HF-Bauelement treten an die Stelle der reellen Steilheiten S_{G1}, S_{G2} entsprechende komplexe Größen, z. B. die Vorwärtssteilheit $\underline{Y}_{21}$ an die Stelle von S_{G1}; das Teilbild d zeigt $|\underline{Y}_{21}|$.

Bei niedrigen Frequenzen werden in der Praxis Tetroden hauptsächlich als IG-FET realisiert (s. Abschn. 3.3.4.2).

3.2.4.3 Der MESFET mit verbesserten HF-Eigenschaften. Diese Verbesserung wird auf zwei Wegen erreicht: Durch Verwendung ternärer und quaternärer Halbleiter läßt sich eine wesentlich höhere Elektronenbeweglichkeit realisieren als in GaAs ($\mu_0 = 4500\ \text{cm}^2/\text{Vs}$), womit der Anwendungsbereich der Transistoren zu höheren Frequenzen erweitert werden kann. Von besonderem Interesse ist hier das Material $Ga_{0,47}In_{0,53}As$ (mit $\mu_0 = 8900$ cm/Vs), mit dem gleichzeitig eine Verbesserung des Rauschverhaltens erzielt werden kann. Der praktische Einsatz dieses und anderer Verbindungshalbleiter setzt allerdings die Überwindung noch bestehender technologischer Schwierigkeiten voraus.

Die zweite Möglichkeit zur Verbesserung der HF-Eigenschaften – die bereits zu praktischen Anwendungen geführt hat – beruht auf einer wesentlich veränderten Kanal-Struktur; ihr liegt das Konzept des Übergitters zugrunde: Ein Übergitter entsteht durch die periodische Anordnung von Heteroübergängen mit einigen 10 nm Ausdehnung, z. B. zwischen GaAs und $Al_xGa_{1-x}As$. Heteroübergänge

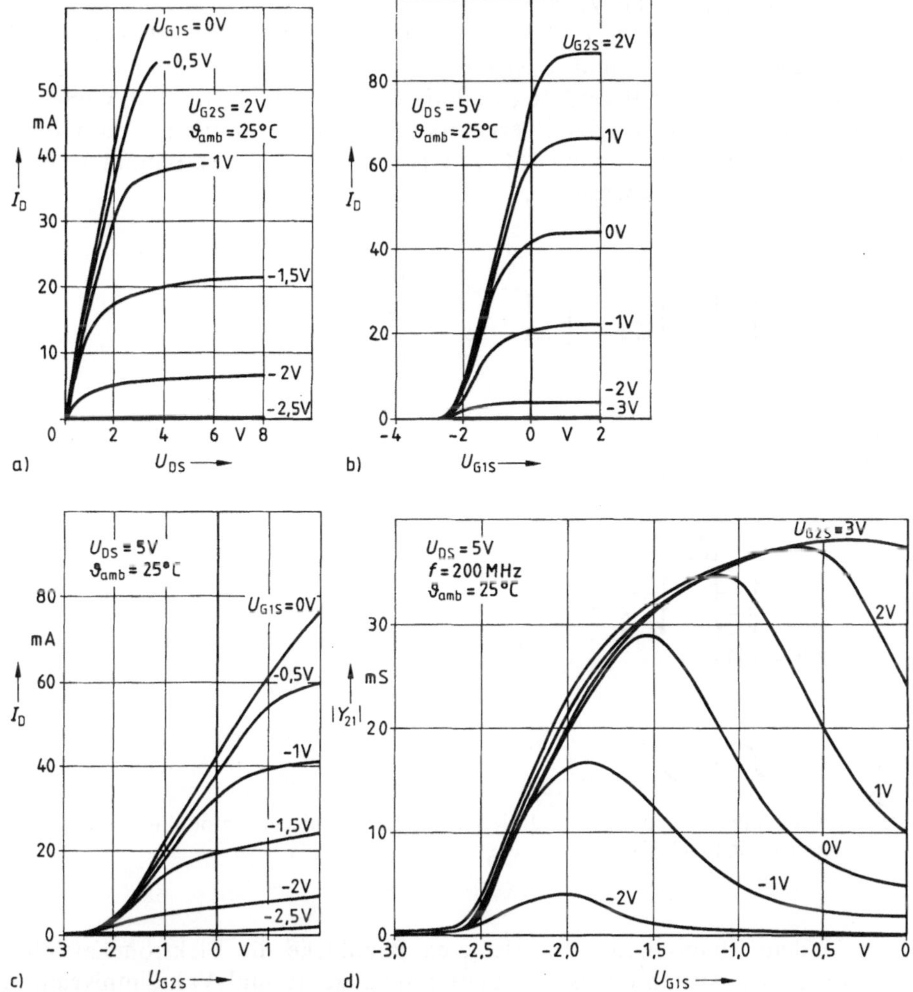

3.30 Kennlinienfelder und Steilheit der n-Kanal GaAs-MESFET-Tetrode CF 300 (aus [54]).
a) Ausgangs-Kennlinienfeld $I_D = I_D(U_{DS})$ bei $U_{G1,S}$, $U_{G2,S} = \text{const}$
b) Steuer-Kennlinienfeld $I_D = I_D(U_{G1,S})$ bei U_{DS}, $U_{G2,S} = \text{const}$
c) Steuer-Kennlinienfeld $I_D = I_D(U_{G2,S})$ bei U_{DS}, $U_{G1,S} = \text{const}$
d) $|\underline{Y}_{21}(U_{G1,S})|$ bei U_{DS}, $U_{G2,S} = \text{const}$

spielen bekanntlich bei der Realisierung von Halbleiter-Lasern schon seit langem eine wichtige Rolle; sie bewirken dort eine größere Konzentration der kohärenten Strahlung und damit eine Reduzierung des zum Schwingeinsatz erforderlichen Stromes (s. Abschn. 2.7.2).

Für FETs sind nur solche Vielschichtstrukturen von Bedeutung, in denen das Material mit der kleineren Bandlücke (in unserem Beispiel GaAs mit $W_G = 1{,}43$ eV) undotiert und dasjenige mit der größeren Bandlücke (Al_x-$Ga_{1-x}As$ mit 1,43 eV $< W_G < 2{,}16$ eV) dotiert ist. In Bild **3**.31a ist das Energiebänderschema eines derartigen Übergitters bei fehlender Dotierung dargestellt; das Bild **3**.31b gilt für Dotierung des Materials mit der größeren Bandlücke (sog. dotierungsmoduliertes Übergitter).

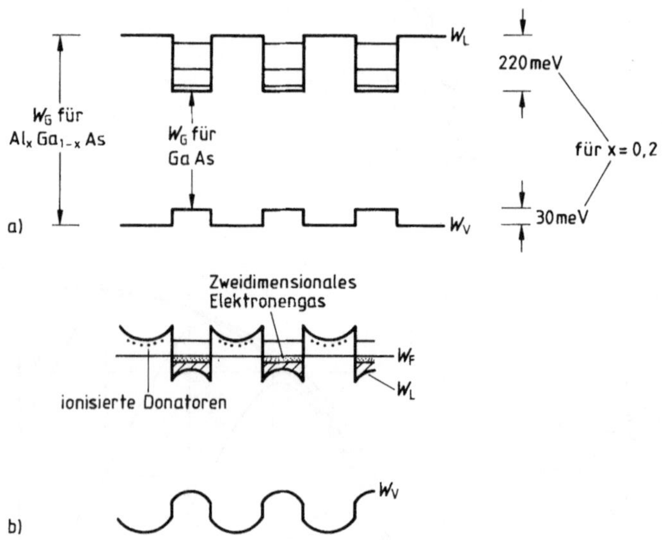

3.31 Energiebänderschema einer undotierten (a) bzw. dotierungsmodulierten (b) Übergitterstruktur (nach [7])

Wenn in dem Material mit der kleineren Bandlücke die Elektronenaffinität (= energetischer Abstand zwischen Leitungsbandkante und Vakuumniveau, s. Bild **1**.47) größer ist als die des Materials mit der größeren Lücke, so strömen die von den Donatoren gelieferten Elektronen in die Potentialtöpfe des ersteren; da die Donatorenrümpfe natürlich im letzten Material verbleiben, werden also die Donator-Elektronen räumlich von den ionisierten Störstellen getrennt und bilden im undotierten Material ein sog. zweidimensionales Elektronengas (2 DEG). – Wegen der mit der Ladungstrennung verbundenen Entstehung einer Raumladung sind die Energiebänder beiderseits des Hetero-Übergangs gekrümmt. – Durch die räumliche Trennung der Elektronen von den Donatorrümpfen wird ihre Beweglichkeit in dem undotierten Material erhöht, da die Coulomb-Streuung an ionisierten Störstellen entfällt. Das wirkt sich insbesondere bei tiefen Temperaturen aus, da dann auch die Streuung an Gitterschwingungen gering ist.

Für Schichtstrukturen liegen gemessene μ_0-Werte für GaAs-Al_xGa_{1-x}-As-Schichten mit $N_D = 10^{16} \dots 10^{18}\,cm^{-3}$ bei $6000\,cm^2/Vs$ (für 300 K) bzw. $20000\,cm^2/Vs$ (für 4 K). Im Vergleich dazu ist in homogen dotiertem Material mit $N_D = 2 \cdot 10^{16}\,cm^{-3}$ bei $T = 300\,K$ die Beweglichkeit $\mu_0 \approx 5000\,cm^2/Vs$ und fällt unterhalb $T = 150\,K$ mit sinkender Temperatur.

Für die Ausnutzung des Übergitter-Effektes in MESFETs ist es nun wichtig, daß er nicht nur in periodisch dotierten Vielschichtstrukturen auftritt, sondern schon an einzelnen Heteroübergängen wie z. B. dotiertes $Al_xGa_{1-x}As$ auf undotiertem GaAs. Die Bandaufspaltung einer einzelnen Heterostruktur ist in Bild **3**.32 dargestellt. Die an der Grenzfläche angehäuften Elektronen verhalten sich wieder wie ein zweidimensionales Elektronengas. Senkrecht zum Heteroübergang findet aus dem Potentialtopf heraus, in dem die Elektronen angehäuft sind, kein Elektronentransport statt, da sie von dem Potentialwall daran gehindert werden.

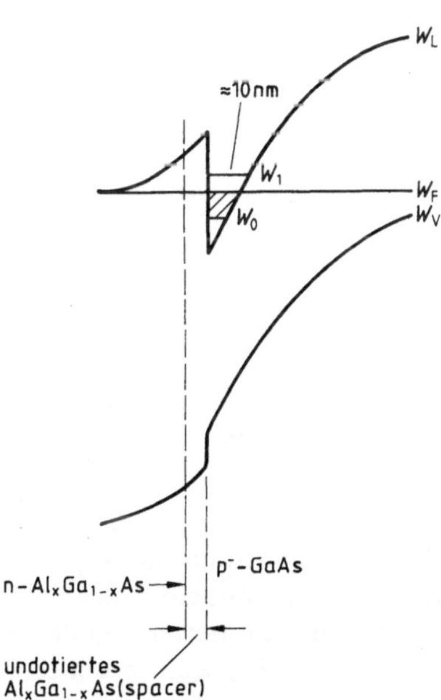

3.32
Einzelne Heterostruktur mit Bandaufspaltung. W_0, W_1: Energiekanten der Subbänder, in die das Leitungsband in einem „dreieckigen“ Potentialtopf aufspaltet ([7])

Für das 2 DEG im System Al_xGa_{1-x}As-GaAs wurden bei 300, 77 bzw. 4 K die Beweglichkeiten 9000, 14000 bzw. $2 \cdot 10^6\,cm^2/Vs$ gemessen. Die noch verbliebene Streuung der Elektronen an den Ionenrümpfen des $Al_xGa_{1-x}As$, welche in der Nähe bzw. an der Grenzfläche liegen, kann durch eine 5–15 nm breite Abstandsschicht aus undotiertem $Al_xGa_{1-x}As$ reduziert werden (sog. spacer), welche zwischen dem dotierten $Al_xGa_{1-x}As$ und dem undotierten GaAs epitaktisch eingebaut wird (s. Bild **3**.32). Mit dem zweidimensionalen Elektronengas läßt sich ein n-leitender Kanal eines MESFET realisieren; von diesem kann man wegen der hohen Beweglichkeit ein besseres Frequenzverhalten als von einem konventionellen MESFET erwarten. Bild 3.33 zeigt den Aufbau eines derartigen

HEMT ≙ **H**igh **E**lectron **M**obility **T**ransistors

(Teilbild a) im Vergleich zu einem konventionellen GaAs-MESFET (Teilbild b). Andere Bezeichnungen dieses Transistortyps sind

TEGFET ≙ **T**wo-Dimensional-**E**lectron **G**as **FET**
MODFET ≙ **Mo**dulation-**D**oped **FET**
SDHT ≙ **S**electively **D**oped **H**eterojunction **T**ransistor.

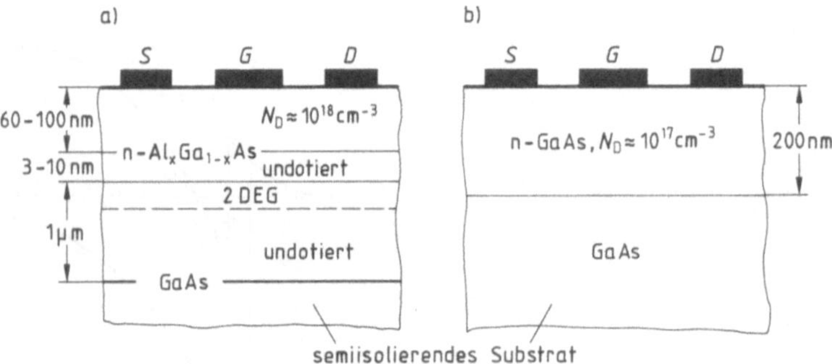

3.33 Vergleich des Aufbaus eines GaAs-HEMT (a) mit einem konventionellen GaAs-MESFET (b), schematisch

Für analoge Anwendungen, z.B. rauscharme Mikrowellenverstärker, wird das Schottky-Gate mit einer solchen Sperrspannung betrieben, daß sich seine Raumladungszone mit derjenigen des AlGaAs/GaAs-Übergangs überlappt, so daß die AlGaAs-Schicht, welche schlechtere Transporteigenschaften hat als die GaAs-Schicht, von beweglichen Ladungsträgern entleert ist. Durch weitere Erhöhung der Gate-Spannung wird dann der Potentialtopf mehr oder weniger entleert, wodurch der Strom durch den Kanal gesteuert wird. Während also beim MESFET die Kanalhöhe bei fester Elektronenkonzentration verändert wird, ist es beim MODFET umgekehrt.

Für den Sättigungsstrom gilt bei Vernachlässigung des Source-Widerstandes

$$I_{DS} = \frac{b\varepsilon v_s}{d}\left[\sqrt{\left(\frac{v_s L}{\mu_0}\right)^2 + (U_{GS} - U_{th})^2} - \frac{v_s L}{\mu_0}\right] \tag{3.36}$$

mit L = Länge } des Gate
b = Breite }
v_s = Sättigungsgeschwindigkeit } der Elektronen
μ_0 = Beweglichkeit }
d = Dicke } der $Al_xGa_{1-x}As$-Schicht
ε = DK }

Nach Gl. (3.36) gilt näherungsweise für große Gatelängen

$$I_{DS} = \frac{b\varepsilon\mu_0}{2dL}(U_{GS} - U_{th})^2$$

(vgl. Gl. (3.18) mit 8/3 d statt a) bzw. für kleine Gatelängen

$$I_{DS} = \frac{b\varepsilon v_s}{d}(U_{GS} - U_{th}).$$

Zur Erhöhung der Steilheit eines HEMT kann man mehrere 2DEG-Kanäle parallel schalten. Bild 3.34a–c zeigt als Beispiel eine 6-Kanal-Struktur, das zugehörige Ausgangs-Kennlinienfeld sowie Sättigungsstrom und Steilheit.

Für die minimal erreichbare Rauschzahl F_{min} gilt wieder Gl. (3.34), aber mit $K<2$.

Für einen GaAs/AlGaAs-HEMT mit $L = 0{,}25$ µm wurde bei Raumtemperatur im 60 GHz-Bereich $F_{min} = 2{,}7$ dB bei einem Gewinn von $g = 3{,}8$ dB gemessen. Die Überlegenheit der HEMTs bzgl. Rauscharmut wird bei Kühlung noch größer, so wurden bei einer 10 GHz-Type bei 300 K (77 K) $F = 1{,}07$ dB (0,25 dB) gemessen. Das im mm-Wellen-Gebiet am besten geeignete Material ist AlInAs/GaInAs auf InP; mit einer Struktur $Al_{0.48}In_{0,52}AsGa_{0,47}In_{0,53}As$ wurden bei Raumtemperatur und $f = 63$ GHz die Werte $F_{min} = 0{,}8$ dB; $g = 8{,}7$ dB erreicht.

Auch als Leistungsverstärker ist der HEMT vielversprechend; bei einer Type mit einer Gatelänge von $L = 0{,}25$ µm wurden bei $f = 15$ GHz je nach Arbeitspunkt folgende Werte erreicht: Ausgangsleistung 135 mW (34 mW), Gewinn 8 dB (5,4 dB), Wirkungsgrad 37% (57%, C-Betrieb).

Schließlich sind HEMTs auch für extrem schnelle Logikschaltungen im Vergleich zu den konventionellen Bauelementen MESFET und MOS-FET von großem Interesse und erlangen mit fortschreitender Beherrschung der komplizierten Technologie zunehmende Bedeutung. Mit 0,2 µm-Strukturen aus AlInAs/GaInAs wurden Verzögerungszeiten von 5–10 ps und Frequenzteiler 2:1 bis 27 GHz realisiert.

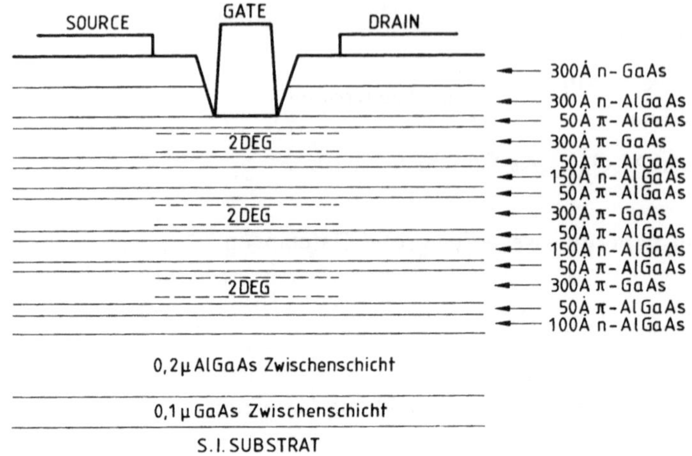

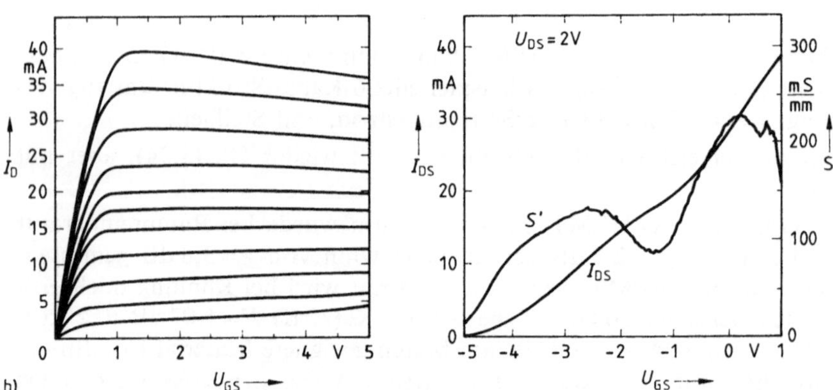

3.34 6-Kanal-HEMT mit 50 µm × 1 µm Gates, a) Aufbau, b) Ausgangs-Kennlinienfeld, c) Sättigungsstrom I_{DS} und Steilheit S' (bezogen auf 1 µm Gatelänge) als Funktion der Steuerspannung U_{GS} (aus [55])

3.3 Der FET mit isolierender Steuerelektrode (IGFET)

3.3.1 Der Aufbau des inneren Transistors. Selbstsperrender und selbstleitender Typ

Als Modell für den inneren Transistor dient die Struktur gemäß Bild **3**.5, die als Bild **3**.35 wiederholt ist.

Ein einkristallines p-Typ-Halbleiterscheibchen bildet einerseits das Substrat und enthält andererseits die in Planartechnik eindiffundierten n^+ Source- und Drain-Zonen, (im Betrieb) den Kanal und ggf. noch einen sperrfreien Anschluß B zum Substrat. - Dieser ist i. allg. mit der Source-Elektrode S verbunden, was auch im folgenden zunächst unterstellt wird. - Das Substrat wird mit einem Isolator abgedeckt. Wenn das Substrat aus Silizium besteht, so ist es naheliegend und auch üblich, den Isolator durch Oxidation des Si zu SiO_2 zu erzeugen; man erhält so einen MOS-FET. Auf die Isolatorschicht wird zwischen Source und Drain eine Metallschicht aufgedampft, welche die Steuerelektrode (Gate) darstellt; diese bildet zusammen mit dem p-Substrat das Plattenpaar eines MOS-Kondensators (s. Abschn. 2.4.3). Auch die n^+-Inseln werden durch Fenster in der SiO_2-Schicht mit einem Metallfilm belegt, um sperrfreie (ohmsche) Kontakte zu den metallischen Anschlüssen herzustellen (s. Tafel **1**.48).

Man unterscheidet zwei Typen von MOSFETS:

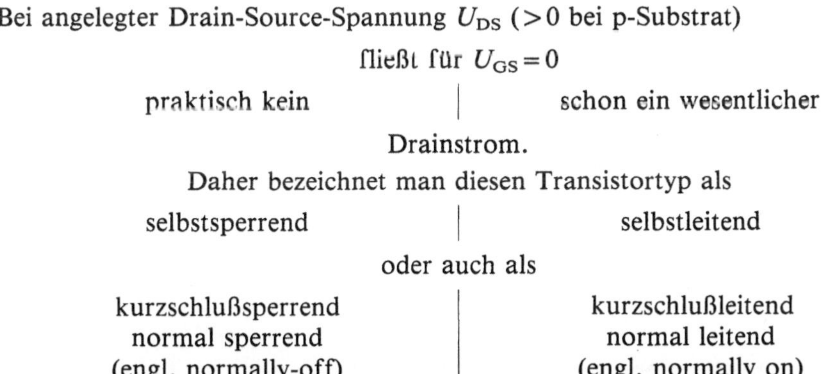

Bei angelegter Drain-Source-Spannung U_{DS} (>0 bei p-Substrat)

fließt für $U_{GS}=0$

praktisch kein	schon ein wesentlicher

Drainstrom.

Daher bezeichnet man diesen Transistortyp als

selbstsperrend	selbstleitend

oder auch als

kurzschlußsperrend normal sperrend (engl. normally-off) Anreicherungstyp.	kurzschlußleitend normal leitend (engl. normally on) Verarmungstyp.

Beim selbstsperrenden Typ existiert für $U_{GS}=0$ kein durchgehender Leitungspfad zwischen S und D, vielmehr stellen die stark n-leitenden Inseln sperrgepolte pn-Übergänge zum p-leitenden Substrat dar. Von Restströmen abgesehen, fließt also auch nach Anlegen einer Spannung U_{DS} kein Strom zwischen S und D; dieser Fall ist in Bild **3**.35 dargestellt. Wenn nun eine positive Spannung U_{GS} angelegt wird, werden in einer Übergangszone zwischen Oxidschicht und p-Substrat durch Influenz Elektronen angesammelt, die bei genügend großer Anzahl, d.h. bei hinreichend hoher Gatespannung U_{GS}, den Leitfähigkeitstyp dieser Zone verändern (Inversion) und so zu einem n-leitenden Strompfad (Kanal) zwischen S und D führen. Die Breite der Inversionsschicht, d.h. die Kanalhöhe h, nimmt mit wachsendem U_{GS} zu (Bild **3**.36).

Es stehen aber nicht alle durch U_{GS}-Influenz erzeugten Elektronen zur Kanalbildung und damit zur Stromleitung zur Verfügung; einige von ihnen werden nämlich eingefangen durch

a) Haftstellen (traps), das sind unbesetzte Energieniveaus zwischen Valenz- und Leitungsband in der Grenzfläche zwischen Oxid und Silizium.

b) Ladungen ionisierter Akzeptoratome in der von beweglichen Ladungsträgern entblößten Sperrschicht zwischen dem Inversionskanal und dem neutralen Substrat.

Andererseits wird die Influenzwirkung der Gate-Spannung $U_{GS}>0$ unterstützt durch

c) positive Ladungen in der SiO_2-Schicht. Diese Ladungen können z. B. während der thermischen Oxidation durch Bor-Anreicherung im Oxid entstehen, weil die Löslichkeit von Bor in Si kleiner als in SiO_2 ist.

Wenn die Effekte a) und b) den Effekt c) überwiegen, so sind bei $U_{GS}=0$ noch nicht alle Fangstellen mit Elektronen gefüllt; es ist also noch kein Inversionskanal vorhanden (Bild 3.35), und demzufolge fließt selbst für $U_{DS}>0$ auch noch kein Strom zwischen S und D. Ein n-leitender Kanal entsteht erst oberhalb eines von Null verschiedenen Wertes $U_{GS}=U_{th}>0$ (Bild 3.36; zur Vereinfachung sind darin die Raumladungszonen nicht mit dargestellt). Für $U_{GS}>U_{th}$ kann also

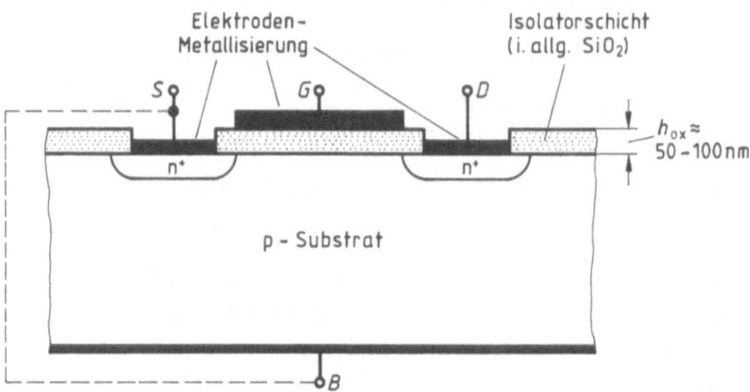

3.35 Aufbau eines n-Kanal Si-MOSFET, schematisch.
Die Raumladungszone ist zur Vereinfachung hier nicht gekennzeichnet

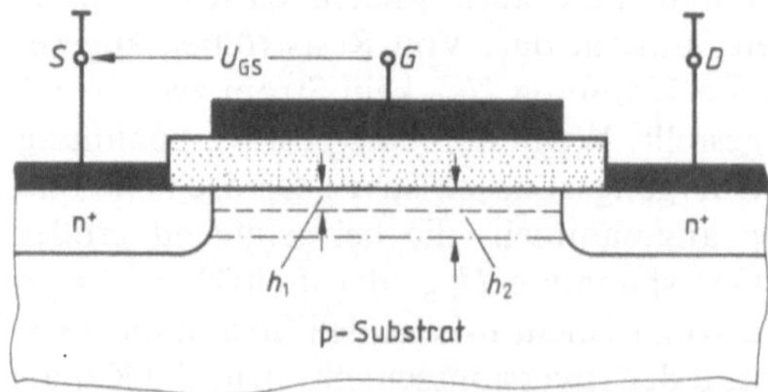

3.36 Der selbstsperrende n-Kanal Si-MOSFET im stromlosen Zustand ($U_{DS}=0$) für verschiedene Werte der Steuerspannung U_{GS}:
$U_{GS,2}>U_{GS,1}>U_{th}>0$; $h_2=h(U_{GS,2})>h_1=h(U_{GS,1})$
Die Raumladungszone ist zur Vereinfachung hier nicht gekennzeichnet

nach Anlegen einer Kanalspannung $U_{DS}>0$ ein Elektronenstrom von S nach D fließen; in dieser Richtung verengt sich der Kanal - entsprechend wie beim pn-FET - da durch den Potentialanstieg im Kanal von $U(0)=0$ auf $U(L)=U_{DS}$ die influenzierende Potentialdifferenz gegenüber dem Gate abnimmt (vgl. Bild **3**.37 mit Bild **3**.9c).

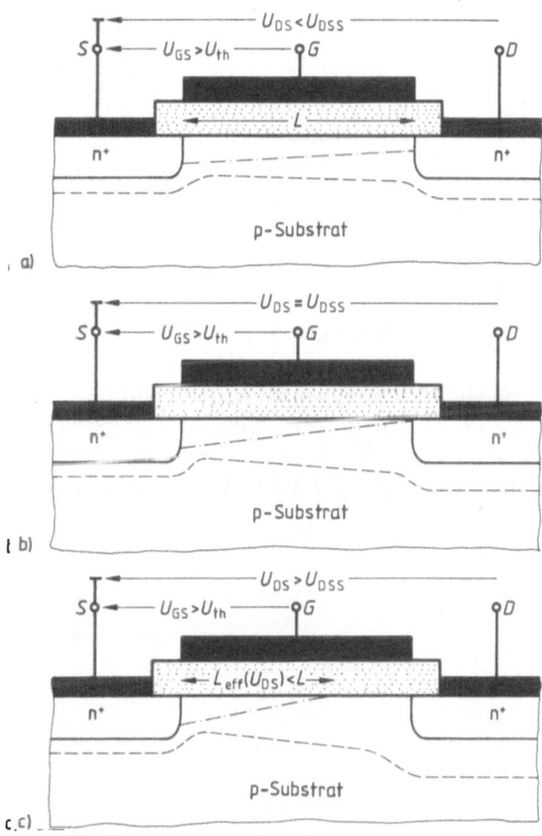

3.37 Zur Entstehung eines stromführenden Kanals im selbstsperrenden n-Kanal Si-MOSFET bei anliegender Kanalspannung.
a) Anlaufgebiet ($U_{DS}<U_{DSS}$)
b) Beginn der Sättigung ($U_{DS}=U_{DSS}$, $h(L)=0$)
c) Sättigungsgebiet ($U_{DS}>U_{DSS}$; $L_{eff}(U_{DS})<L$)

Die hiernach zu erwartende Steuerkennlinie $I_D=I_D(U_{GS})_{U_{DS}=\text{const}}$ ist schematisch in Bild **3**.38 dargestellt, zusammen mit dem Schaltungssymbol für diesen Transistortyp; dieses bringt zum Ausdruck, daß die Gate-Elektrode vom Kanal isoliert und dieser nicht von vornherein vorhanden ist.

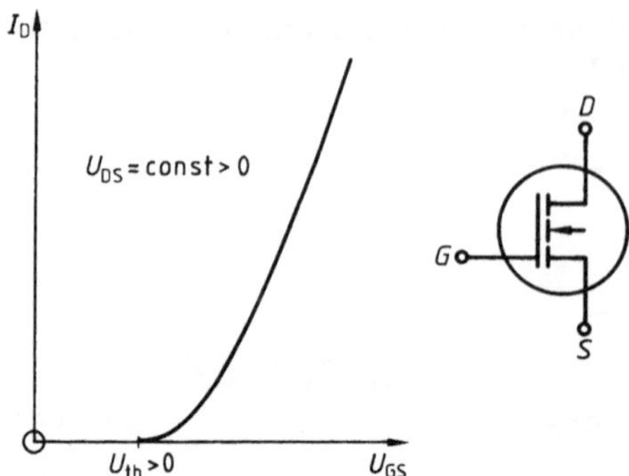

3.38 Steuerkennlinie (schematisch) und Schaltzeichen eines selbstsperrenden n-Kanal MOSFET

Beim selbstleitenden Typ ist bereits bei $U_{GS}=0$ eine Inversion des p-leitenden Substrates unterhalb der Gate-Elektrode vorhanden. Hierfür gibt es zwei Ursachen: Entweder überwiegt der Effekt c) die Effekte a) und b), oder es ist vor dem Aufbringen der SiO_2-Schicht zwischen die hochleitenden n^+-Zonen von Source und Drain ein weniger gut leitender n-Kanal eindiffundiert worden. Bei diesem Transistortyp nimmt also, von $U_{GS}=0$ ausgehend, die Zahl der frei beweglichen Elektronen im Kanal (und damit dessen Höhe h) zu oder ab, je nachdem ob U_{GS} nach positiven oder negativen Werten hin wächst. Im ersten Fall findet im Kanal eine Elektronenanreicherung statt, im zweiten Fall eine Elektronenverarmung (Bild **3**.39; die Raumladungszonen sind zur Vereinfachung nicht

a) $U_{DS}=0$

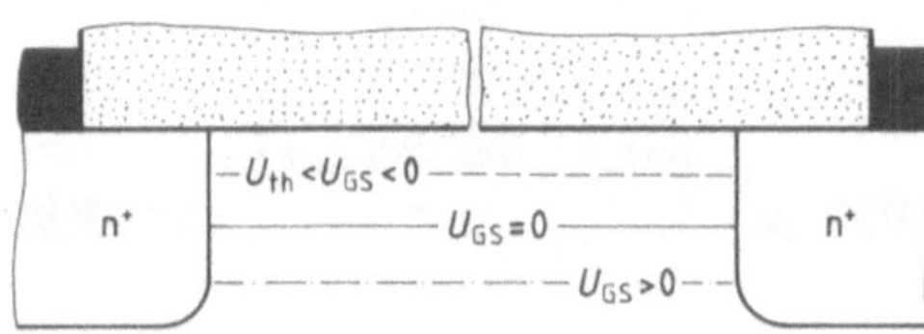

b) $U_{DS}>0$

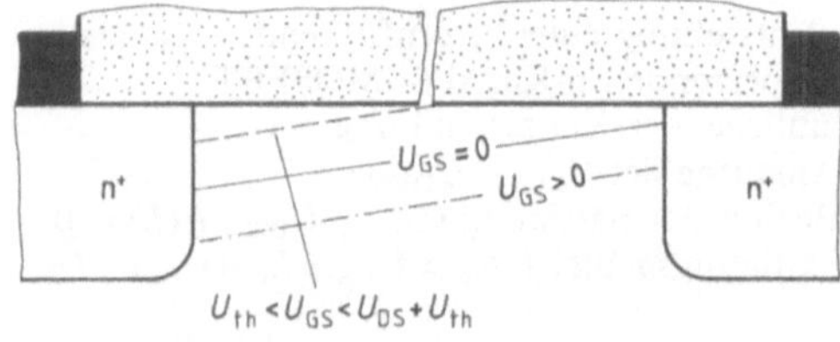

3.39 Zur Entstehung eines stromführenden Kanals im selbstleitenden n-Kanal Si-MOSFET a) im stromlosen Zustand $U_{DS}=0$, b) bei anliegender Kanalspannung $U_{DS}>0$.
-·-·-· Anreicherungsbetrieb ($U_{GS}>0$)
----- Verarmungsbetrieb ($U_{th}<U_{GS}<0$)
(im Teilbild b liegt für $U_{GS}<0$ pinch-off vor, d.h. $U_{GS}<U_{DS}+U_{th}$)

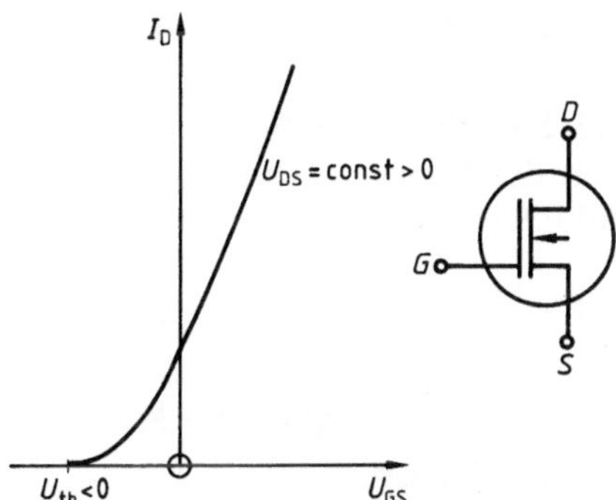

3.40
Steuerkennlinie (schematisch) und Schaltzeichen eines selbstleitenden n-Kanal MOSFET

mit dargestellt). Die erste Betriebsart nennt man daher Anreicherungsbetrieb, die zweite Verarmungsbetrieb (engl.: enhancement bzw. depletion mode).

Die Spannung $U_{GS} = U_{th}$, welche den Kanal abschnürt, ist hier negativ (wie beim n-Kanal pn-FET).

Die zugehörige Steuerkennlinie (für festes $U_{DS} > 0$) ist in Bild **3**.40 schematisch dargestellt; das Schaltungssymbol bringt zum Ausdruck, daß die Gate-Elcktrode vom Kanal isoliert und dieser von vornhercin vorhanden ist.

Für p-Kanal-Typen gilt Entsprechendes; es ändern sich im Prinzip nur die Vorzeichen aller Ströme und Spannungen (Bild **3**.41).

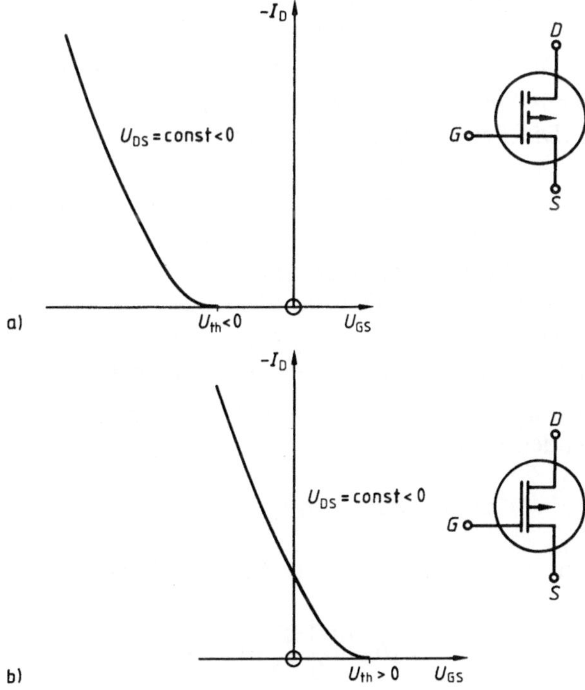

3.41
Steuerkennlinie (schematisch) und Schaltzeichen von
a) selbstsperrenden und
b) selbstleitenden p-Kanal MOSFETs

3.3.2 Der gleichstromdurchflossene innere Transistor

3.3.2.1 Die Strom-Spannungs-Charakteristik. Zur Berechnung der Abhängigkeit des Stromes I_D von den Spannungen U_{DS} und U_{GS} gemäß Bild 3.42 (vgl. Bild 3.35) gehen wir von folgenden vereinfachenden Annahmen aus:

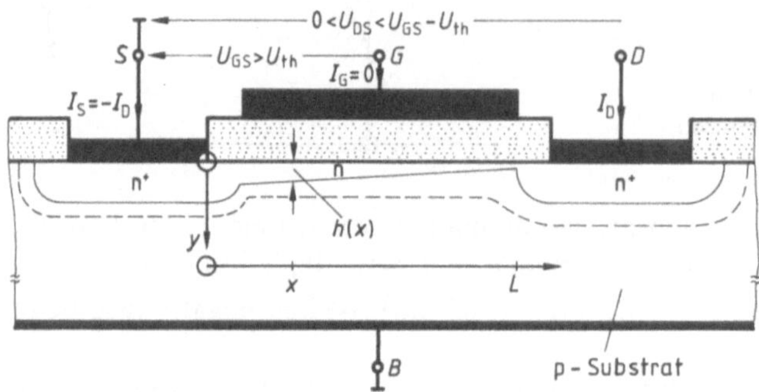

3.42 n-Kanal MOSFET mit Betriebsspannungen

1. Der Strom, der im Kanal aufgrund des elektrischen Feldes fließt, ist sehr groß gegen den Diffusionsstrom.
2. Die Änderung des Driftfeldes entlang des Kanals ist klein gegen die Änderung des Gatefeldes senkrecht dazu.
3. Die Dicke der Oxidschicht h_{ox} ist größer als die Kanalhöhe $h(x)$, so daß der Spannungsabfall in y-Richtung überwiegend über dem Oxid erfolgt.
4. Die Beweglichkeit der Elektronen ist über die gesamte Kanallänge hinweg konstant gleich μ_0.
5. Eine Rekombination oder Generation von Löchern im Kanal durch Oberflächenzustände oder Akzeptorionen wird ausgeschlossen.
6. Die Leckströme über den in Sperrichtung gepolten pn-Übergang Substrat/Drain sowie über die Gate-Elektrode sind vernachlässigbar.
7. Die in der Grenzschicht Oxid/Substrat in traps gebundenen Elektronen werden zu einer Ladung mit der Flächendichte q_{ss} zusammengefaßt.

Damit erhalten wir für den in der Höhenschicht y und $y+\mathrm{d}y$ in x-Richtung fließenden Strom

$$\mathrm{d}I_D = -\sigma E(x)\, b\, \mathrm{d}y,$$

d.h. mit $\sigma = en(x,y)\mu_0$ und $E(x) = -\mathrm{d}U(x)/\mathrm{d}x$

$$\mathrm{d}I_D = e\mu_0 b \cdot \frac{\mathrm{d}U(x)}{\mathrm{d}x} \cdot n(x,y)\,\mathrm{d}y.$$

Durch Integration über die Kanalhöhe $h(x)$ folgt

$$I_D = \int_0^{h(x)} dI_D = e\mu_0 b \frac{dU(x)}{dx} \cdot \int_0^{h(x)} n(x,y)\,dy. \qquad (3.37)$$

Die Größe

$$bL \int_0^{h(x)} n(x,y)\,dy = N(x) \qquad (3.38a)$$

ist anschaulich die Zahl der in der Ebene x zur Stromleitung zur Verfügung stehenden Elektronen. Dafür gilt nach den Annahmen 3, 5 und 7

$$N(x) = \frac{C_{ox} \cdot U_{ox}(x) - Q_{SS} - Q_B + Q_{ox}}{e} \qquad (3.38b)$$

Hierin bedeutet

$C_{ox} \cdot U_{ox}(x)$ = durch die positive Spannung der Gateelektrode influenzierte Elektronenladung in der Oxid-Substrat-Zwischenschicht (Kanal),
$U_{ox}(x)$ = $U_{GS} - U(x)$ = Spannung über dem Oxid,
$U(x)$ = Spannung an der Kanaloberfläche längs des Kanals in bezug auf Source,
C_{ox} = $\varepsilon_0 \cdot \varepsilon_{r,ox} \cdot bL/h_{ox}$ = Kapazität der Struktur Gate-Oxid-Substrat,
h_{ox} = Dicke der Oxidschicht,

Q_{SS} = $q_{SS} \cdot b \cdot L$
= Ladung der von Oberflächenzuständen gebundenen Elektronen (s. Abschn. 3.3.1 unter a)). – Falls diese Energiezustände Donatorencharakter haben, ist $Q_{SS} < 0$. –
Q_B = Ladung der auf den Kanal folgenden Raumladungszone (s. Abschn. 3.3.1 unter b),
Q_{ox} = positive Ladung in der SiO_2-Schicht (s. Abschn. 3.3.1 unter c).

Aus den Gln. (3.37) und (3.38) folgt

$$I_D = \frac{\mu_0 \cdot C_{ox}}{L} \cdot \frac{dU(x)}{dx} \cdot [U_{GS} - U_{th} - U(x)] \qquad (3.39)$$

mit der Abkürzung

$$U_{th} = \frac{Q_{SS} + Q_B - Q_{ox}}{C_{ox}}. \qquad (3.40)$$

Je nach der Größe der Ladungen Q_{SS}, Q_B und Q_{ox} kann $U_{th} \gtrless 0$ sein, was zur Unterscheidung zwischen selbstsperrendem und selbstleitendem Typ führt.

Die Integration von Gl. (3.39) zwischen den Grenzen

$$U(\mathrm{o})=0, \quad U(L)=U_{\mathrm{DS}}$$

liefert schließlich die gesuchte Strom-Spannungs-Charakteristik

$$\begin{aligned} I_{\mathrm{D}} &= \frac{\mu_0 \cdot C_{\mathrm{ox}}}{L^2} \cdot \int_0^{U_{\mathrm{DS}}} [U_{\mathrm{GS}} - U_{\mathrm{th}} - U]\,\mathrm{d}U \\ &= \frac{\mu_0 \cdot C_{\mathrm{ox}}}{L^2} \cdot \left[(U_{\mathrm{GS}} - U_{\mathrm{th}}) \cdot U_{\mathrm{DS}} - \frac{U_{\mathrm{DS}}^2}{2}\right]. \end{aligned} \tag{3.41}$$

Sie gilt im Spannungsbereich

$$0 < U_{\mathrm{DS}} < U_{\mathrm{GS}} - U_{\mathrm{th}} = U_{\mathrm{DSS}}, \tag{3.42}$$

der wie beim NIGFET Anlaufgebiet heißt. Das Ergebnis Gl. (3.41) ist viel einfacher als die entsprechende Beziehung Gl. (3.5) für den NIGFET; es ist in Bild **3**.43 in Form der Ausgangskennlinie $I_{\mathrm{D}}(U_{\mathrm{DS}})_{U_{\mathrm{GS}}=\mathrm{const}}$ dargestellt.

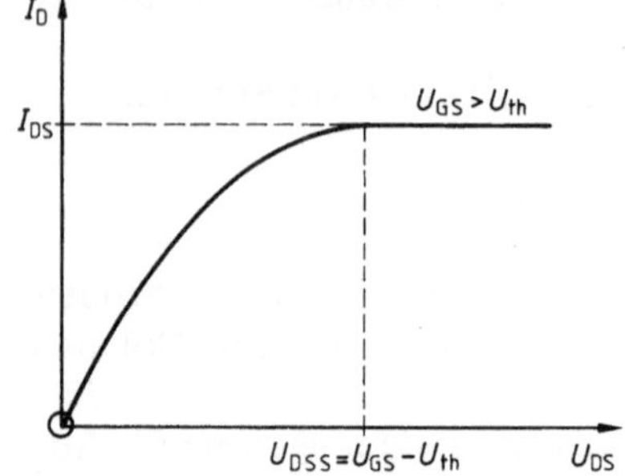

3.43
Ausgangskennlinie eines IGFET, schematisch

Eine Erhöhung der Spannung U_{DS} über den Wert U_{DSS} hinaus bewirkt im Rahmen unserer Näherung keine Vergrößerung des Stromes über den Sättigungswert

$$I_{\mathrm{DS}} = \frac{\mu_0 \cdot C_{\mathrm{ox}}}{2L^2} \cdot (U_{\mathrm{GS}} - U_{\mathrm{th}})^2 = I_{\mathrm{DSS}} \cdot \left(1 - \frac{U_{\mathrm{GS}}}{U_{\mathrm{th}}}\right)^2 \tag{3.43}$$

hinaus. Diese Bemerkung sowie der Kennlinienverlauf in Bild **3**.43 einschließlich der Einschränkung Gl. (3.42) können anschaulich entsprechend wie beim NIGFET verstanden werden:

Bei kleinen Werten der Drain-Source-Spannung U_{DS} ist die Kanalverengung von S nach D noch praktisch zu vernachlässigen, d.h. es ist in guter Näherung $h(x) \approx h(0) = h_{\mathrm{K}} = \mathrm{const}$. Der Kanal hat daher den Leitwert

$$\begin{aligned} G_0' &= \text{Leitfähigkeit} \cdot \frac{\text{Querschnitt}}{\text{Länge}} \\ &= \quad \sigma \quad \cdot \frac{b \cdot h_K}{L} = en\mu_0 \cdot \frac{b \cdot h_K}{L}. \end{aligned} \tag{3.44}$$

Die Kanalhöhe h_K ergibt sich aus der influenzierten Elektronenladung im Kanal

$$Q = b \cdot L \cdot \int_0^{h_K} en(x,y)\,\mathrm{d}y = C_{ox} \cdot (U_{GS} - U_{th}) \tag{3.45}$$

nach den Gln. (3.38) und (3.40). Damit folgt aus Gl. (3.44)

$$G_0' = \frac{\mu_0 \cdot C_{ox}}{L^2} \cdot (U_{GS} - U_{th}). \tag{3.46}$$

Dieses anschaulich gefundene Ergebnis erhält man auch aus Gl. (3.41), denn danach ist

$$\left(\frac{\partial I_D}{\partial U_{DS}}\right)_{U_{GS} = \text{const};\ U_{DS} = 0} = \frac{\mu_0 \cdot C_{ox}}{L^2} \cdot (U_{GS} - U_{th}).$$

Die Drain-Source-Strecke wirkt also wie beim NIGFET in einer kleinen Umgebung des Strom-Spannungs-Nullpunktes wie ein ohmscher Widerstand, dessen Größe durch die Gate-Source-Spannung U_{GS} (praktisch leistungslos) gesteuert werden kann; es gilt also auch hier sinngemäß Bild **3.11**. Zum Unterschied gegen dort ist (beim selbstleitenden Typ) der Kanalleitwert G_0' durch beide Polaritäten von U_{GS} steuerbar. – Außerdem ist der Eingangswiderstand des MOS-FET je nach Isolationsfähigkeit des Oxids wesentlich größer als beim pn-FET, wo er durch den pn-Sperrstrom begrenzt ist. –

Bei größeren Werten von U_{DS} nimmt die influenzierende Wirkung des Gates von S nach D merklich ab und damit auch die Kanalhöhe $h(x)$, und zwar gilt

am Ort	Influenz-Spannung	Influenzierte Ladung	Kanalhöhe nach Gln. (3.38), (3.40) mit der Näherung $n = \text{const}$
$x = 0$	$U_{GS} - U_p$	$C_{ox} \cdot (U_{GS} - U_{th})$	$h(0) = h_K = \frac{C_{ox}}{enbL} \cdot (U_{GS} - U_{th})$
$0 < x < L$	$U_{GS} - U_p - U(x)$	$C_{ox} \cdot (U_{GS} - U_{th} - U(x))$	$h(x) = \ldots \cdot (U_{GS} - U_{th} - U(x))$
L	$U_{GS} - U_p - U_{DS}$	$C_{ox} \cdot (U_{GS} - U_{th} - U_{DS})$	$h(L) = \ldots \cdot (U_{GS} - U_{th} - U_{DS})$

(3.47)

Diese Kanalverengung in Richtung $S \to D$ bewirkt – entsprechend wie beim pn-FET – eine Verringerung des gesamten Kanal-Leitwertes; der Stromanstieg erfolgt daher mit steigender Spannung langsamer als mit G_0', bis – im Rahmen unserer Näherung – eine Stromsättigung eintritt; das ist dann der Fall, wenn der Kanal abgeschnürt ist (pinch off). Dies geschieht wie beim pn-FET zuerst am drainseitigen Ende, die zugehörige Spannung U_{DS} ergibt sich also aus der Forderung $h(L)=0$, d.h. nach Gl. (3.47)

$$U_{DS} = U_{GS} - U_p = U_{DSS} \tag{3.48}$$

(s. hierzu Bild 3.37b).

Der vermeintliche Widerspruch, daß für $U_{DS} = U_{DSS}$, d.h. trotz abgeschnürtem Kanal $h(L)=0$ ein Strom fließt, und sogar der größte – nämlich I_{DS} gemäß Gl. (3.43) – ist wie beim NIGFET eine Folge der Annahme $\mu_0 = \text{const}$ und wird wie dort durch die Berücksichtigung der endlichen Sättigungsgeschwindigkeit v_s der Elektronen im Kanal aufgehoben.

3.3.2.2 Kennlinienfelder und dynamische Kenngrößen. Da die Schwellspannung von IGFETs bei beiden Kanaltypen positive und negative Werte haben kann, ist eine normierte Darstellung der Kennlinienfelder unzweckmäßig. Daher sind in den Bildern 3.44 bzw. 3.45 die Kennlinienfelder je eines selbstsperrenden n-Kanal-Typs (mit $U_{th} = 2$ V) bzw. eines selbstleitenden n-Kanal-Typs (mit $U_{th} = -6$ V) dargestellt. Das

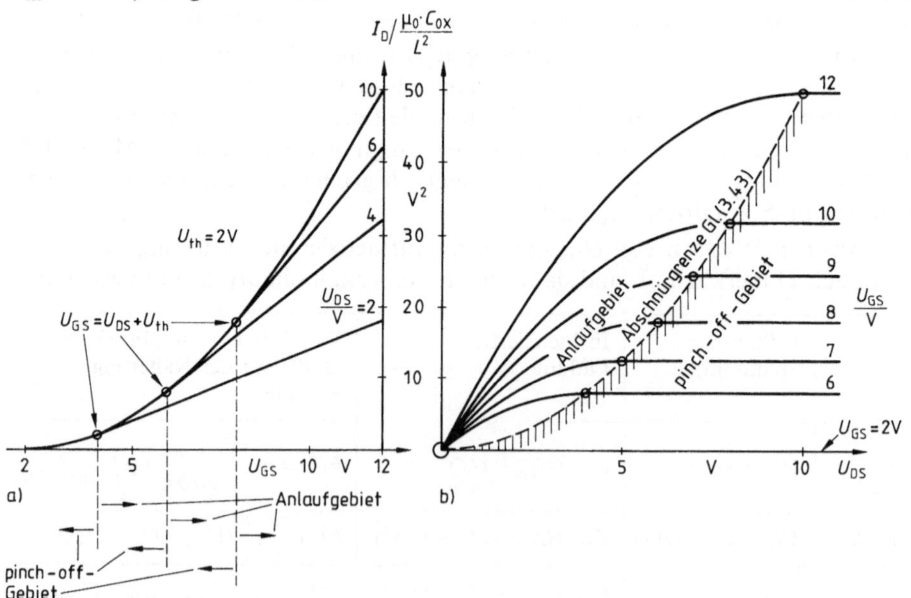

3.44 a) Steuer- und b) Ausgangs-Kennlinienfeld eines selbstsperrenden n-Kanal MOS-FET gemäß Gl. (3.41) bzw. (3.43) mit $U_{th} = 2$ V

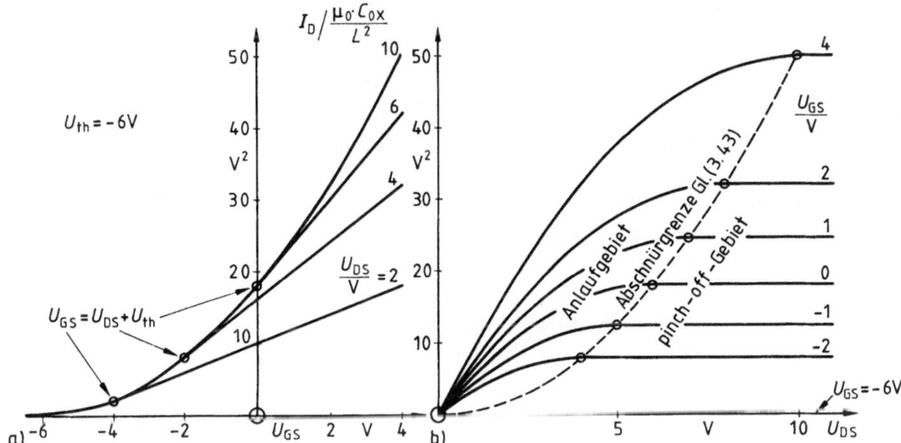

3.45 a) Steuer- und b) Ausgangs-Kennlinienfeld eines selbstleitenden n-Kanal MOSFET gemäß Gl. (3.41) bzw. (3.43) mit $U_{th} = -6$ V

Steuer-Kennlinienfeld		Ausgangs-Kennlinienfeld
$I_D = I_D(U_{GS})_{U_{DS} = \text{const}}$		$I_D = I_D(U_{DS})_{U_{GS} = \text{const}}$

besteht nach Gl. (3.41) im Anlaufgebiet,

d.h. für

$U_{GS} > U_{DS} + U_{th}$	(3.42)	$0 < U_{DS} < U_{GS} - U_{th} = U_{DSS}$

aus

Geraden.	quadratischen Parabeln.

Beim Übergang in den Abschnürbereich wird der Sättigungsstrom gemäß Gl. (3.43) erreicht.

Von da an, d.h. für

$U_{th} < U_{GS} < U_{DS} + U_{th}$	$U_{DS} > U_{GS} - U_{th} = U_{DSS}$

besteht das Kennlinienfeld aus

quadratischen Parabeln.	Horizontalen $I_D = I_{DS}(U_{GS})$.

Die Abschnürgrenze wird durch Gl. (3.43) beschrieben:

$I_{DS} = \frac{\mu_0 \cdot C_{ox}}{2L^2}(U_{GS} - U_{th})^2$	$I_{DS} = \frac{\mu_0 \cdot C_{ox}}{2L^2} \cdot U_{DS}^2$

Sie ist also in beiden Fällen im Rahmen unserer Näherung exakt eine quadratische Parabel; das erleichtert die analytische Beschreibung von Schaltungen, insbesondere für Großsignalbetrieb (z.B. Leistungsverstärker, Mischer). Beim NIGFET konnte die Abschnürgrenze lediglich durch eine solche Parabel approximiert werden (s. Gl. (3.18)).

Dynamische Kenngrößen. Für die Steilheit gilt gemäß der Definitionsgleichung (3.20) im Anlaufgebiet nach Gl. (3.41)

$$S = \frac{\mu_0 \cdot C_{ox}}{L^2} \cdot U_{DS}, \quad \text{unabhängig von } U_{GS} \tag{3.49a}$$

$$0 < U_{DS} < U_{GS} - U_{th} = U_{DSS}$$

und im Sättigungsgebiet nach Gl. (3.43)

$$S = \frac{\mu_0 \cdot C_{ox}}{L^2} \cdot (U_{GS} - U_{th}) = \frac{\sqrt{2\mu_0 \cdot C_{ox} \cdot I_{DS}}}{L} \tag{3.49b}$$

$$U_{th} < U_{GS} < U_{th} + U_{DS}.$$

Wie beim NiGFET ist die Steilheit im Sättigungsgebiet proportional zur Wurzel aus dem Sättigungsstrom (s. Gl. 3.22b).

Für den Innenleitwert gilt gemäß der Definitionsgleichung (3.21) im Anlaufgebiet nach Gl. (3.41)

$$G_i = \frac{\mu_0 \cdot C_{ox}}{L^2} \cdot (U_{GS} - U_{th} - U_{DS}). \tag{3.50}$$

Im Sättigungsgebiet ist nach Gl. (3.43) $G_i = 0$; dieses Ergebnis ist für reale IGFETs entsprechend wie beim NIGFET zu korrigieren (s. Abschn. 3.3.3).

Für die Kleinsignal-Wechselstrom-Ersatzschaltung gilt Entsprechendes wie in Abschn. 3.2.2.2 (s. insbesondere die Gln. (3.26)–(3.28) und die Bilder **3**.20).

3.3.2.3 Die Temperaturabhängigkeit des Drainstromes. Wie beim NIGFET gilt nur für kleine Ströme $dI_D/dT > 0$, dagegen für große Ströme – die wegen der höheren Verstärkung bevorzugt werden – $dI_D/dT < 0$, es besteht also i. allg. keine Gefahr einer thermischen Überlastung. Die beiden gegensinnigen Einflüsse auf die Temperaturabhängigkeit des Drainstromes sind wie beim NIGFET die Beweglichkeit μ_0, die auf I_D vermindernd wirkt, und die Schwellspannung U_{th}, die wegen $dU_{th}/dT < 0$ eine Erhöhung von I_D verursacht. Für die Steuerspannung im Kompensationspunkt K, in dem I_D in erster Näherung temperaturunabhängig ist, liefert eine entsprechende Rechnung wie beim NIGFET

$$U_{GS,K} = U_{th} - \frac{2T}{m} \cdot \frac{dU_{th}}{dT}.$$

Hieraus folgt bei $T = 300$ K mit den mittleren Werten $m = 1{,}8$ und $dU_{th}/dT = -6$ mV/K

$$U_{GS,K} = U_{th} + 2\text{ V}, \tag{3.51}$$

was gut zu experimentellen Befunden paßt (Bild 3.46, vgl. Bild 3.21).

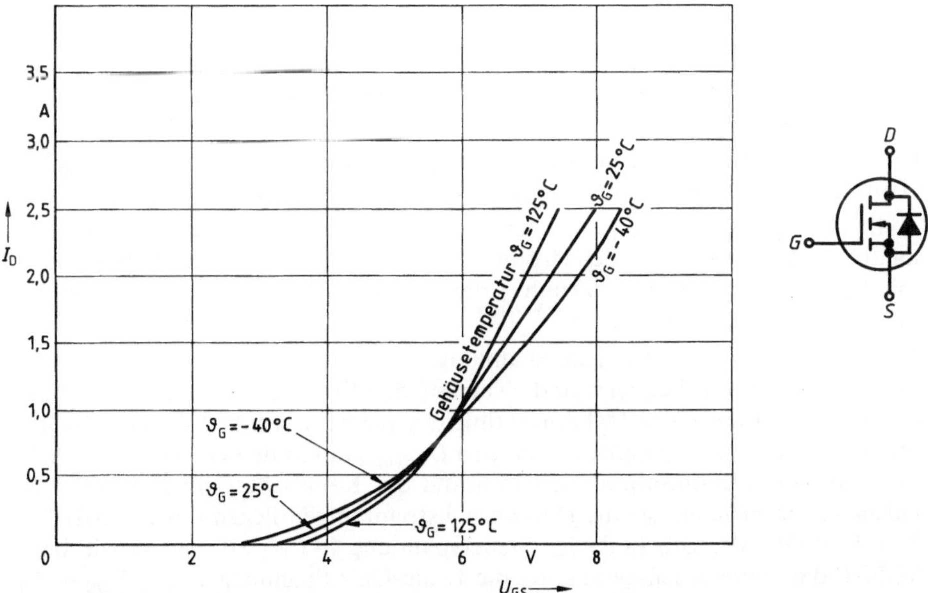

3.46 Temperaturabhängigkeit der Steuerkennlinie des selbstsperrenden n-Kanal MOSFET RFL 1 N 08 für $U_{DS} = 10$ V; Pulstest mit der Pulsdauer 80 µs und einem Tastverhältnis $\leq 2\%$ (aus [56])

Beispiel 3.5. Ein n-Kanal Si-MOSFET soll im Kompensationspunkt K betrieben werden. Seine geometrischen Daten sind $b = 300$ µm, $L = 4$ µm, $h_{ox} = 75$ nm; die elektrischen Daten sind $U_{th} = -2{,}5$ V, $\mu_0 = 700$ cm²/Vs, $\varepsilon_{r,ox} = 4{,}2$. a) Wie groß ist die Steuerspannung im Arbeitspunkt? b) Welche Bedingung ist für U_{DS} einzuhalten, damit der Arbeitspunkt im Sättigungsgebiet liegt? c) Wie groß sind die Steilheit S und der Strom I_{DS} im Arbeitspunkt?

a) Im Arbeitspunkt gilt nach Gl. (3.51) $U_{GS,K} = U_{th} + 2\,V = -0{,}5\,V$.

b) Nach Gl. (3.42) muß $U_{DS} > 2\,V$ sein.

c) Zur Beantwortung dieser Frage wird gemäß Gl. (3.49b) neben den gegebenen Größen die Beziehung

$$C_{ox} = \varepsilon_0 \cdot \varepsilon_{r,ox} \cdot bL/h_{ox}$$

benötigt. Damit folgt

$$S = \frac{\varepsilon_0 \cdot \varepsilon_{r,ox} \cdot b \cdot \mu_0}{h_{ox} \cdot L} \cdot (U_{GS,K} - U_{th})$$

$$= \frac{4{,}2\,\text{As}\,(\text{Vcm})^{-1}}{36\pi \cdot 10^{11}} \cdot \frac{300 \cdot 10^{-4}\,\text{cm} \cdot 700\,\text{cm}^2\,(\text{Vs})^{-1} \cdot 2\,\text{V}}{75 \cdot 10^{-7}\,\text{cm} \cdot 4 \cdot 10^{-4}\,\text{cm}} = 5{,}2\,\text{mS}$$

und

$$I_{DS} = \frac{S \cdot (U_{GS} - U_{th})}{2} = 5{,}2\,\text{mA}.$$

3.3.3 Korrekturen für reale IGFETs. Vorsichtsmaßnahmen

Die für NIGFETs in Abschn. 3.2.3 unter a)–e) gemachten Bemerkungen gelten entsprechend auch hier; daher genügen die folgenden Ergänzungen.

Zu d): Der Reststrom $I_{GS,S}$ zwischen Gate und Source liegt, je nach Güte der Isolatorschicht, um einige Zehnerpotenzen unterhalb der Werte für NIGFETs, typisch im pA-Bereich und darunter; der Eingangswiderstand ist entsprechend größer ($10^{12} \ldots 16^{16}\,\Omega$).

Zu e): Die maximal zulässigen Spannungen werden auch hier durch Durchbruchserscheinungen begrenzt und zwar auf den Strecken Drain-Substrat bzw. Source-Substrat und Gate-Isolator-Halbleiter. Bei dem in Bild **3**.47 dargestellten Betriebszustand im Abschnürbereich wird $U_{DS,max}$ durch den Oberflächendurchbruch infolge Stoßionisation am Drainrand des Kanals bestimmt, da dort die Feldstärke am größten ist; die Durchbruchsspannungen liegen typisch zwischen 10 und 100 V. Mit zunehmender Steuerspannung $-U_{GS} > 0$ wächst wie beim NIGFET die Durchbruchsgefahr, da die Drain-Gate-Spannung $U_{DG} = U_{DS} - U_{GS}$ größer wird und damit die Feldstärke an der Oberfläche des n^+p-Übergangs (Bild **3**.48, vgl. Bild **3**.26). Bei sehr kleinen Kanallängen (etwa $L < 2\,\mu m$) und großen Drainspannungen kann es durch das Vordringen der Drain-Sperrschicht zur Source-Sperrschicht ebenfalls zu einem Steilanstieg des Stromes kommen (punch through).

Die Gate/Source-Durchbruchsspannung wird durch die Durchbruchsfeldstärke der Strecke Gate-Isolator bestimmt. Bei Zugrundelegung von $5 \cdot 10^6\,V/cm$ und einer Isolatordicke von 0,1 µm genügt hierzu schon eine Gatespannung von 50 V. Derartige Spannungen können bereits durch elektrostatische Aufladung der kleinen Gate-Kapazität erreicht werden, da der hohe Eingangswiderstand

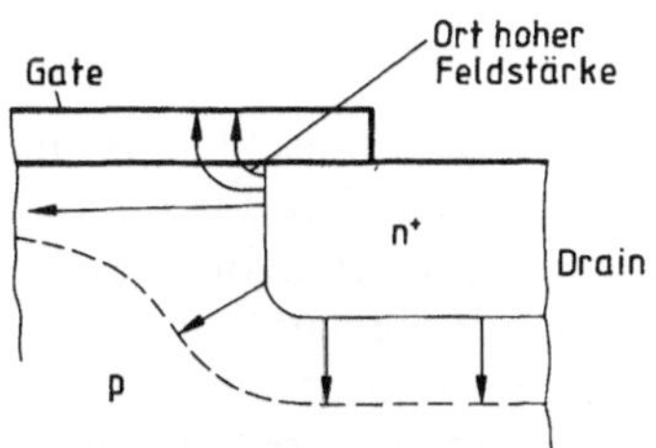

3.47 Zur Veranschaulichung der Feldstärke am Drainrand im Abschnürbereich (aus [57])

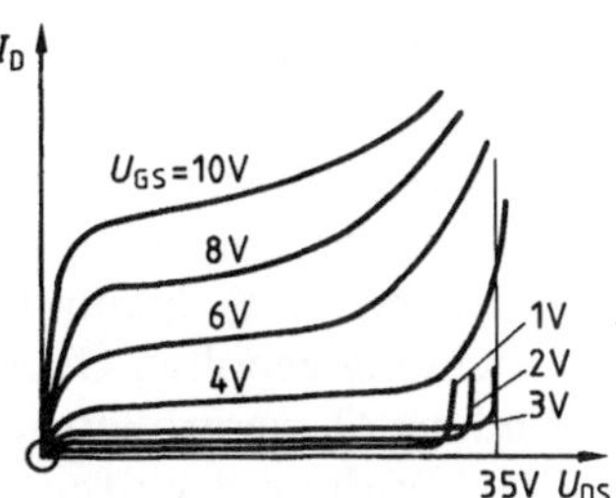

3.48 Ausgangs-Kennlinienfeld eines n-Kanal MOSFET einschließlich des Drain/Gate-Durchbruchsbereiches (aus [57])

den Ladungsabfluß verhindert. Die Aufladung kann z. B. schon durch Lagerung des Transistors in Plastiktaschen, durch Streifen der Anschlüsse an Perlon, durch Berühren mit der Hand o. ä. entstehen. Daher sind beim Transport und Einbau von MOSFETs besondere Vorsichtsmaßnahmen erforderlich. Die unerwünschte Aufladung des Gate kann durch Gate-Schutzschaltungen am Eingang einer MOS-Schaltung unterbunden werden. Mitunter werden hierzu Zenerdioden parallel zum Gate in den Transistor integriert, so z. B. beim n-Kanal Anreicherungs-MOSFET BSD 215, der für Schalteranwendungen und Chopper eingesetzt wird; die Schutzmaßnahme wird auch im Schaltzeichen zum Ausdruck gebracht (Bild 3.49). Die beim Überschreiten der Durchbruchsspannung auftretenden Veränderungen in der Isolatorschicht sind - anders als bei pn-Übergängen - irreversibel und beeinträchtigen daher die Isolatoreigenschaften.

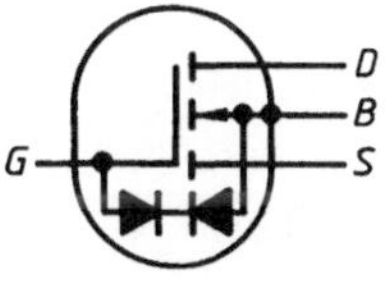

3.49 Schaltzeichen für MOSFET mit Schutzdioden (aus [51])

Bedingt durch die Eigenschaften realer Isolatorschichten ist das Rauschverhalten von IGFETs deutlich schlechter als von NIGFETs, insbesondere bei tiefen Frequenzen; das dort vorherrschende $1/f$-Rauschen (s. hierzu Abschn. 1.1.4.1) kann sich bis zu einigen 100 kHz erstrecken, d. h. 3 Zehnerpotenzen weiter als beim NIGFET.

Der MOSFET ist also zur rauscharmen Verstärkung im NF-Bereich ungeeignet; er spielt vielmehr - neben seiner überragenden Bedeutung als Komponente integrierter Analog- und Digitalschaltungen - als diskretes Bauelement eine wichtige Rolle als Schalter und Leistungstransistor. Dabei hat er gegenüber dem Bipolartransistor folgende Vorteile: Thermische Stabilität; Wegfall der langsamen Minoritätsträgervorgänge, wodurch die Speicherzeit entfällt und die Übergangszeit kürzer wird (typisch 1 ns); extrem geringe Steuerleistung.

3.3.4 Sonderbauformen

3.3.4.1 Der IGFET mit Substratsteuerung. Wenn der Substratanschluß B in Bild 3.35 getrennt herausgeführt wird, kann beim n (p) Kanal-Typ durch eine negative (positive) Spannung U_{BS} gegenüber Source die Raumladungszone des in Sperrichtung gepolten Übergangs Source–Substrat und damit die darin enthaltene Ladung Q_B vergrößert werden. Damit wächst auch die Schwellspannung nach Gl. (3.40); diese Beeinflussungsmöglichkeit ist für manche integrierte Schaltungen nützlich. Der Einfluß der Substratspannung auf den Drainstrom wird durch

$$I_D(U_{DS}, U_{GS}, U_{BS}) = I_D(U_{DS}, U_{GS}) \quad \text{nach Gl. (3.38)}$$
$$- \frac{2\mu_0}{3L^2}\sqrt{2\varepsilon_s e \cdot N_A} \cdot \left[\sqrt{U_{DS} + U'_B - U_{BS}}^{\,3} - \sqrt{U'_B - U_{BS}}^{\,3}\right] \tag{3.52}$$

(mit U'_B = Diffusionsspannung des pn-Übergangs Kanal–Substrat und ε_s = DK des Substrats, in der Regel Silizium) beschrieben, vgl. die entsprechende Korrektur Gl. (3.35) beim NIGFET. Die für $U_{BS} = 0$ verbleibende Korrektur kann i. allg. vernachlässigt werden und erscheint daher in Gl. (3.41) nicht.

Nach Gl. (3.52) nimmt I_D mit wachsendem $|U_{BS}|$ ab (Bild 3.50) und damit auch die Steilheit (Bild 3.51).

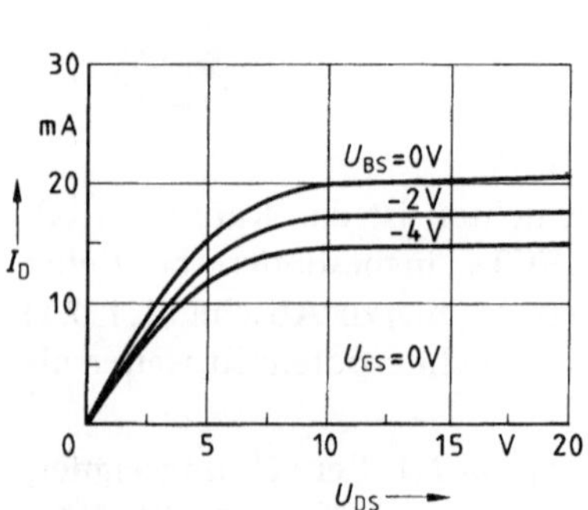

3.50
Ausgangs-Kennlinienfeld eines selbstleitenden n-Kanal MOSFET mit der Substrat/Source-Spannung U_{BS} als Parameter und bei der Steuerspannung $U_{GS} = 0$ (aus [45])

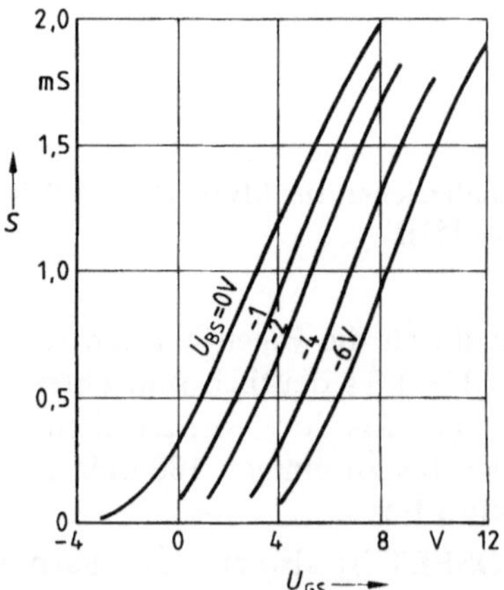

3.51
Abhängigkeit der Steilheit eines n-Kanal IGFET von der Steuerspannung U_{GS} mit der Substrat/Source-Spannung U_{BS} als Parameter und bei der Kanalspannung $U_{DS} = 8$ V (aus [50])

Die Substratspannung kann also im Prinzip zur Steuerung des Drainstromes verwendet werden und insbesondere im Sättigungsgebiet zur Verstärkungsregelung, Mischung etc.

3.3.4.2 Der IGFET mit zwei Gates (Dual-Gate-MOSFET, Tetrode). Den Aufbau eines IGFET mit zwei Steuerelektroden G_1, G_2 und sein Schaltzeichen zeigt Bild 3.52. Für seine Eigenschaften und Anwendungen gelten entsprechende Bemerkungen wie beim NIGFET.

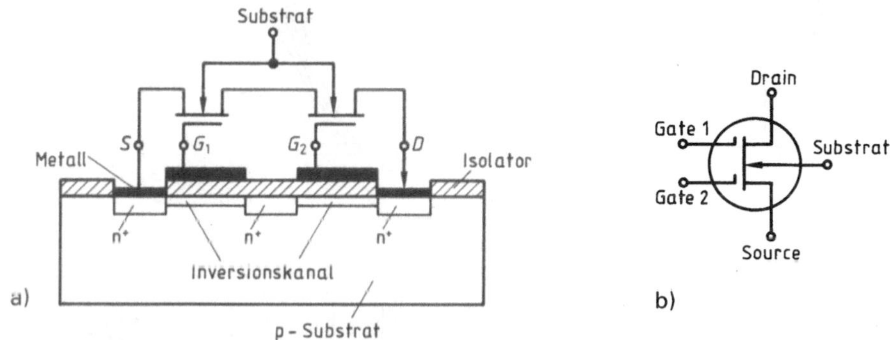

3.52 Schematischer Aufbau (a) und Schaltzeichen (b) einer n-Kanal IGFET-Tetrode mit zwei Gate-Anschlüssen (aus [58])

Die Bilder 3.53a–d zeigen Kennlinienfelder eines Transistor dieses Typs, der als Verstärker und Mischer bis 1 GHz in UHF- und VHF-Tunern verwendet wird. Als Geradeausverstärker liefert er bei $f = 800$ MHz eine Leistungsverstärkung von 16,5 dB mit einer Rauschzahl von 2,8 dB; die Mischverstärkung von 800 MHz auf die Zwischenfrequenz 36 MHz beträgt 16 dB.

3.3.4.3 Der MOS-Leistungstransistor. Die bisher betrachteten MOS-Transistoren weisen eine laterale Anordnung von Source und Drain auf und sind daher nur für kleine Ströme und Spannungen geeignet. Bei MOS-Leistungstransistoren werden die Source- und Drain-Bereiche dagegen vertikal wie Emitter und Kollektor in einem Bipolartransistor angeordnet (Bild 3.54). Die durch die Gate-Source-Spannung steuerbaren Kanäle liegen lateral an der Chip-Oberseite; der Drainanschluß befindet sich auf der Chip-Rückseite, womit ein guter Wärmekontakt zum Trägermaterial und die Möglichkeit zur Abfuhr großer Verlustleistungen geschaffen wird. Zwischen dem Source- und dem Drain-Bereich liegt eine hochohmige n-Schicht, welche die Ausbildung einer breiten Raumladungszone und damit hohe Durchbruchsspannungen erlaubt. Durch integrierte Parallelschaltung vieler derartiger Source-Inseln läßt sich nahezu die gesamte Chip-Fläche für den Stromfluß durch das n-Bahngebiet nutzen.

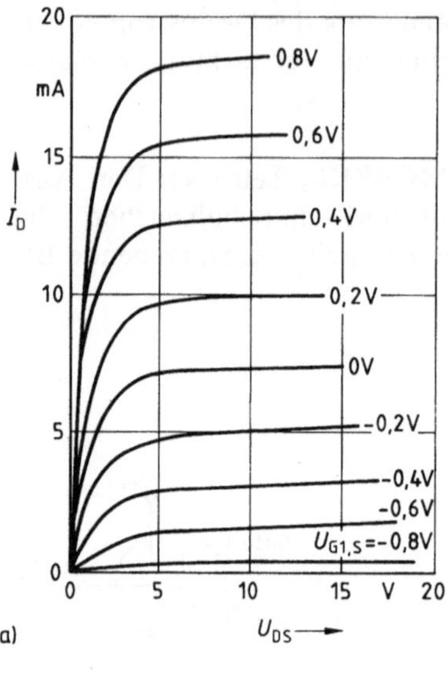

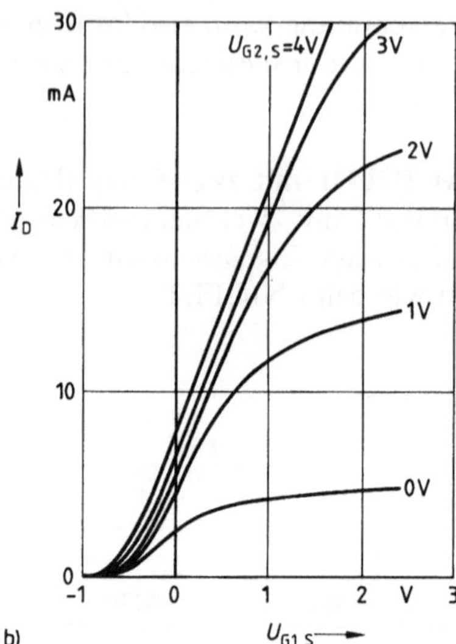

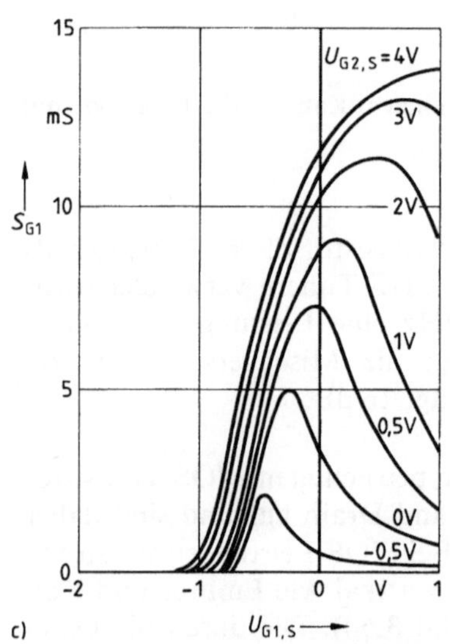

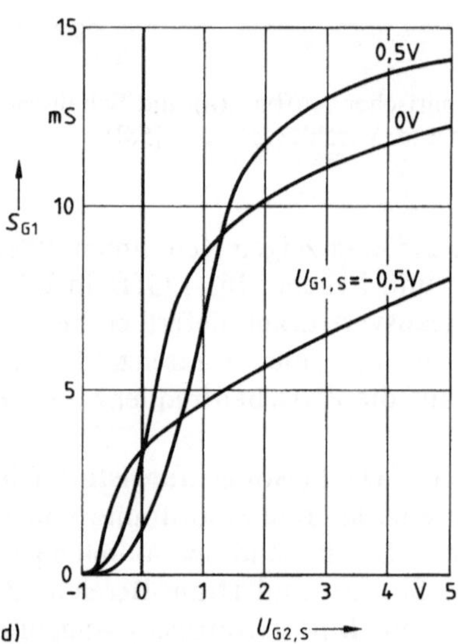

3.53 Silizium n-Kanal MOSFET-Tetrode BF 960
a) Ausgangs-Kennlinienfeld ($U_{G2,S} = 4$ V)
b) Steuer-Kennlinienfeld bzgl. Gate 1 ($U_{DS} = 15$ V)
c) Gate 1-Steilheit als Funktion von $U_{G1,S}$
d) Gate 1-Steilheit als Funktion von $U_{G2,S}$
Meßparameter bei c) und d): $U_{DS} = 15$ V, $I_{DSS} = 7$ mA, $f = 1$ kHz (aus [59])

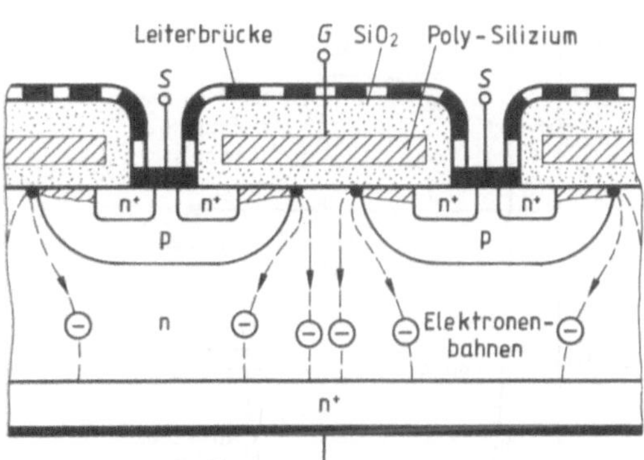

3.54
Aufbau eines MOS-Leistungstransistors (aus [60])

Bild **3.55** zeigt ein Beispiel eines Ausgangs-Kennlinienfeldes.

MOS-Leistungstransistoren gehören wie Schaltdioden (Abschn. 2.3), insulated gate Bipolartransistoren (Abschn. 4.6.2) und Gate turn-off-Thyristoren (s. unter Abschn. 5.3.2) zu den abschaltbaren Halbleiterbauelementen der Leistungselektronik. Die Definition der Einschaltzeit t_{on} und der Ausschaltzeit t_{off} sowie die zugehörige Meßschaltung sind in Bild **3.56** dargestellt; beispielsweise gelten für die Type BUZ 54 folgende Werte: $t_{d(on)} = 60$ ns, $t_r = 90$ ns, d.h. $t_{on} = 150$ ns und $t_{d(off)} = 330$ ns, $t_f = 110$ ns, d.h. $t_{off} = 440$ ns.

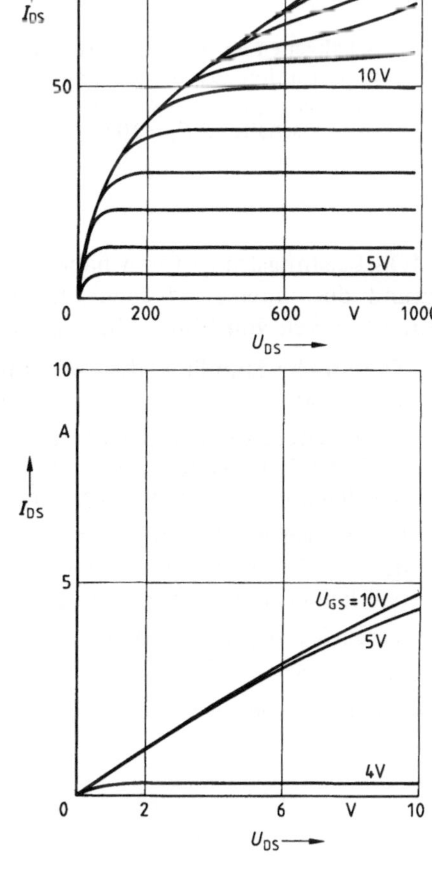

3.55
Ausgangs-Kennlinienfeld des SIPMOS-Leistungstransistors BUZ 54 (aus [61])

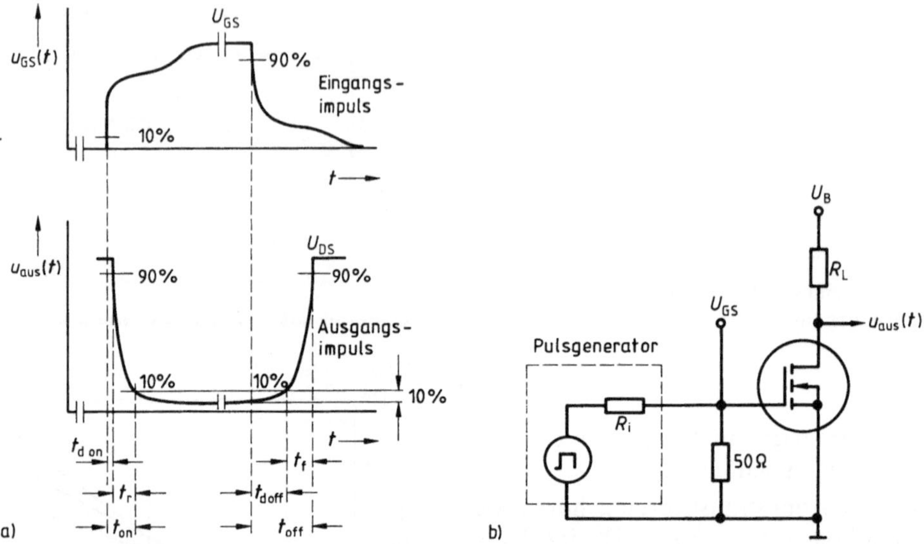

3.56 Schaltzeiten eines MOS-Leistungstransistors (aus [62])
a) Definition aus dem Spannungsverlauf $t_{d,on}$ = Einschaltverzögerungszeit, t_r = Anstiegszeit, $t_{d,off}$ = Abschaltverzögerungszeit, t_f = Fallzeit
b) Meßschaltung $R_L = 10\,\Omega$ (bzw. $100\,\Omega$) für Leistungs-(bzw. Kleinsignal)-Transistoren

MOS-Leistungstransistoren haben gegenüber den bipolaren Konkurrenten aufgrund des unterschiedlichen Stromsteuerungs-Mechanismus und der Bedeutungslosigkeit von Minoritätsträgern mehrere Vorteile:

- Thermische Stabilität, d.h. Wegfall des 2. Durchbruchs (s. hierzu unter Abschn. 4.4)
- Schaltzeiten, die bei gleicher Leistung um 1 bis 2 Zehnerpotenzen niedriger sind. Typische Datenkombinationen von Drain-Spannung und -Strom sowie Schaltzeiten sind 100 V/20 A/50 ns, 200 V/10 A/100 ns, 1000 V/5 A/200 ns.
- Extrem geringe Steuerleistung. Diese kann von den Ausgängen entsprechender MOS-Logikschaltungen und Mikroprozessoren aufgebracht werden, so daß keine Treiberstufe erforderlich ist.
- Vereinfachung des Aufbaus von komplementären Schaltungen und damit der Schaltungstechnik.

Nachteilig ist der größere Spannungsabfall im Einzustand (s. Bild **3.55**).

4 Bipolartransistoren

Bei diesen Halbleiterbauelementen wird – wie bei den Feldeffekttransistoren – der Stromfluß zwischen zwei Anschlüssen unterschiedlichen Potentials (*A* und *E*) durch eine Steuerelektrode *St* beeinflußt (Bild 3.1). Die Bipolartransistoren sind also wie die meisten Feldeffekttransistoren Dreipole und entsprechend einsetzbar, d.h. vorzugsweise als Klein- und Großsignalverstärker sowie als Schalter. Die gelegentlich auch benutzte Bezeichnung Injektionstransistor weist darauf hin, daß der Stromfluß hier, wie bei der pn-Diode, von Ladungen getragen wird, die aus einem p(n)- in ein n(p)-Gebiet injiziert werden, wobei sie ihren Charakter von Majoritäts- zu Minoritätsträgern ändern. Der Zusatz „Bipolar" kennzeichnet die Tatsache, daß für die Wirkungsweise dieser Bauelemente beide Arten von Ladungsträgern (Elektronen und Defektelektronen) von Bedeutung sind, also die Majoritäts- und Minoritätsträger. Die letzteren sind trotz ihrer geringen Anzahl für das Betriebsverhalten sogar quantitativ entscheidend; das hat wie bei der pn-Diode u.a. eine wesentlich stärkere Temperaturabhängigkeit der Strom-Spannungs-Charakteristiken als beim FET zur Folge.

Die Wirkungsweise eines Bipolartransistors ist also etwas schwerer zu verstehen als die eines FET, weshalb wir ihn erst jetzt behandeln. Diese Reihenfolge wird der historischen Entwicklung insofern nicht gerecht, als sich der Bipolartransistor nach seiner Entdeckung im Jahre 1948 (aus technologischen Gründen) zunächst rascher durchgesetzt hat. Daher wurde solange, bis auch der FET auf dem Markt war, die Bezeichnung „Transistor" nicht übergeordnet für FET und Bipolartransistor verwendet, sondern einengend für letzteren, sozusagen gleichrangig zu FET. Diese Gewohnheit hat sich, obwohl sie sachlich nicht gerechtfertigt ist, bis heute erhalten. Wir werden daher im folgenden zur Abkürzung mitunter auch so verfahren, sofern dadurch keine Mißverständnisse entstehen.

Dieser Abschnitt 4 ist entsprechend gegliedert wie der Abschnitt 3 für den FET: Zunächst werden unter Zugrundelegung der Strom-Spannungs-Charakteristik einer pn-Diode (s. Gl. (1.11)) die entsprechenden Eigenschaften des inneren Bipolartransistors im stationären Betrieb anschaulich begründet, durch Kenngrößen charakterisiert sowie in Kennlinienfeldern graphisch dargestellt. Aus diesen werden Kenngrößen für den dynamischen Betrieb hergeleitet; anschließend wird das Temperaturverhalten des Bipolartransistors diskutiert.

Zur Beschreibung realer Transistoren sind Korrekturen gegenüber der Darstellung des idealisierten inneren Transistors erforderlich; damit ergibt sich schließlich der praktische Arbeitsbereich eines Bipolartransistors. Abschließend wird kurz auf Sonderbauformen eingegangen, unter denen die Heterostruktur-Transistoren von besonderer Bedeutung sind.

4.1 Das Funktionsprinzip. Typenübersicht

Ein Bipolartransistor besteht aus einer Folge von drei Halbleiterzonen aus (in der Regel) gleichem Grundmaterial, aber von abwechselndem Leitungstyp, also npn oder pnp, die jeweils mit einem ohmschen Kontakt und einer Zuleitung versehen sind (Bild **4**.1). Beim Betrieb des Transistors als Verstärker ist der eine pn-Übergang (z.B. in Bild **4**.1 der linke) in Flußrichtung gepolt, der andere in Sperrichtung. Da die p(n)Typ-Mittelzone sehr viel schwächer dotiert wird als die Emitterzone, werden über den in Flußrichtung gepolten np(pn)-Übergang überwiegend Elektronen (Defektelektronen) in die Mittelzone injiziert. Diese Zone ist viel kürzer als die Diffusionslänge $L_{B,n}$ bzw. $L_{B,p}$ der injizierten Ladungsträger, so daß nur wenige von ihnen beim Durchqueren infolge Rekombination verlorengehen. - Bei Niederfrequenz-Transistoren beträgt die Basisweite $w_{B,p}$ bzw. $w_{B,n}$ einige μm bis etwa 10 μm, bei Transistoren für das Mikrowellengebiet einige 0,1 μm; dagegen liegt $L_{B,n}$ bzw. $L_{B,p}$ in der Größenordnung einiger 100 μm. - Daher werden nahezu alle injizierten Ladungsträger von dem sperrgepolten pn(np)-Übergang aufgesammelt.

Dieser Wirkungsweise entsprechend heißt die linke Zone Emitter, die rechte Kollektor; die Mittelzone wird Basis genannt. Die zugehörigen 3 Elektroden werden mit den Buchstaben *E*, *B*, *C* bezeichnet, sie entsprechen den Elektroden **S**ource, **G**ate und **D**rain beim FET (s. z.B. Bild **3**.2). Der Bipolar-Transistor ist also im gleichen Sinne wie der Feldeffekt-Transistor ein Dreipol bzw. bei doppelter Benutzung eines Anschlusses ein Vierpol (Zweitor). Der Kollektorstrom ist betragsmäßig stets etwas kleiner als der Emitterstrom, die Differenz fließt über die Basis ab.

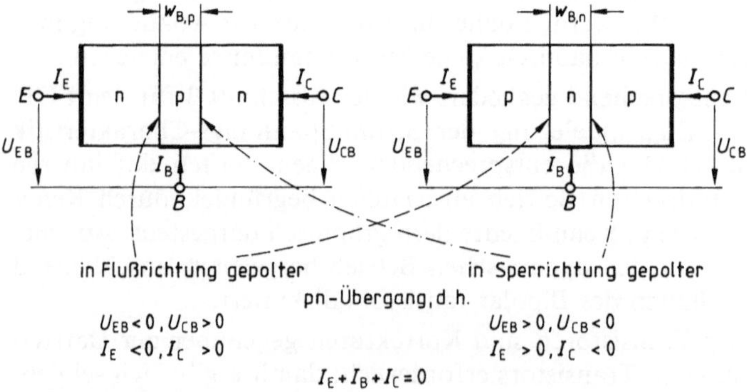

4.1 Prinzipskizze eines Bipolartransistors (schematisch) mit den Gleichspannungen für den aktiv-normalen (Verstärker-)Betrieb; —— ohmsche Kontakte

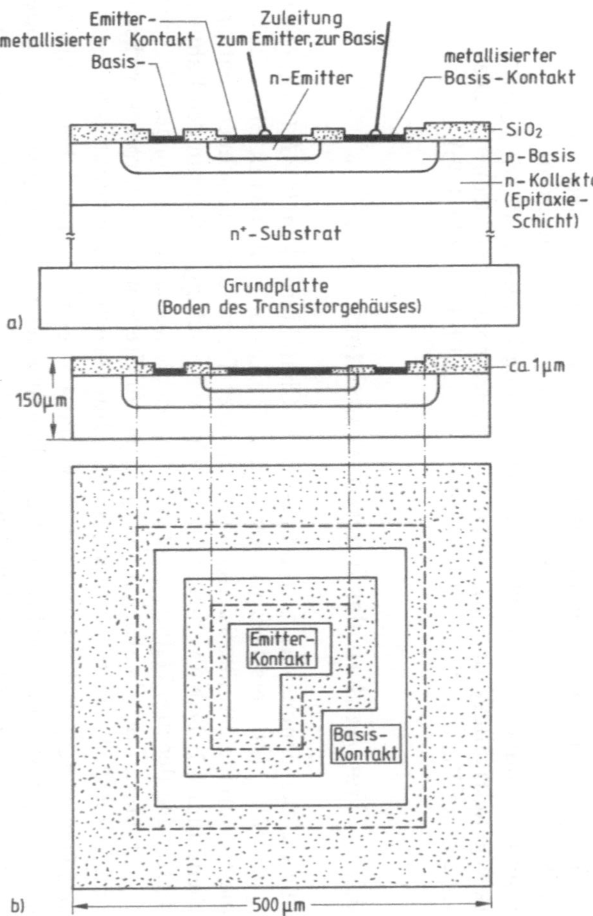

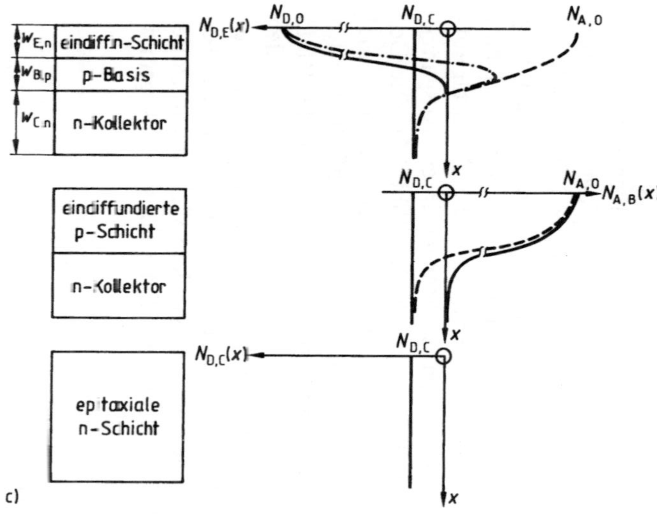

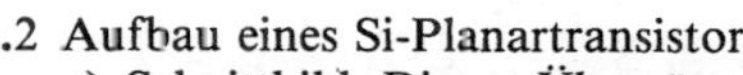

4.2 Aufbau eines Si-Planartransistors

a) Schnittbild. Die pn-Übergänge sowie das ganze Bauelement sind an der Oberfläche durch isolierende SiO_2-Schichten gegenüber Umwelteinflüssen geschützt

b) Draufsicht nach Metallisieren der Kontaktfenster

c) Zur Entstehung des Nettodotierungsprofils in einem doppelt-diffundierten npn-Transistor, qualitativ. Typische Werte für einen Kleinleistungs-HF-Transistor sind $N_{D,C} = 10^{15}\,cm^{-3}$, $N_{A,0} = 5 \cdot 10^{17}\,cm^{-3}$, $N_{D,0} = 10^{21}\,cm^{-3}$; $w_{E,n} = 2\,\mu m$, $w_{B,p} = 3\,\mu m$, $w_{C,n} = 8\,\mu m$ [63]

Die historisch ersten Bipolar-Transistoren (aus Germanium) wurden in Legierungstechnik hergestellt. Dementsprechend war die Dotierung aller 3 Halbleiterzonen homogen, und der Ladungstransport durch die Basis erfolgte ausschließlich durch Diffusion; man sprach daher auch vom Diffusionstransistor. Mit der Umstellung des Ausgangsmaterials von Germanium auf Silizium war der Weg frei zur sog. Planartechnik, welche die gesamte Elektronik revolutioniert hat. Dabei werden von einer Ebene aus die Basis- und Emitterzone z.B. durch aufeinanderfolgendes Eindiffundieren dotierender Substanzen in ein Ausgangsmaterial (Substrat) hergestellt, das die Kollektorzone bildet (Bild **4**.2). Die Dotierung nimmt dabei generell nach dem Inneren ab, wobei das Dotierungsprofil durch den Temperatur-Zeit-Verlauf der Diffusionsprozesse beeinflußt werden kann. In jedem Fall wird in die Basis- und Emitterzone ein elektrisches Driftfeld eingebaut (s. Abschn. 2.4.2, insb. Gl. (2.49)), welches z.B. in der Basis den Durchlauf der injizierten Minoritätsladungsträger beschleunigt und zu höheren Grenzfrequenzen und kürzeren Schaltzeiten des Transistors führt. Mit der Ionenimplantationstechnik läßt sich eine noch viel größere Vielfalt von Dotierungsprofilen erzeugen, darunter solche, die mit der Diffusionstechnik grundsätzlich nicht erreichbar sind.

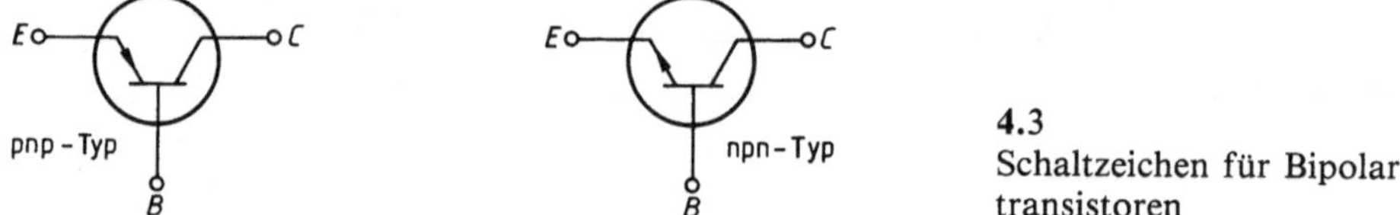

4.3
Schaltzeichen für Bipolartransistoren

Die Schaltzeichen für Bipolartransistoren sind in Bild **4**.3 dargestellt. Der Pfeil am Emitter gibt jeweils die Richtung des (positiven) elektrischen Stromes an, der über den in Flußrichtung gepolten pn-Übergang Emitter-Basis als Folge der injizierten Ladungsträger fließt. Die Pfeilrichtung ist gleich (entgegengesetzt) der Bewegungsrichtung der injizierten Defektelektronen (Elektronen). Dies entspricht der Kennzeichnung des n- bzw. p-Kanal-FET (s. Bild **3**.4b).

4.2 Der Aufbau des inneren Transistors

Für die Berechnung der Strom-Spannungs-Charakteristiken $I_E = I_E(U_{EB}, U_{CB})$, $I_C = I_C(U_{EB}, U_{CB})$ ersetzen wir den realen Transistor (z.B. den in Bild **4**.2) zunächst durch einen idealisierten – als „innerer Transistor" bezeichnet – entsprechend Bild **4**.1. Dabei vernachlässigen wir die Spannungsabfälle an den Bahnwiderständen der drei Halbleitergebiete, so daß die äußeren Spannungen U_{EB} und U_{CB} direkt an den beiden pn-Übergängen zur Steuerung des Stromes wirksam sind. Außerdem sehen wir zunächst von Durchbruchserscheinungen ab.

Das Dotierungsprofil des Transistors in Bild **4**.1 zeigt Bild **4**.4; dabei ist willkürlich ein npn-Typ unterstellt. Zur Vereinfachung der Darstellung sind die Dotierungen jeweils als konstant angenommen; der in Wirklichkeit vorhandene Dotie-

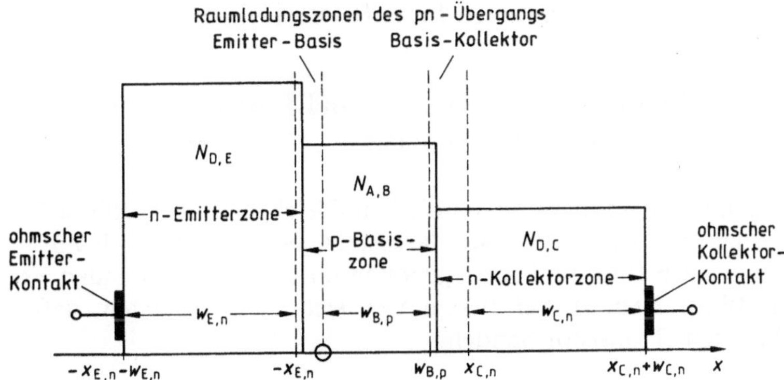

4.4 Dotierungsprofil eines Planar-Transistors, schematisch (Numerisches Beispiel für Silizium: $N_{D,E} = 10^{19}\,\text{cm}^{-3}$, $N_{A,B} = 10^{17}\,\text{cm}^{-3}$, $N_{D,C} = 10^{15}\,\text{cm}^{-3}$)

rungsgradient von E nach C und das dadurch hervorgerufene Driftfeld in der Basis haben auf den allgemeinen Charakter der Strom-Spannungs-Charakteristik keinen Einfluß, sondern bewirken nur quantitative Korrekturen. - Man beachte, daß die wirksame Basisweite $w_{B,p}$ wegen der endlichen Ausdehnung der beiden Raumladungszonen kleiner ist als der Abstand der Dotierungsgrenzen Emitter-Basis und Basis-Kollektor. Zu dem Dotierungsprofil nach Bild **4.4** gehört im thermodynamischen Gleichgewicht, d.h. im stromlosen Zustand, die im Bild **4.5** dargestellte Ladungsträger- und Potentialverteilung; man erhält sie durch Zusammenfügen der Verteilungen für zwei einzelne pn-Übergänge (vgl. Bild **1.2**).

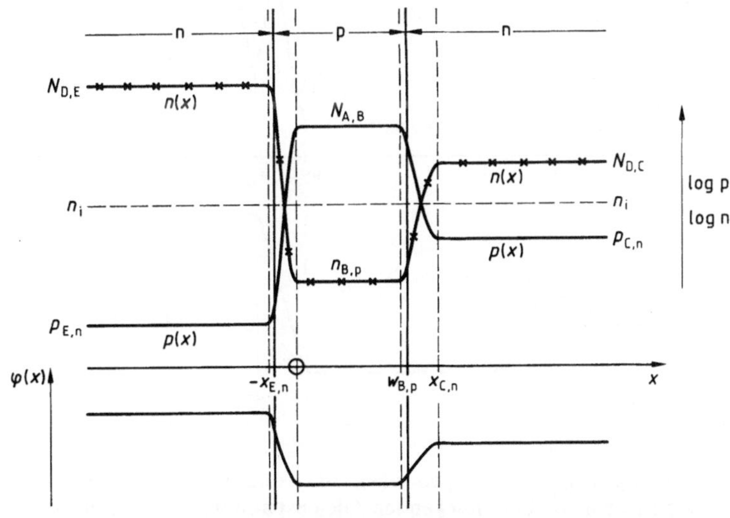

4.5 Ladungsträgerverteilungen $n(x)$, $p(x)$ und Potentialverlauf $\varphi(x)$ im npn-Diffusionstransistor ohne äußere Spannungen (thermodynamisches Gleichgewicht)

4.3 Der gleichstromdurchflossene innere Transistor

4.3.1 Ladungsträgerverteilung und Potentialverlauf im Transistor mit homogen dotierter Basis

Gegenüber dem thermodynamischen Gleichgewicht (s. Bild **4.**5) ändern sich die Verhältnisse wie in Bild **4.6** dargestellt; es entsteht durch Zusammenfügen der für je einen fluß- und sperr-gepolten pn-Übergang geltenden Verteilungen (vgl. die Bilder **1.**8a, b); bei diesem Vergleich ist zu beachten, daß es sich hier um einen npn-Transistor handelt.

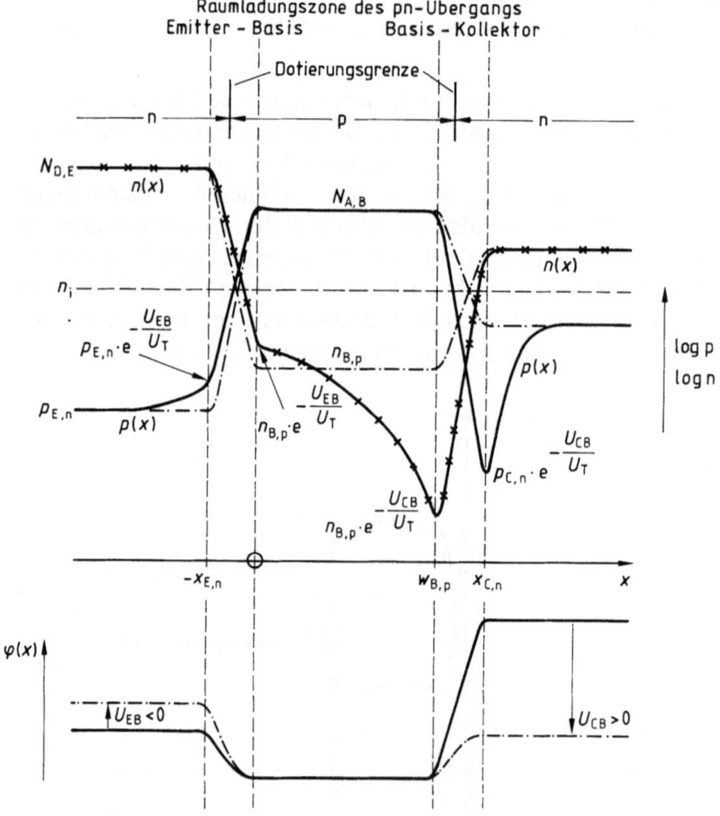

4.6 Ladungsträgerverteilungen $n(x)$, $p(x)$ und Potentialverteilung $\varphi(x)$ im npn-Diffusionstransistor bei anliegenden Gleichspannungen für den aktiv-normalen (Verstärker-)Betrieb
Beispiel: $U_{EB} = -0{,}7$ V; $U_{CB} = 10$ V

Die Konzentration der Minoritätsträger ist in den Ebenen $x = -x_{E,n}$ und $x = 0$ (= emitter- und basisseitige Grenze der Raumladungszone des pn-Übergangs Emitter–Basis) um den Faktor $\exp(|U_{EB}|/U_T)$ erhöht (vgl. Gl. (1.13). Aus Neutralitätsgründen wird die Majoritätsträger-Konzentration absolut in gleichem Maße angehoben, d.h. aber relativ viel geringer, so daß dies in der logarithmischen Darstellung des Bildes **4**.6 praktisch nicht darstellbar ist.

Die Aufteilung der Ströme I_E und I_C auf Diffusions- und Feldströme von Elektronen und Defektelektronen entspricht in der Emitter- und Kollektorzone derjenigen in einer pn-Diode (vgl. hierzu Bild **1**.10): Ausgehend von der Elektrode *E*(*C*) wird $I_E(I_C)$ durch ein geringes elektrisches Feld als Majoritätsträger-Feldstrom geführt und bei Annäherung an die Grenze $x = -x_{E,n}$ ($x = x_{C,n}$) der Raumladungszone *E-B* (*C-B*) teilweise als Majoritätsträger- und Minoritätsträger-Diffusionsstrom übernommen. Durch die Basiszone hindurch wird der Strom bei homogener Dotierung im wesentlichen als Minoritätsträger-Diffusionsstrom geführt. Für eine überschlägige Bestimmung seiner Größe vernachlässigen wir die Rekombination in der Basis völlig; das ist wegen der in der Praxis erfüllten Bedingung $w_{B,p} \ll L_{B,n}$ eine gute Näherung. Wenn also voraussetzungsgemäß in der Basis keine Rekombination stattfindet, ist $I_B = 0$ und damit $I_C = -I_E$. Der Kollektorstrom wird bei dem hier vorliegenden npn-Transistor gemäß

$$I_E = -A \cdot e \cdot D_n \cdot \frac{\partial n}{\partial x} \tag{4.1}$$

(A = Querschnittsfläche) von einer Elektronenkonzentration $n(x)$ erzeugt, die linear von der emitter- zur kollektorseitigen Begrenzung der Basis abfällt. Mit den Randbedingungen

$$n(x=0) = n_{B,p} \cdot e^{-\frac{U_{EB}}{U_T}}, \quad n(x = w_{B,p}) = n_{B,p} \cdot e^{-\frac{U_{CB}}{U_T}} \approx 0$$

folgt

$$n(x) = n_{B,p} \cdot e^{-\frac{U_{EB}}{U_T}} \cdot \left(1 - \frac{x}{w_{B,p}}\right). \tag{4.2}$$

Dieser Verlauf ist im linearen Maßstab in Bild **4**.7 dargestellt (Kurve a); er läßt unmittelbar die Steuerwirkung der Spannung U_{EB} auf den Stromfluß erkennen.

Mit der Gl. (4.2) folgt aus Gl. (4.1)

$$-I_E = I_C = \frac{A \cdot e \cdot D_n \cdot n_{B,p}}{w_{B,p}} \cdot e^{-\frac{U_{EB}}{U_T}}; \tag{4.3}$$

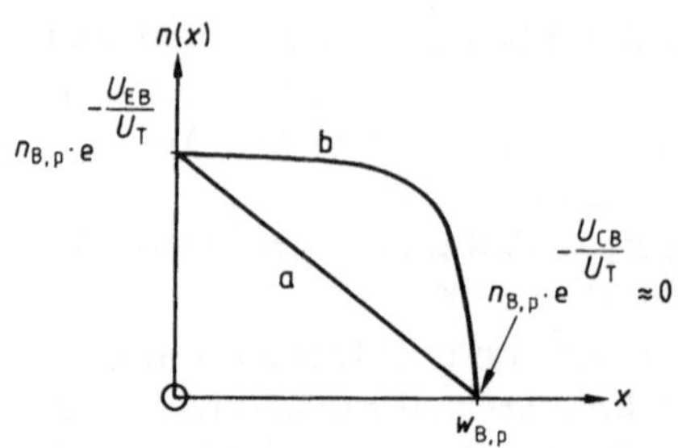

4.7
Minoritätsträgerverteilung in der Basis eines npn-Transistors bei vernachlässigbarer Rekombination
a) für homogene Dotierung (sog. Diffusionsdreieck)
b) für den Drifttransistor, schematisch

dieser Ausdruck stellt eine gute Näherung für den Strom im Arbeitspunkt dar, wenn der Transistor als Verstärker betrieben wird. Dies geht aus einem Vergleich mit dem genauen Ergebnis Gln. (4.6), (4.7) hervor, das im nächsten Abschnitt hergeleitet wird.

Bei Transistoren mit einem Driftfeld in der Basis sind die Minoritätsträger in der Basis gemäß Kurve b in Bild **4**.7 verteilt. In der Nähe des Emitters herrscht praktisch kein Dichtegefälle, so daß der Ladungsträgertransport nahezu völlig als Feldstrom nach Gl. (1.1) erfolgt. Bei Annäherung an den Kollektor wird der Stromfluß überwiegend durch Diffusion bestimmt. Der aus Diffusions- und Feldstrom bestehende Gesamtstrom nimmt - bei festen Werten der Emitter- und Kollektorspannung - mit wachsendem Driftfeld zu.

Beispiel 4.1. Wie groß ist nach Gl. (4.2) die im Basisraum eines Siliziumtransistors vorhandene Minoritätsträgerladung Q_B, wenn der Strom I_C durch die Basis zum Kollektor fließt? Wie groß ist das Verhältnis $Q_B/I_C = \tau_B$ analytisch und numerisch (für $D_n = 33\ \text{cm}^2\,\text{s}^{-1}$, $w_{B,p} = 5\ \mu\text{m}$), und wie kann es anschaulich gedeutet werden?
Es ist

$$Q_B = A\cdot e\cdot \int_0^{w_{B,p}} n(x)\,dx = A\,e\cdot n_{B,p}\cdot e^{-\frac{U_{EB}}{U_T}}\cdot \frac{w_{B,p}}{2},$$

d.h.

$$\frac{Q_B}{I_C} = \tau_B = \frac{w_{B,p}^2}{2D_n} = \frac{25\cdot 10^{-8}\ \text{cm}^2}{2\cdot 33\ \text{cm}^2\,\text{s}^{-1}} = 3{,}8\ \text{ns}.$$

τ_B ist die Zeit, während der die Ladung Q_B durch den Basisraum transportiert werden muß, damit der Strom I_C über den Kollektoranschluß fließt, d.h. τ_B ist die Laufzeit der Minoritätsladungsträger durch die Basis.

4.3.2 Die Strom-Spannungs-Charakteristiken

4.3.2.1 Die drei Schaltungsarten. Der Bipolartransistor kann – entsprechend wie der FET – in drei verschiedenen Grundschaltungen betrieben werden, je nachdem welcher der drei Transistoranschlüsse dem Eingangs- und Ausgangs-Klemmenpaar gemeinsam ist.

Bei der Basisschaltung wird im Normal-(Invers-)Betrieb das Klemmenpaar *E-B* (*C-B*) als Eingang und das Klemmenpaar *C-B* (*E-B*) als Ausgang angesehen. Ihr entspricht beim FET die Gateschaltung; wie diese wird sie im Normalbetrieb und vorzugsweise für Verstärker im Mikrowellengebiet benutzt.

Für die praktische Anwendung als HF-Verstärker spielt dagegen die Emitterschaltung die größte Rolle; dabei wird die Strecke *B–E* als Eingang und die Strecke *C–E* als Ausgang benutzt (sie entspricht der Source-Schaltung beim FET).

Die dritte Grundschaltung des Bipolartransistors ist die Kollektorschaltung; dabei ist die Strecke *B–C* der Eingang, die Strecke *E–C* der Ausgang. Diese Schaltung entspricht der Drainschaltung des FET; wie diese ermöglicht sie keine Spannungsverstärkung, sondern wird vorzugsweise als Impedanzwandler benutzt. Sie wird im folgenden nicht weiter betrachtet.

Basisschaltung. Es ist physikalisch naheliegend, mit dieser Schaltung zu beginnen, da man hierbei den Ladungsträgern auf ihrem „physikalischen“ Weg von der Quelle (Emitter) bis zur Senke (Kollektor) folgt.

Den mathematischen Zusammenhang zwischen den Strömen I_E, I_C in Bild **4**.1 und den Spannungen U_{BE}, U_{CE} erhält man aus folgender Überlegung (s. hierzu Bild **4**.8): Als Folge der Spannung U_{BE} zwischen Emitter und Basis fließt über den linken pn-Übergang der Strom

$$I_{D1} = -I_{ES} \cdot \left(e^{-\frac{U_{EB}}{U_T}} - 1\right) \tag{4.4}$$

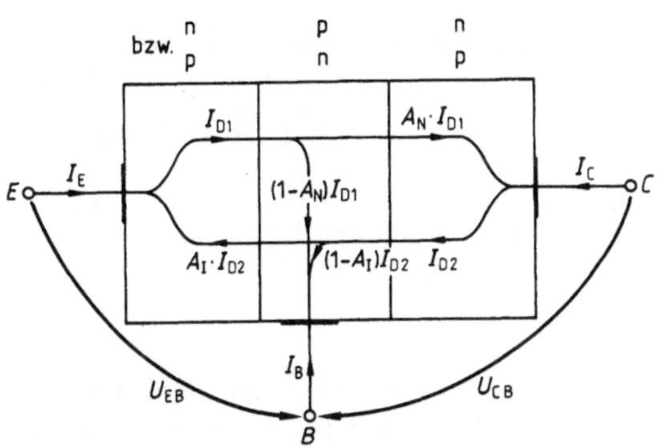

4.8
Zur Ableitung der Ebers-Moll-Gleichungen

entsprechend Gl. (1.11). – Der dortige Sättigungsstrom I_S ist durch $-I_{ES}$ zu ersetzen, da hier ein npn-Transistor betrachtet wird. – Von dem Strom I_{D1} wird infolge der unvermeidlichen Rekombination in der Basis der Anteil $(1-A_N)\cdot I_{D1}$ abgezweigt und fließt über den Basisanschluß ab, so daß der Kollektorstrom nur noch $A_N\cdot I_{D1}$ beträgt. – Der Index N steht für „normale Betriebsrichtung". – Entsprechend verursacht die Spannung U_{CB} zwischen B und C den Diodenstrom

$$I_{D2}=I_{CS}\cdot\left(e^{-\frac{U_{EB}}{U_T}}-1\right); \tag{4.5}$$

hiervon fließt der Anteil $A_I\cdot I_{D2}$ zum Emitteranschluß, während der Rest $(1-A_I)I_{D2}$ als Rekombinationsstrom über die Basis fließt. – Der Index I steht für „inverse" Betriebsrichtung. – Aus den Gln. (4.4) und (4.5) erhält man in Verbindung mit Bild **4**.8 die sog. Ebers-Moll-Gleichungen

$$I_E=I_{D1}-A_I\cdot I_{D2}=-I_{ES}\cdot\left(e^{-\frac{U_{EB}}{U_T}}-1\right)-A_I\cdot I_{CS}\cdot\left(e^{-\frac{U_{CB}}{U_T}}-1\right) \tag{4.6}$$

$$I_C=-A_N\cdot I_{D1}+I_{D2}=A_N\cdot I_{ES}\cdot\left(e^{-\frac{U_{EB}}{U_T}}-1\right)+I_{CS}\cdot\left(e^{-\frac{U_{CB}}{U_T}}-1\right). \tag{4.7}$$

Der Aufbau spiegelt die geometrische Struktur des Bipolar-Transistors als System aus zwei gekoppelten pn-Dioden deutlich wider. Dementsprechend gelten die für eine pn-Diode gemachten Bemerkungen über die Temperaturempfindlichkeit, über elektrischen und thermischen Durchbruch entsprechend auch hier (s. die Abschn. 4.3.2.5 und 4.4).

Die Theorie liefert für die Koeffizienten in den Gln. (4.6), (4.7) die Ausdrücke

$$I_{ES}=A\cdot e\cdot\left[\underbrace{\frac{D_{B,n}\cdot n_{B,p}}{L_{B,n}}\cdot\coth\frac{w_{B,p}}{L_{B,n}}}_{\text{Elektronenanteil}}+\underbrace{\frac{D_{E,p}\cdot p_{E,n}}{L_{E,p}}\cdot\coth\frac{w_{E,n}}{L_{E,p}}}_{\text{Defektelektronenanteil}}\right] \tag{4.8}$$

und

$$I_{CS}=A\cdot e\cdot\left[\frac{D_{B,n}\cdot n_{B,p}}{L_{B,n}}\cdot\coth\frac{w_{B,p}}{L_{B,n}}+\frac{D_{c,p}\cdot p_{c,n}}{L_{c,p}}\cdot\coth\frac{w_{c,n}}{L_{c,p}}\right] \tag{4.9}$$

sowie für den sog. Transferstrom

$$I_T=A_N\cdot I_{ES}=A_I\cdot I_{CS}=A\cdot e\cdot\frac{D_{B,n}\cdot n_{B,p}}{L_{B,n}}\cdot\frac{1}{\sinh\frac{w_{B,p}}{L_B}}. \tag{4.10}$$

Diese Ausdrücke vereinfachen sich, wenn man berücksichtigt, daß in der Praxis die Basis viel schwächer dotiert ist als der Emitter, d.h. $p_{E,n}\ll n_{B,p}$ und daß die

Basisweite viel kleiner als die Diffusionslänge der Minoritätsträger ist, d.h. $w_{B,p} \ll L_{B,n}$. Dann gilt nach den Gln. (4.8) und (4.10) näherungsweise $A_N = 1$. Damit und wegen $-U_{EB}$, $U_{CB} \gg U_T$ folgt schließlich aus den Gln. (4.6), (4.7)

$$-I_E = I_C = A \cdot e \cdot \frac{D_{B,n} \cdot n_{B,p}}{w_{B,p}} \cdot e^{-\frac{U_{EB}}{U_T}} . \tag{4.11}$$

Dieses Ergebnis stimmt mit Gl. (4.3) überein, die aus einer vereinfachten Betrachtung gewonnen wurde.

Mit den Ebers-Moll-Gleichungen lassen sich alle Betriebszustände eines Transistors beschreiben. Sie unterscheiden sich durch die Vorzeichen der anliegenden Spannungen (Tafel **4.9**): Der Betriebszustand „aktiv normal" ist der übliche Verstärkerbetrieb. „Aktiv invers" bedeutet eine Vertauschung der Rolle von Emitter und Kollektor; diese „verkehrte" Betriebsart hat wegen des geometrisch und dotierungsmäßig unsymmetrischen Aufbaus des Transistors keine praktische Bedeutung. Im Schalterbetrieb geht das Bauelement beim Einschalten (Ausschalten) aus dem Zustand „gesperrt" („gesättigt") in den Zustand „gesättigt" („gesperrt") über und soll dabei den Bercich „aktiv normal" möglichst rasch durchlaufen, damit die Verlustleistung gering ist.

Tafel **4.9** Betriebsarten eines Bipolartransistors (nach [64]; die Vorzeichen gelten für den npn-Typ, sie sind für den pnp-Typ umzukehren)

Betriebsart	U_{EB}	U_{CB}		Minoritätsträger-Verteilung in der Basis
aktiv normal	<0	>0	E emittiert, C sperrt	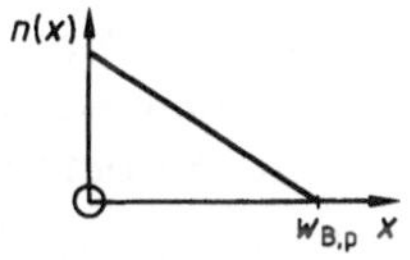
aktiv invers	>0	<0	C emittiert, E sperrt	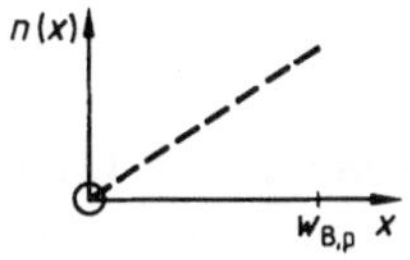
gesättigt	<0	<0	E und C emittieren	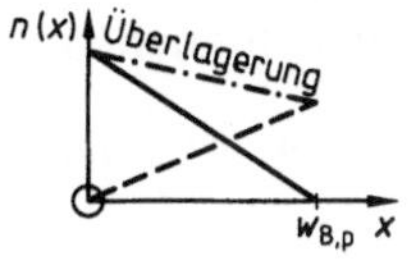
gesperrt	>0	>0	E und C sperren	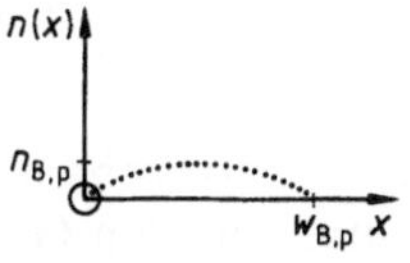

Emitterschaltung. Für diesen Schaltungstyp ist es erforderlich, das Gleichungssystem (4.6), (4.7) umzuschreiben in die Form

$$I_B = I_B(U_{BE}, U_{CE}), \quad I_C = I_C(U_{BE}, U_{CE});$$

hierzu dienen die Substitutionen

$$U_{EB} = -U_{BE}, \quad U_{CB} = U_{CE} - U_{BE}$$

sowie

$$I_B = -(I_E + I_C).$$

Das Ergebnis dieser Umformung ist

$$I_B = \frac{I_{CE0}}{1 + B_N + B_I} \cdot \left[-\left(1 + \frac{B_I}{B_N}\right) + e^{\frac{U_{BE}}{U_T}} \cdot \left(\frac{B_I}{B_N} + e^{-\frac{U_{CE}}{U_T}}\right) \right] \tag{4.12}$$

$$I_C = \frac{I_{CE0}}{1 + B_N + B_I} \cdot \left[1 + e^{\frac{U_{BE}}{U_T}} \cdot \left(B_I - (1 + B_I) \cdot e^{-\frac{U_{CE}}{U_T}}\right) \right] \tag{4.13a}$$

$$= \frac{I_{CE0} \cdot \left(1 - e^{-\frac{U_{CE}}{U_T}}\right) + I_B \cdot B_N \cdot \left(1 - \left(1 + \frac{1}{B_I}\right) \cdot e^{-\frac{U_{CE}}{U_T}}\right)}{1 + \frac{B_N}{B_I} \cdot e^{-\frac{U_{CE}}{U_T}}} \tag{4.13b}$$

Die zwei Schreibweisen für I_C entsprechen den in der Praxis vorkommenden Steuerungsarten des Kollektorstromes: Bei der Spannungssteuerung liegt zwischen B und E eine niederohmige Spannungsquelle U_{BE}, bei der Stromsteuerung eine hochohmige Stromquelle I_B.

Die Kenngrößen B_N und B_I werden im Abschn. 4.3.2.2 erläutert; die graphische Darstellung der Gln. (4.12), (4.13) erfolgt im Abschn. 4.3.2.3.

4.3.2.2 Kenngrößen für den stationären Betrieb. Im folgenden werden mittels der Strom-Spannungs-Beziehungen (4.6), (4.7) für die Basisschaltung bzw. (4.12), (4.13) für die Emitterschaltung Kenngrößen für den stationären Betrieb definiert, denen auch eine anschauliche Bedeutung zukommt.

Basisschaltung. Aus den Gln. (4.6), (4.7) folgt

$$\left(\frac{-I_C}{I_E}\right)_{U_{CB}=0} = A_N,$$

d.h. A_N ist die Gleichstromverstärkung im Normalbetrieb bei Kurzschluß am Ausgang. Aus den Gln. (4.8) und (4.10) folgt der explizite Ausdruck

$$A_N = \frac{I_T}{I_{ES}} \approx \left(\cosh \frac{w_{B,p}}{L_{B,n}}\right)^{-1} \quad \text{für} \quad p_{E,n} \ll n_{B,p}, \quad \text{d.h.} \quad N_{D,E} \gg N_{A,B}. \tag{4.14}$$

Es ist $A_N \lesssim 1$. Die geringen Abweichungen vom Wert 1 werden hiernach durch Volumenrekombination bedingt. Bei realen Transistoren überwiegt allerdings u.U. der Einfluß der Oberflächenrekombination (s. Abschn. 4.4).

Aus den Gln. (4.6), (4.7) folgt ferner

$$\left(\frac{-I_E}{I_C}\right)_{U_{EB}=0} = A_I.$$

d.h. A_I ist die Gleichstromverstärkung im Inversbetrieb bei Kurzschluß am Eingang; es ist $A_I < 1$. Da ein realer Transistor weder geometrisch noch dotierungsmäßig symmetrisch aufgebaut ist, gilt $A_I \neq A_N$ und zwar $A_I < A_N$.

Der Inversbetrieb, bei dem Emitter und Kollektor ihre Rollen gegenüber dem Normalbetrieb vertauscht haben, hat keine praktische Bedeutung.

Unter Verwendung der eben definierten Kenngrößen erhalten die Ebers-Moll-Gleichungen die Form

$$\begin{aligned} I_E &= -A_I \cdot I_C - I_{EB0} \cdot \left(e^{-\frac{U_{EB}}{U_T}} - 1\right) \\ I_C &= -A_N \cdot I_E - I_{CB0} \cdot \left(e^{-\frac{U_{CB}}{U_T}} - 1\right). \end{aligned} \tag{4.15}$$

Die zweite Zeile in Gl. (4.15) bestätigt unmittelbar die eingangs gegebene anschauliche Erklärung der Wirkungsweise des Transistors in Bild **4**.1: Denn für die praktische Betriebsbedingung $U_{CB} \gg U_T$ folgt daraus

$$I_C = A_N \cdot (-I_E) + I_{CB0}, \tag{4.16}$$

d.h. in Worten: Der Kollektorstrom besteht zum einen aus dem Anteil des Emitterstroms, welcher der Rekombination in der Basis entgangen ist (im Idealfall ist $A_N = 1$), zum anderen aus dem von I_E unabhängigen Sperrstrom der Kollektor-Basis-Diode.

Während sich die Größen A_N, A_I für die Herleitung der Ebers-Moll-Gleichungen anboten, haben sich für den praktischen Gebrauch die im folgenden definierten Restströme als Kenngrößen eingeführt, die mit A_N, A_I zusammenhängen und mit deren Hilfe sich die Strom-Spannungs-Beziehungen (4.6), (4.7) ebenfalls anschaulich deuten lassen.

Der Emitter-Reststrom I_{EB0} ist der bei gesperrter Emitterdiode (d.h. in der Praxis $U_{\mathrm{EB}} \gg U_{\mathrm{T}}$) und offenem Kollektor ($I_{\mathrm{C}}=0$) fließende Emitterstrom. Aus den Gln. (4.6), (4.7) folgt

$$I_{\mathrm{EB0}} = I_{\mathrm{T}} \cdot \frac{1 - A_{\mathrm{N}} \cdot A_{\mathrm{I}}}{A_{\mathrm{N}}} \quad (>0).$$

Die Indizierung des Emitterreststromes geschieht wie folgt:

1. Index: Elektrode, von welcher der Strom ausgeht (hier: Emitter).
2. Index: Schaltungsart (hier: Basis-Schaltung).
3. Index: Die Null besagt, daß über den noch nicht genannten Anschluß (hier: Kollektor) kein Strom fließt.

Der Kollektor-Reststrom I_{CB0} ist der bei gesperrter Kollektor-Diode ($U_{\mathrm{CB}} \gg U_{\mathrm{T}}$) und offenem Emitter ($I_{\mathrm{E}}=0$) fließende Kollektorstrom, d.h. nach den Gln. (4.6), (4.7)

$$I_{\mathrm{CB0}} = I_{\mathrm{T}} \cdot \frac{1 - A_{\mathrm{N}} \cdot A_{\mathrm{I}}}{A_{\mathrm{I}}} \quad (>0).$$

Beispielsweise ist für den Bipolartransistor BF 622 $I_{\mathrm{CB0}} \leq 10\,\mu\mathrm{A}$, gemessen bei $U_{\mathrm{CB}} = 200$ V und bei der Sperrschicht-Temperatur $\vartheta_{\mathrm{s}} (= \vartheta\mathrm{j}) = 125\,°\mathrm{C}$.

Emitterschaltung. Die Kenngrößen B_{N} und B_{I} in den Gln. (4.12), (4.13) hängen mit den entsprechenden Größen der Basisschaltung in folgender Weise zusammen:

Es ist

$$B_{\mathrm{N}} = B = \left(\frac{I_{\mathrm{C}}}{I_{\mathrm{B}}}\right)_{U_{\mathrm{CB}}=0} = \frac{A_{\mathrm{N}}}{1 - A_{\mathrm{N}}} \gg 1$$

die Gleichstromverstärkung im Normalbetrieb. Mit der Näherung nach Gl. (4.14) folgt

$$B_{\mathrm{N}} \approx \frac{1}{2 \sinh^2 \dfrac{w_{\mathrm{B,p}}}{2 L_{\mathrm{B,n}}}} \quad \text{für} \quad p_{\mathrm{E,n}} \ll n_{\mathrm{B,p}}. \tag{4.17}$$

Für den Transistor BC 107 Gruppe B ist typisch $B_{\mathrm{N}} = 290$ im Arbeitspunkt $U_{\mathrm{CE}} = 5$ V, $I_{\mathrm{C}} = 2$ mA und für $\vartheta_{\mathrm{u}} = 25\,°\mathrm{C}$ (s. hierzu Bild **4.26**).

Der Index N am Buchstaben *B* wird meistens weggelassen; er wird im folgenden aber beibehalten, weil die Basiselektrode bereits durch *B* gekennzeichnet ist.

Entsprechend ist

$$B_{\mathrm{I}} = \left(\frac{I_{\mathrm{E}}}{I_{\mathrm{B}}}\right)_{U_{\mathrm{EB}}=0} = \frac{A_{\mathrm{I}}}{1-A_{\mathrm{I}}} \gg 1$$

die Gleichstromverstärkung im inversen Betrieb. In der Emitterschaltung findet also wirklich eine Strom„verstärkung" statt; das ist aufgrund der Definition natürlich nicht verwunderlich: Im Idealfall wird in der Basis überhaupt kein Strom (durch Rekombination) verlorengehen, d.h. $I_{\mathrm{B}}=0$, A_{N}, $A_{\mathrm{I}}=1$, und damit ist B_{N}, $B_{\mathrm{I}}=\infty$.

Beispielsweise ist für den Silizium-npn-Planar-Epitaxial-Transistor BF 622 $I_{\mathrm{EB0}} \leq 10\ \mu\mathrm{A}$, gemessen bei $U_{\mathrm{EB}}=5$ V und $\vartheta_{\mathrm{j}}=125\,°\mathrm{C}$. Diese Meßspannung erfüllt einerseits die Bedingung $U_{\mathrm{EB}} \gg U_{\mathrm{T}}$ und liegt andererseits noch unterhalb der Durchbruchsspannung der Emitter-Basis-Diode.

Beispiel 4.2. Wie groß ist die Gleichstromverstärkung eines Silizium-Transistors in Basisschaltung (A_{N}) und in Emitterschaltung (B_{N}), wenn die Weite der Basis $w_{\mathrm{B}}=13\ \mu\mathrm{m}$ und die Diffusionslänge der dortigen Minoritätsträger $L_{\mathrm{B}}=130\ \mu\mathrm{m}$ beträgt und nur die Volumenrekombination berücksichtigt wird?

Aus Gl. (4.14) folgt

$$A_{\mathrm{N}} = \frac{1}{\cosh \dfrac{w_{\mathrm{B}}}{L_{\mathrm{B}}}} = 0{,}995$$

und aus Gl. (4.17)

$$B_{\mathrm{N}} = \frac{1}{2\sinh^2 \dfrac{w_{\mathrm{B}}}{2L_{\mathrm{B}}}} = 200\,.$$

Auch für die Emitterschaltung werden in der Praxis Restströme als Kenngrößen verwendet.

Der Emitter-Reststrom ist definiert als

$$I_{\mathrm{EC0}} = I_{\mathrm{E}}(U_{\mathrm{EB}} \gg U_{\mathrm{T}},\ I_{\mathrm{B}}=0) = \frac{I_{\mathrm{EB0}}}{1-A_{\mathrm{I}}}$$

und der Kollektor-Reststrom als

$$I_{\mathrm{EC0}} = I_{\mathrm{C}}(U_{\mathrm{CE}} \gg U_{\mathrm{T}},\ I_{\mathrm{B}}=0) = \frac{I_{\mathrm{EB0}}}{1-A_{\mathrm{N}}}\,.$$

Mit den eben definierten Kenngrößen nehmen die Gln. (4.12), (4.13) die Form an

$$I_E = -(I_B + I_C) = B_I \cdot I_B - I_{EC0} \cdot \left(e^{-\frac{U_{EB}}{U_T}} - 1\right) \tag{4.18}$$

$$I_C = B_B \cdot I_B - I_{EC0} \cdot \left(e^{-\frac{U_{CE}}{U_T}} - 1\right). \tag{4.19}$$

Für die praktische Betriebsbedingung $U_{CB} \gg U_T$ folgt aus Gl. (4.19)

$$I_C = B_N \cdot I_B + I_{EC0}, \tag{4.20}$$

was eine entsprechende anschauliche Deutung ermöglicht wie die Gl. (4.16) der Basisschaltung. – In Transistor-Datenbüchern wird statt I_{CE0} auch der Kollektorstrom I_{CER} (bzw. I_{CES}) angegeben, der bei Abschluß der Emitter-Basis-Strekke mit einem ohmschen Widerstand $R_{BE} \neq 0$ (bzw. bei Kurzschluß $R_{BE} = 0$) fließt; z.B. gilt für den Transistor BF 622 $I_{CER} \leq 10\,\mu A$ bei $R_{BE} = 2{,}7\,k\Omega$, $U_{CE} = 200\,V$ und $\vartheta_j = 150\,°C$ (bzw. für den Transistor BCY 58 $I_{CES} \leq 10\,\mu A$ bei $U_{CE} = 32\,V$, $\vartheta_u = 150\,°C$). –

Die nach den Gln. (4.6) und (4.7) *berechneten* Ströme und Kenngrößen stimmen wegen der gemachten Vereinfachungen mit den experimentellen Werten nur annähernd überein. Die Formeln geben aber den Einfluß der Geometrie- und Material-Parameter qualitativ richtig wieder. In der Praxis setzt man daher zur Beschreibung des Transistors in die Strom-Spannungs-Beziehungen (4.6), (4.7) bzw. (4.12), (4.13) experimentell ermittelte Werte der Stromverstärkungsfaktoren und Restströme ein; die so erhaltenen Beziehungen gelten dann für alle nach den verschiedenen Verfahren hergestellten Transistoren.

4.3.2.3 Kennlinienfelder. Die Kennlinienfelder sind – entsprechend wie beim FET – die graphische Darstellung der Strom-Spannungs-Charakteristiken des Bipolartransistors, d.h. in der

Basis-Schaltung	$I_E = I_E(U_{EB}, U_{CB})$	Gl. (4.6)
	$I_C = I_C(U_{EB}, U_{CB})$	Gl. (4.7)
Emitter-Schaltung	$I_B = I_B(U_{BE}, U_{CE})$	Gl. (4.12)
	$I_C = I_C(U_{BE}, U_{CE})$	Gl. (4.13)
Kollektor-Schaltung	$I_B = I_B(U_{BC}, U_{CE})$	
	$I_E = I_E(U_{BC}, U_{CE})$	

Der jeweils dritte Strom ergibt sich aus der Bilanz $I_E + I_B + I_C = 0$. – Da der Basisstrom im Gegensatz zum Gatestrom beim FET nicht (immer) vernachlässigt werden kann, ist die Zahl der Kennlinienfelder hier viel größer als dort. Wir beschränken uns daher auf die Emitterschaltung; sie ist die typische HF-Verstärkerschaltung (entsprechend der Sourceschaltung beim FET), da sie nicht nur eine Spannungs-, sondern auch eine Stromverstärkung ermöglicht, so daß ihre

Leistungsverstärkung größer ist als die der Basisschaltung. Außerdem arbeiten Schalttransistoren üblicherweise in Emitterschaltung, weil dort das Verhältnis von geschalteter Leistung zur Steuerleistung am größten ist. Im folgenden werden jedoch nur diejenigen Kennlinienfelder der Emitterschaltung behandelt, welche üblicherweise in den Datenbüchern der Hersteller angegeben sind.

Die Abhängigkeit des Eingangsstromes I_B und des Ausgangsstromes I_C von der Eingangsspannung U_{BE} und der Ausgangsspannung U_{CE} wird durch die Gln. (4.12), (4.13) beschrieben.

Das Ausgangskennlinienfeld $I_C = I_C(U_{CE})$ ist das am häufigsten benutzte Kennlinienfeld. Je nachdem, ob am Transistor-Eingang eine Konstant-Spannungsquelle U_{BE} oder eine Konstant-Stromquelle I_B benutzt wird, liegt Spannungs- oder Stromsteuerung vor.

Im ersten Fall

$$I_C = I_C(U_{CE})_{U_{BE}=\text{const}}$$

besteht das Kennlinienfeld gemäß Gl. (4.13a) aus einer Schar von Exponentialkennlinien, welche mit wachsendem $U_{CE} \gg U_T$ rasch gegen den Endwert

$$I_{C,\infty} = \frac{I_{CE0}}{1 + B_N + B_I} \cdot \left(B_I \cdot e^{\frac{U_{BE}}{U_T}} + 1\right) \tag{4.13c}$$

streben; hierzu genügen schon einige wenige Vielfache von $U_T \approx 25\,\text{mV}$. Bei äquidistanter Änderung des Parameters U_{BE} laufen die Kurven der Schar exponentiell auseinander; im Bild **4.**10a sind diese theoretischen Zusammenhänge dargestellt. Bild **4.**10b zeigt zum Vergleich ein reales Kennlinienfeld bei Spannungssteuerung; es stimmt qualitativ recht gut mit der theoretischen Vorhersage überein. Ein auffälliger Unterschied besteht aber insofern, als der Strom I_C mit wachsendem U_{CE} keinem konstanten Endwert zustrebt, sondern langsam ansteigt. Einen entsprechenden Effekt kennen wir schon vom FET her (s. Abschn. 3.2.3 unter b)), wir werden ihn im Abschn. 4.4 erklären.

Der zweite Fall

$$I_C = I_C(U_{CE})_{I_B=\text{const}}$$

ist für die Praxis der wichtigere. Die Schreibweise Gl. (4.13b) liefert dafür eine Schar von Kurven, welche mit dem Parameter I_B parallel zueinander äquidistant verschoben sind und bereits für U_{CE}-Werte von einigen wenigen Vielfachen von U_T in horizontale Gerade übergehen:

$$I_{C,\infty} = B_N \cdot I_B + I_{CE0}\,. \tag{4.20}$$

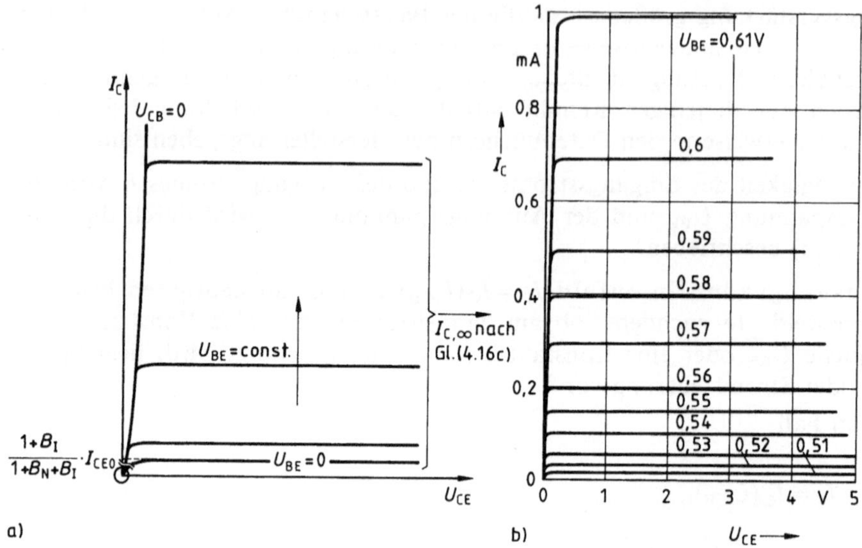

4.10 Ausgangs-Kennlinienfeld der Emitterschaltung bei Spannungssteuerung
a) nach Gl. (4.13a)
b) für den npn-Transistor BC 109 (aus [65])

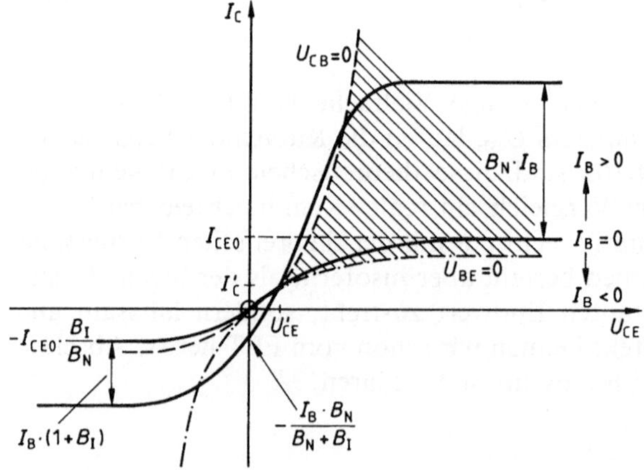

4.11 Ausgangs-Kennlinienfeld der Emitterschaltung bei Stromsteuerung nach Gl. (4.13b) (⑊⑊⑊ aktiv-normaler Betriebsbereich)

In die graphische Darstellung (Bild **4.**11) sind die Grenzen des aktiven Bereichs des Transistors im Normalbetrieb eingetragen, nämlich $U_{CB}=0$ und $U_{BE}=0$. Bei Überschreitung der Grenzkurve $U_{CB}=0$ (Übersteuerung) wird die Kollektordiode leitend, d.h. sie emittiert, wodurch der Kollektorstrom sinkt. Der Einfluß von I_B auf den Kollektorstrom I_C wird immer geringer; für

$$U'_{CE} = U_T \cdot \ln\left(1 + \frac{1}{B_I}\right) \approx \frac{U_T}{B_I} \quad \left(\text{z. B. } \frac{25\,\text{mV}}{50} = 0{,}5\,\text{mV}\right)$$

hat I_C sogar einen vom Parameter I_B unabhängigen Wert, nämlich

$$I'_C = I_{CE0} \cdot \frac{1}{1 + B_N + B_I} \approx \frac{I_{CE0}}{B_N + B_I} \quad (\text{z. B. } 5\,\mu\text{A}).$$

Alle Kennlinien laufen also durch diesen Punkt; er liegt theoretisch sehr dicht beim Ursprung, d. h. praktisch kann man ihn als im Ursprung liegend annehmen (s. das spätere Bild **4**.13). Die Gleichung der Grenzkurve $U_{CB} = 0$ erhalten wir aus Gl. (4.13a) mit $U_{BE} = U_{CE}$:

$$I_C = I_{CE0} \cdot \frac{B_I}{1 + B_N + B_I} \cdot \left(e^{\frac{U_{CE}}{U_T}} - 1\right). \qquad (4.21)$$

Die Spannung, die man hieraus in Abhängigkeit vom Kollektorstrom I_C erhält, heißt Sättigungsspannung:

$$U_{CE,\,sat} = U_T \cdot \ln\left(1 + \frac{I_C}{I_{CE0}} \cdot \frac{1 + B_N + B_I}{B_I}\right)$$

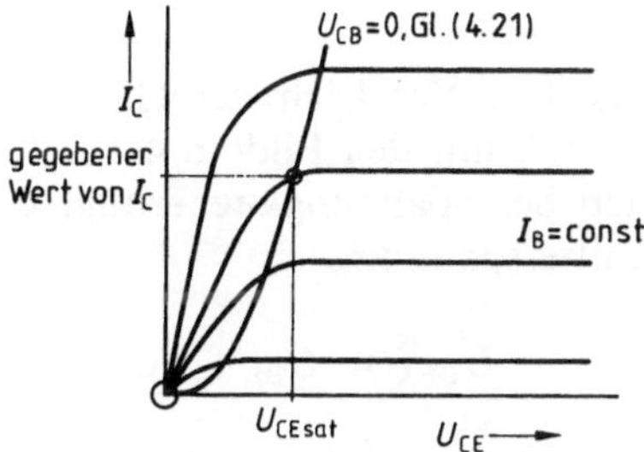

4.12
Zur Definition der Sättigungsspannung

(s. Bild **4**.12). Sie begrenzt die Aussteuerung des Kennlinienfeldes im dynamischen Betrieb nach unten, sofern nichtlineare Verzerrungen vermieden werden sollen; diese Forderung besteht beim Einsatz des Transistors als Kleinsignal-Verstärker. Bild **4**.13 zeigt ein reales Kennlinienfeld bei Stromsteuerung: Für nicht zu große Ströme nimmt I_C entsprechend Gl. (4.13b) äquidistant mit I_B zu; aus dem asymptotischen Verhalten im Teilbild a entnimmt man z. B. für $U_{CE} = 1$ V die Größe der Stromverstärkung

$$B_N = \frac{I_{C2} - I_{C1}}{I_{B2} - I_{B1}} = \frac{2{,}8 - 1{,}8}{15 - 10}\,\frac{\text{mA}}{\mu\text{A}} = 200.$$

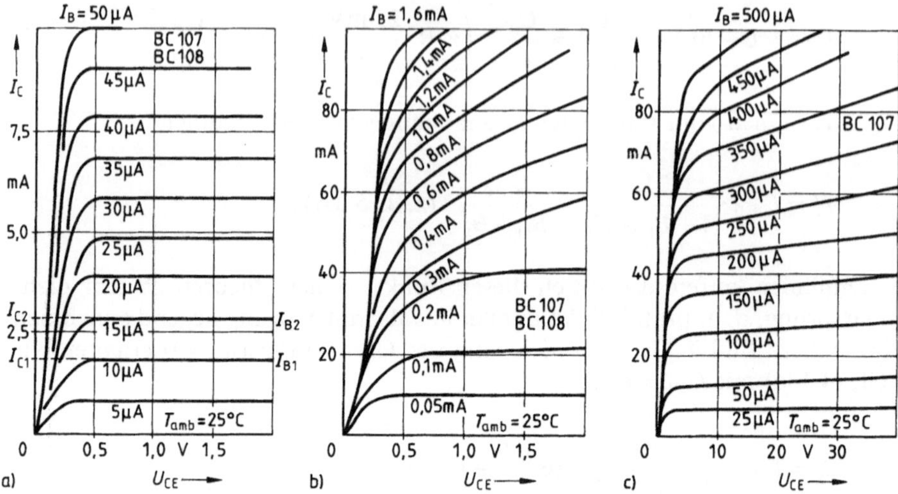

4.13 Ausgangs-Kennlinienfeld des npn-Transistors BC 107 bei Stromsteuerung (aus [66])
a) für kleine Spannungen und kleine Basisströme
b) für kleine Spannungen und große Basisströme
c) für große Spannungen und große Basisströme

Für große Werte des Parameters I_B rücken die I_C-Kurven zusammen, was eine Abnahme von B_N mit wachsendem I_B bzw. I_C anzeigt (s. hierzu Abschn. 4.4).

Das Fehlen der Stromsättigung hat denselben Grund wie bei der Spannungssteuerung.

Aus dem Vergleich der Gl. (4.13a) mit (4.13b) bzw. der zugehörigen Bilder **4**.10a, b mit den Bildern **4**.11, **4**.13 sieht man sofort, daß im dynamischen Betrieb bei Spannungssteuerung, d.h. für eine harmonisch zeitabhängige Basis-Emitterspannung

$$U_{BE}(t) = U_{BE} + \Delta U_{BE}(t)$$

wesentlich größere nichtlineare Verzerrungen im Kollektorstrom $i_C(t) = I_C + \Delta i_C(t)$ zu erwarten sind als für Stromsteuerung, d.h. bei Einspeisung eines harmonisch zeitabhängigen Basisstromes

$$i_B(t) = I_B + \Delta i_B(t).$$

Das E i n g a n g s - K e n n l i n i e n f e l d $I_B = I_B(U_{BE})_{U_{CE}=\text{const}}$ besteht nach Gl. (4.12) aus einer Schar von Exponentialkurven; das mußte auch erwartet werden, da es sich um die Charakteristik der Basis-Emitter-Diode handelt; allerdings wird durch die Basisschicht hindurch eine geringe Abhängigkeit der Charakteristik von U_{CE} bewirkt. Die Kurvenschar wird beschnitten durch die Grenzen des aktiv-normalen Bereiches

$$U_{CB}=0: \quad I_B = \frac{I_{CE0}}{1+B_N+B_I} \cdot \frac{B_I}{B_N} \cdot \left(e^{\frac{U_{BE}}{U_T}} - 1\right)$$

und

$$U_{CB} \gg U_T: \quad I_B = \frac{I_{CE0}}{1+B_N+B_I} \cdot \left[\frac{B_I}{B_N} \cdot \left(e^{\frac{U_{BE}}{U_T}} - 1\right) - 1\right].$$

Diese beiden Grenzkurven liegen sehr dicht beieinander (Bild **4**.14a); daher wird in der Praxis anstelle des gesamten Kennlinienfeldes lediglich eine einzige Kurve (für $U_{CB} \gg U_T$) angegeben (Bild **4**.14b).

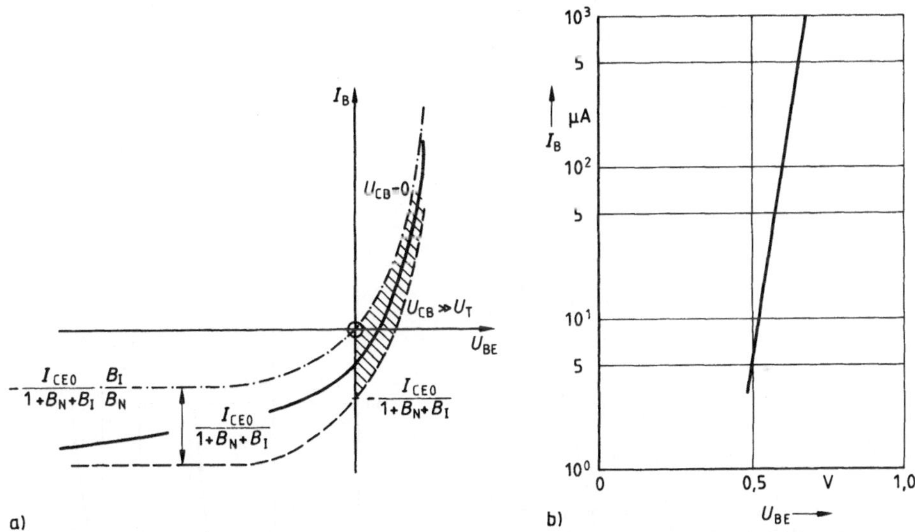

4.14 Eingangs-Kennlinienfeld in Emitterschaltung
a) nach Gl. (4.15)
b) Grenzkurve für $U_{CB} \gg U_T$ für den npn-Transistor BC 107 (aus [67])

Das Spannungs-Steuerkennlinienfeld $I_C = I_C(U_{BE})_{U_{CE}=\text{const}}$ beschreibt die Steuerwirkung der Basis-Emitter-Spannung auf den Kollektorstrom. Gemäß Gl. (4.13a) handelt es sich um eine Schar von Exponentialkurven; aus ihrer Steigung wird - entsprechend wie beim FET - die Steilheit definiert (s. Gl. (4.23)).

Der aktive Bereich wird durch die beiden Grenzkurven

$$U_{CB}=0: \quad I_C = I_{CE0} \cdot \frac{B_I}{1+B_N+B_I} \cdot \left(e^{\frac{U_{BE}}{U_T}} - 1\right)$$

und

$$U_{CB} \gg U_T: \quad I_C = I_{CE0} \cdot \frac{1}{1+B_N+B_I} \cdot \left(B_I \cdot e^{\frac{U_{BE}}{U_T}} + 1\right) \tag{4.22}$$

berandet; diese liegen sehr dicht beieinander, so daß das Kennlinien„feld“ praktisch zu einer Kurve zusammenschrumpft (Bild **4**.15). Eine reale derartige Kenn-

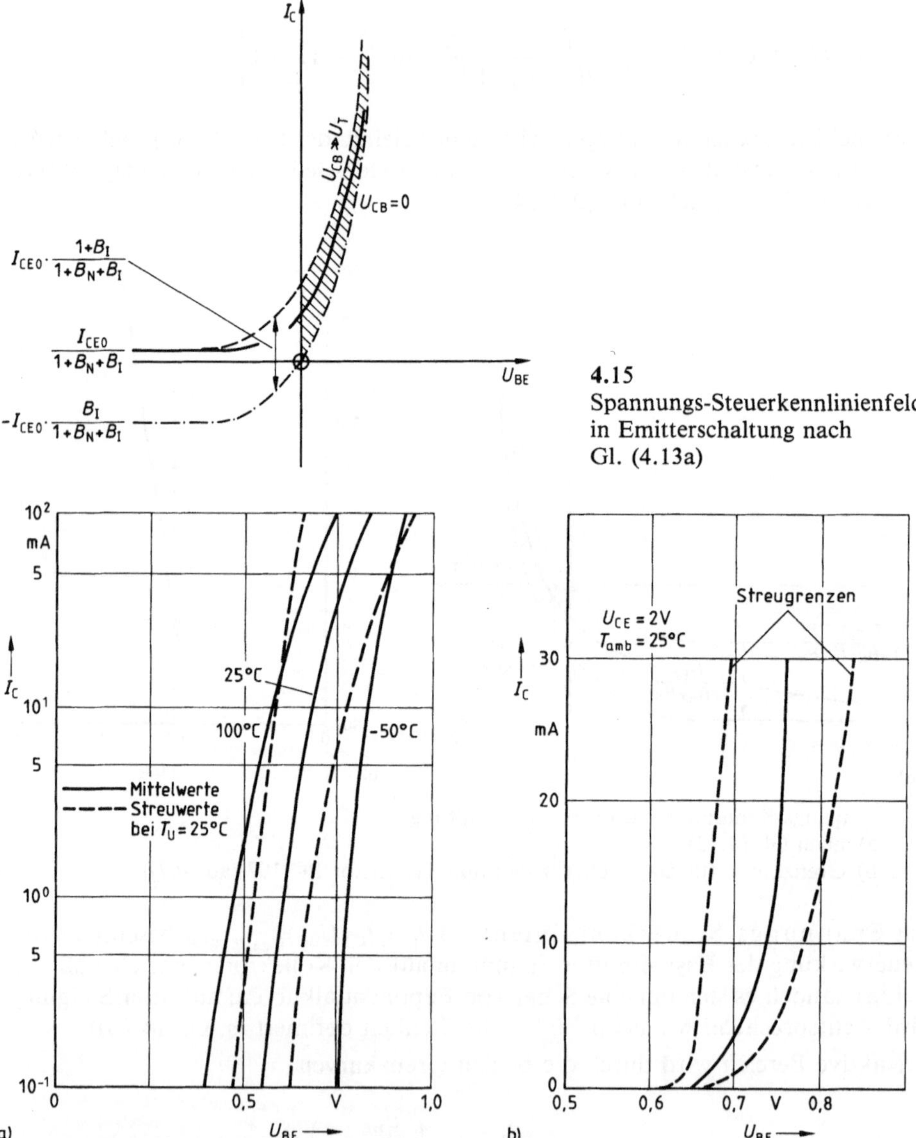

4.15
Spannungs-Steuerkennlinienfeld in Emitterschaltung nach Gl. (4.13a)

4.16 Reale Spannungs-Steuerkennlinien in Emitterschaltung
a) Grenzkurven des BC 107 für $U_{CE} \gg U_T$ bei verschiedenen Temperaturen (halblog. Maßstab) (aus [67])
b) Grenzkurve des pnp-Epitaxial-Planartransistors BF 254 für $U_{CE} \gg U_T$ (linearer Maßstab) (aus [54])

linie des Transistors BC 107 zeigt im halblogarithmischen Maßstab Bild **4**.16a; dort sind auch die Temperaturabhängigkeit sowie die Fertigungstoleranzen zu erkennen. Die Abweichungen von der theoretischen Geraden werden durch den Bahnwiderstand der Basiszone verursacht (s. Abschn. 4.4). Die lineare Darstellung der Spannungs-Steuerkennlinie des Transistors BF 254 in Bild **4**.16b zeigt deutlich die von der Halbleiterdiode bekannte Tatsache, daß der Stromfluß wesentlich erst oberhalb der sog. Schleusenspannung U_S einsetzt (vgl. die Bilder **1**.17 und **1**.18); hier ist im Mittel $U_S \approx 0{,}65$ V.

Das Strom-Steuerkennlinienfeld $I_C = I_C(I_B)_{U_{CE}=\text{const}}$ besteht aus der Geradenschar

$$I_C = I_{CE0} \cdot \frac{1 - e^{-\frac{U_{CE}}{U_T}}}{1 + \frac{B_N}{B_I} \cdot e^{-\frac{U_{CE}}{U_T}}} + I_B \cdot B_N \cdot \frac{1 - \left(1 + \frac{1}{B_I}\right) \cdot e^{-\frac{U_{CE}}{U_T}}}{1 + \frac{B_N}{B_I} \cdot e^{-\frac{U_{CE}}{U_T}}}. \tag{4.13b}$$

Sie genügt für $U_{CE} \gg U_T$ der vereinfachten Gl. (4.20); diese ist vom Parameter U_{CE} unabhängig, so daß die „Schar" in eine Grenzkurve mündet (Bild **4**.17). Ein reales Kennlinien„feld" zeigt Bild **4**.18. Wir erkennen deutliche Abweichungen

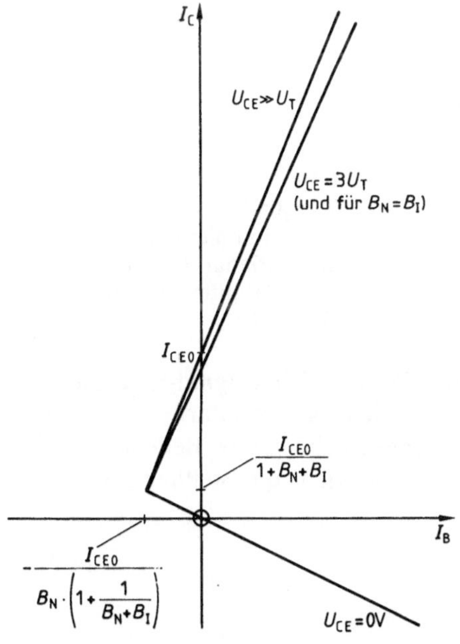

4.17 Strom-Steuerkennlinienfeld in Emitterschaltung nach Gl. (4.13b); der gemeinsame Schnittpunkt liegt praktisch im Ursprung

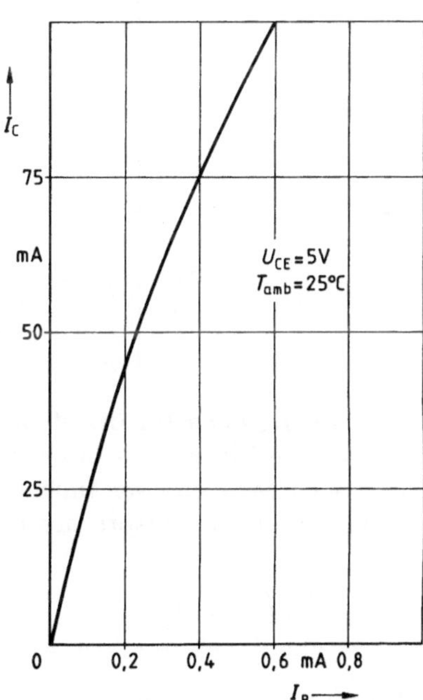

4.18 Strom-Steuerkennlinie in Emitterschaltung des BC 107 für $U_{CE} \gg U_T$ (aus [66])

vom theoretischen Verhalten nach Gl. (4.13b); diese rühren daher, daß die Stromverstärkung B_N selbst wieder vom Kollektorstrom abhängig ist (s. Abschn. 4.4). Aus Bild **4**.18 ist auch zu ersehen, daß I_{CE0} (bei Si-Transistoren) sehr klein ist.

Mitunter werden die einzelnen Transistor-Kennlinienfelder auch zu einer sog. Vierquadranten-Darstellung zusammengefaßt; darin sind die wenig aufgefächerten Kennlinienfelder zur Vereinfachung durch eine einzige Kennlinie angenähert (Bild **4**.19).

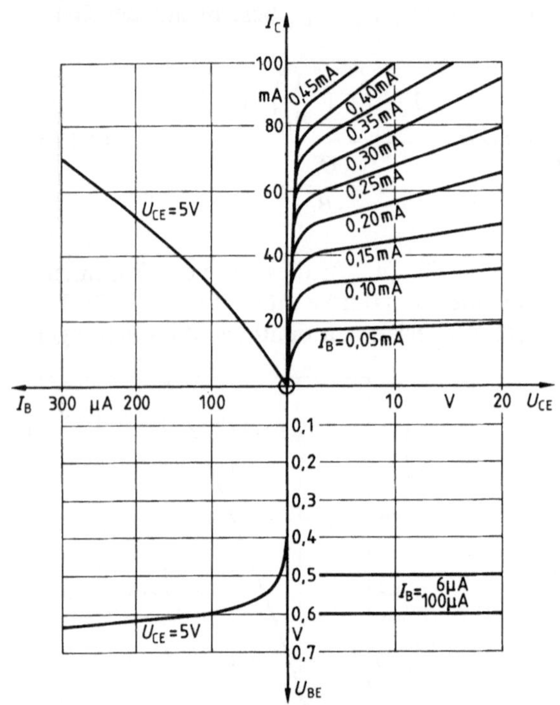

4.19
Vierquadranten-Darstellung der Kennlinienfelder des Epitaxial-Planar-Transistors BC 108 in Emitterschaltung (aus [66], [67])

4.3.2.4 Kenngrößen für den dynamischen Betrieb und Kleinsignal-Ersatzschaltung. Für den Einsatz des Bipolartransistors als Kleinsignalverstärker haben die Kenngrößen Steilheit und Innenleitwert eine ebensolche große Bedeutung wie beim FET und sind entsprechend wie dort definiert, d.h. die Steilheit als

$$S = \left(\frac{\partial I_C}{\partial U_{BE}}\right)_{U_{CE}=\text{const}} \tag{4.23}$$

und der Innenleitwert als

$$G_i = \left(\frac{\partial I_C}{\partial U_{CE}}\right)_{U_{BE}=\text{const}} \tag{4.24}$$

(vgl. die Gln. (3.20), (3.21)). Die Steilheit S ist anschaulich die Steigung der Spannungs-Steuerkennlinie im Arbeitspunkt; einen analytischen (Näherungs-) Ausdruck erhalten wir aus folgender Überlegung: Üblicherweise wird der Transistor mit Spannungen $|U_{BE}| \gg U_T$, $U_{CB} \gg U_T$ betrieben; dann können wir das Steuer-Spannungs-Kennlinienfeld in Bild **4.**15 praktisch durch die Grenzkurve nach Gl. (4.22) ersetzen

$$I_C = I_{CE0} \cdot \frac{B_I}{1 + B_N + B_I} \cdot e^{\frac{U_{BE}}{U_T}}.$$

Damit liefert die Definitions-Gleichung (4.23)

$$\begin{aligned} S &= I_{CE0} \cdot \frac{B_I}{1 + B_N + B_I} \cdot \frac{1}{U_T} \cdot e^{\frac{U_{BE}}{U_T}} \\ &= \frac{I_C}{U_T}. \end{aligned} \qquad (4.25)$$

Diese Beziehung ist für die Dimensionierung von Verstärkerschaltungen mit Bipolartransistoren von großer Bedeutung. Danach ist die Steilheit proportional zum Strom I_C im Arbeitspunkt, also stärker von diesem abhängig als beim FET (vgl. Gl. (3.22b)).

Aus einer durch Meßpunkte gegebenen Steuerkennlinie kann – entsprechend wie beim FET – graphisch ein Näherungswert für die Steilheit entnommen werden gemäß

$$S = \left(\frac{\Delta I_C}{\Delta U_{BE}}\right)_{U_{CE} = \text{const}}, \quad \text{z.B.} \quad S_1 = \frac{\Delta I_{C,1}}{\Delta U_{BE,1}} = \frac{I_{C,1} - I_{C,A}}{U_{BE,1} - U_{BE,A}}; \qquad (4.26)$$

es wird also die Tangente im Arbeitspunkt A nach Gl. (4.23) durch die Sekante ersetzt, welche durch A und einen benachbarten Kurvenpunkt P_1 geht (vgl. Bild **3.**19a und Gl. (3.23a)). Ein verbesserter Näherungswert ist der Mittelwert

$$S_M = \frac{S_1 + S_2}{2} \quad \text{mit} \quad S_2 = \frac{\Delta I_{C,2}}{\Delta U_{BE,2}} = \frac{I_{C,2} - I_{C,A}}{U_{BE,2} - U_{BE,A}} \qquad (4.27)$$

(vgl. die Gln. (3.24a, b). Auch aus dem Ausgangskennlinienfeld läßt sich die Steilheit näherungsweise nach der Vorschrift (4.26) ermitteln (Bild **4.**20b, vgl. Bild **3.**19b).

Beispiel 4.3. Für den Transistor BC 107 ist im Arbeitspunkt $U_{BE,A} = 0{,}58$ V, $I_{C,A} = 0{,}4$ mA die Steilheit S graphisch aus dem Kennlinienfeld in Bild **4.**10b zu bestimmen und mit dem theoretischen Näherungswert nach Gl. (4.25) zu vergleichen.

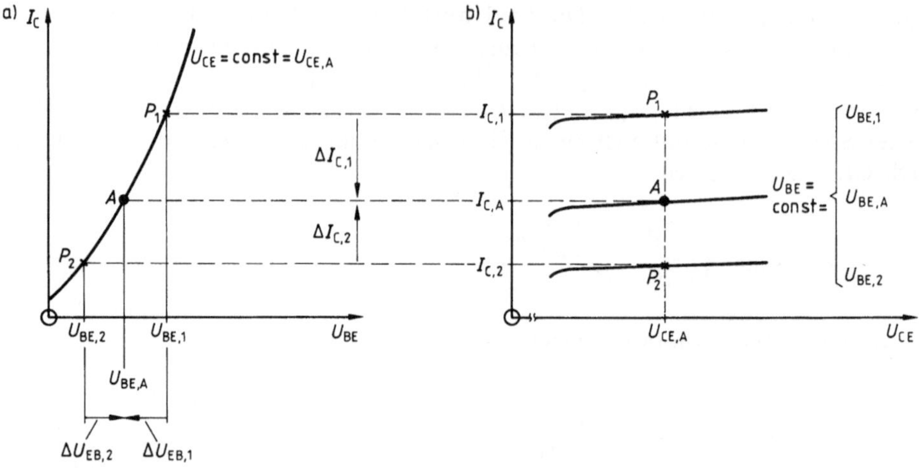

4.20 Näherungsweise graphische Bestimmung der Steilheit
a) aus einer Steuerkennlinie,
b) aus dem Ausgangs-Kennlinienfeld

Aus dem Kennlinienfeld folgt mit den Wertepaaren

$$U_{BE,1} = 0{,}59\text{ V}; \quad I_{C,1} = 0{,}5\text{ mA}$$

bzw.

$$U_{BE,2} = 0{,}57\text{ V}; \quad I_{C,2} = 0{,}295\text{ mA}$$

nach den Gln. (4.26) und (4.27)

$$S_1 = \frac{0{,}5-0{,}4}{0{,}59-0{,}58}\,\frac{\text{mA}}{\text{V}} = 10\text{ mS} \quad \text{bzw.} \quad S_2 = \frac{0{,}295-0{,}4}{0{,}57-0{,}58}\,\frac{\text{mA}}{\text{V}} = 10{,}5\text{ mS}$$

und damit der Näherungswert

$$S_M = \frac{S_1 + S_2}{2} = 10{,}25\text{ mS}.$$

Dagegen folgt aus Gl. (4.25) bei Raumtemperatur der zu große Wert

$$S = \frac{I_{C,A}}{U_T} = \frac{0{,}4\text{ mA}}{25{,}9\text{ mV}} = 15{,}4\text{ mS}.$$

Dieser verringert sich aber bei Berücksichtigung des Basisbahnwiderstandes (s. Abschn. 4.4) und der effektiv größeren Temperaturspannung in Silizium (s. Abschn. 1.1.3.1, insbesondere Gl. (1.27)).

Der Innenleitwert G_i ist nach der Definitions-Gl. (4.24) anschaulich die Steigung der Ausgangskennlinie im Arbeitspunkt. In dem für die Kleinsignalverstärkung üblichen Spannungsbereich $U_{CE} \gg U_T$ ist im Rahmen unserer bisherigen Betrachtung $G_i = 0$, da die Ausgangskennlinien horizontal verlaufen sollten (s. Bild **4**.10a). Für reale Transistoren gilt das allerdings nicht, wie Bild **4**.10b zeigt (s. hierzu Abschn. 4.4, insbesondere Gl. (4.40). Aus einer durch Meßpunkte gegebenen Ausgangskennlinie wird in Analogie zu Gl. (4.26) ein Näherungsausdruck

$$G_i = \left(\frac{\Delta I_C}{\Delta U_{CE}}\right)_{U_{BE} = \text{const}} \quad \text{bzw.} \quad G_{i,M} = \frac{G_{i1} + G_{i2}}{2} \tag{4.28}$$

mit

$$G_{i1} = \frac{\Delta I_{C,1}}{\Delta U_{CE,1}} = \frac{I_{C,1} - I_{C,A}}{U_{CE,1} - U_{CE,A}}, \quad G_{i2} = \frac{\Delta I_{C,2}}{\Delta U_{CE,2}} = \frac{I_{C,2} - I_{C,A}}{U_{CE,2} - U_{CE,A}}$$

gewonnen (Bild **4**.21, vgl. Bild **3**.19c).

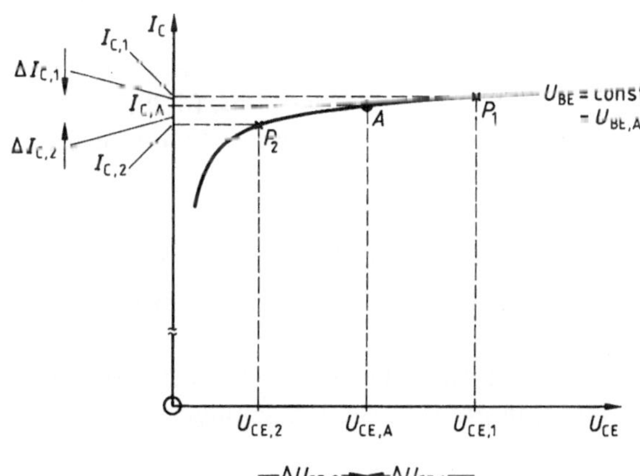

4.21 Näherungsweise graphische Bestimmung des Innenleitwertes aus dem Ausgangs-Kennlinienfeld. Es ist der Fall $\Delta U_{CE,2} = -\Delta U_{CE,1}$ dargestellt.

Beispiel 4.4. Für den Transistor BC 107 ist im Arbeitspunkt $U_{CE,A} = 5$ V, $I_{C,A} = 12{,}5$ mA der Innenleitwert G_i graphisch aus dem Kennlinienfeld in Bild **4**.13c zu bestimmen.
Aus dem Kennlinienfeld folgt mit dem Wertepaar $U_{CE,1} = 40$ V, $I_{C,1} = 15$ mA

$$G_{i1} = \frac{15 - 12{,}5}{40 - 5} \frac{\text{mA}}{\text{V}} = 0{,}07 \text{ mS}$$

entsprechend einem Widerstand von 14 kΩ.

Aus der Theorie Gl. (4.13a) folgt dagegen für den hier vorliegenden Fall $U_{CE} \gg U_T$ der Innenleitwert $G_i = 0$; der Unterschied kann durch den Early-Effekt erklärt werden (s. Abschn. 4.4, insbesondere Gl. (4.40)).

G_i ist – entsprechend wie beim FET – der Verlustleitwert der spannungsgesteuerten Stromquelle in der Kleinsignal-Wechselstromersatzschaltung des Bipolartransistors. Diese Ersatzschaltung ist umfangreicher als beim FET, da hier der Steuerstrom im Gegensatz zum dortigen Steuerstrom I_G nicht (ohne weiteres) vernachlässigt werden kann; im Prinzip verläuft die Herleitung der Ersatzschaltung aber wie dort: Eine Änderung der Gleichspannungen U_{BE} bzw. U_{CE} um die differentiellen Größen dU_{BE} bzw. dU_{CE} verändert den Kollektorstrom gegenüber dem Wert $I_C(U_{BE}, U_{CE})$ im Arbeitspunkt $A(U_{BE}, U_{CE})$ um

$$dI_C = \underbrace{\left(\frac{\partial I_C}{\partial U_{BE}}\right)_{U_{CE}=\mathrm{const}}}_{S} \cdot dU_{BE} + \underbrace{\left(\frac{\partial I_C}{\partial U_{CE}}\right)_{U_{BE}=\mathrm{const}}}_{G_i} \cdot dU_{CE} \tag{4.29}$$

und den Basisstrom um

$$dI_B = \left(\frac{\partial I_B}{\partial U_{BE}}\right)_{U_{CE}=\mathrm{const}} \cdot dU_{BE} + \left(\frac{\partial I_B}{\partial U_{CE}}\right)_{U_{BE}=\mathrm{const}} \cdot dU_{CE}. \tag{4.30}$$

Solange man sich im Gültigkeitsbereich der Gl. (4.20) befindet, ist $dI_B = dI_C/B$. Wenn nun die Gültigkeit der Gln. (4.29), (4.30) - entsprechend wie beim FET - auf **endlich** kleine harmonische Spannungs- und Stromänderungen erweitert wird gemäß

$$\begin{aligned} &dU_{BE} \to \mathrm{Re}\sqrt{2} \cdot \underline{U}_{BE} \cdot e^{j\omega t}, \quad dU_{CE} \to \mathrm{Re}\sqrt{2} \cdot \underline{U}_{CE} \cdot e^{j\omega t} \\ &dI_B \to \mathrm{Re}\sqrt{2}\underline{I}_B \cdot e^{j\omega t}, \quad dI_C \to \mathrm{Re}\sqrt{2}\underline{I}_C \cdot e^{j\omega t} \end{aligned} \tag{4.31}$$

(vgl. Gl. (3.27)), so bestehen zwischen den komplexen Effektivwerten der Ströme und Spannungen die Beziehungen

$$\begin{aligned} &\underline{I}_C = S \cdot \underline{U}_{BE} + G_i \cdot \underline{U}_{CE} \\ &\underline{I}_B = \frac{S}{B} \cdot \underline{U}_{BE} + \frac{G_i}{B} \cdot \underline{U}_{CE}. \end{aligned} \tag{4.32}$$

Dieses Gleichungssystem wird durch die beiden (äquivalenten) Ersatzschaltungen in Bild **4.**22a wiedergegeben. Sie sind für hohe Frequenzen - entsprechend wie beim FET - durch die Sperrschicht- und Diffusionskapazitäten C_s und C_D zwischen Basis und Emitter (bzw. Kollektor) sowie durch eine Kapazität C_{CE} zwischen Kollektor und Emitter zu ergänzen. Außerdem ist der Basisbahnwiderstand R_B hinzuzufügen (s. hierzu Abschn. 4.4); man erhält so die nach Giacoletto benannte Ersatzschaltung in Bild **4.**22b. Die Bilder **4.**22 sind die Grundlage für die Berechnung von Kleinsignal-Verstärkern in Emitterschaltung; die entsprechenden Bilder für die Basis- und Kollektorschaltung lassen sich daraus leicht durch Umzeichnen gewinnen (s. Band XII).

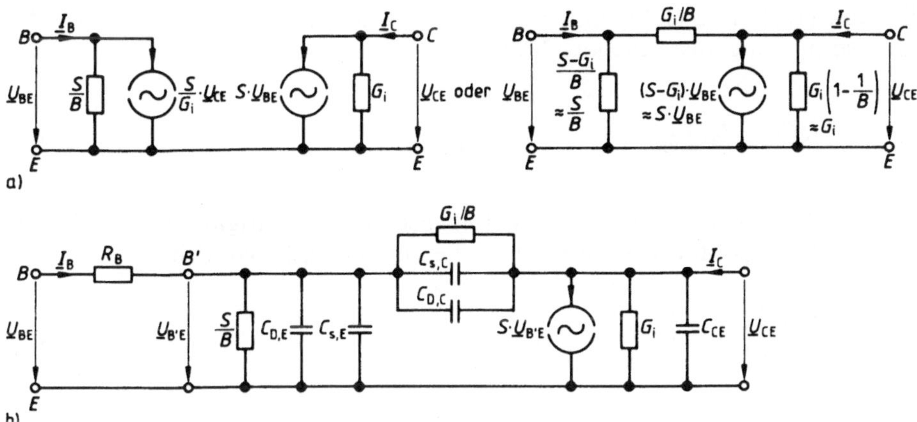

4.22 Ersatzschaltung des inneren Transistors in Emitterschaltung für Kleinsignalbetrieb
a) für tiefe Frequenzen gemäß Gl. (4.32)
b) für hohe Frequenzen (Ersatzschaltung nach Giacoletto; es ist i. allg. $C_{D,E} \gg C_{s,E}$, $C_{s,C} \gg C_{D,C}$)

Auch für die Stromverstärkungen sind im Kleinsignalbetrieb dynamische bzw. differentielle Kenngrößen zu verwenden und zwar für die Basisschaltung anstelle von A_N und A_I die Größen

$$\alpha_N = -\left(\frac{\partial I_C}{\partial I_E}\right)_{U_{CB}=\text{const}} \quad \text{bzw.} \quad \alpha_I = -\left(\frac{\partial I_E}{\partial I_C}\right)_{U_{EB}=\text{const}}$$

und für die Emitterschaltung anstelle von B_N und B_I die Größen

$$\beta_N = \left(\frac{\partial I_C}{\partial I_B}\right)_{U_{CE}=\text{const}} \approx \frac{\alpha_N}{1-\alpha_N} \quad \text{bzw.} \quad \beta_I = \left(\frac{\partial I_B}{\partial I_C}\right)_{U_{BE}=\text{const}} = \frac{\alpha_I}{1-\alpha_I}.$$

In der Praxis werden ausschließlich die Kenngrößen B_N und β_N benutzt, und der Index N wird generell weggelassen. Der Index „$U_{CE}=\text{const}$" in der Definitionsgleichung von β zeigt das Fehlen einer Wechselspannung zwischen den Klemmen C und E an; daher wird β auch Kurzschluß-Stromverstärkung genannt. Nach Gl. (4.13b) gilt $\beta \approx B$; nach der in der Praxis i. allg. gültigen Näherung Gl. (4.20) gilt sogar $\beta = B$.

4.3.2.5 Die Temperaturabhängigkeit des Kollektorstromes. Die im Abschn. 4.3.2.2 definierten Restströme sind proportional zum Transferstrom I_T nach Gl. (4.10). Daher wird ihre Temperaturabhängigkeit im wesentlichen durch die **Minoritäts**trägerdichte $n_{B,p}$ bestimmt, d.h. durch n_i^2 wie bei einer pn-Diode (vgl.

die Gln. (1.11) und (1.18) in Verbindung mit Gl. (1.5a)). Für die Sperrströme gilt also in völlig ausreichender Näherung

$$I_S(T) = I_S(T_0) \cdot e^{c(T-T_0)}, \quad c = \frac{W_G}{kT_0^2} \tag{4.33}$$

(vgl. Gl. (1.22)). Diese Näherung gilt ebenso für die Sättigungsströme I_{ES} und I_{CS} in den Ebers-Moll-Gleichungen (s. die Gln. (4.8), (4.9)), d.h.

$$\begin{Bmatrix} I_{ES}(T) \\ I_{CS}(T) \end{Bmatrix} = \begin{Bmatrix} I_{ES}(T_0) \\ I_{CS}(T_0) \end{Bmatrix} \cdot e^{c(T-T_0)}. \tag{4.34}$$

Damit folgt aus Gl. (4.7) für die Temperaturabhängigkeit des Kollektorstromes der Ausdruck

$$I_C(T) = \underbrace{\left[I_T(T_0) \cdot \underbrace{\left(e^{-\frac{U_{EB}}{U_T}} - 1 \right)} + I_{CS}(T_0) \cdot \underbrace{\left(e^{-\frac{U_{CB}}{U_T}} - 1 \right)} \right]}_{\substack{\text{fällt schwach} \\ \text{mit wachsender Temperatur}}} \cdot \underbrace{e^{c(T-T_0)}}_{\text{steigt stark}}$$

Mit den im praktischen Betrieb erfüllten Bedingungen $-U_{EB}, U_{CB} \gg U_T$ vereinfacht sich dieser Ausdruck wie folgt:

$$I_C(T) = I_C(T_0) \cdot e^{-\frac{W_G}{kT_0} + \frac{1}{U_{T_0}} \left[\frac{W_G}{e} \cdot \frac{T}{T_0} - U_{EB} \cdot \frac{T_0}{T} \right]}. \tag{4.35}$$

Da im Gültigkeitsbereich der Ebers-Moll-Gleichung (4.7) $-U_{EB} < W_G/e$ ist, nimmt $I_C(T)$ mit wachsender Temperatur exponentiell zu. Dieser Anstieg kann durch eine Verringerung des Betrages $|U_{EB}|$ der Emitter-Basis-Spannung kompensiert werden. Diejenige Abnahme, welche die Wirkung von 1° Temperaturerhöhung gerade aufhebt, wird wie bei der pn-Diode Temperatur-Durchgriff genannt und mit D_T bezeichnet. Seine Bestimmungsgleichung lautet nach Gl. (4.35)

$$dI_C = 0 \to \frac{W_G}{e} \cdot \frac{dT}{T_0} - T_0 \cdot \frac{T\,dU_{EB} - U_{EB}\,dT}{T^2} = 0.$$

Hieraus folgt

$$D_T = \left(\frac{dU_{EB}}{dT} \right)_{T=T_0} = \frac{W_G/e + U_{EB}}{T_0} \tag{4.36}$$

bzw. durch $I_C\,(T_0)$ ausgedrückt

$$D_T = \frac{W_G}{e T_0} - \frac{k}{e} \cdot \ln \frac{I_C(T_0)}{I_T(T_0)} \tag{4.37}$$

(vgl. Gl. (1.23) für die Halbleiterdiode). Mitunter wird als grobe Näherung $D_T = c\,U_{T_0} = W_G/e\,T_0$ benutzt; dies gilt nur für Spannungen $|-U_{EB}| \ll W_G/e$, wie die Gl. (4.36) zeigt. - Für einen pnp-Transistor ist in Gl. (4.36) U_{EB} durch $-U_{EB}$ sowie in den Gln. (4.36) und (4.37) D_T durch $-D_T$ zu ersetzen. -

4.4 Korrekturen für reale Transistoren

Die Korrekturen für reale Transistoren entsprechen denjenigen für die reale pn-Diode (s. Abschn. 1.1.3) bzw. für den realen FET (s. Abschn. 3.2.3). Damit können die in den Bildern **4.**10b, **4.**13 und **4.**16a zum Ausdruck kommenden Unterschiede zwischen der idealisierten Theorie und der Praxis erklärt werden.

Der Basisbahnwiderstand. Die in den Strom-Spannungsbeziehungen (4.6), (4.7) bzw. (4.12), (4.13) enthaltenen Spannungen U_{EB} und U_{CB} bzw. U_{BE} sind als unmittelbar über den Sperrschichten liegende Spannungen definiert. Diese stimmen jedoch nicht mit den Spannungen überein, welche zwischen den entsprechenden äußeren Anschlüssen *E*, *B*, *C* des Transistors liegen; denn wegen der geringen Leitfähigkeit der Basis (als Folge ihrer schwachen Dotierung) besteht ein nicht zu vernachlässigender Spannungsabfall zwischen dem äußeren Basisanschluß *B* und der basisseitigen Begrenzung der Emitter- bzw. Kollektor-Sperrschicht. Dieser Spannungsabfall in der Basis ist in Wirklichkeit die Folge eines ortsabhängigen und verteilten Widerstandes; er wird zur Vereinfachung schaltungsmäßig durch einen konzentrierten ohmschen Widerstand R_B berücksichtigt, den sog. Basisbahnwiderstand (Bild **4.**23): Die basisseitige Begrenzung der

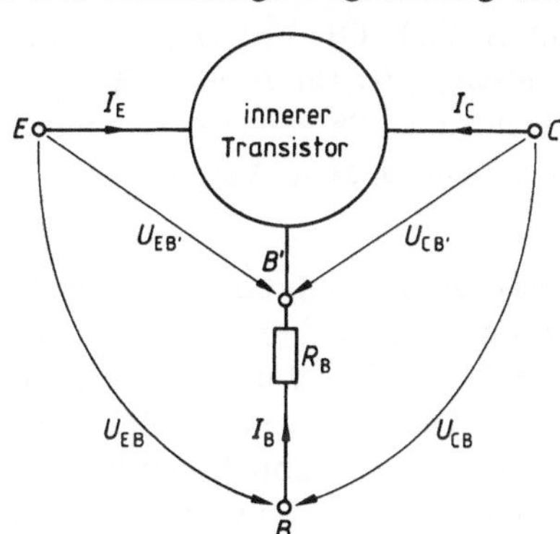

4.23
Schaltbild des Transistors mit Berücksichtigung des Basis-Bahnwiderstandes

Emitter- bzw. Kollektor-Sperrschicht liegt auf dem Potential des fiktiven Punktes B', der auch als innerer Basispunkt bezeichnet wird; statt R_B ist daher auch die Bezeichnung $R_{BB'}$ oder $r_{bb'}$ üblich. – Entsprechende Spannungsabfälle im Emitter- und Kollektor-Bahngebiet können dagegen vernachlässigt werden und zwar im Emitter wegen dessen hoher Dotierung, im Kollektor (trotz seiner niedrigen Dotierung) wegen dessen Abmessungen. –

Zwischen den inneren und äußeren Spannungen bestehen nach Bild **4**.23 folgende Beziehungen

$$\begin{aligned} U_{EB'} &= U_{EB} + R_B \cdot I_B \\ U_{CB'} &= U_{CB} + R_B \cdot I_B \\ U_{CE'} &= U_{CB'} - U_{EB'} = U_{CB} - U_{EB} = U_{CE} \end{aligned} \qquad (4.38)$$

Die für den Stromfluß wirksamen Spannungen $U_{EB'}$ und $U_{CB'}$ sind also selbst wieder vom Arbeitspunkt (I_B) abhängig (vgl. die entsprechenden Bemerkungen für die pn-Diode, insbesondere Gl. (1.28), sowie für den FET in Abschn. 3.2.3 unter c)).

Der Basis-Bahnwiderstand realer Transistoren ist vom Arbeitspunkt und vom Transistortyp abhängig; er kann bei NF-Transistoren einige 10 Ω betragen, bei Mikrowellen-Transistoren liegt R_B in der Größenordnung 1 Ω.

Durch R_B wird die Steuerkennlinie des realen Transistors $I_C = I_C(U_{BE})_{U_{CE}=\text{const}}$ gegenüber der des „inneren" Transistors $I_C = I_C(U_{BE'})_{U_{CE}=\text{const}}$ geschert und daher flacher. Dementsprechend verringert sich die Steilheit:

$$S_{\text{real}} = \left(\frac{\partial I_C(U_{B'E}, U_{CE})}{\partial U_{BE}}\right)_{U_{CE}=\text{const}} = \left(\frac{\partial I_C}{\partial U_{B'E} + R_B \partial I_B}\right)_{U_{CE}=\text{const}}$$

$$= \frac{\left(\dfrac{\partial I_C}{\partial U_{B'E}}\right)_{U_{CE}=\text{const}}}{1 + R_B \cdot \left(\dfrac{\partial I_B}{\partial I_C}\right)_{U_{CE}=\text{const}} \cdot \left(\dfrac{\partial I_C}{\partial U_{B'E}}\right)_{U_{CE}=\text{const}}} = \frac{S}{1 + \dfrac{R_B}{B_N} \cdot S}$$

mit S nach Gl. (4.23) (vgl. die entsprechende Gl. (3.32) für den FET); beispielsweise ist für $R_B = 50\ \Omega$, $B_N = 100$, $S = 80$ mS ($\triangleq I_C = 2$ mA) $S_{\text{real}} = 77$ mS. In gleichem Maße verringert sich die Kleinsignalverstärkung des Transistors gegenüber dem idealen Wert für $R_B = 0$.

Basisweiten-Modulation (Early-Effekt). Die Ausgangskennlinien realer Transistoren zeigen keine Sättigung, sondern eine (geringe) Zunahme von I_C mit U_{CE} (s. z. B. die Bilder **4**.10b und **4**.13). Das hat einen entsprechenden Grund wie bei der pn-Diode und beim FET: Die Ströme I_{ES}, I_{CS} und I_T nehmen nach den Gln. (4.8)–(4.10) mit abnehmender Basisweite $w_{B,p}$ zu; dasselbe gilt damit auch für I_C gemäß Gl. (4.7). Die effektive Basisweite hängt nun ihrerseits von der Größe der am Transistor liegenden Spannungen U_{EB}, U_{CB} ab und zwar in erster Linie von U_{CB}, da diese Spannung wesentlich größer als $|U_{EB}|$ ist; diese Erscheinung wird als Early-Effekt bezeichnet; nach Bild 4.24 gilt

$$w_{B,p}(U_{CB'}) = w_{B,0} - w_p(U_{CB'}) = w_{B,0} - \underbrace{\text{const} \cdot \sqrt{1 + \frac{U_{CB'}}{U_D}}}_{\substack{\text{für einen abrupt-dotierten} \\ \text{Basis-Kollektorübergang (s. Gl. (1.12))}}} \tag{4.39}$$

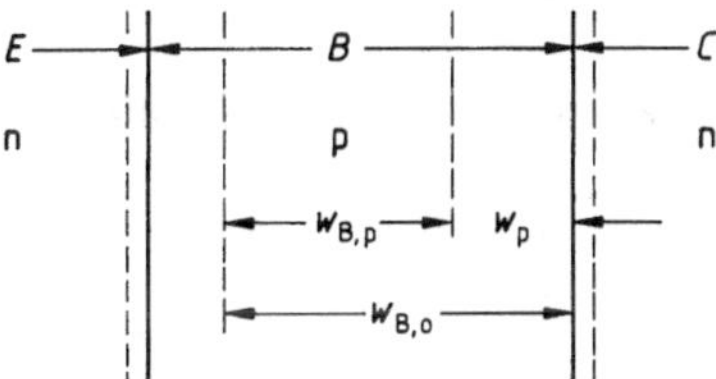

4.24
Der Early-Effekt beim Transistor (Basisweiten-Modulation)

Mit wachsendem $U_{CB'}$, d.h. auch mit wachsendem U_{CE}, nimmt also die effektive Basisweite $w_{B,p}(U_{CB'})$ ab und damit I_C zu. Als Folge davon ist der Innenleitwert G_i eines realen Transistors von Null verschieden; die Definitionsgleichung (4.24) liefert – mit der hier erlaubten Vernachlässigung von R_B –

$$G_i = \left(\frac{\partial I_C}{\partial U_{CE}}\right)_{U_{BE}=\text{const}} = \left(\underbrace{\frac{\partial I_C}{\partial w_{B,p}}}_{\substack{-I_C/w_{B,p} \\ \text{nach der} \\ \text{Näherung Gl. (4.11)}}} \cdot \underbrace{\frac{\partial w_{B,p}}{\partial U_{CE}}}_{\approx \frac{\partial w_{B,p}}{\partial U_{CB}} \text{ wegen } U_{CE} \approx U_{CB}}\right)_{U_{BE}=\text{const}} = \frac{S}{\mu} \tag{4.40}$$

mit der Steilheit S des inneren Transistors nach Gl. (4.25) und der Abkürzung

$$\mu = \frac{w_{B,p}}{U_T} \cdot \left(-\frac{\partial U_{CB}}{\partial w_{B,p}}\right)_{U_{BE}=\text{const}}. \tag{4.41}$$

μ ist anschaulich die Leerlauf-Spannungsverstärkung des Transistors $\underline{U}_{CE}/\underline{U}_{BE}$ im Kleinsignalbetrieb, wie aus Gl. (4.32) für $\underline{I}_C = 0$ folgt.

Beispiel 4.5. Für einen abrupten, stark unsymmetrisch dotierten Basis-Kollektor-Übergang aus Silizium ist die Größe μ zu berechnen und das Ergebnis für das folgende Zahlenbeispiel numerisch auszuwerten:

$U_T = 25{,}9$ mV, $N_{A,B} = 10^{16}$ cm$^{-3} = 10 \cdot N_{D,C}$, $U_{CB} = 6$ V, $w_{B,p} = 5$ µm.
Aus Gl. (4.41) folgt mit den Gln. (1.10), (1.12) und (4.39)

$$\mu = \frac{w_{B,p}}{U_T} \sqrt{\frac{2e}{\varepsilon_0 \varepsilon_r} N_{A,B} \left(1 + \frac{N_{A,B}}{N_{D,C}}\right) \cdot (U_D + U_{CB})},$$

d.h. für das vorliegende Zahlenbeispiel und mit $\varepsilon_r = 12$, $\varepsilon_0 = (36\pi \cdot 10^{11})^{-1}$ As/Vcm, $e = 1{,}6 \cdot 10^{-19}$ As, $n_i = 1{,}5 \cdot 10^{10}$ cm^{-3} und $U_D = 0{,}635$ V nach Gl. (1.5a)

$$\mu = \frac{5\ \mu\text{m}}{25{,}9\ \text{mV}} \sqrt{\frac{2 \cdot 1{,}6 \cdot 10^{-19}\ \text{As} \cdot 1{,}1 \cdot 10^{17}\ \text{cm}^{-3}}{12} 36\pi \cdot 10^{11} \cdot \frac{\text{Vcm}}{\text{As}} \cdot 6{,}635\ \text{V}}$$
$$= 9057.$$

Diese Größenordnung gilt allgemein.

Beispiel 4.6. Welcher Wert von μ ergibt sich aus dem in Beispiel 4.4 ermittelten Wert von G_i in Verbindung mit der Steilheit $S = I_C/U_T = 12{,}5$ mA/25,9 mV = 483 mS?
Aus Gl. (4.40) folgt $\mu = S/G_i = 483$ mS $\cdot$ 14 kΩ = 6762. Das ist größenordnungsmäßig in Übereinstimmung mit dem in Beispiel 4.5 berechneten Wert.

Der Stromverstärkungsfaktor B_N. Die nach Gl. (4.17) berechneten Werte sind z.T. wesentlich größer als die experimentell ermittelten. Das liegt daran, daß die eindimensionale Theorie des Transistors nur die Rekombination im Innern des Basisraumes berücksichtigen kann (sog. Volumenrekombination), dagegen nicht die sog. Oberflächenrekombination in der Umgebung des Emitters; letztere spielt in der Praxis jedoch meist die Hauptrolle. Die Oberflächen-Rekombination kommt dadurch zustande, daß infolge des endlichen Durchmessers der Emitter- und Kollektorzone und ihrer Krümmung ein Teil der vom Emitter ausgehenden Ladungsträgerbahnen nicht auf dem Kollektor endet, sondern an der Oberfläche der Basiszone (Bild **4.**25). Dieser Vorgang findet in einer ringförmigen Zone um den Emitter herum statt; die Breite dieses Ringes ist nach experimentellen und theoretischen Untersuchungen annähernd gleich der Basisweite $w_{B,p}$. Für den Oberflächen-Rekombinations-Strom gilt daher

$$I_{Ob} \sim \underbrace{w_{B,p} \cdot [n(\text{Ring}) - n_{B,p}]}_{} \approx w_{B,p} \cdot n_{B,p} \cdot \left(e^{-\frac{U_{EB}}{U_T}} - 1\right) \tag{4.42}$$

Konzentration der Minoritätsträger in der ringförmigen Umgebung des Emitters ($\approx n_{B,p} \cdot \exp[-U_{EB}/U_T]$)

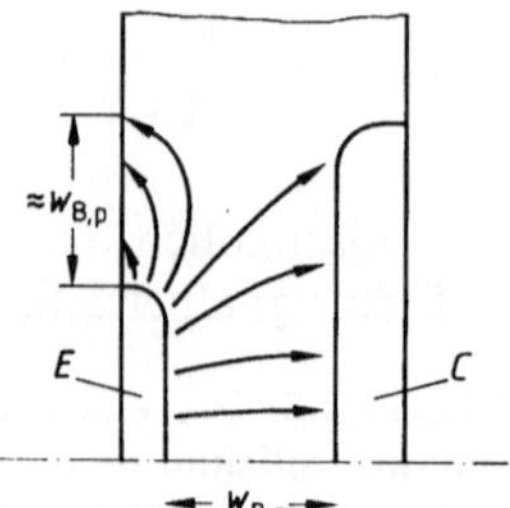

4.25
Oberflächenrekombination in der Umgebung des Emitters

Diese Stromkomponente zweigt vom Emitterstrom ab, erhöht den Basisstrom und verkleinert den Kollektorstrom; dadurch nimmt B_N gemäß seiner Definition ab.

Da der Basisstrom des realisierten Transistors gemäß den Gln. (4.6)–(4.10) näherungsweise dieselbe Abhängigkeit von $w_{B,p}$ und U_{EB} aufweist wie I_{Ob} nach Gl. (4.42), bewirkt die Oberflächenrekombination rechnerisch eine Vergrößerung der effektiven Basisweite. Das hat nach Gl. (4.17) eine Verringerung von B_N zur Folge.

Die Gleichstromverstärkungen A_N, $A_I(<1)$ in Basisschaltung und die entsprechenden Größen B_N, $B_I(\gg 1)$ in Emitterschaltung sind nach der bisher dargestellten Theorie stromunabhängig. Praktisch ist das aber nicht der Fall, wie Bild **4.26** an einem Beispiel zeigt. Hierfür kommen mehrere Gründe in Betracht, vor allem folgende: Mit wachsendem Strom wird in der Basis ein elektrisches Feld aufgebaut, welches den Durchgang der Ladungsträger beschleunigt und dadurch die Rekombination verringert; dadurch steigt B_N zunächst mit wachsendem I_C an. Bei noch größeren Strömen wird das Injektionsverhalten am Emitter-Basis-Übergang zunehmend auch von Defektelektronen mitbestimmt (Hochstromverhalten); dadurch sinkt der relative Elektronenanteil am Emitterstrom und damit auch die Stromverstärkung B_N. Bei der Auslegung einer Transistorschaltung muß man also darauf achten, daß man in die Dimensionierungsformeln den zum Strom $I_C(A)$ im Arbeitspunkt A gehörenden Wert $B_N(I_C(A))$ einsetzt.

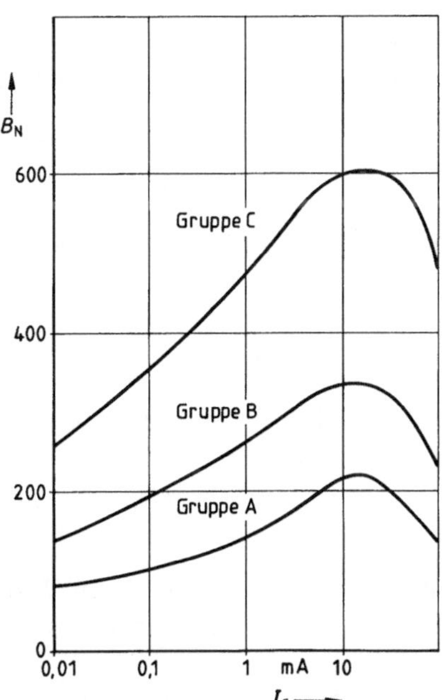

4.26
Kollektor-Basis-Stromverhältnis B_N der Gruppen A, B, C des Transistors BC 107 für $U_{CE} = 5$ V und eine Umgebungstemperatur $\vartheta_u = 25\,°C$ (aus [66])

Spannungsdurchbrüche. Bei Erhöhung der Kollektor-Emitter-Spannung U_{CE} kann in der Umgebung der Dotierungsgrenze zwischen Kollektor und Basis der Lawineneffekt nicht mehr vernachlässigt werden, wodurch alle über den pn-Übergang *C–B* fließenden Ströme mit dem Multiplikationsfaktor

$$M = \frac{1}{1 - \left(\frac{U_{CB}}{U_{Br,CB0}}\right)^n} \tag{4.43}$$

vervielfacht werden (vgl. Gl. (1.32)). Damit gehen die Ebers-Moll-Gleichungen (4.6), (4.7) über in

$$I_E = I_{D1} - MA_I \cdot I_{D2}$$
$$I_C = M(-A_N \cdot I_{D1} + I_{D2}),$$

hieraus folgt

$$I_C = -MA_N I_E + M(1 - A_N A_I M) I_{D2}. \tag{4.44}$$

Insbesondere gilt bei offenem Emitter ($I_E = 0$)

$$I_C = M(1 - A_N A_I M) I_{D2}.$$

Danach erfolgt der Durchbruch ($I_C \to \infty$) zwischen Kollektor und Basis für $M \to \infty$, d.h. nach Gl. (4.43) für $U_{CE} \approx U_{CB} = U_{BR,CB0}$. Dagegen setzt der Durchbruch zwischen Kollektor und Emitter bei offener Basis ($I_B = 0$) viel früher ein: Aus Gl. (4.44) folgt nämlich für $I_B = 0$, d.h. $I_E = -I_C$

$$I_C = \frac{M \cdot (1 - A_N \cdot A_I \cdot M)}{1 - M \cdot A_N} \cdot I_{D2}.$$

Die Bedingung für den Durchbruch ($I_C \to \infty$) lautet jetzt

$$M \to \frac{1}{A_N} \gtrsim 1$$

und erfordert die viel kleinere Durchbruchsspannung

$$U_{CE} \approx U_{CB} = U_{BR,CE0} = U_{BR,CB0} \cdot \sqrt[n]{1 - A_N} = \frac{U_{BR,CB0}}{\sqrt[n]{1 + B_N}}.$$

Für eine Schaltung mit einem Widerstand *R* zwischen Basis und Emitter ergibt sich eine mittlere Durchbruchsspannung:

$$U_{BR,CE0} \leq U_{BR,CER} \leq U_{BR,CB0}$$

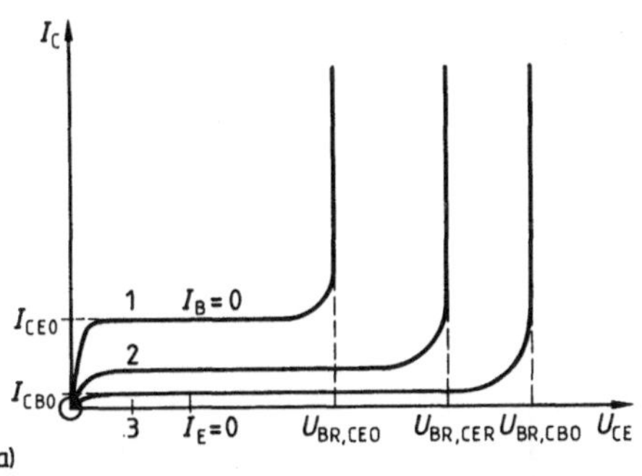

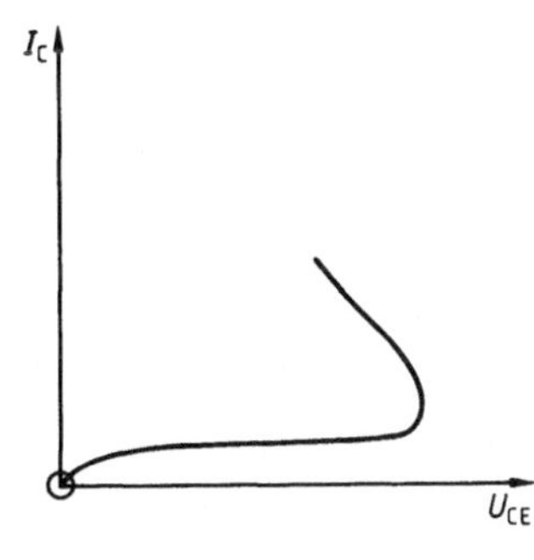

4.27 Spannungsdurchbruchskennlinien
a) nach den Gln. (4.43) und (4.44)
1: Emitterschaltung mit offener Basis ($I_B = 0$)
2: Emitterschaltung mit einem Widerstand R zwischen Emitter und Basis
3: Basisschaltung mit offenem Emitter ($I_E = 0$, d.h. $I_B = -I_C < 0$)
b) unter Berücksichtigung von Hochstromeffekten, qualitativ

(Bild 4.27a). In der Praxis werden anstelle der Steilanstiege von I_C über U_{CE} fallende Kennlinien beobachtet, die durch Hochstromeffekte verursacht werden (z.B. durch die Stromabhängigkeit des Stromverstärkungsfaktors gemäß Bild 4.26). Der Kennlinienverlauf hängt dabei von der Belastung R der Basis-Emitter-Strecke ab (Bild 4.27b), ähnlich wie beim Thyristor (s. Kapitel 5).

Bei sehr dünnen Basiszonen kann es schon vor Erreichen des Lawinendurchbruches der Kollektor-Basis-Diode zu einem Steilanstieg des Kollektorstromes kommen und zwar dadurch, daß sich die Kollektor-Sperrschicht durch die Basis hindurch bis zur Emitter-Sperrschicht ausdehnt (punch-through-Effekt), denn für $w_{B,p} \to 0$ folgt aus den Gln. (4.7)–(4.10) $I_C \to \infty$.

Thermischer Durchbruch (2. Durchbruch). Dieser Durchbruch kann vorzugsweise bei Leistungstransistoren auftreten und zwar bereits vor Erreichen der (pauschalen) maximal zulässigen Verlustleistung $P_{v,max}$ (Punkte *a–d* in Bild 4.28) bzw. vor dem ersten Durchbruch (Punkte *a* und *c–f*) oder danach (Punkt *b*). Er beruht auf einer ungleichmäßigen Stromverteilung über dem Emitterquerschnitt (z.B. infolge des Basisbahnwiderstandes; dadurch nimmt bei Flußpolung die wirksame Steuerspannung zur Emittermitte hin ab, so daß der Strom zum Emitterrand verdrängt wird). Dies hat eine ungleichmäßige Verteilung der Verlustleistung und damit der Temperatur über dem Emitterquerschnitt zur Folge, – u.a. weil α mit steigender Temperatur zunimmt –, wodurch die Inhomogenität der Stromverteilung unterstützt wird. Diese thermisch-elektrische Mitkopplung kann zu einer Einschnürung des Stromes und damit zu einer lokalen Überhitzung und Zerstörung des Transistors führen. Im Kennlinienfeld kommt das in einem Zusammenbruch der Kollektor-Emitter-Spannung zum Ausdruck, der bei um so niedrigerem Strom eintritt, je größer die den Durchbruch auslösende

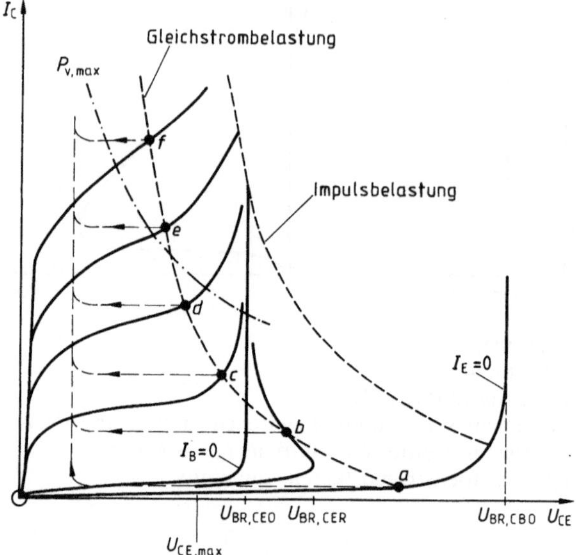

4.28 Ausgangs-Kennlinienfeld eines Bipolar-Leistungstransistors mit Kennzeichnung des 2. Durchbruchs:
----- Einsatz } des 2. Durchbruchs
—←— Kennlinien }

Spannung U_{CE} ist. Die in Bild **4.28** mit Pfeilen versehenen Kennlinienäste können also im Gegensatz zu den Kennlinienteilen des ersten (= Spannungs-)Durchbruchs nicht in der Gegenrichtung durchlaufen werden (irreversibler Durchbruch).

Die zulässige Verlustleistung ist in diesem Fall nicht mehr konstant, sondern fällt etwa gemäß $U_{CE}^{-1 \dots -1,5}$, d.h. $I_C \sim U^{-2 \dots -2,5}$; ihr Absolutwert ist im Dauerbetrieb kleiner als im Impulsbetrieb und steigt mit abnehmender Impulsdauer (s. das spätere Bild **4.29b**).

4.5 Der praktische Arbeitsbereich

In Verbindung mit den Überlegungen im vorigen Abschnitt erhalten wir den zulässigen, d.h. sicheren Arbeitsbereich des Transistors; seine graphische Darstellung ist das sog. SOAR (= **S**afe **O**perating **Ar**ea)-Diagramm, Bild **4.29a**; vgl. das entsprechende Bild **3.27** beim FET). Es ist durch 6 Grenzkennlinien berandet; bei (dauernder) Überschreitung einer der 4 Linien *A–D* kann jeweils eine andere Ursache zur Zerstörung des Transistors führen:

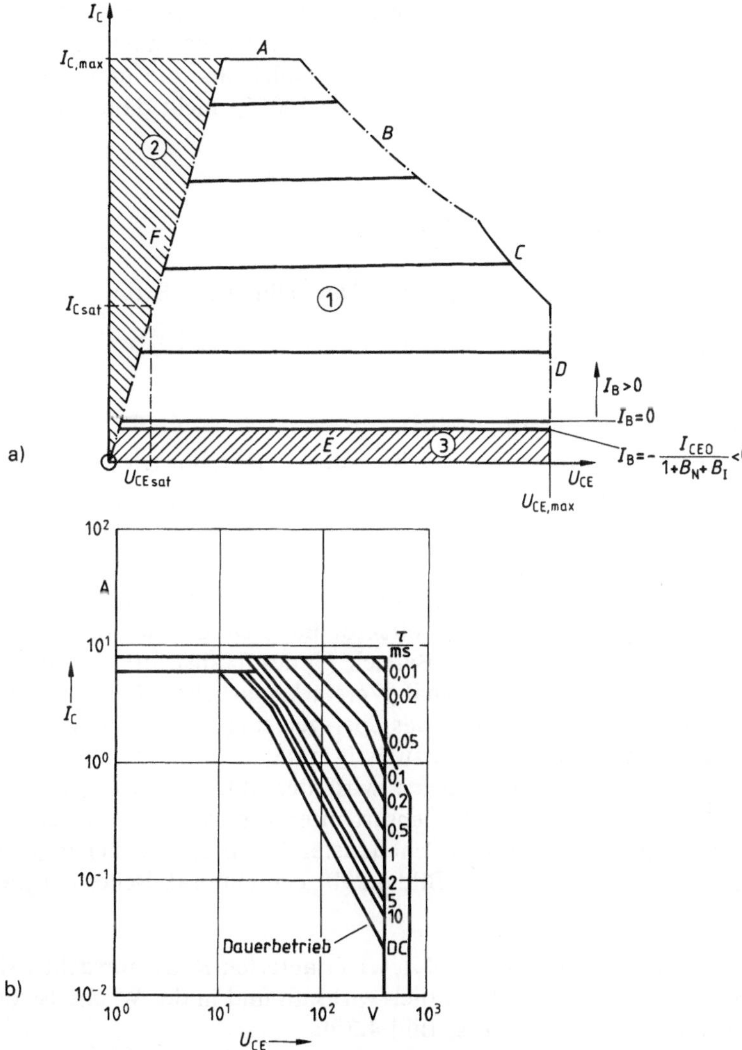

4.29 SOAR (= **S**afe **O**perating **AR**ea)-Diagramm eines Bipolartransistors a) schematisch (s. hierzu [68]), b) für den npn-Leistungstransistor BUX 82 (τ = Impulsdauer; Gehäusetemperatur $\vartheta_G \leq 25\,°C$) (aus [15])

A Für kleine Kollektor-Emitter-Spannungen U_{CE} wird der Kollektorstrom durch seinen maximal zulässigen Wert $I_{C,max}$ begrenzt. Oberhalb davon besteht die Gefahr, daß z.B. ein innerer Bonddraht oder eine Leitbahn schmilzt. $I_{C,max}$ wird auch dann angegeben, wenn die übrigen Grenz- und Kenndaten des Transistors seinen Betrieb bei höheren Strömen nicht sinnvoll machen (z.B. zu geringe Stromverstärkung B_N gemäß Bild **4.26**).

B Für einen Bipolar-Transistor existiert – entsprechend wie für den FET – bei homogener Stromverteilung über dem Emitter eine maximal zulässige pauschale Verlustleistung $P_{v,max}$, welche im Hinblick auf die maximale Kollektorsperrschicht-Temperatur (bei Silizium 150–200 °C) nicht dauernd überschritten werden darf.

Es gilt

$$P_v = I_C \cdot U_{CE} + I_B \cdot U_{BE} \approx I_C \cdot U_{CE},$$

die Grenzkurve ist die graphische Darstellung der Bedingung

$$I_C \cdot U_{CE} = P_{v,max}$$

(sog. Verlustleistungshyperbel).

C Diese Grenzkurve kennzeichnet den 2. Durchbruch (im Dauerbetrieb).

D Die Kollektor-Emitter-Spannung darf einen maximal zulässigen Wert $U_{CE,max}$ nicht überschreiten, da sonst die Gefahr des Lawinendurchbruchs der Kollektor-Basis-Diode besteht.

Unterhalb der Linie *E* ($U_{EB} = 0$) sperrt die Emitter-Basis-Diode, links von der Linie *F* ($U_{CB} = 0$) wird die Kollektor-Basis-Diode leitend. Die Grenzlinien *A*–*F* beranden den sog. aktiven Bereich ① des Transistors, in dem er als analoger (z. B. rauscharmer Kleinsignal-)Verstärker arbeitet. Bei dieser Betriebsart sind das Sättigungsgebiet ② und das Sperrgebiet ③ zu meiden, da sonst bei der Aussteuerung des Transistors unzulässig hohe nichtlineare Verzerrungen entstehen. Beim Schalterbetrieb hingegen wird der aktive Bereich ① möglichst schnell durchlaufen; bei dieser Betriebsart interessieren wesentlich die Restströme und -spannungen in den beiden Schaltzuständen in den Bereichen ② und ③ (s. hierzu die Bände X und XIII). Bild **4.**29b zeigt ein praktisches Beispiel eines SOAR-Diagramms.

Rauschen. Die im Abschn. 1.1.4.1 erläuterten Rauschursachen sind in Bipolar-Transistoren prinzipiell sämtlich wirksam und in der Wechselstrom-Ersatzschaltung zu berücksichtigen (s. Bild **4.**30):

1) Thermisches Rauschen des Basisbahnwiderstandes R_B, charakterisiert durch eine Spannungsquelle $\underline{U}_{R,B}$ mit der Temperatur T_B.

2) Rauschen des Generatorwiderstandes R_G, charakterisiert durch eine thermische Spannungsquelle $\underline{U}_{R,G}$ mit der Rauschtemperatur T_G.

3) Schrotrauschen des Emitter-, Basis- und Kollektorstroms. Wegen $I_E = -(I_B + I_C)$ sind zwei Rauschstromquellen $\underline{I}_{R,B}$ und $\underline{I}_{R,C}$ zu berücksichtigen; diese sind wegen desselben Ursprungs (Emitter) miteinander korreliert, was sich bei der Berechnung der am Transistor-Ausgang abgegebenen Rauschleistung aber nur für hohe Frequenzen $f \gtrsim f_T$ auswirkt (f_T = Transitfrequenz = $1/2\pi\tau_B$, τ_B = Laufzeit der Minoritätsträger durch die Basis, s. Beispiel 4.1).

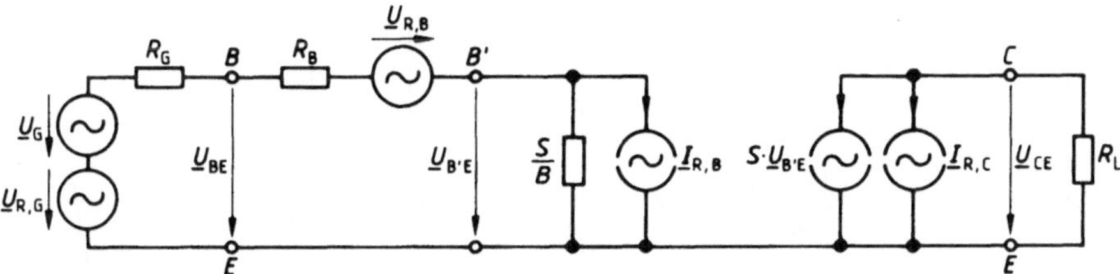

4.30 Ersatzschaltung eines rauschenden Bipolartransistors in Emitterschaltung bei mittleren Frequenzen für Kleinsignalbetrieb
R_G = Innenwiderstand
$\underline{U}_G$ = Signalspannung } des Generators
$\underline{U}_{R,G}$ = Rauschspannung
R_L = (rauschfrei angenommener) Lastwiderstand

Da das Schrotrauschen beim Bipolartransistor dominiert, ist durch Kühlung keine Verbesserung bei der Verarbeitung gestörter kleiner Nutzsignale zu erreichen; das ist ein wesentlicher Unterschied zum FET, bei dem das Schrotrauschen von untergeordneter Bedeutung ist.

Das Rauschverhalten des Bipolartransistors einschließlich seiner Beschaltung durch einen (rauschbehafteten) Signalgenerator und die (üblicherweise als rauschfrei angenommene) Last wird pauschal wie beim FET durch die Rauschzahl F gemäß Gl. (3.33) beschrieben. Im Bereich mittlerer Frequenzen (typisch oberhalb 1–10 kHz und unterhalb der Transitfrequenz f_T) sind die obengenannten Rauschquellen frequenzunabhängig, d. h. entsprechend den Gln. (1.49) und (1.50a)

$$|\underline{U}_{R,B}|^2 = 4kT_B \cdot R_B \cdot \Delta f, \quad |\underline{U}_{R,G}|^2 = 4kT_G \cdot R_G \cdot \Delta f$$

$$|\underline{I}_{R,B}|^2 = 2eI_B \cdot \Delta f, \quad |\underline{I}_{R,C}|^2 = 2eI_C \cdot \Delta f.$$

Damit liefert die Definitionsgleichung (3.33) in Verbindung mit Gl. (4.32) bei Vernachlässigung von G_i, aber unter Berücksichtigung von R_B,

$$F = 1 + \frac{T_B}{T_G} \cdot \left[\frac{R_B}{R_G} + \frac{(R_B + R_G)^2}{2B_N \cdot R_G} \cdot S + \frac{1}{2SR_G} \cdot \left(1 + \frac{(R_B + R_G) \cdot S}{B_N}\right)^2\right] \tag{4.45}$$

mit der Steilheit $S = I_C/U_T$ nach Gl. (4.25) und der Stromverstärkung $B_N \approx I_C/I_B$ gemäß Gl. (4.20).

Als Funktion von R_G durchläuft F bei festem Kollektorstrom I_C ein Minimum (sog. Rauschanpassung, Bild **4**.31a); der hierzu erforderliche optimale Generatorwiderstand $R_{G,\text{opt}}$ ist i. allg. verschieden von dem für Leistungsanpassung.

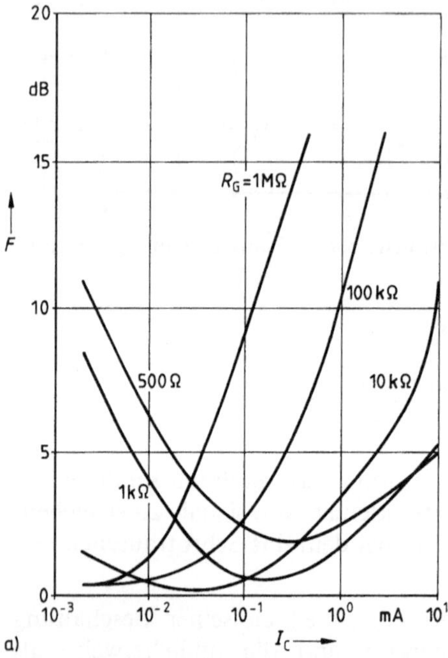

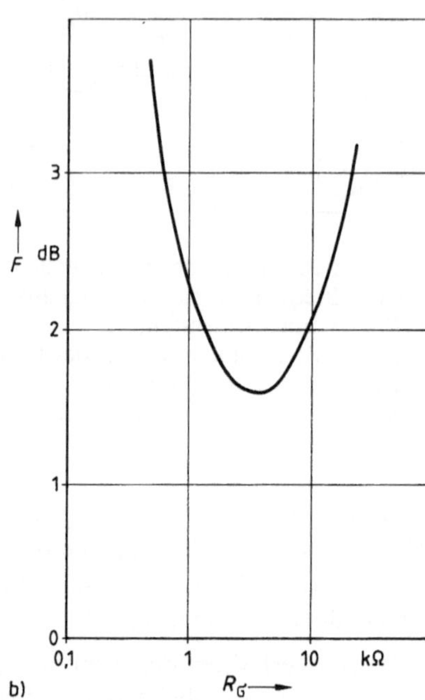

4.31 Rauschzahl F des npn-Transistors BC 109 als Funktion
a) des Kollektorstromes I_c mit dem Generatorwiderstand als Parameter bei $U_{CE} = 5$ V, $f = 10$ kHz, $\vartheta_u = 25\,°C$ (aus [67])
b) des Generatorwiderstandes R_G für $I_C = 0{,}2$ mA (aus [66])

Beispiel 4.7. Wie groß ist für einen Transistor mit $B_N = 100$ und $R_B = 50\,\Omega$ im Arbeitspunkt $I_C = 2$ mA der zur Rauschanpassung bzw. Leistungsanpassung erforderliche optimale Generatorwiderstand $R_{G,opt}$ bzw. $R_{G,Anp}$, und wie groß ist in beiden Fällen die Rauschzahl?

In dem vorgegebenen Arbeitspunkt ist die Steilheit nach Gl. (4.25) bei Raumtemperatur $S = 80$ mS. Daher kann die Gl. (4.45) wegen $B_N \gg R_B S = 4$ wie folgt vereinfacht werden:

$$F = 1 + \frac{T_B}{T_G} \cdot \left[\frac{1 + R_B \cdot S}{B_N} + \frac{S}{2B_N} \cdot R_G + \frac{R_B + \dfrac{1}{2S}}{R_G} \right]. \qquad (4.46)$$

Damit liefert die Bedingung $\partial F / \partial R_G = 0$

$$R_{G,opt} = \frac{1}{S} \sqrt{B_N \cdot (1 + 2R_B S)} = 375\,\Omega.$$

Dagegen ist zur Leistungsanpassung nach Bild 4.30 der Widerstand

$$R_{G,Anp} = R_B + \frac{B_N}{S} \qquad (4.47)$$

erforderlich, d.h. im vorliegenden Fall $R_{G,Anp} = 1{,}35\ \mathrm{k\Omega}$. Die zugehörigen Rauschzahlen sind

$$F_{min} = 1 + \frac{T_B}{T_G} \cdot 0{,}35 \quad \text{bzw.} \quad F_{Anp} = 1 + \frac{T_B}{T_G} \cdot 0{,}63\,.$$

Auch als Funktion von I_C (bei festem R_G) durchläuft F ein Minimum, der zugehörige Kollektorstrom liegt i. allg. unterhalb 1 mA, so daß die Steilheit und damit die Signalverstärkung für viele Anwendungen zu niedrig ist (Bild **4.**31b).

Beispiel 4.8. Welches ist der rauschoptimale Arbeitspunkt für einen Transistor mit $B_N = 100$, $R_B = 50\ \Omega$, $R_G = 1{,}35\ \mathrm{k\Omega}$, d.h. wie groß ist $I_{C,opt}$? Wie groß ist in diesem Betriebszustand die Rauschzahl?

Die Bedingung $\partial F/\partial S = 0$ liefert nach Gl. (4.46)

$$S_{opt} = \frac{I_{C,opt}}{U_T} = \frac{1}{R_G}\sqrt{\frac{B_N}{1 + \dfrac{2R_B}{R_G}}} = 7{,}15\ \mathrm{mS}$$

und damit $I_{C,opt} = 0{,}18$ mA sowie aus Gl. (4.46)

$$F = 1 + \frac{T_B}{T_G} \cdot 0{,}15\,.$$

Gemäß Gl. (4.45) ist die Rauschzahl F vom Lastwiderstand R_L unabhängig. Das liegt daran, daß sich bei Änderung von R_L die Größen S_A und N_A (bzw. S_E und N_E) um denselben Faktor ändern, z.B. 5 (bzw. 3).

Bei tiefen und hohen Frequenzen steigt die Rauschzahl gegenüber dem Wert nach Gl. (4.45) drastisch an, wie Bild **4.**32 schematisch zeigt. Bei Frequenzen unterhalb 1–10 kHz wird das frequenzunabhängige (sog. weiße) Rauschen durch $1/f$-Rauschen überdeckt, dessen Ursachen auch heute noch nicht vollständig erkannt und verstanden sind. Der Anstieg der Rauschzahl nach hohen Frequenzen $f > f_T$ wird durch die Abnahme der Stromverstärkung gegenüber dem stationären Wert B_N verursacht. – In diesem sog. Laufzeitgebiet nimmt allerdings auch die spektrale Dichte des Schrotrauschens gegenüber dem Wert $2eI$ ab, allerdings langsamer als die verfügbare Leistungsverstärkung $L_v = (f_{max}/f)^2$; hierin ist

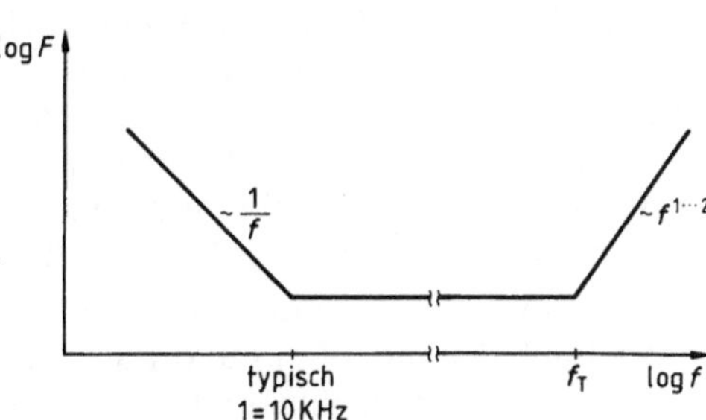

4.32
Rauschzahl eines Bipolartransistors als Funktion der Frequenz, schematisch

$$f_{\max} = \sqrt{\frac{f_{\mathrm{T}}}{8\pi R_{\mathrm{B}} \cdot C_{\mathrm{s,c}}}} = \sqrt{\frac{D_{\mathrm{B,n}}}{2 R_{\mathrm{B}} \cdot C_{\mathrm{s,c}}} \cdot \frac{1}{2\pi w_{\mathrm{B,p}}}} \tag{4.48}$$

die sog. maximale Schwingfrequenz. Dadurch verschlechtert sich der Signal/Rausch-Abstand am Ausgang gegenüber dem Eingang etwa umgekehrt proportional zu f, wodurch die Rauschzahl F etwa proportional zu f ansteigt.

4.6 Sonderbauformen

Im folgenden werden drei Sonderbauformen von Bipolartransistoren beschrieben. Der Hetero-Bipolartransistor (HBT, Abschn. 4.6.1) hat die von der Theorie her zu erwartenden positiven Eigenschaften im Laborversuch so überzeugend bestätigt, daß ihm zukünftig eine große Bedeutung zukommen wird. Der Bipolartransistor mit integriertem Gate (IGBT, Abschn. 4.6.2) enthält einen konstruktiv und funktionell einbezogenen MOS-Transistor. Dieses Bauelement hat bereits einen festen Platz in der Leistungselektronik, es verbindet vorteilhaft die Eigenschaften eines bipolaren und eines unipolaren Transistors. Der permeable-base Transistor (PBT, Abschn. 4.6.3) hat sich wegen seiner komplizierten Technologie noch nicht in der Praxis durchgesetzt; er wird aber wegen seines interessanten und einfachen physikalischen Wirkungsprinzips dennoch kurz erläutert.

Außer diesen Sonderbauformen sind zahlreiche weitere etablierte spezielle Bipolartransistoren im Einsatz, z.B. Unijunction- und Photo-Transistor, der Lawinentransistor (s. hierzu Bild **4**.27); schließlich spielen Verbundschaltungen zwischen npn- und pnp-Transistoren sowie zwischen Bipolar- und MOS-Transistoren in der Praxis eine große Rolle. Die Beschreibung aller dieser Halbleiterbauelemente würde hier zu weit führen, daher wird auf Spezialliteratur verwiesen (s. z.B. [17], [60]).

4.6.1 Der Hetero-Bipolartransistor (HBT)

Die Bedeutung von Heteroübergängen für die Verbesserung der optischen Sendedioden bzw. der Hochfrequenzeigenschaften von MESFETs ist in den Abschnitten 2.7.2 bzw. 3.2.4.3 dargelegt worden. Bipolartransistoren mit Heteroübergängen werden zukünftig von zunehmender Bedeutung sein sowohl für schnelle Digitalschaltungen als auch für analoge Leistungsverstärker sowie – wegen des gegenüber dem FET und dem HEMT geringeren $1/f$-Rauschens – für spektralreine Oszillatoren im Mikrowellengebiet.

Die Idee eines Bipolartransistors mit einem Heteroübergang zwischen Emitter (großer Bandabstand $W_{\mathrm{G,E}}$) und Basis (kleiner Bandabstand $W_{\mathrm{G,B}}$) stammt von Shockley und ist von ihm und später von Krömer bereits in den 50er Jahren theoretisch diskutiert worden. Erst vor einigen Jahren ist eine befriedigende Realisierung eines derartigen „wide-gap“ Emitters dank verbesserter Technologien (Molekularstrahl-Epitaxie, Photolithographie, Ionenimplantation) gelungen und zwar mit den in Tafel **4**.33 zusammengestellten Materialkombinationen.

Tafel **4**.33 Materialkombinationen für wide-gap-Emitter

Emitter	Basis	Kollektor
n-AlGaAs	p-GaAs	n-GaAs
p-AlGaAs	n-GaAs bzw. n-GaInAs	p-GaAs

(s. hierzu Bild **2**.122)

Bild **4**.34 zeigt das Energiebändermodell eines npn-Transistors mit wide-gap Emitter im Vergleich zum konventionellen Bipolartransistor. Die beim HBT erhöhte Barriere des Valenzbandes verringert die unerwünschte Injektion von Defektelektronen aus der Basis in den Emitter und erhöht damit den sog. Injektionswirkungsgrad

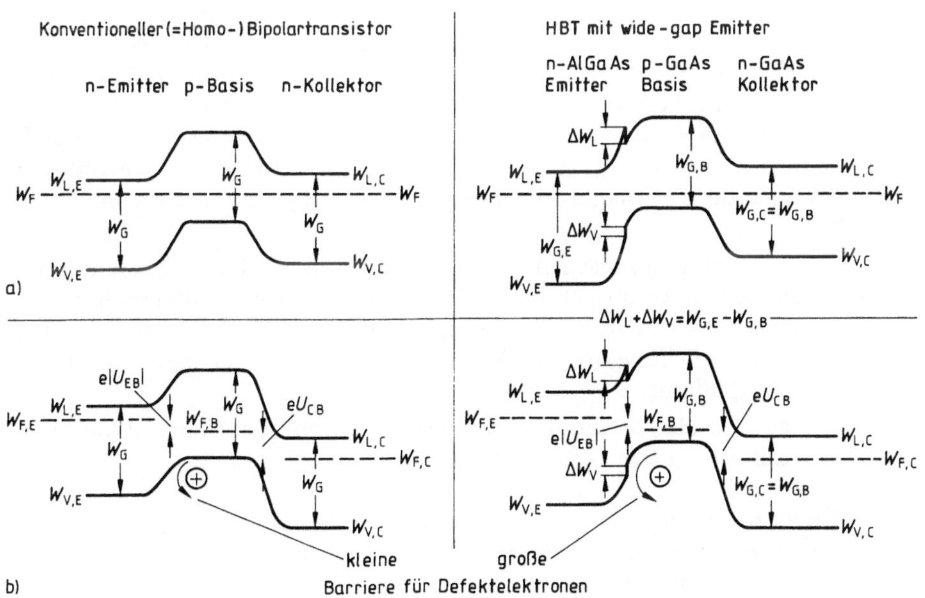

4.34 Vergleich der Energiebändermodelle des konventionellen (= Homo-)Bipolartransistors mit dem HBT
a) im stromlosen Zustand
b) im aktiv-normalen Zustand

$$\gamma_E = \left(\frac{\text{Elektronenanteil am Emitterstrom}}{\text{gesamter Emitterstrom}}\right)_{U_{CB}=0}$$

$$= \frac{1}{1 + \frac{D_{E,p}}{D_{B,n}} \cdot \frac{p_{E,n}}{n_{B,p}} \cdot \frac{L_{B,n}}{L_{E,p}} \cdot \frac{\tanh w_{B,p}/L_{B,n}}{\tanh w_{E,n}/L_{E,p}}}.$$

nach Gl. (4.8)

Für $w_{B,p} \ll L_{B,n}$, $w_{E,n} \ll L_{E,p}$ und mit

$$\frac{p_{E,n}}{n_{B,p}} = \frac{N_{A,B}}{N_{D,E}} \cdot \left(\frac{n_{i,E}}{n_{i,B}}\right)^2 \approx \frac{N_{A,B}}{N_{D,E}} \cdot e^{-\frac{W_{G,E} - W_{G,B}}{kT}}$$

nach Gl. (1.5a)

vereinfacht sich der Ausdruck für γ_E zu

$$\gamma_E = \frac{1}{1 + \frac{D_{E,p}}{D_{B,n}} \cdot \frac{w_{B,p}}{w_{E,n}} \cdot \frac{N_{A,B}}{N_{D,E}} \cdot e^{-\frac{W_{G,E} - W_{G,B}}{kT}}}. \tag{4.49}$$

Nach dieser Gleichung kann der Injektionswirkungsgrad eines Heteroübergangs durch die Wahl von $W_{G,E} > W_{G,B}$ auch dann nahe an den Idealwert 1 herangebracht werden, wenn die Basis stärker dotiert ist als der Emitter - im Gegensatz zum konventionellen Bipolartransistor (mit $W_{G,E} = W_{G,B}$). - Damit wird aber der Basisbahnwiderstand R_B reduziert, was eine Verbesserung sowohl der Rausch- als auch der HF-Signal-Eigenschaften zur Folge hat (s. die Gln. (4.46) und (4.48)).

Wenn auch der Übergang zwischen Kollektor und Basis als Heteroübergang mit einem wide-gap Kollektor ausgeführt ist, wird dadurch das Schaltverhalten verbessert: Im Ein-Zustand wird die Injektion von Löchern (Elektronen) aus einer p(n)-Basis in den n(p)-Kollektor durch die erhöhte Barriere verringert, wodurch die Speicherzeit abnimmt.

In jüngster Zeit sind Hetero-Bipolartransistoren auch mit der Materialkombination Si/Ge realisiert worden, z.B. in der Form

Emitter	Basis	Kollektor
n-Si	p-$Ge_{0,2}$ $Si_{0,8}$	n-Si

Dieses System ist besonders vielversprechend, weil der überwiegende Teil der Bandabstandsdifferenz $W_{G,E} - W_{G,B} \approx 130$ meV auf die Valenzbänder entfällt. Bild **4**.35 zeigt den Aufbau eines derartigen HBT zusammen mit dem gemesse-

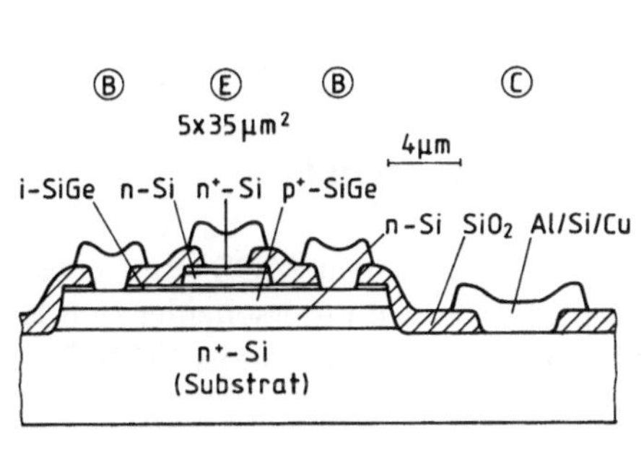

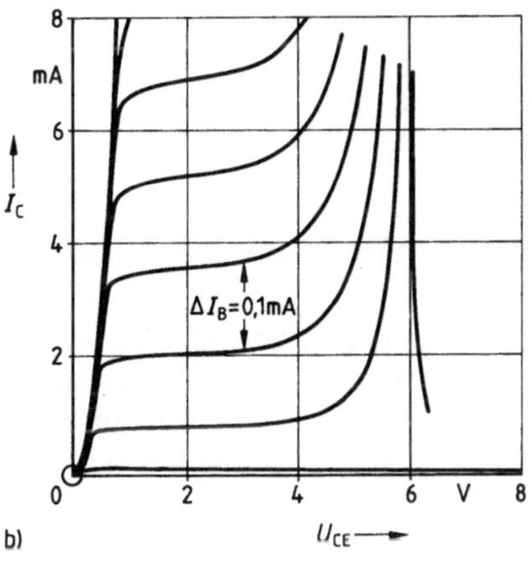

4.35 Si(SiGe)Si-Heterobipolartransistor (aus [69])
a) Querschnitt

Schicht	Dicke/nm	Typ	Dotierungs-konzentration/cm^{-3}	Ge-Anteil
Kappe	100	n^+-Si	$5 \cdot 10^{19}$ (Sb)	0
Emitter	200	n-Si	$5 \cdot 10^{17}$ (Sb)	0
Zwischenschicht	5	i-SiGe	0	0,2
Basis	75	p^+-SiGe	$1 \cdot 10^{19}$ (B)	0,2
Kollektor	300	n-Si	$3 \cdot 10^{16}$ (Sb)	0

b) Ausgangs-Kennlinienfeld in Emitterschaltung

nen Ausgangs-Kennlinienfeld in Emitterschaltung. Daraus folgt im Strombereich $I_c \geq 3$ mA ein Stromverstärkungsfaktor $B_N \approx 15$–20, obwohl die Emitterdotierung um den Faktor 20 niedriger als die Basisdotierung ist. Die große Stromverstärkung ist allein eine Folge des wide-gap Emitters, wie die folgende Überlegung zeigt: Aus der Definitions-Gl. (4.14) für A_N folgt mit den Gln. (4.8) und (4.10)

$$A_N = \frac{\gamma_E}{\cosh \dfrac{w_{B,p}}{L_{B,n}}};$$

d.h. für $w_{B,p} \ll L_{B,n}$ ist $A_N \approx \gamma_E$ und damit nach Gl. (4.49)

$$B_N = \frac{A_N}{1 - A_N} \approx \frac{D_{B,n} w_{E,n} N_{D,E}}{D_{E,p} w_{B,p} N_{A,B}} \cdot e^{\frac{W_{G,E} - W_{G,B}}{kT}}$$

$$= \quad 0{,}21 \quad \cdot 80$$

Der wide-gap Emitter bewirkt also im vorliegenden Fall eine Erhöhung der Stromverstärkung gegenüber dem konventionellen Bipolartransistor um den Faktor 80.

4.6.2 Der Bipolartransistor mit isoliertem Gate (IGBT)

Dieses Leistungsbauelement ist eine Kombination aus einem MOS- und einem Bipolartransistor; seine Grundstruktur zeigt Bild **4**.36. Sie unterscheidet sich lediglich durch die p^+-Zone am Drainkontakt von der eines Leistungs-MOSFET, der dort eine n^+-Zone hat (vgl. Bild **3**.54).

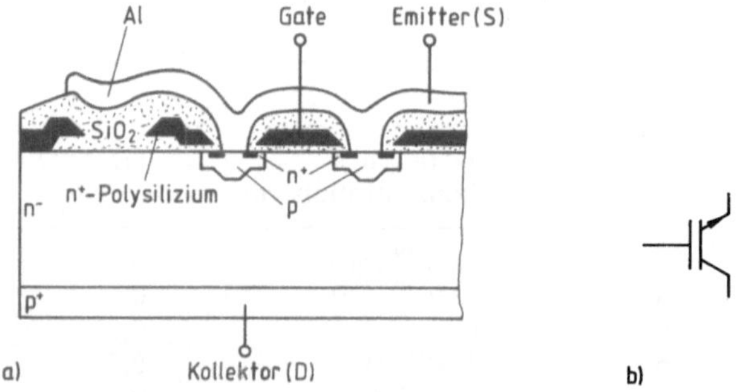

4.36 Insulated-gate Bipolartransistor
a) Aufbau (aus [61]), b) Schaltzeichenvorschlag

Sobald die positive Gate-Source-Spannung die Schwellspannung U_{th} überschreitet, wird die p-Zone in Bild **4**.36 durch einen Inversionskanal zwischen dem n^+-Emitter (Source-Anschluß S des MOS-Transistors) und der n^--Basis verbunden. Bei positivem Kollektor (Drain-Anschluß D des MOS-Transistors) fließt ein Elektronenstrom von S durch den Kanal zur n^--Zone und weiter zur p^+-Drainzone. Der in Flußrichtung gepolte p^+-Emitter injiziert Löcher in die n^--Zone, wodurch der Widerstand dieser Zone und damit der Drain-Source-Widerstand beim Einschalten gegenüber dem MOS-Leistungstransistor reduziert ist (vgl. Bild **4**.37 mit Bild **3**.55).

Das Schalten mit dem IGBT geschieht in folgender Weise (s. hierzu Bild **4**.38): Für Zeiten $t=0$ sei das Gate mit dem Source-Kontakt kurzgeschlossen, der MOS-Transistor ist dann offen. Ab dem Zeitpunkt $t=0$ wird das Gate an eine positive Spannung gelegt, die größer als die Schwellspannung U_{th} ist, so daß ein Inversionskanal entsteht. Dadurch strömen Elektronen von der n^+-Sourcezone in die Raumladungszone und werden von dort durch das effektive Feld in die n^--Zone transportiert. Durch den MOS-Transistor fließt in dieser Weise binnen weniger Nanosekunden ein Strom I_{D}, der durch die Reihenschaltung aus dem

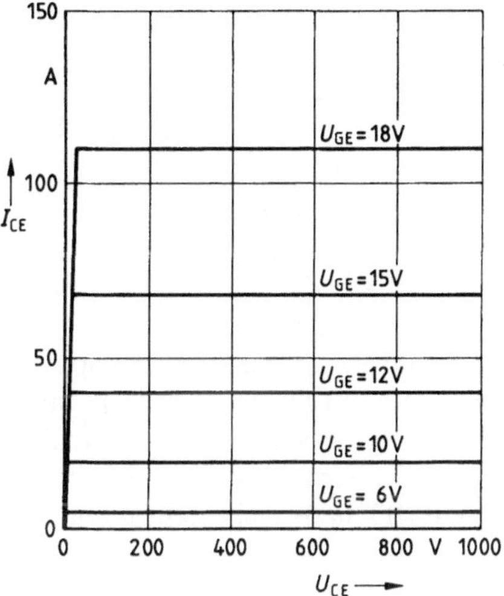

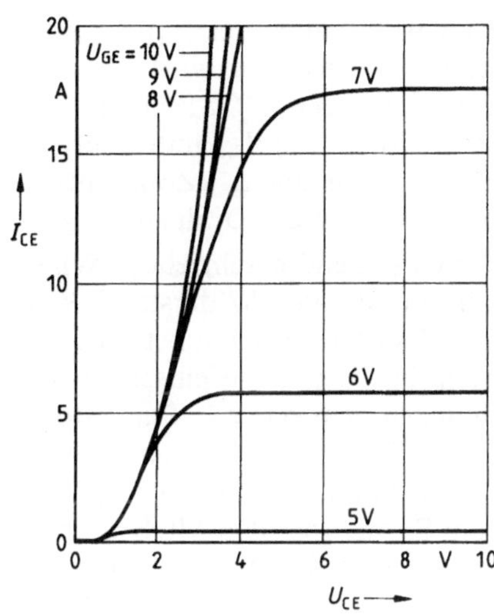

4.37 Ausgangs-Kennlinienfeld des IGBT BUP 304 (aus [61]).

Bahnwiderstand R_n, dem Lastwiderstand R_L und dem (dagegen kleinen) Widerstand des p$^+$-Emitters bestimmt ist, d.h. $I_D = U_0/(R_n + R_L)$. Entsprechend fällt die Drainspannung vom Anfangswert U_0 (für $t \leq 0$) auf $R_n I_D = U_0 \cdot R_n/(R_n + R_L) \ll U_0$. Während beim Leistungs-MOSFET der Einschaltvorgang damit abgeschlossen ist, steigt hier durch die Löcherinjektion des p$^+$-Emitters - wodurch R_n herabgesetzt wird - der Drainstrom innerhalb eines weiteren Zeitraumes von der Größenordnung der Lebensdauer τ_p der Defektelektronen auf seinen (geringfügig höheren) Endwert an; gleichzeitig fällt die Drainspannung in dieser Zeit auf ihren (deutlich niedrigeren) Endwert, so daß die Verlustleistung niedriger als beim Leistungs-MOSFET ist.

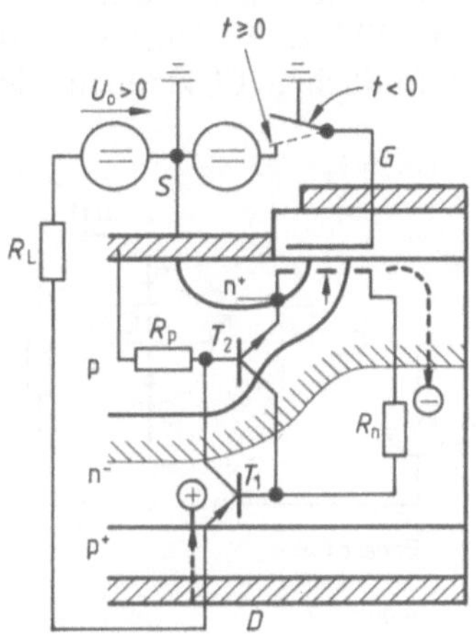

4.38
Schalten mit dem IGBT (aus [70])

Zum Ausschalten des IGBT genügt es, das Gate mit der Source wieder kurzzuschließen. Dadurch wird die Sperrschicht-Kapazität entladen und der Inversionskanal des MOSFET abgebaut. Sobald die Gate-Source-Spannung die Schwellspannung U_{th} unterschreitet, verschwindet der Kanal, wodurch die Elektronenzufuhr zur n^--Zone aufhört. Die Drainspannung steigt wieder auf den Wert U_0, und der Drainstrom geht auf Null zurück.

Die vorstehend beschriebene Wirkungsweise setzt voraus, daß der Spannungsabfall am lateralen Widerstand R_p der p-Zone unterhalb der Schleusenspannung ($\approx 0{,}7$ V) bleibt, da sonst eine starke Elektroneninjektion von der n^+-Source-Zone in die p-Zone einsetzen würde. Damit käme es zu einer Rückkopplung zwischen dem pn^-p^+-Transistor T_1 und dem n^+pn^--Transistor T_2, die bis zu einer „Zündung" der von T_1 und T_2 gebildeten parasitären Thyristorstruktur führen könnte (s. hierzu Kapitel 5). Dann wäre der Anodenstrom unabhängig vom Strom über den MOS-Transistor, und der IGBT ließe sich nicht mehr über das Gate abschalten und würde ggf. sogar durch Überstrom zerstört. Dieses sog. „latch-up"-Problem läßt sich durch geeignete Wahl der Source-Geometrie und der p-Dotierung beheben.

Im IGBT werden die Eigenschaften von MOSFET und Bipolartransistor vorteilhaft kombiniert: Schaltgeschwindigkeit, Aussteuerleistung und Robustheit entsprechen denen des Leistungs-MOSFETs. Dagegen ist der Einschaltwiderstand deutlich geringer, vergleichbar dem eines bipolaren (Darlington-)Transistors. In der Praxis ist der IGBT im Spannungsbereich 600–1000 V und für Taktfrequenzen bis etwa 20 kHz eine Alternative zum MOSFET.

4.6.3 Der Permeable-Base Transistor (PBT)

Dieses Halbleiterbauelement verwirklicht dasselbe Funktionsprinzip wie der klassische Hochfrequenzverstärker, die gittergesteuerte Elektronenröhre (Triode, Bild **4**.39): Dort wird der Stromübergang zwischen zwei im Hochvakuum befindlichen Elektroden, der (geheizten) Kathode K und der Anode A, durch

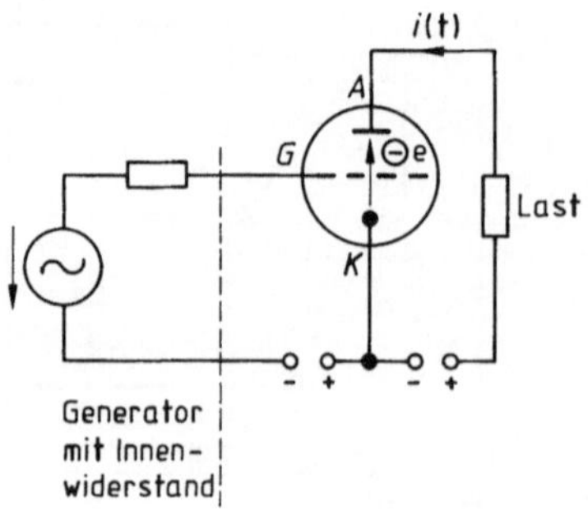

4.39
Verstärker mit einer gittergesteuerten Elektronenröhre (Triode) als aktives Bauelement

das Potential einer dazwischenliegenden dritten Elektrode *G* gesteuert. Diese ist als Maschengitter ausgeführt und daher elektronendurchlässig und nimmt wegen ihres negativen Potentials selbst keine Elektronen auf, d.h. der Elektronenstrom zwischen Kathode und Anode wird leistungslos gesteuert. Das halbleitertechnische Analogon dieses Bauelementes erfordert im Innern eines Halbleiterkörpers eine für Elektronen und Defektelektronen „durchlässige Basis" – daher der Name des Bauelementes –, welche selbst keinen Strom aufnimmt. Das wird dadurch erreicht, daß in einen (n-GaAs)-Halbleiter sehr dünne und schmale metallische Streifen eingelagert werden; die erforderlichen Herstellungsschritte sind in Bild **4**.40 dargestellt und erläutert. Das Material dieser Streifen (z.B. Wolfram)

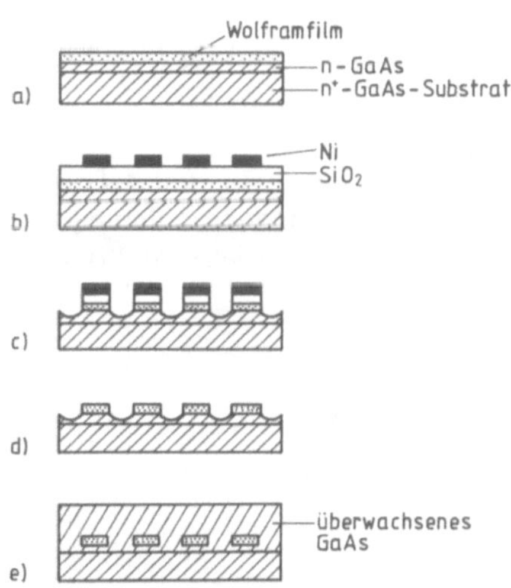

4.40 Herstellungsschritte eines permeable-base Transistors (aus [71])
a) Auf n^+-GaAs-Substrat wird aus der Gasphase epitaktisch eine n-GaAs-Schicht (0,2 µm; $N_D = 5 \cdot 10^{16}$ cm^{-3}) abgeschieden und darauf ein Wolframfilm (300 Å) gesprüht
b) Nickel-Ätzmaske mittels Röntgenstrahl-Lithographie aufgebracht (Streifenbreite 0,15 µm)
c) Querschnitt nach reaktivem Ionenätzen
d) Querschnitt nach Entfernung der Maske und chemischem Reinigen
e) Durch GaAs mittels metallorganischer chemischer Abscheidung aus der Gasphase (MOCVD-Technik) überwachsene Wolframstreifen

und damit ihre Austrittsarbeit wird so gewählt, daß sich in ihrer Umgebung Verarmungsrandschichten ausbilden. – Die Schottky-Barriere von Wolfram gegen (100) n-GaAs beträgt nach Bild **1**.49 $\varphi_{Bn} = 0{,}73$ V. – Das Potential dieser Enklaven und damit der Stromübergang zwischen Emitter und Kollektor kann durch die Basis-Emitter-Spannung gesteuert werden, ohne daß die „Basis"-Streifen

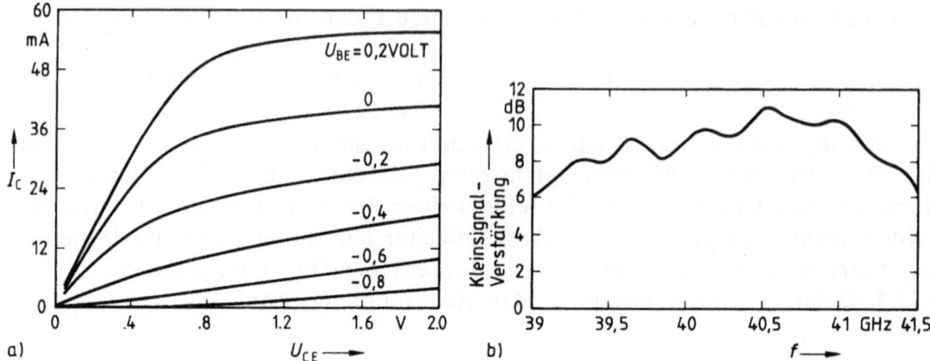

4.41 Ausgangs-Kennlinienfeld eines permeable-base Transistors und Frequenzgang der Kleinsignalverstärkung eines PBT-Verstärkers für den 40 GHz-Bereich (aus [72])

Strom aufnehmen. In Bild **4.41** sind das Ausgangs-Kennlinienfeld eines realen PBT und die Frequenzabhängigkeit der Kleinsignal-Verstärkung eines damit aufgebauten Verstärkers im 40 GHz-Bereich dargestellt.

5 Thyristoren

Thyristoren im weiteren Sinne sind Halbleiter-Bauelemente, die in der Regel mehr als 3 Zonen abwechselnden Leitungstyps enthalten. Ihre Strom-Spannungs-Kennlinien sind durch einen oder auch mehrere nieder- und hochohmige Kennlinienbereiche gekennzeichnet, welche durch einen oder auch zwei Bereiche mit negativer Kennliniensteigung verbunden sind.

Das Phänomen der negativen Steigung einer I-V-Kennlinie ist von der Tunnel-Diode her bekannt; es beruht dort auf der extrem hohen Dotierung des p- und/oder n-Gebietes bis in die Entartung und ermöglicht die Erzeugung und Verstärkung kleiner Leistungen im Mikrowellengebiet (s. Abschn. 2.6.4). Demgegenüber sind Thyristoren Bauelemente der Leistungselektronik – als Halbleitergrundmaterial wird ausschließlich Silizium verwendet (vgl. Abschn. 2.1.4) –. Thyristoren werden zum Schalten, Steuern und Umformen elektrischer Leistung (von ca. 100 W bis in den GW-Bereich) eingesetzt, wobei sie bestimmte Zustände („Ein“ bzw. „Aus“) von selbst aufrecht erhalten können. Dagegen erfordert die Einleitung des Übergangs vom Zustand

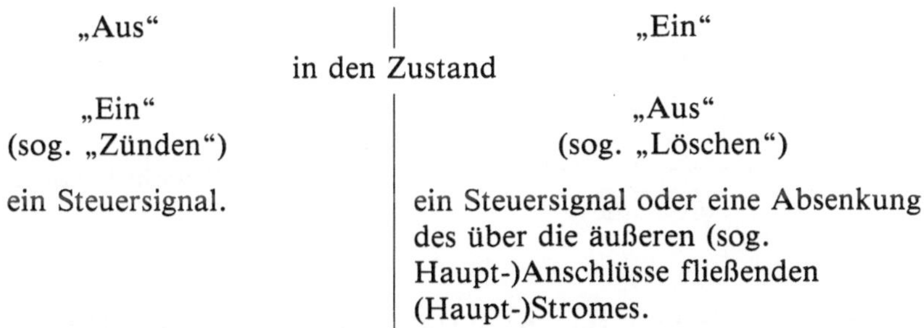

Der Name Thyristor ist aus den Wörtern T h y r a t r o n und T r a n s i s t o r gebildet worden, womit sowohl auf das früher verwendete äquivalente Röhrenbauelement als auch auf die strukturelle Verwandtschaft mit dem Bipolartransistor hingewiesen wird.

Aus der großen Anzahl von Ausführungsformen von Thyristoren wird im folgenden eine Auswahl von Grundstrukturen beschrieben, die auch die verschiedenen physikalischen Möglichkeiten für die „Zündung“ aufzeigt. Wegen des großen mathematischen Aufwandes zur Beschreibung des bei Thyristoren vorliegenden Hochstrombetriebes beschränken wir uns - besonders bei der Erläuterung der dynamischen Vorgänge - auf eine anschauliche Darstellung.

5.1 Strom-Spannungs-Beziehungen für Vierschicht-Strukturen

Der Ausgangspunkt der folgenden Betrachtungen ist eine Struktur aus 4 Schichten abwechselnden Leitungstyps, welche also drei pn-Übergänge enthält; sie ist schematisch in Bild **5.**1 dargestellt und entspricht der in DIN 41786 gegebenen Definition: „Bistabiles Halbleiter-Bauelement mit mindestens 3 Zonenübergängen (von denen einer auch durch einen geeigneten Metall-Halbleiterkontakt ersetzt sein kann), das von einem Sperrzustand zu einem Durchlaß-Zustand (oder umgekehrt) umgeschaltet werden kann." Je nachdem ob zwei, drei oder alle 4 Halbleiterzonen mit Anschlüssen versehen sind, unterscheidet man Vierschicht-Dioden, -Trioden oder -Tetroden. Wenn man von „dem Thyristor" spricht, meint man speziell die „rückwärtssperrende Thyristor-Triode" (s. Abschn. 5.3.1). Mit ihr ist den steuerbaren Halbleiter-Bauelementen der Einstieg in die Leistungselektronik gelungen. „Der Thyristor" hat heute in der Leistungselektronik dieselbe Bedeutung wie „der Transistor" in der Nachrichtentechnik.

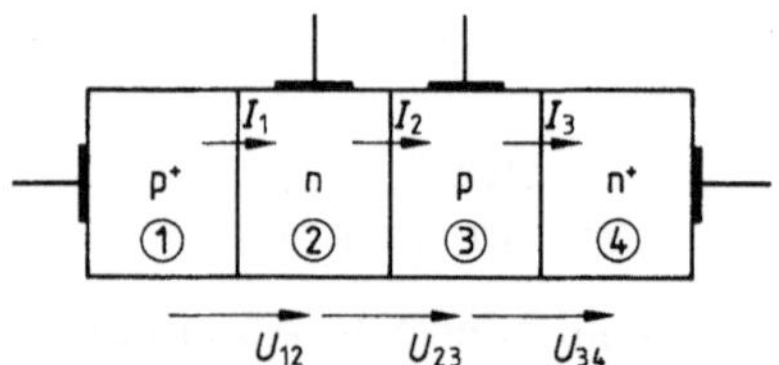

5.1
Aufbau eines Vierschichten-Elementes, schematisch

Die Zonenfolge 1-2-3 in Bild **5.**1 entspricht einem p^+np-Transistor, die Zonenfolge 2-3-4 einem npn$^+$-Transistor. Die Strom-Spannungs-Beziehungen einer derartigen Anordnung können wir demnach herleiten, indem wir mit den aus Bild **5.**1 ersichtlichen Strom-Spannungs-Definitionen die Transistor-Gleichungen für die beiden Zonenfolgen aufstellen; dabei müssen wir die Stoßionisation an dem in Sperrichtung betriebenen pn-Übergang 2-3 berücksichtigen. Daher tritt bei dem aus der Schichtenfolge 1-2-3 gebildeten Transistor zur Stromverstärkung $A_{N,13}^{(123)}$ der Multiplikationsfaktor M_p für Löcher, beim Transistor 2-3-4 zur Stromverstärkung $A_N^{(234)}$ ein entsprechender Faktor M_n für Elektronen hinzu. Entsprechend ist der Sperrstrom des pn-Überganges 2-3

$$[\gamma \cdot M_p + (1-\gamma) \cdot M_n] \cdot I_2,$$

wenn mit γ der Löcheranteil und mit $1-\gamma$ der Elektronenanteil des Sättigungsstromes I_{23} bezeichnet wird (vgl. z.B. Gl. (4.8)). Wir erhalten dementsprechend (vgl. die Gln. (4.6), (4.7))

$$\begin{aligned} I_1 &= I_{S1}\cdot\left(e^{\frac{U_{12}}{U_T}}-1\right) - A_I^{(123)}\cdot I_{S2}\cdot\left(e^{\frac{U_{23}}{U_T}}-1\right) \\ I_2 &= A_N^{(123)}\cdot M_p\cdot I_{S1}\cdot\left(e^{\frac{U_{12}}{U_T}}-1\right) - \gamma\cdot M_p\cdot I_{S2}\cdot\left(e^{\frac{U_{23}}{U_T}}-1\right) \\ &\quad -(1-\gamma)\cdot M_n\cdot I_{S2}\cdot\left(e^{\frac{U_{23}}{U_T}}-1\right) + A_N^{(234)}\cdot M_n\cdot I_{S3}\cdot\left(e^{\frac{U_{34}}{U_T}}-1\right) \\ I_3 &= -A_I^{(234)}\cdot I_{S2}\cdot\left(e^{\frac{U_{23}}{U_T}}-1\right) + I_{S3}\cdot\left(e^{\frac{U_{34}}{U_T}}-1\right) \end{aligned} \tag{5.1}$$

mit den Sperrströmen I_{S1} und I_{S3} der Übergänge 1-2 und 3-4.

Zum Verständnis des Verhaltens von Vierschicht-Elementen muß bei der Diskussion des Gleichungssystems (5.1) die Stromabhängigkeit der Stromverstärkungen $A_{N,I}^{(123)}$ und $A_{N,I}^{(234)}$ unbedingt berücksichtigt werden. Bei Si-Bauelementen sind außerdem infolge Rekombination in den Sperrschichten die Spannungsabhängigkeiten der Ströme gemäß $\exp(U_{iK}/mU_T)$ mit $1<m<2$ zu beschreiben (s. hierzu Gl. (1.27)).

Die Diskussion der Gln. (5.1) verläuft nun unterschiedlich, je nachdem ob nur die Zonen 1 und 4 oder die Zonen 1, 2 und 4 (bzw. 1, 3 und 4) oder alle vier Zonen mit Anschlüssen versehen werden.

5.2 Thyristor-Dioden

5.2.1 Die rückwärtssperrende Diode

Hier sind nur die beiden äußeren Zonen mit Anschlüssen versehen (Bild 5.2). Bei positiver Spannung zwischen der p$^+$- und n$^+$-Zone befindet sich die Diode je nach ihrer Vorgeschichte in einem von zwei stabilen Arbeitspunkten (niederohmiger Zustand „Ein“ bzw. hochohmiger Zustand „Aus“). Die positiv (negativ) vorgespannte Elektrode wird in Anlehnung an das früher verwendete äquivalente Röhrenbauelement Thyratron als Anode (Kathode) bezeichnet.

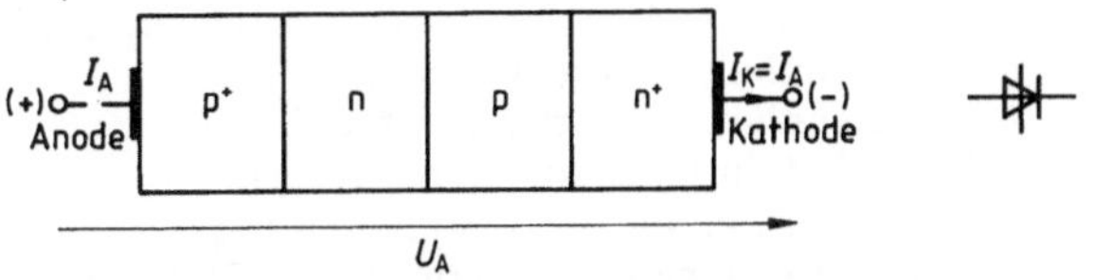

5.2 Aufbau der Vierschichtdiode (schematisch) und Schaltzeichen

Wie ein Vergleich mit Bild **5.1** zeigt, gilt hier

$$I_A = I_1 = I_2 = I_3 = I_K, \quad U_A = U_{12} + U_{23} + U_{34}.$$

- Wegen $I_K = I_A$ wird der Index am Stromsymbol I meistens weggelassen und entsprechend auch statt U_A nur U geschrieben; in diesem Abschnitt wird im folgenden so verfahren. -

Damit erhalten wir aus dem Gleichungs-System (5.1)

$$I = \frac{(\gamma - A_N^{(123)} \cdot A_I^{(123)}) M_p + (1 - \gamma - A_N^{(234)} \cdot A_I^{(234)}) M_n}{1 - A_N^{(123)} \cdot M_p - A_N^{(234)} \cdot M_n} \cdot I_{S2} \cdot \left(1 - e^{-\frac{U_{23}}{U_T}}\right). \qquad (5.2)$$

Die Kennlinie $I = I(U)$ der Vierschichtdiode ist also festgelegt, wenn die Strom- und Spannungs-Abhängigkeit der A- und M-Werte bekannt sind. Bei den A-Werten ist vor allem die Stromabhängigkeit zu berücksichtigen; für die Multiplikationsfaktoren gilt näherungsweise

$$M_{n,p} = \frac{1}{1 - \left(\frac{U_{23}}{U_{BR\,n,p}}\right)^{a_{a,p}}}$$

(vgl. Gl. (1.32). Die Strom-Spannungs-Kennlinie $I = I(U)$ ist schematisch in Bild **5.3** dargestellt; sie besteht aus vier charakteristischen Bereichen:

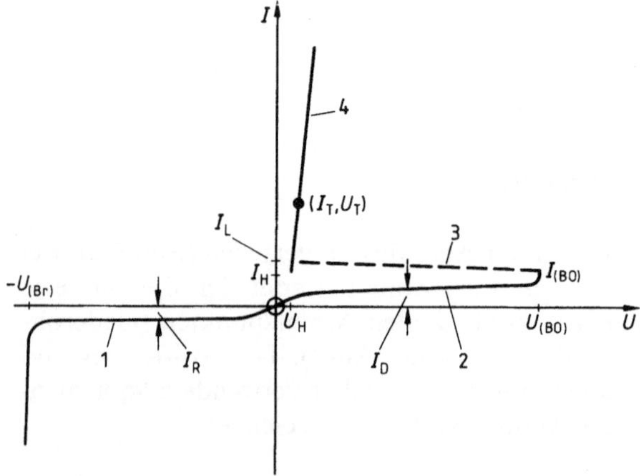

5.3 Strom-Spannungs-Kennlinie einer Vierschicht-Diode, schematisch:
1 Sperrkennlinie in Rückwärtsrichtung
2 Sperrkennlinie in Vorwärtsrichtung
3 Fallende Charakteristik (vereinfacht)
4 Durchlaßkennlinie in Vorwärtsrichtung
Beispielhafte numerische Werte: $U_{(BO)} = 200$ V, $U_{BR} \approx U_{(BO)}$, $I_D =$ einige µA, $U_H < 1$ V, $I_H =$ einige mA

1) Negativer Sperrbereich $U<0$. Die beiden äußeren pn-Übergänge sind durch $U<0$ in Sperrichtung gepolt, der mittlere in Flußrichtung, die Diode verhält sich daher wie eine konventionelle Gleichrichterdiode im Sperrbereich (vgl. Bild 1.15). Da die A-Werte in Silizium bei kleinen Strömen sehr klein sind (s. Bild 4.26), können wir zur analytischen Beschreibung der negativen Sperrkennlinie in Gl. (5.1) $A=0$ setzen. Da die Spannung U hauptsächlich über den beiden äußeren pn-Übergängen abfällt, kann im mittleren von der Ladungsträgermultiplikation abgesehen und $M_n=1$ gesetzt werden. Wir erhalten dann aus Gl. (5.1) nach einer Zwischenrechnung

$$I=-\left[\left(\frac{I_{S1}+I_{S3}+\dfrac{I_{S1}\cdot I_{S3}}{I_{S2}}\cdot e^{\frac{U}{U_T}}}{2}\right)-\sqrt{(\|)^2-I_{S1}\cdot I_{S3}\cdot\left(1-e^{\frac{U}{U_T}}\right)}\,\right]<0. \tag{5.3}$$

Hieraus folgt der Sperrstrom für $-U\gg U_T$

$$I=\begin{cases}-I_{S3}, & \text{falls } I_{S3}<I_{S1}\\ -I_{S1}, & \text{falls } I_{S1}<I_{S3}\end{cases},$$

d.h. der besser sperrende pn-Übergang bestimmt den Sperrstrom der Vierschichtdiode. – Natürlich darf Gl. (5.3) nicht bis zu beliebig hohen Sperrspannungen verwendet werden, da die äußeren pn-Übergänge schließlich durchbrechen und dieser Effekt nicht von dem Gleichungssystem (5.1) erfaßt wird. – Wegen dieser Sperreigenschaft für $U<0$ spricht man von einer rückwärtssperrenden Diode. Strom und Spannung in diesem Bereich werden nach DIN 41785 durch den Index R gekennzeichnet.

2) Positiver Sperrbereich $0<U<U_{(BO)}$. Die beiden äußeren pn-Übergänge sind durch $U>0$ in Flußrichtung gepolt, der mittlere in Sperrichtung; an diesem fällt daher fast die gesamte äußere Spannung ab, d.h. $U_{23}=U>0$. Die A-Werte sind wieder sehr klein und die M-Werte bei $U\ll U_{BR}$ noch annähernd gleich 1, so daß nach Gl. (5.2) in Näherung

$$I=I_{S2}\left(1-e^{-\frac{U}{U_T}}\right)$$

gilt; die Diode verhält sich also wieder wie eine sperrgepolte konventionelle Gleichrichterdiode. Strom und Spannung in diesem Bereich werden nach DIN 41785 durch den Index D gekennzeichnet; das so entstehende Symbol U_D darf nicht mit der Diffusionsspannung verwechselt werden (s. z.B. Gl. (1.5a)).

3) Bereich negativen differentiellen Widerstandes (fallende Charakteristik). Mit zunehmender Spannung $U>0$ setzt schließlich in dem zunehmend in Sperrichtung gepolten Übergang 2-3 eine merkliche Ladungsträger-Multiplikation ein, wodurch die M-Werte stark wachsen. Wenn sich dadurch

$$A_{\mathrm{N}}^{(123)} \cdot M_{\mathrm{p}} + A_{\mathrm{N}}^{(234)} \cdot M_{\mathrm{n}}$$

dem Wert 1 nähert, nimmt der Strom I gemäß Gl. (5.2) rasch zu, bis schließlich bei einer bestimmten Spannung $U = U_{(\mathrm{BO})}$ die Kippspannung der Vierschichtdiode erreicht ist (einige 10 V bis einige wenige 100 V).

Durch den Stromanstieg sind nun auch die Werte der Stromverstärkungsfaktoren $A_{\mathrm{N}}^{(123)}$ und $A_{\mathrm{N}}^{(234)}$ gewachsen; wenn $A_{\mathrm{N}}^{(123)} + A_{\mathrm{N}}^{(234)} \approx 1$ geworden ist, kann der Strom auch ohne Ladungsträger-Multiplikation aufrecht erhalten werden, d.h. bei Spannungen $U \ll U_{(\mathrm{BR})}$ und damit $M_{\mathrm{n}} \approx 1$, $M_{\mathrm{p}} \approx 1$). Die beiden äußeren pn-Übergänge treten dabei als Emitter in Tätigkeit, der linke liefert aus der p^+-Zone Löcher nach rechts, der rechte pn-Übergang liefert aus der n^+-Zone Elektronen nach links. Dadurch wird die mittlere Sperrschicht mit Ladungsträgern beider Vorzeichen überschwemmt, und die Spannung an der Diode bricht auf einen sehr kleinen Wert zusammen (ca. 1 V; dieser wird durch die Bahnwiderstände der 4 Zonen sowie durch die Flußspannungen über den 3 pn-Übergängen bestimmt. Der bei $U = U_{(\mathrm{BO})}$ einsetzende Übergang vom Bereich 2 nach Bereich 3 wird als Durchschalten bezeichnet oder auch als „Zündung“ – in Anlehnung an den bei Gasentladungsröhren üblichen Sprachgebrauch. – Unmittelbar nach dem Durchschalten muß der Strom I_{T} durch die Diode größer sein als ein Mindestwert I_{L} (Latch- oder Einraststrom), damit die Diode sicher im durchgeschalteten Zustand bleibt; das wird durch geeignete Wahl des Lastwiderstandes im Stromkreis erreicht.

4) Durchlaßbereich. Durch den wachsenden Strom wird schließlich $A_{\mathrm{N}}^{(123)} + A_{\mathrm{N}}^{(234)} > 1$, dann ist der Nenner in Gl. (5.2) negativ. Da der Strom seine Richtung behält und der Zähler in Gl. (5.2) positiv bleibt – wie man zeigen kann – muß die Spannung U_{23} negativ werden, d.h. der pn-Übergang 2-3 ist als Folge der Überschwemmung mit Ladungsträgern jetzt ebenfalls in Flußrichtung gepolt. Da jetzt alle 3 pn-Übergänge in Flußrichtung betrieben werden, die beiden äußeren Flußspannungen aber der inneren entgegengerichtet sind, verhält sich die Vierschicht-Diode wie eine (pin- bzw. psn-)Gleichrichterdiode im Durchlaßbereich. Strom und Spannung in diesem Bereich werden nach DIN 41785 durch den Index T gekennzeichnet; das so entstehende Symbol U_{T} darf nicht mit der Temperaturspannung verwechselt werden (s. Gl. (1.5a)).

Das Zurückschalten in den sperrenden Zustand (Löschen) kann dadurch erreicht werden, daß der Diodenstrom abgesenkt wird. Dabei bleibt die Diode zunächst noch leitend, auch wenn I_{T} unter den Wert I_{L} fällt (Hysterese). Erst nach Unterschreiten des sog. Haltestromes I_{H} (je nach Diodentyp 1 ... 100 mA) sperrt die Diode wieder, da der mittlere pn-Übergang an Ladungsträgern soweit verarmt ist, daß er seine Sperreigenschaft wiedererlangt hat.

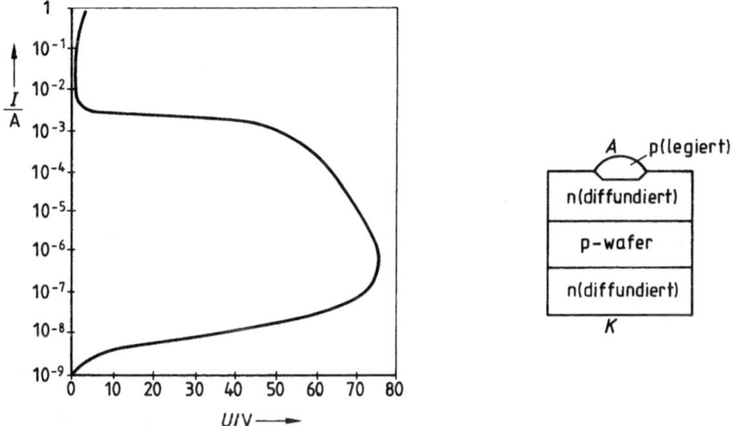

5.4 Gemessene Kennlinie einer Vierschichtdiode bei 22 °C (aus [73])

Der dynamische Widerstand beträgt im positiven Sperrbereich (2) etwa $10^9\ \Omega$, im Durchlaßbereich (4) etwa $1\ \Omega$, so daß ein Schaltverhältnis von etwa $10^9:1$ entsteht (Bild **5.4**).

Zum Verständnis der Wirkungsweise der Vierschichtdiode kann man sie sich in je einen pnp- und npn-Transistor sowie eine Z-Diode zerlegt denken (Bild **5.5**); entsprechende Ersatzschaltungen zeigen tatsächlich Strom-Spannungs-Kennlinien nach der Art der Bilder **5.3** bzw. **5.4**.

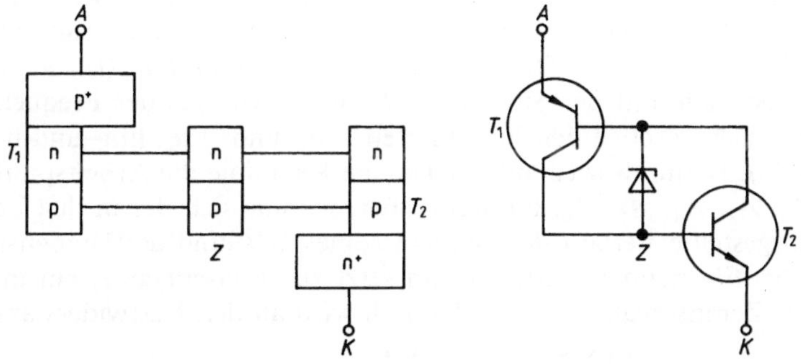

5.5 Zerlegung der Vierschichtdiode in zwei Transistoren und eine Z-Diode und zugehörige Ersatzschaltung

Mit der Vierschichtdiode kann auf die in Bild **5.6** schematisch dargestellte Weise aus dem hochohmigen in den niederohmigen Bereich umgeschaltet werden:

Einschaltbedingung: $U > U_{(B0)} + R_L \cdot I_{(B0)} = U_{Ein}$;
Ausschaltbedingung: $U < U_H + R_L \cdot I_H = U_{Aus}$.

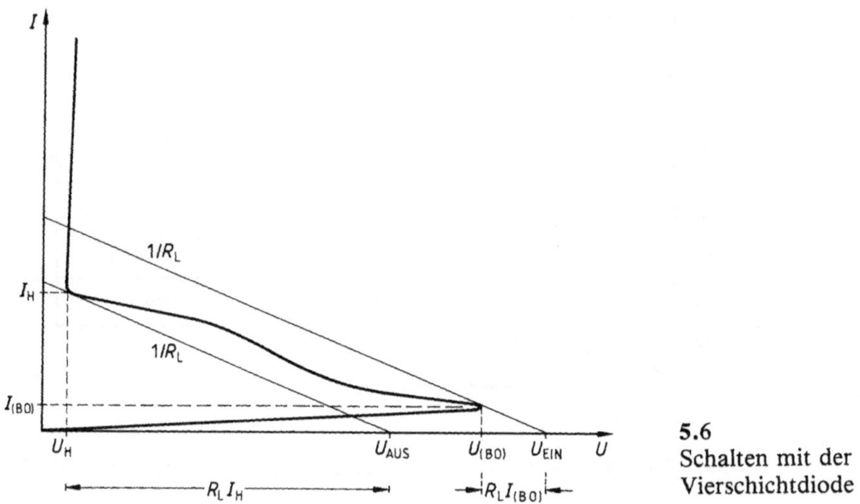

5.6
Schalten mit der Vierschichtdiode

Im Bereich $U_{\text{Aus}} < U < U_{\text{Ein}}$ ist die Diode bistabil „Aus" oder „Ein" je nach der Vorgeschichte.

Die Vierschichtdiode wird wegen ihrer Schalteigenschaften auch Kippdiode genannt. Als Anwendungsbeispiel zeigt Bild **5**.7a eine Schaltung zur Stellung eines Phasenwinkels (sog. Phasenanschnitt-Schaltung); damit wird an einen Lastwiderstand R_L eine bestimmte Leistung übertragen, welche von einem Wechselspannungsgenerator G geliefert wird. - Obwohl zur Lösung dieser Aufgabe in der Praxis (steuerbare) Thyristor-Trioden verwendet werden (s. Abschn. 5.3), kann das Wesentliche bereits an der Schaltungsrealisierung mittels einer Diode erläutert werden. - Durch die Generatorspannung $u_G(t) = \hat{u}_G \sin \omega t$ wird die Arbeitsgerade mit der Steigung $1/R_L$ im Rhythmus der Frequenz $f = \omega/2\pi = 1/T$ parallel zwischen den Fußpunkten $-\hat{u}_G$ und $+\hat{u}_G$ hin- und hergeschoben (Bild **5**.7b). Dadurch wird auf der Dioden-Kennlinie die Arbeitspunktfolge 0, A_1, A_2, A_3, A_2, A_4, A_5, A_6, 0 durchlaufen, woraus sich der in den Teilbildern c und d dargestellte Verlauf des Diodenstromes $i_D(t)$ und der Diodenspannung $u_D(t)$ ergibt. Ein nennenswerter Strom setzt zur Phasenlage t_1 ein und fließt während des Zeitintervalls $t_1 \ldots t_2$; dadurch wird an den Lastwiderstand, über eine Periode T gemittelt, die Wirkleistung

$$P_L = \frac{\hat{u}_G^2}{R_L} \cdot \frac{1}{T} \cdot \int_{t_1}^{t_2} i_D^2(t)\,dt \tag{5.4}$$

übertragen. Wegen $i_D(t) \approx \hat{u}_G \sin \omega t / R_L$ gilt näherungsweise

$$P_L = \frac{\hat{u}_G^2}{2R_L} \cdot \left[1 - \frac{\sin \omega (t_2 - t_1)}{\omega (t_2 - t_1)} \cdot \cos \omega (t_2 + t_1)\right] \cdot \frac{t_2 - t_1}{T}.$$

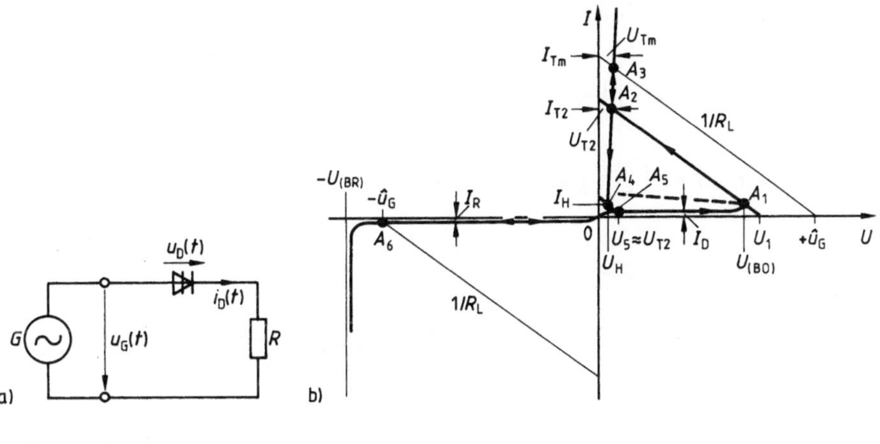

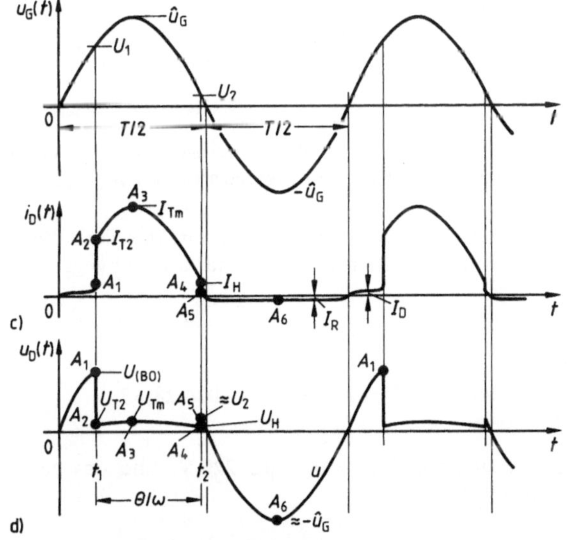

5.7 Vierschichtdiode im Wechselstromkreis (aus [45])
a) Phasenanschnitt-Schaltung
b) Zeitlicher Durchlauf der Diodenkennlinie
c) Diodenstrom $i_D(t)$
d) Diodenspannung $u_D(t)$

Als Maß für die Dauer des Stromflusses wird der sog. Stromflußwinkel eingeführt

$$\theta = \omega (t_2 - t_1) = \omega t_2 \cdot \left(1 - \frac{t_1}{t_2}\right) ; \tag{5.5}$$

damit nimmt P_L die Form an

$$P_L = \frac{\hat{u}_G^2}{4\pi R_L} \cdot \left[1 - \frac{\sin\theta}{\theta} \cdot \cos(2\omega t_2 - \theta)\right] \cdot \theta .$$

Im vorliegenden Fall gilt mit $\omega t_2 \approx \pi$

$$\theta \approx \pi \cdot \left(1 - \frac{t_1}{T/2}\right) = \pi - \arcsin \frac{U_{(BO)}}{\hat{u}_G}, \tag{5.6}$$

$$P_L \approx \frac{\hat{u}_G^2}{4\pi R_L} \cdot \left(\theta - \frac{\sin 2\theta}{2}\right) = \frac{U_{(BO)}^2}{4\pi R_L} \left(\theta - \frac{\sin 2\theta}{2}\right) / \sin^2\theta . \tag{5.7}$$

Die Phasenanschnitt-Schaltung nach Bild **5**.7 hat offenbar den Nachteil, daß der Zündzeitpunkt t_1 und damit der Stromflußwinkel θ durch die Größe der Kippspannung $U_{(BO)}$ und der Amplitude der Netzspannung $\hat{u}_G$ fest vorgegeben ist. Dieser Nachteil wird bei den Thyristortrioden durch ihre Steuerbarkeit vermieden.

Beispiel 5.1. In der Schaltung nach Bild **5**.7 wird eine Vierschicht-Diode mit der Kippspannung $U_{(BO)} = 150$ V von einem Netz-Wechselspannungsgenerator mit $\hat{u}_G = \sqrt{2} \cdot 220$ V angesteuert. Wie groß ist θ?

Für welchen Wert $U'_{(BO)}$ würde sich $\theta' = \pi/2$ ergeben, und wie groß ist das Verhältnis der Leistungen, die für die beiden θ-Werte an denselben Lastwiderstand R_L abgegeben werden?

Aus Gl. (5.6) folgt

$$\theta = \pi - \arcsin \frac{150 \text{ V}}{\sqrt{2} \cdot 220 \text{ V}} = 2{,}66 \mathrel{\hat{=}} 151{,}2° \text{ bzw. } \omega t_1 = 0{,}48 \mathrel{\hat{=}} 28{,}8°.$$

Der Stromflußwinkel $\theta' = \pi/2$ ergibt sich für $U'_{(BO)} \approx \hat{u}_G = \sqrt{2} \cdot 220$ V, und das gesuchte Leistungsverhältnis beträgt nach Gl. (5.7)

$$\frac{P_L}{P'_L} = \frac{1 - \dfrac{\sin 2\theta}{2\theta}}{1 - \dfrac{\sin 2\theta'}{2\theta'}} = 1 - \frac{\sin 2\theta}{2\theta} = 1{,}15 .$$

5.2.2 Die bidirektionale Diode (Diac)

Durch Antiparallelschaltung zweier Vierschichtstrukturen D_1, D_2 nach Art des Bildes **5**.1 kann eine 5-Zonen-Diode gebildet werden, welche für beide Stromrichtungen eine Schaltcharakteristik besitzt (Bild **5**.8); die 5-Zonen-Diode wird deshalb auch als DIAC (= **di**ode for **a**lternating **c**urrent) bezeichnet. Wenn die

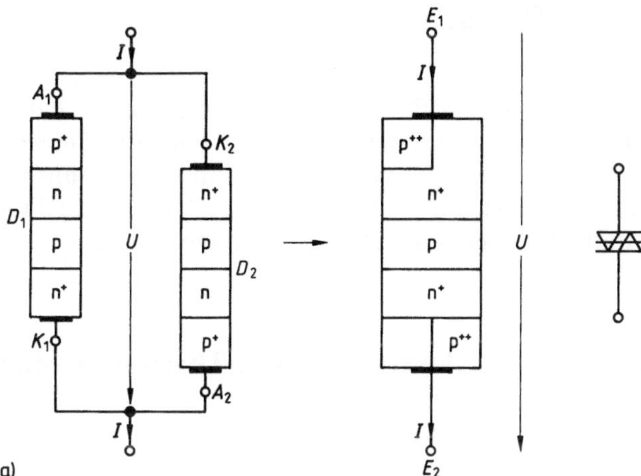

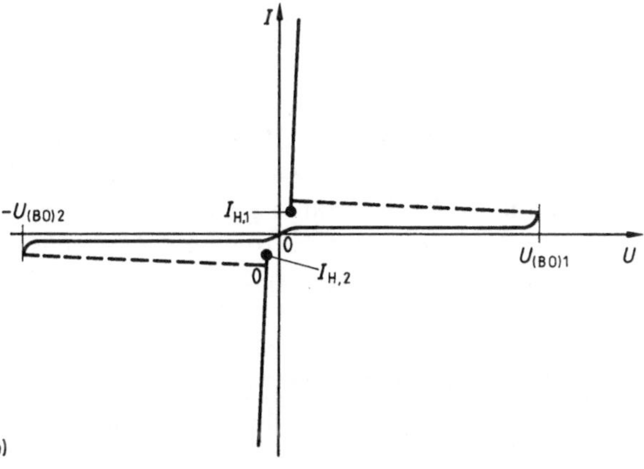

5.8 Bidirektionale Diode (nach [45])
a) Aufbau (schematisch) und Schaltzeichen
b) Strom-Spannungs-Kennlinie

Elektrode E_1 positiv gegenüber E_2 ist, arbeitet die Diode D_1 in Durchlaßrichtung, und die 5-Zonen-Diode kann durch Überschreiten der Kippspannung $U_{(BO)1}$ gezündet werden; die Diode D_2 sperrt. Für die entgegengesetzte Spannung zwischen E_1 und E_2 vertauschen sich die Rollen von D_1 und D_2.

Die Diac wird vor allem zum Zünden von Triacs (s. unter Abschn. 5.3.2) und als kontaktloser Schalter für kleine Ströme verwendet; die Zündung kann außer über $U_{(BO)}$ durch den (kapazitiven) du/dt-Effekt erfolgen (s. unter 5.3.1).

Für die beschriebene Funktionsweise ist es natürlich erforderlich, daß die Rückwärts-Durchbruchs-Spannungen $U_{(BR)1}$ bzw. $U_{(BR)2}$ der Dioden D_1, D_2 größer als die Kippspannungen $U_{(BO)1}$ bzw. $U_{(BO)2}$ sind, da sonst die jeweils antiparallel geschaltete Diode vor Erreichen ihrer Kippspannung durchbrechen würde.

5.3 Thyristor-Trioden

Bei diesen Vierschichtstrukturen ist zusätzlich zu den beiden äußeren Halbleiterzonen auch eine der beiden inneren Zonen mit einem Kontakt versehen; dieser wird Steueranschluß (oder Zündelektrode) genannt und mit dem Buchstaben *G* ($\triangleq$ Gate) bezeichnet. Er kann kathodenseitig angebracht werden - was der Regelfall ist - aber prinzipiell auch anodenseitig.

5.3.1 Die rückwärtssperrende Thyristor-Triode (Thyristor)

Das Bild **5**.9a zeigt einen kathodenseitig gesteuerten Thyristor in seiner Grundschaltung, bestehend aus Haupt- und Steuerkreis; das Teilbild b zeigt ein beispielhaftes Dotierungsprofil. Solange über die Steuerelektrode kein Strom fließt, verhält sich die Vierschicht-Triode wie die Vierschicht-Diode (s. Abschn. 5.2). Im folgenden wird nun gezeigt, daß durch die Zufuhr eines Gatestromes die Kippspannung verändert werden kann; dadurch ist z. B. in der Schaltung nach Bild **5**.7 eine Steuerung des Stromflußwinkels möglich. Daher und zur gleichzeitigen Kennzeichnung des Halbleitermaterials wurde dieses Bauelement früher als **S**ilicon **C**ontrolled **R**ectifier (SCR) bezeichnet; heute hat sich international das Wort Thyristor durchgesetzt. Zur Beschreibung des Einflusses eines Steuerstromes I_G auf die I_A-U_A-Kennlinie gehen wir wieder von dem allgemeinen Gleichungssystem (5.1) aus; daraus folgt mit $U_{12}+U_{23}+U_{34}=U_A$ (wie in Abschn. 5.2.1) und $I_1=I_2=I_A$, $I_2+I_G=I_3$

$$I_A = \frac{[(\gamma - A_N^{(123)} \cdot A_I^{(123)}) \cdot M_p + (1-\gamma - A_N^{(234)} \cdot A_I^{(234)}) \cdot M_n] \cdot \left(1 - e^{-\frac{U_{23}}{U_T}}\right) + I_G \cdot A_N^{(234)}}{1 - A_N^{(123)} \cdot M_p - A_N^{(234)} \cdot M_n} . \tag{5.8}$$

Als Folge des Steuerstromes I_G wird die Bedingung für den Übergang vom Kennlinienbereich 2 nach 3 in Bild **5**.3

$$A_N^{(123)}(I_A) \cdot M_p(U_{23}) + A_N^{(234)}(I_A) \cdot M_n(U_{23}) \approx 1$$

bei einem kleineren Wert von U_{23} erfüllt als im Fall $I_G=0$, d. h. zur „Zündung“ ist auch ein kleinerer Wert von U_A erforderlich (Bild **5**.10). Das ist im Hinblick auf die Ersatzschaltung in Bild **5**.5 anschaulich verständlich, denn ein Teil des zur Zündung erforderlichen „Zenerstroms” wird jetzt durch den Gatestrom ersetzt, so daß der Durchbruch schon bei einer kleineren Spannung erfolgt. Bei hinreichend großem Steuerstrom $I_G \geq I_{GT}$ (= Zündstrom) ist die Sperrwirkung ganz verschwunden. Die Kennlinie entspricht dann derjenigen einer konventionellen Gleichrichterdiode.

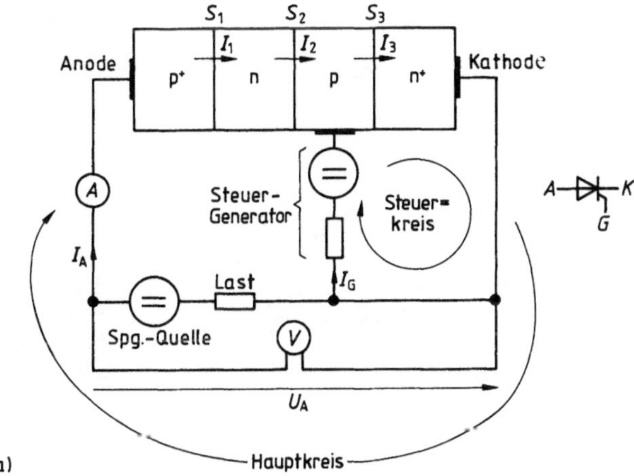

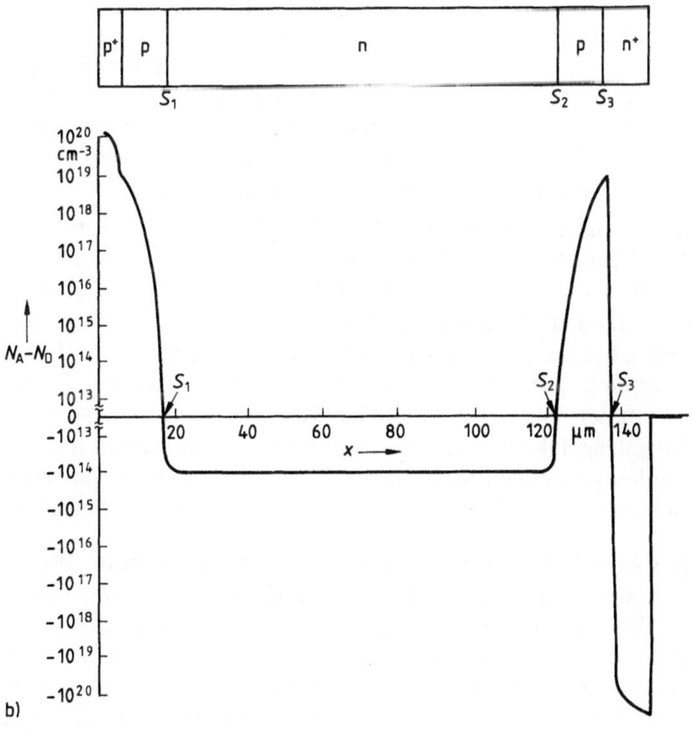

5.9 Kathodenseitig steuerbare rückwärts-sperrende Thyristor-Triode
a) Aufbau (schematisch), Grundschaltung und Schaltzeichen
b) Dotierungsprofil eines Thyristors (aus [57]; S_i = Sperrschichten)

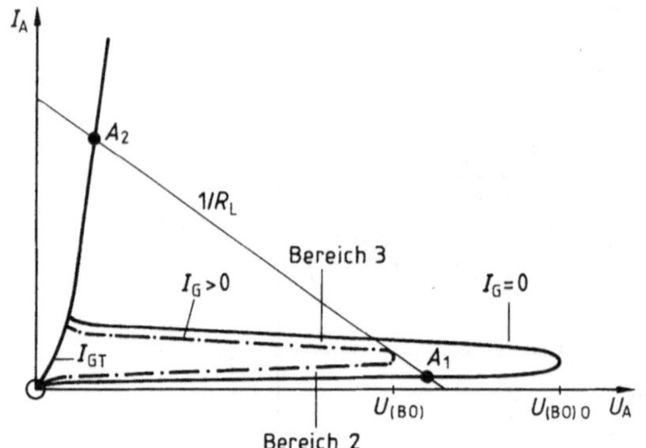

5.10
Strom-Spannungs-Kennlinie und Schaltverhalten einer Vierschicht-Triode nach Bild **5.9**

Zur Auslösung des Zündvorgangs wird dem Thyristor kurzzeitig ein Steuerstrom zugeführt, so daß die Kennlinie im Übergangsgebiet zwischen den Bereichen 2 und 3 links von der Arbeitsgeraden zu liegen kommt (strichpunktierte Kurve in Bild **5.**10), dann springt der Arbeitspunkt von A_1 nach A_2. Die zum Löschen erforderliche Unterschreitung des Haltestromes I_H wird entweder durch einen Hilfsstrom im Anodenkreis oder (bei Wechselspannungsbetrieb) automatisch durch den Nulldurchgang des Anodenstroms bewirkt. – Die mit speziellen Elektrodenkonfigurationen ausgestatteten sog. abschaltbaren Thyristoren (s. in Abschn. 5.3.2) können auch über das Gate gelöscht werden; dies ist bei (großflächigen) konventionellen Thyristoren nicht möglich.

Bisher haben wir der Beschreibung der Strom-Spannungs-Charakteristiken für Thyristor-Dioden und -Trioden absichtlich die stationären Charakteristiken der Teiltransistoren bzw. der Zenerdiode (s. Bild **5.**5) zugrundegelegt und uns keine Gedanken über den zeitlichen Ablauf der Schaltvorgänge gemacht, d.h. über den Übergang von einem Arbeitspunkt zu einem anderen. Da mit jedem Arbeitspunkt eine bestimmte Ladungsträgerverteilung in den 4 Halbleiterzonen verbunden ist, erfordert jeder Schaltvorgang den Auf- bzw. Abbau von Ladungsträger-Konzentrationen und dafür eine bestimmte Zeitspanne. Die im folgenden gegebene anschauliche Beschreibung der Schaltvorgänge wird durch die (schwierige) mathematische Lösung des Problems bestätigt [75, Kap. 5–8].

Der Einschaltvorgang beim Zünden mit Steuerstrom. Wir legen unserer Betrachtung den in Bild **5.**11 dargestellten Schnitt durch eine Thyristor-Tablette zugrunde. Da die Querabmessungen viel größer sind als die Dicke der pnpn-Struktur, spielen bei den Schaltvorgängen die seitlichen Bahnwiderstände der einzelnen Halbleiterzonen eine wichtige Rolle. Sie bewirken, daß beim Einschalten des Steuerstroms seine Dichte über der Kathodenfläche mit wachsender Entfernung vom Gate abnimmt. Daher ist auch die Konzentration der Elektronen, welche über die Sperrschicht S_3 hinweg vom n^+-Emitter in die p-Basis injiziert werden, zunächst am Kathodenrand am größten. Ihre Raumladung wird von den über die Steuerelektrode in die p-Basis fließenden Löchern (Majoritätsträger) kom-

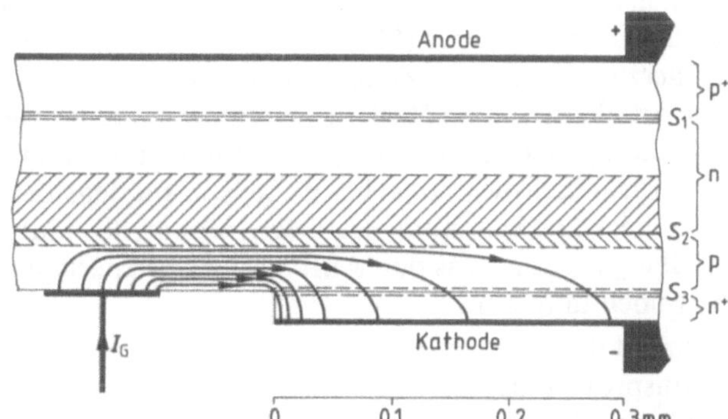

5.11
Schnitt durch ein Thyristorsystem in der Umgebung der Steuerelektrode mit dem Feldlinienbild der Stromdichte beim Einschalten des Steuerstromes (aus [74])

pensiert; die Ladungsträger-Neutralität stellt sich innerhalb der dielektrischen Relaxationszeit ein, welche typisch 10^{-13} s bis 10^{-14} s beträgt (s. Band I/Teil 3, Gl. (2.95)). Durch den zur Zeit $t = t_0$ beginnenden Steuerstrom baut sich am kathodenseitigen Ende der p-Basis die in Bild **5**.12 gestrichelt dargestellte Minoritätsträger-Konzentration und ein dadurch verursachtes Dichtegefälle in die p-Basis hinein auf. Dieses schiebt sich während der Elektronen-Laufzeit $t_0 \dots t_3$ durch die p-Basis bis an den Raumladungsrand x_4 der Sperrschicht S_2 vor. Das elektrische Feld über S_2 transportiert die herandiffundierenden Elektronen in die n-Basis hinüber, hält aber die herandiffundierenden Löcher zurück. Sobald nun

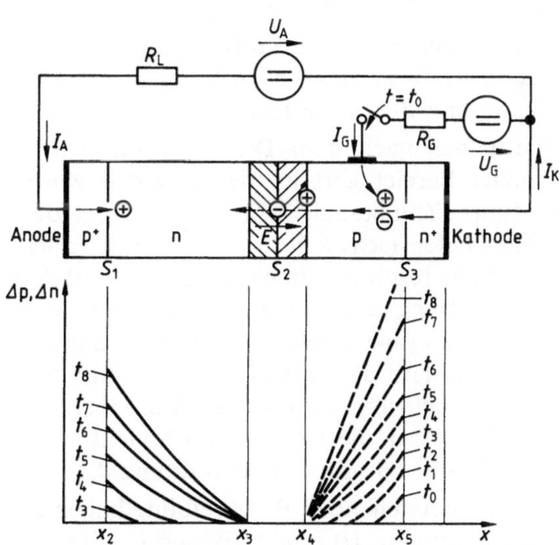

5.12 Aufbau der Überschuß-Trägerdichten $\Delta p(x, t_n)$ (——) und $\Delta n(x, t_n)$ (---) zu Beginn des Einschaltvorganges (n = 0 … 8; die Verteilung für $t \leq t_0$ gilt für den positiven Sperrzustand vor Einschalten des Steuerstroms); Raumladungszone des Übergangs S_2 schraffiert (aus [75])

zusätzliche Elektronen in die n-Basis gelangen, strömen gleichviel Defektelektronen aus dem p-Emitter (Majoritätsträger) in die n-Basis, um die Neutralität wieder herzustellen. Vom Zeitpunkt t_3 beginnt also ein (zunächst kleiner) zusätzlicher Anodenstrom zu fließen. Durch die Ladungsträgertrennung im Feld von S_2 wird die dortige Raumladung verringert und damit die Sperrspannung verkleinert. Da wegen des zunächst geringen Anodenstromes am Thyristor praktisch noch die volle Spannung U_A liegt, nimmt die Flußpolung der beiden äußeren pn-Übergänge zu, was den Aufbau der Speicherladung in den beiden Basisbereichen noch unterstützt.

Während der Laufzeit $t_3 \ldots t_6$ der Löcher durch die n-Basis schiebt sich ihr Diffusionsprofil (ausgezogene Linien in Bild **5**.12) bis zur Grenze x_3 vor; von jetzt ab werden Löcher über S_2 hinweg vom elektrischen Feld E in die p-Basis geschafft, während die herandiffundierenden Elektronen zurückgehalten werden; dadurch werden die Raumladung und die Sperrspannung über S_2 weiter verringert, was wiederum die Durchlaßpolung von S_3 erhöht; dadurch nimmt die Injektion von Elektronen aus dem n^+-Emitter in die p-Basis zu wie vorher beim Einsetzen des Steuerstromes I_G. Wenn dieser hinreichend groß ist, kommt es durch die beschriebene „innere Strommitkopplung“ zu einem raschen (etwa exponentiellen) Stromanstieg. Dadurch entsteht am Widerstand des äußeren Anodenstromkreises ein nennenswerter Spannungsabfall, wodurch die Injektionswirkung der Übergänge S_1 und S_3 herabgesetzt wird. Die von S_1 (S_3) in Richtung auf S_2 herandiffundierenden Defektelektronen (Elektronen) reichen jetzt immer weniger zur Kompensation der vom Feld E über S_2 getrennten Ladungsträger aus, so daß die dortige Raumladung so weit abgebaut wird, daß sie schließlich nur noch der Polung in Flußrichtung entspricht und die überzähligen Ladungsträger über S_2 zurückfließen können: Der Thyristor schaltet durch. Der Strom I_A wird jetzt durch die Last im Anodenkreis bestimmt.

Unmittelbar nach dem Durchschalten wird der Anodenstrom nur in einem schmalen Bereich geführt, der nahe dem Kathodenrand beginnt und bis zur Anode führt (Zündkanal, Bild **5**.13). Infolge der dortigen hohen Stromdichte tritt in den beiden (schwach dotierten) Basiszonen ein erheblicher Spannungsabfall auf; daraus resultiert ein elektrisches Querfeld zwischen dem Zündkanal und seiner Umgebung. Gleichzeitig besteht in Querrichtung ein Konzentrationsgefälle der Ladungsträger. Beides führt dazu, daß im Laufe der Zeit der Anodenstrom auch außerhalb des Zündkanals über die Sperrschichten S_1, S_3 fließt und zur Injektion beiträgt. Auf diese Weise breitet sich der stromführende Bereich schließlich über die gesamte Kathodenfläche aus; die radiale Ausbreitungsgeschwindigkeit hat die Größenordnung 0,1 mm/µs.

Nach der vorstehenden Beschreibung haben der Anodenstrom $i_A(t)$ und die Anodenspannung $u_A(t)$ qualitativ den in Bild **5**.14 dargestellten Verlauf. Wir kön-

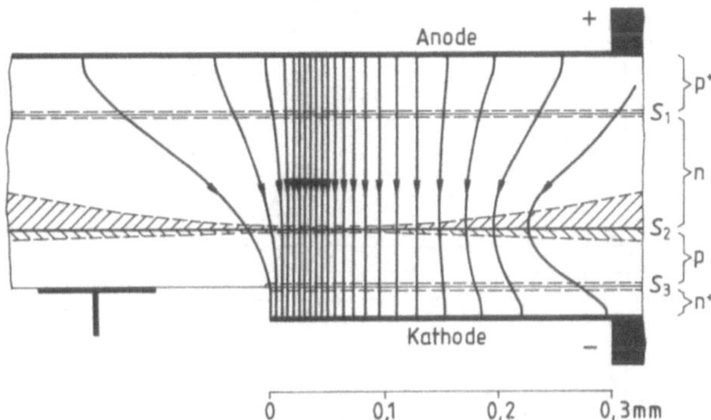

5.13 Schnitt durch das Thyristorsystem nach Bild **5.**11 mit dem Feldlinienbild der Stromdichte unmittelbar nach dem Durchschalten (aus [74])

nen darin 3 Zeitabschnitte unterscheiden, die sich den beschriebenen physikalischen Ursachen schwerpunktmäßig wie folgt zuordnen lassen:

Zündverzugszeit t_{gd}: Das ist etwa das Zeitintervall $t_0 \dots t_6$ gemäß Bild **5.**12. An seinem Ende fällt am Lastwiderstand ein solcher Spannungsanteil ab, daß die Injektion von Ladungsträgern in die beiden Basiszonen nachzulassen beginnt.

Technisch wird dieser Zeitraum gemessen vom Beginn des als rechteckig angenommenen Steuerstromimpulses (bzw. vom Erreichen von 10% des Endwertes bei endlicher Impulsanstiegszeit t_r nach Bild **5.**14a) bis zum Abfall der Thyristorspannung auf 90% des Anfangswertes (Bild **5.**14b).

t_{gd} fällt mit wachsender Amplitude I_G und abnehmender Anstiegszeit des Gatestrom-Impulses sowie mit wachsendem U_A; typische Werte liegen bei einigen Zehntel µs bis 1 µs.

Durchschaltzeit t_{gr}: In diesem Zeitraum wird der mittlere pn-Übergang vom Sperr- in den Flußzustand umgepolt.

Das in der Praxis bevorzugte Maß für t_{gr} ist durch den Spannungsabfall am Thyristor von 90% auf 10% des Anfangswertes U_A gegeben.

t_{gr} hängt gemäß der physikalischen Ursache hauptsächlich von den Kenngrößen des Anodenstromkreises ab; typische Werte liegen in derselben Größenordnung wie t_{gd}.

– Bei ohmscher Last stimmt t_{gd} mit der Zeit bis zum Anstieg des Anodenstromes auf 10% seines Endwertes I_T und t_{gr} mit dem Zeitintervall zwischen den 10%- und 90%-Werten von $i_a(t)/I_T$ überein. Dieser Fall ist in Bild **5.**14c dargestellt. –

Zündausbreitungszeit t_{gs}: In diesem Zeitintervall verbreitet sich die Zündung von dem anfänglichen Zündkanal aus über die ganze Kathodenfläche. t_{gs} hängt wegen der endlichen Ausbreitungsgeschwindigkeit von der Geometrie Kathode/Steuerelektrode ab und kann bis über 100 µs betragen.

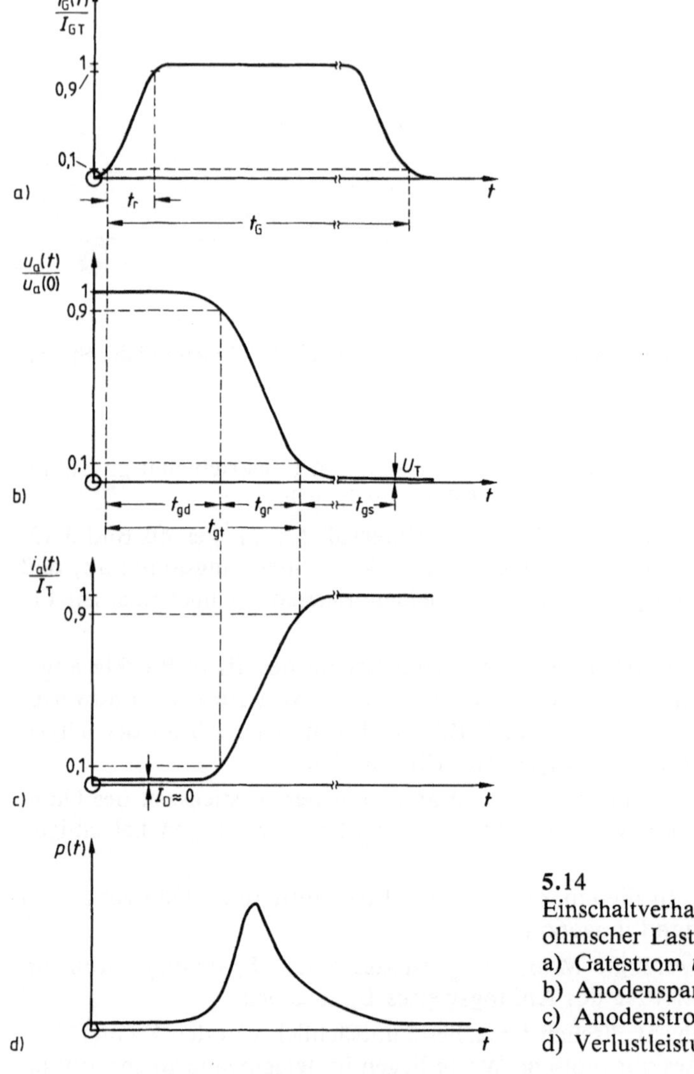

5.14
Einschaltverhalten des Thyristors bei ohmscher Last
a) Gatestrom $i_G(t)$
b) Anodenspannung $u_A(t)$
c) Anodenstrom $i_A(t)$
d) Verlustleistung $p(t) = u_A(t) \cdot i_A(t)$

Während des Einschaltvorganges tritt die sog. Einschalt-Verlustleistung $p(t) = u_A(t) \cdot i_A(t)$ auf (Bild **5**.14d). Der Anstieg $di_A(t)/dt$ des Stromes in der Mitkopplungsphase erfolgt bei nicht zu großer Hauptkreis-Induktivität so rasch, daß der Stromfluß wegen der endlichen Zündausbreitungsgeschwindigkeit (etwa 0,1 mm/µs) im wesentlichen auf den Zündkanal beschränkt bleibt. Daher ist die Verlustleistung zunächst auf einen sehr kleinen Querschnitt konzentriert, was zu einer thermischen Überlastung führen kann. Bei Thyristoren für große Leistungen – wo also große Ströme zu schalten sind – wird daher eine kritische Stromsteilheit (di_A/dt) angegeben, welche beim Durchschalten nicht überschritten werden darf; ihr Wert liegt je nach Ausführungsform zwischen 100 A/µs und wenigen 1000 A/µs.

Die Dauer t_G des Gatestromimpulses muß so groß sein, daß der Strom im Lastkreis den Einraststrom I_L (≙ latch current) überschreiten kann, der etwas größer ist als der Haltestrom I_H, so daß der Thyristor auch noch eingeschaltet bleibt, wenn der Steuerstrom steil abklingt. Für ein sicheres Durchschalten des Thyristors sollte $t_G > t_{gd} + t_{gr} = t_{gt}$ = gesamte Zündzeit gewählt werden.

Neben der bisher unterstellten erwünschten Zündung durch einen Gatestromimpuls besteht eine meist unerwünschte Zündmöglichkeit in einem zu raschen Anstieg der positiven Anodenspannung. Dadurch fließt über die Sperrschichtkapazität von S_2 ein Verschiebungsstrom, der - wie ein Gatestromimpuls - injizierend auf die beiden Basiszonen wirkt und bei Überschreitung kritischer Werte von Anstiegs-Steilheit $\left(\frac{du_A}{dt}\right)_{Kr}$ und -Dauer den Thyristor durchschalten kann. Typische Werte für Kleinthyristoren (<20 A Dauergrenzstrom) liegen im Bereich 10 ... 100 V/µs, für Netzthyristoren (>20 A) im Bereich 100 ... 1000 V/µs.

Der Ausschaltvorgang. Hierunter versteht man den Übergang eines Thyristors vom Durchlaßzustand in den Sperrzustand. Bei Thyristoren mit kleiner Kathodenfläche kann man den Anodenstrom dadurch abschalten, daß man den kathodenseitigen pn-Übergang S_1 durch einen negativen Steuerstromimpuls hinreichend lange in Sperrichtung polt, wodurch die Elektroneninjektion in die p-Basis und damit der Strom-Mitkopplungsmechanismus unterbunden wird; dieses Verfahren des **Gate-Turn-Off** funktioniert bei den Leistungsthyristoren mit ihrer großen Kathodenfläche wegen des transversalen Widerstandes der p-Basis i. allg. nicht - außer wenn besondere Elektrodenkonfigurationen vorgesehen werden (s. in Abschn. 5.3.2). - Vielmehr erfolgt bei diesen Thyristoren das „Löschen", wie man den Ausschaltvorgang auch nennt, in der Regel dadurch, daß der Anodenstrom eine bestimmte Zeit lang unter den Wert des Haltestromes I_H abgesenkt wird; hierzu wird die treibende Spannung umgepolt, so daß die in den einzelnen Halbleiterzonen gespeicherten überschüssigen Ladungsträger abgebaut werden und die anfängliche Konzentrationsverteilung wiederhergestellt wird. Die im einzelnen dabei ablaufenden Vorgänge werden im folgenden anhand der vereinfachten Kommutierungsschaltung in Bild **5**.15 erläutert. Es liegt hier der

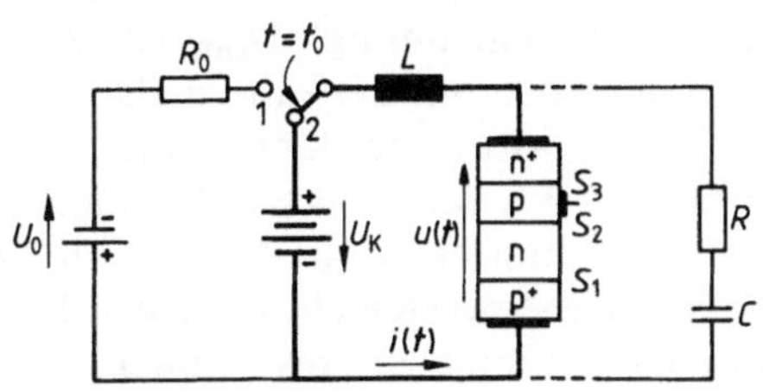

5.15
Kommutierungsschaltung (aus [75])

Fall einer sog. Zwangskommutierung vor, d.h. die Umleitung des Stromes von einem Stromkreis auf einen anderen wird mit einer zusätzlichen Spannungsquelle (U_K) erzwungen; dagegen liegt bei den netzgeführten Stromrichtern „natürliche" Kommutierung vor, da sie als Kommutierungsspannung die im Netz vorhandenen „natürlichen" Spannungen ausnutzen.

Für Zeiten $t < t_0$ (Schalterstellung 1) fließt der Durchlaßstrom I_T durch den Thyristor. Nachdem der Schalter zur Zeit $t = t_0$ in die Stellung 2 umgelegt worden ist, gilt der Spannungssatz

$$u(t) + L \cdot \frac{di(t)}{dt} + U_K = 0, \tag{5.9a}$$

d.h.

$$\frac{di(t)}{dt} = -\frac{u(t) + U_K}{L}. \tag{5.9b}$$

Da die Thyristorspannung $u(t)$ zunächst noch den kleinen Durchlaßwert U_T hat, gilt in guter Näherung

$$\frac{di(t)}{dt} = -\frac{U_K}{L},$$

der Strom fällt also linear mit der Zeit (Bild **5**.16a). Damit nimmt auch die Injektion von Ladungsträgern über die pn-Übergänge S_1 und S_3 ab. Da die Stromänderungsgeschwindigkeit nach Gl. (5.9b) i. allg. größer als die Rekombinationsgeschwindigkeit der Ladungsträger ist, sind zur Zeit des Nulldurchgangs des Stromes ($t = t_1$) noch so viele Ladungsträger im Thyristor gespeichert (Bild **5**.16b), daß der Strom weiter mit derselben Steilheit abnimmt. Der nun in Rückwärtsrichtung fließende Strom baut über S_3 Defektelektronen und über S_1 Elektronen aus den Basiszonen ab, wodurch die Trägerdichten an den äußeren Basisgrenzen x_2 bzw. x_5 rascher als im Innern der Basiszonen abnehmen. Sobald die Überschußdichte an den Rändern x_2 bzw. x_5 den Wert Null erreicht hat, kann der dortige pn-Übergang Sperrspannung übernehmen; das tritt zuerst für $t = t_2$ am n^+-Emitter bei $x = x_5$ ein. Da die beiden anderen pn-Übergänge noch in Flußrichtung gepolt sind, gilt $u(t) \approx u_{s1}(t)$, d.h. mit dem Vorzeichenwechsel von $u_{s1}(t)$ geht auch die Thyristorspannung durch Null; damit wird gemäß Gl. (5.9b) der Stromanstieg in Rückwärtsrichtung etwas verzögert. Nachdem $u(t)$ zur Zeit t_3 die „Zenerspannung" $U_{(BR)3}$ erreicht hat, nimmt der Strom in Rückwärtsrichtung nur noch mit der (abermals verringerten) Steilheit $(U_K - U_{(BR)3})/L$ zu. – In der Praxis tritt dieser Unterschied i. allg. nicht deutlich hervor. – Schließlich ist zur Zeit $t = t_4$ die Überschußladung auch an der Sperrschicht S_1 abgebaut, so daß diese nun ebenfalls Sperrspannung aufnehmen kann. Dadurch wächst die p^+-Emitter-Sperrschicht in die n-Basis hinein, die Sperrspannung $|u(t)|$ am Thyristor nimmt zu, bis schließlich für $u(t) = -U_K$ der Strom seinen größten

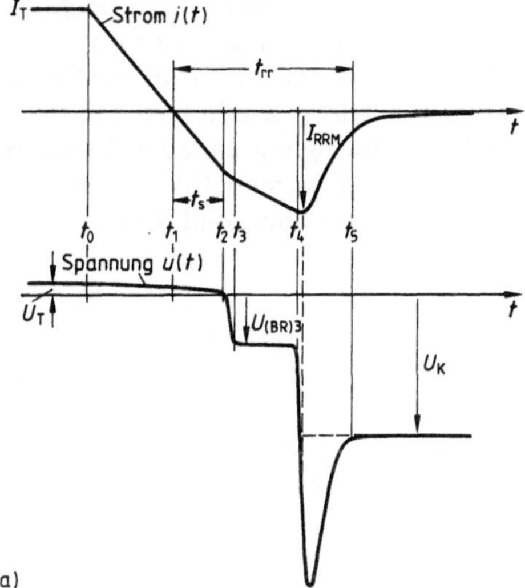

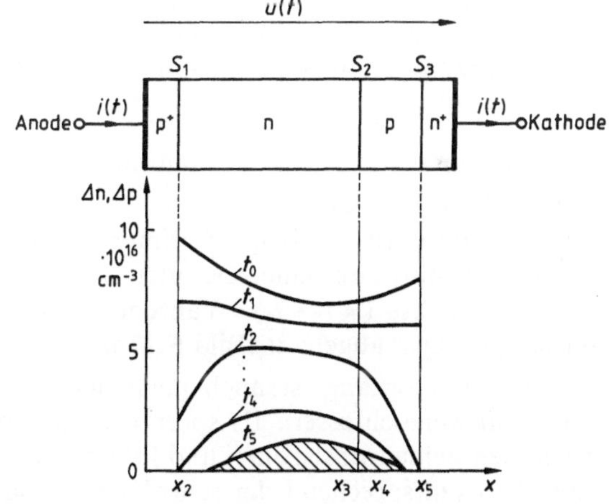

5.16
Kommutierungsvorgang (aus [75])
a) Verlauf von Anoden-Strom und -Spannung
b) Abbau der Überschuß-ladungen Δp, Δn

Wert in Rückwärtsrichtung erreicht (sog. Rückstromspitze I_{RRM}). Wegen des ab $t = t_4$ rasch abnehmenden Konzentrationsgefälles vor S_3 geht $i(t)$ rasch zurück, und damit wächst nach Gl. (5.9a)

$$|u(t)| = |U_K| + \left| L \cdot \frac{di(t)}{dt} \right|$$

über U_K hinaus (Rückschlagspannung). – Die Effekte der gespeicherten Trägerladung, der starken Rückströme sowie die daraus resultierenden schädlichen Spannungsspitzen werden unter dem Begriff Trägerspeicher- oder Trägerstau-

Effekt zusammengefaßt. - Damit der Übergang S_1 durch die Rückschlagspannung nicht in den Durchbruch gesteuert und der Thyristor evtl. zerstört wird, ist ihm gemäß Bild **5**.15 ein RC-Glied (als einfachstes Beispiel einer Trägerstaueffekt-Beschaltung) parallel geschaltet, so daß sich die in L gespeicherte Energie in einer gedämpften Schwingung entladen kann. Aus dem zeitlichen Verlauf des Kommutierungsvorgangs gemäß Bild **5**.16a werden folgende charakteristische Zeiten definiert (s. hierzu auch Bild **5**.17).

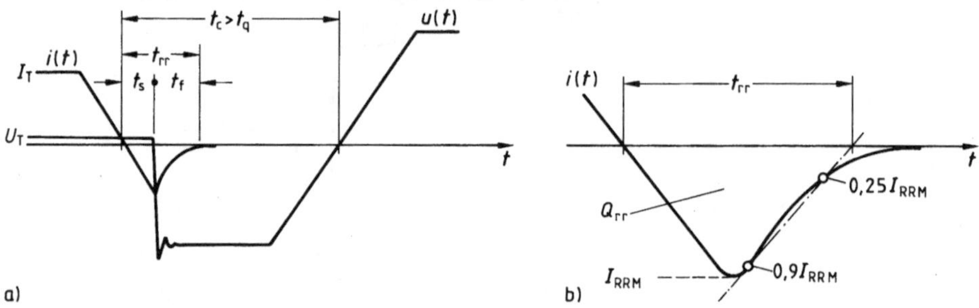

5.17 Kenngrößen des Ausschaltvorganges (aus [75], t_f = Rückstromfallzeit)
a) Strom- und Spannungsverlauf
b) Vergrößerter Ausschnitt des Stromverlaufes

Spannungsnachlaufzeit t_s. Zeitintervall $t_2 - t_1$ zwischen Strom- und Spannungs-Nulldurchgang.

Sperrverzögerungszeit t_{rr}. Zeitintervall zwischen dem Strom-Nulldurchgang und dem Schnittpunkt einer Geraden durch die Punkte $0{,}9 I_{RRM}$ und $0{,}25 I_{RRM}$ mit der Zeitachse ($\approx t_5 - t_1$). Während dieser Zeit wird die sog. Sperrverzögerungsladung Q_{RR} abgebaut (Bild **5**.17b).

Der Ausschaltvorgang ist auch nach dem Ende der Sperrverzögerungszeit t_{rr} noch nicht abgeschlossen. Es sperren zwar die beiden äußeren pn-Übergänge, aber in den beiden Basiszonen und in der Nähe von S_2 sind noch Ladungsträger gespeichert (entsprechend der schraffierten Fläche in Bild **5**.16b), welche ebenfalls abgebaut werden müssen; wegen der Kleinheit des Anodenstromes geschieht das vorwiegend durch Rekombination. Erst wenn die Trägerdichte unter den zum Zündstrom I_{GT} (= Mindest-Steuerstrom) gehörenden kritischen Wert gesunken ist, kann der Thyristor wieder positive Sperrspannung aufnehmen, ohne durchzuschalten.

Die Zeit vom Nulldurchgang des Anodenstromes von der Vorwärts- zur Rückwärtsrichtung bis zur frühestmöglichen Wiederkehr von positiver Spannung heißt Freiwerdezeit und wird mit dem Buchstaben t_q bezeichnet. Wenn die Spannung schon vor Ablauf dieser Zeit wieder positiv wird, schaltet der Thyristor auch ohne Steuerstrom wieder durch. t_q ist eine Eigenschaft des Thyristors. Dagegen wird in einer Thyristorschaltung der Zeitraum negativer Sperrspannung nach dem Nulldurchgang des Stromes, die sog. Schonzeit t_c, durch die Schaltung mitbestimmt. In jedem Betriebszustand muß $t_c > t_q$ sein, der Sicherheitsfaktor beträgt mindestens 1,3 ... 1,5 (Bild **5**.17a). t_q bestimmt die obere Frequenzgrenze bei Thyristoranwendungen; bei Leistungsthyristoren für <20 A (>20 A) liegt sie in der Größenordnung von einigen 10 bis 100 µs (einige µs). Da die Freiwerdezeit u.a. von der Lebensdauer der Minoritätsladungsträger in den einzelnen Basiszonen abhängt, kann t_q durch Eindiffundieren von Gold oder durch Bestrahlung mit energiereichen Elektronen verringert werden; derartige „schnelle" bzw. „Frequenz"-Thyristoren haben t_q-Werte von etwa 10 bis einige 10 µs. Andererseits nimmt die Sperrfähigkeit ab (auf einige 100 V bis etwa 2 kV); denn mit der Verringerung der Trägerlebensdauer und damit der Diffusionslängen L ist notwendig eine Verkleinerung der Basiszonen (w) verbunden, da sonst der Parameter w/L und damit die Laufzeit zu groß wird (s. Beispiel 4.1), was wieder die Durchlaßeigenschaften verschlechtern würde.

Die Freiwerdezeit hängt u.a. auch von der Steilheit der wiederkehrenden positiven Anodenspannung ab; diese muß unter einem bestimmten kritischen Wert $(\mathrm{d}u_A/\mathrm{d}t)_{Kr}$ bleiben, da sonst der Verschiebungsstrom über die Sperrschicht S_2 zum Zünden führt. Die Schwelle liegt jetzt sogar niedriger als ohne vorhergegangene Durchlaßbelastung, denn die beiden Basiszonen enthalten auch am Ende der Freiwerdezeit noch einige überschüssige Ladungsträger, welche den Verschiebungsstrom unterstützen.

Auch der Ausschaltvorgang ist mit Verlustleistung P_{Va} verbunden, hauptsächlich während der Sperrverzögerungszeit t_{rr} (s. Bild **5**.17b); es gilt – ohne RC-Beschaltung – $P_{Va} \approx Q_{rr} U_k / t_{rr}$. Die numerischen Werte sind bereits bei mittleren Frequenzen 1 kHz ... 10 kHz von derselben Größenordnung wie die Werte der Einschaltverluste.

Das Bild **5**.18 zeigt ein einfaches Anwendungsbeispiel des Thyristors (Phasenanschnitt-Steuerung). – In der Praxis werden zur Erzeugung von Zündimpulsen aufwendigere Schaltungen verwendet, welche geringere Toleranzen des Zündzeitpunktes ermöglichen. – Mit der Schaltung in Bild **5**.18 kann die an den Lastwiderstand R_L abgegebene Nutzleistung, gemittelt über eine Periode der Ein-

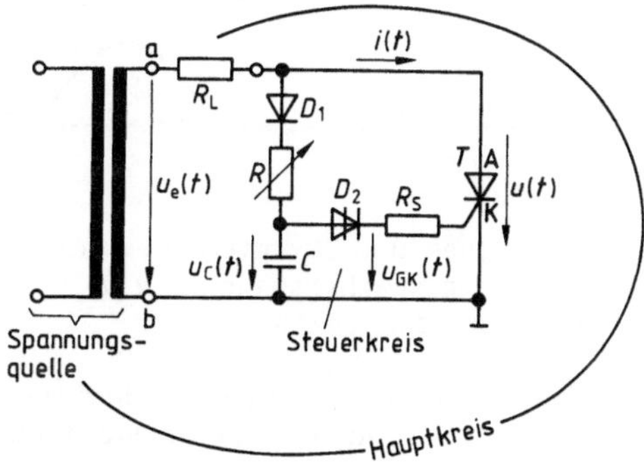

5.18
Thyristorgesteuerte Einwegschaltung (Phasenanschnitt-Steuerung) mit Triggerung durch eine Vierschichtdiode (aus [45]). – Zur Begrenzung des Gatestroms beim Durchschalten dient R_S (z.B. 100 Ω). –

gangswechselspannung $u_e(t) = \hat{u} \cdot \sin \omega t$, in weiten Grenzen verändert werden, indem der Zündzeitpunkt des Thyristors durch geeignete Wahl der Zeitkonstante RC variiert wird. Im einzelnen laufen dabei - vereinfacht dargestellt - folgende Vorgänge ab (s. hierzu Bild **5**.19). Wenn wir vom ungeladenen Zustand des Kondensators C ausgehen, so wird dieser mit einsetzender positiver Halbschwingung von $u_e(t)$ (Bild **5**.19a) über die Diode D_1, an der näherungsweise keine Spannung abfällt, und den (einstellbaren) Widerstand R aufgeladen; bei Erreichen der Kippspannung $U_{(B0)2}$ der Vierschichtdiode D_2 schaltet diese durch und entlädt den Kondensator C über die Gate-Kathodenstrecke des Thyristors T (Bild **5**.19b). Für die Zeitkonstante der Entladung gilt

$$\tau_e = (R_S + R_{GG'})C,$$

sofern die Spannung $U_{GK} \gg U_S$ (= Schwellspannung der Diodenstrecke Gate-Kathode) ist; $R_{GG'}$ ist der Bahnwiderstand zwischen dem Gateanschluß G und

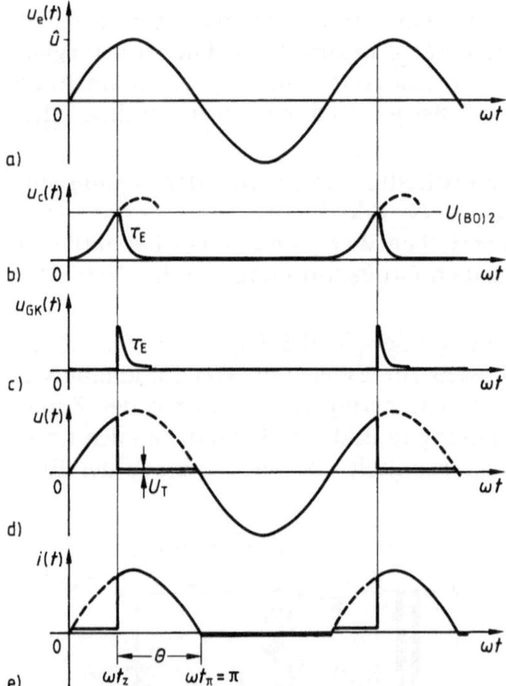

5.19 Spannungs- und Stromverläufe in der Schaltung nach Bild **5**.18 (aus [45])
a) Eingangswechselspannung $u_e(t)$
b) Kondensatorspannung $u_c(t)$
c) Thyristor-Triggerimpulse $u(t)$
d) Anodenspannung $u(t)$ des Thyristors T
e) Strom $i(t)$ durch den Lastwiderstand R_L und den Thyristor T

dem kathodenseitigen pn-Übergang S_3 (vgl. Bild **5**.9, hier liegt kathodenseitige Steuerung vor). Beispielsweise ist für $R_S = 100\,\Omega$, $R_{GG'} = 10\,\Omega$ und $C = 0{,}35\,\mu F$ $\tau_e = 38{,}5\,\mu s$, was für die Triggerung des Thyristors ausreicht. Diese Triggerung wird durch den Spannungsimpuls $u_{GK}(t)$ erzeugt (Bild **5**.19c); er zündet den Thyristor zur Zeit $t = t_Z$, wodurch die Anoden-Kathoden-Spannung $u(t)$ von ihrem bisherigen Wert $u(t) \approx u_e(t)$ auf die sehr kleine Durchlaßspannung U_T (z.B. 1 V) zusammenbricht (Bild **5**.19d). Während der restlichen Zeit der Halbschwingung $u_e(t)$, d.h. für $t_2 < t < t_\pi = \pi/\omega$, fließt durch den Lastwiderstand R_L der Durchlaßstrom $i(t) \approx \hat{u} \sin \omega t / R_L$; sein Mittelwert

$$I_{TAV} = \frac{1}{T} \int_{t_2}^{t_\pi} i(t)\,dt = \frac{\hat{u}}{2\pi R_L} \cdot (1 + \cos \omega t_Z)$$

hängt außer von $\hat{u}$ und R_L auch vom Zündzeitpunkt t_Z ab. Die Dauer des Stromflusses wird wie bei der Vierschicht-Diode durch den Stromflußwinkel

$$\theta = \omega (t_\pi - t_Z) = \pi - \omega t_Z \tag{5.10}$$

beschrieben (vgl. Gl. (5.6)); damit gilt

$$I_{TAV} = \frac{\hat{u}}{\pi R_L} \cdot \sin^2 \frac{\theta}{2}. \tag{5.11}$$

Während der anschließenden negativen Halbschwingung $u_e(t) < 0$ sperrt die Diode D_1, so daß der Kondensator entladen bleibt. Erst mit der nächsten positiven Halbschwingung setzt der eingangs beschriebene Ladevorgang erneut ein.

An den Lastwiderstand wird, über eine Periode gemittelt, die Leistung

$$\begin{aligned} P_L &= R_L \cdot \frac{1}{T} \int_{t_z}^{T/2} i(t)^2\,dt = R_L \cdot I_{T,\mathrm{eff}}^2 \\ &= \frac{\hat{u}^2}{4\pi R_L} \left(\theta - \frac{\sin^2 \theta}{2}\right) \end{aligned} \tag{5.12}$$

abgegeben (vgl. Gl. (5.7)). Sie kann wie I_{TAV} bei festen Werten von $\hat{u}$ und R_L durch θ bzw. durch den Zündzeitpunkt t_Z verändert werden. Dieser ist nun nicht nur von den vorgegebenen Spannungen $\hat{u}$, $U_{(B0)}$ abhängig (wie bei der Vierschichtdiode gemäß Gl. (5.6)), sondern außerdem von der Zeitkonstanten $\tau = RC$, wie die folgende Rechnung zeigt: Der Spannungssatz während des Ladevorgangs lautet in vereinfachter Form (wegen $R_L \ll R \approx 100\,k\Omega$)

$$u_e(t) = \hat{u} \cdot \sin \omega t = u_c(t) + \tau \cdot \frac{du_c(t)}{dt}. \tag{5.13}$$

Ihre Lösung für die Anfangsbedingung $u_c(t)=0$ lautet

$$u_c(t) = \frac{\hat{u}}{1+(\omega\tau)^2} \cdot \left[\omega\tau \cdot \left(e^{-\frac{t}{\tau}} - \cos\omega t\right) + \sin\omega t\right]. \tag{5.14}$$

$$\tau = RC$$

Sie ist in Bild **5**.20 für verschiedene Parameter $\omega\tau$ jeweils bis zum Erreichen des Zündzeitpunktes t_Z dargestellt. Dieser ergibt sich gemäß der Forderung $u_c(t_Z) = U_{(B0)}$ unter Benutzung der Gl. (5.14) aus der impliziten Bestimmungsgleichung

$$\omega\tau \cdot \left[e^{-\frac{\omega t_Z}{\omega\tau}} - \cos\omega t_Z\right] + \sin\omega t_Z = \frac{U_{(B0)}}{\hat{u}} \cdot [1+(\omega\tau)^2].$$

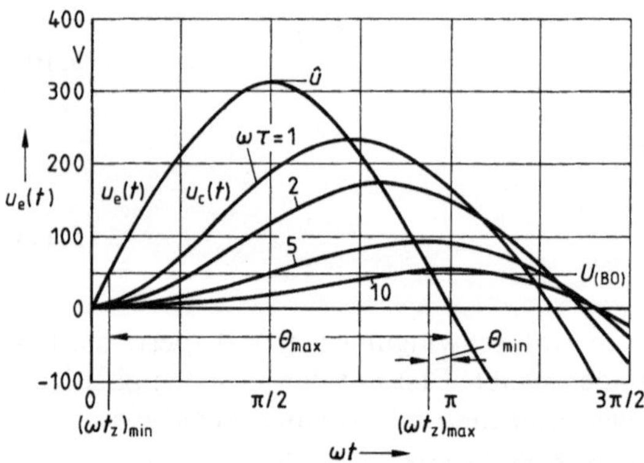

5.20 Eingangswechselspannung $u_e(t)$ und nach Gl. (5.14) berechnete Kondensatorspannung $u_c(t)$ in der Schaltung nach Bild **5**.18 mit $\omega RC = \omega\tau$ als Parameter (aus [45])

Hiernach bzw. aus Bild **5**.20 folgt der früheste Zündzeitpunkt

$$\omega t_{Z,\min} = \arcsin\frac{U_{(B0)}}{\hat{u}} \quad \text{für} \quad \omega\tau = 0, \quad \text{d.h.} \quad R = 0;$$

hierzu gehört nach Gl. (5.10) der größte Stromflußwinkel

$$\begin{aligned}\theta_{\max} &= \pi - \arcsin\frac{U_{(B0)}}{\hat{u}} \\ &\approx \pi - \frac{U_{(B0)}}{\hat{u}} \quad \text{für} \quad \hat{u} \gg U_{(B0)}.\end{aligned} \tag{5.15}$$

Der späteste Zündzeitpunkt $t_{2,\max}$ ergibt sich aus der Forderung, daß der Maximalwert der Spannung $u_c(t)$ gerade $U_{(BO)}$ ist, d.h. nach Gl. (5.13) mit

$$\hat{u}\sin\omega t_{Z,\max} = u_c(t_{Z,\max}) = U_{(BO)},$$

also (s. hierzu Bild 5.20)

$$\omega t_{Z,\max} = \pi - \arcsin\frac{U_{(BO)}}{\hat{u}}.$$

Hierzu gehört nach Gl. (5.10) der minimale Stromflußwinkel

$$\begin{aligned}\theta_{\min} = \pi - \omega t_{Z,\max} &= \arcsin\frac{U_{(BO)}}{\hat{u}} = \pi - \theta_{\max}\\ &\approx \frac{U_{(BO)}}{\hat{u}} \quad \text{für} \quad \hat{u} \gg U_{(BO)};\end{aligned} \tag{5.16}$$

der zugehörige maximal mögliche Parameter $\tau_{\max} = (RC)_{\max}$ folgt gemäß Gl. (5.14) aus der impliziten Bestimmungsgleichung

$$\frac{U_{(BO)}}{\hat{u}}\cdot\omega\tau_{\max} = e^{-\frac{\pi - \arcsin U_{(BO)}/\hat{u}}{\omega\tau_{\max}}} + \sqrt{1 - \left(\frac{U_{(BO)}}{\hat{u}}\right)^2}. \tag{5.17}$$

Für $\hat{u} \gg U_{(BO)}$ gilt mit guter Näherung die Lösung

$$\omega\tau_{\max} = 2\frac{\hat{u}}{U_{(BO)}} - \frac{\pi}{2}. \tag{5.18}$$

Von der eben beschriebenen Möglichkeit der Veränderung des Zündphasenwinkels ωt_Z hat die Schaltung in Bild 5.18 ihren Namen erhalten.

Beispiel 5.2. Mit der Schaltung nach Bild 5.18 soll die im Lastwiderstand $R_L = 100\,\Omega$ umgesetzte Leistung P_L gesteuert werden. Die Eingangswechselspannung hat die Frequenz $f = 50$ Hz und die Amplitude $\hat{u} = \sqrt{2}\cdot 220$ V. Die zur Triggerung des Thyristors verwendete Vierschichtdiode hat die Kippspannung $U_{(BO)} = 50$ V.

In welchen Grenzen variiert der Stromflußwinkel? Wie groß sind die zugehörigen Werte des mittleren Durchlaßstromes I_{TAV}, des Effektivstromes I_{TRMS} und der Nutzleistung P_L? Wie ist das RC-Glied zu dimensionieren?

Aus Gl. (5.15) folgt

$$\theta_{\max} = \pi - \arcsin\frac{50\ \text{V}}{\sqrt{2}\cdot 220\ \text{V}} = \pi - 0{,}1614 = 2{,}9802 \triangleq 170{,}75\,°$$

und aus Gl. (5.16)

$$\theta_{min} = \pi - \theta_{max} = 0{,}1614 \mathrel{\hat{=}} 9{,}25\,°.$$

Damit folgt aus Gl. (5.11)

$$(I_{TAV})_{max} = \frac{\sqrt{2}\cdot 220\ \mathrm{V}}{\pi\cdot 100\ \Omega}\cdot(0{,}9967)^2 = 983{,}8\ \mathrm{mA}$$

und

$$(I_{TAV})_{min} = \frac{\sqrt{2}\cdot 220\ \mathrm{V}}{\pi\cdot 100\ \Omega}\cdot(1-(0{,}9967)^2) = 6{,}5\ \mathrm{mA}.$$

Entsprechend liefert die Gl. (5.12)

$$(I_{T,eff})_{max} = 1{,}555\ \mathrm{A}; \quad P_{L,max} = R_L\cdot(I_{T,eff})^2_{max} = 241{,}8\ \mathrm{W}$$

und

$$(I_{T,eff})_{min} = 46{,}44\ \mathrm{mA}; \quad P_{L,min} = R_L\cdot(I_{T,eff})^2_{min} = 0{,}22\ \mathrm{W}.$$

Zur Dimensionierung des *RC*-Gliedes muß die Gl. (5.17) gelöst werden; sie liefert $\omega\tau_{max} = 10{,}8$. – Aus der Näherung Gl. (5.18) folgt $\omega\tau_{max} = 10{,}9$. – Bei Verwendung eines 100 kΩ Potentiometers für den Widerstand R ist ein Kondensator mit der Kapazität

$$C = 10{,}8/(2\pi\cdot 50\ \mathrm{s}^{-1}\cdot 10^5\ \Omega)F = 0{,}344\ \mu\mathrm{F}$$

erforderlich.

5.3.2 Vom Thyristor abgeleitete Bauelemente

Gate-Turn-Off-Thyristor (GTO). Hierunter versteht man einen Thyristor, der mit Hilfe eines negativen Steuerstromes ausgeschaltet werden kann. Obwohl diese Löschmethode im Prinzip für jeden Thyristor gilt, ist sie aus technologischen Gründen lange Zeit auf Typen mit Abschaltströmen < 1 A beschränkt geblieben; die bei großflächigen Typen auftretenden Schwierigkeiten sind erst dank neuer technologischer Fortschritte behoben worden, wie weiter unten gezeigt wird. Inzwischen gibt es Typen für Abschaltströme bis über 2000 A, und es werden Sperrspannungen von einigen kV erreicht; die Abschaltzeiten liegen bei einigen 10 μs.

Beim Ausschalten eines Thyristors geht der pn-Übergang S_2 in Bild **5**.9 vom Fluß- in den Sperrzustand zurück. Nach Gl. (5.8) gilt für $U_{23} = 0$

$$I_A = -I_G\cdot\frac{A_N^{(234)}\cdot M_n}{A_N^{(234)}\cdot M_n + A_N^{(123)}\cdot M_p - 1} \approx -I_G\cdot\frac{A_N^{(234)}}{A_N^{(234)} + A_N^{(123)} - 1}.$$

Damit man mit einem vorgegebenen Gatestrom einen möglichst großen Anodenstrom abschalten kann, darf $A_N^{(234)}$ nur geringfügig unter 1 und muß $A_N^{(234)} +$

$A_N^{(123)}$ etwas über 1 liegen. Die genaue Einhaltung von $A_N^{(234)}$ stellt hohe Anforderungen an die Toleranz der Dotierung der einzelnen Zonen, was erst mit modernen Dotierungsverfahren gelingt (z. B. Ionenimplantation).

Die Abschaltbarkeit großer Anodenströme verlangt auch eine Veränderung der Gate-Kathoden-Geometrie: Beim konventionellen Thyristor muß der Gatestrom ein relativ großes Stück im hochohmigen p-Gebiet fließen, was einen beträchtlichen lateralen Spannungsverlust bedeutet; daher bleibt der Abschaltvorgang auf einen Kathodenbereich nahe dem Gate beschränkt, er erfaßt also nicht die ganze Kathodenfläche. Eine Absenkung des lateralen Gate-Widerstandes ist nun dadurch möglich, daß man – entsprechend wie beim Leistungstransistor – die kompakten Gate- und Kathodenflächen in eine Vielzahl von Streifen auffächert, z. B. in Form von konzentrischen Ringen, von sternförmig oder ineinander geschachtelten kammförmigen Fingerstrukturen (s. Bild 5.21a), radialen Streifen-

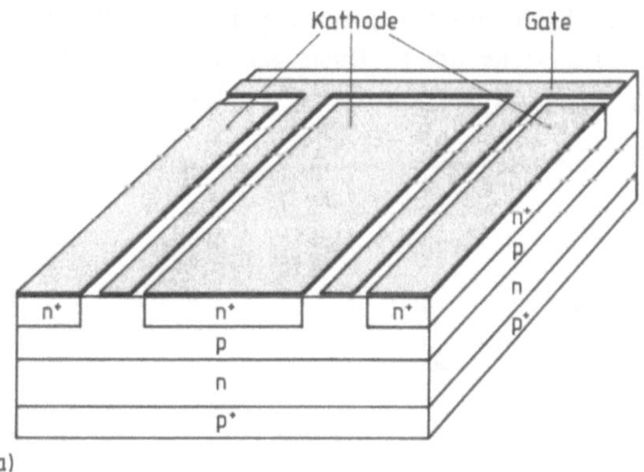

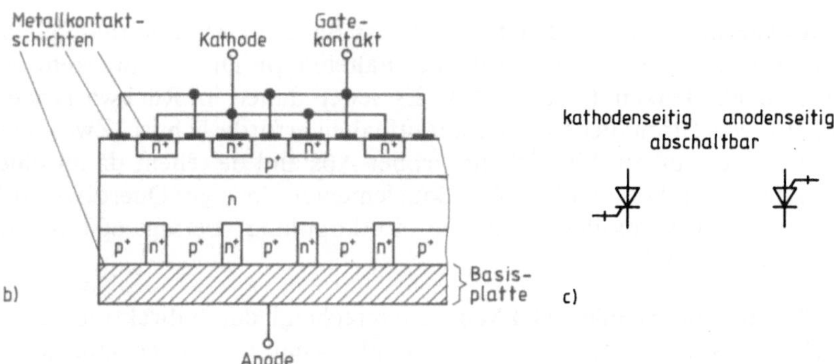

5.21 Zum Aufbau eines Abschalt-Thyristors
a) Beispiel einer Gate-Kathodenstruktur (aus [75])
b) Struktur mit Kurzschlußemittern (nach [76], [77])
c) Schaltzeichen

strukturen, Evolventen etc. Auch hier ist höchste Präzision erforderlich, wenn die Streuung der Abfallzeiten gering gehalten werden soll. Die geringe Stromverstärkung $A_N^{(123)}$ wird in der Ausführung nach Bild **5**.21b durch die zusätzlichen n^+-Dotierungen in der p^+-Anode unterhalb der Kathodenfinger erreicht; diese wirken wie partielle Kurzschlüsse zwischen der Basis und dem Emitter des pnp-Transistors.

Hauptanwendungsbereiche für GTO-Thyristoren sind Frequenzumrichter für Wechsel- und Drehstrom-Motoren (z. B. für Stell- und Regelantriebe) sowie unterbrechungsfreie Stromversorgungen und Resonanzschaltnetzteile.

Asymmetrisch sperrender Thyristor (ASCR). Der Unterschied zum Thyristor besteht im wesentlichen in einer zusätzlichen hochdotierten n^+-Zone zwischen den Zonen p_1 und n_1 (Bild **5**.22); dadurch wird die Sperrfähigkeit in Rückwärtsrichtung (auf etwa 20 V) begrenzt. Da die n^+-Zone als Stopper für die Ausdehnung der Raumladungszone der Sperrschicht p_2n_1 wirkt, kann bei unverändertem Vorwärts-Sperrvermögen die Dicke der n_1-Basis verringert, das Durchlaßverhalten verbessert und die Speicherzeit sowie die Freiwerdezeit t_q (auf etwa die Hälfte) verringert werden.

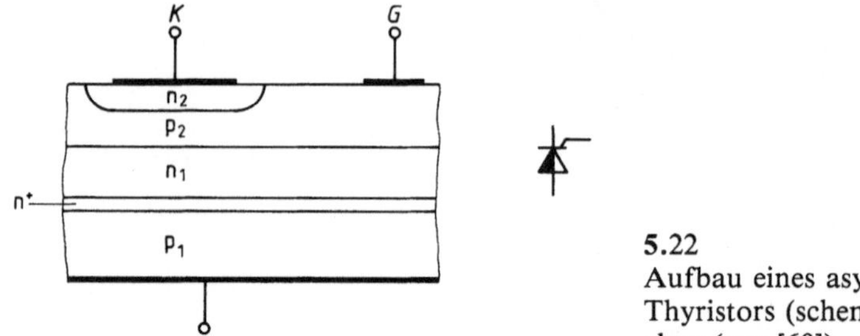

5.22
Aufbau eines asymmetrisch sperrenden Thyristors (schematisch) und Schaltzeichen (aus [60])

Rückwärtsleitende Triode (RCT). Dieses Bauelement kann man aus dem ASCR durch Integration einer parallelgeschalteten pn-Diode umgekehrter Polarität entstanden denken (Bild **5**.23a). Es leitet daher in Rückwärtsrichtung (Bild **5**.23b), was für manche Umrichteraufgaben erforderlich ist. Zwischen Thyristor und Diode muß ein hinreichend großer Abstand bestehen, damit eine Wechselwirkung zwischen beiden Teil-Bauelementen infolge Querdiffusion von Ladungsträgern verhindert wird; die „Entkopplung" beträgt 600 µm in dem Beispiel nach Bild **5**.23c.

Bidirektionale Triode (TRIAC). Entsprechend der bidirektionalen Diode entsteht dieses Bauelement durch Antiparallelschaltung zweier pnpn-Strukturen mit einer gemeinsamen Gate-Elektrode (Bild **5**.24, vgl. Bild **5**.8). Damit können Ströme beiderlei Vorzeichens gesteuert werden, was in dem Kunstwort **tri**ode for **a**lternating **c**urrent zum Ausdruck gebracht wird. Wegen der Gleichberechtigung der beiden äußeren Anschlüsse werden diese nicht mehr Anode und Kathode

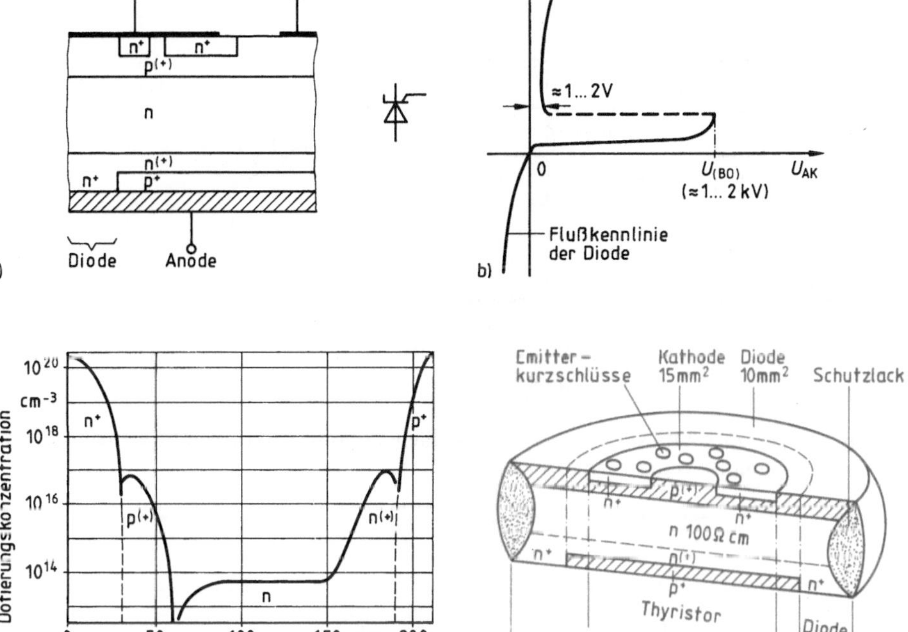

5.23 Rückwärtsleitender Thyristor
a) Aufbau (schematisch) und Schaltzeichen. (Der anodenseitige pn-Übergang wird vom diffundierten n^+-Diodenring kurzgeschlossen) (aus [76])
b) Kennlinie, schematisch (aus [60])
c) Dotierungsprofil mit zusätzlicher $n^{(+)}$-Zone zwischen n-Basis und p^+-Emitter (aus [78])
d) Querschnitt durch eine reale Struktur (aus [78])

genannt, sondern Anoden A_1, A_2 (bzw. nach DIN 41785 Hauptanschlüsse), die Spannung $U_{12} = U$ zwischen ihnen heißt Hauptspannung. Der Triac kann bei jeder Polarität von U_{12} mit Steuerspannung U_G (bzw. Steuerströmen I_G) beiderlei Vorzeichens gezündet werden (Bild **5**.25), dementsprechend gibt es vier verschiedene Zündmechanismen. Zu ihrem Verständnis zerlegen wir die Triac-Tablette entsprechend ihrem Aufbau in die Wirkungsbereiche Normalthyristor (A_1 Anode, A_2 Kathode) und Antiparallel-Thyristor (A_2 Anode, A_1 Kathode) sowie in die Steuerbereiche 1 und 2 (Bild **5**.26a).

Betriebsart 1: Der Normal-Thyristor wird mit positivem Steuerstrom gezündet, und der Triac arbeitet im I. Quadranten, d.h.

$$U_G \text{ (bzw. } I_G) > 0, \quad U_{12} > 0.$$

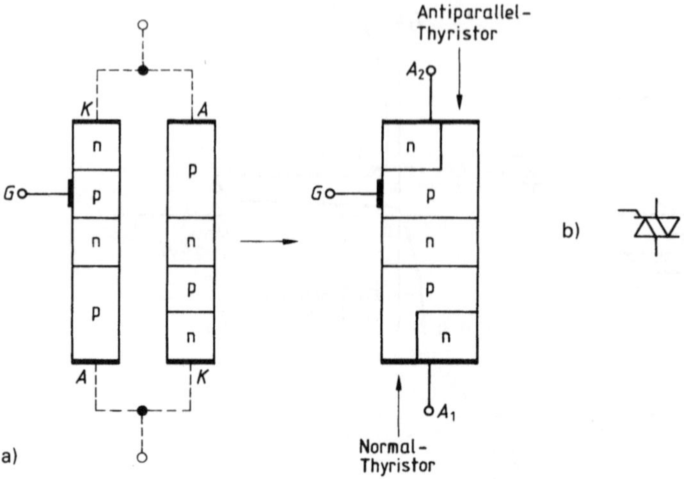

5.24 Aufbau (a) eines TRIAC aus zwei antiparallelen pnpn-Strukturen mit gemeinsamem Gate (schematisch) und Schaltzeichen (b)

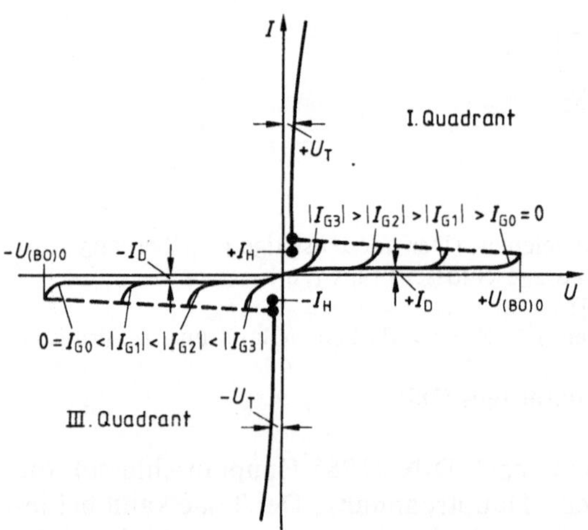

5.25 Strom-Spannungs-Kennlinienfeld $I = I(U)$ des TRIAC mit dem Gatestrom I_G als Parameter ($U_{(BO)0}$ Nullkippspannung bei $I_G = I_{G0} = 0$, U_T = Durchlaßspannung, I_D = Sperrstrom)

Die Zündung erfolgt in diesem Fall wie beim konventionellen Thyristor und zwar über den Steuerbereich 1 (Bild 5.26b). Über das Gate wird ein Löcherstrom in die p_2-Basis geschickt, wodurch der n_1-Emitter zur vermehrten Elektroneninjektion gebracht und der Zündvorgang eingeleitet wird.

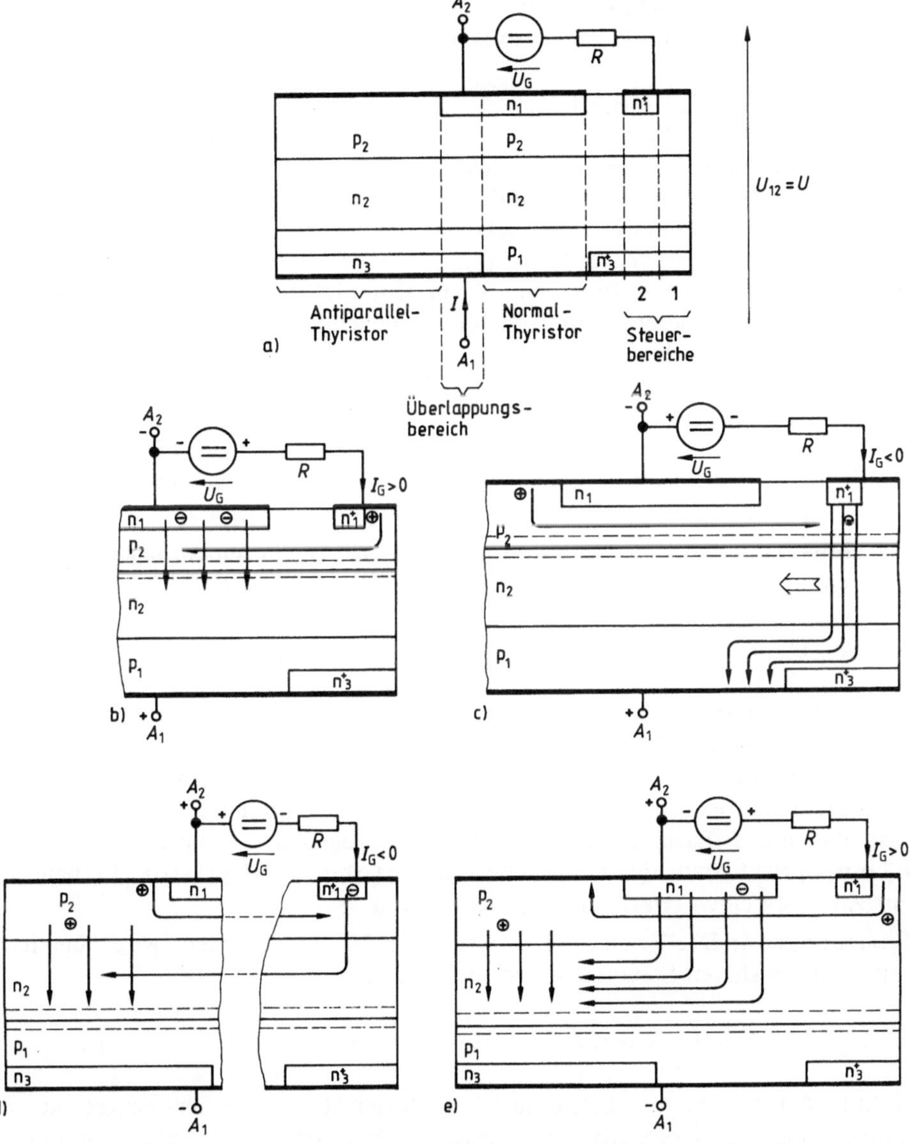

5.26 Triac (aus [79])

a) Aufteilung in Normal- und Antiparallel-Thyristor und in die beiden Steuerbereiche.

Die 4 Betriebsarten:

	U_G, I_G	U_{12}		U_G, I_G	U_{12}
b)	>0	>0	d)	<0	<0
c)	<0	>0	e)	>0	<0

Betriebsart 2: Der Triac arbeitet wieder im I. Quadranten, der Normalthyristor wird aber jetzt mit einem negativen Steuerstrom gezündet, d.h.

$$U_G, I_G < 0, \quad U_{12} > 0$$

(Bild 5.26c). Von der Anode A_2 fließt ein Löcherstrom zum Gate; wenn der damit verbundene Spannungsabfall parallel zum $n_1^+p_2$-Übergang 0,6–0,7 V überschreitet, findet eine starke Elektroneninjektion von n_1^+ nach p_2 statt, wodurch der „Hilfsthyristor" $n_1^+p_2n_2p_1$ zündet (Steuerbereich 2). Für $R\,|I_G| > |U_G|$ wird der Rand von A_2 in Durchlaßrichtung gepolt, er beginnt Elektronen zu injizieren, womit die Zündung schließlich auf den Normalthyristor $n_1p_2n_2p_1$ übergeht; dieses Überspringen wird durch die „Umlenkzone" n_3^+ erleichtert. Da die Zündung primär von dem Übergang $n_3^+p_2$ verursacht wird, spricht man bei dieser Betriebsart auch von einem junction gate thyristor. Sie braucht keinen höheren Gatestrom als die Betriebsart 1, weil Hilfs- und Normalthyristor den gleichen Schichtenaufbau haben, wegen des transversalen Bahnwiderstandes aber eine etwas größere Steuerspannung U_G.

Betriebsart 3: Hier wird der Antiparallel-Thyristor mit einem negativen Steuerstrom gezündet, und der Triac arbeitet im III. Quadranten, d.h.

$$U_G, I_G < 0; \quad U_{12} < 0$$

(Bild 5.26d): Die Zündung erfolgt wie bei der Betriebsart 2 über den Steuerbereich 2. Die Zonenfolge $n_1^+p_2n_2$ arbeitet als Transistor im Sättigungsbereich. Die n_2-Zone sammelt als „Kollektor" die in die p_2-Basis injizierten Elektronen, die Potentialabsenkung vor der p_2-Schicht des Antiparallel-Thyristors $p_2n_2p_1n_3$ löst über die n_2-Basis dessen Zündung aus. Wegen der Rolle der Zonenfolge $n_1^+p_2n_2$ spricht man hier von einem transistor gate thyristor. Er benötigt zur Zündung einen relativ großen Steuerstrom.

Betriebsart 4: Der Triac arbeitet wieder im III. Quadranten, wird aber jetzt mit einem positiven Steuerstrom gezündet, d.h.

$$U_G, I_G > 0; \quad U_{12} < 0$$

(Bild 5.26e): Wie bei der Betriebsart 1 fließt der Strom von der Steuerelektrode parallel zum n_1p_2-Übergang und erzeugt damit einen transversalen Spannungsabfall, welcher eine Flußpolung zur Folge hat: Die Zonenfolge $n_1p_2n_2$ wirkt wie ein in der Sättigung arbeitender Transistor. Dessen „Kollektorstrom" steuert die n_2-Basis des Antiparallel-Thyristors an und löst im Überlappungsbereich dessen Zündung aus. Wegen der räumlichen Trennung zwischen Gate und gezündetem Thyristor-System spricht man hier von einem remote gate thyristor. Diese Bezeichnung trifft natürlich auch auf die Betriebsart 3 zu. Wie dort ist auch hier der erforderliche Steuerstrom relativ hoch.

Der Triac findet Anwendung in Phasenanschnitt-Schaltungen für Wechselströme zur Regelung der Wirkleistungsabgabe an Wechselstromverbraucher. Die Schaltungen sind einfacher als die mit zwei antiparallel geschalteten Einzelthyristoren, besonders dann, wenn zur Zündung DIACs eingesetzt werden.

Lichtgesteuerter (= Photo-)Thyristor. Dieser Thyristor, der zur Gruppe der rückwärtssperrenden Trioden gehört, kann durch Lichteinfall gezündet werden; dieses Prinzip ist in Bild **5**.27 dargestellt: Der Thyristor ist in Vorwärtsrichtung gepolt und wird auf einem Teil der Kathodenfläche mit Licht der Wellenlänge $\lambda < hc/W_{G,Si}$ bestrahlt. Diejenigen Photonen, welche im Bereich der Sperrschicht S_2 absorbiert werden, können ihre Energie $hf > W_{G,Si} \triangleq 1{,}1$ eV zur Bildung eines Elektron-Loch-Paares hergeben (s. Abschn. 2.7.1.1). Die in Freiheit gesetzten Ladungsträger werden im elektrischen Feld der Sperrschicht getrennt;

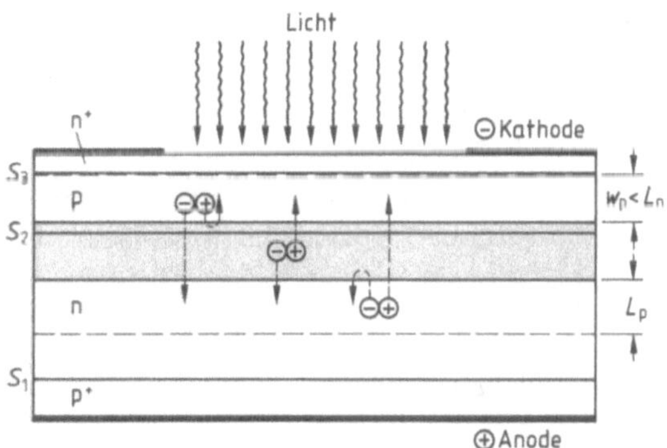

5.27
Prinzip des lichtgezündeten Thyristors (aus [75])

dadurch strömen Majoritätsträger in die beiden Basiszonen, was der Wirkung je eines von außen zugeführten Gatestromes entspricht. – Elektron-Loch-Paare, die außerhalb S_2 erzeugt wurden, aber in geringerem Abstand als der Diffusionslänge entspricht, können bis zu den Rändern der Sperrschicht S_2 diffundieren, dort ebenfalls vom Feld getrennt werden und (mit zeitlicher Verzögerung) ebenfalls zum Strom beitragen. – Als Lichtquellen dienen GaAs-LEDs und -Laserdioden ($\lambda \approx 0{,}9\,\mu\text{m} \triangleq 1{,}35$ eV). Sie befinden sich entweder am Thyristor oder sind über einen Lichtleiter mit ihm verbunden; in beiden Fällen sind Steuer- und Lastkreis galvanisch getrennt. Daher sind Photothyristoren z. B. für Stromrichter in Mittel- und Hochspannungs-Gleichstrom-Übertragungsstrecken (HGÜ) prädestiniert.

MOS-Thyristor. Hier wird der beim IGBT vermiedene Rückkopplungsmechanismus zwischen den beiden Transistoren T_1 und T_2 in Bild **4**.38 zum Zünden verwendet. Dieser Thyristor verbindet den Vorteil der hohen Stromdichte eines Bipolar-Bauelementes mit der leistungslosen Steuerung eines MOS-Bauelementes, wobei Spannungswerte ausreichen, die mit den Pegeln integrierter Schaltungen kompatibel sind.

5.4 Thyristor-Tetroden

Hier sind alle 4 Halbleiterzonen mit Anschlüssen versehen (Bild **5**.28). Die Zündung kann daher wahlweise durch einen positiven Steuerstrom (über G_K) oder einen negativen (über G_A) erfolgen; das Kennlinienfeld gleicht dem eines Thyristors. Da Thyristor-Tetroden (für die auch die Bezeichnung **S**ilicon **C**ontrolled **S**witch üblich ist) nur für kleine Leistungen gebaut werden, können sie über die beiden Gates auch wieder gelöscht werden, ohne daß die zulässige Gate-Verlustleistung überschritten wird. Der Leistungspegel der Thyristor-Tetroden ist andererseits so groß, daß diese Bauelemente in der Digitaltechnik z. B. als Impulsgenerator, in Speicher-, Zähler- und Triggerschaltungen verwendet werden, wenn die dort auftretenden Leistungen nicht mehr von Schaltkreisen verarbeitet werden können.

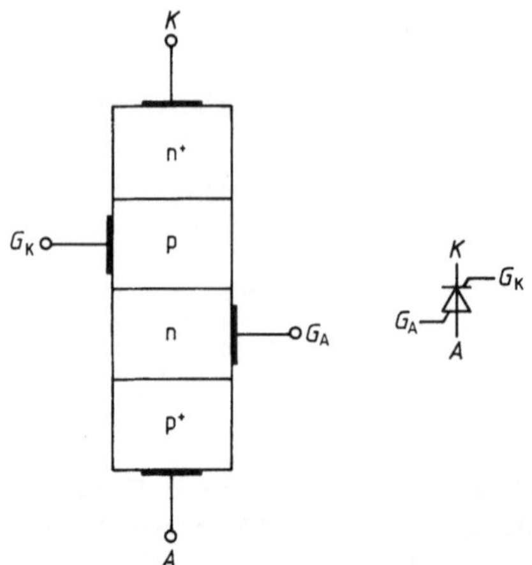

5.28
Thyristor-Tetrode (schematisch) und Schaltzeichen

Anhang

1 Ergänzende Bücher und Tabellenwerke

[1] Spenke, E.: Elektronische Halbleiter. 2. Aufl. Springer-Verlag Berlin/Heidelberg/New York 1965
[2] Telefunken Handbuch Dioden 1964/65
[3] Sze, S. M.; Gibbons, G.: Avalanche breakdown voltages of abrupt and linearly graded pn-junctions in Ge, Si, GaAs and GaP. Appl. Phys. Letters **8** (1966), 111
[4] Müller, R.: a) Bauelemente der Halbleiter-Elektronik. (Halbleiter-Elektronik Bd. 2), 2. Aufl. 1975.1. b) Rauschen. (Halbleiter-Elektronik Bd. 15) 1979. Springer-Verlag Berlin/Heidelberg/New York
[5] Spenke, E.: pn-Übergänge. (Halbleiter-Elektronik Bd. 5). Springer-Verlag Berlin/Heidelberg/New York 1979
[6] Kesel, G.; Hammerschmitt, J.; Lange, E.: Signalverarbeitende Dioden. (Halbleiter-Elektronik Bd. 8). Springer-Verlag Berlin/Heidelberg/New York 1982
[7] Kellner, W.; Kniepkamp, H.: GaAs-Feldeffekttransistoren (Halbleiter-Elektronik Bd. 16). Springer-Verlag Berlin/Heidelberg/New York/Tokyo 1985
[8] Valvo Datenbuch Mikrowellenhalbleiter Dioden, Baugruppen 1986
[9] Paul, R.: Halbleiterdioden. VEB Verlag Technik Berlin 1976
[10] Telefunken electronic Datenbuch Dioden 1979/80
[11] Tholl, H.: Bauelemente der Halbleiterelektronik, Teil 1 (Moeller Leitfaden der Elektrotechnik Bd. III, Tl. 1). Verlag B. G. Teubner Stuttgart 1976
[12] Voges, E.: Hochfrequenztechnik Bd. 1. Bauelemente und Schaltungen. 2. Aufl. Dr. Alfred Hüthig Verlag Heidelberg 1991
[13] Hewlett-Packard hp Diode and Transistor Designer's Catalog 1984–85
[14] Meinke, H.; Gundlach, F. W.: Taschenbuch der Hochfrequenztechnik. 4. Aufl. Springer-Verlag Berlin/Heidelberg/New York/Tokyo 1986
[15] Siemens Datenbuch 1979/80. Silizium-Leistungshalbleiter <30 A
[16] Telefunken electronic Creative Technologien. Datenbuch Dioden 1985.
[17] Lacour, H. R.: Elektronische Bauelemente II. Berliner Union, Kohlhammer Stuttgart 1980
[18] Valvo Datenbuch Halbleiterdioden 1987
[19] Unger, H.-G.; Harth, W.: Hochfrequenz-Halbleiterelektronik. S. Hirzel Verlag Stuttgart 1972
[20] Renz, E.: PIN- und Schottky-Dioden. Dr. Alfred Hüthig Verlag Heidelberg 1975
[21] Brenner, H; Kraus, H.: Rechnerunterstützte Entwicklung eines S-Band-Phasenschiebers mit PIN-Dioden für phasengesteuerte Antennen. Frequenz **25** (1971) S. 138–145
[22] Donnevert, J.: Modulationsverfahren für Digitalsignal-Richtfunksysteme. Der Fernmelde-Ingenieur **38** (1984), Heft 11/12 Nov./Dez.

[23] Wolff, E. A.; Kaul, R.: Microwave Engineering and Systems application. Wiley New Jersey 1988

[24] Claassen, M.: Impatt devices for mm-wave frequencies. 4. Workshop MTT Chapter FRG, Ulm 29./30. 9. 1987

[25] Harth, W.; Claassen, M.: Aktive Mikrowellendioden. (Halbleiter-Elektronik Bd. 9) Springer-Verlag Berlin/Heidelberg/New York 1981

[26] Behr, W.; Barth, H.: High power pulsed Impatt diodes for 90 GHz. 4. Workshop MTT Chapter FRG, Ulm 29./30. 9. 1987

[27] Gunn, J. B.: Instabilities of Current in III–V Semiconductors. IBM J. Res. Dev. 8 (1964), 141–159

[28] Makino, T.; Hashima, A.: A Highly Stabilized MIC Gunn Oscillator Using a Dielectric Resonator. IEEE Trans MTT-27 (1979), p. 633–638

[29] Vowinkel, B.; Jacobs, K.: InP-Gunn Oscillator with Full Waveguide Band Tuning Range. 4. Workshop MTT Chapter FRG, Ulm 29./30. 9. 1987

[30] Wiesner, R.; Nissl, F.: Silizium-Photoelemente. Siemens-Zeitschrift, März 1958, Heft 3, 128–134

[31] Kersten, R. Th.: Einführung in die Optische Nachrichtentechnik. Springer-Verlag Berlin/Heidelberg/New York 1983

[32] Harth, W.; Grothe, H.: Sende- und Empfangsdioden für die Optische Nachrichtentechnik. Teubner Studienskripten Bd. 102. Stuttgart 1984

[33] Unger, H.-G.: Optische Nachrichtentechnik. Teil II: Komponenten, Systeme, Meßtechnik. 2. Aufl. Dr. Alfred Hüthig Verlag Heidelberg 1989

[34] Trommer, R.: InGaAs/InP Avalanche photodiodes with very low dark current and high multiplication. 9th Europ. Conf. Opt. Comm. 1983, 159–162

[35] Strunk, H.: Solarzellen. Funkschau 1980, Heft 6, S. 91 ff.

[36] Strunk, H.: Direktumwandlung von Licht in elektrischen Strom. Funkschau 1979, Heft 7, S. 373 ff.

[37] Winstel, G.; Weyrich, C.: Optoelektronik I. (Halbleiter-Elektronik Bd. 10) Springer-Verlag Berlin/Heidelberg/New York 1980

[38] Paul, R.: Optoelektronische Halbleiterbauelemente. Teubner Studienskripten Bd. 96, Stuttgart 1985

[39] Kummerfeld, G.; Schiffel, R.: Die Leuchtdiode (LED). Grundschaltungen der Elektronik G 2. Funkschau 9 (1985), S. 57–66

[40] Bleicher, M.: Halbleiter-Optoelektronik. Dr. Alfred Hüthig Verlag Heidelberg 1986

[41] Rocks, W.: Übertragung digitaler Systeme über Glasfasern (I). Fernmeldepraxis **59** (1982) Heft 17, S. 691–705

[42] Clemen, C.; Heinen, J.; Plihal, M.: Lumineszenzdioden hoher Strahldichte für optische Sender. Siemens telcom report 6 (1983) Beiheft „Nachrichtenübertragung mit Licht“, S. 77–83

[43] Weyrich, C.; Zschauer, K.-H.: Grundlagen der elektrooptischen Signalumwandlung. Siemens telcom report 6 (1983) Beiheft „Nachrichtenübertragung mit Licht“, S. 15–20

[44] Grau, G.: Optische Nachrichtentechnik. 2. Aufl. Springer-Verlag Berlin 1986

[45] Tholl, H.: Bauelemente der Halbleiterelektronik, Teil 2 (Moeller Leitfaden der Elektrotechnik Bd. III, Tl. 2). B. G. Teubner Stuttgart 1978

[46] Zschauer, K.-H.: Halbleiterlaser. Taschenbuch der Hochfrequenztechnik. 4. Aufl. 1986, Abschn. M 2.5. Springer-Verlag Berlin/Heidelberg/New York/Tokyo

[47] Amann, M.-C.; Mettler, K.; Wolf, H.-D.: Laserdioden-Sendebauelemente hoher Lichtleistung für die optische Nachrichtenübertragung. Siemens telcom report 6 (1983). Beiheft „Nachrichtenübertragung mit Licht“, S. 84–89

[48] Russer, P.; Arnold, G.; Petermann, K.: High-speed modulation of DHS lasers in the case of coherent light injection. Proc. 3rd Europ. Conf. on Optical Comm. München 1977, S. 139–141 (in [49])
[49] Faßhauer, P.: Optische Nachrichtensysteme. Dr. Alfred Hüthig Verlag Heidelberg 1984
[50] Beneking, H.: Feldeffekttransistoren. (Halbleiter-Elektronik Bd. 7). Springer-Verlag Berlin/Heidelberg/New York 1973
[51] Valvo Datenbuch Sperrschicht- und MOS-Feldeffekt-Transistoren 1988
[52] Ahmed, H.; Spreadbury, P. J.: Electronics for Engineers, Cambridge Univ. Press 1973
[53] Telefunken electronic Creative Technologien. Halbleiter-Informationsdienst 1.86.
[54] Telefunken electronic Creative Technologien. Transistoren für HF-Anwendungen. Datenbuch 1985
[55] Sheng, N. H.; et al.: Multiple-Channel GaAs/AlGaAs High Electron Mobility Transistors. Electron Device Letters 6 (1985), 307–310
[56] HARRIS Semiconductor Databook Power MOSFETs 1989
[57] Möschwitzer, A.; Lunze, K.: Halbleiterelektronik. Lehrbuch. 8. Aufl. Dr. Alfred Hüthig Verlag Heidelberg 1989
[58] Hillebrand, F.; Heierling, H.: Feldeffekttransistoren in analogen und digitalen Schaltungen. Franzis-Verlag München 1972
[59] Siemens Tunerhalbleiter. Datenbuch 1986/87
[60] Paul, R.: Elektronische Halbleiterbauelemente. 2. Aufl. Teubner Studienskripten Bd. 112, Stuttart 1989
[61] Hauenstein, H.; Tihanyi, J.: IGBT: Ein neues Hochspannungsbauelement in SIPMOS-Technologie. Siemens Components **27** (1989) Heft 4, S. 151–153
[62] Siemens SIPMOS Klein- und Leistungs-Transistoren. Datenbuch 1984/85
[63] Harth, W.: Halbleitertechnologie. 2. Aufl. Teubner Studienskripten Bd. 54, Stuttgart 1981
[64] Schrenk, H.: Bipolare Transistoren. (Halbleiter-Elektronik Bd. 6). Springer-Verlag Berlin/Heidelberg/New York 1978
[65] Intermetall Transistoren. Datenbuch 1973/74
[66] Telefunken electronic Creative Technologien. Transistoren für NF- und Schaltanwendungen. Datenbuch 1985
[67] Siemens Einzelhalbleiter Standard-Typen. Datenbuch 1972/73
[68] Wüstehube, J.: SOAR – Sicherer Arbeitsbereich für Transistoren. Valvo-Berichte Bd. XIX, Heft 5, S. 171–222, Okt. 1975
[69] Schreiber, H.-U.; et al.: Si/SiGe Heterojunction bipolar transistor with base doping highly exceeding emitter doping concentration. Electronic Letters **25** (1989 No. 3, 185–186
[70] Gerlach, W.: Abschaltbare Bauelemente der Leistungselektronik. ETG-Fachberichte **23** (1988), S. 1–27
[71] Pustai, J.: The permeable-base transistor. Microwaves & RF, March 87, 173–177
[72] Actis, R.; et al.: Small-Signal Gain Performance of the Permeable Base Transistor at EHF, IEEE Electron Devices Letters EDL-8, No. 2, Febr. 87, 66–68
[73] Moll, J. L.; et al.: P-N-P-N-Transistor Switches. Proc. IRE **44** (1956), S. 1174–1182
[74] Heumann, K.; Stumpe, A. C.: Thyristoren. Eigenschaften und Anwendungen. 3. Aufl. Verlag B. G. Teubner Stuttgart 1974
[75] Gerlach, W.: Thyristoren. (Halbleiter-Elektronik Bd. 12). Springer-Verlag Berlin/Heidelberg/New York 1981
[76] Bösterling, W.; Fröhlich, M.: Thyristorarten ASCR, RLT und GTO – Technik und Grenzen ihrer Anwendung. etz **104** (1983), Heft 24, S. 1246–1251

[77] Braukmeier, R.: Zwischen Transistor und Thyristor - Der GTO-Thyristor. etz **104** (1983), Heft 24, S. 1252–1255

[78] Lautz, H.; Tscharn, M.; Winter, N.: Mit integrierter Diode. Rückwärtsleitende Thyristoren für Umrichteranwendungen. elektrotechnik **64** (1982), Heft 21, S. 16–23

[79] Gerlach, W.: Skript zur Vorlesung „Halbleiterbauelemente der Leistungselektronik". Techn. Univ. Berlin, Inst. f. Werkstoffe der Elektrotechnik

2 Physikalische Konstanten

Boltzmann-Konstante	$k = 1{,}381 \cdot 10^{-23}\,\mathrm{Ws\,K^{-1}}$
Elementarladung	$e = 1{,}602 \cdot 10^{-19}\,\mathrm{As}$
Induktionskonstante	$\mu_0 = 4\pi \cdot 10^{-7}\,\mathrm{Vs\,A^{-1}\,m^{-1}}$
Influenzkonstante	$\varepsilon_0 = 8{,}854 \cdot 10^{-12}\,\mathrm{As\,V^{-1}\,m^{-1}}$
Lichtgeschwindigkeit	$c = 2{,}998 \cdot 10^{8}\,\mathrm{ms^{-1}}$
Masse des Elektrons	$m_e = 9{,}110 \cdot 10^{-31}\,\mathrm{kg}$
Plancksches Wirkungsquantum	$h = 6{,}626 \cdot 10^{-34}\,\mathrm{Ws^2}$
	$\hbar = h/2\pi = 1{,}054 \cdot 10^{-34}\,\mathrm{Ws^2}$
Richardson-Konstante	$A^* = 1{,}2 \cdot 10^{6} \cdot \frac{m_n}{m_e}\,\mathrm{Am^{-2}\,K^{-2}}$
	(m_n = effektive Masse des Elektrons)

3 Formelzeichen

Physikalische Größen sind zur Unterscheidung von den steilen Einheitszeichen *kursiv* gesetzt. Mittelwerte haben einen Überstrich (z. B. $\bar{v}$). Scheitelwerte tragen ein Dach (z. B. $\hat{u}$). Die Formelzeichen komplexer Größen und Zeiger sind durch einen Unterstrich gekennzeichnet (z. B. $\underline{I}$). Die Formelzeichen von Vektoren sind überpfeilt (z. B. $\vec{E}$).

Indizes

(Es sind nur häufig bzw. in verschiedenen Bedeutungen verwendete Indizes aufgeführt.)

A	Akzeptor, Anode, Arbeitspunkt, Ausgang
a	Avalanche
B	Bahngebiet, Barriere, Basis, Batterie, Bulk
BR	Durchbruch
C	Kollektor
c	kritisch
D	differentiell, Diffusion, Diode, Donator, Drain, Drift
d	Diode
E	Emitter
e	Elektron
F	Ferminiveau, Flußrichtung

FB	Flachband
G	Gate, Generator, Gehäuse
g	Grenze
H	Halt
HL	Halbleiter
I	Injektion, Inversbetrieb
i	innen, intrinsic, Ionisation
j	junction
K	Kathode, Kommutierung, Kompensation, Kopplung, Kurzschluß
L	Last, Leerlauf, Leitungsband
M	Metall
m	Modulation
N	Normalbetrieb
n	auf Elektronen bezogene Größe
O	Oberfläche
o	Bezugsgröße
Ph	Photo
p	auf Defektelektronen bezogene Größe parasitär, peak, pinch off
pt	punch through
R	Raumladung, Rauschen, Reflexion, Rückwärtsrichtung
RG	Rekombination-Generation
r	Rauschen, relativ
rel	Relaxation
S	Sättigung, Schleuse, Sperr-, Source, Schwelle
s	Signalfrequenz, Sperr-, surface
sp	Sperrschicht, Spiegelfrequenz
T	Temperatur, Thyristor, Transfer, Transit, Durchlaßrichtung
th	thermisch
U	Umgebung
V	Valenzband, Verlust
v	Valley, verfügbar
x	Mischungsverhältnis
y	Mischungsverhältnis
Z	Zener
z	Zuleitung, Zwischenfrequenz

Formelzeichen

(In Klammern Abschnittsnummer der erstmaligen Verwendung der Zeichen)

A	Fläche, Querschnitt (1.1.2.1)
A	Arbeitspunkt (1.1.3.4.)
A	Amplitude (2.1)
A	Positiv vorgespannter Anschluß des Thyristors (5.2.1)
A^*	Richardson-Konstante (1.3.2)
$A_I(A_N)$	Gleichstromverstärkungsfaktor des Bipolartransistors in Basisschaltung im Invers(Normal)-Betrieb (4.3.2.1)
A_N	numerische Apertur (2.7.1.2)
a	Faktor (2.1)
a	Amplitude einer einfallenden Welle (2.5)
a	Kanalweite des FET (3.2.2.1)
B	Amplitude (2.1)
B	Blindleitwert (2.5)
B	Bandbreite (2.7.1.2)
B	Basisanschluß des Bipolartransistors (4.1)
$B_I(B_N)$	Gleichstromverstärkungsfaktor des Bipolartransistors in Emitterschaltung im Invers(Normal)-Betrieb (4.3.2.1)
b	Exponent (1.1.4.1)
b	Amplitude einer reflektierten Welle (2.5)
b	Kanalbreite des FET (3.2.2.1)
C	Kapazität (1.1.1)
C	Kollektoranschluß des Bipolartransistors (4.1)
c	Konstante (1.1.2.2)
D	Dicke (1.4.1)
D	Dämpfung (2.5)
D	Drainanschluß des Feldeffekt-Transistors (3.1)
$D_{n(p)}$	Diffusionskoeffizient der Elektronen (Löcher) (1.1.1)
d	Dicke (1.4)
E	elektrische Feldstärke (1.1.1)

E	Emitteranschluß des Bipolartransistors (4.1)
e	Betrag der Ladung eines Elektrons
F	Rauschzahl (2.1.3)
F	Zusatzrauschfaktor (2.7.1.2)
f	Frequenz (1.1.4.1)
G	Generationsrate (1.1.2.1)
G	Wirkleitwert (2.1)
G	Gateanschluß des Feldeffekt-Transistors (3.1) bzw. des Thyristors (5.3)
g	Erdbeschleunigung (1.1.1)
g	(Amplituden-)Gewinn pro Länge (2.7.2.2)
g	Leistungsgewinn (3.2.4.3)
h	Höhe (1.1.1)
h	Zeitfunktion (2.7.2.2)
h	Kanalhöhe des IGFET (3.3.1)
h	Oxiddicke des IGFET (3.3.1)
I	Gleichstrom (1.1.2.1)
I_n	modifizierte Besselfunktion n-ter Ordnung (2.1.3)
i	zeitabhängiger Strom (1.1.4.1)
i	Intrinsic-Gebiet (1.2)
$j=\sqrt{-1}$	(1.1.4.1)
K	Konstante (1.1.1)
K	Klirrdämpfung (2.7.2.2)
K	Korrekturfaktor (3.2.2.2)
K	Kompensationspunkt (3.2.2.3)
K	Negativ vorgespannter Anschluß des Thyristors (5.2.1)
$\overline{K}$	Wellenvektor (2.6.3)
k	Abkürzung (2.7.1.1)
$\underline{k}$	komplexe Wellenzahl (2.6.3)
L	Länge (1.1.2.1)
L	Konversionsverlust (2.1.3)
L	Induktivität (2.4.1)
l	Länge (2.5)
M	Lawinen-Multiplikations-Faktor (1.1.3.4)
m	Masse (1.1.1)
m	Faktor (1.1.4.1)
m	Modulationsgrad (2.1)
m	Exponent (2.4.1)
m	ganze Zahl (2.7.2.2)
N	Konzentration (1.1)
N	Zustandsdichte (1.1.1)
n	Elektronenkonzentration (1.1)
n	Ordnung einer Oberschwingung (2.1.3)
n	Exponent (2.4.1)
n	Brechzahl (2.7.1.2)
P	Leistung (1.1.3.4)
p	Löcherkonzentration (1.1)
p	Luftdruck (1.1.1)
p	Abkürzung (2.6.1)
$p(t)$	zeitabhängige Leistung (5.3.1)
$\vec{p}$	Impuls (2.6.3)
Q	Ladung (1.1.1)
	Güte (2.4.1)
q	zeitabhängige Ladung (2.4.1)
R	Wirkwiderstand (1.1.2.1)
R	Rekombinationsrate (1.1.2.1)
R	Reflexionsvermögen (2.7.1.1)
r	dynamischer Widerstand (2.2)
$\underline{r}$	Reflexionsfaktor (2.5)
S	Stromdichte (1.1.1)
S	Stabilisierungsfaktor (2.2)
S	Sourceanschluß des Feldeffekt-Transistors (3.1)
S	Steilheit (3.2.2.2)
S	Sperrschicht im Thyristor (5.3.1)
S/N	Signal/Rausch-Abstand (2.7.1.1)
s	Gebiet schwacher Dotierung (1.2)
s	Zeitfunktion eines Signals (2.1)
T	Temperatur K (1.1.1)
T	Transmissionsvermögen (2.7.1.2)
T	Periodendauer (5.2.1)
t	Zeit (1.1.4.1)
U	Gleichspannung (1.1.1)
u	zeitabhängige Spannung (1.1.4.1)
$ü$	Ladungsträgerübergänge pro Zeit (1.1.3.4)
v	Geschwindigkeit (1.3.2)
W	Energie (1.1.1)
W_v	Beleuchtungsstärke (2.7.1.2)
w	Weite (1.1.1)
w	spektrale Leistungsdichte (1.1.4.1)
X	Blindwiderstand (2.6.1)
x	Ortskoordinate (1.1)
x	normierte Variable (2.1.3)
x	Exponent (2.7.1.1)
x	Anteil einer Komponente in einem Mischkristall (2.7.2)
$\underline{Y}$	Scheinleitwert (1.1.4.1)

y	Ortskoordinate (1.1)
y	Anteil einer Komponente in einem Mischkristall (2.7.2)
$\underline{Z}$	Schein-Widerstand (1.1.4.1)
z	Ortskoordinate (1.1)
z	Energiezustands-Dichte (2.6.3)
α	Winkel (1.1.2.1)
α	Temperaturkoeffizient (2.2)
α	Absorptionskoeffizient (2.7.1.1)
$\alpha_I (\alpha_N)$	Wechselstromverstärkung des Bipolartransistors in Basisschaltung im Invers(Normal)-Betrieb (4.3.2.4)
$\alpha_{n(p)}$	Ionisationsrate für Elektronen (Löcher) (1.1.3.4)
β	Winkel (1.1.4.1)
β	Imaginäranteil einer Ausbreitungskonstanten (2.7.2.2)
$\beta_I (\beta_N)$	Wechselstromverstärkung des Bipolartransistors in Emitterschaltung im Invers(Normal)-Betrieb (4.3.2.4)
γ	Winkel (1.1.3.4)
γ	Dämpfungsfaktor (2.7.2.2)
γ	Injektionswirkungsgrad (4.6.1)
$\underline{\gamma}$	komplexe Ausbreitungskonstante (2.6.3)
ε_r	Dielektrizitätszahl (1.1)
η	Wirkungsgrad (2.6.1)
θ	Stromflußwinkel (2.1)
ϑ	Celsius-Temperatur (2.2)
Λ	mittlere freie Weglänge (1.1.3.4)
λ	Wellenlänge (2.5)
μ	Leerlauf-Spannungsverstärkung des Bipolartransistors in Basisschaltung (4.4)
$\mu_{n(p)}$	Beweglichkeit der Elektronen (Löcher) (1.1.1)
ϱ	Dichte der Luft (1.1.1)
ϱ	spezifischer Widerstand (1.2.1)
σ	Leitfähigkeit (1.4.2)
τ	Laufzeit (2.6.1)
τ	Relaxationszeit (2.6.3)
τ	Zeitkonstante (2.7.1.1)
τ	Lebensdauer der Elektronen (Löcher) (1.1.2.2)
Φ	Abkürzung (2.6.1)
ϕ	Durchmesser (2.7.1.2)
φ	elektrisches Potential (1.1.1)
φ	Phasenwinkel (2.1)
χ	Affinität pro Ladung (1.3.1)
ψ	Oberflächenpotential (1.4.1)
ψ_0	Phasenwinkel (2.1)
ω	Kreisfrequenz (1.1.4.1)

4 Erläuterungen wichtiger Begriffe

Abschnürspannung (pinch-off Spannung = Schwellspannung)

Derjenige Wert U_{th} der Steuerspannung U_{GS} eines Feldeffekt-Transistors, unterhalb dem kein Drain-Strom fließen kann, weil der Kanal am sourceseitigen Ende abgeschnürt ist.

Anlaufgebiet

Derjenige Arbeitsbereich eines Feldeffekt-Transistors, in dem zwischen Source und Drain ein durchgehender stromführender Kanal besteht und der Drainstrom I_D monoton mit der Kanalspannung U_{DS} zunimmt.

Anreicherungs- bzw. Verarmungs-Randschicht

In einem Metall/Halbleiter- bzw. Metall/Isolator/Halbleiter-Übergang nimmt die Majoritätsträger-Konzentration vom Halbleiterinnern her nach der Grenze zum Metall bzw. Isolator gegenüber dem Gleichgewichtswert zu (Anreicherungs-Randschicht) oder ab (Verarmungs-Randschicht), je nach dem Unterschied in den Elektronen-Austrittsarbeiten von Metall und Halbleiter sowie der Anzahl und Lage der Energiezustände in der Grenzebene Metall/Halbleiter bzw. Isolator/Halbleiter.

Arbeitspunkt

Stationärer Betriebszustand eines Bauelementes, gekennzeichnet durch zusammengehörige Wertepaare von Gleichstrom- und Gleichspannung (bei einer Diode) bzw. von Gleichströmen und Gleichspannungen (bei einem Transistor, Thyristor etc.).

Ausgangs-Kennlinienfeld

Graphische Darstellung der Abhängigkeit des Ausgangsstromes eines aktiven Zweitores von der Ausgangsspannung mit der Eingangsspannung bzw. dem Eingangsstrom als Parameter.

Bahnwiderstand

Vereinfachte ersatzbildmäßige Beschreibung des Spannungsabfalls, der bei Stromfluß im n- bzw. p-Gebiet eines Bauelementes außerhalb der Raumladungszone entsteht.

Bipolartransistor

Dreipoliges Halbleiterbauelement aus drei aufeinanderfolgenden, mit ohmschen Kontakten versehenen Zonen abwechselnden Leitungstyps.

Diffusionskapazität

Bei Stromfluß weicht die Zahl der Minoritäts-Ladungsträger in den Bahngebieten eines pn-Überganges vom Wert im thermodynamischen Gleichgewicht ab (Überschuß bei Flußpolung, Defizit bei Sperrpolung); die Spannungsabhängigkeit dieses Ladungs-Unterschiedes repräsentiert die Diffusionskapazität.

Diffusionsspannung

Potentialdifferenz über der Raumladungszone eines pn-, Metall/bzw. Isolator/Halbleiter-Übergangs im stromlosen Fall als Folge des thermodynamischen Gleichgewichts zwischen Diffusions- und Feldstrom.

Diffusionstransistor

Bipolartransistor mit homogen dotierter Basis, so daß darin die Bewegung der Ladungsträger allein durch Diffusion zustandekommt.

Diode

Bauelement mit 2 Elektroden, z. B. ein mit ohmschen Kontakten und Zuleitungsdrähten versehener pn- oder Metall/Halbleiter-Übergang.

Drifttransistor

Bipolartransistor mit einem Gefälle der Basisdotierung vom Emitter- zum Kollektorrand, wodurch ein die Minoritätsladungsträger beschleunigendes elektrisches Feld (Driftfeld) in der Basiszone vorhanden ist.

Durchbruch

Steilanstieg des Sperrstromes in einem Bauelement bei einer charakteristischen Spannung (Durchbruchsspannung), z. B. infolge hoher elektrischer Felder (Zener-Effekt), durch Ladungsträgervervielfachung (Lawinendurchbruch) oder durch erhöhte Verlustleistung (thermischer Durchbruch).

Durchgreifeffekt

Ausdehnung einer Raumladungszone durch ein Halbleitergebiet bei wachsender Sperrspannung bis zum Anstoßen entweder an einen ohmschen Kontakt oder an eine andere Raumladungszone; hiermit ist ein Steilanstieg des Sperrstromes verbunden.

Eingangs-Kennlinienfeld
Graphische Darstellung der Abhängigkeit des Eingangsstromes eines aktiven Zweitores von der Eingangsspannung mit der Ausgangsspannung als Parameter.

Feldeffekt-Tetrode
Feldeffekt-Transistor mit zwei entlang des Kanals hintereinandergeschalteten Steuerelektroden.

Feldeffekt-Transistor
Halbleiter-Bauelement mit i. allg. 3 Elektroden, bei dem ein von Majoritätsträgern transportierter Strom zwischen 2 Elektroden (Source und Drain) über die dritte Elektrode (Gate) praktisch leistungslos gesteuert wird, indem der Querschnitt des Strompfades (Kanal) durch das von der Gatespannung senkrecht zur Stromrichtung erzeugte elektrische Feld verändert wird.

Flußrichtung
Diejenige Richtung zwischen zwei Klemmen eines Bauelementes, in der bei Anlegen einer Spannung in dieser Richtung ein mit wachsender Spannung stark zunehmender Strom fließt.

Gleichstrom-Leitwert (bzw. -Widerstand)
Verhältnis von Gleichstrom zu Gleichspannung (bzw. umgekehrt) im Arbeitspunkt.

Gunn-Effekt
Negative differentielle Beweglichkeit der Elektronengesamtheit eines homogenen n-Typ-Halbleiters, dessen Leitungsband außer einem Hauptminimum wenigstens ein energetisch höher gelegenes Nebenminimum mit größerer effektiver Elektronenmasse enthält, z.B. GaAs.

Gunn-Element
Zweipol, der aufgrund des Gunn-Effektes innerhalb eines bestimmten Gleichspannungsbereiches Mikrowellenleistung an einen Lastwiderstand abgibt.

HEMT
High **E**lectron **M**obility **T**ransistor: MESFET mit einer geschichteten Halbleiterstruktur derart, daß der Kanal in einer einige nm dünnen und undotierten Halbleiterschicht liegt, durch die der Drainstrom von Elektronen extrem hoher Beweglichkeit transportiert wird.

Hochstrom-Injektion
Dieser Zustand einer mehrschichtigen Halbleiterstruktur ist dadurch gekennzeichnet, daß auch in der am stärksten dotierten Zone die Minoritätsträger-Konzentration durch Injektion aus der (den) benachbarten Zone(n) die Größe der Dotierungskonzentration übertrifft, so daß durchgehend ein quasistationäres Gleichgewicht zwischen Elektronen und Defektelektronen besteht.

Heterostruktur
pn-Übergang zwischen Halbleitern unterschiedlichen Bandabstands, z.B. AlGaAs-GaAs.

Heterostruktur-Bipolartransistor
Bipolartransistor mit einem Heteroübergang zwischen Emitterzone (großer Bandabstand) und Basiszone (kleiner Bandabstand).

IGFET
Feldeffekt-Transistor mit Stromsteuerung über ein isolierendes Gate, z. B. MISFET, MOSFET.

Impatt-Diode
Diodenstruktur aus 3 bzw. 4 Schichten verschiedenen Leitungstyps, z. B. $p^+n(i)n^+$, die durch räumliche Kombination von Lawinendurchbruch und anschließendem Laufraum zur Abgabe von Mikrowellenleistung geeignet ist.

Induzierte Emission
Emission kohärenter optischer Strahlung durch Rekombinationsprozesse zwischen Elektronen und Defektelektronen in einer in Flußrichtung betriebenen pn-Diode, die durch ein äußeres elektromagnetisches Feld gleicher Frequenz angeregt (stimuliert) werden.

Injektion
Einbringen von Elektronen (Defektelektronen) aus dem n(p)- in das p(n)-Gebiet einer Diode über den thermodynamischen Gleichgewichtswert hinaus infolge Anlegen von Flußspannung.

Injektions-Transistor
s. Bipolartransistor

Innenleitwert
Steigung der Ausgangskennlinie eines Transistors im Arbeitspunkt.

Kennlinienfeld
Graphische Darstellung einer von mehreren Variablen abhängigen Größe als Funktion einer dieser Variablen mit allen übrigen als Parameter, z. B. Ausgangs-, Eingangs-, Steuer-Kennlinienfeld.

Laser-Diode
pn-Diode, welche oberhalb des Schwellstroms durch induzierte Emission erzeugte kohärente optische Strahlungsleistung abgibt.

Lumineszenz-Diode
pn-Diode, welche durch spontane Emission erzeugte inkohärente optische Strahlungsleistung abgibt.

MESFET
Feldeffekt-Transistor mit einem in Sperrichtung gepolten Schottky-Übergang als Steuerstrecke.

Metall/Halbleiter-Übergang
Charakteristische Übergangszone in der Umgebung der Grenzfläche zwischen einem Halbleiter und einer aufgedampften Metallschicht.

MISFET
Feldeffekt-Transistor mit einer Metall-Isolator-Semiconductor-Struktur als Steuerstrecke, z. B. MOS-FET.

MIS-Übergang
Drei-Schichten-Struktur vom Typ Metall/Isolator/Halbleiter, deren Kapazität in charakteristischer Weise von der Gleichspannung im Arbeitspunkt sowie von der Frequenz der angelegten Wechselspannung abhängt.

MOSFET
MISFET mit einem Oxid als Isolatorschicht innerhalb der Steuerstrecke.

NIGFET
Feldeffekt-Transistor mit Stromsteuerung über ein nicht-isolierendes Gate, z. B. Sperrschicht- und MESFET.

Oberflächenrekombination
Rekombinations-Vorgänge, welche durch energetische Zustände an der Oberfläche eines Halbleiters ermöglicht werden und die Wirkungsweise eines Bauelementes beeinträchtigen.

Ohmscher Kontakt
Metall/Halbleiter-Übergang, der infolge der Materialeigenschaften beider Partner eine Anreicherungs-Randschicht aufweist und daher keine Gleichrichter-Eigenschaften zeigt, sondern nahezu eine Strom-Spannungs-Charakteristik wie ein metallischer Widerstand (Ohmsches Gesetz) besitzt.

Photodiode
Im 3. Quadranten betriebene pn-Diode, deren Sperrstrom gegenüber dem Dunkelstrom proportional zur einfallenden Lichtleistung zunimmt.

Photoelement
Im 4. Quadranten betriebene pn-Diode, die unter Lichteinfall elektrische Leistung an einen Lastwiderstand abgibt (z. B. Solarzelle).

pinch-off-Spannung (s. Abschnürspannung)

pn-Übergang
Charakteristische Übergangszone in der Umgebung einer Grenzfläche innerhalb eines Halbleiter-Einkristalls, an der ein p-dotierter Bereich an einen n-dotierten angrenzt. Erweiterungen sind der pin- bzw. psn-Übergang, welcher zusätzlich eine undotierte bzw. schwach n- oder p-dotierte Mittelzone (i bzw. s) enthält.

Raumladungszone
Räumlicher Bereich des Übergangs zwischen einem Halbleiter und entweder einem weiteren Halbleiter (oder einem Metall oder einem Isolator), in dem als Folge des thermodynamischen Gleichgewichts zwischen Diffusions- und Feldstrom die Ladungsneutralität gestört ist.

Rauschen
Elektronische Schwankungserscheinungen, welche den Gesetzen der Statistik unterliegen und eine natürliche untere Nachweisgrenze für elektromagnetische Nutzsignale bedingen. Hauptursachen in Halbleiter-Bauelementen und -Schaltungen sind das thermische Rauschen von Metall- und Bahnwiderständen, das mit Stromfluß durch Übergänge verknüpfte Schrotrauschen sowie das z. B. durch Oberflächeneffekte verursachte $1/f$-Rauschen.

Rauschzahl

Faktor, um den das Verhältnis aus Signal- und Rauschleistung am Ausgang eines Zweitores infolge seiner internen Rauschquellen kleiner ist als am Eingang.

Sättigungsgebiet

Derjenige Arbeitsbereich eines Feldeffekt-(Bipolar-)Transistors, in dem der Drainstrom (Kollektorstrom) einen – nur noch von der Steuerspannung U_{GS} (U_{BE}) abhängigen – Sättigungswert I_{DS} (I_{CS}) hat.

Schleusenspannung

Schwellwert der Flußspannung an einer Diode, oberhalb der ein nennenswerter Stromfluß einsetzt. Bei Annahme einer geknickt-geradlinigen Strom-Spannungs-Charakteristik ist die Schleusenspannung gleich der Spannung im Fußpunkt.

Schottky-Diode

Mit zwei Elektroden versehener Schottky-Kontakt.

Schottky-Kontakt

Metall/Halbleiter-Übergang, der infolge der Materialeigenschaften beider Partner eine Verarmungs-Randschicht aufweist und daher Gleichrichtereigenschaften hat.

Schwellspannung (s. Abschnürspannung)

Schwellstrom

Derjenige Flußstrom durch eine pn-Diode, oberhalb dem Laserbetrieb herrscht.

Sperrichtung

Der Flußrichtung entgegengesetzte Richtung.

Sperr-(= Sättigungs-)Strom

Betrag des bei starker Sperrpolung durch eine ideale Diode fließenden spannungsunabhängigen Stromes. Bei realen Dioden nimmt dieser Strom mit wachsendem Betrag der Sperrspannung (infolge verschiedener Effekte) zunächst langsam zu, bis er schließlich bei Erreichen der Durchbruchsspannung schlagartig steil ansteigt.

Sperrschicht-Feldeffekttransistor

Feldeffekt-Transistor mit einem in Sperrichtung gepolten pn-Übergang (Gate-Kanal) als Steuerstrecke.

Sperrschichtkapazität

Durch die ionisierten Dotierungsatome in der Raumladungszone eines pn-, Metall/Halbleiter- oder Isolator/Halbleiter-Übergangs repräsentierte Kapazität, die entsprechend dem Dotierungsprofil im Halbleiter von der Spannung im Arbeitspunkt abhängt.

Spontane Emission

Emission inkohärenter optischer Strahlung (Rauschen) durch spontan stattfindende Rekombinationsprozesse zwischen Elektronen und Defektelektronen in einer in Flußrichtung betriebenen pn-Diode.

Starke Injektion

Dieser Zustand einer mehrschichtigen Halbleiterstruktur ist dadurch gekennzeichnet, daß in der am schwächsten dotierten Zone die Minoritätsträger-Konzentration durch Injektion aus der (den) benachbarten Zone(n) die Größe der Dotierungskonzentration übertrifft, so daß ein quasistationäres Gleichgewicht zwischen Elektronen und Defektelektronen besteht.

Steilheit

Steigung der Steuerkennlinie eines Transistors im Arbeitspunkt.

Steuer-Kennlinienfeld

Graphische Darstellung der Abhängigkeit des Ausgangsstromes eines Zweitores von der Eingangsspannung bzw. vom Eingangsstrom mit der Ausgangsspannung als Parameter.

Stromflußwinkel

Im Bogenmaß gemessener Zeitabschnitt aus einem harmonischen Strom.

Tangentiale Empfindlichkeit

Experimentelles, subjektiv mitbestimmtes Maß für die Empfindlichkeit eines Empfängers, das einem ausgangsseitigen Signal/Rauschleistungs-Abstand von etwa 8 dB äquivalent ist.

Temperatur-Durchgriff

Betrag der Spannungsabnahme an einer Diode (bzw. an der Steuerstrecke eines Transistors), welche die durch 1 Grad Temperaturerhöhung bewirkte Vergrößerung des Stromes (bzw. des Ausgangsstromes des Transistors) gerade kompensiert.

Thermodynamisches Gleichgewicht

Stromloser Zustand in einem Bauelement infolge Fehlens äußerer Spannung(en). Bei pn- und Metall/Halbleiter-Übergängen ist die Stromlosigkeit die Folge einer Kompensation von Diffusions- und Feldströmen.

Thyristor

Bistabiles Halbleiterbauelement mit mindestens 3 Zonenübergängen (von denen einer auch durch einen geeigneten Metall-Halbleiter-Kontakt ersetzt sein kann), das von einem Sperrzustand zu einem Durchlaßzustand (oder umgekehrt) umgeschaltet werden kann.

Tunneldiode

pn-Diode, bei welcher der Tunneleffekt zu einer teilweise fallenden Strom-Spannungs-Charakteristik in Flußrichtung führt.

Tunneleffekt

Elektronenübergang zwischen (p-Gebiet)-Valenzband und (n-Gebiet)-Leitungsband in einem pn-Übergang durch Zenereffekt als Folge einer extrem hohen Dotierung (Entartung).

Varaktor-Diode

Diode mit pn- bzw. Metall/Halbleiter bzw. Metall/Isolator/Halbleiter-Übergang, dessen spannungsabhängige Kapazität genutzt wird.

Wechselstrom (= dynamischer oder differentieller/) -Leitwert bzw. -Widerstand

Verhältnis der komplexen Scheitel- bzw. Effektivwerte eines harmonischen Stromes und der zugehörigen harmonischen Spannung (bzw. umgekehrt) im Kleinsignalbetrieb.

Z-Diode

pn-Diode, die im Bereich des Zener- bzw. Lawinen-Durchbruchs betrieben wird.

Zweidimensionales Elektronengas

Gesamtheit der in einem HEMT am Drainstrom beteiligten Elektronen.

Sachverzeichnis

Moeller, Leitfaden der Elektrotechnik

Herausgegeben von Prof. Dr.-Ing. **H. Fricke,** Braunschweig, Prof. Dr.-Ing. **H. Frohne,** Hannover, Prof. Dr.-Ing. **N. Höptner,** Pforzheim, Prof. Dr.-Ing. **K.-H. Löcherer,** Hannover, und Prof. Dr.-Ing. **P. Vaske †**

Grundlagen der Elektrotechnik

Teil 1: Elektrische Netzwerke
Von Prof. Dr.-Ing. **H. Fricke,** Braunschweig, und Prof. Dr.-Ing. **P. Vaske**
17., neubearbeitete und erweiterte Auflage. XVIII, 733 Seiten mit 567 teils mehrfarbigen Bildern, 34 Tafeln und 553 Beispielen. Geb. DM 72,– ISBN 3-519-06403-0

Teil 2: Elektrische und magnetische Felder
Von Prof. Dr.-Ing. **H. Frohne,** Hannover
ca. 350 Seiten mit ca. 250 Bildern. Geb. ca. DM 54,– ISBN 3-519-06404-9

Teil 3: Elektrische und magnetische Eigenschaften der Materie
Von Prof. Dr. phil. nat. **W. von Münch,** Stuttgart
X, 276 Seiten mit 210 Bildern, 44 Tafeln und 40 Beispielen. Geb. DM 50,– ISBN 3-519-06409-X

Elektrische Maschinen und Umformer

Teil 1: Aufbau, Wirkungsweise und Betriebsverhalten
Von Prof. Dr.-Ing. **P. Vaske**
12., neubearbeitete und erweiterte Auflage. XII, 289 Seiten mit 248 teils zweifarbigen Bildern, 12 Tafeln und 61 Beispielen. Kart. DM 54,– ISBN 3-519-16401-9

Halbleiterbauelemente

Von Prof. Dr.-Ing. **K.-H. Löcherer,** Hannover
X, 426 Seiten mit 330 Bildern, 11 Tafeln und 36 Beispielen. Geb. DM 68,– ISBN 3-519-06423-5

Grundlagen der elektrischen Meßtechnik

Von Prof. Dr.-Ing. **H. Frohne,** Hannover, und Prof. Dr.-Ing. **E. Ueckert,** Hannover
XII, 548 Seiten mit 271 Bildern, 48 Tafeln und 111 Beispielen. Geb. DM 78,– ISBN 3-519-06406-5

Grundlagen der Regelungstechnik

Von Prof. Dr.-Ing. **F. Dörrscheidt,** Paderborn, und Prof. Dr.-Ing. **W. Latzel,** Paderborn
2., durchgesehene Auflage. XII, 466 Seiten mit 401 Bildern, 30 Tafeln und 134 Beispielen. Geb. DM 64,– ISBN 3-519-16421-3

B. G. Teubner Stuttgart

Moeller, Leitfaden der Elektrotechnik

Hochspannungstechnik
Von Prof. Dr.-Ing. **G. Hilgarth,** Braunschweig/Wolfenbüttel
2., überarbeitete und erweiterte Auflage. XII, 230 Seiten mit 172 Bildern, 16 Tafeln und 46 Beispielen. Kart. DM 48,– ISBN 3-519-16422-1

Elektrische Energieverteilung
Von Prof. Dip.-Ing. **R. Flosdorff,** Aachen, und Prof. Dr.-Ing. **G. Hilgarth,** Braunschweig/Wolfenbüttel
5., überarbeitete Auflage. XIV, 352 Seiten mit 274 Bildern, 46 Tafeln und 72 Beispielen. Kart. DM 54,– ISBN 3-519-46411-X

Digitaltechnik
Von Prof. Dipl.-Ing. **L. Borucki,** Krefeld
unter Mitwirkung von Prof. Dipl.-Ing. **G. Stockfisch,** Moers
3., überarbeitete und erweiterte Auflage. XIV, 334 Seiten mit 318 Bildern, 82 Tafeln und 55 Beispielen. Kart. DM 52,– ISBN 3-519-26415-3

Grundlagen der elektrischen Nachrichtenübertragung
Von Prof. Dr.-Ing. **H. Fricke,** Braunschweig, Prof. Dr.-Ing. habil. **K. Lamberts,** Clausthal, und Prof. Dipl.-Ing. **E. Patzelt,** Braunschweig/Wolfenbüttel
XV, 375 Seiten mit 302 Bildern, 15 Tafeln und 39 Beispielen. Geb. DM 58,– ISBN 3-519-06416-2

Grundlagen der Verstärker
Von Prof. Dr.-Ing. **H. Gad,** Lemgo, und Prof. Dr.-Ing. **H. Fricke,** Braunschweig
XII, 305 Seiten mit 202 Bildern, 1 Tafel und 90 Beispielen. Kart. DM 54,– ISBN 3-519-06417-0

Grundlagen der Impulstechnik
Von Prof. Dr.-Ing. **G.-H. Schildt,** Wien
XII, 439 Seiten mit 364 Bildern, 9 Tafeln und 34 Beispielen. Kart. DM 68,– ISBN 3-519-06412-X

Preisänderungen vorbehalten

B. G. Teubner Stuttgart